Freud and Freudianism

KHA Saen-Yang

弗洛伊德及其思想

〔法〕高宣扬——著

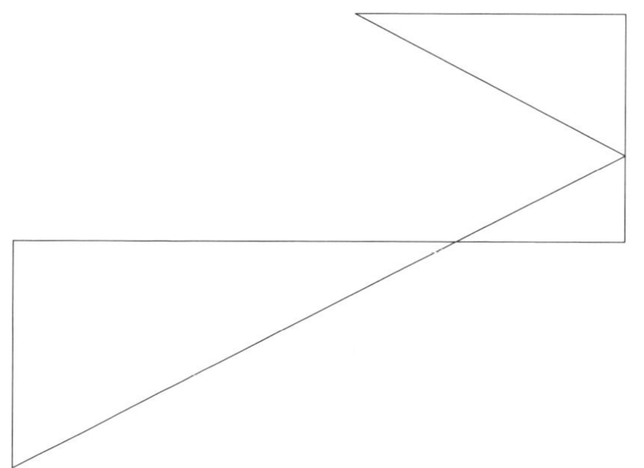

上海交通大学出版社
SHANGHAI JIAO TONG UNIVERSITY PRESS

内容提要

21 世纪初现代化和全球化的进程越来越穿透人类生命的各个层面时，弗洛伊德精神分析学理论的社会意义更为清晰显示，本书试图解析弗洛伊德精神分析学的创造精神及其现代意义，从弗洛伊德生平和弗洛伊德主要思想入手，分上下两篇进行了梳理和阐释。

图书在版编目(CIP)数据

弗洛伊德及其思想/高宣扬著. —上海：上海交通大学出版社，2019
(高宣扬文集)
ISBN 978-7-313-20861-3

Ⅰ. ①弗… Ⅱ. ①高… Ⅲ. ①弗洛伊德(Freud, Sigmmund 1856-1939)-精神分析-研究 Ⅳ. ①B84-065

中国版本图书馆 CIP 数据核字(2019)第 009161 号

弗洛伊德及其思想

著　　者：[法] 高宣扬
出版发行：上海交通大学出版社　　地　　址：上海市番禺路 951 号
邮政编码：200030　　电　　话：021-64071208
印　　制：苏州市越洋印刷有限公司　　经　　销：全国新华书店
开　　本：880 mm×1230 mm　1/32　　印　　张：20.5
字　　数：488 千字　　插　　页：4
版　　次：2019 年 4 月第 1 版　　印　　次：2019 年 4 月第 1 次印刷
书　　号：ISBN 978-7-313-20861-3/B
定　　价：99.00 元

国家社会科学基金重大项目
“欧洲生命哲学的新发展”(14ZDB018)研究成果

弗洛伊德

疯人国

疯人船

高宣扬文集总序

当我个人生命创建第七十环年轮的时候，我幸运地成为上海交通大学教师队伍的一员，使我的学术生命有获得新生的可能，我的生命也由此获得新的可能性，上演柳暗花明又一村的生命乐曲。所以，我在交大《学者笔谈》上发表题名为“新鲜的交大人”的感言：“历史总是把我们带领到远离故乡的世界尽头，但有时又突然地把我们带回故居和出发点。历史使我们学会了感恩。”其实，生命永远是在自我给予和接受给予的交互往来中延伸，所以，感恩始终伴随着生命自身，构成了生命交响乐的一个重要组成部分，为生命的价值及尊严奠定本体论和伦理基础。

生命是一部无人指挥的交响乐，自创自演，并在不同的社会遭遇和生活历程中一再地自我协调，演奏出一曲又一曲美丽动听的自然乐曲，弹奏出每个人在社会、文化、历史中的不同命运，演播成充满悲喜交织的无数千变万化的生命故事。

我的书实际上就是我个人生命历程的自我展现。每一本书都从不同角度讲述着不同阶段的生命故事。生命的故事千差万别，归根结底，无非就是生命对自身生长发展的自我关注，都是由生命内在创造力量与周围世界各种因素相遭遇而交错形成的。生命在自我关注的过程中，总是以顽强的意志和万种风情，一方面激励自身在可能性与不可能性之间的悖论困境中脱颖而出进行创造更新，另一方面严肃正视环绕生命的外在客观力量，自然地要对自身的命运进行各种发问，提出质疑，力图寻求生存的最理想的优化状态，从而有可能逐步演变成哲学性的探索，转化为生命的无止境的形而上学的“惊奇”，对生命自身、对世界万物、对历史以及自身的未来前景，进行本体论、认识论、伦理学和美学的反思。

从学习哲学的第一天起，我就牢记古希腊圣贤亚里士多德关于“哲学就是一种好奇”的教诲。从1957年以来近60年的精神陶冶的结果，却使我意识到：“好奇”不只是哲学的出发点，而且也是一切生命的生存原初动力。因此，对我来说，生命的哲学和哲学的生命，就是血肉相融地构成的生命流程本身。

生命的反思虽然表达了生命成长的曲折复杂历程，隐含着生命自身既丰富、又细腻的切身感受，但绝不会封闭在个人狭小的世界中，也不应只限于文本结构之中，而是应该置于人类文化创造的生命运动中，特别是把它当成人的生命本身的一个内在构成部分，从生命的内与外、前与后，既从环绕生存的各种外在环境条件的广阔视角，又从生命自身内在深处的微观复杂的精神状态出发，从哲学、人类学、社会学、语言学、符号学、心理学和美学的角度，试图记录一个“流浪的哲学家”在四分之三世纪内接受思想文化洗礼的历程，同时也展现对我教诲不倦的国内外师长们的衷心感恩之情。

最后，我还要向上海交通大学出版社表示感谢，感谢总编辑李广良先生，同时要感谢的是上海交通大学出版社前社长刘佩英女士和前责编刘旭先生，他们对本文集的出版给予了最大的支持。

高宣扬

2016年4月8日

2019 年新版序

由上海交通大学出版社出版的《弗洛伊德及其思想》简体版，是本人在香港于1978年交由香港三联书店和南粤出版社联合出版的《弗洛伊德传》繁体版与天地图书公司出版的《精神分析学概论》繁体版的合订本。从两本书初版至今，四十年过去了，为什么还要再版？最有资格回答这个问题的人，恰恰是弗洛伊德（Sigmund Freud，1856 - 1939）本人！

历史是最好的见证人。正当西方现代化在19世纪末遭遇严重危机的时候，弗洛伊德通过扎扎实实的医学和精神治疗学的研究和实践，不满足于仅仅停留在医学技术层面，而是进一步严谨地在人文素质方面进行持续不断的自我陶冶，试图更深入地揭示精神病及各种精神失常的心理根源及其社会层面的诱发动因，揭露近现代社会充满压抑的不合理制度对现代人精神生活的全面干扰，分析引发精神病的潜伏的内在心理基础和导致精神病成为普遍社会现象的社会文化机制，使精神分析学走出医学和精神治疗学的范围，成为影响整个社会思想文化生活和现代人类精神心理活动的理论力量。

如果说，弗洛伊德精神分析学在19世纪末至20世纪下半叶已经以其本身的发展史,证实它在现代化和全球化进程中的重大意义的话,那么,当21世纪初现代化和全球化的进程越来越穿透人类生命的各个层面的时候,弗洛伊德精神分析学理论社会意义就进一步清晰地显示出来:可以毫不夸大地说,弗洛伊德精神分析学既是现代化和全球化运动的产儿,也是现代化和全球化的矛盾及其危机的见证者,又是现代化和全球化的历史和现实的思想批判力量的化身。

由上海交通大学出版社出版的《弗洛伊德及其思想》试图解析弗洛伊德精神分析学的创造精神及其在现代社会中的重要意义。这本由《弗洛伊德传》和《精神分析学概论》合成的简体新版,是经历了数十年的变迁之后再版的,它无声无息地记录了时代的历史进程,刻印着我个人学术思想的曲折思路,隐含着精神分析学本身近四十年发展史的缩影,也凝缩着遭受现代化精神扭曲的精神病患者的灵魂呼喊,需要读者在阅读中加以解构,从中引申出被历史遮蔽的文本再生产中无形的象征性内容,在新时代重新思考精神分析学的意义。

时刻更新着的历史,不知不觉地来到我们面前,却又同时把我们带回被淹没的无形过往岁月。从拙著《弗洛伊德传》和《精神分析学概论》于20世纪70年代末在香港初版,经多年在港台重印再版以及多次被盗印之后,《弗洛伊德传》终于在20世纪80年代由作家出版社在北京正式出版并多次重印。原香港出版的《精神分析学概论》则应读者的广泛需要,以《弗洛伊德思想》的新书名,从20世纪90年代初起,在香港和台湾重印多次,显示了本书与精神分析学的命运一样,一直同关心它们的这个社会息息相关。

事情还是要回到近一百年来中国思想文化的特殊发展史,特别是"文化大革命"之后的当代中国思想文化发展过程。问题的复杂性,使我们只能以最简单的回顾来阐述本书的出版史。最初是在1978年,我刚到香港不久，应香港三联书店社长兼总编辑萧滋先生和香港南粤出版社总编辑刘季伯先生的约请，撰写《弗洛伊德传》。1980年代初，中国改革开放不久之后，在青年学生中掀起了被称为“中国的小文艺复兴”的“文化热”，拙著也恰逢其时地满足了当时广大读者的阅读需要，在相当长时间内，国内许多出版社未征得本人同意，就大量地重印发行《弗洛伊德传》，直到1986年，作家出版社社长从维熙先生访问德国和法国期间，与我签订合同，《弗洛伊德传》才正式交给作家出版社出版并又重印多次。与此同时，台湾地区也有多家出版社未经本人同意，便将《弗洛伊德传》和《精神分析学概论》非法大量盗印。直到1990年，台湾远流出版社和香港三联书店共同让我主编《人文科学丛书》，使我有机会将《精神分析学概论》增订成《弗洛伊德思想》，对本人在国外多年研究弗洛伊德精神分析学进行阶段性总结。就这样，《弗洛伊德传》与《弗洛伊德思想》先后在海峡两岸出版，并得到了广大读者的肯定：两本书在中国内地和港台，都连续又再版了多次；仅仅作家出版社《弗洛伊德传》，就在中国发行几十万册，其电子版则至今仍然在网络上广泛流传。

所以，《弗洛伊德及其思想》的简体新版，实际上并不是两本书简单合并的结果；不论是《弗洛伊德传》，还是《弗洛伊德思想》，都在经历非常曲折、甚至非常特殊的出版生涯之后，才以今天的新面貌出现在读者面前。

生命是美妙奇特的运动流程，它不断地开创和建构令人向往的时空维度，设计和创建人类生活的美好前景，但同时，生命也一再地展现其本身变化过程中所遭遇的矛盾和危机，使得生命有可能随时向自己发出挑战，却又同时以自身的创造性去面对并解决各种难题。在这个意义上说，生命的内在矛盾尽管持续不断，但生命自身时刻都有能力解决各种矛盾。所以，生命给我们带来的，不只是矛盾和可能的危机，更重要的是引发创新和带来希望!

精神分析学本来是随着西方现代化和全球化的发展应运而生的,这就使它刻下西方现代化和全球化的特殊阴影。自20世纪80年代以来,中国现代化的最新成就及其伟大意义,彻底地改变了西方人前此开创的现代化和全球化的原本意义。人类现代化和全球化从中国现代化的丰富经验中,吸取了强大的新鲜动力,使现代化和全球化迅速地转变成新型人类命运共同体的开发和创建过程,也使人类从此进入充满希望的新时代。

精神分析学在新时代的基本任务,应该是通过自身的不断更新,面对现代化提出的各种挑战,积极地处理由现代化和全球化造成的精神和心理问题,使精神分析学自身通过不断的自我更新,在新一轮的现代化中发挥积极作用。

最后,我要感谢上海交通大学出版社前社长刘佩英女士和责任编辑童亮亮和刘旭先生,他们对本书简体新版的出版工作,给予了积极的支持和帮助;同时,我也要感谢我在国内外的师长对我的教育和培养,使我有可能在生命的曲折延展中,始终坚持有所作为、有所创新,以乐观的积极态度,迎接新时代的洗礼,面对生活的新挑战,冷静地反思个人思想与精神生活的历程,尝试探索生命的密码,从中适当地引出必要的哲学结论。

高宣扬

2019年3月

写于法国巴黎东郊马尔纳河谷寒舍

1993 年版《弗洛伊德精神分析学概论》序

近一个世纪以来，奥地利心理学家弗洛伊德(Sigmund Freud, 1856－1939)所创立的精神分析学(psychoanalysis)，不仅成为现代心理学的重要组成部分，而且，已经影响到与心理学有关的哲学、教育学、医学等科学研究部门，并继续渗透到文学、艺术、宗教、政治、司法、商业及其他许多社会生活领域。毫不夸大地说，精神分析学已发展成 20 世纪社会的主要思潮之一，构成了现代人文科学和社会科学所赖以发展的重要思想支柱。两位美国著名的社会学家，帕森思(Talcott Parsons, 1902－1979)和希尔斯(Edward Benjamin Shils, 1915－2004)，曾经把弗洛伊德和涂尔干(Émile Durkheim, 1858－1917)及韦伯(Max Weber, 1864－1920)三个人并称"现代社会科学的伟大创立者"①。美国当代哲学家、德鲁大学(Drew University)哲学教授威尔·赫尔贝格(Will Herberg, 1901－1977)甚至说："精神分析学从一开始就大大地影响了社会思潮，……我尤其要指出的是，弗洛伊德和精神分析运动对于社会科学的根据观点和方法论的影响，已经达到了如此深刻的程度，以致使社会科学本身的发展可以划分为'前弗洛伊德或后弗洛伊德'(Pre-or Post-Freud)两个时期。"②

许多当代著名的哲学家、社会学家、文学家和思想家,在谈到自己的理论学术成就时,往往都以感激和尊敬的心情,谈到他们对于弗洛伊德的精神分析学所欠下的"债",谈到弗洛伊德的理论观点和革命精神所给予他们的"无可估量的感染力"和"深刻的启示"。法国的存在主义大师萨特(Jean-Paul Sartre, 1905－1980)曾以弗洛伊德精神分析学的"恋母情结"作为基本概念,在他的传记性作品《语词》(*Les Mots*, 1963)一书中,生动而深刻地记述了他本人的心智成长过程。法国结构主义大师列维-斯特劳斯(Claude Levi-Strauss, 1908－2009)则干脆将精神分析学比做他在精神上的"情妇"之一,强调弗洛伊德的精神分析学是他的结构主义思想的基本来源之一。[3]德国当代社会哲学家哈贝马斯(Jürgen Habermas, 1929－)同样把弗洛伊德精神分析学看作是他的"沟通行为理论"(Theorie des kommunikativen Handels)的重要思想来源之一。[4]鉴于弗洛伊德对当代人文和社会科学发展的决定性影响,法国哲学界已普遍认为,弗洛伊德、马克思(Karl Marx)和尼采(F. W. Nietzsche, 1844－1900)是推动着当代思想革命的"三大怀疑大师"(Trois maîtres de soupçon),可以说,第二次世界大战后发展起来的各种社会思潮,几乎没有一个不受惠于这"三大怀疑大师"的思想。[5]

显然,弗洛伊德的精神分析学早已越出了心理学的狭小范围,成为当代许多人,特别是许多社会科学家和人文学家的世界观和方法论的重要成分。这是不值得惊奇的,因为人类精神活动包括了从最简单的感应到感觉、知觉、表象、情感及最复杂的思维等。换句话说,它包括了内在的和表露出来的、意识到的和没有意识到的、孤立的和系统化了的、个体的和社会性的一切心理现象,它贯穿于个人生活和社会生活的始终。因此,对于人们的精神活动的内容和形式所作的研究,就不能不深刻地影响着人们的世界观和方法论。

精神活动不仅把人同动物区分开来，而且也使人具备了认识自己和认识世界的内在能力。人类若要认识世界，就必须同时认识自己。所谓认识自己就包含了认识自己的肉体结构及精神活动的奥秘。认识自己，特别是认识人类本身的潜移默化的、无形的精神活动，并不比认识无边无际的客观世界容易。在人类的自我认识、自我解剖的活动中，就始终贯穿着极其尖锐的和复杂的哲学论争——各种各样的世界观和方法论都有着它们自己对人类精神活动的独特见解，而且，这些见解也都无例外地与它们对整个宇宙的总看法相联系。

对人类精神活动本身的认识和对客观世界的认识，是人类自诞生以来始终无法回避的基本任务。人类精神是整个客观世界的一个部分。当人类尚未认识自己的精神活动的时候，也就不能正确地认识客观世界。在人类认识史和哲学史上，许多哲学家在不断地探讨客观世界的本质的同时，也没有停止过对人类精神活动本身的认识。事实证明，这两方面的认识成果是相互联系和相互促进的。

自古以来，心理学一直是同哲学有密切的内在关联。直到近代，随着自然科学的进步及人类对整个世界的认识的深入和扩大，心理学才作为一个独立的科学，且从哲学中脱离出来。自从心理学作为一门独立的科学诞生以来，尽管它有着区别于哲学的相对独立的发展规律，但它始终都无法摆脱哲学的影响。事实证明，心理学越是向人类的精神王国纵深探索，越是触及更复杂、更细微、更隐蔽的精神现象，心理学就越遇到更深刻的哲学问题。这些哲学问题包括：心理活动的内在基础是什么？心理活动的终极本质是什么？它有没有规律可循？它与外在的客观世界有什么关系？它与人的认识活动以至整个人类生活有什么关系？人类精神活动有哪些表现形式？……

弗洛伊德的精神分析学无疑是推动了心理学科本身的发展及现代

哲学研究的发展。由于弗洛伊德的精神分析学已经极其广泛和极其深刻地影响着心理学以外的各种科学发展，并影响着社会生活本身，所以，研究弗洛伊德思想乃是当代哲学家的不可推卸的责任。

半个世纪以来，弗洛伊德及其后继者已经向哲学的大门进军了！弗洛伊德及其后继者已经向当代哲学提出一个又一个挑战性的问题了！

本书将分析弗洛伊德思想的基本理论与基本方法，并简要介绍当代哲学家和人文科学、社会科学家对弗洛伊德思想的看法。为了分析这些，当然必须客观而公正地介绍弗洛伊德思想本身的内容。本书在介绍弗洛伊德思想的时候，始终都把它看作是极其重要的心理学问题和哲学问题。同时，将尽可能依据弗洛伊德本人的原著，使读者有更多的机会直接了解到弗洛伊德本人的观点和方法。

在这里，还有一点必须强调说明的是：尽管弗洛伊德的思想和观点已经产生了深远的影响，但是，也同样存在着不同意或反对弗洛伊德思想的哲学家和心理学家。为此，笔者建议读者在有条件的时候，能认真地研究那些赞成和反对的意见，翻阅各种评述弗洛伊德思想的著作。可供参考的书籍有：

(1) 欧内斯特·琼斯著，《西格蒙德·弗洛伊德的生平与著作》(Ernest Jones, *The Life and Work of Sigmund Freud*)；

(2) 本杰明·尼尔森编，《弗洛伊德与二十世纪》(Benjamin Nelson eds., *Freud and the 20th Century*)；

(3) 雅各布·阿罗，《西格蒙德·弗洛伊德的遗产》(Jacob Arlow, *The Legacy of Sigmund Freud*)；

(4) 切查·罗海姆等编，《精神分析学与社会科学》(Céza Roheim, Warner Muensterberger, and Sidney Axelrad ed., *Psychoanalysis and*

the Social Sciences)；

(5) 奥斯本著,《弗洛伊德与马克思：辩证的研究》(R. Osborn, *Freud and Marx*, *A Dialectical Study*)；

(6) 保罗·罗森著,《弗洛伊德及其后继者》(Paul Roazen, *Freud and His Followers*)；

(7) 佩尼洛普·巴罗克著,《弗洛伊德生平导引》(Pernelope Balogh, *Freud*, *A Biographical Introduction*)。

如前所述,弗洛伊德的学说已被公认为当代社会主要思潮之一,所以,论述和研究弗洛伊德及其思想的著作很多。一一研读这些著作是有很多困难。但上述所列著作是学习和研究弗洛伊德及其著作的重要参考书。本书书末附录三更列出了近三年来出版的关于弗洛伊德思想的参考书目,笔者建议初学者尽量选出其中几本仔细阅读。以这些参考书为起点,将有助于把握弗洛伊德思想在当代西方思潮总汇中的地位及其重要意义。

本书的写作和修订过程,整整经历了将近十五年的历程。本书的第一版是在 1979 年,当时书名为《弗洛伊德精神分析学概论》,由天地图书有限公司在香港出版。在十多年中,香港版经过五次印刷,而台湾版除了非法的盗印版以外,还在 1987 年 12 月,由洞察出版社出版印刷过两次。在这过程中,笔者由于有机会更全面地研究了弗洛伊德的主要理论,尤其是在法国和德国更直接地比较研究了弗洛伊德的理论及其在多学科和跨领域的广阔范围内的影响,使笔者深感有必要将上述 1979 年的香港初版内容,作更大规模的充实和修订。

正如我在新出版的《存在主义》一书的序言中所说,近二十年来,我始终把研究西方当代哲学和社会思潮当作是自己的专业方向。仅从弗洛伊德精神分析学近一个世纪以来在各个学科的影响来看,便可证明本人所从事的跨学科性的哲学研究态度和方法,是符合这个历史时代内发展着的哲学和人文科学的基本精神的。

趁着这本书的出版,我要特别感谢让·乌里(Jean Oury, 1924－2014)教授对我的教育和帮助。让·乌里教授是法国著名的精神分析学家雅克·拉康(Jacques Lacan, 1901－1981)最忠实的学生之一。乌里教授在他的德拉博德精神病治疗中心(Clinique de la Borde)热情接待了我,并邀我一起参加在那里举行的学术讨论会。乌里教授是从1953年创建这个方圆有好几公顷的精神病治疗中心的。它位于被人们称为"法兰西花园"(Le jardin de France)的法国路瓦河中上游地区的古尔切威尼(Cour-Cheverny)市,周围环绕着成群美丽的古城堡,而最美丽的松堡古堡(le Chateau de Chambord)就在它近旁。在乌里教授的精神病治疗中心从事研究的那段日子使我永生难忘。

乌里教授的精神病治疗中心收容了成百名精神病患者。乌里教授告诉我,从这些病人入所的第一天起,便给予行动上的充分自由。病症最重的患者往往只是先疯狂几小时,让他们在广阔的树林草地间大喊大叫,等到他们声嘶力竭,将一切被压抑的东西都发泄出来以后,便自然地同顺从的老病人合群,慢慢地过着平静的生活,并接受治疗。我和太太及女儿三人来到治疗所的第一天,由于患者们第一次遇见我们这些 étrangers(外国人),对我们很热情,很有礼貌,又很好奇。他们同我们诚恳地对话,问起中国,谈起当时正在进行的国际足球锦标赛,谈起家庭。他们的表现不但很自然,而且,还甚至比正常人更加纯朴和直率。同他们一起在餐厅吃午饭时,才发现所有的服务生都是已经被治好的患者,他们自愿留下服务。午饭后,当我们一起喝咖啡时,突然听到我们对面坐着的一位男性患者大声地叫喊起"肚子痛",并说:"我怀孕了，快生孩子了!”护士忙过来问：“Qu’est-ce qu’il y a ici?”(“这里发生了什么事?”)那位男患者竟指着我们回答说：“J’ai bu le Coca chinois tout à l’heure, je me sens un peu mal au ventre”(“我刚才喝了‘中国可乐’，肚子感到有点不舒服。”)周围的人扶他回去后，朋友们对我说：“没有关系，那位患者只是遇到了生人，稍微有些紧张，才精神有些错乱。”晚间，我们一块在大厅里看国际足球锦标赛的电视转播，又看到那位男患者，他很正常地在那里观看转播的足球赛，并不时为法国的足球明星米歇尔·普拉蒂尼(Michel Platini)的精彩球技喝彩叫好。在治疗中心的病人，行动很自由。在休息时，各自依据自己的嗜好和兴趣，或者散步，或者打扑克，或者写诗、画画等。在这里，不但使我看到了弗洛伊德和拉康精神分析学治疗法的实际操作过程，而且，更重要的是看到了精神病患者的真实表现，知道他们在社会上的不幸遭遇，看到了他们的同正常人完全一样的“人”性、善良的本性，也看到了对他们进行治疗的弗洛伊德思想的信徒们的医疗实践。这一切，使我对弗洛伊德思想更感兴趣，促使我更进一步深思弗洛伊德思想的理论和实践及其社会意义。

问题还是要回到本序言开头说过的那些话。弗洛伊德思想之所以成为西方社会思潮之一，确实有其深刻的社会历史和理论上的根源。我同意米歇尔·福柯(Michel Foucault, 1926－1984)所说，精神病是一个社会问题，尤其是现代资本主义社会的重大问题。研究弗洛伊德思想，不仅是为了弄清和把握弗洛伊德思想本身，而且，是为了更好地了解现代人和社会!

这本书将同拙著《结构主义》《存在主义》《新马克思主义导引》等书一起，构成本人研究西方20世纪思潮的初步的和不成熟的成果。笔者诚恳期望能在此基础上，进一步更深入地分析和研究我们所经历过的

20 世纪诸思潮，以便更好地了解我们自己和我们生活在其中的这个现代社会。

高宣扬

1993 年夏初于台北

注释

① 见帕森思和希尔斯合著：《行为通论导引》(*Toward a General Theory of Action*, Harvard University Press, 1951)，第 52 页。

② 参见 Will Herberg: Freud, The Revisionists, and Social Reality，载于 Benjamin Nelson ed., *Freud and the 20th Century*, Meridian Books, 1957, p.143.

③ 参见 Claude Levi-Strauss, *Tristes Tropiques*, 1955, Paris.

④ 参见 J. Habermas, *Erkenntnis und Interesse*, 1968; J. Habermas, *Zur Logik des Sozialwissenschaften*, 1970.

⑤ 参见 Vincent Descombes, *Modern French Philosophy*, 1979.

1987 年版序

人文科学，从其拉丁词源 humanitas 开始，就突出了一切与“人性”和“人的文化”有关的学问、认识、道德和行为。因此人文科学很自然地成为人性和人的价值的理论结晶，最能体现人类本性的可贵品质及其无限潜力，成为人类文化及在其中体现的富有进取性和创造性的人类精神的自我表现。虽然，作为一个科学语词，The Humanities 在西方只是从 15 世纪和 16 世纪，为区别于中世纪的神学而才开始被使用，但人文科学的各门学科，作为以人性为基点的各种逻辑认识体系和研究成果，早从古希腊时代起，便已经随着人类文化总体的发展而存在并不断地完善。法国著名哲学家列昂·布伦斯维克（Léon Brunschvicg，1869－1944）在其著作《人类经验与物理因果性》（*Expérience humaine et Causalité physique*，1922）一书中说：早在苏格拉底的时代起，人文科学的各种研究就试图引导人类本身正确地置身于具有自我判断意识的自身良心之上（576－577）。另一位美国哲学家兼专栏作家瓦尔特·李普曼（Walter Lippmann，1889－1974）则直截了当地主张用一种基于人性的道德去对抗有神论，显示人在神面前的威力：人不再信仰天上的神或彼岸世界的权威，人必须完全在人类经验之中证实其正义性。

因此,人活着,应该坚信自己的职责并不是使自己的意志服从上帝的意志,而是服从关于保证人类幸福的最可靠的知识(Walter Lippmann, *A Preface to Morals*, 1929: 137)。

人类文化发展的全部历史,证明了人文科学不愧是人的创造精神和人的尊严之最高理论表现。语言学、人类学、神话学、宗教学、历史学、法学、政治学、心理学、精神分析学、哲学、文学、美学、伦理学、经济学、社会学等学科及其不断节生而又相互融合的分支,构成了人类文化宝库中最直接、最深刻和最奥妙的显示人类灵魂的知识精华的汇聚点。

这就是为什么巴尔扎克(Honoré de Balzac, 1799 - 1850)指出:"对于会读历史的人来说,可以发现有一条令人赞赏的逻辑法则在发展着,在这一逻辑法则中表现了整个人类像一个整体一样活动着,像一个独一无二的精神那样思索着,并步伐整齐地实现其行为"(巴尔扎克:《著作集》,七姐妹文学丛书法文版,第一卷,第394页)。在历史中不断发展和不断丰富的人文科学,不管它有何等杂多的内容,何等不同的学科形式,何等剧烈的对立观点和流派,归根到底,都是、且也只能是人类精神和人性的概念化和逻辑化,也是人类意志和情感的语言凝结物。

因此,研究人文科学将有助于认识人类本身,认识人类文化的价值,提高人的尊严和道德,振兴和推动社会的发展和进步。

人文科学既然与人类整体紧密联系,它的发展也自然地维系于社会的发展。近二三十年来,由于科学技术的突飞猛进,社会结构的急剧改变,人文科学也产生了新的发展动向。这种动向,在某种意义上,预示着人类及其整个文化的具有深远意义的根本性变化。

1981年召开于法国塞夫勒(Sèvres)的法国人类学代表大会所得出的某些结论,具有一定的典型意义。人类学在其发展史上从来没有像今天这样近似于哲学——在许多情况下,人类学与哲学在研究关于

"人"的知识领域时,往往提出几乎类似的理论推理。同样,作为一门人文科学,哲学史也不断丰富着在历史运动中的人类学。人类学与哲学的相互渗透,或者说,人类学的哲学化或哲学的人本化,具有更深一层的认识论上的根源。近半个世纪以来在自然科学界的许多新突破,使哲学家哈贝马斯、法国哲学家让-弗朗索瓦·利奥塔(Jean-Francois Lyotard)等向科学本身提出了所谓"合法性"(Legitimation)的问题。在同一个提问题的方向上,哲学家和人文科学家们也相应地提出了人类文化构成的"象征化"或"符号化"(Symbolization)的问题。这种研究趋势表明:人类认识的途径本身正受到前所未有的严格检验。1973年哈佛大学的科学史家杰拉德·霍尔顿(Gerald Holton, 1922-)教授发表了两本很有分量的书:《科学的想象》(*The Scientific Imagination*, Cambridge University Press)和《科学思维的论题根源:从开普勒到爱因斯坦》(*Thematic Origins of Scientific Thought: Kepler to Einstein*, Harvard University Press)。在杰拉德·霍尔顿看来,以理性为基础的科学,始终都从"源远流长的哲学"(Philosophia perennis)中汲取最基本的营养。毫不奇怪,那些杰出的科学家们——诸如费耶阿本德(Paul Feyerabend, 1924 - 1994)、托马斯·库恩(Thomas Kuhn, 1922 - 1996)等人——也亲自深入到哲学认识领域中,提出了震撼人类文化根基的深刻问题。西方文化把与此相联系的问题概括成"科学与文化的现代性"(Modernité)。这一范畴的出现表示了人文科学和整个文化的新纪元的到来。

自然科学和技术的发展,不但没有推翻人文科学,反而更进一步地证实了:人文科学并非像经常那样被看作是"不确定的"知识体系,而是像自然科学那样,根植于人类精神本身。毋宁说,作为人的价值在知识大树上结成的果实,人文科学更有理由成为自然科学与整个文化的逻辑基础。

如果说，在古典时期，人们习惯于把人文科学基于历史的发展，因而把历史学看作是整个人文科学的基础，如同数学被传统地看作自然科学的基础那样，在当代的人文科学和自然科学的基础研究中，语言学的突出作用已经不证自明了。一切科学，归根结底，是在语言中展开并证实其“合法性”的。语言是人类文化的基础和创造手段。现代科学技术的发展，突破了语言学研究的许多传统封锁线，使语言研究成为揭示人类精神奥秘的钥匙。打通语言之门，就如同使一位哑巴说话一样，顿时也撬开了思维之窍门，径直沟通了人的内在世界与外在世界的交流。因此，语言学的研究全面地推动了人类学、心理学、社会学、哲学、文学及美学的发展，也在人文科学和自然科学之间搭起沟通的桥梁。于是，在人文科学中，一种所谓“沟通（或传播）科学”（Sciences de la Communication）和“沟通哲学”（Philosophie de la Communication）也应运而生。这类沟通学开辟了新的认识领域，为一切科学和所有的人之间的“对话”提供了可能的前景，也为人文科学的研究走出原有的传统领域。

语言学的研究也向历史学研究提出了挑战。如果说推崇理性的普特南（Hilary Putnam, 1926 - 2016）也承认历史的优先地位的话（*Reason*, *Truth and History*, 1981）；如果说，米歇尔·福柯（Michel Foucault, 1926 - 1984）也注重研究人类性情形态和人的认识体系的历史的话（*Les Mots et les Choses*, *une archéologie des Sciences humaines*, 1966），那么，语言学的研究就直接地揭示了“历史之赋予存在以形式”的重要作用[见菲利普·阿里耶斯（Philippe Ariés, 1914 - 1984）的著作《面对死亡的人》（*L'homme devant la mort*）]，也同样地揭示了历史作为“叙述”（Narration）之本来面貌。作为科学方法的“叙述”

乃是具有"认识论战略地位"的科学知识的基本方法——保罗·利科(Paul Ricoeur, 1913 - 2005)在其最新著作《时间与记述》(*Temps et Récit*)三卷本中就把研究焦点集中在 Récit(记述)之上,显示了历史学本身因现代科学与现代语言学研究的冲击而发生一次"大爆炸"(Big-Bang)之复杂情形。

总之,科学技术的新成果,作为人文科学基础的历史学与语言学的新突破,作为直接以"人及其文化"为对象的人类学的深化,以及一系列对人类认识过程产生根本影响的社会因素的出现,促使人文科学自然科学相互对话的过程中,在同社会政治生活既保持联系、又保持本身独立尊严的处境中,向着人类共同体的"宏观结构"(Macrostructure)和人类意识的"微观现象"(Microphénomène)进行更广泛而深入的研究,加固了人文科学在人类文化总体中的特殊地位。

天地图书公司出版的《人文科学丛书》*,当然从形式上来看具有通俗普及的意义,但就基本宗旨而言,乃是人文科学本身在当代社会中进行自我确立的一种尝试。因此,它渴望一切珍爱文化和尊重人的尊严的人士的爱护和支持。愿这知识之花在成千成万的文化爱好者的浇灌下茁壮成长!

高宣扬　谨识

1987 年初冬于巴黎

* 高宣扬先生主编的《人文科学丛书》首先由香港天地图书公司出版,1990 年天地图书公司与台湾远流出版公司协议合作,此后丛书的各本著作都在台湾编辑,两地联合出版。

1986年版《弗洛伊德传》出版说明

奥地利心理学家弗洛伊德是20世纪世界名人中最有争议的人物之一。早在20世纪20年代，他所创立的精神分析学就在世界上产生了影响。他的学说接触了传统心理学较为忽视的潜意识，扩大了心理学研究领域，使心理研究的层次加深，以至他的学说在文学、医学、哲学等方面都引起了反应。文学工作者对这一学说可以通过批判吸收，得到启发和借鉴。但弗洛伊德的学说把人的心理同生理、心理同社会环境的关系本末倒置了。这在他的同时代人中，包括他的弟子们，也对他的学说产生了怀疑和批评。近年来，弗洛伊德的学说和著作逐渐被介绍到我国，学术界包括文艺界的一些同志，希望对弗洛伊德的生平和学说有所了解，为此目的，我们向读者提供了这本弗洛伊德的传记。本书以通俗生动的文字记述了弗洛伊德一生的经历，并介绍了他的学说和著作的内容及写作背景。原书曾在香港出版。作者在书中虽也指出了弗洛伊德的学说和著作的某些偏颇和缺陷，但还显然不够，这是需要读者在阅读中加以分析的。

作家出版社

1986年1月

目　录

上篇　弗洛伊德传

下篇　弗洛伊德思想

导 论

从弗洛伊德于19世纪末研究歇斯底里精神病而着手深入探索“潜意识”之时开始，精神分析学就触动了人类生命中最敏感和最复杂的多种因素，不仅触发了人文社会科学和社会生活中长期被封锁及被列为“禁忌”的领域的激烈反应，也掀起长期被压抑的人类心灵深处的巨大波澜，使精神分析学所探索的潜意识及其他基本论题，像一匹脱缰的野马那样，迅速地扩展成为推动整个人文社会科学发生一连串理论革命的思想火种，不可阻挡地形成为改造整个人文社会科学的一个强大的社会文化思潮，纵横驰骋于20世纪以来人文社会科学和文学艺术的所有领域。

诺贝尔文学奖获得者托马斯·曼(Thomas Mann, 1875－1955)指出，弗洛伊德精神分析学是文学创作的重要引擎，他通过其创作的名著《魔山》(*The Magic Mountain*, 1924)对于主角汉斯·卡斯托尔普潜意识心理的生动描述，展现出潜意识在个人爱情、遭遇命运考验及生死关头时的复杂表现，使汉斯·卡斯托尔普心理深处各种隐秘紧张的内在活动，能够层层揭示开来，深深地展现了艺术作品的感染力[①]。同样地，托马斯·曼的另一部名著《威尼斯之死》(*Death in Venice*，1912)也成功地运用了弗洛伊德精神分析学的心理分析方法，通过对于死亡威胁面前的内在心理分析活动，托马斯·曼集中地表现了基于潜意识活动的无所畏惧的死亡观："死亡并非靠一两句煞有介事的贫乏庸俗词句就可以说出来的……死亡其实是一种幸福，是极其深邃的幸福，是在痛苦不堪的徘徊踟蹰后踏上归途，是对严重错误的纠正，是从难以忍受的枷锁桎梏中获得解放。"②

弗洛伊德精神分析学的强大生命力，从创立开始，即刻就体现在它的现实发展过程的曲折性和复杂性，尤其集中体现在精神分析学理论队伍关于无意识性质及其在精神病中的表现形式的无止尽的剧烈争论以及精神分析学理论队伍内部的自我分裂，导致弗洛伊德精神分析学发展史本身的矛盾性、裂变性、多样性、生成性和自我生产性，形成人文社会科学史上最复杂、最充满戏剧性和最充满生命力的动人历史画面。精神分析学内部各种学派、观点和方法在近一百多年来的不断分裂以及它自我更新的高频率和多样性，让我们既看到和体会到探索最复杂的心理现象的艰巨性，也看到和体会到它的活泼性和诱惑力。

翻阅 20 世纪以来的世界人文社会科学史，大概没有任何别的学派像弗洛伊德精神分析学那样，能够在其自身内部发生如此激烈的争论，同时又不断地发生自我分裂和自我生成，导致这个学派发展史本身呈现出如此丰富多彩的学术发展景象。

对于弗洛伊德精神分析学发展的复杂性和曲折性，需要进行耐心细致地分析。但最重要的是，由于弗洛伊德精神分析学探索着人性中最深层、最活跃、最原始和最富有创造力的潜意识力量，由于弗洛伊德精神分析学敢于打破研究禁忌，才使它从诞生之日起，便面临各种难以避免和难以解决的理论困境，甚至不可避免地时时面临陷入复杂的绝望深渊的危险。

弗洛伊德精神分析学的生命力也体现在它的影响力,特别体现在它对当代人文社会科学和文学艺术创造场域的强大催化作用。弗洛伊德精神分析学从19世纪末到21世纪初,一直为文学艺术家提供多样化和多元化的创作灵感。西方艺术从19世纪末接二连三形成的新流派以及一再更新的创作思路,都或多或少地根源于弗洛伊德精神分析学的影响。因此,弗洛伊德精神分析学的诞生,是现代人文社会科学和文学艺术史上的一场思想革命,它是西方"现代性"和"后现代性"思想文化发生危机并试图重新寻求创新出路的一个重要历史标志。

弗洛伊德出生于19世纪中叶,恰好正是西方"现代性"(Modernity)和"后现代性"(Postmodernity)思潮相互渗透和发生交替的历史时期。弗洛伊德精神分析学的产生及迅猛发展,为我们提供了全面反省和批判现代理性主义的历史时机。

回顾整个西方资本主义社会的发展史,不难看出,曾经出现过四次与"人"的概念的危机紧密相关的大规模社会文化危机,而这四次社会文化危机又直接体现了现代性本身的危机,同时也关系到对于理性与非理性关系的评估问题。第一次是在资本主义社会出现前夕及初期,也即在16世纪左右。当时,刚刚形成的资产阶级及其文化代言人,很需要确立一种不同于中世纪社会文化制度的新文化及新社会制度。因此,具有个人主体性的"现代人"的自由,维护人的基本权利,就成为最关键的问题而被提出来,这就是所谓的西方**"古典时期"**(The Classic Age; L'Âge classique)的人性论所环绕的核心问题。环绕着人的主体性及其自由、平等的基本权利而从哲学上进行论证的笛卡尔(René Descartes, 1596-1650)意识哲学(Philosophie de la conscience)及英、法等国思想家们所提出的自然法理论,就是在这样的历史条件下形成的。笛卡尔等人明确地把人定义为“理性的生存者”，以便突出既不同于中世纪“蒙昧无知”的人，也不同于“反理性”的动物的现代人的特征。

大家知道，笛卡尔在哲学上提出“我思”(cogito)的基本概念，正式地从哲学层面论证：意识，作为思想和理性的基础，是同拒绝以意识为基础的非理性根本对立的；只有以理性为基础而进行的个人自由的无止境怀疑，才体现出现代人的基本特征。笛卡尔为此明确地指出：拒绝进行理性思维的人就是“疯子”③。

因此，笛卡尔开启了“意识哲学”在西方近代哲学史上的统治时代，也同时使用理性为标准把反理性的“异常人”圈入与理性的“正常人”根本对立的范畴之中，为占统治地位的权力集团打着理性旗号，对一切抗拒被统治的社会力量进行精神迫害提供合法性论证。也正是在这一时期内，批判和对抗理性主义及其意识哲学的思想流派，接二连三地提出他们对非理性、“疯子”以及精神病的另类主张。

稍早于笛卡尔的法国思想家蒙田(Michel de Montaigne, 1533-1592)并没有像笛卡尔那样绝对地鼓吹理性，而是比较现实地指出：我们实际上“一半是理智，一半是疯狂”，在理智与非理性之间并没有不可逾越的鸿沟。蒙田说：“最灵巧的疯狂，靠的是最灵巧的智慧(La plus subtile folie se fait de la plus subtile sagesse)④。”荷兰画家希罗尼穆斯·博斯(Hieronymus Bosch, 1450-1516)在16世纪初的作品《疯人船》(*The Ship of Fools*)表达了对中世纪末期教会黑暗统治的抗议，通过《疯人船》的创作，嘲笑现实社会的正常人只使用理性的大脑，而疯人们却敢于颠倒现实社会中的“标准”，置理性于不顾并把“肚皮”放在高于大脑之上。希罗尼穆斯·博斯歌颂疯人们把“肚皮”放在优先于大脑的位置上，并强调“肚皮”倾向于“恶”就是更接近人性⑤。

同一时期，瑞士人文主义者老托马斯·普拉特尔(Thomas Platter

der Ältere，1499－1582）也从小就不堪忍受现代社会理性管制的精神痛苦，宁愿一生过流浪生活，试图在流浪汉生涯中认识社会的种种不合理性[6]。

同样地，生活在15世纪末至16世纪初的荷兰人文主义思想家爱拉斯谟（Desiderius Erasmus，1466－1536），在他访问友人、乌托邦思想家托马斯·莫尔（Thomas More，1478－1535）的时候，撰写了《疯人颂》[7]，衷心表达他对受到精神摧残的“疯人”的同情心。在爱拉斯谟的文字中，“疯人”是非常美丽的希腊女神阿尔法（Alpha）的化身，她是冥王的女儿，一生以醉狂和无知为自己的最大快乐。爱拉斯谟把《疯人颂》（*The Praise of Folly*）献给友人托马斯·莫尔，隐喻地和讽喻地暗指托马斯·莫尔的过人智慧。

耐人寻味的是，恰好在现代性初期，“疯人”成为时代的“象征”：对现代性深感不满的人们，都甘愿自称“疯人”而对社会提出抗议。或者，他们宁愿创建一个乌托邦式的“疯人王国”并到那儿避难，也不愿意留在号称“现代”的社会中过“理性化”的刻板而受管制的生活。爱拉斯谟献给托马斯·莫尔的《疯人颂》，既是对托马斯·莫尔的乌托邦思想的赞美，又是对现代社会的抗议。

这就为**第一现代性时期**的人性论及其思想文化的危机埋下伏笔。福柯曾在他的《古典时代疯狂史》生动地描述和揭露了这个时期整个意识形态以及生命科学等新兴自然科学的性质，它们都以理性为标准，将人区分为正常（或“符合标准”，normal）和异常（或“不符合标准”，abnormal）两大类型，使理性标准扩大成社会统治的基本准则，同时也直接将现代生命科学所判定的“精神病患者”称为“疯子”，把他们划定在“异常人”的范围内加以严格管制。从此，以现代生命科学确定的“正常”与“异常”为典范，把社会上一切违反新社会法制和规范的人，都划定为“异常人”,限制或剥夺他们的自由,使之成为被关押、监管和规训的对象,从而形成了现代社会结构的基本模式[8]。

第二时期是18世纪启蒙时期,人们因此也将启蒙时期称为“第二现代性”。在这一时期内,启蒙思想家进一步为人性和人权作辩护和论述,建构了许多新的理论和知识体系,进一步突出显示:所谓新的哲学、认识论以及自然科学等各种现代科学知识,无非就是为新的社会制度,造就和培训一种符合新社会规范和社会法制的“现代的理性人”而已。康德(Immanuel Kant, 1724-1804)明确认为:只有掌握理智并敢于独立自主地使用自己的理智的人,才达到了启蒙的标准,才是“成熟”的人。

康德在《柏林月刊》(*Berlinische Monatsscrift*)的1784年12月号上发表《对“什么是启蒙?”的问题的回答》(*Beantwortung der Frage: Was ist Aufklärung?*)。康德首先界定:“启蒙,就是人从他自己所造成的不成熟性(未成年状态)中解脱出来。不成熟性,是指没有他人的指示,自己就不能使用自身的理智。这种不成熟性是由自己造成的,因为这种无能为力的原因,不是缺乏理智,而是由于没有他人指示就缺乏勇气和决心去使用自己的理智。因此,启蒙运动的基本口号就是:鼓起勇气,大胆地使用自己的理智!”[9]。

在上述关于启蒙的定义中,康德所强调的,是人敢于独立自主使用自己的理性的重要性。康德特别引用拉丁诗人贺拉斯(Quintus Horaitus Flaccus, B.C.65-B.C.8)的一句名言:“Sapere aude!(Habe Mut zu wissen! 敢于去认识!)”,作为启蒙运动的基本口号。显然,康德首先把理性当成启蒙的首要因素,接着,他又把理性主要地归结为认知,并把敢于掌握知识和追求真理当成启蒙的主要目标。

这一口号,从18世纪30年代,就随着莱布尼茨(Góttfried Wilhelm

Leibniz，1646－1716)和沃尔弗(Christian Wolff，1679－1754)哲学的发展而在德国流传开来。而且，当时的哲学家、思想家、科学家、文学家和艺术家们，几乎都对掌握现代科学知识的重要性有一致的认识。从理论上，理性、知识、自由，这三大因素，已经在德国普遍地被人们当成启蒙的主要内容。但是，在以上三大因素中，德国人往往只看到知识的重要性，却对知识与理性、自由和独立自主的勇气的相互关系缺乏真正的认识。门德尔松(Moses Mendelssohn，1729－1786)与康德对启蒙运动所展开的争论文章，基本上总结了自18世纪最后三十年过程中德国人对启蒙的沉思结果。

按照康德的分析，具体地说，正是“怯懦”与“怠惰”，使如此众多的人，仍然满足于听任别人的指导，甘心情愿使自己一辈子都服从他人的指挥，成为别人的“保护对象”。如果要问“我们现在是否已经处于理性灿烂的时代”，那么，康德的回答就是：不，但我们却真正地处于“启蒙时代”。只有到整个社会的许许多多的人，都能够勇敢地和主动地自由使用自己的理智的时候，才可以说我们已经进入理性占统治地位，以致真理大放光明的时代。

首先，当时的德国社会仍然充满着腐败现象，经历多年的启蒙运动，并未能改变社会的根本制度。康德关于启蒙的定义，凸显了理性的独立自主运用的关键意义。但在康德看来，人的理性的自由运用，要由人自身来决定。为此，他特别强调人在启蒙运动前的“不成熟性”是“人自身造成的”。在这一方面，康德几乎和其他一部分德国启蒙思想家一样，不愿意看到或回避理性的自由运用与国家制度之间的密切关系问题。实际上，人自己不能实现自我启蒙的原因，就是以往的教会与腐朽的国家制度一起联合对人民进行专制的结果。康德的定义不去批评和揭露以往的旧国家制度和天主教教会的腐败性。康德不但不揭露德国旧制度的反动性，反而把希望寄托在德国皇帝弗里德里希二世的仁政和改革。

另一方面，康德对启蒙的定义，显然夸大了理性的作用。康德明确地指出：造成人的不成熟性的原因，不是因为人自己没有或缺乏理性；而是人自己，在没有别人的指示下，不敢和不能使用自己的理性。其次，康德特别强调人使用理性进行认识活动的重要性，却忽略了与理性并存、并对人的生活和思想同样具有决定性意义的情感、意志和非理性。同时康德也不重视知识以外的其他文化生活对人的启蒙的重要意义。

为此，始终对启蒙运动持有异议的哈曼(Johann Georg Hamann, 1730 - 1788)于12月18日写信给康德的门徒克里斯蒂安·雅各布·克劳斯(Christian Jacob Kraus, 1753 - 1807)，阐述了他对启蒙的独特看法，批判了康德的观点。哈曼的观点典型地表现了对启蒙运动持有不同意见的思想家的思想倾向及其对启蒙运动的批评的重点。

哈曼，作为一位富有想象力和具有丰富浪漫情感的作家、诗人和哲学家，并不轻易相信启蒙思想家所宣传的理性的威力。他更多地期待在历史的漫长而曲折的演变过程中，让人类精神本身所隐含的各种充满刺激和希望的偶然因素以及可能性因素能够全面地发挥出来。

由于诗歌创作所使用的语言的神奇性，使哈曼更加相信潜伏在语言创造中的各种非理性因素，也使他更多地期待语言神秘启示过程的刺激性和好奇性。语言和潜意识一样，不是在逻辑规定中显示它的奇妙力量，而是在多变和不可控中吸引着我们。哈曼始终认为，语言并非如同传统思想家所宣称的那样“准确”和“单义性”，而是模糊和歧义的混合体。语言作为语言，是各种复杂的精神和历史因素的交错集合。语言的神奇性和宗教的神秘性结合起来，成为人生快乐和文化创造性的基础。

另外,哈曼还坚信语言本身的自然本性。他认为,语言的珍贵性,就在于它的自然力量和非人为的逻辑性。他在《自然颂》(*Gesang der Natur*)中赞颂语言本身的“民族特质”(natioanle originalität),因此他主张“返回到自然的语言”(die Rückehr zur naturliche sprache)。他的这种观点和主张,后来得到了诗人赫尔德(Johann Gottfried von Herder, 1744－1803)的支持[⑩]。

在哈曼的许多诗歌作品中,他反复赞颂基督教启示力量的创造性作用。他认为,诗歌的创造不是求助于理性,而是相反,要诉诸宗教的神奇启示力量。启示是一种无法彻底被理解的神秘因素。启示的神秘性,绝不是它的负面,而是它的珍贵所在。一切神秘的东西往往给予人的思想和精神强大的启示,引导思想走出常规,突破各种限制而达到全新的领域,有时还会引导到令人惊讶的程度,使人从陈规戒律中苏醒过来。当然,作为一位新柏拉图主义者,哈曼也不是简单地和盲目地颂扬启示,而是强调启示在历史、自然和语言中的中介性迂回的必要性。他指出:基督教《新约》所使用的象征性语言和符号,是各种创作的启示性源泉。他认为,正是在这些语言的象征性迂回和变化中,可以看出与理性相对立的非理性因素的迷人诱惑和创造性力量。

正因为这样,哈曼强调理性之外的感性及欲望。他认为,人的感性和性欲,固然不同于理性,但绝不是有害的,而是相反,非常有益于创作的深化和展开,有助于创造和生活的多样化。哈曼同天才诗人赫尔德有很密切的关系。他们俩之间的通信,揭示了德国启蒙时代更为有趣的面向。他们俩经常在交往和通信中探讨理性之外的感性及语言的神奇力量。

然而,哈曼之所以对神和宗教如此抱有希望和寄托,也是因为他对人性本身有复杂的看法。哈曼反对简单地将人性归结或化约为一个终极的因素，反对把人性化约为一种独立不变的实体，更加反对康德等人将人性过分地理性化。他认为，与其说人是理性的存在，不如说人是比理性更复杂得多的动物。理性在人性中只是一个成分，人性是复杂得多的存在，在很大程度上是不可认识和不可把握的。也就是说，人性是世界上最复杂的因素，也是最不稳定的；与其说人性是某种实体，不如说它是某种不可把握的倾向和生命力，是一种不断生成和不断更新的生命力量。人的生命本身就是不可测定和不可预示的。生命作为一种独立的力量和倾向，只能由其自身的内在发展趋势及其选择所决定。人性就是人的生命力的体现和展示，它隐含着他人无法确定的生长趋势。正是神赋予人的生命以强大的生活欲望和力量。

哈曼的基本思想聚焦于人性的本质、两性关系、教育、语言及人对神的关系等重要问题。在哈曼的思想中，最重要的因素，就是把生命当成潜藏着无意识力量的语言和性的合成物。哈曼认为，只有通过语言和性，人们才能理解到神的真正存在，也才能把握哲学真理。他强调说，人的语言和性的高度神秘性质及其在人类生活和创作中的关键地位，只能是伟大的神所赋予的。哈曼把语言及性的重要性同神联系在一起，表明他对三者（神、语言、性）在人性与文化中的地位的高度重视。在他的《论婚姻的奢侈逸乐》一书中，他具体地指出了性和男女两性的关系同神的意向的密切关系。他认为，没有性，就无法理解人与神的关系。性是连接神与人的唯一联系通道。他说，神在造物和造人的时候，就已经预示性的重要性。基督来自女性，意味着人的一切也来自女性，来自女性与男性的性的关系。神的神秘性和不可思议性决定了性的问题的不可思议性。另一方面，他还认为，男女两性间的“做爱”是很自然的，因为男人既然来自女人的阴道，他就自然地要在做爱时再次进入阴道。所以，做爱就是男人的肉体返回其根源的生动表现。哈曼在诙谐地谈论性的时候，更玩弄了德语的语词游戏，表现了他对语言艺术的熟练掌握[11]。

人性的一切最复杂的性质，集中地体现在人所使用的语言和人的"性的关系"之中。世界上没有别的任何东西，可以与人的语言和性相比拟。语言和性，既包含理性的因素，又隐含一切非理性和反理性的因素及倾向。因此，人的语言和性，可以在不同的社会条件下变成为一切可能性，它们甚至也可以成为一切不可能的事物。换句话说，语言及性既是一切可能性，又是一切不可能性。在语言和性之中，包含着一切创造和变化的因素和力量，同时又包含各种破坏性力量。真正的人，必须重视语言和性的创造潜能，必须重视它们的变化趋向，也必须在它们的创造过程及变化趋向中吸取创作的营养，获得生活的动力和乐趣。为此，人必须发挥人本身所固有的思想、理性、情感、意志、感性及欲望等，利用语言及性的创造力，进行无限的探索。把人限定在理性范围内，就等于把人紧闭在狭小无望的框架。

哈曼指出："我们的知识，哪怕是最低限度，都同时双重地仰赖于和来源于感性的启示与人类的检验。"他反对康德把感性和理智区隔开来，强调两者之间的相互联系性。为此，他借喻地说："感性就像胃脏，理智就像血管。不但血管需要胃脏提供的食物来供应身体的需要，而且胃脏也需要血管才能运作起来。"哈曼关于感性与理性之间的相互联系性的观点，不只是用来批判康德，而且也是对整个启蒙思想家过分夸大理性的抗议。

但哈曼始终都不把语言与情感表达简单地等同起来。在给赫尔德的信中，哈曼讨论了语言的起源，并认为语言同思想以及同外在世界都有中介关系。同时，语言本身是以人与上帝的关系为基础而建立起来的。哈曼通过对《圣经》中创世纪部分的修改，试图说明在最原初的时候，人的面前所呈现的一切事物和现象，都表现了语言的性质。他说："在天堂那里，每一个自然现象都是一个语词。每一种现象，都体现了一种神秘的、不可表达的和暗示的神性能量或观念的集合。人类的最早祖先所听到的第一个声音，通过眼睛所看到的第一件事，通过他的手所接触到的第一个事物，都是活生生的语词；也就是神的语词。"所以，语言的起源是很自然和易于理解的，就好像儿童的游戏那样简单易懂。当哈曼与康德一起讨论启蒙的问题时，哈曼更是集中地考虑语言与思想、与理性的关系。哈曼甚至明确地指出：康德在他的《纯粹理性批判》中所探讨的"先天知识"的可能性问题，直接地与语言的本质相关。他说："思想能力不仅全部地依靠语言，而且，语言本身还是理性及其自身发生误解的关键（Not only the entire ability to think rests on language ... but language is also the crux of the misunderstanding of reason with itself）。"因此，在哈曼撰写的《对康德总批判》一文中，哈曼说：唯有靠语言的中介，才有希望治疗哲学，因为语言是经验和传统的载体，它也因此永远是思想的基础。哈曼由此严厉地批判康德将感性、理智、理性和审美力加以区分的做法。哈曼认为，康德所提出的"什么是理性"的问题，并不比"什么是语言"更重要。语言才是一切知识、理性、感性、情感、论述、逻辑及审美的真正基础，也是一切矛盾和辩证法的根源。

实际上，哈曼所强调的，毋宁是理性的复杂性、变换性及其与人的其他因素之间的复杂性。他曾经说："没有语言，我们就不会有理性；没有理性，就没有宗教，而缺乏我们的本性中的语言、理性和宗教，没有这三种因素，就不会有心灵和社会关系。"而且，哈曼又认为，理性的存在，一点也不意味着我们的推理就注定是合理的，推理就像我们的存在那样，可以是错误的，可以是反理性的和非理性的。反过来，错误也并不一定是不合理的。错误有时是正常的，甚至是合理的。哈曼所反对的，是启蒙思想家所宣称的那种“普遍的、不可错的和合理的理性”。他说：“存在、信仰和理性，纯粹是关系而已，三者都不能绝对化。它们不是事物，不过是纯粹的思考概念而已，是用来当成理智的符号罢了。”

以上所讨论的哈曼关于理性与非理性之间的上述复杂关系的论述，对弗洛伊德产生深刻的影响。

关于启蒙的问题，在哈曼看来，实际上就是关于社会的历史命运以及人类历史的基本性质。人类的生命究竟有什么意义？哈曼认为，人生来就是为了进行评论，人生就是以评估、审查和判断一切美的事物为其基本乐趣，而一切评估和判断都是以对立面的统一的原则为基准。没有一件美的事物是可以脱离丑的事物，就好像真不可能脱离假一样。因此，严格地说，所谓判断和评估，就是以对立面的统一原则进行思想审美活动。从社会政治意义来说，人的社会职责就是对社会上发生的一切进行评论。政治就是这种评论活动的一种。所以，严格地说，每个人都是统治者，每个人都有责任对一切进行评估和判断，每个人都应该成为他自己的“国王”和“立法者”，每个人生来都同时地成为自己的统治者和被统治者。人作为一种政治动物，就是要从本质上成为批评、立法和执法的活机构。

康德总结启蒙思想的核心观念，指出：“人实际上在其自身中发现一种将其自身同其他一切事物区分开来的一种能力，这就是理性……一个理性的生存者必须把自己看作是一种理智，不只是隶属于感性世界，而更是隶属于理智世界。因此，人可以从两个角度来看其自身，同时，也可以由此而类推获知，他的一切能力的运作规则以及他所有行动规则：第一，就他隶属于感性世界而言，人自身应服从于自然的法规

(他律);第二,就其隶属于理智世界而言,人是生活在独立于自然的规则之中,而这些规则并不是立足于经验,而是仅仅立足于理性。"康德认为,人之所以有道德上的自律,是因为人不同于一般的生命体,他是具有合目的性的"目的自身"。康德试图由此论证人的至高无上的尊严和他的不可让与的最高价值。康德指出:作为具有"纯粹意志"的理性的人,无需任何外在的条件或强制性的因素,就可以实现自己向自己发出普遍有效的命令,很自然地遵循着"实践理性"的原则。康德认为,这才是真正的自由。康德说:"自律是人性和一切有理性的事物的尊严的基础",对这种尊严的尊重,要求不把人看作只是一种工具或手段,而是永远同时地是目的本身。

总之,在第二现代性时期,一切有关"人"的论述,不管是科学论述,哲学论述,还是政治论述,都是以"理性"为核心概念,以便建构有利于巩固新的法制统治的中心目的。"理性"及其三大标志"科学""法制"和"道德",成为判断真理、正义和善恶的唯一标准。

但是,现代性从一开始就充满了悖论。英国作家狄更斯(Charles Dickens, 1812 - 1870)最早揭示了现代性的悖论。针对现代社会,他说:"这是最好的时代,也是最坏的时代;这是充满智慧的时代,也是愚蠢的时代;这是信仰的时代,又是不可信的时代;这是革命的时期,也是黑暗的时期;这是充满希望的春天,又是绝望的冬季;我们什么都有,但我们又一无所有;我们都直奔天堂,我们又走向别的地方。"[12]

这就是说,所谓"启蒙时代",并不意味着当时只存在鼓吹启蒙思想的一种声音,而是同时伴随着与之不同的其他许多观点和流派,这些流派的存在和发展,固然对启蒙运动有批判或牵制的作用,因此对启蒙运动可能发生否定的或消极的影响,但它们同样也具有正面的或积极的意义。而且,启蒙本身所隐含的内在矛盾,不但势必在其成长和成熟的过程中逐渐展现出来，而且它也有可能导致根本的分裂。至于在启蒙运动之外，那些反对启蒙的人物及其思想，有的当然是出自一种对立的立场，有的是采取明显的守旧观点，但也有的是从另一个角度，从更长远的视野，从更全面的考量，对启蒙发出异质性的观点。例如对待理性的态度，即使是在启蒙运动内部，也存在多种观点：有的主张把理性绝对化，有的则把理性限于一定的范围内，有的还主张使理性与其他因素结合起来，等等。在这方面，美国哥伦比亚大学教授奥夫拉尔蒂（James C. O'Flaherty）在一本题名为《关于理性与其自身之间的论争：论哈曼、米凯利斯、莱辛及尼采》的著作中，做了非常深刻的分析[13]。

第三时期是在19世纪中叶至20世纪头三十年，资本主义社会经历了一段蓬勃发展过程之后，那些最敏感和最有思想创造能力的作家、诗人、艺术家及哲学家们，如浪漫主义的思想家和文学艺术家们以及在他们之后的马克思（Karl Marx，1818－1883）、波德莱尔（Charles Baudelaire，1821－1867）和尼采（Friedrich Nietzsche，1844－1900）等人，最早发现了资本主义社会及其文化的矛盾性和悖论性：既有积极推动和维护人权的面向，又有侵犯和破坏人权的消极倾向。他们从资本主义社会的文化及社会制度中，看到了资本主义社会的内在矛盾，看到了它们的双重性格及双重面貌：它们是科学的，然而又是最野蛮的；它们是推崇法制的，然而又是最伪善的；它们是尊重人权的，然而又是最践踏人权的。于是，浪漫主义者以及马克思、波德莱尔和尼采等人，便掀起了批判资产阶级古典文化的浪潮，比以往任何时代都更彻底地揭示了所谓"现代性"的内在悖论。其实，这一时期的现代性，作为前两个时期的继续和发展，无非就是"第三现代性"，是前两次现代性在新时期的成熟形态罢了。

西方社会在19世纪中叶完成了工业革命，为整个西方的社会制度奠定了牢固的基础，同时在经济上实现了工业化，完成了整个经营管理制度和社会生活的理性化的彻底改革。因此，19 世纪中叶西方的现代化可以说达到了成熟的阶段。但与此同时，也开始出现了一系列能够充分揭露现代性矛盾的各种社会思潮，这些社会思潮最早体现在西方的文学和艺术界。

19 世纪最早怀疑和批判理性主义的社会文化思潮是浪漫主义。浪漫主义是一个极其模糊的概念，它蕴含着各种不同的含义。从一般意义上说，它指的是受法国启蒙运动时期的卢梭等人的影响而在德国思想家、文学家及艺术家中间所产生的震撼性精神反应，导致具有创作激情的思想家和文学艺术家们迸发出愤世嫉俗的创新意愿和极端性行动，招致他们对理性本身形成独特的理念，同时又试图对理性本身进行彻底的超越，使他们在发扬理性精神的时候，怀抱冲击各种界限和禁忌的冒险态度，彻底改变理性本身的概念，力图极端地发扬理性内在的悖论，使理性发挥出多彩多样的色彩，同时又超出理性的原有框架，在理性之外的情感、心灵、意志及感觉等传统理性主义所排除的人类精神生活内部，寻求推动着人性深层的所有成分都获得自由释放的机会。

在这方面最典型的，在哲学领域，首先就是哈曼、谢林(Friedrich Schelling, 1775 - 1854)和荷尔德林(Johann Hölderlin, 1770 - 1843)。同时，德国文学艺术界也出现一批浪漫主义者，最重要的是在浪漫主义队伍中，一些激进的思想家和艺术家甚至难以控制自己的创作冲动，使自己陷入“疯狂”境界！

与此同时，在文学领域，部分德国作家、诗人和思想家中蔓延和发展起来的一种特殊的创作精神，也成为德国浪漫主义运动的重要组成部分。如果说，启蒙从一开始就包含极端的矛盾性的话，那么，与启蒙同时存在并行的浪漫主义运动，就更是一场充满悖论、并因此充满生命力的思想运动、文学创造运动及社会革命运动。所以,不能把浪漫主义仅限于文学创作领域,而是应该把它理解为一种广泛而深刻的思想解放运动,一种包括哲学、文学、诗歌、艺术以及社会生活等领域中表现出来的多元多质的自由化创新过程,它一方面极大地追求精神和思想的自由,另一方面又寻求最彻底的创作冒险实验,并把它推广到实际生活世界中,造成前所未有的思想、生活、创作三方面全面解放的新局面。在浪漫主义的冲击下,传统的理性主义遭受到最严厉的批判。

浪漫主义实际上是整个欧洲范围内的思想创造运动,它从一开始就是跨国性和跨文化性的思潮。而在德国浪漫主义发展史上,法国和英国浪漫主义尤其对德国思想发生深刻的影响。18 世纪末至 19 世纪 30 年代的法国思想家贡斯当(Benjamin Constant, 1767 - 1830)不只是一位杰出的自由主义政治思想家,而且也是一位浪漫主义思想家。他在青年时代来往于法德两国之间,而且他同德国杰出的浪漫主义女思想家斯达尔夫人(Germaine de Staël, 1766 - 1817)的友谊及思想交往关系,又促进了两国浪漫主义的进一步交流及相互影响。

德国浪漫主义的文学家和哲学家们,特别是作家和诗人诺瓦利斯(Novalis, 本名 Geory Philipp Friedrich Freihern von Hardenberg, 1772 - 1801)、弗里德里希・施勒格尔(Friedrich Schlegel, 1772 - 1829)、奥古斯特・威廉・施勒格尔(August Wilhelm Schlegel, 1767 - 1845)、路德维希・蒂克(Ludwig Tieck, 1773 - 1853)、瓦肯罗德尔(Wilhelm Heinrich Wackenroder, 1773 - 1798)、让・保罗(Jean Paul Friedrich Richter, 1763 - 1825)等人,往往是"狂飙突进精神"的继承者。但他们并不满足于启蒙运动的理性原则,而是把人文主义的内涵和表现形式更紧密地与人的内在心灵和感情生活联系在一起,提出了超越理性和放任自然的新口号,在一定程度上,试图批判、弥补和纠正启蒙运动的缺失之处，把人的心灵和感情的解放，尤其把人的创作自由提升到更高的层面。

在浪漫主义思想的启发下，法国杰出的思想家波德莱尔（Charles Pierre Baudelaire, 1821－1867）于19世纪40年代在《1846年文学沙龙》（"Salon of 1846"）里提出"现代性"（Modernité; Modernity）这个概念，以便把新时代与此前的"古典时代"区别开来。他当时是针对着当时已经成熟的西方现代社会，集中批判了与西方现代社会相应的西方原有占主导地位的意识形态。当时的西方社会经济已经基本上完成了工业革命，制度上已经完成了自由民主制度的奠定。

正是在这样已经基本上成熟的西方现代社会的背景下，现代性的矛盾本身就越明显地暴露出来。所以19世纪40年代当波德莱尔提出现代性的概念的时候，恰好也是马克思在1848年发表《共产党宣言》（*Manifesto of the Communist Party*）的前夕。而且，1848年2月、4月、6月和10月，先后在巴黎、罗马、柏林、伦敦、维也纳、布拉格等地爆发了工人起义，更明显地暴露了现代社会的成熟所造成的社会矛盾。

马克思就是在这样一个社会矛盾出现的前夕，发表了《共产党宣言》，指出了现代社会的基本矛盾和阶级斗争的严重性，严厉地批判了现代性的矛盾。

德国思想家和哲学家尼采则从思想文化的层面，集中揭示现代性的理性主义思想基础的极端有限性甚至荒谬性。他举起"反启蒙"（*Gegenaufklärung*）的旗号，提出"神已死"（*Gott ist tot*）[14]的口号，甚至提出"对一切价值重新估价"的原则，向充满危机的现代性宣战。

如果说黑格尔主义把西方哲学自古希腊苏格拉底以来形成和发展起来的理性主义推向了最高峰的话，那么，正是理性主义的极端化促使原来蕴含的内在危机进一步激化起来。在黑格尔晚年出现于他身旁的青年马克思、叔本华(Arthur Schobenhauer, 1788 – 1860)及他的同事施莱尔马赫(Friedrich Schleiermacher, 1768 – 1834)等人,都先后从不同角度向黑格尔的哲学发出挑战。而在黑格尔逝世之后紧接着兴起的新康德主义和现象学,乃是黑格尔主义发展的另一类理论性新产品。因此,在黑格尔之后,一系列哲学革新运动相继兴起,德国哲学界的面貌焕然一新。在这方面,叔本华和尼采是两位不可忽视的人物。

叔本华和尼采的功绩在于:在黑格尔完备的绝对理性主义体系中,他们发现了把理性主义绝对化所可能引起的否定性后果,因此,他们彻底打破黑格尔理性主义的约束,在理性之外的广阔领域中,寻求更为丰富和复杂的人类精神力量,踏上新的广阔哲学思路,为哲学的更新奠定了基础。

叔本华说:"世界就是意志的自我认识(Die Welt ist die Selbsterkenntnis des Willens)[15]。"世界无非是我的表象。但在叔本华看来,仅仅从表象的角度来认识主体和客体,是很不够的。由于世界是人的表象,所以,现实世界的存在同人的梦境并无多大区别。叔本华说:"人生和梦都是同一本书的书页,依次连贯阅读就叫做现实生活。"叔本华由此得出结论说:"人生是一大梦。"梦一般的生活究竟源自何处?叔本华指出,这是因为表象的主体不断地行动着,不断地把世界当作客观对象去认识。究竟为什么?"这个谜底,叫做意志,"叔本华这样来回答。

正是在叔本华思想的启发下,德国哲学家哈特曼(Eduard von Hartmann, 1842 – 1906),在1869年,即当弗洛伊德刚23岁的时候,哈特曼发表了《潜意识的哲学》(*Philosophie des Unbewussten*)。这本著作综合了莱布尼茨、黑格尔和叔本华的哲学,将谢林哲学中原有的无意识概念和莱布尼茨哲学中的单子的个体性(Individualität)概念结合在一起,并吸收哈特曼所处的时代的自然科学现实主义传统,发展出一个以“潜意识”为基本概念的“动力学形而上学”(Dynamische Metaphysik)体系,这是一种特殊的实践哲学,其原则就在于:通过对一切虚伪的道德原则的无情揭露,使整个世界从意志的不幸困境中解放出来,以便达到潜意识的目的。

在哈特曼看来,潜意识无非就是一种普遍的心灵,它是渗透到一切事物中的精灵(die Psyche)中的一种,潜意识首先就是表现在人的本能中的那种有机体的心灵。思想的一切有意识的活动,都是以无意识的活动为基础[15]。

作为叔本华哲学的重要继承人,哈特曼特别强调潜意识的反理性的本质。在他看来,作为有机体的本能,潜意识和叔本华所说的“作为自在之物的意志本身”一样,是无根无据的,是无尽的追求。尼采高度赞赏哈特曼对于传统文化的批判,并在《不合时宜的思考》(*Untimels Meditations*, 1874)一书中称哈特曼为永远值得赞颂的作者。

哈特曼只比弗洛伊德年长14岁。哈特曼的反理性主义和反基督教传统道德的哲学观点,对于弗洛伊德的潜意识的梦的理论的形成,提供了必要的准备。在弗洛伊德的《梦的解析》(*The Interpretation of Dreams*)一书中,弗洛伊德多次引述哈特曼的观点。哈特曼比弗洛伊德更早地在梦的现象中研究了无意识和潜意识。弗洛伊德在谈论梦的‘性象征’的观点(the sexual symbolism of dreams)时说,关于梦的‘性’的象征性结构及其理论,在弗洛伊德以前,早已为多次试验所直接地证实了。

弗洛伊德尤其重视哈特曼所作的上述试验,“特别有趣的是由贝德莱姆(Stjepan Betlheim, 1898 - 1970)和哈特曼所完成的试验,因为他们消除了催眠术。这些试验的作者们,向来自科尔沙科夫精神治疗中心的各种病人们，讲述着很残酷的赤裸裸的性故事，并观察到：当有关的内容重复时，便出现“扭曲”（Distortion）。这就表明，复制的含有象征的内容，是通过梦的解释而被熟知的，他们把爬楼梯、刺和射，都看作‘性交’的象征，而把刀和烟卷比作阴茎。爬楼梯的象征的出现是具有特别价值的，因为正如上述作者们所指出的：这类象征化不可能是欲求扭曲的有意识的愿望的结果。”

弗洛伊德还高度评价哈特曼的《潜意识的哲学》一书关于“观念联想法”及其在文学创作中的无意识作用的思想观点。弗洛伊德指出：无主导方向的观念的思考，是不可能通过我们自身在自己的心理生活中所实行的影响来保障的，我也不会知道任何类型的由其自身实现的此类思想模式所构成的心理错乱状态。

接着，弗洛伊德指出：“直到最近，我才注意到如下事实：哈特曼在这个重要的心理学观点上采取了同样的看法。在附带地说及文艺创作中的潜意识的作用的时候，哈特曼明白地宣告了观念联想法。在他看来，正是由潜意识支配的观念，在不知道观念联想法的有效范围的条件下，去指导这个观念联想法。”

哈特曼曾经指出：“每一种感性观念的联结，当这种联结并非完全由机遇所决定，而是导向一个特定的目的的时候，就很需要潜意识的帮助。”而且，哈特曼还指出，在任何一种特殊的思想联结中的有意识的利益，对于潜意识来说，是一种刺激，使潜意识在无数可能的观念中间，可以发现适应于主导性观念的那个观念。哈特曼说：“正是潜意识进行选择，或者更确切地说，是依据利益的目标去进行选择：这对于抽象思维中的观念联结是正确的，如同对于感性表象和艺术的联结以及机智的闪烁那样。”哈特曼认为，在人类生活中，要使得人不仅能自由地躲避任何有意识的目的，而且又能自由地逃避任何潜意识的利益和任何过渡性的心境的统治或操纵，简直是难上加难。既然是人们任其思路跟随机遇而行，即使是人们完全服从于幻觉的非意愿的梦想，也仍然会有其他的主导性的利益、具支配地位的情感或心境，在这个或那个时间内，占优势地影响着观念的联结。

哈特曼的潜意识概念与叔本华的身体和性的概念有密切联系。叔本华曾经指出：人的身体以两种方式存在，即一方面是作为表象者；另一方面却作为意志。因为人的意志的每一次现实化，同时也是身体的一个动作。叔本华特别强调人的身体的活动与意志作用的同时性，为的是论证两者的一致性和同一性，即是说，两者间并不存在因果关系，而只是同一事物的两个方面。因此，“身体活动不是别的，只是客体化了的、也即进入了直观的意志活动”。换句话说，我们的身体的每一个动作，是形象化和客体化的意志活动。意志表现为人的欲求和行为。指向未来的意志决断只是理性对于人们行将欲求的东西所作的考虑，它并不是本来意义上的意志活动。只有实施和行动，才显露出意志的印记。所有真正的、直接的意志活动，都立即而直接地成为身体的外现活动。同样的道理，身体所感受到的作用，也立即成为对意志的一种作用。当这种作用与意志的方向相反对的时候，人就会立即发生痛苦。反之，两者相契合时，就产生快感。

但是，叔本华并不要求我们把意志与身体的活动完全等同起来。身体的活动，作为表象，只是现象。它本身也可以作为认识的对象。但作为意志，它却永远是非客体，它只是客体化的内在动力。所以叔本华强调：“唯有意志是自在之物，作为意志，它绝不是表象，而是在种类上不同于表象的。它是一切表象、一切客体和现象、可见性和客体性之由于出发的根源。它是个别事物的，同样也是整体（大全）的最内在的东西，即内核。它显现于每一盲目地起作用的自然力之中，它也显现于人类经过考虑的行动之中，两者的巨大差别仅仅是对显现的程度而言，不是对显现者的本质而言。”

叔本华在为意志进行抽象化的同时，也设法使之赋有直观的性质，即把它说成是人人都可以直觉地体验到的一种本质。叔本华说："意志是唯一不在现象中，不在单纯直观表象中有其根源的概念。它来自内心，出自每人最直接的意识。在这意识中，每人直接地，无需一切形式，甚至无需主体和客体的形式，就在本质上认识到他自己的个体，认识到他同时也就是这个个体，因为在这里认识者和被认识者完全合而为一了。”在考察人类的意志表现时，叔本华把性的冲动看作意志的最强烈表现之一。他认为性器官比身体上任何其他外露的器官更是只服从意志而全不服从认识的。他甚至说："性器官可说是意志的真正焦点，从而是和脑，认识的代表，也就是和世界的另一面，作为表象世界相反的另一极端。性器官是维系生命，在时间上保证生命无尽的原则。因为它有这样的属性，所以希腊人用菲勒斯(Phallus)这个丰产的象征来标志它而加以崇拜，印度人则在林伽中崇拜它——这一切表明这些东西都是意志的肯定的象征。”

叔本华关于性冲动的观点，对于后期的弗洛伊德是一个很重要的启示，而叔本华关于死亡的观点，也直接成为20世纪的存在主义大师海德格尔(Martin Heidegger, 1889 - 1976)的理论的一个出发点。

如果说在1819年，当叔本华发表《意志和表象的世界》(*The World as Will and Representation*)的时候，他那反思辨、反传统的非理性主义和悲观主义，尚未能为世人所接受的话，那么，到19世纪中叶，传播这种思想的社会条件已经慢慢形成。在西方世界中，跟随叔本华反理性主义而主张悲观主义和虚无主义的，先是丹麦的克尔恺郭尔(Søren Kierkegaard, 1813 - 1855)，接着是尼采。克尔恺郭尔于1844

年发表《恐惧的概念》(*Der Begriff Angst*),又于 1846 年发表《哲学杂记》(*Philosophische Brocken*),宣传悲观厌世和非理性主义的哲学。但克尔恺郭尔主要生活在丹麦,而且壮年离世,因此,他的哲学未能立即在德国产生影响。尼采则不同,他生活在 19 世纪下半叶,从事哲学活动的时间比叔本华和克尔恺郭尔晚三十年到半个世纪,尼采本人的文笔又很锋利、流畅,所以,尼采的意志哲学和虚无主义及内涵于其中的强大思想威力,立即产生了巨大的影响。在尼采手中,叔本华和克尔恺郭尔所提出的观点,不但被推到更高的水平,而且,还从无与伦比的创作视野,把哲学和人的生命力,扩展到极限,从而真正开创了西方哲学史上一个前所未有的新时代。

尼采从 19 世纪 70 年代起所考察的基本问题,是寻求人生的新价值,创建一种崭新的人类文化,彻底摆脱此前循从的那股"太人性化的""太理性化的"传统,特别是西方传统形而上学。他对西方世界前此被视为"权威"或"理所当然"的文化价值、道德观念、生活作风,乃至文风和语言,都提出大胆的怀疑,并提出了针锋相对的观念。从古希腊苏格拉底(Socrates, c.470 - 399BC)以来所确定的理性主义传统,从古罗马时代确立的基督教文化原则和信仰观念,从文艺复兴和启蒙运动以来所奠定的人文主义原则,他都一一加以批判和推敲,进行"对一切价值的重新估价"。

他的第一部重要著作《悲剧的诞生》(*Die Geburt der Tragödie*; *The Birth of Tragedy*)就是向传统文化宣战的纲领性著作。在此以前,希腊文化是阿波罗(太阳神)式造型艺术、奥林帕斯山诸神构成的和谐神话体系、深思审慎式的伦理原则以及苏格拉底式理性主义的总称,到了尼采那里,他偏偏反其道而行之。他提出了悲剧艺术去补充那被视为完满的希腊造型艺术,用一向被视为邪道的狂热纵欲的狄奥尼索斯酒神(Dionysos)去补充那“正统”的阿波罗太阳神,用奔放的情感和无意识的意志论去补充那谨小慎微的理性主义原则。他所追求的,是建立一种“新的人”。用他在1873年至1876年所写的《不合时宜的思考》一书中的话来说,就是造就一种“打破以往一切幻想”“从温情脉脉的束缚中解放出来的人”。

在尼采看来,哲学家的任务就是要指出“造就新价值的信道”,指明通向新价值的真正生活道路。在这个意义上可以说,哲学家就是价值的创造者(der Schöpfer der Werte)。尼采反对瓦格纳(Wilhelm Richard Wagner, 1813－1883)通过歌剧和音乐而把人引向自我陶醉的忘我境界,他也反对叔本华那种消极悲观的否定人生的态度。他给自己制定的基本任务是“改造人类”,向全人类提供全新的真理标准。

对于叔本华的意志主义,尼采进一步予以发挥,明确地认为:“权力意志”(Der Wille zur Macht)是人的生活的基本原则,也是宇宙万物的根本动力。“世界的本质是权力意志”“生活的本质是权力意志”“存在的最内在的本质是权力意志”——尼采把世界、生活和存在物都看作是权力意志的表现。

因此,尼采所说的权力意志,不能狭隘地被理解为作为主体的某一个个人企图征服整个世界的那股狂热欲望,而是一种作为世界、生活和存在的最后本质的第一元素或第一原则。尼采在《善恶的彼岸》(*Jenseits von Gut und Böse*)中说:在我看来,意志首先是某种复杂的东西,是某种好像只用一个字就可以表达的一个统一体——但正因为用这一个字才在其中存在着许多常人对于它的误解……——我认为,意志首先是一种感觉的多样性(eine Mehrheit von Gefühlen),也就是说,包含着我们对于我们所离别的那个环境的感觉,包含着我们对于正在前往的那个环境的感觉,包含着这些“别离”和“正在去”的那个感觉本身，而且，也包含着相伴随的那种肌肉方面的感觉，这种肌肉方面的感觉，尽管我们没有动手脚，但经过一种与我们的意愿同时发生的习惯，而发生作用。作为感觉，实际上有多种多样的感受（vielerei Fühlen），它可以被看作意志的一个成分（als Ingredienz des Willens anzuer Kennenist）。因此，其次，它可以是思想，因为在每个意志活动中就有一个指导性的思想（in jedem Willensakte gibt es einen kommandierenden Gedanken），而人们简直难以相信：这种思想竟可以与意愿分离开来，尽管意志却仍可以保留下来！第三，意志不仅是感觉和思想的复合物，而且它首先是一种情感（vor allem noch ein Affekt），尽管它是指导性的情感。所谓意志自由（Freiheit des Willens）就是一种应该对其服从的优越感："我是自由的，'他'必须服从"这种意识附属于每一个意志……一个有所意愿的人，就是在他自身指挥着某种服从的事物，或某种他认为服从的事物。从内部来看的世界，依据其理智的特点而被描述和被界定的世界，这样一种世界，它只能是权力意志，而不是别的。

从他的权力意志和道德原则出发，尼采提出了"超人"（Übermensch）的理念。尼采认为，一切事物，既然都以权力意志为本质，就都有"超越"其自身的趋势。人，作为最高级的生物，为什么要心甘情愿地将自己限制在自己的"人"的范围内呢？因此，尼采通过查拉图斯特拉，对人类发出了如下训词："我教导你们做超人。人是可以被超越的某种事物。……迄今为止，一切生物都已创造出超越它们自身的某种东西，难道你们竟心甘情愿成为这一伟大潮流的落伍者吗？想退回到动物而不去超越人吗？什么是从猿到人呢？或者是一个笑柄，或者是充满痛苦的困境。正因为这样，人应该成为超人。你们曾经经历了从蛆虫到人的过程，但你们中的许多人还是蛆虫。过去你们曾经是猿猴，但即使是现在，人比任何一个猿猴更像猿猴。……听着，我教你们做超人。超人是人世的目的，但愿你们会说：超人将是人世的意义所在(der Uebermensch sei der Sinn der Erde)。”尼采所关心的，是成为“超人”的问题。所以，查拉图斯特拉说：超人紧紧地留在我心中，他是我最至高无上的和唯一关心的。我所关心的，不是人，不是最亲近的人，不是最贫穷的人，不是最受苦的，也不是最好的人。

“超人”是权力意志在人类世界中的最高产物，因为权力意志是一种永不满足、永远自我更新的欲望，是在事物内在本质深处发出的一种战斗的力量。权力意志是永恒的自我超越，是永不枯竭的矛盾斗争的源泉。在这一点上，尼采尤其赞颂古希腊哲学家赫拉克利特(Heraclitus, c.535 - c.475BC)的辩证法思想，认为人生与世界是一团永远燃烧、不断更新、自生自灭、灭了又生的“活火”。尼采所提出的“超人”形象，以“神的死亡”(der Tod des Gottes)的口号，对于将人隶属于神的古典人文主义发出挑战，同时也将“人”从新人文主义的理性约束中解脱出来，开创和推动了现代性人文主义传统的新批判运动。

人生在世，并非为了使自己变成为符合某种“身份”标准的“正常人”或“理性”的人。对人来说，最重要的，不是把自身界定或确定在一个固定身份框框之内，而是要透过游戏式的生存美学，发现人生的“诗性美”的特征，创造出具有独特风格的人生历程。

对于尼采来说，作为人生形而上学根据的艺术是由日神(太阳神)精神和酒神精神所组成的。因此，太阳神和酒神是作为人生的两位救世主而登上尼采的美学舞台的。日神精神沉湎于外观的幻觉，反对追究本体；酒神精神却要破除外观的幻觉，实现与本体的沟通融合。前者用美的面纱遮盖人生的悲剧面目，后者则揭开面纱，直观人生悲剧。前者叫人不放弃人生的欢乐，后者叫人不回避人生的痛苦。前者执着人生，后者超脱人生。前者迷恋瞬时，后者向往永恒。因此，同日神精神相比，酒神精神对于人生更具有形上学性质，并带有浓郁的悲剧色彩。

尼采并不满足于区分日神精神和酒神精神，而是进一步要求人们，在人生道路上不断地破除日神所造成的外观的幻觉，以显露人生的可怕真相，同时也肯定人生的真正艺术价值。尼采认为，把悲剧所显示出来的那个本体世界进一步艺术化，用审美眼光来看待原本毫无意义的世界的永恒生成变化过程，赋予它一种审美的意义。通过这一切，世界不断创造而又毁灭个体的生命，这才是“意志在其永远洋溢的快乐中借于自娱的一种审美游戏”。这样一来，现实人生的苦难就变成为审美的快乐，而人生的悲剧就化作为世界的喜剧。

尼采认为，日神精神只满足于将人生当作一场梦，满足于有滋味地去作这场梦，满足于梦中的情趣和欢乐。而酒神精神则把人生当作一幕幕悲剧，并要求我们有声有色地进入悲剧角色去勇敢地演出这场悲剧，潇洒地享受悲剧的壮丽和快慰。

尼采高度重视悲剧艺术的人生意义，认为悲剧“是肯定人生的最高艺术”。在他看来，现实的人生难免充满着痛苦和各种苦难，但人可以从创作和欣赏悲剧艺术的活动中，学会同痛苦和苦难进行游戏，从人生的悲剧性中获得审美快感，并由此而肯定生命本身，也肯定人生所经历的各种实际苦难。这就是为什么尼采要求人们从日神精神提升到酒神精神，以酒神精神将人生带入与痛苦反复游戏的艺术活动中，并在悲剧艺术的审美运动中，不断地提升人生的意义，实现超人的不断扩张的权力意志。

尼采颂扬以酒神的悲剧精神游戏人生的同时，也严厉批判以理性主义为基础的现代科学对于人生的破坏意义。他把由酒神精神所指导的审美人生，同现代科学的和功利的人生态度相对立。他认为科学精神基本上是功利主义，单纯追求人类物质利益的增值，满足于表面的和物质上的需求。因此，他认为，近现代科学的精神和态度，在实际上只停留在人生的表面，只满足于浮现于现实生活中的实际利益，根本看不到、也不愿意追求人生的根本问题。因此，尼采把科学精神归结为一种"浅薄的乐观主义"。这种浅薄的乐观主义，同看透人生悲剧实质的"超人"世界观是根本对立的。

当代世界的危机，当代社会和文化的颓废，正是科学精神恶性发展的结果。尼采指出：现代人丧失人生根基，灵魂空虚，无家可归，惶惶不可终日，究其原因，就是科学精神泛滥的结果。要挽救当代人的人生，只有逃脱科学对于人生的约束和统治，在高度自由的艺术和审美活动中，找到重新评价人生价值的根据，也找到带领人生走向希望的出路。

在尼采看来，实现生命艺术化的最主要障碍，是各种以理性为基础的传统道德原则。因此，实现审美的人生态度，重点是批判基督教道德。尼采所追求的审美的人生态度，首先是一种非伦理和反道德的人生态度。他认为，生命本身原本是非道德的，生命原本属于永恒生成和永恒回归的自然运动，无所谓善恶。可是，基督教却要扭曲人生意义，对于自然的生命过程进行干预，试图对于生命作出自不量力的伦理评价。基督教道德将人生看作为"原罪"的延续和结果，将生命的本能看作为罪恶的根源，试图使"罪恶感"泛滥、并控制人生，造成人生过程中形形色色的自我压抑。与此相反，尼采主张彻底摆脱基督教道德所造成的罪恶感的约束，超出善恶之外，真正地享受生命的欢乐和心灵创造的自由。

尼采不仅停留在对于基督教道德的批判层面上，而且直接主张在现实的人生活动中破坏基督教道德原则，以醉汉为榜样，以破坏道德原则的实际“罪恶”活动向基督教道德挑战。在他看来,破坏传统道德原则的任何活动,就是一种人生的快乐。在这里,尼采把“超人”的创造活动同破坏各种道德原则等同起来。

正是在尼采的启发下,弗洛伊德进一步以非理性的潜意识为基本概念创建精神分析学。如前所述,弗洛伊德恰好生活在跨越两个世纪的新时代,他不但发扬尼采等人的思想,同时也亲身体验到西方理性主义思想文化的深重危机。弗洛伊德晚年正好遇到的希特勒法西斯专政,并受到法西斯的迫害,使他更加坚信自己的精神分析学的历史价值。

弗洛伊德在第二次世界大战中不得不离开德国,历尽艰辛,最后在英国的避难生活中逝世。他的逝世本身宣告了以理性主义为核心的西方思想文化已经陷入绝境。所以,很快地,西方的现代性进入了第四时期,即“后现代性”。

第四时期是从第二次世界大战之后出现的现代性,有一部分思想家称之为“后现代性”。但不管是现代性还是后现代性,也不管是哪一时期的现代性,都同“人”的范畴及其理论紧密相关,而且,不管是哪个时代的现代性,都以理性作为人的根本特征。20 世纪 20 年代末兴起的德国法西斯势力,把原有西方传统的人的观念及其一切社会文化产物中所隐含的否定因素都彻底地暴露出来。法西斯分子简直就是疯狂到极点的人,他们彻底撕破了西方传统思想文化所鼓吹的各种人道主义和理性主义的假面具,法西斯分子实际上就是西方社会文化本身所创造出来的“疯子”。因此,在现代性第四时期,出现了一批“后现代”思想家,从思想文化的各个层面,重新反思和严厉批判西方现代思想文化的基本原则及其人性论。

弗洛伊德的生命历程(1856－1939)横跨“第三现代性”和“第四现

代性”两个时期,他比最早批判现代性的马克思(1818－1883)年少 38 岁,比波德莱尔(1821－1867)年少 35 岁,比尼采(1844－1900)年少 12 岁。在弗洛伊德升入维也纳大学医学院从事医学研究和医学实践的时候,他发现了一种怪异现象:现代社会比历史上的任何社会都更多地出现精神病患者,以致可以说,现代社会是不折不扣地成为精神病患产生的温床,或者说,现代社会简直就是制造精神病同时又是迫害精神病的社会。

比弗洛伊德年少两岁的法国社会学家涂尔干(Émile Durkheim, 1858－1917),当他投身对现代社会进行社会学研究的时候,与精神病密切相关的自杀现象已经成为工业社会的一种普遍现象。涂尔干在 1897 年发表的《论自杀》(*Suicide*)一书中深刻地指出:现代社会是人类历史上自杀现象最多的社会。现代社会是制造精神分裂症的典型社会:生活紧张、精神紧绷、异化、相互对立、相互敌视、竞争激烈、失业威胁、金钱和商品崇拜等,都成为产生精神分裂症的社会根源或社会基础。用涂尔干的社会学语言来说,这些矛盾就是“社会整合与个人发展不协调”的结果[17]。

所以,精神病不是一般的疾病,它直接与社会、文化及人的心理世界的状况发生紧密联系。所以,按照法国思想家福柯(Michel Foucault, 1926－1984)的观点,精神病与精神病治疗学的形成及发展,只有到了现代社会的历史时代才成为整个社会的核心问题,因此,从精神病及其治疗制度就可以典型地呈现现代社会的基本矛盾及其性质。

被现代生命科学界定为精神病的“疯癫”,是一种特殊的社会现象,更确切地说,它是现代社会的一种特殊的政治问题。所以,从文艺复兴后期和资本主义社会兴起初期开始,一批具有明锐批判目光的思想家和艺术家们,便以“疯癫”(疯狂)为主题而创作,尖刻地揭示现代社会从建构初期开始，便促使社会分裂成“正常人”和“异常人”两大类，并以理性为标准，制造社会统治的根据，迫使“异常人”（疯癫者）从社会中分离出去，受到不合理的排斥，被长期地排除出社会之外，或受到社会的“惩罚”“监控”和关押。

但是，在许多情况下，疯癫给人的首要印象，却是一种‘精神病’，也就是说，是由于神经系统的生理疾病所引起，一种属于医学的范畴，似乎自然地就应该成为医学诊治和治疗的对象。实际上，结合西方文明史的事实，疯癫问题远不是医学治疗问题，而是关系到现代人的内心矛盾及其社会关系的性质，涉及整个社会和文化制度的特征，尤其关系到西方人的思维方式、知识论述结构及其社会实践的模式。

对西方现代性进行反思的法国思想家福柯的重要贡献，就在于深刻地指出了疯癫现象的社会和政治性质，指出了它同西方现代社会制度的内在关系，集中揭示现代社会政治权力利用知识论述，特别是医学和生物学论述，对疯癫进行控制、隔离和迫害的策略和手段，从而批判了现代社会政治权力、知识和道德的虚伪本质，从根本上否定了现代社会制度及其知识基础的正当性和合理性。

如前所述，福柯在 1961 年发表的《古典时代疯狂史》一书中，从一开始，就强调他所研究的，不是医疗实践的精神病治疗方式，而是现代社会所贯彻的大规模关押、放逐、强制性惩罚以及对人体进行残酷规训的新政策的产生和运作机制，以便从中发现西方人何以可能采取现代的思维模式、行为模式和生活方式。这样一来，福柯开宗明义就把现代社会中所出现的疯癫问题，放在超出传统医学和精神治疗学的范围之外，直截了当地把疯癫问题当成“强制性惩罚”和“对人体进行残酷规训”的典型事例[18]。

根据福柯在一系列关于疯人院、收容所和疗养院的档案的调查，发现法国和欧洲，只是从 16 世纪开始，即“现代性”的“黎明时期”，才对“疯子”“老年人”“流浪者”“放荡不羁者”和“同性恋者”实行大规模关押和惩罚。显然，这种“大规模关押的社会事件”之所以有可能在当时发生，并不是偶然的。接着，17 世纪资本主义的兴起，一方面需要制定一种有可能划分“正常”和“异常”的“理性”标准，以便对整个社会的人群重新进行社会“区隔”，建构起新的社会秩序；另一方面，当时自然科学的发展，已经有充分条件应用“合理的”生物学和医学的知识，确定“真理”的标准，并紧密结合依据“理性”标准而建构的法制权力和道德，“合理地”实施这种新的社会区隔制度。所以，福柯由此得出结论说，从 17 世纪开始对疯癫所进行的社会性迫害，是近代社会对所有“异常人”进行“大规模关押”(le grand renfermement)的开端，是同现代权力与知识论述的特殊策略利益及其运作机制紧密相关的。

所以，对于福柯来说，疯癫问题之所以应该成为他的研究的对象，只是因为在疯癫问题背后和内部深处，隐含了可以揭示整个西方近代文明及其社会制度的奥秘。为了实现这一研究过程，摆在福柯面前的，有三个基本程序，不但必须一一澄清，而且，它们之间又是一环扣一环地联系在一起：第一，疯癫作为一种历来存在的普通社会现象，究竟是在什么情况下，在统治者看来，变成为严重地影响到整个社会命运的一种特殊社会现象？第二，疯癫又如何从一般的社会现象，变成为整个社会区分为“正常/异常”两大对立阶层的出发点？第三，当疯癫被确认为“建构新社会秩序的一个关键问题”之后，它又如何从它与社会生活的密切关系网络中抽离出来、而被纳入近代医学的范畴，成为新型的精神治疗学的研究对象？接着，在社会将疯癫交给医学专门处理以后，现代医学又如何表面上以医学的名义、而实际上却巧妙地根据权力机构的意志，依据权力机构所规定的“强制性实践”的实施策略和残酷手段，对疯癫进行法制上和医学上的双重监管？也就是说，现代医学究竟采取何种机制充当了权力机构的正当代理人而对疯癫进行全面的管制？

由此可见，疯癫之被确定为“异常”，是现代社会制度建构、维持和运作的需要，也是现代社会制度的权力斗争、知识及道德三方面的力量，相互结合在一起共同宰制社会的一个基本策略。

疯癫在人类生活中的出现，本来是很普通的事情，就好像生病是常事一样。只是由于疯癫关系到人的精神生活问题，所以它与一般疾病有所不同，更为复杂一些，而且还关系到社会和文化的问题。但不管怎样，在不同的社会和不同的历史时期，人们对疯癫总是持有不同的看法、观点和处理方式。所以，福柯认为，疯癫并没有同一的历史。关于疯癫，更不存在一成不变的“真理”的问题；不同时代的人们对疯癫的看法，是“断裂的”“不连续的”和“异质的”。实际上，历史上对疯癫的不同看法和异质的处理方式，已经从事实上否定了现代医学和现代社会关于疯癫是“反理性”的正当性，同样也推翻了现代医学和精神治疗学关于它们发现和掌握精神病的‘真理’的说法，人们总有一天，会发现自己再也不对疯癫问题感兴趣，或者换句话说，人们总有一天会发现自己一点都不知道什么是疯癫[19]。

福柯的《古典时代疯狂史》试图以大量的档案事实，论证疯癫现象从来没有统一的真理标准；有的只是各种可能的论述方式和各种根据不同统治的利益而强制实行的惩治模式。所以，迄今为止所流行的各种关于疯癫的说法，始终是由特定社会中占统治地位的权力和知识两大力量所操纵、制造、散布、扩散和不断地再生产出来。翻阅历史，从来没有疯子自己的论述，也从来没有看见过疯子的抗议文章，有的只是对疯子的连篇累牍的讽刺、谩骂、诬蔑和中伤。所以，福柯坦率地说，从历史上疯子被剥夺表达自己的想法的权利这一事实，也可以看出：根本不是疯癫“反理性”,而是号称“理性”或自诩掌握“真理”的人,不但唠唠叨叨地对疯子说三道四,而且居然还同权力机构勾结在一起,对本来已身遇困境的疯子落井下石,进行残酷的迫害。

如前所说,精神病的普遍出现是现代社会的特有现象。精神病在现代社会中的爆炸性漫延,正如涂尔干所揭露的普遍自杀现象一样,悲剧性地反映了现代社会本身的内在危机,尤其是表现出现代社会制度对于人的精神生活和人性的毁灭性冲击,同时也披露了西方文化精神心理层面的矛盾百出的性质。从思想和理论根源来看,精神病,或更直截了当地说,疯癫在16世纪的普遍出现以及人们对于疯癫的异常恐惧态度,除了以上所说的社会制度方面的原因以外,其本身本来就是西方传统理性主义和人文主义内在矛盾的一种历史表现。如果说,日常生活和普通社会一般领域的人的言行及其历史,不过是人本身的基本实践形式的话,那么,疯癫则是以特殊的极端方式所显现出来的人性。疯癫不是违背人性,而是从另一个角度,或者从统治者所不愿意看到的角度,表现了人的正常内心世界的复杂性。早在古代和中世纪,就揭示了人的理性与疯癫之间的互补性和共存性。而且,唯其如是,人才透彻地显示出他本身的自然面目,所以,不了解疯癫,就不能深刻分析人的思想和精神生活。

因此,福柯指出:唯有通过对于“疯癫”的人的研究,才能彻底认识现代人的真正面目。他说,从人到真正的人,必须通过疯癫的人。这就是说,疯癫的人,以生动的事实集中表现了人的精神活动的两面性、矛盾性、各种潜在可能性和极端复杂性。福柯列举雷蒙·鲁塞尔(Raymond Roussel)、萨德(Marquis de Sade)、荷尔德林(Friedrich Hölderlin)、阿尔托(Antonin Artaud)、布朗·肖(Maurice Blanchot)、卡夫卡(Franz Kafka)、尼采等被人们诬为“疯子”的天才思想家、科学家和作家。他们以惊人的“偏执狂”，表现出一种出类拔萃的才华、魅力及令人惊异的坚强毅力，既使用怪异而犀利的文字，又拥有大无畏的勇气，蔑视一切规范，标新立异、独树一帜，创造出常人所想象不到的产品。事实证明，人类任何伟大的事业和科学的任何重大发明，无不是靠精神上的偏执狂和近乎疯癫的奋斗作为其最大的动力。

福柯认为，疯癫问题实际上还揭示了现代思想对社会进行“分割”和“排斥”的基本原则的性质。为什么选定疯癫而不是别的问题作为思考的对象，如同为什么选定疯癫作为一门学科的研究对象一样，表现了西方人的思维模式及其思想方法的基本问题。就好像列维-斯特劳斯(Claude Levi-Strauss，1908－2009)的结构主义方法，把诸如禁忌这类原则当成标示一种社会文化特征的重要手段那样，福柯强调指出：“排斥”所显示的，正是现代社会的产生机制以及现代人思维模式的标本。人们就是靠他们所选定的区分、分割和排斥的原则，把这个社会的人、事物和结构体系中的各个领域，区分成“好”与“坏”、“善”与“恶”、“正确”与“错误”等。这种区分和排斥原则，从实质上讲，是建立在同一性原则基础上，把社会和一切事物都当成同质的、连续的体系。因此，凡是与统一体系中的同一性原则有区别的人和事物，就被列入“异常”的范畴加以排斥。与这种思想方法相反，福柯在他的疯癫史中所贯彻的，是非同质性、非一致性、无中心的原则，主张将一切事物还原到它们原有的混乱、混沌的秩序中，反对以人为的区分原则对事物进行不平等的区隔，给予不平等的待遇。福柯称自己的这种思维方法为“在外面”的思想，一种不断逾越一切禁忌、规范和规则的思想，一种无需主体性、不分主体/客体的思想。

所以，疯癫问题对福柯来说，既是揭露现代社会制度不合理性的焦点，又是揭示现代人内心矛盾、知识形态以及思维模式的关键场所。

精神分析学所探讨的精神分裂、心理异常、心理变态、心理障碍等现象，一直像现代社会的“影子”一样，始终伴随着现代社会的整个发展过程。在一定程度上说，精神病及心理异常现象成了测量现代社会的和谐性程度的重要指标。所以，只要现代化工程尚未完结，精神病与心理异常现象就不会消除，对于精神病和心理异常的各种讨论和争执也就不会完结。这就是为什么弗洛伊德和精神分析学一直成为人们关注的一个焦点。

这也就是为什么，在弗洛伊德逝世后，法国新一代精神分析学家拉康(Jacques Lacan，1901－1981)，在20世纪中叶之后，在弗洛伊德逝世之后，在西方社会文化迈入新时期的关键时刻，根据现代社会的新发展状况，再次提出“回到弗洛伊德”(Le retour à Freud)的口号。

那是在法国社会大动荡前夜，在1968年轰轰烈烈的学生运动前夕，拉康在巴黎大学课堂上，已经敏感地意识到即将到来的社会文化危机的暴风雨。这将不仅是一场关于弗洛伊德精神分析学的理论争论，而且也是精神分析学的社会命运的大检阅和考验。从第一次世界大战以来，特别是经过1920年代超现实主义思潮及其实践的冲击和挑战，弗洛伊德精神分析学已经不能继续停留在原有的理论层面上，更不能继续作为纯粹的自然科学的一门“学科”，继续作为医学、心理学和生理学的一门“学科分支”而存在。精神分析学已经充分地显示了它的社会性、思想性和实践性，它已经成为各种权力进行争斗的场所，它不可能脱离社会生活和权力争斗的旋涡。如果说，自从形成精神分析学以来，它一直活跃在社会生活和社会运动的前沿，一直在无形中变成了贯彻统治者“治理”社会和控制文化创造活动的精神手段的话，那么，在人们越来越意识到它所提供的强大理论力量的时候，特别是当人们发现它关于“无意识”的观点具有无穷的潜力的时候，它的社会命运就不再是它自身所能够决定的。

对于文学艺术创作者来说，当他们发现精神分析学已经成为社会运动的“酵母”(le ferment du mouvement social)，甚至变成“为革命服务”(au service de la révolution)的理论手段的时候，对精神分析学的理解，对它的社会运用及教学活动的性质和方法，就必须根据现实社会的发展状况以及社会对它的需要进行重新估计[20]。拉康试图超越弗洛伊德的视野，不仅从精神分析学本身的多学科性，而且也从它的理论和实践的“活生生”的性质出发，对整个精神分析学进行彻底重建。

所以，根据拉康的新观点，“回到弗洛伊德”，了解精神分析学，就必须沿用尼采的系谱学(genealogy)方法，以“在场”或“即席出席”的立场，在拉康本人所处的具体位置上，在拉康所面临的各种现实力量相互争斗的紧张网络的处境中审时度势。这不但涉及拉康自己在法国精神分析学领域的地位，而且也关系到当代精神分析学本身的内外结构及其潜在可能性。因此，这不是单纯对于一门学科的理论性质的重新估价，而是活生生地把握精神分析学的生命本身及其创造精神，当然也涉及当时当地的精神分析学同它所处的社会的复杂关系问题。

为此，在1967年，拉康经历十多年的精神分析学教学活动与精神分析实践的经验之后，当他来到里昂维纳季耶精神治疗所(Centre hospitalier du Vinatier à Lyon)发表学术演讲的时候，在回顾和瞻望的双重视野内，把“历史”和“未来”在“现实”的交合点上加以整合，试图把环绕精神分析学的各种争论，集中地在拉康当时所处的实际“位置”中，即在他所面临的现实力量对比的紧张关系中活生生地再现出来。于是，拉康在这次学术演讲的开场白中直截了当地宣称：“起初，并不是起源问题，而是位置(Au début, ce n'est pas l'origine, c'est la place ...)[21]。”显然，拉康很清醒地把精神分析学的根本问题归结为关于各种力量相互斗争的具体“位置”。

如果说,拉康在重新评估弗洛伊德精神分析学的时候,特别强调“位置”的重要性,那么,这是因为“位置”是在具体时空维度上确定的交错点:是各种“事件”具体发生的历史交错点,是各种权力意志突发作用的地方,是特定的“能指”由此指向一切可能的“所指”的地方,是与“自我”和“主体性”相对立的“他者”产生并主宰“自我”的地方,又是历史在那里改变方向而形成其特殊意义的地方。

拉康把尼采系谱学所要求确立权力意志发挥作用的位置,提升到一个新的高度,并把时间和空间结合在一起,使之从抽象的时空概念转化成具体的网络化的活生生“现场”,变成为各种力量相互拉扯的“即席表演”场所。于是,历史在此终结并重新开始:历史由此改变方向,精神分析学也由此展现其历史意义及其现实意义。

通过位置的优先地位的确立,拉康展现了弗洛伊德精神分析学的强大生命力,同时也指明了重现其生命力的基本条件。拉康说:“‘位置’是我经常使用的一个语词,因为在支撑我的论述的具体场合中所指的具体位置,往往有它的参照架构。为了要在这些场合中找到位置,往往需要具备在别的领域中所称呼的所谓形态学结构,而且,也需要对关于被质疑的问题的基础建构过程具有一个倾斜的观念。……但是‘位置’还具备一个不同于形态结构学的另一种范围,也就是说,它关系到一个表面是一个领域或者是一个圆环的问题,而在不同的情况下,问题就完全不一样。但问题还不归结为如此。位置具有完全不同的意义;它涉及‘我是从哪里来到那个位置上’以及‘是谁让我在那里展示教学的姿态’……[22]。”

针对弗洛伊德著作的文本结构,拉康明确指出:“我希望,处于多种状况中几乎被难以知觉到的‘作为对象的事件’(objet-événement),

能够自我复制、自我碎片化、自我重复、自我掩饰、但又不再复制，最终消失殆尽，促使那位面对文本的人无法把它复制出来，没有丝毫权利号称自己是它的主人，无法在文本之上强加他自己所要讲的话，也无法使它想要讲什么就讲什么。简言之，我希望一本书不会只给它自己保留它的文本身份，致使教科书和各种对它的评论可以轻易地把它还原和归纳。相反，我希望它以严谨的语句结构，显现成为一种论述，可以同时地具有战斗性和武器，又像战略策略和战利品，既是暂时有条件的，又是痕迹，像某种类似不期而遇和可重复的舞台[23]。”

所以，在拉康那里，“位置”是心理活动的特定场合，又是具有自我生产能力的历史舞台，也是活生生的思想文化的创作炉灶。但是，不只如此，拉康还赋予“位置”一个更重要的意义，那就是语言活动的具体场所。对拉康来说，精神分析学的精髓，就是对于语言的分析，是对语言的生命的重新估计，也是心理语言指向无穷意义的可能场所。语言不是抽象的，不是死板的符号，而是活生生的生命表现，是生命的自我表达和生命的自我更新，它是心灵活动的流露，是时刻指向一个意义、同时又时刻可能指向其他新的意义的象征性创造活动。因此，语言中隐含了生命的创造活动密码及其今后各种转化的可能性，也是表达生命意向的活动性信号。但语言必须在特定环境(特定时间空间)中加以解构，也就是在“位置”上进行分析，才能解开它的真正生命意义。所以，拉康建议把语言当成特定时空中的言语的系统，语言只有转换成“言语”之后才表现它自身的生命。

拉康认为，在不同位置上，不同主体以不同文风和风格，以不同的思想情感，不同的说话姿态，通过在场的语言表演，不但展示了各种可能的意义范围，也同样展现了各种可能的力量对比场域及其力量竞争的方向。由此，不同的主体在不同位置上的语言表达，可以展现出无穷的意义网络可能性,也同样可以展现这些意义网络的无数未来的走向。

当拉康在 20 世纪 50 年代正式开展他的精神分析学教学活动的时候,他充分意识到:弗洛伊德精神分析学的发展,经历了半个多世纪之后,经过历史的考验和激烈的争论,正面临新的危机。必须首先把新的精神分析学发展道路上的障碍清除干净,才能顺利地展开他本人所创建的新思想,而为了实现对障碍的清除和完成新思想的创造,拉康必须对他自己所处的位置进行一再的分析和估计。

拉康清楚地指出:一切围绕"位置"的探讨和争论,并非一目了然,也并非轻而易举。他说:"一切都围绕着这个问题,精神分析学的功能并非自然而然的,也不能满足于人家已经给予的状态,不能满足于人家规定的惯例。""至于我的位置,事情要回溯到 1953 年。当时,法国的精神分析学的处境,可以说,正处于危机(En ce qui concerne ma place, les choses remontent à l'année 1953. On est alors, dans la psychanalyse en France, en un moment que l'on pourrait dire de crise)[24]。"

在危机中,就意味着:第一,在历史转折的关键时刻,即在各种力量相互紧张拉扯并处于焦灼状态的时候;第二,在各种力量斗争面临抉择的时候;第三,在潜在的未来倾向已经初露头角的时候;第四,在各种力量的性质趋于全面暴露的时候。"危机"原义是"考验时刻"或"紧急事件",来自希腊文"κρίση",它表示一种不可预测的、不确定的和隐含危险性的事件的威胁,意味着原有的秩序和状态已经不可能继续稳定地维持下去,从而也意味着新的希望的苗头的流露。拉康选择在危机时刻提出"回到弗洛伊德"的口号,并非像常人所理解那样,仅仅重新阅读弗洛伊德的文本,重复弗洛伊德的语句,而是在一个新的"位置"上,解构弗洛伊德文本的内涵,解开其中的各种可能性,使之朝向新的方向。

当然,拉康所提出的"回到弗洛伊德"的口号具有悖论性,一方面声称“回到弗洛伊德”，使人不怀疑他对弗洛伊德的精神分析学事业的忠诚，另一方面又恰好策略地表现了拉康对弗洛伊德的原有理论和方法的不满足，也为拉康本人创造性地发展新的精神分析学的正当性进行论证。

精神领域是不可见的世界，但它又是现实世界的重要组成部分，而对人来说，精神世界甚至更优越于现实世界，在很大程度上决定着人在现实世界中的生活，特别是文化创造活动。拉康和弗洛伊德一样，一贯重视对人的精神世界的探索。

拉康在人的精神世界的探险历程在很大程度上重演了弗洛伊德的实践历程，只是拉康在新的层面上扩展了研究的视野，开辟了新的研究可能性。

首先，拉康在重演弗洛伊德的探险历程的同时，细腻和谨慎地分析了弗洛伊德的宝贵经验。1985 年当结构主义大师列维-斯特劳斯发表《嫉妒的女制陶人》(*La potière jalouse*)的时候，曾经总结了弗洛伊德的象征理论，指出弗洛伊德象征论的矛盾性，就在于未能恰当处理象征转变的规律性同其无规律性之间的复杂关系，以致使弗洛伊德试图寻求普遍有效的象征变换模式[25]。列维-斯特劳斯为此指出，弗洛伊德理论的主要缺点是“动摇于现实主义概念与相对主义概念之间”[26]。列维-斯特劳斯指出，弗洛伊德以为在神话的变换活动中存在的多种密码中，其中必定有这样或那样的一种普遍性密码是被通用的。但是，列维-斯特劳斯却认为，在神话思想体系中，始终存在着各种密码之间的变戏法式的游戏或组合分离魔术，不同的密码间的组合游戏乃是我们所要特别注意和加以具体解析把握的[27]。在这一点上，拉康与列维-斯特劳斯基本上是一致的。他们俩从 20 世纪 20 年代末至 20 世纪 30 年代初，一直在一起研究和探索结构主义，并一起创造性地试图把结构主义与弗洛伊德精神分析学结合起来，使之贯彻在对于人的精神创造活动的研究中去。

受到弗洛伊德的启发，拉康认为，在显现的世界以及活生生的呈现活动现象之外，就是象征性世界的存在及其运作。象征性世界是人类社会及其文化创造的背景条件，又是它的创造产物的储存库和普遍交换场所，它是现实世界之所以可能的基本条件。拉康在发展弗洛伊德思想的时候，把他的目光和视野扩展到人的现实活动范围之外，在有形世界之后和之外，还要寻求那些不可见的世界及其可能的活动程度，同时也要充分估计到它的潜在能力。

拉康还认为：在无形和想象的世界中所存在的事物，有可能转化成现实世界的一个组成部分，并随时渗透到现实中，牵动现实世界的运动逻辑[28]。

拉康充分地估计到由象征性构成的“可能的世界”对于人类社会的存在及其文化创造的决定性意义。拉康甚至认为：现实世界的再生产过程在很大程度上取决于象征性世界的运作[29]。想象的世界并非虚幻的，无能为力的，更不是无望的；恰恰相反，它们时刻参与现实世界本身的再生产过程，又渗透到现实世界的各个组成部分，形成为现实世界的实际存在及其运动的内在能量基础。

想象的世界之所以有力量和具有无穷的发展远景，是因为想象的世界始终与象征性世界交错在一起，并同时相互交叉地影响着现实世界[30]。在拉康看来，象征性世界既然介于现实与想象之间，就同时赋有两者的性质，而且，它还具备两者所没有的新特征，这就是它通过自身的中介性和过渡性，一方面共享了两者的优点，同时又在把两者的连接过程和相互转化的过程中，变成为两者进行自我创造的场域，使两者之象征性中释放出创造的能量，从而使象征性成为能动的和生成的场域。

拉康为此把希望寄托在由“想象性”(l’imaginaire)推动、并由象征性组成的、无所不在的可能性世界。象征性由此成为可能的世界自身，也变成为可能性世界的生成基础。象征性世界为人类提供了语言创造的可能性和现实性。由于象征性世界的形成和发展，人类才有可能创造语言，并借助于语言把象征性世界本身的内在创造力提升到更高的层面。

人类创造语言，不仅是为了更好的表达，也为了不断地进行再创造。人类创造语言，也可以说，就是上天给予我们的一个恩宠，为的是让我们能够使用语言，进行无限的创造循环游戏。语言不应该成为创造的约束物。象征游戏使人在自身和世界之间进行创造性的思想游戏。人们使用语言进行创造，不是为了达到满足，而是为了鼓动和激发更大的创造乐趣。

为了使语言真正成为思想和生命的创造力量，成为不断创新的基础，成为一再开拓新视野的潜在能量，就必须首先摆脱通常人们所理解的语言约束，同时也打破语言学及所谓“科学语言”的各种规则的限定。拉康之所以成为拉康，就在于他是从新的角度和更深的层面把握语言，并善于借语言之美及其魅力而“将计就计”，顺着语言的游戏路径及其潜力，深入到内心深处，揭示人的表面现象背后及其深沉基础。

所以，拉康所分析的，不是一般的语言，不是只停留在听得到和写出来的语言层面，也不是语言学意义上的语言，同样也不是什么“科学语言”，而是“讲出来的话背后的话”，是“意欲讲出来又不愿意说出来的话”，是“隐晦的和被掩饰的话”，是“讲了一半或只讲一点而留下没说的话”，是指“身体中乱窜又听不到的话”等。人说出来的话，往往不是仅仅已经讲出来的言语。重要的是：人生活在语言的王国中，也生活在语言的历史及未来中。所以，分析语言，不在于满足于分析语言的表面结构。

象征性是人的思想的基本结构。在对于象征性结构的精神分析中，拉康清晰地揭示了“疯狂”(la folie)的真正性质：疯狂并非“不正常”，它恰恰是思想本身的一个现象，而且它还是思想的一个基础性的现象[31]。

拉康比弗洛伊德幸运的是，他享受了19世纪末以来发展起来的结构语言学的研究成果，并使之与20世纪以后传播开来的黑格尔主义、马克思主义、存在主义、超现实主义以及现象学等思潮结合起来，促成了精神分析学的一场新的革命。

值得一再重复指出的是，拉康的贡献，尤其集中在他对精神活动与人的语言活动的密切关系的研究方面，总结出精神活动的潜意识基础同语言相关联的基本结构。他发表于1938年的《家庭情结》(*Les complexes familiaux*)，尤其是1936年(当时弗洛伊德还在世)，他在德国波希米亚地区马里昂巴德(Marienbad)温泉疗养院所召开的精神分析学国际研讨会上发表的《论镜像阶段》的重要论文，标志着他本人创造性的新弗洛伊德思想或后弗洛伊德思想精神分析学的诞生。正因为这样，他的学说的产生也促进了国际精神分析学运动的分裂，造成原有死板固守弗洛伊德学说的人们同拉康所创立的新弗洛伊德思想之间的对立。

拉康首先集中发展了欲望(le désire)概念。拉康比弗洛伊德更深入地分析欲望的性质，特别把它当成语言交往中的“活能指”，认为欲望并不是单纯发自主体内心深处潜意识的需求，而是在人同人的语言交往关系中形成的，是在与他人的语言互动中不断更新的象征性力量，它是构成语言论述和言谈内在结构的重要成分，是一种最根本的“能指”。因此，他说：“欲望既不是寻求满足的快乐，也不是对于爱的需求，而是前者减去后者所得的差额[32]。"

拉康指出：语言及其能指功能无所不在[33]。"人不但生活在语言中，而且永远是在遭遇先于他而存在的语言的情况下出生的。"这就是说，人不但不能脱离语言而存在，而且是在先于他存在的语言结构中生存的，又是难以逃脱语言的控制而思想和行动。拉康说："语言是隐藏在大脑中的活蜘蛛（un langgage, c'est sur le cerveau, comme une arraignée）。"这就决定了人的一切活动，特别是他的精神活动的语言性。

如果说，人的存在是以语言为前提的话，那么，反过来，人在其生命中对语言的掌握及其运用熟练程度，又能够在很大程度上决定人的存在状况及其未来。正如前面所引，拉康强调说："我的教学，无非就是语言，如此而已，没有别的。"他认为，精神分析学的成败及其命运，决定于语言的运用，而精神分析学的思想创造性，也决定于语言的运用。

弗洛伊德精神分析学特别强调欲望的潜意识基础，把欲望的主要形成动力归结为潜意识的本能冲动（pulsion instinctive）。但拉康却从语言运用的角度深入揭示了欲望的对象及其与主体的复杂关系。"潜意识无非就是被结构化的语言[34]。"这句拉康名言，概括了他的思想创造性。

在拉康那里，欲望的对象是非常重要的，因为任何欲望并不是主体潜意识的内在要求的结果，而是在与他人的交往中，在语言的社会运用中，受到主体之外的他人的影响和刺激，根据象征符号的运作规则而形成的。因此，关于欲望对象的问题，一方面可以进一步使拉康所独有的"机器世界"（le monde de machine）具体化，由此揭示出这个被他称为"真正的人的世界"（le monde proprement humain）的具体结构。

所以，语言的运用不但把人引向他者的网络中，而且也使人成为他者的一个对象。也就是说,在语言交往中指向一定意义的欲望,作为特殊的能指,把本来作为主体的某个人,通过语言交往,变成为与他者相互对话的"活能指",随时可以转化成为新的主体,同时,主体的随时变化性,导致活动的主体之间的"互为主体性"或"主体间性"。

这样一来,他者在语言运用中扮演了决定主体的功能。他者从来都不是单纯以其时空结构的死框架出现在人的面前。他者是在"会说话的人"的面前,始终都是在说话中,以象征的性质及结构而曲折地和活生生地呈现出来的。因此,"他者"与"象征"不仅是同时出现在人的面前,而且两者也同时以象征性的运作规律相互影响、并推动人的整个心理发展过程。

拉康从语言的运用及其在确定身份与人际关系中的决定性作用出发,强调靠语言的运用而显示出来的"能指"(le signifiant)的神秘功能。能指的神秘性,就在于它在不知不觉中,即在无意识的独立指引下,把人与人之间的关系衬托出来,同时又协调了自身、他人、各个主体及其与实际世界的关系,使人陷入他自身难以理解、也难以摆脱的神秘境地。

拉康认为,能指就是一切表象和观念的基础,是人的精神心理能量的主要来源。人在其成长中,通过与他人的来往和言说,使自己认识了世界,也认识了自己。"能指"在其运作过程中,能够产生出连说话者自己都意想不到的事情:那就是能指在运作中,不仅引出了所指,更重要的,是能指自身也同时进行自我生产,导引出一系列超越主体意识的效果。拉康也借此表明:他者是"能指"之处所(le lieu du signifiant),它无非是面对另一个能指所显示的主体。拉康由此指出:"一个能指,就是对其他能指而言的主体(un signifiant est ce qui représente un sujet pour un autre signifiant)。"因此,"他者"并非单纯是通过他者的主体化，而是一个具有决定意义的象征性结构，是言语和话语能够发生作用的关键领域，“主体是以相反的形式从他者那里接受他自身的信息(Le sujet reçoit de l'Autre son propre message sous une forme inversée)。”

在这里，最关键的是话语的应用引入了他者，或者也可以说，他人在人的言说中进入了主体，使主体发生连主体自己都无法控制的新变化。在这个意义上说，人是被语言所言说，而他者倒成为主体的替身，它既造就了主体，又泯灭了主体。所以，对于拉康来说，能指对于主体来说是强制性的，它的确强加于主体，是主体无论如何都必须接受的，而“他者”是“能指的宝库”(le trésor signifiant)之所在。所以，在这个意义上说，欲望，归根结底是他者的欲望；有了他者，才有可能形成能指，才有可能使主体形成接受能指的能力；也只有他者的出现，才使主体的欲望被引向另一个欲望中。

正是在“他者”那里，一切具体的论述被揭露无遗，也正是在这同一个地方，一切想象的东西被揭示无遗。拉康还指出：没有“他者”，自然的人无非是残暴的野兽(une bête féroce)，正是靠他人以及由此而出现的“能指”，人变成为站立的残暴野兽。也正是靠他者的介入，才使儿童逐步地形成自己的主体，使人随时成为不同的创作者。由于一切要求都通过言语来作为表达中介，致使言语永远一再地要求其他因素的东西。所以，在产生和表达要求的过程中，欲求的对象永远都是隶属于能指的永恒换喻的系列中。在这个意义上说，欲求本身的提出就必然地包含着欲求的无止尽的不满足状态。

另外，拉康不同于弗洛伊德，他强调“无意识”(l'inconscient)的结构及其活动的独立性，反对把无意识当成意识低下、并附属于意识的“潜意识”(la subconscience)或“次结构”，也反对把无意识与“自我”(Ego；le moi)联系在一起。拉康认为，无意识不是被压抑的意识，不是意识的一部分,不是由意识转化而成的,更不是潜在的意识,也不是可以由意识来指挥和管辖的附属部分,而是一种自在的创造性力量,即它本身是独立的,具有其自身的生命活力,是人的生命,即人的精神和身体所构成的完整生命体的基础。

“无意识”与“原我”或“自我”无关,因为“我”本来就不存在。“我”永远是分裂的,是进行中的创建和分裂过程。“我”是原本具有思想创造力的个体生命对人为的规则的屈从的产物。拉康的新观点颠覆了弗洛伊德关于意识、前意识与潜意识三重结构的假设,也重构了弗洛伊德的主体性观念以及由此建构的精神分析学。

为了使精神分析学扩大成为思想文化不断更新的精神力量,拉康在他的“语言”“能指”“意志”的三重关系结构的基础上,进一步创造了“RSI 模式”(le schéma RSI)把“现实”“象征性”和“想象力”(le Réel, le Symbolique, et l'Imaginaire)三者拧结成一个“波洛美扭结”(le noeud Borroméen)[35]。拉康指出:“它不只是概念性,而且也是数学的和实物的(non seulement conceptual, mais mathémathique et matériel)。”它开端于拉康在 1953 年 7 月 8 日的演讲,并始终成为他思考的主题。在组成不同个人的人格的三大轴线中,**想象的部分**是一种由镜像阶段所产生出来的混杂统一体,它是主体在镜像阶段所记录下来的有关**现实世界**的复杂图像,其中包括有意识的、无意识的、知道的以及想象到的各种成分。在这个意义上说,现实世界是主体的一种想象图像,不过它并非一种单一成分的任意编造出来的图像,而是必须对这个图像的成分进行深入的分析,发现其中各种不同成分,并指明其性质和运作机制。也就是说,必须将主体想象中的现实世界图像同主体的**象征能力**以及现实本身的结构结合在一起加以探讨。

象征的世界当然由某种多样的符号所构成的。不论产生符号还是运用符号，都是人的特殊能力，也是人进行各种心灵思想创造活动的动力和基础，又是人同外在世界打交道、并对外在世界进行改造的中介因素。象征把人的能力、内在世界以及实际活动同外在世界联系在一起，并使人对于自己所面对的外在世界不处于纯粹被动消极的地位，而是反过来采取具有主体性的积极主动态度，以其本身所固有的象征能力，将外在世界所提供的各种有利于自身的因素加以改造，使之变为有利于主体或适应于主体创造精神的因素。象征对于人发挥其主体性具有特别重要的意义，而且象征也是人同外在世界打交道、并使之改造成有利于人的世界的不可缺少的中介力量。这就是说，没有象征能力，不仅人的思想创造精神无法发挥和运作，而且人也无从对付极端复杂的外在世界，更无从改变外在世界对于人的摆布。

想象的世界同象征的世界相结合就是现实的世界，就是具有主体性的人所面对的外在现实世界。人所面对的世界永远都不是客观中立的外在因素组合体，而是同人的主观能力及其欲愿和实际活动紧密相关的。外在世界在人的主体性真正地树立起来以前，只是一种“未知数”。现实无非就是由意义的效果所组成的世界（le réel d’un effet de sens）[35]。

在人面前的**现实世界**，其性质及其实际意义，端看人的想象和象征能力如何对待。由于人的主体性本身是可变的和不稳定的，它永远是有待建构的，所以，人的现实世界是永远不可能完满的，也是不可能一劳永逸地被建构的。所以，它又是不可知的和带有神秘性的，是宗教的和实际的交错产物，是一时难以把握的。为此，拉康坦率地说：“现实，就是不可能的（le Réel, c’est l’impossible）。”

最后，拉康反对仅仅在医学和精神病学的范围内探讨精神分析学，也反对把精神分析学的首要目标仅限于“性”（la sexualité）的问题[37]。拉康尖锐地指出："精神分析学难道纯粹是或只是一种精神治疗法，一种医学治疗，一种膏药，一种江湖郎中的万灵药？它是靠这些来治疗？第一眼看来，难道它不是这样吗？但是，精神分析学绝对不是如此[38]。"拉康坚持主张进一步扩大精神分析学的研究、探索和试验范围，不但使之成为人文社会科学的各学科及自然科学相互交叉和交流的平台，而且也成为思想家和精神分析学家共同探索人性及其文化创造性质的战略基地。所以，拉康虽然在精神分析学的领域中成长，但他的精神分析学又恰好是远远地超出这个学科本身，同时地吸收人文社会科学乃至自然科学的优秀成果，使他的精神分析学具有医学、心理学、生理学、人类学、社会学、语言学、符号学、文学和哲学的跨学科性质。同时，拉康还极其重视在人的思想创造实践中的灵活机智性，使他坚持主张把精神分析学变成一种真正的"实践智慧"，一种"生活艺术"。

弗洛伊德精神分析学的曲折发展史，同人类现代化进程的曲折性一样，需要我们不断地进行思想上的反思，结合本国思想文化传统中的历史智慧，特别是中国《黄帝内经》的生命观，探索精神分析学在现代化和全球化过程中的创新可能性，使精神分析学和精神治疗学一样，不只是从医学、生理学和心理学的科学专业层面，而且还从人文思想和精神陶冶艺术的高度，变成为新时代现代化和全球化的积极精神力量。

注释

① Thomas Mann, ***Der Zauberberg***, 1924. In *Thomas Mann Große kommentierte Frankfurter Ausgabe*, Gebundenc Ausgabe – 29, Herausgeber Michael Neumann, 2002.

② Thomas Mann, ***Der Tod in Venedig***, 1912. In der Fassung der Großen kommentierten Frankfurter Ausgabe（Fischer Taschenbibliothek）Gebundene Ausgabe – 7. März 2013.

③ Descartes, R. ***Méditations métaphysiques***, Paris, Librairie générale française, 1990：14.

④ Montaigne, ***Essais***, éd. P. Villey et Saulnier, 1595, t. II, chap. 12, Apologie de Raimond de Sebonde, 1595:213.

⑤ Hieronymus Bosch, ***La Nef des fous (Ship of Fools)***, 1500.

⑥ Thomas Platter und Felix Platter: ***2 Autobiographieen. Ein Beitrag zur Sittengeschichte des XVI. Jahrhunderts***, Herausgegeben von D. A. Fechter. Basel 1840.

⑦ Desiderius Erasmus, ***Éloge de la Folie***, Paris, Jehan Petit/Gilles de Gourmount/Strasbourg, Mathias Schurer, 1511.

⑧ Foucault, M., ***Folie et Déraison. Histoire de la folie à l'age classique.*** Paris: Plon.1961.

⑨ "*Aufklärung ist der Ausgang des Menschen aus seiner selbstverschuldeten Unmündigkeit. Unmündigkeit ist das Unvermögen sich seines Verstandes ohne Leitung eines anderen zu bedienen. Selbstverschuldet ist diese Unmündigkeit, wenn die Ursache derselben nicht am Mangel des Verstandes, sondern der Entschließung und des Mutes liegt, sich seiner ohne Leitung eines andern zu bedienen. Sapere Aude! Habe den Mut, dich deines eigenen Verstandes zu bedienen ist also der Wahlspruch der Aufklärung.*" In Immanuel Kant: ***Beantwortung der Frage: Was ist Aufklärung?*** Königsberg in Preußen, den 30. Septemb. 1784.

⑩ Herder, *Kritische Wälder. Oder Betrachtungen, die Wissenschaft und Kunst des Schönen betreffend.* 3 Bde. Hartknoch, Riga 1769.

⑪ Georg Hamann, *Versuch einer Sibylle über die Ehe [Essay of a Sibyl on Marriage]*, (Hrsg. von Martin Sommerfeld). Frankfurt a. M.: Hirsch, 1925 [1775].

⑫ Charles Dickens, *It was the best of times, it was the worst of times, it was the age of wisdom, it was the age of foolishness, it was the epoch of belief, it was the epoch of incredulity, it was the season of Light, it was the season of Darkness, it was the spring of hope, it was the winter of despair, we had everything before us, we had nothing before us, we were all going direct to Heaven, we were all going direct the other way.* In Dickens, Charles., *A Tale of Two Cities* (Revised ed.). London: Penguin Books Ltd. 2003: 2.

⑬ James C. O'Flaherty, *The Quarrel of Reason with Itself. Essays on Hamann, Michaelis, Lessing, Nietzsche.* Columbia: Camden House 1988.

⑭ Friedrich Nietzsche, *Fröhlichen Wissenschaft.* der Aphorismus 125.

⑮ Arthur Schopenhauer: *Die Welt als Wille und Vorstellung.* Köln 1997[1819 -

1859].

⑯ Eduard von Hartmann, *Philosophie des Unbewußten*, Berlin 1869; 11. Auflage 1904, 12. Aufl. 1923.

⑰ E. Durkheim, *Le suicide*, Paris, PUF, 2007: 223.

⑱ Foucault, M., *Folie et Déraison. Histoire de la folie à l'age classique. Paris: Plon*, 1961.

⑲ Michel Foucault, "*The Order of Things, Preface.*" In *An Archaeology of the Human Sciences*. Vintage Books, 1994; "*Archaeology Of Knowledge, Introduction.*", edited by A. M. Sherida Smith. Vintage, 1982; "*Parrhesia in the Tragedies of Euripides.*" In *Discourse and Truth: the Problematization of Parrhesia*. Digital Archive: Foucault.info, 1999; "*The Subject and Power.*" In *Michel Foucault: Beyond Structuralism and Hermeneutics*, edited by H. Dreyfus and P. Rabinow, 2nd ed. Chicago: The University of Chicago Press, 1983: 208 - 226.

⑳ Ohayon, A. *Psychologie et psychanalyse en France. L'impossible rencontre*. Paris. La Découverte/Poche. 2006 :408 - 410.

㉑ Lacan, *Mon enseignement*. Paris. Seuil. 2005: 12.

㉒ Lacan, *Mon enseignement*. Paris. Seuil. 2005: 12 - 13.

㉓ '*Je voudrais que cet objet-événement, presque imperceptible parmi tant d'autres, se recopie, se fragmente, se répète, se simule, se dédouble, disparaisse finalement sans que celui à qui il est arrivé de le produire, puisse jamais revendiquer le droit d'en être le maître, d'imposer ce qu'il voulait dire, ni de dire ce qu'il devait être*. Bref, je voudrais qu'un livre ne se donne pas lui-même ce statut de texte auquel la pédagogie ou la critique sauront bien le réduire; *mais qu'il ait la désinvolture de se présenter comme discours: à la fois bataille et arme, stratégie et choc, lutte et trophée ou blessure, conjonctures et vestiges, rencontre irrégulière et scène répétable*'. In Lacan, ***Mon enseignement***. Paris. Seuil. 2005: 13.

㉔ Jacques Lacan, ***Mon enseignement***. Paris. Seuil. 2005: 13 - 14.

㉕ Levi-Strauss, C. *La potiere jalouse*. Paris. Plon. 1985: 220 - 232.

㉖ Lévi-Strauss, C. *La potiere jalouse*. Paris. Plon. 1985: 247.

㉗ Lévi-Strauss, C. *La potiere jalouse*. Paris. Plon. 1985: 227 - 268.

㉘ Lacan, *Ecrits* 1. Paris. Seuil. 1999: 25; 31; 52.

㉙ Lacan, *Ecrits* 1. Paris. Seuil. 1999: 348.

㉚ Lacan, *Ecrits* 2. Paris. Seuil. 1999: 198.

㉛ Lacan, *Ecrits. I*. Paris. Seuil. 1999: 161.

㉜ Jacques Lacan, *Ecrits*. Paris. Seuil. 1966: 691.

㉝ Jacques Lacan, *Ecrits*. Paris. Seuil. 1966：509.

㉞ Jacques Lacan, L'étourdit, in '*Autres écrits*, Seuil, 2001：449 - 495；*Mon enseignement*. Paris, Seuil. 2005：41.

㉟ Jacques Lacan, *Introduction à la publication du Séminaire "R.S.I."*, (Livre XIII), *Ornicar?*, 1975；*Le noeud borroméen orienté* (sur le noeud borroméen), *Ornicar?*, 1975；*Le séminaire Livre XXII: R.S.I., 1974 - 1975*, *Ornicar?*, 1975.

㊱ Jacques Lacan, *Le séminaire*, *Livre II: Le moi dans la théorie de Freud et dans la technique de la psychanalyse*, 1954 - 1955, (texte établi par Jacques-Alain Miller), Paris：Seuil, 1978.

㊲ Jacques Lacan, *Mon enseignement*. Paris, Seuil. 2005：28 - 34.

㊳ Jacques Lacan, *Mon enseignement*. Paris, Seuil. 2005：22.

上

篇

弗洛伊德传

第1章

一个犹太人的家世

流浪于欧洲中部、南部和东部的犹太人在连续两千多年的历史中饱尝了种种苦难。自从公元前6世纪以色列王国和犹太人的神殿被破坏以后，犹太人就陆陆续续地流落到中亚、西南亚、北非和欧洲。他们像种子一样散布在世界各地，以不同程度和不同形式定居在异民族中间。在世代相传的漫长生活中，他们除了保留着自己的宗教信仰、语言文字和特殊的生活习俗以外，还对各民族的文化事业的发展作出了不可低估的贡献。在近一百年的人类历史上，至少有三个犹太人，对人类的发展作出了划时代的贡献，这三个人就是马克思（Karl Marx，1818－1883）、爱因斯坦（Albert Einstein，1879－1955）和弗洛伊德（Sigmund Freud，1856－1939）。

据弗洛伊德在他的自传中所说：

> 我的父母都是犹太人。我自己至今也还是一个犹太人。我有理由相信，我父亲的家族在莱茵河（德国科隆）一带定居已经相当长久了。但是，14世纪和15世纪中犹太人受到迫害，他们才向

东逃走。而在19世纪中叶，他们又从立陶宛经加里西亚而迁回到德属奥地利。

犹太裔血统对于弗洛伊德日后的成长产生了很大的影响，这不仅是指犹太人的语言、思维习惯和生活方式，而且，更重要的是定居于欧洲各地的犹太人在漫长的岁月中所遭受的侮辱和歧视，给弗洛伊德提供了无形的强大精神力量，激励着他奋发图强、专心致志地从事对人类精神活动的科学分析事业。更确切地说，使弗洛伊德成为一个伟大的心理学家的重要因素，与其说是犹太人的血统，不如说是犹太人所遭受的压迫和歧视。弗洛伊德曾说：

> 我经常地感受到自己已经继承了我们的先辈为保卫他们的神殿所具备的那种蔑视一切的全部激情，因而，我可以为历史上的那个伟大时刻而心甘情愿地献出我的一生。

这种不甘忍受歧视的感情始终伴随着弗洛伊德的一生。它像潜伏在火山深处的岩浆一样默默地运行着，最终将无可避免地喷发出来。弗洛伊德愤慨地说：

> 我永远不能理解为什么我得为我的祖先而感到羞耻，或如一般人所说的那样为自己的民族感到羞耻?！于是，我义无反顾地采取了昂然不接受的态度，并始终都不为此后悔……

弗洛伊德的童年时代以至他的整个一生，就是在民族歧视和民族压迫的环境中度过的。弗洛伊德的曾祖父叫埃弗莱姆，而他的祖父叫斯洛莫。他的祖父在弗洛伊德出生前夕，即1856年2月离开了人世。所以，当弗洛伊德出生时，作为对他的祖父的纪念，他的犹太名字也叫斯洛莫。弗洛伊德的父亲雅各布·弗洛伊德（Jacob Freud，1815－1896）于1815年生于德国加里西亚（Galicia）的狄斯门尼兹。

雅各布是毛织品商人，但他手中只拥有微薄的资本。1855年，40岁的雅各布·弗洛伊德同比他小20岁的犹太姑娘艾美丽亚·娜丹森（Amalia Nathansohn Freud，1835－1930）结婚。次年，即1856年5月6日，生下一个男孩，取名为西格蒙德·弗洛伊德。

弗洛伊德出生的地方是弗莱堡市内的一座两层楼小房子。这座简陋的房子有一扇大门对着大街。从出生到3岁，弗洛伊德就在这里度过。弗洛伊德的幼年时代，家境并不富裕。他的父亲在同他的母亲结婚以前曾经结过两次婚。第一次结婚是当雅各布17岁的时候。他的第一任妻子生下了大儿子伊曼努尔。接着，雅各布的第二任妻子在1836年为他生下了第二个儿子菲利浦。所以，当弗洛伊德出世的时候，他的同父异母哥哥伊曼努尔24岁，菲利浦20岁，当时他们俩都经营商业。不幸的是，伊曼努尔和菲利浦的生意连连失败，以致弗洛伊德的父亲不得不拿出大量的金钱救济他们，到弗洛伊德懂事的时候，他的父亲已没有什么钱了。

雅各布·弗洛伊德是一位心地善良、助人为乐的犹太商人。后来，弗洛伊德有一次谈到他父亲的为人时说，他像狄更斯（Charles Dickens，1812－1870）的小说《大卫·科波菲尔》（*David Copperfield*）中的人物米考伯那样，是一个乐天派，“始终都充满着希望地期待着未来”。

雅各布·弗洛伊德总是好心地看待别人和周围的事物。他虽然经商，但为人诚实、单纯。所有的这些性格，对弗洛伊德有很大的影响。

据弗洛伊德的朋友欧内斯特·琼斯(Alfred Ernest Jones, 1879－1958)说,当他为了写弗洛伊德的传记而向弗洛伊德的女儿安娜提问“什么是弗洛伊德的最突出的性格”时,安娜毫不犹豫地说:“他的最突出的特性,就是他的单纯。”弗洛伊德从父亲那里继承而来的这种突出的性格伴随着他的一生,并体现在他的一举一动上。据欧内斯特·琼斯说,弗洛伊德最讨厌那些使生活变得复杂化的因素,他的这个特性甚至表现在日常生活的细节上。比方说,他一共只有三套衣服、三双鞋子、三套内衣,就是外出度长假,他的行李也往往简单到不能再简单的程度。

弗洛伊德的父亲传给弗洛伊德的性格对于弗洛伊德的研究工作和思想方法产生了深远的影响。弗洛伊德之所以能将极其复杂的精神现象分析成最单纯的“潜意识”和“性动力”,就是因为他酷爱事物的单纯化结构,并因而怀抱着某种想把一切都还原成最简单的元素的愿望。在弗洛伊德看来,不仅万事万物都是由最简单的元素组成的,而且,即使是它们的那些在表面看来极其复杂和令人眼花缭乱的变化,也必然遵循着一条极其简单的规律。弗洛伊德的这种性格,在他的漫长的一生中,由一种单纯的生活习惯而慢慢地发展成一种思想方法和世界观。

欧内斯特·琼斯也反复地说:“弗洛伊德之喜欢单纯和厌恶烦琐,同他性格中的其他两个特性有极密切的联系:即厌恶形式化和不愿忍受各种人为的限制。他对形式主义的厌烦,有一部分归因于他生长的贫贱环境,使他少有进行社交往来的机会。……弗洛伊德对于复杂的保护性措施,特别是人们经常引用到生活关系中的那些法律方面的保护性措施最为厌烦。他认为,假如两个人真的互相信赖,这些保护性措施就是多余的,而如果他们不能彼此信赖,就是有这些繁文缛节的保障,也无济于事……”

弗洛伊德的父亲和弗洛伊德本人的这些根深蒂固的单纯性格,和他们所处的贫寒家境确实有很密切的关系，他们时时刻刻身受着来自社会方面的各种压力和侮辱，而他们又祖祖辈辈过着半流浪的生活，所以他们的社会关系极为简单，而且很自然地厌恶“上流社会”的那套虚伪的形式主义的种种习俗。弗洛伊德的父亲没有念过中学，他所认识的世界除了他本人所直接看到的和他周围的少得可怜的亲友所告诉他的那一部分知识以外，再也没有别的。

但是，弗洛伊德的父亲和他本人所生活的世界和社会，并不是像他们自己所想象的那样单纯。在弗洛伊德出生前后，在雅各布・弗洛伊德由加里西亚迁往摩拉维亚前后，欧洲各地发生了一系列重大的历史事件，这些事件具有扭转欧洲历史方向的深刻意义。弗洛伊德的父亲虽然没能认识到所有这些历史事件的内在意义，但这些事件对弗洛伊德的一生却产生了深远的、不可忽视的影响。

弗洛伊德家族是犹太人，因此，在弗洛伊德的一生中，犹太人的特殊生活习惯、文化传统以及犹太人所受到的特殊的社会待遇，始终都影响着弗洛伊德的生活和科学研究。但另一方面，和其他定居于欧洲的犹太人一样，弗洛伊德家族也受到了他们所接触到的周围民族的文化传统和生活方式的影响，尤其是不可避免地受到他们生活于其中的当时当地的社会历史环境的影响。

弗洛伊德家族已有三个世纪的时间生活于日耳曼民族所群居的社会中。所以，日耳曼民族自 15 世纪以来所经历的历史变迁及文化和思想方面的变革，都给予弗洛伊德的世界观和方法论打下了深刻的烙印。当弗洛伊德于 19 世纪中叶出生于摩拉维亚(Moravian town of Freiberg)的一个小城市的时候，德国和奥地利这两大日耳曼国家已经历了自 15、16 世纪的宗教改革运动以来的深刻变化。在弗洛伊德身上，与其说体现了单纯的犹太民族的文化传统的影响，不如说集中了犹太人和日耳曼人在多年的文化交流中所积累的那些复杂的历史成果。

值得注意的是，在雅各布・弗洛伊德决心从加里西亚迁往摩拉维亚时，整个欧洲发生了一场真正的革命运动。这就是发生在1848年前后的欧洲革命。这场革命，在某种意义上说，是同19世纪初法国的拿破仑的东征、摧毁和削弱包括普鲁士、俄国在内的腐朽的封建势力和天主教教会势力有密切关系。一向受天主教会和普鲁士腐朽势力迫害的犹太人，包括弗洛伊德家族在内，都对自拿破仑东征以来，在整个欧洲大陆所发生的社会变革本能地产生了由衷的兴奋心情。

据保罗・罗森说，古代迦太基名将汉尼拔(Hannibal Barca，公元前247年-前183年)和拿破仑(Napdéon Bonaparte，1769－1821)，是弗洛伊德从小就敬仰着的两位英雄。因为正是历史上的这两位英雄，率领着强大的军队，翻越阿尔卑斯山，打败了歧视和压迫犹太人的"神圣罗马帝国"和天主教会，从而实现了弗洛伊德的复仇理想。

摩拉维亚在当时是奥地利哈布斯堡王朝(The Habsburg Dynasty)的一部分。在这里，同奥地利其他地区相比，有两个显著的特点：

第一，这里是奥地利的比较发达的经济区之一。作为捷克的一部分，同奥地利的其他地区相比，这里较早地发展了先进的工业。捷克走上近代工业的发展道路，比它东面和南面的其他斯拉夫国家要早得多，即使同压迫着它的奥地利相比，捷克在经济上也要发达得多。

第二，摩拉维亚和斯洛伐克一样是民族矛盾最尖锐的地区。捷克是在1620年的"白山战役"后失去自己的独立而沦为哈布斯堡王朝的奥地利帝国的一部分。俄国19世纪著名的作家赫尔岑(Alexander Herzen，1812－1870)写道："奥地利用了两个世纪的时间有系统地把捷克这个民族的一切独特的、具有民族特点的东西扼杀了。"(《赫尔岑全集》)古老的布拉格大学(Charles University in Prague)被操纵在企图扼杀一切进步文化传统的耶稣会士手中。

如果说在 19 世纪中叶捷克人遭受到奥地利的民族压迫的话,那么,犹太人就处在这种压迫的最底层。当 1856 年弗洛伊德出世的时候,摩拉维亚的犹太人所遭受的歧视和压制使弗洛伊德家族的每个成员都感受到难以忍受的窒息。这种对犹太人的歧视一直笼罩在弗洛伊德的幼年生活环境中。尽管在此后的八十多年中,这种对犹太人的歧视有了各种形式的变化,但始终没有根本消除过,以致弗洛伊德直到生命的最后一刻,也是在这种不合理的歧视氛围中度过的。

弗莱堡是一个不大的小城镇。在 19 世纪中叶,当弗洛伊德出生的时候,这里约莫住着五千人。全市只有几条大街,市里只有几十家小型工厂。这里原先是属于大摩拉维亚斯拉夫国的一个小镇。从 19 世纪后半叶起,这里就发展了各种各样的手工工场,它比起附近的斯洛伐克先进得多。弗洛伊德的父亲在这里经营的毛织品生意勉强地维持了弗洛伊德一家的生活。经济上虽然不很富裕,但家庭生活还是融洽的。

弗洛伊德的母亲艾美丽亚・娜丹森又名玛丽亚,是一位很智慧的年轻妇女。母亲对弗洛伊德的影响比父亲更深远。这不仅是因为玛丽亚对弗洛伊德给予了深切的关怀,使弗洛伊德对他母亲建立了很深厚的感情,而且还因为玛丽亚比弗洛伊德的父亲更长久地同弗洛伊德生活在一起——一直共同生活到 1930 年为止,而弗洛伊德的父亲则在 1896 年就离开了人世。

弗洛伊德的父母都是虔诚的犹太教徒,他们过着俭朴的犹太教生活。犹太教要求自己的教徒信奉一种共同的"法",即希伯来语所说的"托拉"(Torah)。所谓"法"或"托拉"是起源于《圣经》中的《旧约》的道德和宗教学说体系,要求犹太人忠于犹太教的最高的神——耶和华,并遵守犹太教祭士——“拉比”的教导和告诫。“拉比”(Rabbi)一词原指最早的犹太教“法学博士”,他们从公元2世纪到13世纪间一代接一代地专门研究了《旧约》和犹太教教义,为犹太教教义增添了不少新的内容,遂为犹太教教法的系统化作出了贡献。根据犹太教教法的规定,犹太人必须在饮食方面遵循特殊的戒律,男人必须坚持割礼,每周星期六要过“沙巴斯”,即“安息日”(Sabbath)。根据犹太教法规定,在安息日内,犹太人要坚持步行约三分之二里的路程,被称为“安息日路程”。犹太教法还规定犹太人每周要到犹太教堂去祈祷和在那里接受宗教教育。

弗洛伊德的父亲严格地遵守这些犹太教法规,使弗洛伊德从小接受了犹太教教育,也使他从小就对《圣经》很熟悉。弗洛伊德的父亲虽然没念过大学,但他曾用大量时间研究过犹太教法典《塔木德》(*Talmud*)。弗洛伊德的父亲作为这一家犹太人的家长,要求弗洛伊德从小就忠实于本民族的宗教教规。

在幼小时期,弗洛伊德由一位信天主教的保姆服侍着。这位保姆给小弗洛伊德以很深的印象,以至弗洛伊德在成人后还对她的形象记忆犹新。弗洛伊德在《精神分析学的起源》一书中说,这位天主教徒保姆长得“难看、年岁较老些,但很聪明”,她教给弗洛伊德“生活和生存的手段”,并使他从小就“对我自己的能力有足够的认识和估计”。她经常抱着弗洛伊德到教堂去,并向他讲天主教的故事。弗洛伊德从懂事的时候起就从这位保姆的嘴里听到有关天堂、地狱和《圣经》的许多动人的故事。因此,弗洛伊德的妈妈后来也说,弗洛伊德刚刚会说话的时候,就对家里人说到“上帝怎样指导他做事”。弗洛伊德很喜爱这位保姆。她也许是弗洛伊德一生中最初向他提供《圣经》教育的一个人。但这位保姆未能长时期地与弗洛伊德生活在一起。据说当弗洛伊德两岁半的时候，这位保姆因偷东西而被辞退了。后来，弗洛伊德曾在自己的著述中多次为此事表示遗憾和惋惜。

弗洛伊德的母亲也是一位慈善的和虔诚的犹太教徒。她生了七个孩子。她在家中只讲犹太人所讲的"依地语"（Yiddish Language，一种为犹太人使用的国际语），而不是讲她的老家加里西亚的"高地德语"（原为德国南部和中部使用的德语，现为标准德语）。

弗洛伊德对母亲很孝顺。他在著作中提到他母亲时说，他的自信以及对事业的乐观态度，在很大程度上是来自母亲的影响。弗洛伊德曾说："母亲在同儿子的关系中总是给予无限的满足，这是最完全、最彻底地摆脱了人类的既爱又恨的矛盾心理的一种关系。"弗洛伊德始终热爱、尊敬母亲。弗洛伊德的朋友琼斯说，对母亲的热爱使弗洛伊德在一生中，从来都没有指责过妇女背弃了他或欺骗了他。

弗洛伊德的母亲特别宠爱弗洛伊德。凑巧得很，弗洛伊德和他最喜欢的小说狄更斯的《大卫·科波菲尔》的男主角一样，在他母亲生他的时候带出了胎衣，据说，这件事象征着这孩子将会有很好的命运。弗洛伊德以后常常以此自豪，并说，他从母亲身上获得了无法估量的、奇妙的好处——他曾说："一个为母亲所特别钟爱的孩子，一生都有身为征服者的感觉。由于这种成功的自信，往往可以导致真正的成功。"他在七个孩子当中排行老大——他和最小的弟弟亚历山大之间相差十岁，中间还有五个妹妹。母亲对他寄予很大的期望，希望这个大儿子能在事业上获得成就。

弗洛伊德的母亲本来是住在德国东北部的加里西亚的。那个地方靠近俄国。后来，艾美丽亚还在敖德萨（Odessa）度过自己的童年。艾美丽亚同两个哥哥一起，住在美丽的黑海之滨。她从小聪明、活泼又美丽。后来，艾美丽亚又随自己的父母迁往维也纳；在那里，正好遇到了1848年的革命。一直到后来，当艾美丽亚已经七八十岁的时候，她还能清晰地回忆起1848年的维也纳起义。

1856年，当艾美丽亚生下弗洛伊德的时候，呱呱坠地的弗洛伊德长着一头长长的黑发，所以艾美丽亚亲切地给弗洛伊德起了绰号“小黑鬼”。

据弗洛伊德回忆，在弗莱堡生活时，弗洛伊德有一次闯入他父母的卧室，以好奇的目光试图观察大人的性生活，因此，被激怒了的父亲把他赶回自己的房间里去。

还有一次，弗洛伊德已两岁了，但还在床上撒尿。他爸爸指责他以后，他说：“别着急，爸爸。我会在市中心给你买一个新的、美丽的、红色的床来赔你。”通过这些事，弗洛伊德的脑海中留下了这样的印象：爸爸是现实主义者，而妈妈则是对他温情脉脉和亲切温暖的。

弗洛伊德在弗莱堡的生活虽然仅仅是他的漫长的生命历程中的最初的、还不懂事的三年，但弗洛伊德的父母在这个小城市里所建立起来的这个普通的犹太人家庭及其历史背景，给弗洛伊德的一生留下了不可磨灭的痕迹。此后，每当弗洛伊德回忆自己在弗莱堡的童年生活时，他总是以田园诗人般的深厚感情怀念这个小小的城市。

弗莱堡在摩拉维亚的东南部，靠近西里西亚(Silesia)。它位于维也纳东北部150英里的地方。城里有一座很有名的圣玛丽教堂，教堂塔尖高达200英尺，从那里发出的清脆的钟声可以在全市所有的地方听到。弗莱堡的居民绝大多数是罗马天主教徒，只有百分之二的新教教徒和同样少的犹太人。全市镇的人对根本不去天主教堂作礼拜的犹太人几乎都能叫出他们的每一家的名字。

弗莱堡的工业主要是纺织业。由于这些纺织业主要靠手工操作，所以，在弗洛伊德家族迁往此地前二十年内，这些手工纺织业因受到日益发展的机织业的打击，已经走下坡路了。在19世纪40年代时，由维也纳向北铺设的铁路绕过弗莱堡，因此，弗莱堡的地理位置反而变得不重要了。这样一来，那里的古老而落后的手工业就面临着破产的危险。

与此同时，捷克本土的民族主义势力也发展起来了。他们对来自德意志、奥地利的政治经济力量进行了抵制和排挤。捷克人同时也憎恨操德语的犹太人。早在1848年布拉格起义时，布拉格市内的犹太纺织业商人就遭到打击。随着捷克民族经济的发展及德奥统治者的加紧盘剥，摩拉维亚地区的犹太工商业的处境每况愈下。

当时，弗洛伊德家族的生活又走到了一个十字路口。作为这个家族的家长，雅各布·弗洛伊德必须作出抉择。弗洛伊德一生的生活方向在很大程度上要取决于这次新的抉择。

第 2 章

少年时代

1859 年,弗洛伊德一家离开弗莱堡到德国萨克森区(Sachsen)的莱比锡(Leipzig)去,这次迁徙的原因不很清楚,据分析,可能有两个原因:一个是经济上的,另一个是战争所引起的。

在经济上,当时弗洛伊德的两个异母哥哥伊曼努尔和菲利浦到南非去做鸵鸟羽毛的生意失败。弗洛伊德的父亲只好把自己开设的毛织品商店的资本拿去抵债。这样一来,雅各布在弗莱堡的买卖无法继续进行下去。

实际上,在弗莱堡期间,弗洛伊德一家人的生活一直还需要弗洛伊德的母亲娘家方面的接济和资助。另一方面,奥匈帝国和意大利之间在当时发生了一场战争。在战争期间,哈布斯堡王朝规定,全国所有适龄男子都要服兵役。当时,弗洛伊德一家有三个人——弗洛伊德的父亲和两位哥哥——都有被征服兵役的危险。大概也是为了逃避服兵役,雅各布·弗洛伊德决定迁出奥匈帝国所属的摩拉维亚而到德意志的萨克森去。不久,奥意战争结束了,弗洛伊德一家才从莱比锡迁往维也纳,而弗洛伊德的两位异母哥哥则到伦敦去居住。

在这一时期如被征服兵役，对犹太人来说是极难忍受的痛苦。因为在军队中不仅要受官方的残酷的虐待，而且还要被迫放弃一切犹太人的生活习惯。

维也纳是欧洲最著名的文化中心之一，而从 19 世纪中叶到第一次世界大战期间，又是维也纳文化发展的全盛期。这是维也纳的“文艺复兴时期”——不论在音乐、哲学、文学、数学和经济学方面，维也纳都取得了闻名世界的成就。古老的维也纳大学(University of Vienna)是学者们群居的高等学府，从那里发出的许多科学成果新消息不断地震撼着国际文化科学界。群居在维也纳的知名学者们，像以后的弗洛伊德一样，绝大多数都是非维也纳人。这些人不仅来自哈布斯堡王朝版图内的各个地方，也来自世界各地。

维也纳的光荣而悠久的文化传统为弗洛伊德的精神分析学的形成和发展提供了丰富的养料。维也纳是弗洛伊德的科学创见和伟大学说的天然摇篮。

在历史上，犹太人曾三次被逐出维也纳。哈布斯堡王朝是用暴力建立起封建集权统治的，它对境内所有的少数民族都进行血腥的镇压，而住在首都维也纳的犹太人就首当其冲。犹太人被迫扶老携幼撤离维也纳，迁居到边远的落后地区。18 世纪末，由于国内资本主义工商业的发展，奥地利帝国内开始缓慢地实行某些改革：废除了农民对地主的人身依附，用地租代替徭役、允许少数民族涌入大城市等。到了 19 世纪，奥地利境内工业化程度进一步发展，才允许犹太人返回维也纳。从 19 世纪中叶到 70 年代，三十年中，维也纳的犹太人急遽增加，大约占二百万维也纳人口的百分之十。勤奋而机智的犹太人慢慢掌握了许多银行和几乎所有的报纸。与此同时，维也纳大学的许多重要教职也由犹太裔学者占据。幸运的是，当时的奥地利帝国皇帝弗兰兹·约瑟夫(Franz Joseph I of Austria，1830－1916)不支持排犹主义。因此,国内一些极端的排犹分子称弗兰兹·约瑟夫是“犹太人的皇帝”。

犹太人尽管可以返回维也纳,但他们仍然随时随地会遭受到敌对分子的侮辱和突然袭击。所以,弗洛伊德在成长的过程中,始终受到反犹主义的威胁。这种环境使弗洛伊德慢慢地形成了坚强的反抗性格。他看不惯这种歧视,内心里燃烧着愤怒的火焰。

有一次,弗洛伊德回忆了他少年时代对于排犹分子的仇恨。他说:

> 大约是在我10岁或12岁的时候,我爸爸开始带我去散步,并在闲谈中对我表示他对这个世界的看法。在这样的场合中,他对我讲了一件事情,借此表明现在比他曾经经历过的那个时代好多了。他说:“当我年轻的时候,有一个星期六,我在你的出生地的大街上散步,我穿得很讲究,头上还戴一顶新的皮帽。一位基督徒走到我跟前,并打了我一顿,把我的帽子打在地上。他喊道:‘犹太鬼!滚出人行道!’”我听后,问道:“你当时怎么办?”他静静地回答说:“我走到马路上,并捡起我的帽子。”这对我来说是一个沉重的打击;我没想到这位高大而健壮的、牵着小孩子的男人竟作出这样毫无骨气的行为。我把这种状况同很合我的口味的另一件事加以对照——那就是汉尼拔的父亲在祭坛前让他的儿子发誓要对罗马人复仇的动人场面。自那以后,汉尼拔……在我的幻想中占据了一个应有的位置。(《西格蒙德·弗洛伊德心理学著作全集》)

由此可见,在弗洛伊德的幼小的心灵中,早已有了奋发图强的决心。

弗洛伊德一方面继承了父亲的善良和乐观性格，另一方面又滋长着他父亲所没有的斗争精神。这种斗争精神和善良德性相结合，使弗洛伊德具备了比较完备的人格，足以承担在艰难而复杂的岁月里所遇到的一切挑战。

弗洛伊德在谈到自己从3岁到7岁的生活经历时说："那是很艰难的时期——不值得回忆。"那时，弗洛伊德一家刚刚在维也纳住下，经济比较紧张。他的两个异母哥哥伊曼努尔和菲利浦带着他们的妻子、孩子搬到英国曼彻斯特去了。据说伊曼努尔和菲利浦在那里开了毛织品工厂，并迅速地发展起来了。弗洛伊德长大后曾多次向往英国，在他的心目中，英国是自由的国度。他很羡慕他的两位哥哥能到英国去。他本人和父母住在维也纳时，起初的心情一直是很不愉快的。

从1860年到1874年，弗洛伊德一家住在维也纳利奥波尔斯塔特区的伯费弗尔街。这个区是维也纳市内的犹太人聚居区。

关于这段生活，弗洛伊德只能回想起几件事情。

有一次，弗洛伊德弄脏了一张椅子。弗洛伊德便安慰他母亲说，他长大以后要买一张新椅子来赔偿。这个故事和前述买一张新床的故事一样，说明弗洛伊德从小就很善良、有志气。他把侵害别人看作自己的耻辱。

还有一次，当他5岁的时候，他父亲给他和他妹妹一本关于到波斯旅行的书，并纵容他们撕下书中的彩图。显然，他父亲这样做是很不严肃的，尽管它带有游戏的性质，但这是一种很难以理解的教育儿童的方式。这件事对弗洛伊德产生了相反的影响，从那以后，弗洛伊德反而产生了搜集书籍的爱好。

6岁的时候，他记得妈妈告诉他说："人是由泥土做成的，所以，人必须回到泥土之中。"他不相信这件事。他母亲为了证明这件事，在他面前用双手擦来擦去，接着她指着双手擦下的皮屑说："这就是和泥土一样的东西。"弗洛伊德不禁吃了一惊。从此以后，他就在自己的脑海中经常听到这样的回音："你必定会死。"也就是说，母亲所说的"必定要回到泥土里去"给他留下了很深的印象。

弗洛伊德七八岁的时候，在父母的卧室里撒尿。他爸爸为此叹息道："这孩子一点也没出息！"这是对弗洛伊德的精神上的一次打击。弗洛伊德后来说："这肯定是对我的抱负的很大的打击，所以关于当时的情景的幻影，后来一次又一次地出现在我的梦里，而且，在梦中，它们始终都同我的累累成果联系在一起，好像我想说：'你看，我已经作出了成果！'"据弗洛伊德的朋友荣格(Carl Gustav Jung, 1875－1961)说，弗洛伊德一直到成年还患有遗尿症。所以，他幼年时在父母卧室和自己的睡床上的遗尿并非他的有意识的动作。他父亲对他的遗尿的两次批评确实给了他沉重的精神打击。而且，弗洛伊德由这件事感到父亲不如母亲那样温暖。

在 10 岁以前，弗洛伊德是在家里受教育的。自从弗洛伊德离开母亲的怀抱以后，负责对他进行教育的，一直是他父亲。如前所述，他父亲的文化水平很低，他的许多知识，一部分来自犹太教法典，一部分来自自己的生活经验。这就决定了他的知识的有限性和狭隘性。

但弗洛伊德有天赋的才能，他对父亲教给他的每一种知识都能加以理解。他有很强的分析能力。在这种家庭教育中，弗洛伊德与父亲的关系比以往更深了。如果说，在这以前他们之间只有父子感情，那么，此后他们就有了师徒感情。

父亲抓紧一切机会向他传授基本知识和生活经验。从 12 岁起，弗洛伊德经常陪同爸爸在维也纳街边的人行道上散步。当时，由于经济条件的限制，弗洛伊德父子没能进行其他形式的体育运动。实际上，在那个时候,中欧各国的中产阶级以上的居民都喜欢在闲暇时间和工作之后进行各种球类活动和体操,夏天去游泳,冬天去滑雪。而弗洛伊德只能在街边散步,有时也同父亲一起爬山。散步活动后来就成了弗洛伊德的生活习惯。他经常单独散步,在维也纳大学学医时,散步是他的最主要的爱好。弗洛伊德也慢慢学会了游泳和滑冰。他一旦学会,就反复地抓紧时机进行实践。弗洛伊德说,他只要有机会,就到游泳池和河中去游泳。弗洛伊德的朋友琼斯说,弗洛伊德很喜欢到江河湖海游泳,而且,弗洛伊德每次去游泳都表现出异常的兴奋,真可以用"如鱼得水"这个词来形容。弗洛伊德对琼斯说过,他只骑过一次马,而且,骑时感到不太舒服。不管怎样,弗洛伊德是一个散步爱好者。琼斯说,他记得当弗洛伊德65岁的时候,曾同六七个年轻的同事一起爬哈尔茨山(Harz Mountains),这些年轻人都是身体健壮的二十五六岁的小伙子。但不论在爬山速度还是在持久力方面,弗洛伊德都是首屈一指的。当我们说到弗洛伊德对这些运动的爱好及其对弗洛伊德本人的体质所起的锻炼作用的时候,千万不要忘记所有这些的起点是弗洛伊德的父亲在维也纳时经常带他出去散步。

从学会读书的时候起,弗洛伊德就对学习历史和文学很感兴趣。弗洛伊德能很自然地把历史同现实生活联系在一起,表达出自己对现实生活的态度。他善于从历史事件和历史人物中,抓住自己要学的重点,然后牢牢地记在心中。前面曾经提到他对拿破仑和迦太基名将汉尼拔的崇敬,就是最明显的例证。在他对拿破仑和汉尼拔的态度中,既体现出他对历史人物的特质的深刻了解,也表现出他对当代反犹主义的憎恶,也表达了他个人立志锻炼自己成为改造现实的英雄的坚强决心。

这种对历史的崇高精神的深刻了解,使他从小就能比他的同辈更敏锐地揭示事物的症结所在。

在弗洛伊德的家庭生活中，弗洛伊德的这种异乎寻常的眼光，使他的父母都不得不由衷地感到欣慰。

弗洛伊德家庭里经常召开“家庭会议”。依据犹太教的规定，父亲是当然的“会议主席”，这些家庭会议要讨论家中遇到的一切难题和重要事务。家中的每一个成员，包括年幼的、未成年的孩子都要参加，并可以发表意见，或举手表决。在这些会上，弗洛伊德往往发表令人信服的意见，以致连他的父母也不得不放弃自己的原来意见，而采纳弗洛伊德的意见。

有一次，家庭会议研究给弗洛伊德的小弟弟取什么名字的问题。弗洛伊德主张给这位比他小 10 岁的弟弟取名亚历山大，他解释说，亚历山大大帝是一位见义勇为的英雄。他还向大家滔滔不绝地引述了与此有关的一大段关于马其顿凯旋进军的故事。最后，全家人都接受了他的意见，给小弟弟取名亚历山大。

尽管弗洛伊德有超人的智慧，但弗洛伊德的父亲始终要在他面前保持作父亲的尊严。据钢琴教师莫利兹·罗森塔尔说，有一次弗洛伊德与他的父亲在街上争论，雅各布竟说：“怎么？你跟你父亲对立？你西格蒙德的小蹄子虽然比我的脑袋更机智，但你休想有胆量同我对立！”

由于弗洛伊德的父亲的知识较多地来自犹太教法典和他的犹太教生活经验，所以，他给弗洛伊德的教育多半是与犹太教有关的历史、地理和其他知识。弗洛伊德从小打下的犹太教宗教教育基础，使他对犹太教的习俗、典礼、节日的内容、历史来源及演变过程非常熟悉。

1891 年，当弗洛伊德 35 岁生日的时候，弗洛伊德的父亲给他送了一本《圣经》，在上面，他用希伯来文写着下面一段话：

亲爱的儿子：上帝的精神开始引导你从事学业的时候，是在你七岁那年。我曾经以上帝的精神对你说："看我的书吧，这本书将为你打开知识和智慧的源泉。"这是万书之本，这是有识之士掘出的"智慧之源"，正是从这里，立法者们引出了他们的知识之流。

你已经在这本书中看出全能者的先见之明，你已经心甘情愿地聆听了它，你已经照此去做，并已经在圣灵的鼓舞下努力高飞。自那以后，我一直保留着这本圣经。如今，当你三十五生日的时候，我把它从它的储藏处中取出，并把它赠送给你，作为你的老父亲对你的爱的标志。

这件事表明，在弗洛伊德的家庭教育中，宗教知识是占很大的比重；而且，他的父亲也确实希望《圣经》的精神将能武装他的儿子的头脑，并鼓舞着他去不断上进。

但是，在实际上，弗洛伊德本人对《圣经》的信仰是有限的；而且，他从小就以他本人的观点去理解《圣经》。他从《圣经》上所获得的东西，与其说是宗教信仰，毋宁说是道德和伦理知识以及古典的历史知识。事实表明，在弗洛伊德往后的成长历程中，他始终都没有有意识地信仰什么上帝或所谓"不朽的精神"。他始终保持无神论者的观点。他对人类精神的研究，完全摆脱了《圣经》或其他宗教教义的影响。他把人的精神看作是自然现象的一部分，看作是极其复杂的人类神经系统的同样极其复杂的功能。虽然，他对这种物质功能的解释和观点可能包含有这样或那样的片面之处和错误，但他从来不打算从人体之外寻求一种如宗教学说那样的"超自然的"或"非人间的"神秘力量去解释人的各种精神活动。对于这一点，他的父亲一直是没有真正地意识到。

弗洛伊德从犹太教教义所学到的东西，还包括犹太人本身所特有的生活习惯。在弗洛伊德那里,他父亲传授给他的犹太教法典仅仅具有民族性的象征,或者,更确切地说,是披着宗教外衣的民族习惯。

当弗洛伊德 9 岁的时候,由于具备了过人的智力,加上平时的努力自修,以优异的成绩通过了中学入学试,比标准的中学入学年龄提早了一年。

德国和奥地利的中学是八年一贯制。它包括了中学的全部课程和大学预科的基本知识。所以,它比一般的中学多学了专业性知识。这种学校在德国和奥地利称为"吉姆那森",而不叫"中学"。他从入学开始到毕业为止,始终都是优秀生。在他读八年制中学的后六年中,他一直是班上的第一名学生。他无疑是德才兼备的少年。他在自己的自传中说:

> 在中学,我连续七年名列前茅,所以享受了许多特权,得以保送到大学里就读。

弗洛伊德 17 岁的时候,以"全优"的成绩毕业于"吉姆那森学校"。他的父亲为了奖励他,答应他到英国旅行一次。后来,在两年之后,他终于实现了多年来一直盼望着的到英国去旅行的愿望。

在中学时期,弗洛伊德勤奋地学习。他经常主动地帮助自己的妹妹做功课,指导她们的复习,使她们能克服许多障碍,并逐步地学到有效的学习方法,他甚至充当了妹妹们的阅读指导人,他有时告诫她们不要过早地看一些不适宜的读物。例如,妹妹安娜在 15 岁时要看巴尔扎克(Honoré de Balzac,1799 - 1850)和大仲马(Alexandre Dumas, 1802 - 1870)及小仲马(Alexandre Dumas, fils, 1824 - 1895)的小说,弗洛伊德劝她别看。当然,这种劝告并不一定正确。但在这里,体现了弗洛伊德的另一种性格——自信心强。

弗洛伊德孜孜不倦地看书，他有强烈的求知欲。他不仅认真地学好所有的功课，而且喜欢看课外读物，他从来不感到读书是负担，看书和思索成了他的生活中的大部分内容。他也经常同自己的同学讨论问题，探讨书中的真理。有时还为此发生激烈的争吵。为了不妨碍妹妹的学习，每次在家里与同学讨论问题时，他总是把房门关得紧紧的。

他很少满足于课文的简洁的内容，总是愿意以课文作线索，更深入和更全面地探索其他与此有关的问题。他所钻研的读物包括历史、文学、地理、数学、物理、化学、外国语言等各门学科。他经常做比老师留下的作业更多的练习。他喜欢解析那些难题。他善于从那些好像没有解决希望的难题中发现突破口，然后，顺着问题本身所固有的逻辑去进行有条不紊的解析。他也善于创造问题本身所没有的、有利于解题的条件，借助于这些新条件，他可以使初看起来令人望而生畏的难题迎刃而解。

弗洛伊德虽然有深厚的犹太人的民族感情，但他和定居于日耳曼人生活地区的其他犹太人一样，很善于吸收周围民族的文化养料。所以，弗洛伊德无疑是精通日耳曼文学和语言的人。他阅读德意志文学作品，包括从古代到他生活的时代的一切优秀作品。如弗洛伊德很喜欢歌德(Johann Wolfgang von Goethe, 1749 - 1832)的作品，他以极大的兴趣阅读《浮士德》(*Faust*, 1832)、《少年维特之烦恼》(*Die Leiden des Jungen Werther*, 1774)等。歌德生活的时代距离弗洛伊德有一百年的时间，但歌德的诗、小说、戏剧对弗洛伊德来说仍然是很亲切的。

弗洛伊德很熟悉《浮士德》，他在自己的自传中引用了《浮士德》中的魔鬼梅菲斯托弗利斯的警告：

对科学的广博涉猎是徒然的,每一个人都只能学到他所能学到的东西。(《浮士德》第一部)

歌德在一首十四行诗里写过:

谁要做出大事,就必须聚精会神,
在限制中才显露出能手,
只有法则才能够使我们自由。

这些崇高的理想像春风化雨滋润着少年的弗洛伊德的心胸,也使弗洛伊德眼睛明亮,信心十足。

歌德的许多带有教育意义的、表达深刻思想的短诗,语言精练有力,每一个字都打入弗洛伊德的心坎。弗洛伊德经常大声朗诵歌德的这样的诗:

怯懦的思想,
顾虑重重的动摇,
女人气的踌躇,
忧心忡忡的抱怨,
都不能扭转苦难,
不能使你自由。

对一切的强力,
自己要坚持反抗;
永远不屈服,

表示出坚强，
呼唤过来
群神的臂膀！

弗洛伊德对莎士比亚(William Shakespeare，1564－1616)特别推崇，他是从 8 岁就开始看莎士比亚的著作的。最后，他看完了莎士比亚的所有著作，而且，每当他阅读时，总要从莎士比亚的著作中摘引最精华的部分，背诵得滚瓜烂熟。他非常仰慕莎士比亚表达得精确和深刻，特别敬仰莎士比亚对于人生要旨的精湛理解。琼斯说，弗洛伊德简直是一个“莎士比亚癖”。弗洛伊德还坚持认为，莎士比亚的气质不像是盎格鲁—撒格逊人，而是法兰西人，他还认为，莎士比亚这个名字可能是法国名雅克·皮埃尔(Jacques Pierre)的讹传。

弗洛伊德既保留了犹太人的传统，又善于广泛吸收其他民族的文化成果。他对反犹主义怀有深切的痛恨，他的朋友多数是犹太人，但他同时又坚决反对老一辈犹太人所恪守的小圈子主义生活方式，他主张使犹太人尽可能地同外族人接触。因此，他主张改革犹太人的那些会造成自我孤立效果的狭隘习俗。

弗洛伊德有学习语言的天才，他精通拉丁文和希腊文，熟练地掌握法文和英文。他还自学意大利文和西班牙文。对于他的祖宗的语言希伯来文，他当然也很熟悉。他特别喜欢英语。有一次，他对琼斯说，在整整十年的时间内他所读的唯一的书就是英文书。

1870 年，普法战争爆发了。当时，弗洛伊德已经 14 岁。他对这场战争产生了浓厚的兴趣，密切地注视着战局的发展。据他的妹妹说，在战争期间，弗洛伊德的书桌上一直摊着一张大地图，并用小旗作标志表示战争的进展情况。弗洛伊德激动地向妹妹讲述战争的情况，并说明各场战斗的意义。他幻想着自己长大以后能成为一个将军。但后来，他的这个愿望慢慢地消失了，特别是在他 23 岁参军一年之后，简直完全失去了从军的兴趣，转而对科学研究工作产生了兴趣。

从 1860 年迁往维也纳起，弗洛伊德的生活便开始走出狭小的天地。这是从两方面讲的：

一方面，弗洛伊德到维也纳以后，开始生活在欧洲的中心。维也纳，作为欧洲的政治、交通和文化的中心，使弗洛伊德的眼界大大地开阔了。同原来偏僻的弗莱堡相比，这里可以及时地看到和听到发生在世界上，特别是欧洲各国的重大事件。弗洛伊德虽然还是少年，但他在理智和文化知识方面的过人水平，使他敏锐地感受到了历史前进的脉搏。这里显然成了他进一步成长的最好的出发点。

另一方面，从 1860 年起到 1873 年弗洛伊德毕业于大学预科为止，恰恰是世界历史和欧洲历史，特别是德意志历史发生突变的时刻。发生在这十多年间的政治事件、经济改革和科学发明，一个接一个地震荡着弗洛伊德平静的学习生活，使他感受到了一种无形的精神的鼓舞力量，推动他勤奋地钻研各种文化知识。这无疑是弗洛伊德未来发展的精神源泉。

就弗洛伊德个人而言，他在这一时期也经历了从儿童到成年人的过渡期。他不仅在精神上，而且在肉体上和性机能上逐渐成熟起来。根据掌握到的各种材料来看，弗洛伊德的性机能是发展得很正常的。

在 16 岁的时候，弗洛伊德第一次经历恋爱生活。这事发生在 1872 年。弗洛伊德回访了自己的出生地弗莱堡。他见到了多年未见的女朋友吉夏拉。吉夏拉的父亲和弗洛伊德的父亲一样是毛织品商人。他们俩很小的时候就在一起。吉夏拉比弗洛伊德小一两岁。当弗洛伊德见到吉夏拉的时候，弗洛伊德满脸通红，心扑扑直跳，说不出一句表示爱的话。吉夏拉离开弗洛伊德以后，他一个人留在树林内想入非非。他幻想着自己的家如果不离开弗莱堡的话，他就可以在弗莱堡或在它附近成长为一个粗壮的农村少年，并可以获得机会同吉夏拉结婚。弗洛伊德完全陷入了情海之中。这种幻想在此后几年一直伴随着他。

这种幻想后来又为另一种幻想所代替。当他得知父亲和哥哥伊曼努尔打算让他在毕业后弃学经商并可能让他迁居英国曼彻斯特的时候，他就产生了另一个幻想——幻想同伊曼努尔的女儿保莲，也是吉夏拉的好朋友结婚。根据弗洛伊德的学说，弗洛伊德自己在这一时期出现的上述两个幻想都表明他的性发育已进入"青春发动期"的阶段。

1873年，弗洛伊德从大学预科毕业前夕，面临着一生职业的抉择。弗洛伊德曾经向往成为一位政府部长或政治家。他在自传中说："那时的我，其实后来也如此，对于医生这一行，并没有感到特别的兴趣；与其说是为了兴趣，还不如说是为一种对人类的好奇心所动……由于在学校里和一个有志成为政治家的高年级同学相认识，受到他的有力影响，我产生过学法律和参加社交活动的愿望。但是，就在同时，当时最热门的达尔文进化论却也深深地吸引着我。因为那些理论，激起了我对世界更进一步了解的愿望。加上在毕业之前，在卡尔·布鲁尔教授的课上，听他朗诵歌德那美妙的论自然的散文，遂决定成为一名医科学生。"

第3章

维也纳大学医学院

弗洛伊德从小就热爱群山、森林、天空、鸟兽，他热爱自然界的一切。达尔文的进化论和歌德论自然的散文和诗歌，把他带回到美丽的大自然的怀抱中去。

在中学时代，弗洛伊德常常沉醉于歌德的作品之中，它像阳光雨露一样滋养着成长中的弗洛伊德。如今，当弗洛伊德面临职业的抉择的时候，歌德的那些动人的自然颂歌又在弗洛伊德的耳旁回响：

我在遥望远方，我在凝视近旁，
上看月和天星，下见林木麋羊。
万象在我四周，美饰庄严悠久，
我心爱此庄严，我心爱我身手。
福哉我呼我眼，凡汝之所曾见，
毕竟无物不美，不问天上人间。

歌德的动人诗句激励着弗洛伊德心中那种跃跃欲试地向自然探

索奥秘的精神。弗洛伊德说：他的好奇心首先是指向人类本身所关心的那些事物上。毫无疑问，人类个人本质恰恰是人类最关心的问题之一。

弗洛伊德对人类本身的问题的兴趣早在幼年时代就开始了。他对于人的感情、性格和各种幻想，对于人受压抑的情绪，早就有所察觉。他曾经很朴实地探索过这些问题。尽管他的幼年时代的探索带有很多幼稚、天真的色彩，但始终遵循着一条原则：从人体之内找出人的本质。他从来没有像宗教家所作的那样，在人体之外、在最神秘的彼岸世界中寻找人的本质。所以，当他决心从事医学研究的时候，一点也没有什么值得惊奇的地方。这大概也是受了歌德、达尔文等人的影响。

1873 年秋，弗洛伊德顺利地升入了维也纳大学医学院。当时，弗洛伊德刚刚 17 岁。入大学后的第一学期，即从 1873 年 10 月到 1874 年 3 月，弗洛伊德每周要学 23 小时，其中有 12 小时听解剖学课，6 小时上化学课。另外，还要进行这两课的实习和实验。接着，在第二学期，即从 4 月底到 7 月，他每周要学习 28 小时，上课的科目包括解剖学、植物学、化学、显微镜实习和矿物学。此外，他还选修了由动物学家克劳斯(Carl Claus，1835 - 1899)主讲的“生物学与达尔文主义”课，也选修了布鲁克(Ernst Wilhelm von Brücke，1819 - 1892)教授主讲的“语态和语言生理学”课。从此以后，布鲁克教授成了他在学习和研究方面的重要导师。

第二学年，弗洛伊德仍然以医学院学生的身份上每周二十八小时的课。其中包括解剖学、物理学、布鲁克教授开的生理学和克劳斯教授开的动物学。

维也纳大学建于 1368 年。自 1804 年开始，规定医学院学生要学习 3 年哲学课。所以，后来弗洛伊德到哲学系上哲学课。当时，布伦塔诺教授正在哲学系讲课。弗洛伊德听了布伦塔诺的哲学课，对于他的未来的心理学观点产生了消极的影响。

弗兰兹·布伦塔诺(Franz Brentano, 1838－1917)是奥地利的天主教哲学家。他推崇经中世纪托马斯·阿奎那(Thomas Aquinas, 1225－1274)所改造了的亚里士多德主义，他也是经院哲学的信奉者。布伦塔诺的哲学在当时和以后都对西方哲学和心理学界产生了很大的影响。弗洛伊德本人的哲学观点和心理学研究方法虽然有其独特的风格，但也在很大的程度上受到了布伦塔诺的影响。

弗洛伊德在连续三年听布伦塔诺哲学课的过程中，始终都没有停止过对别的哲学派别的研究。在当时的维也纳大学，对几乎所有的大学生——不管是哲学系，还是医学院的或其他系科的学生——都要求在哲学上达到一定程度的造诣。在第四学期，弗洛伊德继续听布伦塔诺的哲学讲演。这时，布伦塔诺已经开始讲授亚里士多德哲学。

弗洛伊德早在中学和大学预科时代就精通希腊文、英文和拉丁文。因此，他完全有条件直接地钻研各种文本的亚里士多德著作及其他哲学著作，这也使他有条件尽可能客观地研究亚里士多德哲学原著的本来精神。

弗洛伊德在学习中从不盲从，体现了可贵的独创精神。对于著名的学者——包括他的现任老师、著名生理学家布鲁克教授、解剖学家克劳斯教授、哲学家布伦塔诺等人在内都始终保持既严肃又谦虚的态度。他首先领会他们的观点，然后深入地和创造性地进行独立思考。当他没有弄懂某一观点以前，他绝不匆忙地做出肯定或否定的结论。

为了独立地钻研，他博览群书，如饥似渴地翻阅一切可能找到的参考书。他简直成了书本的永不疲倦的猎手。有一次为了买书，他同爸爸发生了不愉快的矛盾，弗洛伊德有买书的嗜好，但因经济条件的限制，他父亲不得不劝他少买书。

1875 年，弗洛伊德一家从维也纳的柏费弗尔街的较拥挤的房子搬到约瑟夫皇帝街的较宽敞的屋子里。在这里，弗洛伊德一直住到 1885 年为止。这次搬家对于弗洛伊德的学习是有好处的，因为它提供了更优裕的学习环境。

这所新房子有一间起居室、一间餐厅、三间卧室和一间小阁室。当时，弗洛伊德全家有 8 口人。家里没有浴室，但装了一个很大的木桶和几个可以分别盛冷水和热水的桶。这些就是他们的临时的、简陋的浴室。过了几年，当孩子们逐渐长大以后，弗洛伊德的母亲就让他们到城里的公共浴室去洗澡。家里的生活始终都保持融洽、和睦、简朴和紧凑。

但是，由于弗洛伊德醉心读书，也使他逐渐地与不能保持安静的弟妹们发生小矛盾。这所房屋里的那个小阁室是比较狭长的，它有一个窗户开向大街，弗洛伊德就在这里住。小阁室里堆满了弗洛伊德买来和借来的书籍。里面还有一张床、书架、书桌和几张椅子。弗洛伊德除了在这里看书和思考问题外，还经常与自己的同学讨论问题。弗洛伊德看书达到废寝忘食的地步，经常是自己在小阁室里一边看书，一边吃晚饭。当时，这间房子里还没有装上电灯。全家各个房间，一到晚上都点上蜡烛，唯独弗洛伊德的这个小阁室里装上了一盏油灯。这盏全家唯一的油灯是弗洛伊德的父母为弗洛伊德创造的一个好的学习条件的明证，也体现了父母对他的期望和关怀。弗洛伊德经常点着这盏油灯看书到深夜，灯油壶里的油经常很快就耗尽了。

父母对弗洛伊德学习的特殊照顾，却给他妹妹带来了不愉快。那是在他妹妹 8 岁的时候，弗洛伊德的热爱音乐的妈妈给她买来一架钢琴，并让她学钢琴。这架钢琴虽然放在离小阁室较远的地方，但钢琴的声音仍然干扰了弗洛伊德的学习。所以,弗洛伊德坚持要求把钢琴抬走。父母为了照顾弗洛伊德,不得不同意把钢琴抬走,这样,弗洛伊德的妹妹就失去了学钢琴的机会。

在弗洛伊德的怪癖中,厌恶音乐也许是比较突出的一个。这种怪癖的产生乃是他勤奋读书的消极的副产品。所以,在弗洛伊德成名以后,他并不反对自己的儿女学钢琴。

弗洛伊德所居住的小阁室的摆设在十年内,也就是在他成为维也纳全科医院的实习医生以前,始终都没有发生大变化,唯一的变化是弗洛伊德书架上的书本数量很快地增加了。

当弗洛伊德 19 岁的时候,他终于实现了多年来的理想——访问英国。这是两年前他父亲为酬报他的"全优"中学毕业考试而答应的。弗洛伊德早已想参观甚至定居于莎士比亚的祖国——英国。德国和奥地利境内的疯狂的排犹运动,使他加倍地渴望到英国去。他很羡慕哥哥伊曼努尔、菲利浦及其子女在英国所享受的自由生活。他在幼年时代,当生活在弗莱堡的时候,就同伊曼努尔的儿子约翰和女儿保莲很要好。弗洛伊德把自己的侄儿约翰当成自己的好朋友,因为他们年龄相仿(约翰比弗洛伊德大一岁)。弗洛伊德同约翰和保莲的关系虽然是在他 3 岁以前的生活中形成的,但这种关系在弗洛伊德的精神和意识中始终留下很深的痕迹,以致当弗洛伊德在 17 岁到曼彻斯特与约翰和保莲重逢时,他甚至产生了一种奇特的幻想——把保莲当成他迷恋中的弗莱堡少女吉夏拉的化身,此后,当弗洛伊德学会进行精神分析的时候,他就越来越多地发掘出深藏于自己的潜意识中的幼年生活经历,其中就包括他同约翰、保莲、吉夏拉的亲密来往。在弗洛伊德看来,他在幼年时期同约翰等人的关系早就无意识地和牢固地深藏在他的潜意识中,所以当他进行自我精神分析的时候,所有这些刻印在潜意识中的童年印象都可以一个一个地浮现出来。不仅如此，据弗洛伊德说，这些关系还对他今后的性格、爱好产生重要的影响。他在谈到同约翰的关系时说："直到我3岁为止，我们之间建立了不可分割的联系。我们曾经互相爱慕又互相打斗，而这种童年时期的关系……对我以后同我的同龄人的全部关系产生了决定性的影响……当他粗暴地对待我的时候，我就一定表现出勇敢的精神对付我的压迫者。"接着，他又说："在我的感情生活中，始终都存在着某一个亲密的朋友和某一个仇敌，我始终都可以重新创造这些关系，而且，我的童年时代的上述典型关系也往往如此完整地再现出来，以致任何一个同样的个人都可以同时成为我的朋友和敌人，就像我同约翰的关系那样。"因此，弗洛伊德认为，任何一个他所认识的人，在表现他同弗洛伊德的关系方面，都可以"互相替代"(以上引文均见弗洛伊德著《梦的解析》[*The Interpretation of Dreams*, 1900])，而这一切都可以在他同约翰的关系的原型中找到端倪。

当弗洛伊德17岁到英国重见约翰和保莲的时候，禁不住回想起以往的一切旧事。弗洛伊德进一步加深了他对自己的异母哥哥伊曼努尔的感情。伊曼努尔写信给他爸爸说，弗洛伊德在英国时表现了令人敬佩的气质和风度。而且，伊曼努尔还说，弗洛伊德在这次访问时也进一步加强了他对英国近代革命的领导人克伦威尔(Oliver Cromwell, 1599－1658)的敬仰。弗洛伊德对克伦威尔的反复赞颂，给伊曼努尔留下很深的影响，以致在那以后当伊曼努尔决定给自己的一个孩子取名的时候，竟毫不犹疑地选上了"克伦威尔"这个名字。弗洛伊德自己，在以后的生活历程中，还经常幻想自己是伊曼努尔的儿子，他想：如果真是这样的话，他的生活可能会更加顺利些。当然，这仅仅是幻想而已。

弗洛伊德这次赴英旅行是在大学二年级后的暑假期内进行的。

当时,弗洛伊德已经在学业上表现出高度的独立性。他不满足于一般二年级学生的学习深度和广度,决心给自己提出更高的要求。在第四学期时,他决定去听为动物学专业开设的动物学课程,而不满足于听为医学专业开设的动物学课。所以,他的动物学课程比医学专业的动物学课程多出很多分量,他要用每周 15 小时的时间上动物课,他还听两个班级的物理学课,比他的同班同学的物理学课时多一倍。同时,他又用每周 11 小时的时间学布鲁克教授的生理学课。

从二年级暑期开始,他更突出地爱好生物学。当时,他已经用每周 10 小时的时间在克劳斯教授的实验室里作实验。除此以外的所有时间,他都花费在解剖学和生理学上面。但即使是在如此紧张的时刻,他也仍然坚持每周一次参加布伦塔诺的哲学讲座。

1876 年 3 月,当他已是二年级大学生的时候,他开始进行一系列基础研究活动。这是由克劳斯教授提议和安排的。

克劳斯教授是在 1874 年由德国哥丁根大学来到维也纳大学的。他是肩负着使维也纳大学动物学专业赶上最先进水平的任务而来的。克劳斯特别对海洋动物学有较深的研究。1875 年他同意在的里雅斯特(Trieste)建立一所动物实验站。这是全世界第一所动物实验室。根据他的提议,每年要从维也纳大学选派一些优秀的学生到该实验站实习两次,每次实习的时间是好几周。1876 年 3 月,在他所批准的第一批前往实习的优等生中,就有弗洛伊德。为了进行这次实验,弗洛伊德还必须到亚德里亚海滨(Adriatic Sea)去作一次有趣的科学考察。就在这次考察中,弗洛伊德有生以来第一次亲眼看到了欧洲南部的古老文化成果,他顺便在那里搜集了一些古董。这也可以说是弗洛伊德终生不停地搜集古董的一个开端。

在他两次赴的里雅斯特实验站中间,他在课堂上把注意力集中地指向生物学。他用每周15小时的时间上动物学，而只用剩余的11小时时间去上别的课程。此外，他还要上3小时的布伦塔诺哲学课。当时布伦塔诺讲授的亚里士多德哲学已经开始触及亚里士多德的逻辑学部分。

在这时候，弗洛伊德开始进入布鲁克教授开设的生理研究室。这在弗洛伊德的科学研究生涯中是具有重大意义的事件。我们将会看到，弗洛伊德的科学事业正是从研究一般动物的生理机能和神经系统开始的。所以，他对人类的精神活动的深刻分析是建立在极其牢靠的研究基础上的。正是在布鲁克生理研究室，他结识了艾克斯纳和弗莱舍尔，这两位青年生理学家是布鲁克的助手，也是弗洛伊德的同事和亲密朋友。

除此之外，弗洛伊德还要拿出一点时间去上光谱分析课和植物生理课。

当时，弗洛伊德所要研究的课题是自亚里士多德以来始终没有解决的生理学难题。鳝鱼的生殖腺的结构始终是一个谜。正如他在他的论文中说的："尽管经历了多少个世纪，没有一个人发现过哪怕是一条性成熟了的公鳝鱼，也没有一个人见过鳝鱼的睾丸。"关键就在于在鳝鱼的交配期到来以前，鳝鱼总是进行特别的移栖。弗洛伊德在实验室里进行了多次实验，解剖了四百多条鳝鱼，在显微镜下发现了一种小叶状的生殖腺结构。他认为这就是鳝鱼的未成熟的睾丸。虽然这一发现尚待进一步确证，但它向解决问题的方向迈进了一大步。

在当时的条件下，没有一个人能作出比这更多的和更深的成果。但年轻的弗洛伊德却有解决这类难题的雄心壮志。

到大学三年级结束时，弗洛伊德总结了三年学习生活说："经过大学头三年的学习，我发现由于我的天赋能力的特殊性和局限性，我将不能在我年轻时所热衷的那些科学领域中取得成功。……我终于在布鲁克的生理实验室找到归宿，获得满足。同时，我也在那里找到我所尊敬而以之为模范的人物，即伟大的布鲁克本人及他的助手西格蒙德·艾克斯纳和厄纳士特·冯·弗莱斯尔·马兹科。”接着，弗洛伊德说：“布鲁克把一项神经系统组织学问题交给我研究。我很圆满地解决了那个问题。由于对布鲁克很满意，同时也为了我自己着想，我就更进一步的探索下去。”

布鲁克教授一直是弗洛伊德效法的榜样。他是一位德国人，而不是一位奥地利人。因此，在他身上体现了德意志民族的那种优点：踏踏实实、矢志不移。弗洛伊德慢慢地为布鲁克的品质所感染，使他日益具备着攀登科学顶峰的人们所必须有的那些优秀品质。

布鲁克的研究室实际上是享有世界声誉的亥姆霍兹医学院的一部分，是全德国唯一最有威望的医学院，而且，它也确实解决了一系列生理学和医学上的难题。

布鲁克教授发表了《生理学讲义》(*Vorlesungen Uber Physiologie*，1875)一书，在这本书的导言中说：“生理学就是有机体本身的科学。有机体同无生命的但能活动的物体——机器的区别就在于它有同化的能力。但这种能力实际上是整个物质世界所共有的现象。原子系统是通过力运动的，而力的运动是依据由尤利乌斯·冯·迈尔(Julius Robert von Mayer，1814－1878)在1842年发现、然后又由亥姆霍兹(Hermann von Helmholtz，1821－1894)加以推广的能量守恒定律的。力的总和(运动的力和潜在的力)在每一个独立的体系中始终都保持固定。真正的原因就是科学上加以形象化的所谓‘力’。我们关于‘力’知道得越少，我们所加以区分的‘力’的类型就越多：机械力、电力、磁力、光、热等。知识的发展最后把力归结为两种——吸引和排斥。所有这些也同样适用于作为有机体的人。”

布鲁克的这段话乃是弗洛伊德从事生理学研究工作的指导思想。显然，依据这样的认识，似乎一切有机物和有生命的物体的活动都可以归结为“力的吸引和排斥”，这是一种机械唯物主义的观点。在19世纪70年代，这种观点充斥于科学界，同样也影响着弗洛伊德的科学研究工作。直到1926年，弗洛伊德在谈到精神分析学的动力学内容时还说：“力相互支持或相互阻止，相互联系或相互协调，如此等等。”

弗洛伊德在自传中有一段话，表示“当时最热门的达尔文进化论”如何“深深地吸引着”弗洛伊德，使他毅然决然地放弃从政的愿望而选择医学这一行。如今，弗洛伊德经过了近三年的医学和生物学研究，更加深深地迷恋达尔文的进化论。须知，达尔文的进化论是弗洛伊德此后奠定精神分析学的指导思想之一，而亥姆霍兹等人的机械唯物论思想同达尔文的进化论思想相融合，就成了弗洛伊德青年时代的一个重要思想支柱。

达尔文(Charles Darwin, 1809－1882)出生在一个医生家庭，他和弗洛伊德一样在大学的最初两年是在医学系(英国爱丁堡大学医学系)度过的，但后来达尔文依照他父亲的愿望而转入剑桥大学神学系，但是作为一位科学家，达尔文的真正学校不是大学，而是在“贝格尔号”舰(*Hms Beagle*，又译“小猎犬号”)上的五年(1831－1836)的环球旅行，在这次旅行的归途，他全面研究了物种起源问题。

当时在生物学中占统治地位的是关于造物主“创造行动”的宗教唯心主义观念以及林奈(Carl von Linné, 1707－1778)和居维叶(Georges Cuvier, 1769－1832)关于生物界的“物种永恒性和不变性”的形而上学学说。有许多科学家不顾自然科学中积累起来的事实材料，拒绝作出关于有机体形态能源一致和有规律发展的结论。有许多科学家错误地认为，现在居住在地球上的千百万种不同生物形态中的每一种都是个别地和孤立地发生的，与其他的物种完全不相依赖。正是在这样的基础上，达尔文在 1859 年 11 月 24 日发表了著名的《物种起源》(*On the Origin of Species by Means of Natural Selection*, *or the Preservation of Favoured Races in the Struggle for Life*，该书全名为《通过自然选择的物种起源，或在生存斗争中优种被保存》)。这时候，弗洛伊德刚刚三岁半。但是，当弗洛伊德于 19 世纪 70 年代初进入维也纳大学的时候，达尔文在这本著作中所阐述的伟大学说已经牢牢地统治着整个生物学界。

在这一著作中，达尔文证明，植物和动物的种不是永恒的，而是变异的，现今存在的种是逐渐地通过自然的途径从其他早先存在的种当中产生出来的，而不是什么神秘的"创造行动"或突然变化的结果。

达尔文的观点以无可辩驳的逻辑力量迅速地战胜了一切关于物种不变的无稽之谈。他的学说使弗洛伊德牢固地树立了关于有机体有规律发展的观点。正是由此出发，弗洛伊德坚决地认为人的精神活动是有规律的——就连"梦"这样一种表面上极其紊乱或虚幻的精神现象也是有规律可循的。

当然，达尔文的学说中也包含着某些局限性，而且这些局限性也同样影响了弗洛伊德。达尔文的学说的缺点集中地表现在他所说的一句格言中："自然界没有飞跃。"这句话显然是与他的物种通过自然选择而发展的学说相矛盾的。在这种片面观点的影响下，弗洛伊德也同样没能正确地说明人的精神活动的本质变化关系。

不仅如此，弗洛伊德所处的学习环境也使他进一步加强了来自达尔文的消极影响。弗洛伊德从 1876 年起入布鲁克教授的生理学研究室和克劳斯教授的实验室。而这两位教授都深受尤利乌斯·冯·迈尔和亥姆霍兹的机械唯物论的影响。

弗洛伊德的老师布鲁克忠实地继承亥姆霍兹的论点。布鲁克虽然身材矮小，但他有伟大而灵活的头脑，走起路来总是很稳重，同他严谨的治学精神简直是非常协调。弗洛伊德说，他有一双“透蓝的眼睛”，很怕羞，不太爱说话。他是一位基督教的新教徒，讲起话来普鲁士的口音很重。所以，他在到处充塞着天主教徒的维也纳是很容易被人发现的，因为他和那些虔诚的天主教徒不一样，他只尊重科学和事实，不承认其他的“权威”。有一次，他的一位学生在自己的论文中写道：“粗略的观察表明……。”布鲁克看到这一句话，便在下面重重地打上一个叉，并在旁边写道：“一个人任何时候都不能粗略地进行观察。”据弗洛伊德说，他在1873年刚入大学时，“还没有把握到观察的重要性，还不知道观察是满足好奇心的最好方法之一”，但是，追随布鲁克仅仅两年，他就掌握了观察方法的基本功，并在自己的思想中深深地认识到观察是认识事物的基本方法之一，舍此不可能深入把握事物的本质。

布鲁克就是一位严肃的观察家。他对学生的要求也非常严格。如果哪一位学生答错了他所提出的第一道题，布鲁克就会很生气地、默默地、僵直地坐在课室里持续十分钟或十二分钟，直到答错问题的学生一再请求并请系主任一块前来央求为止。维也纳大学的所有人都说他是一个冷酷无情、“纯理性”的人。据说，1873年，他的心爱的儿子突然死去了，他在感情上受到一次严重的打击。从此以后，他禁止任何人提起他儿子的名字，并把他儿子的相片从他的视线所能达到的一切地方除去。他比过去工作得更加勤奋努力，好像要用工作来冲淡自己的感情上的痛苦那样。他完全没有虚荣心、阴谋，根本没有想过要追求权力。他对于一切勤奋、有才能的学生来说，就是最仁慈的父亲，他对这种学生的照顾和关怀远远地超出了科学研究和教学的范围。他尊重一切有独创性的学生，勉励他们进行创造性的研究；对于这样的学生，即使不同意布鲁克的观点，他也要千方百计给予帮助。所以，维也纳大学的师生们，凡是与布鲁克结识的人，没有一个不尊重他。

很多关于弗洛伊德的传记往往都说弗洛伊德的心理学理论的创立是从他与沙可（Jean-Martin Charcot，1825－1893）和布洛伊尔（Joseph Breuer，1842－1925）的接触才开始的。实际上，不论是弗洛伊德的心理学基础知识，还是他的思想方法，都是布鲁克首先给予影响的。弗洛伊德此后的发展，并不是抛弃布鲁克的理论和观点，而是以他的理论和观点进行独立地创造的结果，是把布鲁克的理论和方法应用于精神生活的科学研究的产物。

但是，弗洛伊德也同样继承了布鲁克的片面观点，以致使他在研究精神现象时，把决定论的思想加以绝对化，变成了神秘的目的论的俘虏。

1876年秋，弗洛伊德第二次从的里雅斯特实验室回维也纳以后，正好是20岁。布鲁克教授要他到生理学研究室当他的正式助手。弗洛伊德同布鲁克生理研究室的结合，在他的一生和科学研究活动中是一个重要的转折点。

布鲁克生理研究室设在一个很简陋的屋子里，坐落在一间设在底层的旧兵工厂里，实验室很暗，散发着臭气。它是由一间大房子和两间小房间组成的。学生们在大房间里观察显微镜并听布鲁克讲课。在一楼还有几间小房间；有的小房间没有窗户，漆黑一团。这些小房间被用作学生的化学、电生理学和光学实验室。整个研究室没有供水系统，也没有煤气和电。要用水的话，必须到庭院里的一口井去打水；在院子里还有一个供实验用的动物的小木舍。然而，就是这么一个简陋的研究室吸引了相当多的外国参观者和大学生。

虽然布鲁克倾向于鼓励学生选择自己的研究题目，但他也为那些较为胆小或不知所措的初学者提出研究题目。对于弗洛伊德，布鲁克则为他的特殊才能专门安排好了一个研究题目——“神经细胞的组织学”。

具体说来，弗洛伊德要研究神经元的内在结构，探讨高等动物的神经系统的构成细胞与低等动物的神经细胞的差别。

这个问题的解答不仅对生理学本身有重大意义，而且具有重大的哲学意义。高低等动物的意识的差别是不是仅仅归结为其复杂性程度的差别？人的意识同某些软体动物类的“意识”之间是不是存在根本的差别？这种差别是不是仅仅归结为两者的神经元的数目或这些神经细胞分布网的复杂性程度的差别？在当时的历史条件下，科学家们寻求这些答案，是为了在解答“人的本质”这个根本问题上取得决定性的成果。这个问题的解决将直接影响到“上帝是否存在”这样一个问题。

在弗洛伊德以前，布鲁克已经对这个重大的问题进行了研究。在八目鳝的脊髓（八目鳝是属于原始的圆口类脊椎动物）中，莱斯纳曾经发现一种特殊类型的大细胞。关于这种细胞的本质及其与脊髓的关系，多年来一直没有在生理学研究中取得突破性的成果。布鲁克急切地希望能早日弄清这些神经细胞的组织结构及其生理机能。所以，特别选中了弗洛伊德专门去研究这个难题。弗洛伊德在研究中改进了观察的技术，终于发现了问题的症结。他认为莱斯纳所发现的那个细胞“无非就是脊髓神经节。在八目鳝那样一类低等脊椎动物里，由于胚芽时期的神经管没有完全转移到外周神经系统中，所以，这种神经节仍然留在脊髓里。这些扩散的细胞标志着脊髓神经节始终贯穿于神经细胞的整个进化过程中”。这一解答同其他许多成功的解答一样，组成了一系列有力的证据，证实了整个有机体——从最低等的动物开始到人类为止是一个不断进化的系列。这一成果对于推倒"上帝创造人"的神学结论是很有价值的。

弗洛伊德的结论还有更深刻、更具体的内容。他认为，低等动物与高等动物的神经系统是一个有连续性的系列。他还说："长期以来一直认为鱼类的脊髓神经节是双极的(具有两个突起部)，而高等的脊椎动物的脊髓神经节是单极的。"现在，弗洛伊德通过观察，成功地推翻了这个错误的结论。他认为，"八目鳝的神经细胞表明从单极到双极(包括"T"形鳃动物的双极细胞在内)细胞的整个过渡过程"。

弗洛伊德的这篇论文不论就其内容、表达方法，还是就其意义，都丝毫没有引起任何人的怀疑，这对一个初学者——一个未毕业的大学生来说是一个巨大的成功。这一成功得到了许多动物学家的赞赏。1878 年 7 月 18 日，布鲁克让弗洛伊德在奥地利科学院发表他的实验报告，接着，在八月份，这篇论文发表在生理学学报上。这是一篇长达 86 页的论文。

接着，在 1879 年到 1881 年，弗洛伊德通过自己的选择研究了第二个题目——蝌蚪的神经细胞。在研究中，他采用了当时最先进的技术——用显微镜直接观察活组织。他得出结论说："神经纤维的轴柱体的结构也是无例外地由原纤维构成的。"在神经生理学史上，弗洛伊德是第一个论证神经纤维这一特点的人。

接着，在 1882 年，弗洛伊德在一次学术报告中又发表了他的重大的研究成果。他的报告的题目是《神经系统的基本结构》。他的这篇论文论证了神经元是神经系统的基本因素，也是神经纤维的基本结构。

弗洛伊德的成果不仅是他认真观察、分析的结果，也是他不断地改进科学研究的技术和方法的产物。1877 年，弗洛伊德刚刚进入布鲁克研究室不久，就着手改进实验技术和方法。他并不把原有的技术和传统的方法看作是神圣不可侵犯的框框,也不把它们看作是“天然合理”的东西。在他自己没有弄清以前,他要怀疑这些传统方法的“合理性”。即使是在事实证明了这些手段的有效性以后,他也不满足于已有的水平,而是给自己提出更高的要求,精益求精,务求不断进步。

弗洛伊德第一次动手改进传统实验技术,是从显微镜的操纵方法开始的。在弗洛伊德改进技术以前,是用莱斯尔德制定的显微镜观察方法。依据这个方法,在观察神经组织时,必须先用硝酸和甘油的混合物来处置。弗洛伊德在研究八目鳝的脊髓神经细胞时,就是采用了这个方法。

过了几年,他创造了新的方法。他用金的氯化物给神经组织染色。这个方法是弗洛伊德在学习斯特里克的方法的基础上改进出来的。

除此以外,弗洛伊德在科学研究中也逐渐地走出单纯观察的狭窄天地。他认识到:科学研究必须把观察同理性思维结合起来。不仅要用感性的直观,而且要进行猜测、想象、联想等。

值得指出的是,弗洛伊德在神经系统方面的研究成果是同他的细致的解剖工作相联系的。他的唯一的工具是显微镜。在他看来,生理学就是组织学,而不是统计或动力学。由此看来,虽然他力图把感性与理性结合起来,但他还是注重于观察。

1879年,弗洛伊德应征入伍。当时,奥匈帝国正同沙皇俄国争夺巴尔干半岛。

德奥两国为了对抗俄国在巴尔干的扩张,于1879年10月缔结了秘密军事同盟条约。当时的德奥两国实际上是一个大军营。全国大中小学都实行军事训练。任何适龄青年,不管做什么工作,也不管是否在校读书,都要参军。弗洛伊德就是在这样的条件下服兵役的。根据当时的规定，参军的医学院学生只能留在国内服役；如果要派往国外，也只能在医院里服务。这种军事生活显然是很无聊的。在 1880 年 5 月 6 日，弗洛伊德 24 岁生日那天，在军队里被关禁闭，因为他未经请假擅自外出。当时惩罚他的上司，不是别人，恰恰是他一向仰慕的波德拉兹斯基将军。

就在弗洛伊德从军期间，由于有充裕的时间，他第一次拿起笔进行翻译工作。他首先把英国哲学家约翰·穆勒（John Stuart Mill, 1806－1873）的著作译成德文。

弗洛伊德有学习、掌握和使用语言的天才，他尤其喜爱英语，再加上弗洛伊德同穆勒之间不存在哲学观点上的分歧，所以，这一次翻译工作是非常顺利和得心应手的。弗洛伊德先把穆勒的五卷本著作的第一篇译成德文，他不仅把原文的意思译出，而且还译出自己的风格，翻译工作进行得很快。

这次翻译对他来说，纯粹是为了消磨时间，同时也是为了练习自己的语言表达能力。此外，他还可以借此机会赚到一些钱。他所翻译的穆勒的五篇著作中，有三篇是涉及社会问题的——劳工问题、妇女解放问题及社会主义问题。穆勒在这些著作的前言中声明，这些著作的大部分是他的妻子写的。第四篇著作是穆勒论述古希腊唯心主义哲学家柏拉图（Plato, 428/427－348/347BC）的。这次翻译，也给弗洛伊德一个机会，进一步更深入地学习柏拉图的哲学。显然，柏拉图的脱离实际的理念论在一定程度上腐蚀了弗洛伊德的实际精神。后来，在 1933 年的一篇著作中，弗洛伊德还提到这次翻译使他接触到了柏拉图哲学。他特别提到，柏拉图关于“回想”的学说给了他深刻的印象。

按照柏拉图的观点，“可感觉的实物世界”，即自然界，不过是由不变的、永恒不动的精神实体，即“理念”世界中派生出来的。只有理念世界才是真实的存在。感性存在，是“存在”(即“理念”)和“非存在”(即物质)的混合物，是超感觉的理念原型印在理念的被动的“接受者”——物质或“非存在”上面的“暗淡痕迹”，换句话说，感性实物不过是理念的“影子”。

按照这个理论，人们的认识对象并非真实的世界，而是神秘的彼岸世界——理念世界的影子。因此，人要想认识真理，就要抛弃一切物质的、感性的东西，就得闭目塞听，沉醉于自我反省，努力去“回想”自己的所谓不灭的灵魂原先在理念世界中所观察到的那些东西。这就是柏拉图的所谓“回想”“回忆”的神秘主义理想，它的基础是承认人的灵魂不依赖于肉体，不依赖于周围的外部世界，是信仰灵魂不死。

显然，柏拉图的以“理念论”为基础的“回忆”论是荒谬的、没有科学根据的。但是，当这些消极的观点为弗洛伊德所接受的时候，弗洛伊德却从正面加以理解。弗洛伊德从自己的实际经验出发，改造了柏拉图的理念论的回忆论的虚幻性，使它成为发展想象力的一个理论根据，同时赋予了它一种崭新的内容——输入童年时代及一切过往经验的内容。这样一来，柏拉图的“回想论”也就失去了原来的虚幻本质，变成了弗洛伊德自己的科学的精神分析学的一个组成部分。但是，柏拉图的虚幻性的理念论又使弗洛伊德片面地夸大了精神回忆的作用，忽视了人的实践在回忆过程中的决定性影响。

从1873年到1881年，弗洛伊德在维也纳大学医学院学习期间，是他为一生中的伟大事业奠定知识基础的时期。他把大量的时间用在学习生物学、医学、病理学、外科手术等课程上。他在这里结识了许多著名的学者。除了布鲁克、克劳斯以外，还有著名的外科医生比尔罗斯、皮肤科专家赫伯拉、眼科专家阿尔德等人。他们都是在全世界负有盛誉的学者和医生。弗洛伊德从他们那里学到了许多宝贵的知识，学到了进行科学研究的正确方法。

1881 年 3 月,弗洛伊德终于以优异的成绩通过了医学院的毕业考试。他并不需要用很多时间去复习功课,因为他平时始终都踏踏实实地掌握了每门功课的内容,没有一门功课是糊里糊涂地通过的。对于每一门功课,不管自己是否爱好,他都务求精通。所以,直到老年时,他仍能回忆起大学时代的每门功课的学习成绩。毕业典礼是在维也纳大学的古老的巴洛克式建筑物里举行的。弗洛伊德的父母以及他幼年时代的朋友理查德·弗路斯等人都参加了仪式。

得到一个医学士的学位对于弗洛伊德来说,并不是一件了不起的大事。人生的道路是漫长的,生活和科学研究的重担马上就要全面地落在他的肩上。25 岁的弗洛伊德早已为自己的未来命运作好精神上和物质上的准备。

第 4 章

爱情和婚姻

有些不了解弗洛伊德的人以为，像弗洛伊德这样对性心理有特殊研究的人，一定是一个色情狂，或者是一个热衷于玩弄女性的恶棍。其实，弗洛伊德对爱情和婚姻生活的态度始终是严肃的、正派的。

爱情是人生的重要组成部分。从一个人对爱情的态度，可以看出他的品质、感情、道德和性格。我们将在下面看到，弗洛伊德的爱情和婚姻生活的经历，无可辩驳地表明了他是一个高尚的人。他对待爱情和婚姻的态度，如同对他的科学事业一样，给人以一种忠心耿耿、严肃认真的印象。

在一个人的生活中，再也没有更多的事情能像爱情那样，能够对于一个人的心灵和道德的本质，作出最严厉的考验。所以，再也没有什么能像在爱情的领域中那样，通过表现出来的一举一动、一言一行，可以极其生动而深刻、毫无保留地把一个人的人格内涵显露出来。

弗洛伊德和许多正直的人一样，以纯洁的感情投入了自己的情人的怀抱。尽管在弗洛伊德的爱情生活中也有过感情上的复杂、曲折的变化过程，有过像莎士比亚在《罗密欧与朱丽叶》(*Romeo and Juliet*)中所说的那种“最智慧的疯狂”“吵吵闹闹的相爱”“亲亲热热的怨恨”“整齐的混乱”“光明的烟雾”“寒冷的火焰”“永远觉醒的睡眠”“沁舌的甜蜜”等相反相成的苦乐交融之情,但弗洛伊德不愧是忠实于爱情的人。

关于弗洛伊德的爱情,直到1951年底,当弗洛伊德和他的妻子死后,人们才有幸从他们的一大沓情书中看到其中的奥秘。弗洛伊德一共写了九百多封信给他的未婚妻。在他们订婚到结婚之间的四年零三个月中,他们分离了整整三年。他们的习惯是每天都要写信,偶尔中断了两三天,对他们来说就是很难受的事情。每当弗洛伊德没接到信的时候,他的朋友们就会开他的玩笑,调侃地表示不相信他真的订过婚了;另一方面,他们常常会一天写上两三封信。写信次数如此频繁,但仍然未能充分表达他们的深厚而热烈的感情。因此,他们每次写信都是很长的,好像有说不完的话要相互倾诉。四页长的信对他们说来,就是很短的了。有时,他们的信会密密麻麻地写12页之多,有一封甚至达22页。

弗洛伊德同玛莎(Martha Bernays, 1886－1939)之间的情书是他们在恋爱期间的真实感情的晴雨表。在这些信中,反映了他们之间的复杂、曲折的感情——从极乐的巅峰降到绝望的深渊,又从冰冷的山谷一下子飘荡到虚幻的太空。总之,各种程度的喜怒哀乐都淋漓尽致地表现出来。其间,始终贯穿着一个主调,这就是双方之间的真挚感情。

玛莎是一位什么样的姑娘,能引起弗洛伊德的如此倾爱和迷恋呢？玛莎·贝尔奈斯是一位美丽的犹太姑娘,1861年7月26日生于书香之家。她比弗洛伊德整整小5岁,她的祖父伊萨克·贝尔奈斯是正统的犹太教教士。在1848年前后社会上掀起改革运动的时候,他正在德国汉堡任犹太教大教士。他坚持“正统”,反对改革。显然,他是一位极其保守的人,极端仇视革命,唯恐改革触动几千年前早已定下的教规和教法，他视教法如命。但另一方面，他又同革命诗人海涅（Heinrich Heine，1797－1856）有密切来往。海涅曾在信中反复地提到伊萨克·贝尔奈斯（Isaac Bernays，1792－1849），把他称作“富有智慧的人”，足见老贝尔奈斯是很有学问的犹太学者。在德国当局迫害海涅的时候，不是别人，正是伊萨克·贝尔奈斯的一位弟弟在巴黎主办的《前进报》上刊登了海涅的一首诗。海涅在给这位编辑的信中，请他向正在巴黎流亡的卡尔·马克思致意。伊萨克·贝尔奈斯的一个儿子——米凯尔，也是一位很有学问的犹太人。米凯尔后来当上慕尼黑大学的德语教授，后来还成为德意志巴伐利亚国王的学术顾问，这位米凯尔还写了一部论歌德的著作，米凯尔还有两位兄弟，一位叫雅各布（Jacob Bernays，1824－1881），另一位叫伯尔曼（Berman Bernays，1826－1879），伯尔曼就是玛莎的父亲。

雅各布和米凯尔一样，是一位教授，曾在海德堡大学教拉丁文和希腊文。玛莎的父亲是一个商人，但他对犹太教非常虔诚，而且也很有学问。

玛莎一家人是在 1869 年从汉堡迁往维也纳的，当时，玛莎刚刚八岁。玛莎曾经回忆母亲离开汉堡时的悲伤情景——妈妈不忍离开汉堡，临行前，一边做饭，一边哭，她的眼泪掉在炉灶上，发出了嗞嗞作响的声音。到了维也纳以后，玛莎的父亲成为奥地利著名的经济学家劳伦兹·冯·斯泰因（Lorenz von Stein，1815－1890）的秘书。1879 年 12 月 9 日，他突发心脏病，死于街头。他的儿子，也就是玛莎的哥哥埃里，继承了秘书职位多年。

玛莎是娇弱可爱的姑娘。她很像中国古典小说《红楼梦》中的林黛玉。她的美貌曾吸引了不少男青年，很多小伙子热情地给她写信倾吐真情，也使弗洛伊德怒火中烧。虽然在弗洛伊德夫妇的那些情书中未曾提及玛莎在与弗洛伊德认识前的情史，但据玛莎自己后来说，在弗洛伊德向她求爱以前，她差一点与一位比她大许多岁的商人雨果·卡迪斯订婚。好在她哥哥多方劝阻，告诉她没有爱情基础的婚姻是不会美满的。

关于玛莎的美貌，弗洛伊德曾以他那一贯坦率的口吻，回答玛莎的自谦说："我知道你在画家或雕刻家的眼中看起来，并不算美丽，假如你一定要坚持用严格和准确的字眼的话，我必须承认你并不美丽。但在实际上，我是错误的。倒不是我有意奉承你，实际上，我也不会奉承。我的意思是说，你在你自己的面貌和身段方面所体现的，确实是令人陶醉的。你的外表，能表现出你的甜蜜、温柔和明智。我自己对于形式上的美，总是不太在意，不过不瞒你说，很多人都说你很美丽。"接着，弗洛伊德又在信中写道："不要忘记，'美丽'只能维持几年，而我们却得一生生活在一起，一旦青春的鲜艳成为过去，则唯一美丽的东西，就存在于内心所表现出来的善良和了解上，这正是你胜过别人的地方。"

玛莎虽然算不上是一个很有学识的人，却是一个受过良好教育和聪慧的人。在她同弗洛伊德生活的那些年中，日常生活中的事务全部吸引了她的注意力，但她的才智仍然时时显现出来。

玛莎的哥哥埃里于 1883 年 10 月 14 日同弗洛伊德的大妹安娜结婚。一般人都以为，埃里和安娜是在弗洛伊德订婚之前订婚的，似乎弗洛伊德是经由埃里订婚才认识玛莎的，其实不然。弗洛伊德是在 1882 年 6 月 17 日和玛莎订婚，比埃里订婚早半年左右。

1882 年 4 月的一个晚上，玛莎，可能还有她的妹妹明娜，去拜访弗洛伊德家。通常弗洛伊德下班后总是径直走进他的房间里去继续研究，根本不管客厅里有没有客人。但这次却不同。他看到一个美丽而愉快的姑娘坐在餐桌边，一边削苹果，一边高兴地谈天，他很快就被吸引住了。出乎家里人的意料之外，弗洛伊德竟参加了谈话。看来，那第一眼相见是命运所安排的。往后他俩的幸福爱情似乎全是这第一眼引起的时间系列的自然延续。可是，在最初认识的几个星期内，他显得很不会交际，而且行动起来总是很不自然。他不太敢直接追求她。但他很快就感受到一种无形的精神压力和一股难以忍受的感情冲动。他说"因为任何对这样一位少女的假惺惺都是不堪忍受的"，所以他终于冲破犹疑和呆板的罗网，决心向她求爱。他每天送给她一朵红玫瑰，并附上一张名片，上面用拉丁文、西班牙文、英文或德文写上箴言或格言。他回忆说，第一次向她致意时，他把她比成一个嘴唇会衔来玫瑰和珍珠的"神仙公主"。从此以后，他就经常用"公主"来叫她。

1882 年 5 月的最后一天，他们手挽着手，沿着维也纳的古老城堡卡伦堡走下去。这是他们之间的第一次私人交谈。在他那天的日记中，他记下了她对他的疏远表情，拒绝接受他送给她的橡树叶。弗洛伊德在日记中表示怀疑自己能否在今后也像她对他那样表示疏远。就是从那以后，弗洛伊德很讨厌橡树。第二天，他又陪玛莎和她母亲去散步。他向玛莎问起许多事情。玛莎一回家就告诉她妹妹明娜，并问道："你觉得怎么样?"她所得到的是一句令人泄气的回答："谢谢医生阁下对我们如此感兴趣。"

6 月 8 日，弗洛伊德发现她在为她的表哥马克斯・迈尔做皮包。他以为自己来晚了一步，但两天以后，玛莎对他已娇态毕露，显然他们之间的吸引力已经不是单方面的了。这时候，弗洛伊德才觉得自己有希望。第二天，玛莎给他送去她亲自做的蛋糕，上面写着"玛莎・贝尔奈斯"。就在她要把蛋糕送去时，她收到了弗洛伊德送来的礼物——狄更斯的小说《大卫・科波菲尔》。于是，她在蛋糕上添上感谢的字。再过两天，即 6 月 13 日，她到他家去聚餐，弗洛伊德把她的名片留下来当作纪念品。玛莎很欣赏他的这种行为，在桌下把他的手按住。他们之间的眉目传情都被家人看到了。他们之间的感情也进一步火热起来。那个星期六，他们就订婚了。

星期六那天，玛莎给弗洛伊德送去一只戒指。这是玛莎的爸爸送给她妈妈的，她妈妈又把它送给了玛莎。弗洛伊德仿照这个戒指定制了一只小的，送给玛莎。

订婚那天是 6 月 17 日，弗洛伊德和玛莎都永远忘不了这一天，他们曾一连好几年，要在每一个月的 17 日那天庆祝一番。

从他们认识的时候开始，弗洛伊德的性格就给玛莎留下很深的印象。尤其使弗洛伊德高兴的是，玛莎觉得他很像她爸爸。从玛莎给弗洛伊德的信中可以看出，从那以后她很明显地爱上了他。但是，弗洛伊德仍然有相当长的时间对她的真情表示怀疑。弗洛伊德指责她说，她只是在弗洛伊德爱上她 9 个月之后才吐露真情，当然，弗洛伊德的这个指责是毫无道理的。后来，弗洛伊德也承认，大多数女孩子总是要在男方追求一段时间后方能动情。

弗洛伊德对他所爱的人远不是单纯地停留于迷恋之中。弗洛伊德的感情乃是一种真正的寝食俱废的狂热恋爱。他这次总算亲自感受到了爱情的惊人力量，经历了其中的甜酸苦辣、喜怒哀乐的感情变化。爱情像吸铁石一样，把他的内心深处的一切热情都吸引出来、激荡起来。正如莎士比亚在《仲夏夜之梦》(*A Midsummer Night's Dream*, 1600)中所说："真实的爱情的道路永远是崎岖不平的，即使是两情相悦，也可能会有斗争、死亡或疾病侵害着它，使它像一个声音、一片影子、一段梦、黑夜中的一阵闪电那样短促，在一刹那间它展现了天堂和地狱——在还来不及说一声'瞧啊！'的时候，黑暗却早已张开了大口把它吞噬殆尽……既然真心的恋人们永远都要受到折磨，似乎是一条命运的法则，那么，就让我们练习着忍耐吧，因为这种折磨正和忆念、幻梦、叹息、希望和哭泣一样，都是可怜的爱情所缺少不了的随从者。”假如有人想要寻找一个能真正体验爱情的这些深刻复杂内涵的人的话，那么，弗洛伊德就是最有资格的候选人。

但弗洛伊德和玛莎很快就分开在两地住。在他们分手那天，弗洛伊德生怕自己会从一个可能是虚幻的好梦中惊醒。他还不大敢相信自己沉沦于幸福的爱情之中，但过了一个星期之后，他就心安理得地在反复欣赏玛莎寄来的信。

弗洛伊德的感情的特点在他同玛莎的关系中充分地体现出来了。弗洛伊德最厌恶调和与逃避现实，最不能容忍姑息。在他看来，他同玛莎之间的关系必须达到完全融和的程度，不容许其间存在一点杂质或暧昧。他要求自己同玛莎之间的爱情生活达到绝对纯净的地步，甚至不许玛莎有任何一点令他怀疑的言行。弗洛伊德的这种性格与其说是他的科学研究中的严谨、一丝不苟品质的延伸，毋宁说是书呆子气的表现。

玛莎虽然是一个娇丽温柔的姑娘，但她有很强的自尊心，也绝不是一个百依百顺的、毫无主见的人。所以，弗洛伊德同玛莎之间的关系经常会遇到挫折和矛盾。在他们俩分离后不到一星期内，弗洛伊德就单方面地表现出他那过于理想化，因而是很不现实的要求，希望她能百分之百地放进他脑子里为她设计好了的那个模子里。但事实终究是事实，在他们之间发生的许多事情恰恰不合弗洛伊德的主观设想。

最大的麻烦是玛莎同她的表哥马克斯·迈尔的关系。在认识弗洛伊德以前，玛莎确实曾考虑过要选择马克斯·迈尔。光是这一点就足以使弗洛伊德大吃其醋了，再加上弗洛伊德的一个妹妹故意地、也可能是不怀好心地火上加油，告诉弗洛伊德说，玛莎曾对马克斯为她谱的乐曲和为她唱的歌感兴趣。这就使弗洛伊德急得像热锅上的蚂蚁那样，终日心神不安、疑神疑鬼。此外，马克斯也直接气弗洛伊德，说玛莎早就需要爱情，以致她早已准备寻找一个合意的丈夫！所有这些更使他妒火中烧。

弗洛伊德较别人更会自寻烦恼。弗洛伊德曾写信给玛莎坦率说："我对自己说，世界上还有比这更疯狂的事情吗？你没有什么美丽优点，就赢得了最亲爱的人的芳心，而你竟于一星期后，就如此尖刻地指责她，以嫉妒去折磨她……当一个像玛莎那样的姑娘喜欢我的时候，我为什么要害怕一个马克斯·迈尔或一个军团的马克斯·迈尔呢？……这正是植根于我的爱情的那种笨拙和自寻烦恼的表现……现在我已把它当做疾病一样抖掉了……我对马克斯的感觉来自自己的没有自信心，而不是来自你。"这一段话是弗洛伊德对自己的自寻烦恼的自我认识和自我分析，虽然只是对其中的一件事而发的，但它是一个典型，足见弗洛伊德在自己的爱情生活中经历了何等曲折的心理矛盾过程。他往往给自己添加麻烦，接着又像上面的信中所说的那样自我分析、自我批评。但是，这种理智的、冷静的看法并不长久，很快又被爱情的副产品——妒忌心所动摇，于是，又陷入新的烦恼之中。但不久，马克斯的影子又被另一个人的影子所掩盖，更严重地干扰了弗洛伊德的感情。这个人不是弗洛伊德的陌生人，而是一位亲密的朋友——弗里兹·华勒。马克斯是一位音乐家，而弗里兹是一个艺术家，而这些就是令弗洛伊德不安的地方。弗洛伊德曾经仔细观察过他们取悦妇女们的本领，有一次，有人告诉他，弗里兹最擅长于诱拐别人的女人。弗洛伊德后来曾说："我想艺术家和那些奉献于科学工作的人之间，普遍地都存有一种敌意。大家知道，艺术家拥有一把开启女人心房的万能钥匙，而我们这些搞科学的人，只好无望地设计一种奇特的锁，并不得不首先折磨自己，以便寻找一种适当的钥匙。”

实际上，弗洛伊德对弗里兹的疑心也是多余的。弗里兹已经和玛莎的表姐订过婚，而且他一直都以兄长的身份关心玛莎。弗里兹和玛莎很要好，有时带她出去，而且常常从各方面鼓励她。他们之间只有亲密的友情，没有什么值得弗洛伊德惊慌或妒忌的地方。玛莎对弗洛伊德的感情也始终是很忠贞的，她只是把弗里兹当成哥哥一样看待。但是，不管怎样，弗洛伊德一直坚持要玛莎和弗里兹停止来往。这样，玛莎与弗里兹才不得不中断各种关系。从那时候起，弗里兹再也没给他们增添麻烦，不过他们所受到的创伤却需要长时间的医治才能痊愈。这事过了三年，弗洛伊德还说这是一段“不可能忘记的”痛苦的回忆。

在弗洛伊德与玛莎的爱情生活中，玛莎的哥哥和母亲也曾经带来一些矛盾和干扰性因素。玛莎的哥哥埃里·贝尔奈斯，比玛莎大一岁，是弗洛伊德的心腹之交。他生性豪爽，很擅长于针对不同的人和不同的需要赠送礼物。弗洛伊德一直珍藏着埃里送给他的美国独立纪念图片。弗洛伊德奉之若神宝，一直挂在医院宿舍的床头上。在他们友情破裂以前，弗洛伊德非常喜欢这位朋友。

埃里在这两家人中，比谁都神气，他不但是一个精明的商人，而且还发行了一本有关经济方面的刊物。自1879年埃里的父亲死后，他的母亲和两位妹妹完全由他一手供养，同时他和弗洛伊德的妹妹安娜结婚之后，也帮了弗洛伊德一家不少忙。他对人生的看法，不像弗洛伊德那样严肃。而弗洛伊德则认为埃里是一个被家庭娇惯以至宠坏的孩子。

实际上，弗洛伊德对埃里的上述看法是片面的。埃里确实是一个聪明能干的男人。1882年7月，埃里和弗洛伊德住在一起。埃里对弗洛伊德很友善和亲切。但过了不久，问题就出来了。当时，弗洛伊德的刚刚年满 16 岁的弟弟亚历山大正受雇于埃里，学习他后来一生从事的工作。按照那时的习俗，当学徒是不支薪的。但是，亚历山大上工 9 个星期后，弗洛伊德便叫他的弟弟亚历山大向埃里索取薪水，并说，若埃里真的不答应或甚至稍有迁延，就要辞职不干。埃里只答应从两个月后的一月份开始支薪。所以，亚历山大就听了弗洛伊德的建议离开埃里了。这件事使弗洛伊德与埃里及其母亲(即弗洛伊德未来的岳母)的关系恶化。

由于弗洛伊德与埃里的矛盾，弗洛伊德以后再也不去玛莎家。所以，差不多有两个月的时间，他们只偶尔在街上，或在弗洛伊德的拥挤的家中见面。这样的情形一直持续到 5 月 1 日，弗洛伊德在医院里有自己的房间时才有所转变。接着，玛莎就经常到那里去看他。

玛莎的母亲爱梅琳・贝尔奈斯(Emmeline Bernays)，母家姓菲利浦，她生于 1830 年，是一位很有知识的妇女。她的老家在斯堪的纳维亚半岛，所以，她会讲一口流利的瑞典语。她和她的丈夫一样，严格地遵守正统的犹太教教法。她也教育自己的孩子要像她那样虔诚，信守犹太教教规。而弗洛伊德根本不信那一套。因此，矛盾也就由此引起。弗洛伊德很不客气地称宗教教义那一套规定为迷信，他很鄙视宗教迷信。按照犹太教规定，星期六安息日内，不能写信，禁止一切书写。玛莎为了躲避妈妈的目光，偷偷地到花园里写信，并用铅笔代替钢笔和墨水，弗洛伊德为此烦恼不已，甚至指责玛莎不敢起来反抗她母亲的迷信活动是一种"软弱"的表现。弗洛伊德曾经对玛莎说："埃里并不知道，我将要把你改造成一个异教徒。"确实，弗洛伊德在日常生活的许多方面，已经改造了玛莎的信仰和生活方式。

有一次，弗洛伊德写信给玛莎，谈到玛莎的母亲时写道："她是很吸引人的，但是太冷漠了。她对我的态度可能会永远如此。我一直尽量地想在她身上找到与你相似之点，但发现几乎没有半点是能扯得上的。她那极端的热忱，多少带一点屈尊俯就的神气，显得她处处要人尊敬她。我可以预见将来我肯定会和她常常合不来。不过，我不打算迁就。现在，她开始对我弟弟不好，而你知道我对我弟弟是喜欢得要命的。另外，我已决定，再也不能让她用疯狂的虔诚和挨饿的折磨来损伤你的身体。”

弗洛伊德对玛莎的妈妈最为不满的，就是她那洋洋自得的神气和贪图安逸的习惯。其次，弗洛伊德觉得，她活到那么大年纪，却不像他母亲那样，退到一边，一切为儿女的利益着想，反而母居父职，摆起一家之长的架子，过多地干涉儿女的事情。弗洛伊德认为，这是一种太过男性化的表现，弗洛伊德对此很反感。弗洛伊德的朋友索恩贝尔格也站在弗洛伊德一边，认为她太自私了。

弗洛伊德对玛莎的母亲和哥哥的态度，在一定程度上影响了他同玛莎一家人的关系。公正地说，有很多事情是弗洛伊德自己的心胸过于狭窄造成的。实际上，玛莎的母亲和哥哥尽管有很多缺点，但一直没有妨碍他和玛莎的关系。玛莎自己也并没有因母亲和哥哥的关系而减少同弗洛伊德的来往。

玛莎对她母亲的态度，始终是真诚的和尊敬的。在玛莎看来，她母亲的那种坚决的意志，不是自私的表现，而是值得钦佩的。特别是作为一个女性，能如此自信，是很难能可贵的。玛莎的可贵之处在于：既能保持对母亲的尊敬，又始终真挚地热爱着弗洛伊德。她能很好地保持平衡，不致使任何一方的感情受到损害。这是玛莎能成为贤淑的家庭妇女的先兆。

1882 年 12 月 26 日，也就是在弗洛伊德和玛莎两家人都热热闹闹地和快快乐乐地度圣诞节的时候，弗洛伊德和玛莎两人才把他们俩订婚的事情告诉玛莎的母亲。玛莎的母亲接受他们俩送给她的礼物，那是德国名作家席勒的作品《钟》(*Das Lied von der Gloke*)。

1883年1月，弗洛伊德和玛莎开始在一本他们称之为《秘密纪事》的书本上记载他们之间在订婚前后的恋爱生活。他们都有这样一个想法：要在以后的某一天好好地读它。他们认为两个人住在一起的时候，就不会有书信来往，因而就没有机会记录他们之间的那些极其美好的恋爱生活。因此，他们决定，当两人住在一起的时候，要轮流执笔，写日记、回忆或感想之类的东西。弗洛伊德所写的一段话，头几句是这样写的："在我的内心深处，有某种难以驱赶和剔除的勇气和胆略。当我严格地检讨自己，当我比我所爱的人更严格地检查自己的时候，我发现上天并没有给予我许多天赋，也没有赋予我更多的东西，恰恰相反，只给我很少迫使别人承认的才能。但是，它却赋予我那种热爱真理的大无畏的精神，给我一双研究家的锐利眼睛，使我对生活的价值有正确的认识，同时使我生性努力工作，并能从中获得无限的乐趣。我的身上所具备的这些最好的品性使我能忍受在其他方面的贫乏……我们要把这些共同地贯彻于一生中……"弗洛伊德还在《秘密纪事》中写道：他们要共同研究历史和诗，"不是为了美化人生，而是为了生活本身"。

1883年，埃里坚决支持母亲举家迁回汉堡的决定。这样一来，弗洛伊德同埃里的矛盾就更尖锐化起来，以致当埃里同弗洛伊德的妹妹安娜结婚的时候，他不愿参加婚礼。弗洛伊德本来就讨厌各种形式上的礼仪。这次埃里的婚礼举行得很隆重，更引起弗洛伊德的反感。他公开说，这次婚礼"简直令人讨厌"。但是，弗洛伊德说这话的时候，并没有想到自己的婚礼也免不了要举行得如此隆重。

1883年6月，玛莎一家迁往汉堡，弗洛伊德与玛莎不得不暂时分居两地。

弗洛伊德很担心，他们暂别以后，玛莎会由于精神不悦而影响健康。但实际上，他自己所受的影响，远比玛莎所受的影响要严重得多。他那段时期的境况，确实是够凄凉的。当时，他还没有正式从事能使他的前途和家庭生活变得更加美满和充满希望的科学研究工作。他的家庭负担又重，而唯一支持他的精神安慰——和玛莎谈话，解除心中之烦也没有了。他在苦恼中怨天尤人，怪他妈妈和在英国的哥哥不为他着想，不分担他的重负，同时也怪玛莎不坚决反对搬家。在那一个月内，他的生活充满了痛苦和烦恼，而玛莎也狼狈不堪，坐立不安。这对情人简直忍受不了分离的痛苦。在这种情形下，他们之间也产生了一系列的误会，由于弗洛伊德的固执和过于自信，使他们之间的误会发展到悲剧的程度。在这里，集中地表现了弗洛伊德的性格和感情的特点。

弗洛伊德同玛莎相比，不论在性格和感情方面，都有很大的差别。玛莎有着一般女人所具有的那种渴望被爱的天性，同时又能深信自己已经获得了所想要的一切。与此相反，弗洛伊德不但和一般男人不一样，总是希冀更多更深的爱，而且对于自己是否已经获得所要的东西，也总是有过多的忧虑。他在别的方面表现得很自信，但在自己的爱情问题上，则表现得自信心不足。他一次又一次地因怀疑玛莎对他的爱而苦恼不堪，更因此渴望玛莎经常向他提出“保证”来达到安慰自己的目的。为此，他常常想出一些特别的试验，想要证明玛莎对他的爱。但他的某些“考验”方式，显然不太妥当，有些甚至不合情理。最突出的表现是要求玛莎和他完全一致，要无条件地、绝对地赞同他的意见、他的感觉和他的意向。在他看来，除非能在玛莎身上看到自己的“影子”，或在玛莎身上看到他打下的“烙印”，她就不能算真正属于他的。

但是，弗洛伊德对玛莎的这些“考验”，并不是始终都是如此坚决地坚持到底的。由于他对她的深厚感情，在许多情况下，往往是经历了一番痛苦的自我折磨以后，弗洛伊德就会向玛莎作出让步，或自己在理智上表现得清醒些，承认自己的要求有绝对化或不切实际的倾向。

一般而言，玛莎和弗洛伊德在性格、兴趣方面的差别并不能导致对抗的程度。所以，玛莎可以很轻易地通过他的各种“考验”。但在有的时候，一旦遇到他要埋没或否定她自己所坚持的生活标准时，她就会坚持己见，毫不退步。在许多情形下，总是玛莎获胜，弗洛伊德退让。这就说明，弗洛伊德的那种占有欲、感情的绝对排外性等，碰到玛莎的硬个性，也都要败下阵来。甚至在这种情况下，弗洛伊德自己不但不怨恨，反而为玛莎的胜利，即为自己的“失败”而高兴。弗洛伊德觉得，他能找到这么一个有个性的、坚强的终身伴侣是很高兴的。因为在他看来，他所需要的正是那种能在今后一生中，不管风吹浪打，也不管经历何等的艰难困苦，都能与他共同战斗的忠实朋友，而不是一个只能供他欣赏的洋娃娃！

在一般情况下，一对订婚或结婚的夫妇，在他们共同生活的过程中，总会自动地相互协调，寻求最大的可能使彼此和谐地生活在一起，如果说在订婚或结婚以前，许多事情都处在理想化的阶段，双方的缺点和各种微妙的性格都未能全部看透，那么，在订婚和结婚以后，由于有了更多实际的接触，在事实的严峻考验下，双方的性格就会慢慢地、因而也更真切地表现出来。在这一过程中，正常的夫妻应该是尽量调和与调整关系，使之更加平稳地发展下去。但是，弗洛伊德却与众不同。他说：“相互宽容只能导致疏远。这种宽容一点好处也没有。如果有困难的话，应该去克服它。”这是弗洛伊德的敢于正视现实、迎着困难上的优秀品格的表现。由于他厌恶各种形式的一知半解或半途而废，厌恶各种掩盖矛盾的虚伪形式，不愿意自欺欺人，由于他有一种不管经历多大艰难困苦都要直入真理的核心的坚强毅力，再加上他有上进心，所以,他在各个方面都表现了“绝不妥协”的精神,成为一个很不好惹的人。他甚至认为,如果一个人看不出别人身上存在着某种必须加以纠正的错误的话,那就是不堪设想的。弗洛伊德的这些性格,使他在订婚后的头一两个月内,同玛莎之间发生了许多不愉快的争吵。

我们在弗洛伊德的爱情生活中所看到的,是一个严谨、一丝不苟的科学家的品格的特殊表现。我们没有理由过多地指责弗洛伊德在爱情生活中所表现的刻板态度。我们倒应该从这里获得关于弗洛伊德的特殊作风的丰富材料,以便更深入地了解他的为人。他在投注他的感情之前,总要先给对方一个难以忍受的批评,他内心中深藏的那种仁慈的宽宏和忠贞的爱情,总要覆盖上一层苦味的外衣。因此,有些人常常对弗洛伊德的个性产生一些误解。玛莎的可贵之处,恰恰在于她对弗洛伊德的高度忠贞,以致她同弗洛伊德订婚和结婚后,当她发现弗洛伊德身上的缺点的时候,仍然能保持对他的忠诚爱情,她表现出一个不可动摇的信念,她深信只要和他在一起,不管遇到何等复杂的感情变化或境遇,他们的爱情都会获得胜利。

弗洛伊德一直为玛莎的健康操心,玛莎患有青春少女常患的“萎黄病”。1885 年夏天,当他听说她的身体不太好的时候,他在信里写道:“当我为你的身体而焦急的时候,我简直就要发神经病了。就在那一刹那间,一切价值观念都消失了。代之而起的,是一个生怕你生病的可怕念头。唉!我心乱如麻,不能再多写了。”第二天,弗洛伊德收到她的一封明信片。他看了信以后又写道:“我怎么会想象你生病了呢?这真是大错特错的事情。我看这是太疯狂了的缘故……当一个人爱着另一个人的时候,他自然会疯的。”三十年以后,当弗洛伊德研究爱情心理学的时候以及当他在 1910 年发表《恋爱生活对于心理的奇异影响》的时候,他个人的爱情经历就是最直接的和最富有内容的材料来源之一。

有一次，玛莎到卢北克度假，曾经开玩笑地写信给弗洛伊德说，她曾幻想自己在洗澡时淹死了。弗洛伊德在回信中说："有人一定会认为，同人类数千年的历史相比，一个人失去自己的爱人，不过是沧海一粟罢了。但是，我要承认，我的看法同他们的想法正好相反。在我看来，失去爱人无异于世界末日的到来。在那种情况下，即使是一切仍在进行，我也什么都看不见了！"弗洛伊德还在信中说："在过去的日子里，你的一封信就会使生活变得有意义；你的一个决定，就如一个能决定生死的大计一样，令我期待不已。我除了那样做以外，不能再作别的什么事情。那是一段充满着战斗并最终取得胜利的时期。而且，只有经历那样一段时间，我才能为赢得你而平静地工作。因此，我那时必须为你的爱而战斗，正如我现在必须继续为你而战一样……"

不管怎样，这一切就是弗洛伊德的信仰所固有的特征。他并不期望有什么好事，可以自然而然地降临到他的头上。他认为想要获得任何好东西，都必须经过一番艰苦的努力才行。

在订婚后三年，他告诉她说，他远比三年前更加爱她。在三年前，他对她的了解太少了。弗洛伊德说，他在三年前所爱的只是她的形象，而如今他所爱的是她的人格，是真正的玛莎。他说："在开始的时候，我对你的爱还掺杂着许多痛苦。在那以后，我对你产生了忠诚的情谊和欢乐的信心。如今，我则以一种神魂颠倒的激情爱着你，这种激情只能保留下来，并大大超过我的期望。"

从 1882 年 6 月订婚到 1886 年 9 月结婚，弗洛伊德不仅在感情上经历了多种复杂的考验，而且，在经济上承受了很重的压力。弗洛伊德的家庭经济状况始终都不很富裕。他自医学院毕业后，又有一段时间从事科学研究，不能解决家庭的经济负担，所以，他的婚姻费用一直给他带来很大烦恼。玛莎的妈妈本来就有点计较弗洛伊德家里不够富裕，因此，越接近婚期，弗洛伊德越为经济问题着急。

若要以他开业所得的积蓄来结婚，起码要好几年才能办到。所以，结婚的费用，看起来几乎要全靠玛莎家里的钱。结婚后建立家庭所需要的家具，需要花相当多的钱去购置。他为此四处借钱，但结果又不理想。更糟糕的是，他获知 8 月又要去当兵，在当兵的时间里，他不但将没有收入，而且还要花钱付路费。

在弗洛伊德订婚后的那段长时间里，弗洛伊德几乎没有一刻不在心中挂念着何时可以结束订婚期。他的一切努力都是朝着这个方向进行。他一心想成名，希望能有较多的收入，得到一个安定的生活环境，以便能够和她结婚。但是，那几年的状况始终没有得到彻底的改善。所以，对他来说，这是一段在经济上艰苦奋斗的岁月。

弗洛伊德自己曾经算过好几次，要想使自己在结婚后度过安稳的第一年，非得要有 1 000 美元的准备金不可。但是，直到结婚的那一年，他才筹备了不到 500 美元的钱。好在那时候玛莎那位富有的姨妈李・劳贝尔资助了他们，给他们提供了三倍于此的嫁妆费。

弗洛伊德决定把婚期定在 1887 年 6 月 17 日。那是他们订婚五周年纪念日。玛莎很同意弗洛伊德的安排，使弗洛伊德又一次感受到当初玛莎答应他求婚时的那种快乐。但是，不久弗洛伊德就获知他已得到资助赴巴黎深造(详见下一章)，所以他决定改变预定的婚期。从巴黎回来后，他决定在维也纳开业，在一切都安排就绪以后，1886 年 9 月 13 日，弗洛伊德才同玛莎结婚。

这时候，新娘正好 25 岁，而新郎 30 岁。他们是天生的一对——弗洛伊德身高 5 英尺 7 英寸，长得英俊、身材瘦长，五官端正，还有一对乌黑的、炯炯发光的眼睛。

刚刚结婚的日子里，弗洛伊德的经济生活仍然未能迅速好转。他这时候已经开业行医。本来预料10月份会有很多患者来看病，但实际诊疗者却寥寥无几。弗洛伊德的每天收入很有限，他只好让自己的太太暂时度过一段较艰苦的日子。在头几个月，弗洛伊德每月只能得到约合45美元的收入，而他一个月的生活费却要120美元！虽然，他们都能泰然处之，但实际困难确实接踵而来。他把哥哥伊曼努尔送给他的金表拿去当押。好在有明娜的帮助，日子才能过得去。

由于玛莎处处表现出仁让、俭朴和顾全大局，弗洛伊德在生活上的困难才不至于影响到他的工作。玛莎在生活中总是把方便留给弗洛伊德，而把困难留给自己来承担。

1887年10月，他们生下了一个女孩，取名马蒂尔德（Mathilde Freud）。孩子的降生给他们的家庭生活增添了美满和幸福的气氛。弗洛伊德在两年后的一封信中说："我们很快就生活在日益安详自在的环境之中。每当我们听到孩子的笑声，我们就认为那是我们所遇到的最美好的事物的象征。我已经无所他求，也不再那么辛苦地工作了。"接着，在1889年12月和1891年2月，他们又生下两个儿子。大儿子取名为让-马丁（Jean-Martin Freud），这是为了纪念弗洛伊德在法国巴黎深造时的老师让-马丁沙可。沙可是法国著名的神经病学专家。第二个儿子取名为奥里弗（Oliver Freud），这是为了纪念英国近代革命家奥里弗·克伦威尔的。如前所述，克伦威尔是弗洛伊德早年崇奉的一位英雄。

由于人丁日多，需要的房间也越来越多。所以，1891年8月，他们搬到著名的柏格街19号。那儿既宽敞，又便宜。一年以后，他们又租了楼下的几个房间，作为弗洛伊德的书房、候诊室和诊疗室。弗洛伊德在那里一直住了47年。在那以后，在这所房子里，他们又生下另外三个孩子——一个儿子、两个女儿。这三个孩子分别生于1892年4月、

1893 年 4 月和 1895 年 12 月。最小的儿子取名为恩斯特（Ernst Freud），是为了纪念弗洛伊德的老师恩斯特·布鲁克教授的。

弗洛伊德是一位和蔼可亲、溺爱孩子的爸爸。每当孩子们患病的时候，他总是心焦如焚。当他的大女儿 5、6 岁的时候，差一点死于白喉。在情势危急的时候，心乱如麻的弗洛伊德问她最喜欢什么东西，他得到的回答是"草莓"。那时候草莓已过了季节。但在一家有名的商店里，还可以买到。弗洛伊德不顾一切地去采购到手。就在她要吞第一个草莓的时候，引起了一阵咳嗽，把哽在喉头的那些白喉假膜吐了出来。第二天，她的病就日见好转。人家都说，一颗草莓和一个爱子心切的父亲救了她的小生命。

当弗洛伊德有了 6 个孩子以后，他的事业也开始取得了初步的成就，在他的面前展现了一幅广阔而美好的前景。

第 5 章

初期医学实践

1881 年,弗洛伊德自维也纳大学医学院毕业后,他继续留在布鲁克教授的生理研究室里。他在这里从事研究工作已经有 15 个月了。但那时,他还要兼顾听课。如今,他可以把全副精力投入到研究工作。他和其他刚从大学毕业的初级研究人员一样,在从事研究工作的同时,担任了大学助教的工作。从 1881 年 5 月到 1882 年 7 月,他顺利地完成了研究项目和助教教职。在这一年多的时间里,弗洛伊德要承担赡养父母弟妹的重任,而他的收入又微薄。同时,他这时候已经订婚,也开始考虑要为结婚准备必要的资金。显然,继续担任研究室和助教工作,不能满足经济上日益增多的需要。所以,在完成第三学期助教工作的时候,他决定接受父亲和布鲁克教授的劝告,改行做专职医生。

在他的自传中,弗洛伊德说:

> 我生命的转折点发生于 1882 年。那时,我一向寄以最高崇敬的老师,纠正了我父亲的宽宏大量然而缺乏远见的见解,热情地劝告我,从我的困难的经济处境着眼,放弃我的理论业务。我遂接

受他的劝告,离开了生理实验室,进入全科医院。

当时,弗洛伊德的父亲已经67岁,家里又有7个孩子需要抚养。而弗洛伊德在生理学研究室里的工作和大学助教,只能每月得到40美元左右的收入。在这个时候,弗洛伊德不得不靠向朋友借款度日。到1884年,弗洛伊德总共借债580美元左右。在资助弗洛伊德的朋友当中,包括约瑟夫·布洛伊尔教授在内。我们在以后将会看到,这位布洛伊尔教授是继布鲁克教授之后对弗洛伊德产生重大影响的人。

弗洛伊德的这一转业,从它的实际效果来看,远远地超出了他自己的设想。他和他周围的人,都较多地从经济收入的改善的观点来考虑这个问题。但实际上,从弗洛伊德此后数年的命运来看,这一转业引出了积极的效果。这一效果,不论弗洛伊德本人,还是他的足智多谋的老师,在当时都未能预见到。只是在事后,当弗洛伊德在精神分析学的研究工作中取得累累硕果的时候,他回过头去重新评价自己在1882年的转业决定,才看出了它是他一生中的真正"转折点"。

这一"转折点"的意义在于从此获得了真正的医学实践的机会,为他在日后所开展的精神分析工作提供了丰富的实际经验。我们不要忘记,当时的弗洛伊德刚刚26岁,是一个没有任何临床医学经验的青年医生。所以,毫无疑问,他选择临床医疗工作乃是他把学得的理论同具体实践结合起来的必由之路,也是他在往后从事精神分析研究工作的不可缺少的基础之一。

1882年7月31日,他正式到维也纳全科医院工作。开始时,他担任了外科医生。他感到外科医生工作是一项很费体力的工作。他每次下班以后,总感到筋疲力尽。这样坚持了两个多月。

1882年10月,在西奥多·梅纳特(Theodor Meynert)的推荐下,他当上了著名的医生诺斯纳格(Herman Nothnagel)的诊疗所的实习医生。诺斯纳格的诊疗所是维也纳全科医院的一个分院。

诺斯纳格医生是1882年那年刚从德国到维也纳来的著名内科医生。他自己遵循着一整套极其严肃、一丝不苟和精益求精的工作作风。他对他的助手们说:"凡是想要每天睡5个钟头以上的觉的人,都别研究医学。每个医学学生,每天要从早晨8点起听课,一直听到下午6点钟。然后,他必须回家继续研究至深夜。"他的高尚品质博得了他的学生、助手和病人的钦佩。弗洛伊德很尊重诺斯纳格。但是,弗洛伊德迫切地感到:他不能继续把大量的时间耗费在日常的看病活动中,而应该在看病之外有更多的时间来研究病人的病例。

所以,在诺斯纳格的诊疗所工作了六个半月以后,1883年5月,弗洛伊德转到梅纳特的精神病治疗所。在这里,他当上了副医师。从此之后,他搬到全科医院去住,只有在休假日时,才回到家里去。

西奥多·梅纳特同弗洛伊德以前的老师布鲁克一样,是一个著名的神经病学专家。他在维也纳大学医学院兼任教职。弗洛伊德大学时代很喜欢听他的课,并且从听他的课开始对神经病学产生了兴趣。弗洛伊德曾说,他对梅纳特的崇拜达到"五体投地的程度"。

梅纳特是当时最著名的脑解剖学专家。他对大脑神经错乱症颇有研究。所以,在医学上把这种病例命名为"梅纳特精神错乱症"。患有这种病的病人,有严重的幻觉出现,以致精神错乱,意识颠倒。这是以后数年弗洛伊德研究潜意识及各种变态心理现象的开始。

弗洛伊德在梅纳特诊疗所工作了5个月。其中,他研究了男神经病患者2个月,而研究女神经病患者3个月。这是弗洛伊德第一次亲自得来的精神病治疗经验。在工作期间,弗洛伊德深受他的老师梅纳特的高尚品质的感染。他写信说,梅纳特"比一大群朋友加在一起还有鼓舞力”。他每天工作7小时,并用剩余时间大量研读有关精神病的著作。在这时候,弗洛伊德已经显露出从事精神病研究工作的卓越才能。

工作期间,弗洛伊德还结识了不少朋友。他深深感到自己已经不是孤独的人。他与朋友之间的团结、合作,赢得了同事们的信任,以致当医院里的副医师们就他们受到的不合理的膳宿待遇而联合一致地向院方提出抗议交涉的时候,弗洛伊德被选为副医师的代言人去同院方谈判。由此可见,弗洛伊德不论在工作和研究方面都已经是引人注目的出类拔萃者。

1883年10月,弗洛伊德转向皮肤科。在当时的维也纳全科医院里,皮肤科分为两大部门:一个是专治普通皮肤病的,另一个是专治梅毒和传染性皮肤病的。弗洛伊德选择了后者,因为梅毒病症同其他各种神经系统疾病有密切的关系。但他感到遗憾的是,他只能为男性患者治疗,而不能接触到女病人。这项工作比较轻松。他每周只需要用两次会诊时间,所以,他有充分的时间到实验室里作研究工作。

他在三个月的皮肤科诊疗工作中,也同时担任了耳鼻喉科的诊疗工作。在耳鼻喉诊疗工作中,他感受到自己的实际操作医疗设备的能力较差。他第一次体会到自己有点笨手笨脚的。

从1884年1月起,弗洛伊德开始长时间地在全科医院的神经科工作。他每天在诊疗室工作两小时,其他时间到实验室工作。7月,弗洛伊德被任命为神经科负责人。他要负责一百多名病人,要管理十个护士、两位副医师和一位实习医生。

弗洛伊德在维也纳全科医院的三年工作期间,始终都以饱满的热情进行临床医疗实践和研究工作。他虽然连续地从医院的一个部门转到另一个部门,但他的工作和研究重点,他的主要兴趣,始终都是神经系统的疾病。他在诊疗时间外的研究工作,重点也是神经系统方面的生理结构和机能。他先后跟随了像梅纳特和布洛伊尔那样的著名神经科专家,先后研究了神经纤维、神经细胞、神经错乱症以及麻醉神经的可卡因,取得重大的成就。他在自传中说:

以某种意义而言,我对于原先起跑的那项工作已经失去了信心。布鲁克为我指定的题目是最低等的鱼类的脊椎研究。如今,我开始转向人类的神经中枢系统的研究……我所以选延脑作为我的唯一研究对象,其实也表明了我的发展的连贯性。和我初入大学时无所不学的情形相反,我如今却产生专注于一项工作和一个专题的倾向,而且这个倾向一直继续下去……

这时,我又恢复在生理研究室工作,起劲地在从事脑解剖研究工作。在这些年里,我发表了好些有关髓脑内神经核及神经通路的研究论文……

从实用的观点看来,脑解剖的研究绝不比生理学好。

再加上我考虑到材料来源问题,所以,我就转而开始研究神经系统的疾病。在那时候的维也纳,还很少有这一医学分支的专家,所以可资研究的材料都散见于医院的各个科,而且也没有学习研究这方面学问的适当机会,只好靠无师自通的方法去学习。即使是不久前专门研究这方面的诺斯纳格,在其脑部位方面的著作中也还不能把脑神经病理从别的医学分支之中分离出来……

在第二年中,我还是继续担任住院医师的职务。我发表了不少有关神经病的临床观察报告。渐渐地,我对这方面的疾病已经能驾轻就熟,甚至我已能很准确地指出在延脑中的病灶位置,使得病理解剖的先生们,对我的临床分析毫无补充的余地。同时,我又是在维也纳第一个把诊断为急性多发性神经炎的病人送请病理解

剖的人。(见弗洛伊德著自传)

从 1882 年到 1885 年,弗洛伊德在初期医学实践中,对人类神经系统的疾病有了特别深刻的认识,取得了初步的研究成果。他的这些研究成果总结在他在这一时期内所发表的几篇学术论文中——《蝲蛄之神经纤维及神经细胞的构造》《神经系统诸要素之构造》和《论可卡因》。

神经衰弱,如同其他神经系统疾病一样,可以使人的精神萎靡不振,而可卡因可以振奋人的精神。弗洛伊德曾经亲自服用可卡因,检验可卡因对人的神经系统所起的振奋作用。他在一封给玛莎的信中说:"在我最近患神经衰弱症时,我再次服用古柯(Coca,可卡因就是用古柯树叶提炼出来的有机盐基,一般在医学上用作局部麻醉用),而很少量的药剂就可以给我提神达到很兴奋的程度。我现在就是正在收集关于这个富有魔力的物质的资料。"与此同时,弗洛伊德向一位年轻眼科医生建议用可卡因作为眼科手术的麻醉药。不久,他得知他的另一位朋友、眼科医生卡尔·柯勒已经成功地把可卡因用作眼科手术的麻醉剂。

接着,弗洛伊德又发现可卡因可以使人上瘾,就像吗啡可以使人上瘾那样。当弗洛伊德发现他的朋友弗莱舍尔因右手手术而上了吗啡瘾的时候,他建议弗莱舍尔用可卡因治疗。果然,弗莱舍尔服用可卡因后,立即断了吗啡瘾。从那以后,弗洛伊德用可卡因治疗各种神经系统失调症,诸如海上晕船和三叉神经痛等。弗洛伊德研究可卡因的成果,再次证明他是希望取得神经病学方面的学术研究成果的。

1885 年 4 月,弗洛伊德父亲的一只眼患病,几乎失明。弗洛伊德同他的同事、眼科医生柯勒一起去诊断。他们诊断的结果是青光眼。第二天,弗洛伊德请另一位更有经验的眼科医生柯尼斯坦给他爸爸的青光眼动手术，手术很成功。弗洛伊德、科勒和科尼斯坦三人都是应用可卡因的先驱。弗洛伊德为自己能与同事们一起使用可卡因给患病的父亲做成功的眼科手术而高兴。

由于弗洛伊德在神经系统疾病方面的研究和治疗已经取得了显著的成果，1885 年春天，弗洛伊德被任命为维也纳大学医学院神经病理学讲师。根据德国和奥地利大学的规定，弗洛伊德所担任的只是无报酬的讲师职务，这种职务的讲师无权参加系里召集的会议，也不付给工资。他只能为一些医学系班级主持供学生选修的专题。任这一职务的教师虽然没有报酬，但往往很受尊敬。因为一般说来，只有在某些方面有所专长的学者才有资格任这种职务，而且，只要任这一职务，就意味着不久的将来有晋升为副教授或教授的希望。

这次弗洛伊德之所以能获得这项荣誉职务主要是由于他个人在神经系统病理学方面的卓越成果，同时，也由于布鲁克教授、梅纳特教授及诺斯纳格教授的推荐。布鲁克教授在写给医学院的推荐信中写道："弗洛伊德医生写的关于显微镜解剖学论文已被公认为优秀的成果……我很了解他的工作，我准备签署任何一个关于推荐他的申请书。"布鲁克教授还写道："弗洛伊德医生是受过良好教育的人，他有严正和沉着的性格，他在神经解剖学方面是一位优秀工作者，他具有高度的技巧、敏锐的目光、透彻的知识和细腻的推导方法以及表现出高度组织能力的写作手法。他的发现得到了公认，他的演讲风格是透彻明确的。在他身上，科学研究人员的品质同优秀教师的品质高度地结合在一起……"在讨论任命弗洛伊德讲师职务的会上，终于以二十一比一的压倒多数通过了弗洛伊德的任命状。

到 1885 年 2 月为止，弗洛伊德在维也纳全科医院神经病科工作了 14 个月。全科医院院长通知他说，神经病科主任希望他离开那里。

这显然是弗洛伊德与这位神经病科主任的矛盾的公开化和尖锐化。在此以前，神经病科主任舒尔茨一直与弗洛伊德闹意见。舒尔茨是一位心地狭窄、无所作为的医生，他不希望弗洛伊德长期留在神经病科，因为他看到弗洛伊德在神经病方面的研究成果不利于巩固他自己的主任职位。他们俩的矛盾早已传遍医院。这次决定把弗洛伊德调走，弗洛伊德曾提出强烈抗议，但无济于事。

1885 年 3 月，弗洛伊德满怀怨恨转入该院眼科。在这里，他工作了 3 个月。6 月，他转入皮肤科。在未转入皮肤科以前，奥柏尔斯泰纳请他到维也纳郊外的奥柏尔道柏林兼任私人精神病院的临时代理医师，这样，可以稍微增加他的收入。这里的负责人是莱德斯道尔夫教授。弗洛伊德很喜欢这里的工作，也很喜欢这里的周围环境，这里有优美的山区和森林。这个私人精神病院实际上是一个疗养院，院内有 60 个病人。其中，就有拿破仑三世的皇后玛丽·路易斯的儿子，他患有严重的发狂症。

正当弗洛伊德征求玛莎的意见准备选择这个地方作为他的未来的家庭所在地的时候，弗洛伊德接到了赴法深造的通知。我们将会看到，这是弗洛伊德从事医学生涯后的又一个转折点。这意味着，弗洛伊德一生的主要奋斗目标——研究神经病和精神分析的事业正式开始了。这件事发生在 1885 年秋。

第 6 章

歇斯底里病症研究

在 1885 年以前多年的研究和初期医疗实践中,弗洛伊德积累了治疗神经病症的丰富经验,并取得了令人惊异的科学成果。早在 1884 年 4 月 1 日的一封信中,弗洛伊德已经写道:“我已经逐渐地把成为一个神经病治疗专家作为我一生的主要奋斗目标。”弗洛伊德还在自传中说,那时候,他已经“以诊断的正确,及死后解剖证实率高而闻名”。

在弗洛伊德担任神经病科医生期间,他的兴趣主要集中在神经病病理学方面。他在这段时间内,曾连续在《医药科学中心杂志》《解剖学和生理学文库》以及在英国伦敦出版的《大脑》杂志上发表多篇学术论文,受到了神经病理学界的广泛重视。他的论文很快被译成捷克文、英文、意大利文与俄文。

弗洛伊德在神经病学方面的成果是从布鲁克生理研究室的工作开始的。虽然当时他的研究专题是鱼类的神经细胞,但已经为他的研究奠定了基础。不论在研究内容和研究方法上,布鲁克生理实验室的初期实践都是他的真正科学研究活动的良好开端。后来,梅纳特教授又给了他进一步研究人类高级神经系统病理的机会。1885 年,在《神经病学中心杂志》发表了弗洛伊德的神经病理学论文。第二篇类似论文发表在同一期刊的 1886 年 3 月号上。第三篇论文发表在耳科疾病专门研究杂志的 1886 年 9 月号上。所有这些论文都集中地研究听觉神经的病理学问题。弗洛伊德以五至六个月的胎儿听觉神经纤维为主要解剖材料,进行了严密而细致的分析。这些论文虽然都是研究听觉神经,但弗洛伊德的主要兴趣是第五、第八、第九和第十条头盖神经及它们的三叉神经根,所有这些神经都同脊髓上的后根神经节相对应。

由于弗洛伊德在神经系统组织学和临床方面的经验及研究成果,弗洛伊德在被任命为维也纳大学医学院讲师后不久,被布鲁克教授推荐享受一笔为数可观的留学奖学金,前往巴黎做当时最著名的神经病学专家让-马丁·沙可的学生。

留学奖学金是 240 美元,可以足够维持 6 个月的学习和生活费用。

1885 年 8 月底,弗洛伊德经历了三年零一个月的辛勤工作以后,终于离开了维也纳全科医院,前往巴黎。这意味着:他的一般性的初期医学实践结束了。他迈入了一个更加专门的研究领域——神经病学。

1885 年秋,弗洛伊德到达巴黎。沙可是医学史上空前未有的神经病学专家。在当时,凡是能做他的学生的人,就等于获得了终生的“护身符”,从此可以通行无阻地出入医学界而受到尊敬。人们会竖起大拇指赞扬沙可的任何一位徒弟。在沙可的领导下,法国沙尔彼得里哀尔医院成了举世瞩目的神经病学圣地。弗洛伊德到巴黎后,拜见了他,做他的学生,并在沙尔彼得里哀尔医院实习。

如果说在这以前弗洛伊德研究神经病系统的重点是一般的神经系统病理和组织学的话,那么,从他向沙可学习开始,他的研究重点就转向神经病治疗学。弗洛伊德到巴黎后,写信给玛莎说:“再也没有别人如此深刻地影响着我,不管我自己是否认识到这个种子会长出丰硕的成果,反正沙可已成了我最尊敬的一个学者。”正是在这里,弗洛伊德第一次看到催眠术的神奇功能;第一次看到了精神刺激对于身体的控制作用,以致人的肉体可以不自觉地、无意识地接受精神刺激的摆布。只要出现肉体上的病症,就可以引起各种行为反应,而这些反应都是未经深思熟虑的。弗洛伊德参加了沙可的一系列实验和讲演,从这时候起,他开始思考着无意识的存在的可能性,而这种无意识的精神活动所起的作用是同有意识的思考根本不同的。以后,我们将会看到,对这种无意识的精神现象的深入研究,成了弗洛伊德的整个精神分析学的基本出发点之一。

弗洛伊德在自己的信中,多次高度赞扬了沙可的学风和治学精神以及工作态度。弗洛伊德说,沙可对病人抱着高度的热情,深切地关怀着病人的痛苦,弗洛伊德把沙可的这种态度同维也纳的医生的麻木不仁的浮皮潦草态度加以对比。在弗洛伊德带回维也纳的一张反映沙可的工作态度的石版画中,可以看到沙可正在帮助他的学生和助手扶持一位处于半昏迷状态的女病人。弗洛伊德的大女儿后来说,每当她看到这张图片,总是激起她的上进心和责任感,鼓励着她奋不顾身地去工作。她还说,她爸爸多次指着这张画,教育她要学习沙可的谦逊、热情和严谨的学习精神和工作态度,以致在她的记忆中留下了永远不可磨灭的印象。关于弗洛伊德在沙尔彼里哀尔医院对歇斯底里症的研究和其他经历,详见下篇第 8 章第 1 节。

弗洛伊德研究一般神经系统疾病的一个结果是改变了涤清治疗法的技术,这个技术叫做“专心法”。这种技术是从本汉的观点得到的启示。按照本汉的看法,所谓催眠法就是把被压抑的、已经被遗忘的经验疏导出来。所以，弗洛伊德设想可以用“专心法”使病人回忆起被遗忘的事情，以便配合对歇斯底里的治疗。弗洛伊德发现了“专心法”的功效以后，慢慢地放弃了催眠术。所以，弗洛伊德所使用的精神治疗法是不断改进的。起初是“催眠法”，接着是在催眠法基础上的“涤清法”，然后是“专心法”。以后，我们将会看到，正是经历了这些不同阶段后，他才有可能通过梦的分析而终于创立独具风格的“自由联想法”，完成了他的“精神分析疗法”的系统化。

关于催眠术的缺点，最根本的是没有真正考虑到歇斯底里症背后的神秘力量的真相。弗洛伊德通过自己的临床实践经验，证明性欲和性冲动的正常与否在精神活动中具有决定性的意义。弗洛伊德在以后的二十多年中进一步系统地研究了这个问题。就是在研究歇斯底里症的过程中，弗洛伊德在医学史和心理学史上第一次使用了“精神分析学”这个概念。

弗洛伊德的《歇斯底里研究》一书中的“精神治疗法”那一章，一般被公认为精神分析方法的开头。弗洛伊德经常用“精神分析”这个词，但他总是很谦虚地把他在这个时期的方法称为“布洛伊尔的涤清法”。

“精神分析学”这个词是在 1896 年 3 月发表的法语论文中首次正式出现的。接着，1896 年 5 月同一篇论文的德语版也正式发表了。弗洛伊德在 1897 年 7 月 7 日致弗莱斯的信中说，他所采用的特殊的精神治疗法——其中包括催眠法、涤清法、专心法等在实质上都是一个东西。所有这些方法，构成了他的精神分析学的重要组成部分。我们从这里可以看出，弗洛伊德的精神分析学从一开始就包含着三个不可分割的内容：① 精神治疗法；② 关于心理的一般理论；③ 精神分析的方法。

总之，弗洛伊德与布洛伊尔共同研究歇斯底里病症的成果，尽管在当时的医学界遭到了普遍的反对,但它开创了精神分析学的新纪元。它是弗洛伊德精神分析学在人类历史上闪耀出来的第一道曙光。弗洛伊德经历了几十年的艰苦的医学研究和临床实践,克服了社会上的种族歧视的压力和生活上经济困难的打击,终于在他近 40 岁时初步创立了精神分析学的雏形。

第 7 章

从自我分析到梦的解析

本章所要论述的，是弗洛伊德在 19 世纪最后几年内为使精神分析学进一步完善化和体系化所作的努力过程。这一时期，是弗洛伊德在歇斯底里病症研究的基础上，在创造了最初形态的精神治疗法和精神分析理论基础上，进一步发扬实事求是的科学观察精神和立足于实际经验的传统，使精神分析学更稳固地获得发展的重要阶段，是他的精神分析学由雏形变为更完整的体系的过渡阶段。

这一阶段经历了五年的时间。虽然时间不算长，但其成果却远远超过前四十年。如果说以前一切成果都是在缓慢的、默默的努力中取得的，那么，这五年的果实就是以狂飙突进的形式夺得的。

在 19 世纪的最后五年，人类历史本身也进入了最关键的转折时期。在那五年中，地球旋转的速度似乎突然加快了，催促着人们在经济、文化、科学方面加紧创造和劳动。同时，人类本身似乎也不安于现状，处处显示出跃跃欲试的竞争景象。社会的加速发展从另一方面加剧了国与国、集团与集团的矛盾。世界大战的战争阴影已经开始出现，在经济、文化、科学繁荣的背后，酝酿着一场大规模的战争。

作为奥地利的一位犹太血统的心理学家，弗洛伊德一面从事科学研究，一面感受到了来自社会的种种压力，这些压力按其性质来说是带有根本对立的内容的。这两种压力就是种族歧视、反犹太逆流、社会政治经济气候的动荡对他的消极的压力和科学、文化、经济的进步给他带来的积极的动力。这两种根本对立的压力集中到弗洛伊德身上，都转化为一种动力，促使他更发奋地研究和工作。

弗洛伊德极端蔑视种族主义的猖狂活动。当时，在欧洲大陆上，由沙俄统治的领土上首先刮起迫害犹太人的狂热运动。在俄国和波兰的领土内的犹太人首先遭到了残酷的迫害，接着，这种对犹太人的迫害迅速地波及整个欧洲大陆。弗洛伊德把自己对排犹主义的愤怒转化为埋头进行科学研究的力量。在这一时期内，他的研究成果一再地遭到种族主义的偏见的压抑和排斥，但他毫不灰心。在这五年中，弗洛伊德以凯旋式行进的姿态，骑着战马，直奔真理的王国，而把一切偏见、无理的指责和攻击都甩在后面。

弗洛伊德在 1895 年发表的《歇斯底里研究》标志着他的精神分析学的建立。但是，它一旦建立起来，就同时出现了新的矛盾和问题。正如弗洛伊德在自传中所说，《歇斯底里研究》揭示了歇斯底里症背后的那些深层原始意识的根源，但没有回答“在心智演进过程中，它们何时开始成为病态的现象”，换句话说，“在心智的演变过程中，那些原始意识什么时候才开始感受到它们自身受压、受阻而找不到宣泄的出口?”对于这些问题，布洛伊尔都企图用生理学的观点去回答。布洛伊尔认为歇斯底里症在本质上是处于被催眠状态的不正常的精神的产物。弗洛伊德则认为，歇斯底里症是多种复杂的精神力量同日常生活中常见的动机、目的等因素交互作用的产物。也就是说，歇斯底里症是那些正常的受压抑精神力量在反常的条件下转化为变态心理的结果。弗洛伊德曾经把他同布洛伊尔的分歧看法概括成“被催眠似的歇斯底里”与“防御性的神经质”的对立。

为了彻底解决上述基本问题，弗洛伊德从1895年后不停地进行探索。他在这一时期的探索线路主要是沿着两个渠道——自我分析和梦的分析来进行的。这两种基本方法体现了弗洛伊德的科学研究的一贯作风，即重视自己的亲身实践和实际生活中出现的精神现象。

但是，弗洛伊德决心分析自己的精神现象及梦的现象，也是经历了一段摸索、思考和分析的过程的。在这过程中，他要解决的根本问题是要把握住探索的方向。

弗洛伊德在出版《歇斯底里研究》以后，一直不断地发问，病态的心理现象究竟怎么产生的？在催眠疗法中，一个人的许许多多内在的和外在的生活细节、事件，究竟又经由怎样的机制程序而慢慢地恢复起来？这些问题是解决精神治疗及分析精神病病源的关键。弗洛伊德一天也没有停止观察他的病人。然后，他把临床获得的经验进一步同自我分析和梦的解析结合起来。

弗洛伊德经过详细的观察，逐渐认识到：每一件被遗忘的事情，都有其痛苦的一面。如果以该病人的人格标准来衡量，那么，这些事情就包含着不能令他苟同或使他引为羞耻的观念。由于这些不能苟同或引以为耻的观念在不知不觉间形成，所以它会被遗忘，或者说使它不能在意识界中存在。所以，如果想使它重新回到意识界，就必须首先克服某些内在的阻力，以极大的力量去驱逐或镇压这些阻力本身。医生在治疗过程中所作的努力要视病情而定，并和试图回忆的事情的难易成正比。在这过程中，医生所需耗费的功力，显然就代表了病人的内在心理的阻力。弗洛伊德在这方面的发现是继发表《歇斯底里研究》之后最重要的发展，它构成了弗洛伊德的“抑制学说”。

至此,精神病理过程就进一步明白起来。让我们来看一个简单的例子。某人心里产生了一种特别的冲动,但被另外一种强而有力的趋势所反对。我们可以猜想这时所产生的心理矛盾不外走下述一条路线,即两种活力——“本能”和“阻力”在完全意识的状态之下相持一段时间,直到“本能”的冲动被驳倒,而使其力量消失为止。这是一般正常人的解决途径。但是,在患有神经质病的患者身上,由于一种至今尚未明白的原因,上述冲突的宣泄方式就大为不同。在受到一种旨在压抑上述冲动矛盾冲突之后,“自我”受到震惊而退缩回去,从而阻止该冲动跑到意识界,并不让它的动力宣泄出去。结果该冲动所带来的“力量”还是原封不动。这种得不到宣泄的“潜能”就是发生歇斯底里的隐患,弗洛伊德把这一过程称为抑制作用。

这是弗洛伊德的重要创造。在这以前,还没有人这样分析神经质机制,弗洛伊德把这一机制比喻为“防御机制”。

抑制作用的第一步还包括许多其他的步骤。首先,“自我”不得不长期消耗能量,即“对抗能量”,以对抗那些被抑制的冲动的再现的威胁,因此,“自我”最后必然达到精疲力竭的地步。另一方面,潜伏在潜意识里的被抑制冲动,也能找到宣泄的方法,或经由迂回的路线,找到适当的替代物,而使得抑制作用的目的化为泡影。在转换性歇斯底里的病人中,这种被抑制的冲动几经周折,到达全身的神经分支中去,而从不同的地方“突围”而出,遂产生特殊的症状。这些症状其实是折中协议的结果。因为它们虽然都是替代品,但由于有“自我”的阻力作用,它们都仍然保持自己的本来面目,都不曾被外来力量所歪曲或改造。

抑制作用这个学说是了解弗洛伊德精神病治疗法的关键。它是弗洛伊德的独创和发明,这个学说标志着弗洛伊德的精神分析法的正式诞生。

根据这种抑制作用学说，精神治疗的目标，已不再是反转那些走错了路线的效应，而是揭开被抑制的冲动的真相，代之以一种决定被驳倒的冲动的取舍的判断行为。由此之后，弗洛伊德不再把他的治疗方法称为涤清法，而是称之为“精神分析法”。

抑制作用学说是精神分析学的中心，它直截了当地把歇斯底里症看作是心理冲突和抑制作用等动力因素交互作用的产物。

由于对病态抑制作用及各种现象的研究，精神分析学实际上把潜意识看作是人的精神活动的最原始、最基本、最普遍、最简单的因素。这种潜意识就是所谓原动的无意识的“心”。它是一切意识行为的基础和出发点。人类的一切精神活动，不管是正常的或变态的、外在的或内在的、高级的或初级的、复杂的或简单的、过去的、现在的、将来的，都不过是这种潜意识的演变结果。依据这种学说，每种意识活动都在潜意识的心中深深地伏有其根株。人们要认识心理生活，要治疗变态心理，就必须探索意识行为及其潜意识的源头之间的联系。

在弗洛伊德看来，无意识的“心”或“潜意识”，并不是被动的收容所，它却像蓄电池储存电能一样，随时可以发泄出去，可以主动地产生冲突。弗洛伊德也不赞成把潜意识看作凋谢了的记忆的消极、被动的保管库，潜意识在本质上是原动的，它那不断争取表露或升华为意识的内容，乃是精神活动背后的原动力量。归根结底，意识不过是由深藏的潜意识伏流所产生的心理生活的表面微波罢了。这种潜意识又是本能活动的源头，也是性冲动和感情经验的起源。这些潜意识虽然受到压制，但它们永不断地为得到自我满足而斗争。精神分析学的大部分任务就是考察这种被压制的东西的活动方式及规律，考察它们寻求满足时所采取的方法和途径。

“抑制作用”学说的初步建立，表明弗洛伊德终于明确了自己的研究方向，这就是要探索人的心理深层的神秘世界。

正是在这种正确认识的基础上，弗洛伊德开始在自己身上进行自我试验。这种自我试验的过程也就是“自我分析”的过程。

弗洛伊德的自我分析是从 1897 年 7 月正式开始的。虽然，弗洛伊德在这以前的理论研究和精神治疗的实践也可以算作是他进行自我分析的基础，但是，促使他进行自我分析的导火线是他父亲在 1896 年 10 月的逝世。弗洛伊德写道：“我一直高度地尊敬和热爱他。他的聪明才智与明晰的想象力已经深深地影响到我的生活。他的死终结了他的一生，但却在我的内心深处唤起我的全部早年感受。现在我感到自己已经被连根拔起来。”由此之后，弗洛伊德说，就导致他写《梦的解析》那本书。实际上，《梦的解析》乃是自我分析的继续。

自我分析过程是从童年生活的自我再现开始的。对于童年生活经历的发掘，使弗洛伊德发现人类潜意识的基本成分恰恰就是幼年生活的凝缩物。因此，有目的地再现幼年生活经历，将有助于了解潜意识的内容及其形成过程。这是揭示潜意识神秘王国的捷径。

现在，弗洛伊德的敬爱的父亲的逝世，把弗洛伊德的内心感情带回到以往的生活经历中。对父亲的怀念使他的脑海中重演了一幕又一幕旧日生活的图画。他想起的旧事越多，越可以在其中发现许多现有的感情和性格的痕迹，他发现自己在眼前的日常生活中的各种无意识动作、习惯性行为及感情都不过是童年时期的经历的翻版。因此，弗洛伊德进一步加强了回想、分析和研究童年生活的决心。

为了进行自我分析，进一步揭开覆盖着潜意识世界的帷幕，弗洛伊德在父亲逝世后，更频繁地询问自己的母亲，打听自己在小时候的生活情景。他试图从他母亲提供的线索和片断材料中，尽可能完美地回忆那些早已遗忘了的童年生活。他把母亲提供的材料同自己所能回忆到的印象连贯起来，又把自己在童年时代的心理表现同成年后的许多心理现象加以比较。这就为他的进一步的自我分析工作提供了丰富的和有价值的启示。

他的自我分析工作所取得的第一个重要成果就是发现儿童的“性本能”及其演变对于人类一生心理发展的决定性影响。

当他在自我分析中发现自己从小就有亲近母亲的特殊感情时，当他发现自己的亲母感情具有排他性、独占性——甚至由此产生妒忌父亲对母亲的关系时，他得出了一个极其重要的结论，即人从小就有一种“性欲”，而且这种“性欲”构成了人的最基本的“原欲”，它是人的一切精神力和生命力的原动力之一，弗洛伊德称之为“性动力”或“性原欲”。由此，他进一步创立了“俄狄浦斯潜意识情结”的理论。关于这个理论的详细内容及其发展过程，将在本书第九章进一步论述。这里要指出的是，“俄狄浦斯潜意识情结”的理论是弗洛伊德精神分析学的基本理论之一，而这个理论也和他的潜意识理论一样是在自我分析和他的临床实践的基础上建立和发展起来的。

1897 年 10 月 15 日，弗洛伊德在一封详述其自我分析的信中，宣布“俄狄浦斯潜意识情结”的两个基本因素是对双亲之一的爱和对另一方的妒恨。他认为，这是童年心理的基本内容，也是人类一切复杂的精神现象所由以发展的真正“胚芽”，是个人的和种族的“心理生活之树”的“种子”。此后，弗洛伊德的精神分析学始终都以“俄狄浦斯潜意识情结”为基本支柱而完善化和系统化。也正是在这个节骨眼上，许多人对弗洛伊德产生误解，将他的学说视之为“下贱的性变态理论”，或称之“为社会上一切猥亵行为辩护的污浊理论”。

当弗洛伊德在 19 世纪末发现俄狄浦斯潜意识的时候，已经意识到他自己的理论所必然遭遇到的历史命运，但弗洛伊德毫不畏惧。

弗洛伊德自己在回顾这一段对于他的一生及他的精神分析学理论的发展都具有重要意义的历史时期时，说道：

> 如果撇开涤清法这个预备期不谈的话，在我看来，精神分析发展的历史可以分为两个时期。在第一个时期里，我一个人孤军奋斗，什么事都得自己去做。这一段时期就是1895年和1896年左右到1906年和1907年。（见弗洛伊德著自传）

由于在自我分析中发现"俄狄浦斯潜意识情结"的结果，弗洛伊德在19世纪末的最后几年中陷入了孤立的地位。这时候，连一向支持他进行科学研究的布洛伊尔教授也开始与他分离。

关于这一点，弗洛伊德在自传中进一步说道：

> 我在前面已经说过，我和布洛伊尔在《歇斯底里研究》一书中所建立的理论还很不完全；尤其很少触及有关病变过程所基植的那些病因上。现在，我已从经验的快速增进的积累中发现在神经质背后的神秘因素；它们并不是随便任何一种类型的情绪激奋，而是早年的或新近的性经验所引起的。我之研究神经质患者，原是不怀任何偏见的，所以，我的结论绝不是我有意造成，也没有夹杂半点个人的期望成分在内。

由此可见，在自我分析中发现的"俄狄浦斯潜意识情结"学说对于弗洛伊德精神分析学理论的形成和发展产生了两方面的影响。一方面，它奠定了该学说进一步发展的理论基础，确定了该学说的今后发展方向；另一方面，它又招致该学说在今后发展中所遭遇到的特殊历史命运——更确切地说，这一理论核心把弗洛伊德的精神分析学同形形色色的心理学派彻底地区分开来，并因而在弗洛伊德的精神分析学派别的旗帜上标出了引人注目的、独具特色的象征性符号。而这一基本理论甚至埋下了导致弗洛伊德所创立的精神分析学理论队伍的分裂的种子。在弗洛伊德之后纷纷从事精神分析研究工作的人们中，因对"俄狄浦斯潜意识情结"的分歧意见，分成了许多派别，其中最有影响的有弗洛伊德本人的学生荣格、阿德勒(Alfred Adler，1870－1937)等人。

正因为这样，弗洛伊德自己自始至终都很珍视"俄狄浦斯潜意识情结"理论。他有一次曾半开玩笑地说：如果将来有一天他自己的半身雕像被陈列在维也纳大学的纪念厅里的话，他希望在那上面刻上古希腊著名悲剧文学作家索福克勒斯(Sophocles，c.496－406BC)名剧《俄狄浦斯王》(*Oedipus the King*)中的这样一句话："他解答了狮身人面兽斯芬克斯的谜语，他是本事最高强的人。"

但是，弗洛伊德的自我分析过程从来都不是孤立地进行的。自我分析一点也不意味着闭门思索、自我分离或自我升华。在弗洛伊德那里，自我分析的过程始终都同自己的科学实验和医疗临床实践结合在一起。他在临床医疗活动中，也同自己的自我分析一样，逐渐地把注意力集中到那个隐藏在精神生活背后的潜意识上面。当他这样做的时候，越来越多地发现做梦现象同潜意识的活动的密切关系。

导致这一发现的关键是两个因素，这就是幼童生活经历在梦中的发现和神经质患者的病源在梦中的显露。这一发现使弗洛伊德看到了研究和分析梦的现象对于探索潜意识的极其重要的意义。弗洛伊德认为，如果说他在这以前的医疗活动中发现了神经病患者的发病源头是潜意识对于正常意识活动的干扰的话，如果说他在自我分析中发现了潜意识的基本成分是幼童时期的生活经验的话，那么，他现在所发现的恰恰是上述两个重要的研究成果的进一步结合，并使他通过这一结合更明确地找到了探索潜意识活动规律的重要途径。在弗洛伊德看来，梦既然是潜意识心理现象的自我表演，那么，梦的内容就必然包含那些早已被遗忘了的童年经历及导致神经病患者发作症状的心理性病源。这样一来，研究梦的现象就成了治疗精神病和探索潜意识活动规律的天然"窗户"。

弗洛伊德在《梦的解析》(*Die Traumdeulung*)一书中说：

> 当我要求精神病患者将他有关某种主题所曾发生过的意念、想法统统告诉我时，就自然而然地牵涉到他们的梦。这就使我联想到，梦应该可以成为由某种病态意念追溯至昔日回忆间的桥梁。接着，我又进一步认识到，可以将精神病患者的梦当作一种症状，然后利用对这些梦的解释来追溯病者的病源，从而实现对患者的治疗。(见弗洛伊德《梦的解析》第二章《梦的解析方法》)

弗洛伊德在医疗实践中得出的结论同他在自我分析中所得出的结论相辅相成，使他决心把自我分析的重点转向对自己的梦的分析工作上。

弗洛伊德一向重视本人的亲身实践的重要意义。他认为，人类精神生活既然以深藏于人类心理内层的潜意识为基础，为了深入了解潜意识的活动规律就非要通过亲自实践不可。在某种意义上说，自己才是本人心理活动之最直接的见证人。

所以，在确认了梦的分析的重要意义之后，弗洛伊德毫不犹疑地着手分析自己的梦，并把这种分析看作是自我分析的最重要的组成部分。

在《梦的解析》一书的第一版序言中，弗洛伊德说：

> 在阅读本书时，大家自然会明白为什么那些刊载于文献上的或来源不明的梦都不能加以利用。只有本人以及那些接受我的精神治疗的患者的梦才有资格被我选用。但我基本上放弃病人的梦不用；因为他们的梦的形成程序被神经质疾病的某些特征掺入了一些不必要的混杂成分。不过，在发表自己的梦时，我又不可避免地要将许多私人精神生活的秘密呈露于众人之前——这显然超出了我的意愿。或者可以说，它超出了任何科学家发表其论述时所应该做的范围。这是我的苦恼，但却是必要的；与其完全舍弃提供这心理学发现的证据，我宁可选择后者。

这又一次表明弗洛伊德在任何时候都准备为科学真理而作出必要的牺牲精神。在他看来，当科学真理的根本利益同个人的利益发生冲突时，绝不容许有任何调和的余地，更不能容忍让科学真理屈从于个人利益和个人偏见。

弗洛伊德对梦的兴趣，可以一直追溯到他的孩童时期。弗洛伊德自小就是一个很好的做梦者。甚至在很小的时候，弗洛伊德除了细心玩味他自己做过的梦以外，还把它们记录下来。他和玛莎订婚以后两星期，就在信上对玛莎说："我有许多难以驾驭的梦。我从来就不曾梦见日间心思所属的事情。在梦里出现的，总是那些在日间稍纵即逝的事务。"这一点，后来成了他的关于梦的学说的一个重要组成部分。一年之后，他又在信中提到他的一个快乐的梦境。他说，他把这个梦写成笔记，笔记中叙述了梦中的旅行。这里，我们可以看出弗洛伊德一直是很看重梦在心里活动中的地位。

在有案可稽的诸病例中，弗洛伊德所做的第一个梦的分析，是布洛伊尔的侄儿爱弥尔·考夫曼的梦。那是 1895 年 3 月 4 日的事。弗洛伊德把它拿来和他所治疗的弗莱斯的一个病人的幻梦性精神病相比，认为其中愿望的实现这一点，两者是一样的。那个梦后来编入《梦的解析》一书中。这个梦是一个懒惰的医生做的。那个医生为了省得起床，梦见他已经在医院中上班了。这是第一个用来说明"梦是愿望的实现"这个原理的梦例。

在《梦的解析》一书中，弗洛伊德说："梦，并不是空穴来风，不是毫无意义的，不是荒谬的，也不是部分昏睡、部分清醒的意义的产物。它完全是有意义的精神现象。实际上，它是一种愿望的达成。它可以说是一种清醒状态精神活动的延续。它是高度错综复杂的理智活动的产物。"（弗洛伊德《梦的解析》，第三章）

弗洛伊德以自己的梦做例子来说明这个原理。他说，他在年轻时，经常作一些"愿望达成"的梦。例如，年轻时，由于经常工作到深夜，早上就很不愿意起床。他真想多睡一些。"因此，清晨时，我经常梦到我已起床梳洗，而不再以未能起床而焦急，也因此使我能继续酣睡。"弗洛伊德就是在谈到自己的这个梦例时，进一步引述上面提到的那个"贪睡的医生的梦"的。弗洛伊德在《梦的解析》中是这样引述的：

> 一个与我同样贪睡的医院同事也有过同样的梦，而且他的梦显得更荒谬、更有趣。他租了一间离医院不远的房间，每天清晨在一定的时刻女房东就会叫他起床。有天早上，这家伙睡得正甜时，那个女房东又来敲门。她喊道："裴皮先生，起床吧！该上医院了。"于是，他做了一个如下的梦：他正躺在医院某个病房的床上，有两张病历表挂在他床头，上面写着"裴皮·M，医科学生，二十二

岁。”事后，他坦率地承认这梦的动机，无非是贪睡罢了。（同上书）

弗洛伊德在《梦的解析》一书中，引了自己的和别人的大量梦例，说明“梦是愿望达成”的原理。例如，他举这样一个例子：“一位年轻女人由于终年在隔离病房内，照顾她那患传染病的小孩，而很久未能参加社交活动。她曾做了个梦，梦见她儿子康复，她与一大群包括道特、鲍格特、普雷弗特以及其他作家在内的人一起，这些人均对她十分友善亲切。在梦里，这些人的面貌完全与她所收藏的画像一样……”（同上书）

弗洛伊德为了说明梦的上述特征，建议人们进一步回忆自己在孩童时期的梦，或考察自己的儿女的梦。因为在他看来，小孩子的心灵活动较为单纯，所以做的梦就比成人的梦更简单，因而就更能生动地表现“愿望达成”的道理。而且，弗洛伊德还说：“就像我们研究低等动物的构造发育以了解高等动物的构造一样，我们应该多多探讨儿童心理学，以了解成人的心理。”小孩子的梦，往往是很简单的“愿望达成”。例如，1896 年夏，弗洛伊德举家到荷尔斯塔特远足时，他的八岁半小女儿做了一个典型的“愿望达成”的梦。

事情是这样的：在这次远足中，弗洛伊德带着邻居一个 12 岁的小男孩爱弥尔同行。这小男孩文质彬彬，颇有一点小绅士的派头，相当赢得弗洛伊德小女儿的欢心。次晨，小女儿告诉弗洛伊德说：“爸爸，我梦见爱弥尔是我们家庭的一员，他称你们‘爸爸’‘妈妈’，而且与我们家男孩子一起睡在大卧铺内。不久，妈妈进来，把一大把用蓝色、绿色纸包的巧克力棒棒糖，丢到我们床底下。”

弗洛伊德关于“梦是愿望的达成”的原理是他论证潜意识活动规律的重要证据，也是他对梦进行分析后得出的第一个重要结论。正是这一结论把他同以前一切关于梦的反科学"理论"区分开来。因此，在这里有必要简略地说明弗洛伊德得出这个结论的过程。

1895年夏，弗洛伊德以精神分析法治疗一位与他素有交情的女病人。由于弗洛伊德一家人都与女病人及其家人有过密切的来往，所以，这次治疗给弗洛伊德带来了沉重的精神负担。这种负担主要表现在他怕治不好病。他担心，万一治不好，可能会影响两家的友谊。结果，治疗效果确实不太好。

有一天，弗洛伊德的同事奥多医生拜访了这位女患者——伊玛的邻居，回来后与弗洛伊德谈起伊玛的情况。奥多说："她看来似乎好一些，但仍不见有多大起色。"那种语气听来就犹如指责弗洛伊德没尽到责任。弗洛伊德猜想，一定是那些最初就不赞成伊玛找弗洛伊德治病的亲戚们，又向奥多说了弗洛伊德的坏话。但这种不如意的事，当时弗洛伊德并不介意，同时也未再向他人提起。只是在当天晚上，在甚感委屈的情绪下，他振笔疾书，把伊玛的整个治疗过程详写一遍，寄给他的一位同事M医生。当时，M医生还算得上是精神病治疗的一位权威。弗洛伊德的动机是想让M医生知道，他的医疗究竟有没有使人非议之处。就在当天晚上，即1895年7月23日至7月24日之夜，弗洛伊德做了一场梦。第二天清早起床，弗洛伊德立即把想起的梦境记录下来。

弗洛伊德在《梦的解析》一书中，用将近一万字的篇幅叙述了这场梦，并逐一作了分析和说明。

通过分析，弗洛伊德发掘出隐藏在他的精神世界内部的一贯意向，那也就是弗洛伊德所以做这个梦的动机。弗洛伊德说："这梦达成了我几个愿望，而这些都是由前一个晚上奥多告诉我的话，以及我想记录下整个临床病历所引起的。整个梦的结果，就在于表示伊玛之所以今日仍活受罪，并不是我的错，而应该归咎于奥多。由于奥多告诉我，伊玛并未痊愈，而恼了我，我就用这个梦来嫁祸于他。这梦得以利用其他一些原因来使我自己解除了对伊玛的歉疚。这梦呈现了一些我心里所希望存在的状况。所以，我可以说‘梦的内容是在于愿望的达成，其动机在于某种愿望’。”

弗洛伊德很重视这场梦所表现出来的内容、形式及其与主观的内在愿望之间的关系。他认为这场梦所呈现的上述关系具有普遍的意义。因此，在1900年7月12日写给弗莱斯的信中，弗洛伊德把这个梦及其解析看作是他“揭穿梦的秘密”的“开端”，并半开玩笑地说，有必要为“伊玛的注射”之梦的解析立一个大理石的纪念碑。

确实，就在完成了对“伊玛的注射”的梦的分析之后，弗洛伊德决心沿着这条结论的方向进一步深入研究心理学。就在那年夏天，弗洛伊德到柏林拜访弗莱斯，兴致勃勃地提出了“科学心理学研究计划”。

在这里，他把两种根本不同的心理过程分为原发性和继续性两种。他认为，在梦中，原发性心理占据重要部分。这时候，在正常状况下抑制着原发性心理的“自我”处于相对沉寂状态。所以，原发性的心理才得以冲破“自我”的监视而自由地活动起来。弗洛伊德指出，“自我的相对沉寂”不同于“绝对沉寂”或“完全沉寂”。如果“自我”真的处于完全沉寂状态，睡眠时反而不会有梦。往往是在“自我”既要休息、又得不到完全休息的时候，即“自我”处于浑浑噩噩、懵懵懂懂状态的时候，被“自我”压制下的原发性心理，即“潜意识”或“下意识”，才开始活动，因而产生了梦。

在这里，我们也看到，弗洛伊德已把他在《歇斯底里研究》中所获得的成果应用于梦的分析中。他在《歇斯底里研究》中所得出的最重要的结论，也即精神分析学的中心理论，乃是关于潜意识的存在的观点。依据这种观点，人的精神分为三个层面：意识、前意识和潜意识（有时也称为“下意识”或“无意识”)。

弗洛伊德认为,意识是人的心理状态的最高形式。用通俗的话来说,它是人的心理因素大家庭中的“家长”,它统治着整个精神家庭,使之动作协调。正是在意识的管辖和指挥下,人的精神生活才得以正常地进行。

意识的下面是“前意识”。这是曾一度属于意识的观念、思想,因与目前的实际生活的关系不大,或根本没有关系,被逐出意识的园地,而留在意识的近旁。在意识活动过程中,属于前意识的观念有时可以“溜”出来,参与人的现实生活。例如,我正在有意识地看书。突然,我的妻子闯进来问我一个电话号码。这号码曾经留在我的意识中,但后来被储藏在“前意识”的系统中。电话号码是在看书这个有意识的活动时被挤到“前意识”领域中去的。现在,妻子突然问起时,待在前意识中的号码,经一种毫不费力的记忆行为被召唤出来。所以,前意识是意识附近的心理,它可以较快地、较易地闯到意识领域中。在完成一定的使命后,它又很快地退到它所属的前意识领域中。

在意识和前意识的下面是“潜意识”。这是人类精神心理之最原始的因素。潜意识压在最深处、最底层,但它又是最活泼、最不安分守己的分子。它们千方百计地想冒出来,每每想冲出前意识和意识的层面而直接地、赤裸裸地表现出来。但是,在正常人那里,意识和前意识的领域及其关系是稳固的。意识,作为最高统治者,发挥了它的威力,控制着潜意识继续留在最底层。这样,才能保证人的意识的正常活动。弗洛伊德指出,人的记忆行为并不能把原动的潜意识的内容送到意识中来。潜意识同前意识相比,远不是可以轻易地闯到意识生活中来的。弗洛伊德说,人的心理活动中,有一种保护意识生活不受干扰、不受潜意识侵犯的“压制作用”,强迫那些潜意识的冲动留在原处,并一次又一次地打回或顶回企图来闯的潜意识。

关于这种压制力，在弗洛伊德早期研究歇斯底里症时曾称之为“抑制作用”，并形象地把它比作一个“检查员”。为便于了解这个概念起见，我们可以把心理比作一个三层楼的住宅。在最高的一层住着心理家庭中最高尚的分子。在它们下面是前意识——它们是比较安静而守礼的人们，可以随便地访问他们上面的那些“意识先生”。诚然，有一位警察站在楼梯上，但他是一个和善的人，一般是很少禁止前意识分子通行的。住在最底层的“潜意识先生们”却是一群未受教化的、爱骚动的分子。他们经常吵吵闹闹，要通过那个楼梯，想躲过那位警察的监视；这警察的主要职责就是制止潜意识不要扰乱楼上的“意识先生”。那些不老实的潜意识，有时为了溜上去，就千方百计地伪装自己，把自己打扮成前意识的形态，或者，趁着夜深人静警察先生因操劳过度而麻痹大意的时候，闯了过去。

上面所说的“警察”就是压制或抑制作用的形象化表现。而所说的潜意识装扮成前意识，指的是弗洛伊德的这样一种观点，即潜意识一般是无法进入意识层的，前意识则可以在符合一定规定、经过审查制度的考核之后进入意识层；所以，潜意识为了达到意识领域，往往借着某种与前意识相类似或有密切关联的观念形式，把自己的强度转移过去，掩盖着自己。这种伪装与前面提到的“转移”在本质上是一样的。

弗洛伊德总结梦和精神病患者的各种症状，得出结论说：“潜意识比较喜欢和前意识中那些不被注意、被漠视或刚被打入冷宫（受排挤）的概念攀上关系。”为什么呢？因为通过这种手法，潜意识可以偷偷地闯到意识层去。

弗洛伊德为了进一步说明心理过程的原动性质，认为有必要用新的概念说明人身上所表现的潜意识和前意识及意识之间的能动的、复杂的、变动的关系。他说，用潜意识、前意识和意识作为分析心理活动的概念是必要的，但还不充分。这些概念容易给人一种心理之静止性的印象。因此，弗洛伊德又发明了三个新概念与上述三种形式的心理状态相对应：本我（又称“爱德”，即 id）、自我（ego）和超我（superego）。

“本我”，是指那些包含着不合理的、荒谬的内容的心理，它与意识的人格无关。“本我”的原字“id”是弗洛伊德从尼采那里借来的。从字面上讲，它是从拉丁文的非人称的代名词生发出来的。它的原意相当于英文的“it”，即“它”。因此，它可以很恰当地表明它与意识生活的矛盾性。这种矛盾就是上面所说的那种潜意识与意识的关系——它本身不属于意识，却又时时处处想表现为意识。

说得更确切一点，“本我”就是一种本能的冲动。它不问时机、不看条件、不顾后果地一味要求自我满足。因此，在正常人的心理活动中，它很自然地要被压抑、受阻止。事情很明显，如果不对它们压制，任其表现或泛滥，就会使人变为疯狂，不可收拾，以致最后牺牲自己的一切。现实生活是不容许“本我”为所欲为的。

在人类的现实生活中，“本我”的一部分由于在与外界的实际接触中不断遭到打击而失败，它就得到了修改。这部分得到修改的“本我”便成为“自我”。“自我”限制和驾驭着“本我”，以便寻求适当的时机，在现实的原则的基础上使“本我”的一部分要求得到满足。“自我”好像成了“本我”的侦察兵和调度员。所以，弗洛伊德说：“就全体说，自我必须满足本我的意向。假如它能制造实现这些意向的条件，它便尽了它的责任。”弗洛伊德把自我与原我比作骑马人与他的马的关系。马供给运动的力量，但骑马者具有决定方向和向着该方向前进的指导权。然而，在本我与自我的关系中，有时也出现一些不合情理的情形，即骑马者必须在为自己所要去的方向上来指导他的马。

在人的一生中，"自我"往往是在幼年时期慢慢形成的。而在儿童时期，人与其父母之间还保持着强固的感情联系。那时，儿童的"自我"刚刚形成，还没有强固到足以完全驾驭"本我"的程度。因此，儿童还要借助父母的威信压制"本我"的冲动。父母的权威在儿童看来是绝对的、无条件的。由于儿童经常受到父母权威的压制，在他的内心中也同样形成了一种反映父母绝对权威的精神因素，这就是"超我"的雏形。"超我"从儿童时代起，就比"自我"更高一等，可以监视着"本我"的冲动，并强迫"自我"去压制那些它所不容许的冲动。所以，"超我"的胚胎是父母权威在儿童心理的"内部化"。到了成人以后，"超我"随着人的生活经验的丰富和知识的完善而不断得到充实和巩固，最后，甚至自然而然地作为一种所谓的"良心"的形式表现出来。我们所说的"某人没有良心"，指的就是他没有巩固的"超我"心理，因而不以理智和意识作指导，以致使他胡作非为。

"自我"，在与现实接触的过程中，要在满足"本我"要求与严峻的和不讲情面的"超我"之间保持平衡。在《梦的解析》中，弗洛伊德曾把前意识比作"一道筛子"，立于潜意识与意识之间，它不但阻隔着潜意识与意识的交通，而且控制着随意运动的力量，负责那能变动的潜能的分布——其中一部分所谓的"注意力"乃是我们经常在日常生活中看到的。

"超我"对于意识的严格控制，使意识引起紧张的忧虑。为了免除这种忧虑，"自我"必须有计划、有节制地采取行动，一方面慰抚"超我"，一方面给"本我"的要求以部分的或间接的实现，有时则给以适当的修改或改装。"自我"所起的调节作用，有时表现为对现实的退让，有时则表现为适当地缓和"超我"的苛刻要求。这样，经过"自我"调节而得到修改、调整的"本我"的要求就可以适当地表现出来。

为了描述“自我”的这种处境，弗洛伊德说：“有一句成语告诉我们，人不能同时侍候两个主人。但可怜的‘自我’比这里所说的还要困难。它必须侍候三个严厉的主人，并且必得尽力和解这三个人的主张和要求……这三个暴君便是外部世界、‘超我’和‘本我’……‘自我’觉得它受到了三面包围和威胁，当它被压迫得太厉害的时候，它的忧虑便越来越厉害。因为它起源于知觉体系的经验，它命定要代表外部世界的要求；但它也愿意作‘本我’的忠仆……在另一方面，它的每个动作都为严厉的‘超我’所监视。这种‘超我’坚持一定的行为标准，根本不关心‘本我’和外部世界的任何困难。假如这些标准未被遵守，它就用紧张的感情来责罚‘自我’，使‘自我’产生一种劣等的和犯罪的感觉。正是这样，为‘本我’所激动、为‘超我’所包围、又为现实所阻挠的‘自我’努力负起了调剂这种内外夹攻的势力的任务。我们大可以明白为什么我们时常抑制不住地喊出这种呼声：‘人生不是容易的。’”（弗洛伊德著《精神分析学新论》）

意识与无意识之间的因果联系，在对梦的研究中表现得最为清楚。弗洛伊德说：“一个梦是一个被压制的愿望之假装的满足，它是被压制的冲动与自我的检查力的阻挠之间的一种妥协。”

在梦的分析中，弗洛伊德发现其中的心理活动规律和他所熟知的神经质病症状，颇有相似之处。

1896 年 5 月 2 日，弗洛伊德在犹太学术厅对一群年轻人作关于梦的讲演。第二年他又对该会作了一次更深入的讲演。这个犹太学术厅是属于一个犹太人组织的团体的，该团体名为“Verein B'nai B'rith”，即“伯奈·伯利兹社”。这是犹太人中的优秀分子组成的团体。从 19 世纪末开始，这个团体经常邀请犹太裔学者作讲演。弗洛伊德自己也是该团体的成员之一。在这以前，卡尔·马克思也到那里作过报告。

弗洛伊德在这个团体的学术报告厅作了连续两个晚上的关于梦的报告。

1897年7月，当他开始进行自我分析的时候，他在一封信中把对于自己的了解引入梦的诸问题中去，包括梦的成因与法则问题。由于当时心理学界对于梦还没有认真地进行科学研究，所以，他的见解并没有得到普遍的响应。那时候，他已经看出梦和神经质病在构造上的相似之点。他在信中说："梦包含着简要的神经质病的心理学。"

对于梦的解析所得出的结论，都是在"梦是愿望的达成"这个重要原理的指引下逐步取得的。这一过程显示，由于对于梦的解析是从医疗实践中直接导引出来的，所以，它和自我分析过程一样，从一开始就紧紧地围绕着潜意识问题而进行。这一特点，使弗洛伊德对梦的解析活动始终沿着健康的、科学的轨道发展下去，以致使他能够通过对梦的解析的完成，终于全面地创立了精神分析学的理论体系。

弗洛伊德第一次提及要写一本有关梦的书的念头，是在1897年5月16日的一封信上。那是在他的自我分析真正开始前的几个月。可见，自我分析与梦的解析几乎是齐头并进的，甚至也可以说是相互渗透和相互补充的。这也表明，自我分析和梦的解析，作为弗洛伊德的精神分析学的形成和发展过程中的关键性阶段，并不是一朝一夕的盲目冲动的偶然结果；它们都有一段相当充分的酝酿阶段。早在1895年夏天弗洛伊德就产生了自我分析和梦的解析之最初行动。接着，经过两年的反复实践和摸索，终于从1897年夏季开始进入了正式的分析和研究工作。

1897年11月5日，弗洛伊德在一封信中宣布说，他要强迫自己去写一本《梦的解析》的著作，以便彻底地使自己从一年前丧父产生的悲哀心情中解脱出来。

弗洛伊德写《梦的解析》以前，不仅有了充分的思想准备，而且也做了相当充分的资料准备。他早在1897年5月写信给弗莱斯以前，就已经查遍了心理学史上有关梦的许多资料。他高兴地发现，在那以前，还没有人把梦看作是“愿望的实现”。他为了深入了解梦的本质，不辞劳苦地翻阅了自古希腊以来许多学者和普通人对于梦的观点。

对于以往的各种观念，弗洛伊德始终都采取谨慎的研究和分析态度。只要在这些观点中包含有一点的科学精神，弗洛伊德就给予密切的注意。

例如，弗洛伊德对于古希腊哲学家亚里士多德关于梦的研究成果就十分重视。他说：

> 在亚里士多德的两部作品中就曾提及梦。当时他已认为梦是心理的问题：它并非得自神论，而是一种“精神过剩”的产物。他所谓的“精神过剩”，意指梦并非超自然的显灵，而是仍然受到人类精神活动本身的法则的控制。

弗洛伊德对亚里士多德的观点的赞赏并非偶然。因为亚里士多德尽管没有明确指出梦的真正本质，但他至少排除了关于梦的“超自然”本质的谬论，而把梦径直归结为人类精神活动本身的一个组成部分。亚里士多德甚至试图从人的肉体感官的特殊感受中寻找梦的内容的来源。这在公元前5世纪来说显然是难能可贵的。

弗洛伊德发现，在他以前，人们确实不很重视对梦的现象进行考察，以致使他感到从原始时代起，到19世纪为止，在对于梦的解释的问题上，反科学的、宗教迷信的观念一直在深刻地影响着人们的思想。他深怀感慨地说：“这种原始时代所遗留下来的对梦的看法，迄今为止仍然深深地影响着一般守旧者对梦的评价，他们深信梦与超自然的存在有密切的关系，一切梦均来自他们所信仰的鬼神发出的启示，并因此断言超自然的鬼神对梦者有特别的作用，梦是预卜他们的未来命运的。”

值得注意的是，弗洛伊德对形形色色的关于梦的看法的历史性探讨，使他得出了一个非常深刻的结论，即人们对梦的解释乃是他们本人的世界观和宇宙观的一个组成部分。

弗洛伊德说：

> 科学问世以前，对梦的观念当然是由古人本身对宇宙整体的观念所酝酿而成的。……因此，古代哲学家们对梦的评价完全取决于他们个人对一般事物的看法。

弗洛伊德还看到，人们对梦的看法又反过来影响着他们的世界观。正如他所说：“史前时期原始人类有关梦的观念，均深深地影响着他们对整个宇宙和灵魂的看法。”

使弗洛伊德更加不能容忍的是，当近代科学有了相应的长足进步的时候，那些反科学的迷信观念仍然充斥着社会，而那些自称是“有学问”的哲学家们也竟为这些荒谬观念呐喊。

我们由此看到，推动弗洛伊德研究梦的思想动力是他对种种反科学的宗教迷信观念的厌恶。作为一个科学家，他从不相信鬼神和超自然的力量。而这个物质世界的内在规律性是可以认识清楚的。即使是无形的人类心里活动，也可以在人的机体内找出其内在的客观根源。梦，作为人的心理活动的一个组成部分，也不是什么神秘的或虚幻的现象，它是人体内的复杂精神活动的一个特殊表现，其根源和人的其余精神活动一样，是在心理世界的潜意识深处；而这种潜意识，既不是灵魂的"显现",又不是人体之外的"上帝"的"启示",而是人类早年实践活动的浓缩品和沉淀物,不论从个人或人类种族发展系列而言,归根到底,它都是实践的产物。

这就表明,弗洛伊德研究梦的活动,开辟了心理学研究的广阔前景,使梦和整个人类心理的研究奠定在科学的基础上,并具有深远的意义。

由于弗洛伊德对梦的分析活动有了充分的思想准备和资料准备,所以,从 1897 年秋到 1898 年 2 月底以前,弗洛伊德顺利地完成了《梦的解析》的前几章的写作。弗洛伊德在谈到这段写作过程时说:"看起来这一部分还很不错。它使我比预期的更深入到心理学中去。我所增益的部分是属于哲学方面的。"1898 年 3 月 5 日以前,他终于完成了《梦的解析》的第一部分。显然,这一部分是在经历深思熟虑和长期准备之后,一气呵成写出的。弗洛伊德自豪地说,"无疑,这是写得最好的一部分"。

3 月 10 日,弗洛伊德对未来要写的部分进行反复思索。他说:"对我来说,愿望之实现这个学说,只给我们心理学的解答,却没给我们生物学的,或者形而上学的解答。"他所指的"形而上学的解答",指的是不久以前已经提出来的关于意识的内在构成的学说。弗洛伊德说:"依我看,就生物学观点而言,梦完全是从人的史前时代(即一至三岁)的废墟中建立起来的。这个地方也正是潜意识的发源地,亦即是精神神经病病源的唯一出处。而这一时期往往是正常人毫无记忆的部分。这和歇斯底里症相雷同。于是我拟就一个公式——在幼儿时期所见者,可以产生将来的梦。所听者,可以产生将来的幻觉,而所经验到的性事,则产生将来的精神性神经病。人类重复幼儿时期的经验这件事,本身就是一种愿望的实现。近期新起的愿望,只有和那时期的事物有相关联时(或者是那时期的愿望的演化物,或者和那时期的愿望融合为一),才会造成梦。”

从这一段文字,我们就可以看出弗洛伊德在写作时的那种无时不在钻研的、奔驰般的心灵。弗洛伊德和任何一个有刻苦钻研和谦虚精神的科学家一样,深知对任何一个问题的解答,不管多么精彩、多么深刻,都不能看作到达此点后似乎就可以一劳永逸地解决一切有关的问题了。他总是千方百计地去推敲已得的结论,找出它的不足之处,引出另一个考验该项解答的新问题来。

1898年5月24日,他宣称已经完成该书的第三部分,即有关梦的结构部分。但是从那时候开始,弗洛伊德停下该书的写作,而着手写有关一般心理学的论文。奇怪的是,他从心理学的写作中,发现从变态心理学得来的研究成果,比从梦里得来的,还要有助益。显然,他在写该书的最后一部分时,遇到了麻烦。所以,他停顿了一段时间。而且,由于这本书涉及了他个人及其家庭的许多私人生活和个人心理的内幕,所以,他似乎踌躇不前,不打算将它们公之于世。

1899年2月19日,他在一封信中说,他试图分辨梦的本质和歇斯底里的症状,因为两者同样都是实现愿望的改装。他的结论是在梦里只有被压抑的愿望存在,而在歇斯底里的症状中,则是被压抑的愿望及其压抑物之间的妥协。在这里,他首次使用“自罚”作为例子来说明后者。这件事以后不久,他才在“责罚的梦”中,发现梦中也有那种妥协的存在。

在5月28日前,弗洛伊德又突然以“没有特别的理由”,重新燃起对写作《梦的解析》一书的热情,并决定将它出版,还表示要在7月底之前一切就绪付梓。他说:“我想,所有的借故推托都是没有用的。我这个大发现可能是唯一能使我有钱活下去的支持物。我可不能把它占为己有,而去挨饿。"

大体说来,这本有关梦的著作写得相当好。有一次,弗洛伊德的朋友琼斯问他哪些是他最喜爱的作品。他从书架上拿出《梦的解析》与《性学三论》来,说:"我希望这一本书(指《性学三论》)能因为大家都接受这个学说而很快就过时。但是,那一本书就得流传很久一些。"接着,他又笑着补充说:"我的命运似乎注定要发现那些显而易见的事情,例如孩子有性感触这件事,每一个保姆都是知道的;而夜梦和白日梦一样,它代表愿望的实现这件事,原也是众所周知的事。"

《梦的解析》的出版,就像一把火炬一样照亮了人类心理生活的深穴,揭示了许多隐藏在心理深层的奥秘。它不但为人类潜意识的学说奠定了稳固的基础,而且也建立了探讨这个远比人类意识更对实际行为产生巨大影响的潜意识的新里程碑。此外,这本书还包含了许多对文学、神话、教育等领域有启示性的新观点,触发了许多作家、艺术家的灵感。

这本书所涉及的面很广泛,几乎可以说,它是包罗万象的。它的主题——对梦的研究是以无比精辟的科学方法展示出来的,它的推理是遵循着严谨的逻辑的,所以,它的结论,自出版之日起,在一个多世纪以来,一直是经得起各种各样的考验的。其中只有极少数的结论作了部分的修改和补充。这在科学史上也是很少有的。

《梦的解析》这本书的写作过程中,只有最后一章,即讨论梦的过程中的心理活动规律的第七章,给弗洛伊德带来很大的困难。这是总结性的、理论性很高的部分,因此,不但在写的过程中最吃力,而且对读者来说,也许是最晦涩、最难懂的部分。但它却是该书的精华所在。弗洛伊德在写这一部分以前,本来就先存畏惧,不过写作上了轨道之后,他就写得很快了。他说"像做梦似的",花了两个星期的时间,就于 9 月上旬完成了。

当弗洛伊德把全书写完，把稿子送去付印时，仿佛是和他身体的某一部分分离似的，令他感到怅然若失。6个月之后，他曾在信上说，每当他遇到烦闷不乐的时光，每想到身后留下了这本书，他也就感到平静了。

最后一次校稿完成后，他在10月27日之前给弗莱斯寄了一份校稿样本。那本书实际上是1899年11月4日出版的。但出版商故意在封面上注明1900年出版。扉页上的题词是录自维吉尔（Publius Vergilius Maro，70－19BC）写的《埃涅阿斯纪》叙事诗第7卷第312行的诗句——“假如我不能上撼天堂，我将下震地狱”。这句话显然是指受压抑作用的人的命运而言的。弗洛伊德早在三年前，就想以此作为他计划中要写的论歇斯底里心理学的书中某一章的题目。

这本书发行了600本，却花了8年才卖完。前两个星期只卖了一百多本。弗洛伊德一共只收到了两百多美元的稿费。

这本书出版18个月之后，弗洛伊德在信上说，没有一本科学性期刊提到这本书。只有非学术性杂志在少数地方提到了它。可见，这本书完全被人们忽视了。6个星期之后，《维也纳时报》发表了一篇最愚笨、最恶毒的评论。作者是维也纳柏格剧场前任经理伯克哈特。这位作者自己不学无术，却诬蔑此书“毫无价值”。这个评论判决了该书在维也纳的销路。接着，在1900年3月3日的《环顾》和3月10日的《维也纳外侨报》上分别刊登对该书的评论文章。6个月之后，《柏林日报》发表了一篇赞许的文章。接着，《白天报》又发表一篇好评。所有这些，就是该书出版后头一两年内在舆论界的反应。当时，在柏林有弗莱斯的大力宣传，但仍然不起作用。

弗洛伊德举了一个例子，来说明该书所遭受到的反应。他说，有一位精神科助理医生根本没有念过《梦的解析》就写了一本书来反对弗洛伊德的学说，这个人就是后来的雷曼教授。这位雷曼教授后来还对学生说，弗洛伊德写这本书的目的仅仅是为了赚钱。

直到 1927 年，弗莱堡的霍赫才在他的《做梦的自我》一书中，把弗洛伊德有关梦的学说加以总结，并把它和关于噩梦的学说一起放在《梦的奥秘》一章里，还说："那本有名的释梦名著竟然印在厨房破纸上。"

《梦的解析》一书出版以后，销路一直不好。科学史上很少有像它那样的名著而遭受到这样的厄运。一直到 10 年以后，弗洛伊德的这本书才受到重视。弗洛伊德有生之年，这本书出版了 8 次。最后一版是在 1929 年。

在这些年中，这本书一直没有作重大的修改，每次不同的版本只是增加说明和注释，以及增加一些讨论性的问题。

这本书的第一版外国文译本是 1913 年的英文版和俄文版。接着就是 1922 年的西班牙文版、1926 年的法文版、1927 年的瑞典文版、1930 年的日文版、1934 年的匈牙利文版，以及 1938 年的捷克文版。

弗洛伊德的《梦的解析》是精神分析学的代表作。依据弗洛伊德总结的精神分析学理论，既然人的精神活动的原始基础是意识背后的"潜意识"，那么，在睡眠中，即在人们停止自觉的意识活动时所发生的梦的活动，就恰恰是潜意识的最生动、最典型、最纯粹、最真实的表演。在人的精神活动中，除了精神病患者的神经病发作以外，大概再也找不到比梦的活动更有利的条件，能如此生动和如此典型地观察"潜意识"的直接表演。所以，任何一个想要深入了解弗洛伊德潜意识理论的人，任何一个想要掌握弗洛伊德的精神分析学的精华的人，都不能不看《梦的解析》这本书。

由于不理解弗洛伊德精神分析学的基本理论，由于对人类精神活动缺乏深入的研究,更重要的,由于社会上的种族歧视的偏见和反科学的落后势力的干扰,在弗洛伊德的那个时代,弗洛伊德对于梦的研究成果遭到了不公正的冷遇。当有人知道弗洛伊德正着手分析梦的时候,甚至有人讥笑弗洛伊德"走上迷途"。所有这些,恰恰证明弗洛伊德是一个敢于独创、蔑视传统、忠诚于真理的科学工作者。他不是见风使舵、迎合"时髦"的伪君子。在他看来,只要是科学真理,纵然是未有前人开拓的、充满荆棘的荒野,纵然会被人耻笑,也要勇往直前地探索。

现在,我们集中地介绍弗洛伊德从梦的解析中创立出来的"自由联想法"。这是弗洛伊德在创立了精神分析学理论体系后治疗精神病患者的独特方法,它实际上也是梦的解析的科学研究活动的重要副产品之一。

过去,在弗洛伊德的治疗中,对于病人往往是采取催促、鼓励的方法。后来,弗洛伊德发现这种方法对于双方的压力太大了。而且,根据精神分析学的基本观点,旧的方法也不符合人的潜意识活动的规律。

弗洛伊德很快地改用新的方法。依据这种方法,他不再催促病人对某一个指定的题目说些什么,相反地,他要患者尽量放松身体与神经,进入所谓的"自由联想"状态。换句话说,他要病人想到什么就说什么,不给予任何思路的限制或指引。病人必须把他自己感受到的每一件事情都直说出来,不能屈服于自己的判断而把自认为不够重要或所谓毫无意义的事情弃置一旁。

经过实践证明,这种方法可以达到预期的效果,例如把因"阻抗"而隐蔽起来的东西带回到意识界来。

其实,所谓自由联想并不是绝对的自由。病人的心智活动虽然没有被引导到一个特定目标上,但他却仍在精神分析状态的影响之下。所以,我们应假定患者的精神状态是处于医生的控制之中。患者面对医生的分析和控制,必然产生精神上的“阻抗”现象。他们对再现过去被压抑下去的材料所具有的抗性,可由两种方式表现出来。

第一种方式是严厉的反抗。须知,正是为了对付这种情形,才发明了精神分析的基本原则。所以,对于这种严厉的反抗不应大惊小怪。第二种方式是其原有的抗性以另一种形式出现,使压抑着的材料不直接浮现出来,而以相近似的事情暗喻出来;而且抗力越大,病人所报告出来的联想代用物和分析者所探索的真相之间的差别就越大。一个能泰然自若的分析家,当他倾听病人的联想流的时候,对病人所提供的资料,能依其提出之两种可能性而进行不同的运用:假如病人的抗性很轻微,他可以很容易地从病人的暗喻中,推论出病人潜意识里的材料、内容;假如病人抗力强些,那么和主题之间的距离也远些,但这时也同样可以从病人的联想中认出其特性。总之,认清病人的抗力,是克服病人抗力的第一要诀。所以,精神分析的工作实际上与解说的艺术有关。要成功地运用解说的艺术,就需要机智和不断的训练。要达到这个地步并不困难。自由联想法优越于以往各种方法的地方,并不在于它的省力。最主要的是它能给病人承受最低限度的压力。它可以永远不失去与现实界的联系,不忽略神经质疾病的结构中的任何因素,而且不让任何东西因分析者的主观期望而产生干扰作用。它完全让病人自己去决定整个分析的过程及其材料的配置。与催眠法和催促法不同,使用自由联想法可以使具有联系性的材料,在治疗过程中的不同时间内和不同的地点上重现。所以,在一个旁观者看来(虽然这个旁观者在实际上是不可能有的),自由联想法的这种自我分析过程及其治疗作用可能是难于理解的。

自由联想法的另一长处就是可以永远不间断地进行。从理论上看,假如不对它的特性加以限制,它总是可以找到联想的对象,不致产生中断。不过,在实际上,也可能会有个别病人,曾在治疗中出现有规则的中断现象。但是,这种特殊的病例并不妨碍对该病例的说明。

自由联想法也叫分析法,即精神分析的过程。也就是说,在自由联想的过程中,由于精神活动得到彻底的解放(相对于原来受约束而言),精神活动中的各种因素都可以得到真正自由的流出。而在这样的自由流出过程中,由于排除了外来的干扰,就呈现出一种前所未有的自我净化过程,即出现精神活动的纯粹状态。所谓净化或纯粹状态,就是排除了一切外来因素,恢复了精神活动的本来面目。这就是说,它就是它,是真正的自身。在这样的纯净状态中,精神活动中的各种因素呈现且自动地分离出来。从而,在自由联想过程中呈现了一种前所未有的清晰状态——构成精神活动的一切因素(原始的、再生的、分化的、重合的、走向复杂化的、走向简单化以致逐步消失的)都统统呈现出来了。因此,自由联想法又像筛子一样,筛出了精神活动中原来混合在一起的各种混乱因素,使我们看出了它们的原来模样。不仅如此,这个筛子还具有自动调节的作用,它的筛孔并不是一个尺寸、一样大小的,而是可因对象的不同而改变自己的尺寸。因而,它可以把精神活动混合体中的任何大小的"因子",都顺利地流筛下来。正因为这样,自由联想法所展示的心理现象表面上很混乱,似乎毫无规律、毫无逻辑性,但实际上,它恰恰反映出精神活动本身的最原始的状态及其内在的构成因素。正是在这个意义上说,自由联想法就是一种分析法,就是精神分析的典型应用。

弗洛伊德在应用上述分析法的过程中,发现了这样一种现象:在治疗过程中,无需医生的力量,在病人与分析者之间,就可以产生一种在实际生活中不可能有、而只有在这种治疗过程中才能有的强烈的感情关系。这种关系可能是正面的,也可能是反面的,而且可能处于爱与恨这两种感情之间的一系列的任何一点上。弗洛伊德把这种感情关系称为病人的感情“转移”。我们在谈到催眠法的时候，曾谈到这种“转移”的现象。现在，在应用自由联想法时，弗洛伊德对它有了进一步的认识。

弗洛伊德指出，这种转移很快就取代了病人心中原来的求治的愿望。只要这种转移够真切、够热烈，病人就会受制于医生的影响，并使这种作用成为左右精神分析要务的枢纽。

这种转移，对于一个不愿尊重客观精神活动规律的医生来说，可能会被认为是反常现象，或甚至是令人讨厌的现象。但是，对弗洛伊德来说，这种转移的发生恰恰表明精神分析法的效应。因为它表明了精神分析已把患者精神活动的真实过程疏导出来了。只要医生头脑清醒，自始至终有驾驭病人的能力，并保持乐观，就可以借此引导出病人心中受积压的各种精神因素，使之在这个缺口中宣泄出来。

如果医生不能驾驭事态的发展，惊慌失措，这种转移就会变成影响或妨碍治疗的消极因素。弗洛伊德说，当这种转移变成为一种爱意，或转变成一种恨意以后，它又成为抗性的主要工具，而可能麻痹病人的联想的力量，因而就会妨碍治疗的成功。但是，如果想规避这种作用，也是枉然之举。因为精神分析本身必然会导致感情转移，这是一种正常现象。

对于转移，要认识到它是精神分析导出来的。所谓导出，并不是造出。前者是本来就存在，只因多种原因，隐蔽下来，精神分析解除了阻碍它出现的帷幕或阻力，它就自然而然地流出。而所谓“造出”，是指本来不存在的东西而被生产出来。正因为这样，弗洛伊德明确地说：“应用精神分析而无转移现象，那是不可能的事。但不能因此认为转移是精神分析的产品，或没有精神分析就没有转移。实际上，是因为实行精神分析，才把转移现象揭露出来、分离出来。转移是人类心理生活中极普遍的一种现象，它可以决定所有医学影响力的成功与否，而且在每一个人与其人为的环境的关系中，占有极显著的地位。我们可以很容易地看出，它和催眠家所说的'暗示感应性'一样，是一种动力因素。暗示感应性是催眠成功与否的决定性因素，而其不可预期的表现使涤清法遭遇许多的困难。同样地，当病人已不再有这种感情转移的倾向，或已转移到完全相反的方向去，如导致早期性痴呆或妄想狂等，那么，想以心理学方法去影响病人也是不可能的了。"（见弗洛伊德自传）

由此可见，精神分析法与别的精神治疗法都应用"暗示"或"转移"作为自己的工具。但是，它们之间还是有差别的。对于精神分析法来说，应用暗示或转移，只是引发病人去做一件心灵上的思考工作，让他随意地思索，以克服他的转移抗力。这种思考工作，关系到他的精神状态的命运。在进行精神分析时，分析者要让病人感觉到转移的发生，要主动告诉病人：在他的转移态度中，正显示他再次经验到他在儿童退行期内自己与最早爱慕的对象之间的感情关系。要用这种说服来安慰病人，解除他的顾虑。

如果医生能真正地按这些要求去驾驭"转移"，它就可以从抗性的最强武器，一变而成为精神治疗的最佳工具。当然，对"转移"的处理，乃是精神分析术中最难掌握的一环。只有认真地观察，有最好的忍耐，又有机敏的态度，才能抓住要领，加以实施。

弗洛伊德已经基本上把握了人类精神活动的内在规律，而这些内在规律恰恰就是在整个的梦的解析过程中总结出来的。

第 8 章

生活的旋律

在 19 世纪 90 年代弗洛伊德向人类心理深处行进的时候，弗洛伊德个人和家庭的生活也经历了深刻的、自然的变化。他和他的整个家庭的生活旋律同他的科学研究的节拍非常协调。

柏格街是一条典型的维也纳街道。沿街都是 18 世纪建造的古典式住宅，间或有几家店铺。弗洛伊德住的房子庭院大门很宽，马车可以直接驾到里面去。大门的左边是看门人住的小房。弗洛伊德每次进出大门，都要由看门人开关大门。进门后向右转，就有一段不太高的阶梯，走上去就是弗洛伊德那有三个房间的住宅。房子的窗户是面向后院的，从这里另有一道石阶，通往二楼弗洛伊德家人住的地方。

1930 年，维也纳市议会建议把弗洛伊德住的那条柏格街改名为“西格蒙德 · 弗洛伊德街”。这是维也纳市一贯遵循的传统——凡是名医住过的街道都要以该名医的名字来命名。但弗洛伊德自己当时并不同意，加上当时存在着其他的政治因素，市议会的这个提案并没有实施。直到 1949 年 2 月 15 日，市议会才通过决议，将维也纳第九区的一片住宅区，命名为“西格蒙德 · 弗洛伊德区”。

1954 年，世界心理卫生联合会为了纪念弗洛伊德，特地在弗洛伊德住过的这所房子前面立一个纪念碑。

弗洛伊德从 1892 年搬到这里以后，一直在此行医。他的许多重要的精神治疗法，都是在这里创造、使用的。许许多多的精神病患者，在这里得到弗洛伊德的精心治疗而恢复健康。被弗洛伊德治好的病人，每当路过这所房子，不由得从内心深处激起阵阵情波，加倍地敬仰弗洛伊德。

弗洛伊德所用的房间，第一间是一个窗户开向院子的小候诊室。这个房间后来还成了维也纳医学会每周例行会议的会议室。在这个房间的中央摆着一张长方形的桌子。四壁则饰以弗洛伊德收集的古玩古董。这间房间和隔壁的诊疗室有两道门相通。门的周围饰以厚厚的绒布，并且挂上层层帘布，以保持诊疗室的隔离感。在诊疗室里，弗洛伊德一向是直挺挺地坐在一张面向窗户的、不太舒服的椅子上。旁边摆了一张写字台。往后的几年，才多摆了些高凳子。这个房间也有不少古玩摆设，包括有名的格拉底瓦浮雕。由诊疗室再进去就是弗洛伊德的真正的书房。在这里尽是一排排的书，不过也放着装古玩的橱台。他写字用的桌子上并不大，但一直保持整洁。清理他的桌子时，必须非常小心，因为桌子放着许多小塑像，这些塑像大多是埃及的。橱子里也放着许多类似的塑像。弗洛伊德经常把这些塑像摆进摆出，轮流放在桌子上。弗洛伊德很喜欢收集希腊、亚述和埃及的古董。对这些古董的欣赏，在弗洛伊德的感情生活中，占据一个很重要的地位。弗洛伊德收藏它们的目的，不只是从艺术的观点，更重要的是从历史和神话的背景去分析。他在欣赏中，总是跟踪着这些艺术品和古董的作者的精神活动的痕迹，一直追溯到心理生活的深层中去，试图发现人类在其中的神秘精神力量的活动轨迹。

在维也纳，弗洛伊德的生活除了工作，简直没有别的更重要的事情。通常他早上8时就看第一个病人。不过他的繁忙工作加上晚睡，使他每天清晨都想多睡一会儿。因此要在早上七点多把他叫醒，也不容易。有一个理发师每天早上都来他家，给他修胡子，必要的时候顺便理发。早上起来之后，匆匆吃早饭，瞥一下当天的《新自由报》，就去给病人看病。每一个病人平均要花15分钟的时间，然后休息5分钟，清一清他的头脑，或是到后面去看看家里有什么特别的事情。不过只要他和病人约好时间，他就一定准时去看病。

他一家人的午餐时间是在每天下午1点左右，这是一天中全家聚会在一起的唯一时间。因为他进晚餐时，每每已经入夜，小孩子们都去睡了。所以午餐是他们的主餐，而且也是最丰富的一餐：羹汤、肉、干酪、甜点等一应俱全。弗洛伊德用餐时总是聚精会神地去品味，一言不发，常常弄得客人尴尬得要命，只好和他的家人们谈天。弗洛伊德虽然不说话，但家人的言谈，一天的消息等，他都一字不漏地听进去。有时候哪个孩子没赶上吃饭，他就会以一种询问的眼光看着他太太，并且一言不发地用他的刀叉指着那个空位子。然后，她就会向他解释那个孩子为什么不来吃饭的理由，弗洛伊德听了她的解释，他的好奇心就满足了，就会点点头继续吃他的饭。弗洛伊德的所有这些微小的动作和行为，都表明他所一心向往的，就是能始终保持融洽的家庭生活。

除了特别忙碌的时候外，弗洛伊德每天下午1点到3点是闲着的，在这个时候，他休息几分钟后，就开始在街上保健散步。在散步中，若有机会他也会到店里去买点东西。弗洛伊德一向健步如飞，所以在那段时间内，他可以自在地走一段相当长的路程。他常常利用这个机会把著作的校样本送到出版人都帝克和后来的海勒那里。而更重要的事情是要到米开罗教堂附近的烟酒店去，补足雪茄袋里的雪茄。下午

3点到晚上9点(忙时到10点)是弗洛伊德看病的时间,而他一天中用于进行精神分析的时间,长达12到13小时。

从下午1点到9点,他都不吃东西。这两餐饭的间隔是一段很长的时间,不过弗洛伊德已成习惯,一直到65岁后,才在下午5点时喝一杯咖啡。

弗洛伊德在用晚餐时,和中午心无二用的情形不同。这时他会很自在地和家人谈笑风生。吃过晚饭后,他还要散步一次,不过这一次散步通常是和他的太太、姨子或是他的女儿。有时候他们在这个时间内会到咖啡店坐一阵;夏天到兰德曼咖啡店,冬天则去中央饭店。有时候他的女儿们去看戏,弗洛伊德就和她们约好,让她们看完戏后在一个特定的路灯下会齐,然后护送她们回家。

弗洛伊德的大女儿,曾谈及一则有关他父亲对家人礼貌的故事。她说当他14岁的时候,有一次弗洛伊德请她走在他右边,一起出去散步,她的同学看到了,就告诉她说,这种走法不对。那位同学说儿女永远该走在父亲的左边,她就很骄傲地回答说:“我的父亲可不是这样,和他在一起,我永远是一位女士。”

散步回来后,他马上就回到他的书房去专心工作。首先是写回信,然后是写他的论文。此外,他还得为他主编的期刊下功夫,以及校对他自己的手稿,通常在1点以后才去睡觉。

星期日是休息日,这一天他没有病人。早晨,弗洛伊德总是和他家的一两个人去看望他的母亲,去时若正巧碰到他的姐妹也在那里,他们就会谈个不停。弗洛伊德一向都是一个很看重家庭的男人,所以家里有什么困难问题,他都要参与处理,而且都会提出他的建议。在看望母亲时,弗洛伊德听多于说;不过每次听到严重的问题时(如钱财方面的问题),他就会和他的弟弟亚历山大静静地讨论商量。有时候他从母亲那里回来后会去拜访朋友，或是在家接待来访的客人，不过这种情形，一年中也难得有几次。后来，星期日成为弗洛伊德最喜欢的日子，他用这一天去看那些来自海外的精神分析界的朋友；因为只有在这样的休息日才能花大量的时间和他们在一起。弗洛伊德的亲密朋友琼斯就有好几次和他畅谈到凌晨3点。虽然这影响了他的睡眠时间，但他也觉得要结束一次津津有味的畅谈，实在不是一件容易的事。

通常，星期日晚上，他的母亲和姐妹们都会过来一起聚餐，不过弗洛伊德从不耽搁时间。晚饭一过，他就溜到自己的房间去。如果有什么话要私下和他谈，就得到他的房间里去找他。对弗洛伊德来说，星期日固然是难得的休息日，但同时也是难得的写作时间，弗洛伊德的大多数作品，都是在星期日写出来的。

在弗洛伊德的爱情生活中，玛莎确实是他唯一的对象，他视玛莎如珍宝，其重要性永在他人之上。虽然有种种迹象表明他的婚姻生活中比较热情的部分，比一般男人结束得早，不过他对玛莎始终都是很忠诚和挚爱的。有一位作家曾说："玛莎简直成了洗烫刷扫的管家婆，她从来就没有休息过，也没想到过要休息，因为即使打扫干净了，也还有工作要做。"其实不尽然。玛莎虽然是一个很能干的主妇，但是对她而言，与其说家务第一，还不如说家庭第一来得确切，而且她也绝不是那种"保姆型"的人，实际上她是一个很重生活情趣的高级知识分子。她晚上的时间都用于念书，所以直到她去世为止，她始终都能赶上最新的学术潮流。那时候许多当代有名的文人都曾到弗洛伊德家做客，其中德国大文豪托马斯·曼的到访，更使玛莎欣喜若狂，因为托马斯·曼是她最喜欢的作家之一。玛莎很少有机会(也许是没有兴趣)去探求纯学术性的研究，而且对她丈夫的研究工作也很少有什么特别认识。不过在弗洛伊德的信件中，偶尔会提到有关格拉底瓦、达·芬奇、摩西等人的著作，其中有些知识是从她那里获知的。

有一位美国作家写过一本书，里面有关弗洛伊德和他的孩子们之间的关系，其中有两则是不够确切的。孩子们念了这一段文字，都震惊得不得了。令他们惊奇的第一件事，是说弗洛伊德对孩子们的亲热，并不是一种自然的流露。事实恰恰相反，琼斯有一次就说，他亲眼看到他女儿趴在他的大腿上撒娇，那种情景，他那自然流露的感情真是表露无遗。对弗洛伊德而言，能和孩子们在一起，分享他们的快乐，是他的最大兴趣。假日，大家在一起时，他也把宝贵的时间用在他的孩子们身上。更奇怪的一件事，是那位美国作家说弗洛伊德是一个严酷的父亲，说他的孩子是在敬畏、服从的严肃气氛之中长大的。其实恰恰相反，如果要找弗洛伊德教育孩子方法的毛病，唯一的一点也就是他那不寻常的宽大放任。在那个时代，让孩子们的性格自由发展，很少加以限制或惩处，是少有的现象。弗洛伊德显然已走在前面，而其效果也非常好，不管是他的儿子或女儿，他们后来的发展，都令人满意。

在弗洛伊德的家里，最不寻常的一点，就是那种出奇的和谐气氛，孩子们都和他们的父母一样，具有高度的幽默感，所以他们的生活中，充满了欢笑，彼此之间偶尔也会揶揄，但是绝对不会恶意地开玩笑或者无端地发脾气。这一家人中，没有一个人能想起他们之间曾有过争吵的事。

弗洛伊德常说，人生有三件事不能过多地打经济算盘，那就是健康、教育和旅行。他还认为让孩子们穿着好的衣服，对于他们的自重、自爱也是很重要的。

弗洛伊德特别注意孩子们的假期和旅游，认为绝不能因为没有钱而扫他们的兴，所以在这方面，他们要什么，就给什么，而他们从来也不辜负他的好意，足以表明他的孩子有很好的性格；另一方面，由于他能设身处地和公平待人，使他常常为朋友的经济情况着想，而他的这个良好的品格也深深地感染了他的孩子们。他的大儿子的最知心的朋友是一个很穷的年轻人，但每当他们两人要一道去爬山旅行时，弗洛伊德一定先问清楚这位朋友带多少钱，然后他就按照那个数目给他的儿子，他认为这样做才不至于使那位朋友处于尴尬地位。

弗洛伊德的最主要的收入，是从诊治病人中获得。在当时，他的医疗费，每次是 40 奥地利克朗，这在当时的维也纳算是较高的。他把每次看病所零星收集的钱尽可能节省下来，一部分积存起来，一部分用于满足他收集古董的嗜好。至于著作的收入，起先都是小数目，他就当做礼物分发给孩子们。送礼物是他最乐意做的事，而且，往往急于马上送出去，并且不耐烦等到适当的时机，所以每当碰到孩子的生日，虽然有他太太的阻止，但总是在前一天晚上，他就把礼物送到孩子的手上。这只不过是弗洛伊德热情的个性的一个典型表现而已。每天早晨邮差来送信，也是他所热心等待的一件事。他不但很喜欢接信，假如他的朋友，不能像他那样很快回他的信的话，他往往很容易不耐烦起来。

弗洛伊德对于金钱上的往来交易，从来都是毫无兴趣，他把一切节省下来的钱都投资到保险和政府的债券上去，绝不搞证券交换的活动。不过他的这些积蓄都因奥国经济形势恶化所引起的通货膨胀而赔得一干二净。后来他接受教训，等到又有了积蓄时，虽然还是投资到政府公债上去，但把大部分送到国外去，存在比较安全的银行里。

假日旅行对弗洛伊德有特别的意义。每次当他一搭上驶离维也纳的列车时，他就会大大地松一口气，在每次出外旅行之前好几个月，甚至早在半年多之前，他就和家人、亲友反复地讨论未来的旅游目的地，计划找一个迷人的消暑胜地。他常常会在复活节时去作一次试验性旅行，同时向家人写一份有趣的书面报告。他们全家对这都很感兴趣，他们提出的条件也很特别：一幢舒适的房子，里面要有一间弗洛伊德能写作的房间；要位于一定的海拔高度上，有充足的阳光，有清新的空气，附近要有可供散步的松林，要有充分的蘑菇可采撷，要有美丽的景色，最重要的是要宁静，要远离任何为游人向往的名胜。

弗洛伊德的假日消遣最突出的活动就是找蘑菇。在这方面他有出奇敏锐的眼光，他可以说出哪些地方有蘑菇，甚至在火车疾驰而过时，也能指出那些地方来。有时当他和孩子们一起出去找蘑菇时，会突然离开他们。这时，他的孩子们马上就意识到父亲在近处找到了蘑菇，果然，他们马上就听到他找到蘑菇的那股欢笑声。在找到蘑菇时，他常常静静地爬过去，然后，突然用帽子把那堆蘑菇盖住，仿佛它是一只鸟或蝴蝶，生怕它会飞去似的。此外，他们还会去找一些少见的野花，然后，等到空闲时，再仔细地辨认分类。他的一个女儿曾经说，父亲喜欢教给他们三件事：野花的知识、找蘑菇的艺术、玩牌的技巧，而他本人在这三方面，确实都很内行。

在假期旅行中，弗洛伊德有两种偏向女性化的表现：（一）弗洛伊德没有方向的观念，一到乡村，老是找不到路回去。他的儿子说，当他们走一段比较长的路时，他会出人意料地向一个完全错误的方向走回去。但他也深知自己的这一弱点，能听从别人指点的路走；（二）他对旅行的详尽知识很不在意，例如他根本就不会看火车时刻表。所以比较复杂一些的旅行，都由他弟弟亚历山大，后来则由他儿子奥立弗安排。而他们两人在旅行方面都是专家。弗洛伊德常常为了赶一班火车，老早就到火车站等车，虽然用这样长的时间准备，但他的行李和其他东西，还是常常带错或漏掉。

弗洛伊德每天工作十几小时，但他总是要千方百计地利用工作之余继续写作。他有一种令人敬佩的责任感，不断地催促自己把经验所得、研究成果写成书面材料。当时,他在研究精神分析学方面的成果尽管不受重视,但他仍然专心致志地从事精神分析学的著述工作,也从不感到疲倦和气馁。晚上回家后,吃完晚饭就开始思索、动笔,一直到午夜。他经常熬夜到凌晨一两点钟。他在 19 世纪末写出的著作都是用连续几十个晚上写出来的。

弗洛伊德有动笔的喜好。他在工作和休息之后,坐在写字台前,就要拿起笔写东西——不是写信,就是写临床报告或写作。他的信和稿都是亲自写的。他很喜欢写字,一直到七十多岁以后,他才让女儿帮他抄写。

他在长期的写作中,练就一手好文笔。他的文风优美、自然。他最讨厌作文方面的种种形式上的限制和规定。在他看来,文章应该成为表达思想的最好工具;想到什么,就写什么;不要矫揉造作,不要过于追求形式。他认为文字的优美和修辞是必要的,但那也是为了更通顺、自然、流畅地表达作者的思想。如果因为追求形式的优美而妨碍了内容的表达,他宁愿停笔不写。

在 19 世纪 90 年代,弗洛伊德除了工作和写作以外,很少有时间去进行社交活动。就连到戏院进行娱乐活动的时间都很少。有时很难得到戏院或音乐厅去欣赏莫扎特的音乐或歌剧。

弗洛伊德从 19 世纪 90 年代起参加了在维也纳的犹太人组织的"伯奈·伯利兹社",平均每隔一周参加一次该社团的集会。在这个社团的集会上,他作了有关梦的学术报告,也听了许多举世闻名的犹太学者们的报告。

最使他难忘和激动的,是听到了美国大文豪马克·吐温(Mark Twain, 1835－1910)的有趣而深刻的报告。弗洛伊德早在中学和大学时代就很欣赏马克·吐温的作品。他特别喜欢马克·吐温的那本《汤姆·索亚历险记》。这本马克·吐温的代表作，弗洛伊德读了很多遍。当他同玛莎恋爱的时候，他就曾同玛莎一起反复鉴赏《汤姆·索亚历险记》。弗洛伊德也很爱读马克·吐温和查尔斯·沃纳合著的长篇小说《镀金时代》。马克·吐温对当时社会的尖刻揭露和他那诙谐、幽默的文笔给弗洛伊德很深的印象。

在这一时期，弗洛伊德同外界的联系，最集中地反映在他同弗利斯(Wilhelm Fliess, 1858－1928)的通讯来往中。这个时期弗洛伊德同弗莱斯的来往信件，成为后人研究弗洛伊德学说形成和发展的重要文献。威廉·弗利斯，同弗洛伊德一样，是布洛伊尔教授的学生。1887年，当弗利斯在维也纳读书的时候，布洛伊尔教授把弗利斯介绍给弗洛伊德，从此，他们之间结下了 15 年的亲密友谊。

弗利斯是耳鼻喉科医生，在柏林开业。他有火一般的热情，能言善辩。凡是认识他的人，都说他具有迷人的吸引力。他很喜欢跟朋友谈论世界上的任何一件事情。他具备了德国知识分子特有的“思辨性”，喜欢对他所感兴趣的问题进行冥思苦索，非要追根究底不可。哲学思维和逻辑推理的习惯，往往会把他和他的朋友引入极其抽象和极其深刻的“本质”中去。但他也兼备了主观武断的作风，不喜欢听取反对意见，不肯接受别人的批评。这种狭隘的品格很快就成了导致他同弗洛伊德的友谊走向彻底破裂的隐患。

由于弗利斯有很广泛的爱好和兴趣，所以，他在医学和生物学领域内也是多面手。正是由于他的这一特点，使他成为博学的弗洛伊德的合适对手和笔友。

1887 年，当弗利斯作为布洛伊尔的研究生来到维也纳的时候，他刚刚 29 岁。布洛伊尔当时很器重弗洛伊德，所以，布洛伊尔建议弗利斯去听弗洛伊德关于神经系统解剖学和功能形态的讲演。

接着，在一次学术讨论会上，弗洛伊德和弗利斯为双方的卓越见解而互相钦佩。

弗洛伊德说，在那段时期内，弗利斯始终是他的最亲密的朋友和他的科学研究活动的最热情的支持者。

当时，弗洛伊德正进入一生中最关键的转折时期。近二十年的医学研究和实践已经把弗洛伊德从一般医学研究转向神经系统的研究，又从一般神经系统生理和病理的研究转入精神病机制和治疗的探讨和实践，最后，又从歇斯底里疾病的研究中得出了关于人类一般心理活动规律的普遍性结论。众所周知，他在这一时期，已经下定决心从歇斯底里研究转而集中探索那导致神经病的一般心理性根源，把注意力指向了人类意识生活背后的神秘精神力量——潜意识。而且，更重要的是，他已把理论上的探索同自我分析的实践紧密地结合起来。正是在这个转折时期，弗洛伊德把弗利斯看作最亲密的朋友。因此，很自然地，弗利斯成为弗洛伊德在这一时期所取得的重大科学成果的第一个读者和第一位听众，弗洛伊德把自己的每一个重大发现、每一个思维成果都迅速地、直率地在信中告诉给弗利斯。

当时，弗洛伊德也正处于受排斥的时候。他在科学上的发现被医学界视为"异端"，平时热情地支持他的布洛伊尔教授也开始与他疏远。在《精神分析学的起源》一书中，弗洛伊德对弗利斯直截了当地说："我需要你作我的听众。"

对弗洛伊德来说，弗利斯是一位难能可贵的鼓舞者和支持者。弗洛伊德对弗利斯说道："当我向你倾诉，又知道你也在想着有关我的某些事情的时候，实际上我已开始了对某一事物的思索。……"

弗洛伊德和弗利斯，互相分享着研究成果。他们在这一时期写的信件非常多。有时写信还不足以表达他们心里要说的话，于是他们偶尔相会，面对面地叙说自己的感情和研究心得。他们自己还很幽默地说这种相会就是正式的“会议”。由于弗利斯对于弗洛伊德在精神上的热烈支持，弗洛伊德曾把弗利斯比作“一位魔术师”，比作能医治百病的“神医”。弗洛伊德对弗利斯说：“只要有谁找到你治病，你就可以‘妙手回春’。”

显然，他们两人在这十多年间的密切联系是有一定的原因的。他们俩有着共同的兴趣，他们在这一时期的遭遇也有相似之处。他们俩都是犹太血统的中年医学工作者，都处于“中产阶级”的社会地位。

当然，弗利斯的处境比弗洛伊德稍微好些。他比弗洛伊德较容易地建立了自己的家庭，而且，他比弗洛伊德幸运，找到了一位经济上富有的妻室。正因为这样，在这段时期内，弗利斯还成为弗洛伊德在财政上的支持者。当弗洛伊德经济上紧张的时候，他就可以从弗利斯那里借到足够的钱。

他们俩都对广泛的人文科学问题感兴趣。在他们的信中经常讨论到莎士比亚、歌德的文学作品，也交换了他们对当代文学作品的看法。在一次通信中，弗洛伊德推荐弗利斯看青年作家吉卜林(Joseph Kipling，1865－1907)的作品《消失的光芒》，而弗利斯则向弗洛伊德推荐瑞士作家康拉德·费迪南德·迈耶尔(Conrad Ferdinand Meyer，1825－1898)的小说。在相互推荐时，弗洛伊德对这两位作家都进行了细致的评论。

弗洛伊德认为，人的心理活动绝不是单纯的心理现象，它是人类整个社会生活的升华物和结晶。要真正地探索人类心理世界的秘密，不仅要深入研究人类高级神经活动的机制，研究人类心理的形成和活动规律，而且要广泛地研究社会生活，研究各种社会意识形态，研究宗教、文学、艺术、历史、经济学等。因为许多社会科学和人文科学的分歧恰恰就是从各个角度和各个侧面反映人的社会生活和人的心理世界的。值得指出的是，弗洛伊德一直特别注重文学艺术和宗教。他认为，这两个部门的研究成果可以更生动、更细腻地反映人的心理世界，反映人的感情生活。

在研究梦和潜意识心理的过程中，弗洛伊德没有忽视对原始文化的研究。他对儿童心理的重视是与他对原始文化、原始宗教、原始人心理的研究同时并进的。他对这两个领域的研究道出了几乎一致的结论，这就更有力地证实了自己的重要论断，即儿童心理具有原始人心理的一切特点。在 1898 年致弗利斯的信中，弗洛伊德表示，他的思考远远地超出了精神治疗法，“我的思想潜行于儿童问题与超心理学问题”。

他在这一时期所提出的“超心理学”，涉及“人的本质是什么”这样一个长期以来被哲学家们争论不休而又未能解决的问题。弗洛伊德从心理学家的角度深入地研究了这个问题。他的见解集中地表现在他在同弗利斯的通信中所提出的“自我”和“超我”的理论。这一理论后来在 20 世纪 20 年代进一步完善起来。

弗洛伊德平均每月给弗利斯一封信。在 15 年中，弗洛伊德共给弗利斯 152 封信。1928 年弗利斯逝世，弗利斯夫人把这些宝贵的信件全部转寄给柏林的一位出版商莱因霍尔特·斯达尔。除信以外，还有许多由弗洛伊德写的关于其著作的注释。这些文献加在一起，共有 284 件邮包，可见弗利斯所储藏的有关弗洛伊德的文献是相当丰富的。出版商斯达尔收到这些文献后，没有来得及加以编辑出版纳粹政权就崛起了。为了保护这些文献，斯达尔飞往巴黎，把它们全部卖给玛丽·波拿巴夫人，售价是 100 英镑。波拿巴夫人当时是弗洛伊德的研究生。她把这些文献全部带到维也纳，并告诉了弗洛伊德。弗洛伊德知道后，为弗利斯夫人出售这些文献而恼怒。弗洛伊德以犹太人特有的脾气对波拿巴夫人说：“先把这些东西埋葬在地里一个礼拜，然后再把它挖出来。""再以后又怎么办呢?""再以后,你就把它扔掉!"

波拿巴夫人深感惋惜。她取出信中的其中一段,并念给弗洛伊德听,表示这些信件所具有的科学价值,但弗洛伊德仍然坚持毁掉。幸运的是,波拿巴夫人作出明智的独立决定,拒绝她的老师的建议,并把这些文献储藏起来。在1937年至1938年期间,她小心翼翼地将它们储藏在维也纳洛兹西尔德银行的保险柜里,并打算在1939年离开维也纳回巴黎时进一步对这些文献进行研究。

但是,1938年3月,希特勒纳粹军队入侵奥地利。作为一家犹太人开设的银行,洛兹西尔德银行有被纳粹烧毁的危险。好在当时波拿巴夫人得以借助希腊和丹麦公主的身份,把这些文献从银行的保险柜里取出来,然后带到巴黎。1941年2月,当波拿巴夫人要离开巴黎前往希腊的时候,她又把这些文献转移到丹麦驻法公使馆储藏。接着,这些文献又历经多重周折,才终于被转移到英国伦敦。

如果弗洛伊德致弗莱斯的信没有经历保护性处置过程,我们今天就无从了解弗洛伊德在19世纪90年代的许多重要活动。

在这些保存下来的信件中,弗洛伊德说到他分析自己的儿童时代的梦境的情景,遗憾地表示他写出的《梦的解析》遭到了冷遇。弗洛伊德还告诉弗利斯,他同布洛伊尔的友谊令人惋惜地"终结"了。弗洛伊德在信中说,他在有生之年将不会期望看到他自己的理论会被公认,因为这些理论成果"远远地超出了我们的时代"。

在这些信中,弗洛伊德向弗利斯倾诉了他在自我分析阶段所经历到的"精神上的苦恼"。弗洛伊德在信中说:"在这灾难深重的年代里,你的出现对我来说是具有不可估量的重要价值的。"1900年3月,弗洛伊德写信给弗利斯说,他虽然"深深陷入了无聊和贫穷之中,但我仍然有足够的勇气在空旷中重建我的理想"。确实,当时弗洛伊德通过梦的解析创造了“自由联想法”的精神治疗法，但除了弗莱斯一人以外，几乎没有人能认识“自由联想法”的重要意义。

在通讯中，我们还看到，弗洛伊德已经越来越感受到进行自我分析的艰难，他亲身体会到精神治疗法会引起病人各种形式的“阻抗”，因此真正地应用精神治疗法并不是一件容易的事情。

由于分析了自己的梦，进行自由联想，回忆童年生活，由于体会到以往生活经验对于目前思想、感情、抱负的影响，弗洛伊德在致弗利斯的信中表示他已经慢慢地了解到自己在日常生活中何以会经常自然地、不知不觉地流露出某些莫名其妙的焦虑和某些喜怒无常，何以会出现种种阻碍他深入思索和研究的思想障碍与心理故障。他在信中说，他的自我分析和他对病人的诊断同时提供了丰富的资料，有助于揭示心理世界的奥秘。他还说，自我分析和对病人的诊治所得出的资料和分析结果是相互促进、相互补充的。通过病人提供的病态心理资料，通过对病人的梦的分析，使他进一步深入地了解了自己的个性。反过来，通过对自己的分析，他也开始真正懂得促使病人发作精神病的原因。

在致弗莱斯的信中，弗洛伊德还分析了其他许多病例，并在分析中概括地叙述了他的有关儿童性欲的理论、歇斯底里和神经质的病源理论等。

弗洛伊德同弗利斯的最后一次会面是在 1900 年。关于他们之间的友谊的破裂原因，我们至今还不能很确切地弄清楚。很可能，破裂的原因起源于双方对重要问题的分歧意见。所有的一些具体分歧实际上是他们之间在根本问题上的分歧的具体表现罢了。他们在性格和认识问题上毕竟有很大的差距。弗洛伊德在当时所以同弗利斯保持友谊，在很大程度上是因为弗洛伊德处于孤立的地位，他找不到其他人可以倾诉自己的观点。

当然，弗洛伊德也确实很珍视同弗利斯的友谊，所以，在 1900 年夏天同弗利斯在阿成西见面之后，弗洛伊德在两年时间内仍然想挽回他们的友谊，但一切努力都无济于事。

弗洛伊德同弗利斯的友谊及其通信、内容，标志着弗洛伊德个人生活及其精神分析学的发展达到了一个重要的阶段。如果说，1895 年《歇斯底里研究》的出版标志着弗洛伊德的精神分析学建立了自己的牢固基础，那么，1900 年《梦的解析》的发表以及在该书写作过程中同弗利斯的通信来往就标志着精神分析学完成了自己的主体部分。

第 9 章

少女杜拉

1900 年 10 月 14 日，弗洛伊德写信给他的好友弗利斯，提到他得到了一个值得记载的病例。“这些日子过得很愉快。我有一个新病人，她是一位 18 岁的女孩。这个病例为我开启了无数智慧之门。”1901 年 1 月25 日，弗洛伊德给弗利斯的另一封信，提到上述病历已完成。他说道，完成了这次治疗并整理完这一病历之后，他已经筋疲力尽，“我终于感到自己需要吃点药”。这是一个极其典型的病例，它吸引了弗洛伊德的全部注意力。为了治疗和研究这个病例，在 3 个月的时间内，他废寝忘食，夜以继日地工作。这一病例的主人公乃是一个被称为“杜拉”的女歇斯底里患者。

这一病历整理完以后，弗洛伊德一直用很长的时间来思索和分析。弗洛伊德承认：“在未经其他专家验证以前，我便把研究的心得，特别是那些会引起人们惊异和不满的部分加以出版发表，确实有点唐突。尤其，现在我要先发表一些作为理论基础的原始资料，也将难逃指责。会指责我未交代清楚病人的具体病况，还会指责我擅自公开病人不欲泄露的秘密。”

弗洛伊德虽然不在意各种批评，但病历本身的发表也存在着各种难题。难题的一部分是属于技术上的，一部分属于环境本身。如果说歇斯底里病症是根源于病人的生活中某些痛苦的经历及其在病人心中引起的创伤的话，那么，公布他们的病例就必然牵涉到病人的私人生活的秘密，也会联系到与病人有关的某些人。

在技术上，主要的困难是弗洛伊德无法当场记录病人关于病况、病因的供词。正如弗洛伊德所说："当一位医生一天必须对 6 个到 8 个病人进行治疗工作，而且唯恐病人动摇信心及影响自己对病情的观察起见，不愿当场做笔录时，这困难是可想而知的。"

上述种种困难，使弗洛伊德拖延到 1905 年才把杜拉的病历拿去发表。

在这一阶段，弗洛伊德完成了《梦的解析》以后，完成了精神分析学理论的体系化。但是，也引起了学术界和社会舆论对他的攻击。弗洛伊德面对被孤立的境遇，毫不气馁。他深知，打破被孤立状态不能靠乞怜，也不能靠权威人士的仁慈，唯一的出路是继续奋战，把自己的成就向前推进一步。

当时，他所要解决的迫切问题有两方面：一方面，他要使刚刚体系化的理论进一步完善起来。在理论上，急需加以完善化的部分是潜意识和性的问题。这两部分是弗洛伊德的精神分析学的核心理论。为解决这一问题，弗洛伊德在这一时期的理论活动集中地探讨了日常生活中的所谓"常态心理"以及性心理。常态心理的研究，在这以前一直是弗洛伊德精神分析学的薄弱环节，以致他的理论被人们归结为"变态心理学"。对常态心理的研究成果，扩大和巩固了潜意识理论的阵地，使潜意识真正成了包括常态心理和变态心理在内的一切心理活动的基础。

另一方面，弗洛伊德还要在实践上进一步论证、检验其精神分析学理论的可靠性和正确性。弗洛伊德的《梦的解析》出版后，很多人对这一理论在实践中的检验效果拭目以待。正是在这一形势的要求下，弗洛伊德越来越感到，有必要公开发表自己亲自治疗过的病例，以论证其理论的实践效果。从 1899 年底发现杜拉病例到 1905 年发表《少女杜拉的故事》，其时间经历之长，恰恰表明上述问题的迫切性和重要性。弗洛伊德为了真理的利益，才最终不顾一切地把连续四年反复犹疑的病例公之于世。

为了消除公布病历给病人可能带来的不利，弗洛伊德在公布病历前采取了种种措施。正如他自己所说："我挑选一位住在偏僻市镇的病人，她的人生际遇不在维也纳，因此维也纳人不会知道她。从一开始我便慎守她的秘密，只让一位医德甚获我信任的医生知道她是我的病人。我一直等到她的治疗终止四年后，在听说她的生活起变化，且对有关的事件与心理学问题的兴趣渐趋微弱时，方才出版她的病历。我不采用可能会引起非医界人士注意的真名，且把这病历出版在纯科学与技术性的杂志上。"

弗洛伊德认为，在人格发展的过程中，每一个人都要经过口欲期、肛门期、性蕾期、同性期、青春期等几个阶段。3 岁至 5 岁的儿童对男女之性别开始感兴趣，这是他们的"心—性"发展的萌芽阶段，因此称为性蕾期。此阶段的儿童常对自己的异性父母感兴趣，排斥同性父母，形成"三角关系"，即男孩喜欢母亲，害怕父亲；女孩子喜欢父亲，反抗母亲，呈现所谓"俄狄浦斯潜意识情结"或称"三角关系潜意识情结"。在正常情况下，男孩会慢慢地转而与父亲接近，向父亲学习如何做个男人；而女孩与母亲亲近，模仿母亲，学习怎样做个女人，渐渐进入"同性期"，从而圆满地解决了俄狄浦斯潜意识情结。但假如由于某种原因，让性蕾期儿童无法顺利发展自己的心理,例如,一个父亲过分地宠爱自己的女儿,不让她与别的男孩子玩,或者母亲一直对女儿不好,让女孩子无法接近母亲(男孩的情况则正好与此相反),那么,“心—性”发展就无法顺利进行,这就潜伏了未解决的症结。在这种情况下,女孩子长大以后,仍然徘徊于三角关系之中,常常有意识地结交结了婚的男人,或者怀疑自己的丈夫又有了女朋友,不断地闹着三角关系。而且,由于性蕾期所遭遇到的挫折,使她在“心—性”发展的过程中停滞下来,无法达到性成熟;一方面很想与异性接近,另一方面又很惧怕发生性的关系,从而矛盾重重。《少女杜拉的故事》所讲的,就是这样一个典型的女性病人。

所以,在杜拉的病例中,既可以深入地研究潜意识,又可以具体了解性的发展对心理的影响。是把握弗洛伊德的理论的最好途径。

《少女杜拉的故事》的题目本来是《梦与歇斯底里》,是由病人的两个梦例组成的。“说明该病例的资料分为两部分,每一部分包含一个梦(一个在治疗中期,另一个在治疗末期)。梦的内容从一开始就被我记录下来。因此,它们可作为解释与回忆线索的关键。”“梦是潜意识通达意识层面的途径之一。由于某种心理因素被意识反对而遭受潜抑,这就有可能造成病源。简单地说,梦是避开潜抑作用的迂回之路,它是潜意识进行间接表白的主要手法之一。以下对于一个歇斯底里女子的治疗经过的片断描述,就是企图表明梦的解析在精神分析过程中所起的作用。”

为了说明弗洛伊德的理论在杜拉这个病例上的应用,有必要概括地介绍杜拉的身世。

杜拉得病时已经18岁。家里还有一位比她大一岁半的哥哥。她的父亲是一个聪明能干的大企业家,他很喜爱杜拉。杜拉的父亲比她大22岁。杜拉6岁的时候,她的父亲得了严重的肺结核,因此举家迁往南部一个气候良好的小城。在那里,他很快就康复了。由于考虑到医疗上的方便条件,他们继续在那里居住了十年之久。弗洛伊德以"B城"作为该城的代号。由于父亲患病,杜拉对父亲的感情更深。弗洛伊德认为,所有这些都是杜拉儿童时代所处的特殊背景,是她长大后得了歇斯底里病的客观条件。

杜拉10岁时,她爸爸得了视网膜脱落症。两年后,他又发展成为轻微的精神错乱。就在这个时候,他的朋友劝他和他的私人医生一起到维也纳找弗洛伊德。

弗洛伊德初步诊断杜拉的父亲患散发性血管病。另外,由于弗洛伊德得知他在婚前有过特殊感染,便推断他可能得过梅毒。所以,弗洛伊德给他服用大量抗梅毒剂。不久,他的病被治好了。

当时,弗洛伊德还认识杜拉的一个住在维也纳的姑母,她的姑母也有神经质,但还没有发展到歇斯底里的程度。后来,弗洛伊德还偶然地遇到杜拉的一个伯父,是一个患有焦虑性精神病的单身汉。

弗洛伊德没有见过杜拉的母亲。但从杜拉的父亲和杜拉给弗洛伊德提供的材料来看,弗洛伊德推断她是一个"没教养的女人"。弗洛伊德还估计杜拉的母亲有"家庭主妇精神病"的征候。她不能体谅儿女们的生活情趣,一天到晚忙于料理家务,使家里"干净得几乎到了使人不能使用或享受的地步"。弗洛伊德把家庭主妇的这种特殊行为称为"一种强迫性清洗行为"或"强迫性清洁癖"。但是弗洛伊德曾说"这种妇女对自己的病完全缺乏自觉,所以缺乏强迫性心理症的构成条件"。

杜拉同母亲的关系一直不好。"她鄙视她母亲,并且常常无情地批评她。"弗洛伊德怀疑杜拉的歇斯底里症带有遗传的因素。他不认为遗传是精神病的唯一病源,但遗传因素有时可以成为精神病的一个病源。

从杜拉的家族经历中，弗洛伊德发现她父亲、伯父及姑母身上都存在着神经质病的劣根性。她母亲也有一点神经质，因此，杜拉的遗传病源是来自父方和母方两方面的。弗洛伊德还发现，她父亲早年所得的梅毒症也是她精神病的一个重要病源。这是弗洛伊德研究歇斯底里症的又一重大成果。在弗洛伊德以前，医学界一直没有把上一代梅毒看作是下一代神经病变的可能病源。

弗洛伊德第一次见到杜拉时，她才 16 岁。她正苦于咳嗽及嗓子嘶哑。当时弗洛伊德曾建议她进行精神治疗，但未被采纳。第二年冬天，她心爱的姑母去世后，她便留在维也纳和伯父、堂妹们住在一起。隔年秋，由于父亲已完全恢复健康，全家离开 B 城。起初搬到父亲的工厂所在地，不到一年后便永久住在维也纳。

杜拉那时正处于黄金时代。她是一个聪明而美丽的姑娘。但她往往成为父母间争吵的根源。她显然对自己和家庭都不满；她对父亲的态度并不友善，因为父亲这时已把感情转向一个有夫之妇；她对母亲的态度尤其恶劣——因为她母亲要她帮忙做家务，对她感情淡薄。有一天，她母亲惊慌地发现她留下的一封诀别书。她在信上说，她不能再忍受她目前的生活状况。

她的父亲是一个颇具判断力的人。他猜测杜拉并不一定真正要自杀。但有一天，他找她交谈后，便发现她突然神志不清，过后，她又丧失记忆。于是，不管她的反对，他决定把她送到弗洛伊德那里进行治疗。

在杜拉的病例中，她父亲的清醒和机智很有利于弗洛伊德的研究工作。她父亲告诉弗洛伊德，当他和他家人住在 B 城的时候，曾和一对住在该城多年的夫妇建立了很亲密的友谊。这对夫妇就是后来对杜拉和她父亲的生活起着重要精神影响的克先生和克女士。克女士对杜拉的父亲很好，很亲热地、仔细地照料他的病，以致她父亲称克女士是他的“救命恩人”。克先生则很照顾杜拉，经常陪她散步，给她送些小礼物。杜拉照看着克家的两个小孩，简直像他们的母亲一样。

当两年前杜拉和她父亲来找弗洛伊德治病的时候，他们正要和克家一起到阿尔卑斯山的一个湖边度假。杜拉本来打算在克家住几个星期，而她父亲则打算几天后就要回家。但当她父亲准备离开时，杜拉突然决定要跟他一起走。后来，杜拉对她母亲说，希望她告诉爸爸，克先生和她一起散步的时候曾大胆地向她求欢。她父亲和伯父为此而责问克先生，克先生坚决否认他有这个企图或念头。克先生还表示怀疑说，可能那是杜拉的一种性“幻想”，因为据他说，他早就发现杜拉对性很感兴趣，经常看性爱生理学书籍。

杜拉的父亲对弗洛伊德说，可能是这件事给杜拉很大的精神压力。精神不安，并有自杀的念头。她一直强迫父亲与克先生和克女士断绝关系。

弗洛伊德还发现，杜拉所受的精神创伤早在她 14 岁时就已经开始。那时候，有一天下午，克先生在他的办公室里突然抱住她，在她的唇上强吻了一下。弗洛伊德说：“无疑，这正是唤起一个从未被男人亲近过的 14 岁女孩性激动的情况。”然而，杜拉那一刻却有一种非常强烈的厌恶感。但她始终保守这个秘密，从未向任何人吐露过，一直到这次由弗洛伊德治疗时才说出来。

杜拉的这些歇斯底里症并不是偶然发生的，也不是一下子就发展得很严重。弗洛伊德发现，杜拉在每次遇到心理挫折时就会产生咳嗽、嫌恶感、失声及厌世感等症状。

经由精神分析的过程，弗洛伊德发现杜拉有严重的心理症——未解决的俄狄浦斯潜意识情结症。因为杜拉迷恋父亲，常与母亲作对，形成了"三角关系"；杜拉既羡慕又妒忌父亲的情人克女士，一面暗地模仿她，一面又想从她手里把自己的父亲抢回来，形成一个新的三角关系；而杜拉又拼命与克先生接近，与其妻对抗，又形成另一个三角关系。总之，杜拉与人的关系，始终离不开"三角关系"，充分表现出她的行为受到俄狄浦斯潜意识情结症的影响。

每一种歇斯底里的症状都牵涉到两方面——心理因素和身体因素。如果缺乏某种配合性的身体因素，再透过有关身体器官的某种正常的或病理的过程，它就不能产生。另外，如果这些身体器官的某种过程不含有心理上的意义，它就不能重复发生两次以上。而这种重复出现的能力又恰恰是歇斯底里症的一个特点。

关于歇斯底里症的上述特征，弗洛伊德在杜拉的身上看到了典型的表现。例如，杜拉在歇斯底里症发作时总是出现失语症——她不会说话。弗洛伊德记得在十多年以前就学于沙可时，也曾视听歇斯底里性哑症的病人如何以写代说。这些病人写得比别人流利而快捷，或者比他们自己以前任何时候都写得好。杜拉也有这种情况。

弗洛伊德认为，这是心理上的需要以生理上的代价来补偿的结果。在杜拉身上也是这样。

当杜拉发现心爱的父亲同有夫之妇克女士有染时，她自己为了弥补感情上的创伤，也同克女士之丈夫克先生发生不正当的性关系。克先生每次出外旅行，都要给她写信，并给她寄风景明信片。她常常是最知道他何时归来的一个人，在这一点上，她甚至比他太太还灵通。一个人跟一个不在身边的人通信来代替交谈，同一个人失声的时候以写代说的情况是一样的。弗洛伊德说，"因此，杜拉的失声可做如下的解释：当她所爱的人离开的时候，她放弃说话的方式；因为在她看来，既然她不能同‘他’谈话，言语也就丧失了它的存在价值；另一方面，写字却获得了重要地位，因为它是与那个不在身边的人进行联系的唯一途径。”当然，弗洛伊德指出，并不是所有患失语症的患者都是同杜拉一样有完全相同的经历，这要看具体情况而定。重要的问题是发生身体器官病变的某种过程同心理上的痛苦经历的特定关系。

由此可见，歇斯底里身体症状是心理症的一种表达方式。这是由于存在着某些因素，使潜意识的念头和身体的表达方式之间的关系变得更加合理，而且使这些关系更采取典型的形式。就精神病的治疗而言，最重要的是发现那些起决定作用的心理素材，症状的解除就取决于医生能否找到它们在心理上的意义。

弗洛伊德认为，任何一种症状进入病人的精神生活中的过程是很漫长的。从最初进入到最后反复地表现在器官性行为上，是要经历很长时间的。起初，一种症状就像一位不受欢迎的客人那样进入病人的精神生活中，它们到处遭到抗击。这就是它何以容易自动地在时间的流程中消失的原因。起初，从心理活动的利益来看，它们找不到有利的地位。但后来它们就可以慢慢地找到一个继起的用途。有些心理势力利用它以得到方便，如此一来，身体症状即拥有一种附带的作用，从而可以紧紧地赖在病人的精神生活中。因此，这种症状的存在慢慢地在病人的精神生活中找到了它自身赖以存在的条件和理由，病人自己也不知不觉地感到这些症状的存在“有利”于他们的心理要求。这样一来，这些症状从最初的被抗击变成为有机可乘的栖身者。

弗洛伊德认为，精神病患者的症状的潜伏期，可以一直追溯到最早的童年时代。因此，进行精神分析时，了解情况的范围不能太狭，要尽可能了解更多、更久远的材料。弗洛伊德说：“甚至在童年时代，生病的动机常常就已开始活动了。”

弗洛伊德还从杜拉的病例中，进一步坚信了如下观点：所有的心理症患者都是具有强烈性异常倾向的人，这种倾向在他们的发展过程中受到潜抑，而进入潜意识。结果，他们的潜意识幻想的内容和文献上所记载的性异常行为全然一样。心理症可以说是性异常的消极表现。心理症患者的性结构同遗传因素和他们生活史上任何意外的因素联合起来，发挥其功能；同时，那些遗传因素和意外因素又反过来妨碍着性功能的正常发展。那些引起歇斯底里症的动机力量，也可以从被潜抑的正常性活动和潜意识的性异常活动中找到发泄。弗洛伊德说："因此，潜意识激动势力要求解放的冲动，总是尽可能地利用任何已有的发泄通道。"那些激动势力并不在乎这些通道是否已经改变，也不在乎这些通道是新近有的还是旧有的，它都要尽量地加以利用。因此，弗洛伊德又得出一个重要的结论："歇斯底里症状在身体那方面的因素比较稳定，而且不易变动，然而心理那方面的因素是多变的。"

通过对杜拉的研究，弗洛伊德进一步证实了他在以前的研究工作中所得出的结论，即所有的歇斯底里症的前身都是潜意识中的幻想，而这些幻想的内容多半是关于性方面的，其产生和演变过程可以一直追溯到童年时代的性动力。

潜意识的幻想是原始的心理因素进行无规律的活动的结果。潜意识具有主动性、非逻辑性，非语言性、非道德性，是极端的以"我"为中心的。它的唯一愿望就是达到自我满足。潜意识不停顿地活动的结果，可能导致两种前途：一种就是始终被压抑在潜意识中，无法发泄出来；另一种是上升到意识层面，而一度成为被意识到的幻想，然后又由于它与现实生活间的不可调和性，被意识力量有目的地遗忘掉，从而再次通过潜抑作用被驱入潜意识中。这样一来，潜意识幻想的内容就可能得到删改或修正。而且，由于有部分潜意识幻想曾经在意识层面活动过一段时期，所以，它被打上了现实生活中某些特点的烙印，而当这些潜意识幻想重新被驱入潜意识领域中时，也把这些后来获得的内容“一起带回老家去”。所以，在歇斯底里症的幻想中，掺杂着原始性欲和现实生活中某些因素相交叉的特点。

弗洛伊德在研究杜拉的病例时，看到了先前的潜意识幻想经历在意识领域中的活动后重新被压回潜意识中去的具体特点。弗洛伊德在给杜拉治疗时，发现她的白带多。由此，弗洛伊德估计她有手淫恶习。但杜拉否认自己有手淫行为。不过，几天之后，她做了一些使弗洛伊德不得不认为是她要“忏悔”的事情。那天，弗洛伊德发现她在腰上戴了一件她从未在其他场合戴过的小荷包。当她在沙发上谈话的时候，她一直在玩弄着它。她打开它，放一只手指进去，然后又关起来，如此反复不已。弗洛伊德在旁边观看良久，乃向她解释“象征性动作”的意义。

弗洛伊德把人们不由自主的、潜意识的、未经大脑的或漫不经心的动作称为“象征性动作”或“意外动作”。这些动作实际上表现了潜意识的念头或冲动。它们是潜意识升华到外表上来的表现。一般说来，意识对于这些象征性动作可能会采取两种态度：如果我们能为象征性动作找到明显的动机，则我们会承认它们的存在；如果找不到理由供意识去解析，则我们将完全不会觉得自己曾做过它们。

弗洛伊德把杜拉玩弄小荷包的动作同她的其他表现——自责、流白带、六岁后的尿床等综合在一起，认定她有过手淫习惯。

弗洛伊德认为，歇斯底里症状是在青少年禁戒了手淫习惯后一段时间产生的，它成了手淫的代用品。这就表明，手淫的欲望在潜意识中持续着，一直到另一个比较正常的满足方式出现为止。这种手淫的欲望是否能通过结婚或正常的性来往而得到满足，决定着歇斯底里症是否会出现。比如说，如果结婚后仍不能得到性满足——男方有阳痿或女方有性冷淡等，那么，弗洛伊德说："性动力就会重新流回它的干涸了的老河道上，同时，再度出现歇斯底里症状。"

弗洛伊德由此得出结论：潜意识幻想与其人的性生活史有密切联系；它实际上和其人在手淫的时候所出现的所有性幻想相同。手淫的行为包含两部分：一个是幻想的创造，另一个是手的操作以便在幻想的高潮中得到自慰性的满足。这两部分首先必须相互衔接。本来那种操作纯然是一种自慰的过程，其目的在于从身体的某一特殊性感区的兴奋中获得快感。后来，这种操作渐渐和爱的愿望相结合，而变成幻想情况的部分实现。如果其人后来不再做这种手淫配合幻想的满足方式，那么，该行为就会被放弃。可是，这样一来，先前曾一度呈现在意识层面上的幻想就重新被压入潜意识中去而变成潜意识的幻想。

由于潜意识原本具有主动活动的特点，所以，这些被潜抑的幻想就在潜意识中横冲直撞，切盼着有朝一日找到一个发泄的通道而从潜意识的密闭的王国中冲刺出来。也许其人仍然坚持禁欲而无法使他的性动力冲动到更高的境界，只好在地下运行着。弗洛伊德说："在这种情形下，它会生长、蔓延，并在其人爱欲的所有冲力的鼓动下，它将获得至少一部分内容的表现，而这种表现乃形成病的症状。"

由此不难理解弗洛伊德所说的那句话："潜意识幻想是所有歇斯底里症的前身。"歇斯底里症只不过是经"转化作用"而表现的潜意识幻想。

所以，研究歇斯底里症的人应该把注意力从症状转向衍生症状的那些幻想上。精神分析的技术主要就是要从症状推论至潜意识的幻想，然后使病人意识到它们。通过这样的精神分析方法，从明显的症状上溯到隐蔽的潜意识幻想，就可以发掘出几乎所有的精神病患者的性冲动活动能量。弗洛伊德从杜拉及其他歇斯底里患者身上就发现了他们的潜意识幻想的内容都是与性异常者在实际上的获得满足方式一模一样。

潜意识幻想与症状之间的关系是极其复杂、多样和曲折的。这主要是因为潜意识幻想在寻找自己的表现出路时，往往不是直截了当，而是会遭到种种阻碍。通常在心理症形成并持续一段时间后，一个特殊的症状并不对应于一个单独的潜意识幻想，而是对应于多个。并且，这个对应也不是任意的，而是遵循着一定的规律。这些规律，同梦的运作过程是很相似的。

因此，歇斯底里症的分析必须诉诸解析梦时所应用的那些具体步骤。歇斯底里症既然是潜在幻想经外射与“翻译”而在运动系统的动作中表现出来的“哑剧”，既然这些幻想的性质与梦的性质相类似，那么，我们自然可以顺着梦的解析方法的通道，借着对病人的梦的分析，去发现潜意识幻想的内容及其活动规律。

一般说来，在歇斯底里症这个“哑剧”中所表现的潜意识幻想，已经不是原本的样子，而是已经被改造、歪曲、篡改、化装、转化了的，就像梦的表现形式是梦的原意的“改装”一样。弗洛伊德在研究梦的基础上，研究了潜意识幻想发泄成症状的具体途径，从而丰富了他自己从梦的解析中所获得的成果。

弗洛伊德在研究歇斯底里症潜意识幻想的表达方式时，总结出四点：

第一，症状是多种幻想的“浓缩”。也就是说，在症状中，往往表现两种或两种以上的潜意识幻想的内容，如果说症状所表现的只是简单的动作的话，那么，它所隐含的却是极其丰富和极其复杂的多种潜意识幻想。因此，必须善于从症状的简单图画中，分析出其背后所包含的多种潜意识幻想的结构。这一点，和梦的情况基本上是相似的。浓缩作用是潜意识表现自己的一个主要形式。

第二，病症发作时，病人自己的某些动作同时扮演幻想中两种人物的角色。例如，弗洛伊德遇到这样一个女病人，她一只手撕破她的衣服（男人的角色），同时却以另一只手按住她自己的衣服（女人的角色）。

第三，以反向倒错表现激动因素，就像梦中把某种性质改变为相反的性质那样。例如，在歇斯底里发作时，拥抱的幻想不是直接表现为正常的拥抱，而是以抽搐的双臂向后抱，直到两手在脊椎柱上相合为止。

第四，幻想中的事件在次序上发生颠倒。这也和梦中一样，有时，事件的结尾变为开头，而开头变为结尾。例如，弗洛伊德遇到这样的女病人，她有性挑逗的幻想，这一幻想的内容是：她在公园里读书，她的裙子略微掀起，因此她的一只脚露出来。这时一个男人走近和她搭讪，他们于是到某处去性交。这个完整的幻想中的图景，在这位病人发作歇斯底里症时，完全表现为颠倒的形式：开始是相当于性交时的抽搐动作，然后她起身，走到另一个房间，坐下来看书并回答想象中搭讪的话。

从以上所提到的最后两种歪曲作用来看，可以看出受潜抑的材料，在它借着歇斯底里的发作而找到发泄口的情况下，也遭遇到多种强大的压力的阻挠。这一阻力迫使它变形、变相或完全相反。

潜意识幻想的凝缩、变相、转化等，是潜意识的自卫性手段，其目的在于躲过意识的控制，而最终达到自我实现的目的。

弗洛伊德在治疗杜拉的过程中，达到了预期的目的。验证的结果表明，其理论和方法基本上是正确的，同时，也发现不足之处。弗洛伊德在《少女杜拉的故事》一书的“后记”中说：“我只能向读者保证，我自己研究心理症时并未以任何心理学体系作为框框。因此，我一直在调整我的看法，直到它们适合于解释我所收集到的事实为止。我不因我未曾作出臆测而骄傲，我的理论所根据的资料是经过广泛与细心观察而收集到的。”

弗洛伊德在研究杜拉的病例中，表现了他的高度的智慧、敏锐的观察能力和深刻的判断力。他一方面认真地倾听病人及其亲友的口供，另一方面他又不迷信这些材料，更注重于事实。

我们从杜拉的病例中，不仅检验了弗洛伊德的精神分析学理论，而且，还看到了弗洛伊德的不断发展和进步的科学世界观和方法论。弗洛伊德的这些特点，使他注定能从被孤立的暂时困境中解脱出来。从1905年到1910年，是弗洛伊德从被孤立走向被国际公认的过渡时期。我们看到，这一时期的完结，不是别人对弗洛伊德“恩施”的结果，而是弗洛伊德本人努力奋斗的产物。

我们从杜拉病例中已经很明显地看到潜意识与性动力的关系。早在19世纪90年代与布洛伊尔教授共同研究歇斯底里症的时候，弗洛伊德就已经初步发现歇斯底里病与性的关系。

关于性与爱情的心理学，详见本书下篇第6章。

第 10 章

赴美讲学

弗洛伊德曾经说过，有将近十年的时间，他在学术上处于被孤立的地位。在这一时期内，唯有温暖的家庭生活及同少数的朋友的来往稍稍地安慰了他在精神上的苦闷。在这段时间内，除了威廉·弗利斯以外，他只能同他的妻妹明娜·贝尔奈斯讨论学术问题。在以后的交谈中，每当提起这段时间，他常常自豪地称为“光荣的孤立”。

弗洛伊德认为，这一段被孤立状态是一个严峻的考验，而且对他也是有益处的。由于被孤立，他很少进行社交活动，他才有机会获得更多的时间集中思考问题，避免使注意力转移到不必要的争论上。“当我从目前的狼狈和烦恼的处境中回顾那些被孤立的年月时，对我来说，那似乎是一个光辉的值得自豪的时代。”在那段被孤立的年月中，锻炼了和加强了弗洛伊德的特有品质，即独立地思考问题。

弗洛伊德挣脱出被孤立状态，经历了大约六至十年的时间。从时间上推断，大约从 1900 年到 1910 年。在这一段时间内他连续发表《日常生活的心理分析》《少女杜拉的故事》和《性学三论》三部重要著作，使弗洛伊德的学说逐步地在世界各地的学术界中产生影响。值得指出的是,弗洛伊德的学说不是首先在日耳曼语系各国中,而是在盎格鲁—撒克逊国家中得到传播。这主要应归因于德国、奥地利等欧洲大陆国家对于犹太人的歧视。

在当时,弗洛伊德还在维也纳大学兼职,讲授神经官能病心理学课程。创立于1365年的维也纳大学拥有来自世界各地的许多学者和学生,弗洛伊德在这里教学是一个极有利的宣传场所。在20世纪初,弗洛伊德的学生中,有两个人是比较突出的,这就是马克斯·卡汉纳(Max Kahane)和鲁道夫·莱德勒(Rudolf Reitler)。

莱德勒是弗洛伊德之后第一个从事精神分析活动的医生。卡汉纳则在精神病疗养院主持精神病治疗工作,但他的治疗方法仍然局限于电疗法。这两个学生后来成了著名的"维也纳精神分析学会"的最初的两个中坚分子。

卡汉纳在1901年向一位维也纳医生威廉·斯泰克尔(Wilhelm Stekel, 1868-1940)提到弗洛伊德的名字。当时,斯泰克尔正患神经质疾病。他在1895年曾写过一篇论儿童性交的论文。当他得知弗洛伊德善于用精神治疗法医治精神病时,他就向弗洛伊德求助。从那以后,他认识了弗洛伊德。弗洛伊德对他的治疗取得了成功。1903年,斯泰克尔也开始从事精神分析活动。

除了以上三个人以外,最初追随弗洛伊德的人还有阿尔弗雷德·阿德勒。

1902年秋,弗洛伊德向卡汉纳、莱德勒、斯泰克尔和阿德勒四个人发出通知信,希望他们到他家来共同讨论精神分析工作。后来,斯泰克尔说,正是他,最先建议弗洛伊德召集讨论会;弗洛伊德自己也曾说,关于召集讨论会的建议是在"一位实际体验到精神疗法的疗效的同事的推动下"提出的。这就证实了斯泰克尔的说法。

从此以后，每逢星期三下午，他们四个人到弗洛伊德的候诊室，围着一张椭圆形的桌子，共同讨论精神分析的问题。这就是有名的“心理学星期三学会”，它是著名的“维也纳精神分析学会”的前身。最初，斯泰克尔把每次讨论的情况写成一个书面报告，发表在《新维也纳日报》的星期日版上。

1908年春，这个讨论会开始有自己的小图书馆。4月15日，这个讨论会的名称由原来的“心理学星期三学会”改为“维也纳精神分析学会”。

这个学会从一开始成立就是充分自由的团体。参加学会的每个人都有充分的自由权利，发表自己的见解，并自由参加活动。1907年9月22日，弗洛伊德从他的休假地罗马来信，强调学会成员有入会和退会的自由。

差不多与此同时，在瑞士的苏黎世，从1904年起，精神病学家布洛伊勒(Eugen Bleuler，1857－1939)的主要助手荣格，就开始全面地研究和应用弗洛伊德的学说。1906年，荣格发表论述心理联结活动诊断的著作。1907年，荣格发表了著名的著作《早发性痴呆的心理学》。在这本书中，荣格将弗洛伊德的学说应用于各种心理症的治疗和研究中。

从1906年4月起，荣格与弗洛伊德之间开始了连续将近七年之久的通信，其中有相当长的一段时间内，他们之间表达了极其亲密的感情，而且相互交换了他们的科学研究成果。

荣格的首次访问，更引起弗洛伊德的激动。1907年2月27日星期日，早晨10点，荣格来到弗洛伊德的住所。荣格向弗洛伊德请教许多问题，谈话进行了整整三个小时。这次谈话给荣格和弗洛伊德两人都留下了终生难忘的印象，荣格认为，这是他一生中最激动的时刻。在这次会面后两个月，荣格对弗洛伊德表示说：“凡是掌握精神分析学知识的人，无异于享受天堂的幸福生活！"

弗洛伊德为荣格远道而来向他求教的行为感动，而且，也被荣格的魅人的性格所吸引。弗洛伊德很快就在自己的心目中产生一个夙愿，希望荣格能成为他的事业的继承人，他亲热地称荣格为"儿子和继承人"。

荣格访问弗洛伊德后不久，又有两个人远道而来访问弗洛伊德，他们是亚伯拉罕（Karl Abraham，1877－1925）和弗伦齐（Sándor Ferenczi，1873－1933）。

亚伯拉罕是荣格的助手和同事。他是在 1907 年 12 月拜访弗洛伊德的，亚伯拉罕后来也成了弗洛伊德的亲密朋友。

弗伦齐是布达佩斯人，他早就试验过催眠疗法。1908 年 2 月，他拜访弗洛伊德。弗洛伊德很喜欢弗伦齐。所以，弗洛伊德邀请他在那年 8 月与弗洛伊德的全家人共进晚餐，而且不久又同他一起来伯尔德加登去旅行。从他们认识开始，一直到 1933 年，他们之间写了一千封信以上，他们的信件涉及许多精神分析学的重要问题。

由于弗洛伊德的支持者绝大多数集中在苏黎世，所以，很自然地，在那里逐步形成以荣格为中心的弗洛伊德的追随者。这些人后来被称为"弗洛伊德小组"。

当时，琼斯向荣格建议，最好能召开一次会议讨论弗洛伊德的精神分析学问题。荣格表示同意，初步决定于 1908 年 4 月到萨尔斯堡召开会议。荣格说这次会议将被称为"弗洛伊德心理学会议"。

1908 年 4 月 26 日会议在萨尔斯堡的布利斯托尔饭店举行。会只开一天就结束了，参加者有 42 人，其中有一半是专业的精神分析工作者。会上宣读了 9 篇论文，其中有 4 篇来自奥地利，2 篇来自瑞士，其他 3 篇分别来自英、德、匈。

弗洛伊德在会上宣读了《病症史》。弗洛伊德的这篇论文是论述一个强迫性心理症病例的。这篇论文后来以《同老鼠在一起的人》为题发表。在会议上，弗洛伊德从 8 点钟开始讲话，与会者都聚精会神地听着；讲到 11 点，他表示已经讲得太多，不打算再讲了。但大家都被他的发言的精彩内容所吸引，一再要求他继续讲下去，所以他才继续讲到中午 1 点钟左右。

当时，弗洛伊德 52 岁了。他梳着一头乌黑的、整齐的头发，目光炯炯，精力充沛，他仔细地听着每个人的发言。

宣读论文后，决定出版一个会刊，名为《精神分析与精神病理研究年鉴》。这是在弗洛伊德和布洛伊勒的指导下，由荣格主编的刊物。这个刊物一直出版到第一次世界大战爆发。

对于弗洛伊德来说，有了自己的杂志，可以有地方发表自己的著作了。而这也成为他同论敌进行论战的一个阵地。正如他在给荣格的信中所说："我很同意你的看法。敌人越多就越光荣。现在，当我们能够从事工作，发表我们所喜欢的东西……的时候，是非常好的。我希望能长久地这样下去。"

会议之后，布里尔和琼斯到维也纳去拜访弗洛伊德。当时，布里尔表示希望能把弗洛伊德的著作翻译成英语。弗洛伊德表示同意。但可惜布里尔的英语水平不高，所以他的英译本的质量不高。

1908 年，弗洛伊德发表了五篇论文：《文明化的性道德与现代精神病》《诗人与幻想》《幼儿关于性的想法》《歇斯底里幻想及其两极性》和《性格与肛门爱》。

到此为止，弗洛伊德显然已经成功地打破了被孤立状态，使自己的学说在国际上传播。这一切，乃是由他发起的国际性精神分析运动获得成功的新起点。

1902 年，弗洛伊德被正式委任为维也纳大学医学院神经心理学副教授。这个副教授职位对他来说显然是同他的卓越的研究成果不相称的，表明了奥地利学术界的权威人士仍然顽固地执行种族歧视的政策。

可是，当弗洛伊德在国内和德国遭到冷遇的时候，他在英、美、瑞士各国受到了越来越多人的注意。

在1908年夏天访问英国后不久，弗洛伊德便在12月受到了美国麻省克拉克大学校长斯坦利·霍尔的邀请。克拉克大学准备庆祝建校二十周年，因此请弗洛伊德前往讲学。弗洛伊德请弗伦齐陪他去，弗伦齐非常激动，开始日夜训练自己的英文会话能力，并看了许多有关美国的书籍。

对于弗洛伊德来说，美国仍然是一个神秘的国家——他对这个国家的人民及其性格并不很了解。在这以前，弗洛伊德曾经从一本论述塞浦路斯古董的书中知道，这些古董中的一部分已经运往纽约陈列，因此，他很想找机会去纽约看看这些塞浦路斯古董。他接到邀请后说，他希望能有机会看看全美国，尤其是著名的尼加拉瀑布。临走前，他一直没有起草讲学稿子，他准备在大西洋的航程中写。

8月21日，弗洛伊德与弗伦齐在德国不莱梅港上船，乘着"乔治·华盛顿号"前往美国。这次到美国去的，还有荣格。荣格是在六月份接到美国人的邀请的。弗洛伊德认为，邀请他们俩一块去美国讲学是有重要意义的。

在船上，弗洛伊德、弗伦齐和荣格三人各自分析自己的梦。据荣格说，弗洛伊德的梦绝大多数表现了对未来的工作和家庭的关切。在船上，弗洛伊德偶然地发现了一件令他兴奋的事情——他的船舱管理员手中拿着《日常生活的心理分析》，并认真地阅读这本书。这件事无疑地鼓舞了弗洛伊德。他后来告诉琼斯说，当他看到这一情景时，他自信自己会闻名于世。

8月27日，他们抵达纽约。布里尔正在码头上等候。但他没有与他们一块乘车离开码头。弗洛伊德到达后，报界的报道出了小差错。第二天早晨，报纸宣布“维也纳的弗洛伊德教授”（原文如此）已经到达的消息。

第二天，弗洛伊德在纽约到处寻找埃里·贝尔奈斯和老朋友鲁斯加登。布里尔陪着他到处跑。他们先到纽约的中央公园，然后穿过唐人街和犹太人聚居区，中午到达康尼岛。

第三天早晨，弗洛伊德前往他朝思暮想要去的地方——纽约市博物馆，在那里，他最感兴趣的是古希腊的历史文物。接着，布里尔陪他去哥伦比亚大学。然后，琼斯也一块陪弗洛伊德去游玩。他们在哈姆斯泰因屋顶公园共进午餐后，一块去看电影。这是最原始的电影。弗洛伊德和弗伦齐都很感兴趣。这是他们有生以来第一次看到电影。

9月4日，弗洛伊德等人离开纽黑文，前往波士顿和新曼彻斯特。

弗洛伊德到达克拉克大学后，荣格建议他讲梦的问题，而琼斯则主张讲一些一般性的精神分析问题。

琼斯的建议是比较切合实际的。因为在1908年，即弗洛伊德赴美的前一年，琼斯曾经在这里同普林斯一起主持过两三次讨论会。在1909年5月，即弗洛伊德赴美讲学前几个月，琼斯又同布特南一起在纽黑文召开讨论会。所有这一切，都为弗洛伊德这次访美奠定了基础。美国人以极大的兴趣焦急地等待着弗洛伊德的到来，希望他的讲学能扩大精神分析学在美国的影响。正如琼斯在反对弗洛伊德以梦的题目作为这次讲学的主题时所说的：美国人是很讲实际的，他们所感兴趣的是精神分析学的基本原理及其实际应用。

弗洛伊德用德语讲了五次。他的优美的德语口语吸引了所有听众。一位妇女听了弗洛伊德论“性”的理论以后，心情很激动。这次讲学的稿子后来以不同的形式出版发行。

最令人难忘的日子是向弗洛伊德颁发博士学位的那一天。在二十周年校庆典礼快结束时,克拉克大学校长授予弗洛伊德博士学位。对弗洛伊德来说,这一切似乎是一场梦。他的激动心情可以从他的致谢辞中的一句话中反映出来:"这是对我们的努力第一次正式的合法承认。"

在这次讲学中,弗洛伊德遇到美国著名哲学家威廉·詹姆斯(William James, 1842 - 1910)。詹姆斯会讲流利的德语,他们很亲热地交谈起来。在自传中,弗洛伊德很生动地谈到了他同詹姆斯的会见:

> 在那段时间里,还有一件令我永远难忘的事情,那就是会见了哲学家威廉·詹姆斯。我永远不会忘记我和他一道散步时所发生的事情:我们走着走着,他突然停了下来,把他带着的皮包交给我,要我继续往前走,告诉我说,等到他那正要发作的心绞痛过去之后,他会马上赶上来。他于一年后因心绞痛逝世,我常常希望我能像他那样面对临近的死神能毫无惧色。

琼斯回忆说,在听了弗洛伊德的讲演后,詹姆斯曾把他的手臂搭在琼斯的肩膀上,说:"心理学的未来属于你们。"

在这次访美过程中,弗洛伊德又结交了许多新朋友。弗洛伊德感到最满意的朋友是哈佛大学神经学教授布特南(James Jaekson Putnam, 1846 - 1918)。布特南当时虽然已是六十开外的老人,但心情舒畅、思想开朗,对世界上的新鲜事物总是抱着很敏感的态度。弗洛伊德对布特南作了一个很公正的评价。他在自传中说:

> 在美国,我们也遇到哈佛的神经学专家布特南。他虽然年纪

老迈，但仍是精神分析学的全力支持者，而且以其为世人景仰的人格尽全力阐扬精神分析的文明价值及维护其目标之纯洁。他是一个值得尊敬的人，也许由于他受某种强迫性神经质的感染，他有很强烈的偏见。对于他，唯一令人遗憾的是，他有一种把精神分析学归属于某个特定的哲学体系的倾向，并把它变成道德的奴役。

9月13日，弗洛伊德参观雄伟壮观的尼加拉瀑布。弗洛伊德说，亲眼看到的尼加拉瀑布比他想象中的更加宏伟。在参观时，当导游带领弗洛伊德等人步入"风洞"时，导游拍了一下在前面参观的一位游人的背部，说："请给老人让道。"弗洛伊德听到这一句话，感到很刺耳。他在以后相当长的时间里，一直对他的年龄的增长很敏感。实际上，他当时才53岁，他并不服老。他说：

> 那时候，我只有53岁。我觉得我还年轻力壮，再加上到新大陆的一次短期访问，更鼓舞我在各方面的自信。（弗洛伊德著自传）

接着，弗洛伊德被邀请到布特南的住所。布特南的家坐落在伯拉席特湖畔的阿第伦达克山上。弗洛伊德曾写一封信给他的妻子，以小说和诗一般的语言描写那里美丽的、仙境般的风景。那里的湖光山色使弗洛伊德陶醉。这是一段极难忘的时刻。荣格在同弗洛伊德等人欣赏自然风光时，情不自禁地唱了一首德国歌曲。9月19日弗洛伊德等人前往纽约。

在布特南家里作客的时候，弗洛伊德就患了轻微的慢性阑尾炎，但为了在旅游中不要过多地打扰别人，他忍着痛把这件事瞒起来。他终于完成了在美国的访问,登上赴德国的“威廉一世皇帝号”轮船回国了。9月29日到达了不来梅港。

这一次访美讲学,弗洛伊德自己作很高的评价。他在自传中说:

> 在欧洲时,我觉得处处受人轻视。到了美国,我发现那些最出色的人物也没有对我怠慢。当我步入克拉克大学的讲坛宣讲我的《精神分析五讲》时,我的感觉就像难以置信的白日梦获得实现那样:精神分析已不再是一种幻想的产物,它已是现实中极有价值的一部分。

当然,弗洛伊德对于精神分析学在美国所遭遇到的命运,并不是只看到它的顺利的一面。他说:“自我们访问美国之后,精神分析学在美国的地位一直屹立不坠,尤其在外行的民众中大为流行,又为许多权威的精神病学家认作是医学训练教育中的一项很重要的因素。不过,很不幸的是,它不久也遭到被渗透和被歪曲的灾难。尤其不能容忍的是,很多和精神分析风马牛不相关的弊端滥用,也都假其名而行。”弗洛伊德认为,美国人的实际精神固然是好的,但如果把这种精神绝对化,会造成轻视理论的危害行为。他认为,美国对于精神分析的理论和基本技巧,并没有给予透彻的研究和训练。他特别对于华生(John Watson, 1878 - 1958)在1913年提出的行为主义原则表示愤慨。华生根据自己对动物心理和婴儿心理的研究结果,主张心理学是研究行为的自然科学,反对心理学研究人的意识。显然,行为主义由于方法论的狭隘性,否定了人类与动物的本质差别,不能正确地对待人类意识与行为的内在本质关系。

在访美期间,弗洛伊德的演讲集编成《精神分析五讲》,后来由布特南出版发行。布特南在介绍弗洛伊德的序文中时无意地用“他已经不是一个年轻人”这句话。弗洛伊德对这句话很不满，在他内心中所引起的刺激并不亚于参观尼加拉瀑布的“风洞”时所受到的那次刺激。正因为这样，在访美后不久，弗洛伊德在写信给琼斯时，又提到布特南的那句刺激了他的心的话：“你是青年人，而我很羡慕你的充沛的精力，对我来说，布特南在他的短文中所说的那句话——‘他已经不是一个年轻人’曾经伤害了我，其程度远远超过其他一切使我高兴的事情。”这表明，弗洛伊德自幼年时期逐渐累积和发展起来的特殊性格已使他建立起坚强的自信，他不甘落后，不甘示弱，在年龄上也不甘衰老。他盼望自己更长久地保留自己的青年人特性，以便为刚刚建立起来的精神分析学科学事业的发展而冲锋陷阵。

1909年，弗洛伊德的著作的英译本在美国出版。布里尔、琼斯和布特南三人成了在美国宣传弗洛伊德学说的最积极的中坚分子。布里尔主要在纽约活动，琼斯则到巴尔的摩、波士顿、芝加哥、底特律和华盛顿活动。由普林斯和霍尔分别主办的《变态心理学杂志》和《美国心理学杂志》不断地刊登琼斯等人介绍精神分析学的文章。

1909年期间，弗洛伊德发表了《神经质病人家属的故事》《歇斯底里发作概论》《一个五岁男孩恐惧症病例分析》和《一个强迫性精神病病例的备忘录》。同时，弗洛伊德还把多年来的论文汇集成书加以出版，书名是《短篇论文集》。

对于弗洛伊德来说，这是发生重大转折的新的历史时期的前夕。经历了多年的波折和奋斗以后，弗洛伊德已经开始感受到即将到来的国际性精神分析运动的暖流所带来的温暖，他也预料到胜利中必然伴随着斗争和矛盾。

第 11 章

纽伦堡大会

1910 年召开的纽伦堡大会是弗洛伊德个人历史上、也是精神分析学科学发展的整个历史上的一个重要里程碑。从此以后，弗洛伊德成了国际性的知名科学家，他的学说迅速地传播到世界先进的国家。一个被称为“国际精神分析学运动”的国际性学术活动广泛地开展起来。而在短短的几年内，精神分析学这门科学的领域内产生了同弗洛伊德原有观点不同的、有鲜明特征的不同观点，而这些新的观点，变成为不同的学派。这就表明精神分析学一旦被人们接受，由于它提出了深刻的、为人们普遍关切的问题，很快解放了研究者们的思想，形成了空前活跃的学术研究局面。在科学史上，像精神分析学这样刚刚建立不久又能如此迅速地产生不同的学派的，是很罕见的。一般地说，各个新建立的科学往往要经历一段发展时期，要有一个在理论上和发展规模上的相对稳定的时期。在这一时期内它要突出地发展其理论体系中的核心部分，以便在新的发展时期内更稳当、更深入地论证和验证其理论本身，在学术阵地上站稳脚跟和继续扩大影响。

精神分析学的发展却经历与此不同的过程。从纽伦堡大会以后的精神学发展过程来看，有两个显著的特点。

第一，它迅速地被科学界和实际工作部门（起初主要是医学界、教育界、文学艺术界）所接受，成为举世瞩目的新型科学。

第二，它迅速地引起了本身内部的分裂，在一些带根本性的重大问题上，弗洛伊德及其著名的继承人都各自提出了自己的独立见解，因而在精神分析学这门科学的范围内，又出现了许多新的理论派别。

由此可见，精神分析学这门科学从一开始就像磁铁一样地吸引着西方世界的许多人的注意力，同时也像一个巨大的投石那般激起学术界的波澜，使大家对人类心理这个早就关注着的问题进行更广泛和更深入的思考；而一旦激起这些反应以后，关于人类心理的问题的讨论就必然更广泛地刺激各个科学研究领域。

1910 年 3 月 30 日至 31 日，在纽伦堡召开了第二次国际精神分析大会。这是继萨尔斯堡大会之后的又一次重要会议。很显然，萨尔斯堡大会为这次大会的召开奠定了组织上和理论上的稳固基础。

3 月 30 日早晨，弗洛伊德提早来到会场，同亚伯拉罕一起讨论了大会组织的有关问题。

这次会议所宣读的科学论文显示了精神分析学在理论上的新的重大成就。弗洛伊德作了题为《精神分析治疗法的前景》的报告。瑞士的两位著名精神分析学家荣格和汉那格作了高质量的学术报告。

弗洛伊德曾经考虑过，要使各国的精神分析学家更紧密地合作，共同制订一个研究计划，成立一个从事精神分析工作的组织。弗洛伊德委托弗伦齐筹划这个工作。

在进行科学讨论以后，弗伦齐把他制订的关于未来的组织的设想公布出去。但他的方案立即遭到许多人的抗议。反对者们认为，弗伦齐的方案低估了维也纳的精神分析学家的工作能力，因为他建议未来的精神分析学共同组织的中心设在苏黎世，由荣格担任主席。另外，他的建议中包含了一些超出科学研究范围的问题。他早在会前就向弗洛伊德表示："精神分析的观点不能容忍民主平等，它必须有精华分子作中坚，遵循着柏拉图式的哲学家统治路线。"弗洛伊德也同意这一观点。这就表明，在当时，弗洛伊德已经很清楚地预感到他的理论体系所可能引起的各种分歧看法，所以，他要强调其理论观点的统一性。

大会讨论结果，决定成立国际性协会，并在各国设立各个支会，但对弗伦齐的方案作了修改。

弗伦齐和弗洛伊德的观点引起了维也纳的精神分析学家阿德勒和斯泰克尔的反感。他们尤其不满大会的主席和秘书这两个重要职位全由瑞士籍的精神分析学家独占。他们认为，大会无视了他们长期以来的工作和研究成果。弗洛伊德认为，精神分析学的研究工作要更广泛地开展起来，因此，不能单靠他在维也纳的两个同事——阿德勒和斯泰克尔（他们俩也都是犹太人）。他原先以为他的这两个同事会同意他的观点。听到他们的抗议以后，弗洛伊德只好到斯泰克尔的旅店住所去，想要劝说他们顾全大局。

弗洛伊德主动表示，他自己愿意让出自己的"维也纳分会主席"的职务，让阿德勒来担任。同时，为了平衡荣格与阿德勒的地位和权力，他建议，除了由荣格主编原有的《精神分析与精神病理研究年鉴》以外，再办一个新的杂志，由阿德勒和斯泰克尔主编，该杂志名称为《精神分析中心杂志》，阿德勒终于同意。最后决定由荣格担任主席，由阿德勒担任新的期刊的主要负责人。荣格委任里克林（Franz Riklin）担当大会秘书，并主办《国际精神分析学会通报》，用来定期报道学会各项日常活动、学术活动及出版消息等。

上述各项决定，没有一个是在愉快的气氛中获得的。所以，大会虽然结束了，但矛盾已经酿成。这一矛盾包含着深刻的理论上的分歧，因此，它是很少有希望获得解决的。

果然，大会召开后5个月，阿德勒便宣布退出组织。两年后，斯泰克尔也退出了大会。里克林的秘书工作也没有尽到责任，因此大会的管理工作完全陷入了混乱状态。

弗洛伊德预料到这一结局。所以，在返回维也纳以后不久，弗洛伊德给弗伦齐写了一封信，他说：

> 毫无疑问，已经取得了巨大的成功。但我们俩只享受到一点点幸运。显然，我的报告只引起平淡的反应。我不明白这是为什么。它包含许多值得引起我们注意的问题。然而我已感到筋疲力尽，无可奈何。你的富有内容的建议引起了不幸的反应，造成了那么多的矛盾；他们甚至忘记了你过去提出过的重要建议。每个协会都有很多麻烦的事情，这当然是不值得大惊小怪的……
>
> 但是，不管怎样，那些都不是重要的事情。更重要的是，我们已经完成了一项重要的工作，它将给未来产生广泛的影响。我所高兴的是，你和我之间完全协调一致，我要热烈地感谢你的支持；你的支持是很有成效的。
>
> 现在，事情还在发展着。我早已知道，现在已到了对我心中想过的事情作出决定的关键时刻。我要中止我在维也纳集团的领导权，使它不再发生有效的作用。我要把领导的责任让给阿德勒，但不是因为我高兴那么做，而是因为他是维也纳的唯一合适的人，而且他在那个职位上也许会感到自己维护我们的共同基础的责任。我已经把这件事告诉他，并会在下周三通知别的人。我不相信他们仍然会不满足。我已经不可避免地要成为一个心怀不满的

> 和我所不期望做的老人。这当然是我不愿做的，但我宁愿如此。作为运动的领袖，必须在年龄和资格方面都很合适，那样的话，他们便可以自由地发展自己并真正地称职。
>
> 从学术研究方面说，我当然要一直合作到最后一口气为止，但我将全部省去在指导方面的精力而悠然自适。

实际上，当精神分析学在各国产生影响的时候，从一开始就有两种不同的倾向。第一是主张联合成一个组织，并在学术研究中共同合作；另一种倾向则认为没有必要建立组织，而且在学术观点上要容许存在各种分歧。后者认为，精神分析是一种新兴的科学，就精神分析这一工作的开创而言，它是富有启发性的，而这应归功于弗洛伊德，但究竟应以何种观点去分析人的心理，则有极其广阔的选择余地。

瑞士的布洛伊勒从一开始就不主张成立国际性组织。后来，弗洛伊德在 1910 年圣诞节同他进行了推心置腹的谈话，他才勉强同意成立国际性学会。但不久，他又从学会退出，并把兴趣从心理学研究转向精神治疗法。

在弗洛伊德所在的维也纳，精神分析学会自 1902 年成立到纽伦堡大会为止，已经开展活动八年。1910 年 10 月，该会选出阿德勒为主席，斯泰克尔为副主席，兰克为秘书，弗洛伊德则担任科学研究方面的主席。

柏林的精神分析学研究工作开展得很慢。1908 年 8 月，亚伯拉罕同其他四个人在这里成立了精神分析学会。

瑞士的苏黎世，在 1907 年成立一个“弗洛伊德协会”的组织。除了瑞士人以外，还有许多外籍人士参加，他们来自意大利、美国和德国等。所以，这个组织培养了一批较好的精神分析工作者，在国际上有较大的影响。

精神分析这门科学，从纽伦堡大会以后更迅速地产生了影响。从那以后，在欧洲各国召开的各种医学工作会议，都纷纷地讨论了精神分析的问题。

在美国，由于弗洛伊德的访问及琼斯、布特南、布里尔（Abraham Arden Brill）等人的热心支持，很快掀起了对精神分析学的研究热潮。1910 年 5 月 2 日，美国精神分析学会在华盛顿正式成立，普林斯（Morton Prince 任主席，《变态心理学杂志》成了该会的机关刊物。

在俄国也引起了一些人对精神分析学的兴趣。奥希波夫和他的同事正忙于翻译弗洛伊德的著作。莫斯科科学院优秀的精神分析学著作颁发了奖金。1909 年莫斯科出版了《精神治疗法》杂志。与此同时，在法国、意大利、澳大利亚等国也开始研究和翻译弗洛伊德的著作。

1910 年，弗洛伊德将他在曼彻斯特市克拉克大学的讲演稿正式出版，其中还附加其他的短篇论文。在同一年，弗洛伊德还发表其他许多著作。这些著作包括：《原始语言的对偶性意义》《恋爱生活对心理的寄托》《精神分析学论文集》《爱情心理学之一：男人选择对象的变态心理》《达・芬奇对幼儿期的回忆》等。在这些著作中，最重要的有两篇：第一篇是收集在《精神分析论文集》中的《关于儿童心理生活的经验》，第二篇是关于达・芬奇幼儿期回忆的那篇著作。在这两篇著作中，他对幼儿心理进行了更深入的分析，第一次系统地论证了幼儿“自恋期”的心理活动规律。

1910 年夏，弗洛伊德还为奥地利著名作曲家古斯塔夫・马勒（Gustav Mahler）进行精神治疗。马勒得了强迫性精神病，而且重复发作了三次。弗洛伊德为马勒进行精神分析后，他的病有所好转，而且从此改善了夫妻关系。马勒一家对弗洛伊德深为感激。

这一年夏末，弗洛伊德与弗伦齐一起到巴黎和南意大利度假。他们从巴黎到佛罗伦萨、罗马、那不勒斯和西西里岛。

1910 年整整一年，弗洛伊德是在异常忙碌的气氛中度过的。这一年，他取得了重大的收获，但也遇到了许多麻烦。

第 12 章

阿德勒与斯泰克尔

弗洛伊德在自传中说：

在 1911 年到 1913 年间，欧洲的精神分析学运动发生了两起大分裂。这两起分裂是在原先居于此新兴科学要津的阿德勒和荣格的领导下进行的。这两起分裂运动声势都很浩大，很快就有许多人追随他们。但他们的力量并不是来自他们自己的理论上的新创造，而是借助于他们所提出的一种诱惑手段——他们说可以不必排斥精神分析学的实际内涵，而可以把其中一些令人可厌的成分驱逐出去。荣格想给精神分析作一种抽象的、非人格性的和非历史性的解释，以便借此避免婴儿性征、俄狄浦斯潜意识情结以及对幼儿时期进行心理分析等重要观点和重要方法。阿德勒似乎离精神分析更远，他完全否认性的重要性，把人格和神经病的形成，统统归结为人类的权力欲及弥补人体体质缺陷的欲望上。他把精神分析学所发现的心理学原则，弃之不顾；然而，他所抛弃的东西又被他以别的名义进行改头换面，然后又强行挤进他所设计的密闭系统中，比如说，他的所谓“男性的抗议”，其实就是不正当的、带有性的色彩的压抑作用。……

弗洛伊德的这一段话，已经很清楚地说明了从 1911 年到 1913 年间所发生的重要分裂。

很明显，这次分裂的发生并非偶然。早在“精神分析运动”兴起之时，便已埋下了分裂和对立的种子。在纽伦堡大会上，阿德勒与斯泰克尔就已经对弗洛伊德把大会领导权交给“外国人”——瑞士人荣格——而不满。但是，同样明显的是，这次分裂不仅起于组织上的分歧和领导权的争夺，而且，主要是起于学术观点上的根本性分歧；由此看来，这次分裂是不可避免的。

同阿德勒的分裂是在 1911 年发生的。这件事对弗洛伊德的精神打击是巨大的。因为这一分歧不仅意味着组织上的分裂，而且，更重要的，它意味着弗洛伊德的基本理论体系中的一个重要观点面临着严峻的考验。

弗洛伊德的性的理论在他的精神分析学体系中占有重要地位。现在，通过与阿德勒等人的分裂，我们将再次看到弗洛伊德的性的理论的重要内容及其明显的片面性。一方面，他的性的理论同他的精神分析学理论一样是从实际工作中总结出来的，因而，它包含了某些重要的科学价值，对于治疗精神病人和分析人的心理具有一定的指导意义；另一方面，弗洛伊德片面地夸大了性的心理在整个人类心理生活中的地位和作用，甚至走向把“性”的问题看作一切心理问题的“决定性根源”的极端中去。显然，弗洛伊德忽视了人的其他活动对人类心理的影响。

弗洛伊德理论的这一弱点，从一开始就隐藏着两种可能的发展前途：

第一种发展前途，就是实事求是地克服弗洛伊德理论体系中的这一弱点，来纠正、改正弗洛伊德的性理论，使精神分析学这门科学沿着健康的轨道向前发展。

第二种前途就是抓住弗洛伊德的性理论的弱点，全部否定弗洛伊德的研究成果，另起炉灶，建立一个与弗洛伊德的整个理论体系根本对立的新理论，其结果就是把弗洛伊德的性理论连同他的其他理论一起全部抛弃掉。

事实证明，在 20 世纪第一个十年之后，上述两种发展可能性一直存在着，并直接关系到精神分析学这门科学的命运。换句话说，两种命运同时存在，相互交错，使精神分析学的发展过程呈现出许多矛盾的现象。现简略地介绍有关人物及其观点。

阿尔弗雷德·阿德勒是维也纳人，是弗洛伊德的精神分析学理论的早期追随者之一。早在 1908 年，当阿德勒作为为数不多的"维也纳精神分析周三讨论会"的成员而参加学术讨论的时候，就已经提出了明显的分歧性意见。有一次，在弗洛伊德的寓所召开的"周三讨论会"上，阿德勒坚决反对奥多·兰克(Otto Rank)宣读的一篇论文的观点。阿德勒认为在人的心理发展过程中，"性起着较小的作用"。阿德勒在批评兰克的论文时，还明确地说，兰克的观点无非是重复了弗洛伊德教授的观点。这就表明，阿德勒所反对的，不只是兰克的观点，而是弗洛伊德的基本观点。

弗洛伊德也早就发现阿德勒在理论上同自己的分歧。弗洛伊德看到，阿德勒特别重视社会环境对人类心理的影响，很重视环境、教育方面条件的作用。阿德勒是在弗洛伊德的追随者中最早研究教育问题的人。此外，与弗洛伊德的那种不太关心政治的态度相反，阿德勒很积极地参与政治运动，据说他是一位激进的"社会主义者"，希望通过教育方面的改革和精神治疗法的作用来改造整个社会。琼斯说，阿德勒的妻子是一位俄国妇女，当时流亡于维也纳的俄国社会民主工党的领袖之一托洛茨基经常与阿德勒的妻子拉伊莎交往。

简单地说，阿德勒同弗洛伊德在理论上的分歧，可以归结为以下几点：

第一，如果说弗洛伊德在追寻精神病根源和分析人类心理活动时很重视心理内部的因素的话，那么，阿德勒就强调社会的和实际生活过程的作用。他尤其强调儿童所受的教育与成年人所受的再教育对改造心理所起的作用。例如，阿德勒认为，环境对儿童心理所起的重要影响可以从独生子、孤儿与有很多兄弟姐妹的儿童在心理方面的差异中辨别出来。同样，在治疗精神病症时，弗洛伊德很重视那些已经积压成“潜意识”的“以往经验”所起的作用，他认为只要找出导致精神病的以往经验，就可以很自然地找出治好疾病的关键。阿德勒则认为以往的经验仅仅是产生精神病的一个根源，要治好疾病主要取决于外界环境条件的改变及病人的适应能力的培养。

第二，弗洛伊德很重视“性”的因素，而阿德勒认为促使人们行动的是“追求权力”的欲望、胜过他人的野心等。

第三，阿德勒的心理学以“卑劣感”为中心概念，提出了“补偿论”。在阿德勒看来，人人都有“卑劣感”，只是有人能克服或超越它，有的人则只能作卑劣感的奴隶。人从小孩的时候起，就有卑劣感。例如，儿童在不会站立时，就想站起来；在不会走路时，就想要走路。其结果，屡次的失败就会使他们产生一种“自卑感”，觉得自己事事无能。但是，在外界和环境的不断刺激下，小孩子往往或多或少地产生一种克服“卑劣感”的心理，这就是“权力欲”的萌芽。在阿德勒看来，权力欲就是对于“卑劣感”的“补偿”。在日常生活中，有很多“补偿”的例子。如失去右手的人，就善于使用左手。补偿的努力人人都有，但其程度和效果并不一样。有的人的补偿努力不能持久，会中途退缩，因而达不到补偿的目的;有的人则努力地达到补偿与“卑劣地位”的平衡;还有的人则会使补偿超出原来的“卑劣性”,被称为“超度补偿”,结果,原来的卑劣地位转化成为“优越地位”。例如,口吃的德摩斯梯尼经过艰苦努力,终于克服了口吃,成为古希腊雅典的最著名的雄辩家,他在马其顿入侵希腊时,发表动人的演说,谴责马其顿王腓力二世的野心。所以,在阿德勒那里,德摩斯梯尼成了“超度补偿”的典型。卑劣感表现在性的方面,就出现了女性的卑劣感,其结果使女性产生“男性的抗议”,意即女性拒绝当女性角色,争取成为男性角色。

弗洛伊德对于阿德勒的这些观点采取了否定的态度。弗洛伊德认为,阿德勒的这些观点必然走向对潜意识理论的否定。在给弗伦齐的信中,弗洛伊德轻蔑地称阿德勒为“小弗利斯”。弗洛伊德还认为,阿德勒的理论同尼采的“追求权力的意志论”毫无差别。

阿德勒也不愿向弗洛伊德妥协。他强调自己的理论体系的独创性,并自称他的心理学是一种“个人心理学”。但他解释说,他所说的“个人”是“不可分割的”;他声明,他用“个人”这个词仅仅强调“人格”的特殊性和重要性。

当然,阿德勒的观点并不是一下子全部暴露出来;它是在漫长的过程中形成和发展的。但是,他的所有这些观点,从萌芽的时候起,就显示出与弗洛伊德基本理论的格格不入。所以,在 1911 年春天,阿德勒便与弗洛伊德公开决裂。

同阿德勒一起与弗洛伊德发生决裂的,还有另一位维也纳的精神分析学家威廉·斯泰克尔。

斯泰克尔,也和阿德勒一样,很早就积极参加在弗洛伊德家中举行的“周三讨论会”,但严格说来,他并不是一个科学研究人员,更谈不上是一个理论家。他和阿德勒不同,对于精神分析学的基本理论并不感兴趣。他所注重的是实际问题。此外，他和阿德勒的另一个不同点是对潜意识的态度。阿德勒似乎否认潜意识的存在，斯泰克尔则承认潜意识的存在及其作用。

由于注重经验与实际问题，斯泰克尔在“象征学”方面有一定的贡献。1911 年，斯泰克尔发表了关于梦的著作，就在这部著作中，斯泰克尔提出了较为新颖的“象征学”。关于这一点，弗洛伊德也私下承认斯泰克尔的贡献。

斯泰克尔的性格，还是比较热情、乐观的。弗洛伊德有一次对赫依兹曼谈到斯泰克尔，说：“他不过是一个吹鼓手而已。但我仍然还是很喜欢他。”弗洛伊德的这个评价虽然有点过分，但毕竟点出了他的个性中的弱点——不踏实。他的性格只适于交际，而不利于科学研究。他的浮夸作风，使他的科学论文缺乏扎扎实实的论据和论证。有一次，弗洛伊德问斯泰克尔，在他的文章中为什么会涉及这么多的病人。斯泰克尔毫不在乎地说：“他们都是我假设出来的。”弗洛伊德对这种不负责任的态度深感不满。因此，弗洛伊德建议《精神分析中心杂志》不要刊载斯泰克尔不牢靠的文章。

弗洛伊德认为，斯泰克尔没有主见，随风倒，人云亦云。弗洛伊德曾说，斯泰克尔只是阿德勒的“附属品”。

弗洛伊德同斯泰克尔的决裂是在 1912 年 5 月。分裂的导火线是斯泰克尔同塔乌斯克(Victor Tausk)的争吵。弗洛伊德很讨厌他们之间的争吵。但弗洛伊德觉得塔乌斯克毕竟有独特的才能，所以，弗洛伊德准备从 1912 年起让塔乌斯克主办《精神分析中心杂志》。斯泰克尔则表示，他绝不同意弗洛伊德的这个组织上的安排，他“绝不允许塔乌斯克的文章发表在中心杂志上”。显然，斯泰克尔已经表现出目中无人的态度，他以为他在“象征学”方面的成就已经可以使他取得与弗洛伊德平起平坐的“领导人”的地位。斯泰克尔经常说:“站在巨人肩上的一个侏儒可以看到远比巨人广阔得多的视野。”当弗洛伊德听到斯泰克尔喜欢说的这句话时,很严肃地说:“可能是这样,但待在天文学家头上的虱子并不这样。”

最后,斯泰克尔的狂妄自大发展到这样的程度:他竟写信通知出版商停止出版《中心杂志》。这样,弗洛伊德同他的决裂就成为势在必行的事情。

1912 年 11 月 6 日,斯泰克尔宣布退出维也纳精神分析学会。弗洛伊德为此写信给亚伯拉罕说:“我很高兴,斯泰克尔终于自己走自己的路。……他是一个很不可靠的人。”

同阿德勒与斯泰克尔的决裂是弗洛伊德的精神分析学理论发展史上的重要事件。它标志着精神分析学理论本身的内在矛盾的表面化,暴露了这一理论的弱点。虽然很难简单地评论双方的对错,但它毕竟说明精神分析这一新理论还有待从多方面进行深入探讨和论证。

第 13 章

“皇太子”荣格

在 1911 年和 1913 年，由弗洛伊德领导的国际精神分析学会先后召开了魏玛代表大会和慕尼黑代表大会。

由于阿德勒于 1911 年春退出了维也纳精神分析学会，所以，在该年 9 月召开的魏玛代表大会是充满着友好的气氛的。这次会议有五十五个代表参加。在会上宣读的论文都是高水平的。有几篇论文，后来一直被公认为精神分析学的“经典著作”，其中包括亚伯拉罕论“发狂与忧郁交互发作的精神错乱症”、弗伦齐论同性恋的文章和查赫（Hanns Sachs）论精神分析学与精神科学的交互关系的文章等。兰克的杰出论文《论诗歌与传说中的裸体题材》是大会上最后宣读的、也是最好的文章。

弗洛伊德在大会上所宣读的论文是《对一个妄想症病例的自我剖析的注解》。在这篇论文中已经透露出他对于人类神话起源、图腾崇拜等原始宗教和原始文化的兴趣，它实际上为《图腾与禁忌》作了准备。

当时，弗洛伊德与荣格的关系还是比较融洽的。荣格在工作报告中说，国际精神分析学会已拥有 106 个成员。在欧洲又有法国、瑞典、波兰、荷兰四个国家的学者开始投入对精神分析的研究工作。

从1912年起，弗洛伊德同荣格的关系才开始冷淡下来。

按照国际精神分析学会的以往惯例，世界性的代表大会应是每年举行一次。但1912年并没有召开大会，因为大会主席荣格在1912年夏天到纽约去讲学。

弗洛伊德看到了即将出现的新裂痕。他写信给亚伯拉罕说：“就我个人而言，我并不抱太大的期望。在我们面前会出现暗淡的时刻。只有下一代才能承认我们的成果。但我们仍然享有无上的乐趣。”

在那年年初，琼斯就已经从荣格那里听到即将来临的新的分裂风暴的信息。

在过去两年，荣格和弗洛伊德都已经着手考虑神话文学和比较宗教学的问题。在这以前，弗莱彻尔曾在1910年发表过四卷本的《图腾与异族通婚》的著作。这一著作为弗洛伊德思考类似的问题提供了丰富的资料。

但是，在1912年撰写《图腾与禁忌》的过程中，弗洛伊德同荣格的矛盾越来越明显地暴露出来。

实际上，弗洛伊德与荣格的分歧早在纽伦堡大会以前就已有先兆。在萨尔斯堡大会之后，亚伯拉罕曾写出关于神经质病症与“性”的关系的论文。亚伯拉罕的观点与弗洛伊德完全一致。可是，当时的荣格就已表示很激烈的反对态度。荣格明确表示，神经质与“性”不存在必然的和本质的关系。但一直到弗洛伊德同阿德勒的关系决裂为止，弗洛伊德始终没有认为他与荣格在理论上的分歧会导致他们之间的决裂。

当荣格与弗洛伊德共同研究神话和原始宗教的问题时，弗洛伊德才逐步发现他们俩之间的理论分歧是难于调和的。

1911年夏末，当荣格访问美国时，弗洛伊德对荣格的不满情绪就有所发展。1912年，他们之间的关系愈来愈僵化。

1912年，荣格发表了《论原欲的象征》这一著名论文。该论文的第二部分公开地宣布与弗洛伊德的理论的根本对立。荣格坚持认为“原欲”这个概念只代表“一般的紧张状态”,而不是只限于“性”方面的冲动。荣格在一封信中说,他认为“原欲”的概念必须走出“性”的狭窄天地,而把它看作是一般的心理冲动。

同时,1912 年夏末荣格在美国的讲学内容也公开表示了他在理论上同弗洛伊德的对立。

11 月,弗洛伊德同荣格在慕尼黑会谈。在会谈中,双方的争执不但没有解决,反而有所发展。

但是,直到 1913 年召开慕尼黑代表大会为止,荣格仍然没有退出国际精神分析学会,因而他始终担任该会主席和《精神分析与精神病理研究年鉴》的主编。

1913 年 10 月,荣格才写信给弗洛伊德正式表示要辞去《年鉴》的主编职务,他还直截了当地表示今后不可能再同弗洛伊德继续合作下去。

1914 年 4 月,荣格正式辞去国际精神分析学会的主席职务。接着,在第一次世界大战爆发前夕,荣格宣告退出国际精神分析学会。荣格退出学会后,亚伯拉罕担任临时主席职务,负责筹备拟于 1914 年 9 月于德累斯顿召开的第四次代表大会。后来,因第一次世界大战的爆发,该大会就无法召开。

为了更深入地了解弗洛伊德与荣格分裂的原因,有必要简单地介绍荣格及其思想观点的演变情况。

1875 年 7 月卡尔·荣格生于瑞士克斯维尔。他在 1886 年到 1895 年在瑞士巴塞尔念完中学之后就升入巴塞尔大学。1900 年于巴塞尔大学毕业后,就到布尔格荷尔兹利精神病医院工作,成了著名的布洛伊勒教授的助手。

在布尔格荷尔兹利精神病医院的工作中,荣格向他的导师布洛伊勒教授提议采用弗洛伊德的精神治疗法。从此，打开了荣格与弗洛伊德合作史的新一页。但是，后来的事实证明，理论观点的分歧并没有使他们的合作维持十年以上。

从1911年以后，荣格就逐渐提出了系统的、与弗洛伊德对立的观点。简单说来，荣格的理论观点可以概括如下：

（一）荣格的理论体系的中心概念是所谓“集团潜意识”。

在接近弗洛伊德之前，荣格曾进行“联想测验”去探寻心理深层的奥秘。他认为潜意识中不仅有个人出生后经验过的东西，还有祖先经历过的经验。荣格的这种想法，使他从潜意识的研究转向原始民族的研究。正是在研究原始民族的原始文化和原始宗教的时候，弗洛伊德发现了荣格的研究方向“有抛弃潜意识理论的危险”。

荣格认为，梦中所以有许多不能了解的东西，是因为其中掺杂着许多原始的、祖先的观念的缘故。例如，人类的祖先常用棒和竿来表示男性性器，这也在梦中出现。

在解释集团潜意识时，荣格是用未来或目的来解释内容的；这同弗洛伊德用孩童时期的以往经验来解释是不同的。

（二）创立了以区分“外向性”和“内向性”为主的“性格学”，放弃弗洛伊德用“性”的发展来给人的性格分类的“性格学”。

荣格对人的性格的分类可用下表表示：

荣格性格分类

外向性	内向性
1. 外向思考型 2. 外向感觉型 3. 外向感情型 4. 外向直观型	1. 内向思考型 2. 内向感觉型 3. 内向感情型 4. 内向直观型

具体地说，以上八种类型的性格，有以下不同的内容：

(1) 内向思考型：重视自己的想法甚于事实，不焦急，冰冷，没有朋友，独断独行。

(2) 外向思考型：主智，不宽容，不承认他人想法。

(3) 内向感觉型：不用刺激来表现感觉，纤细而焦虑，善于比喻。

(4) 外向感觉型：常求外在刺激，享乐，容易陷于无聊，对抽象物不感兴趣。

(5) 内向感情型：感受性强，多情，但不把这些感情显现于外。

(6) 外向感情型：遵从社交习惯，喜欢他人所喜欢者，容易接受暗示。

(7) 内向直观型：非现实的、主观的态度，关心可能性的事物。

(8) 外向直观型：不稳定，喜欢变化，有先见之明，有时胡乱冒险，喜欢赌博，充满幻想，不易为别人所了解。

(三) 精神治疗法的基本内容就是尽量使病人适应周围现实环境。弗洛伊德把精神病的根源归结为意识与潜意识的冲突，而荣格认为病源是不善于适应环境。这与荣格的下述看法有关：人具有积极的开拓环境的精神，以自己的行为创造自己的主体性。在这一点上，荣格与阿德勒有相似之处。

在荣格与弗洛伊德决裂以后，荣格的追随者和学生们都竭力否认他们的领袖曾经是弗洛伊德的学生。例如，荣格的学生雅可比(Jolande Jacobi)和伯纳德(Bernard)都分别在他们的同名著作《荣格》中否认。

实际上，历史是不容歪曲的。就连荣格本人也承认他是受弗洛伊德的启示的(见荣格著《回忆、梦想与思考》)。弗洛伊德本人在发现荣格的天才以后，一直很重视他。弗洛伊德曾亲切地称荣格为“我亲爱的儿子”。荣格自己在《回忆、梦想与思考》中说，弗洛伊德曾称他为自己的“继承人和皇太子”。

据琼斯和宾斯瓦格尔(Ludwig Binswanger)说,弗洛伊德经常把自己比作“摩西”(希伯来原文为“Mōsheh”,一译梅瑟。是传说中的犹太民族的古代领袖。据《圣经·出埃及记》记载,摩西带领犹太人摆脱埃及人的奴役,从埃及返回迦南),而把荣格比作“约书亚”。《圣经·旧约》中的《约书亚记》说:“耶和华的仆人摩西死了以后,耶和华晓谕摩西的帮手嫩的儿子约书亚说,我的仆人摩西死了。现在你要起来,和众百姓过这约旦河,往我所要赐给以色列人的地方去……”显然,弗洛伊德用这个比喻来表示希望荣格继承他的事业,深入探查“精神分析这个王国”。弗洛伊德曾说:“当我所建立的王国被孤立的时候,唯有荣格一个人应该继承它的全部事业。”

但是,理论观点的对立终于使弗洛伊德与荣格这两个精神分析大师无法继续合作下去。从1913年以后,精神分析学工作者分成弗洛伊德派、荣格派和阿德勒派三大学派。当然,随着时间的推移,后来又有新的学派出现,其中以苏利文(Harry Sullivan, 1892-1949)、霍妮(Karen Horney, 1885-1962)、弗洛姆(Erich Fromm, 1900-1980)和埃里克森(Erik Erikson, 1902-1994)等人为代表的“新弗洛伊德派”最为活跃。

第 14 章

第一次世界大战

1912 年到 1913 年，在巴尔干地区发生了两次战争。战争的结果，俄国和奥匈帝国的势力进一步在这个地区渗透进来。奥匈帝国还伺机蓄意消灭塞尔维亚国家，俄国则把塞尔维亚当作自己争霸巴尔干的前哨。在奥塞冲突的背后，酝酿着俄奥的冲突并势必引起俄、英、法三国协约与德、奥、意三国同盟的斗争。这样，巴尔干成了西方各列强矛盾的焦点和欧洲的火药库。

弗洛伊德对于战争爆发前所发生的国际危机早就心怀不满。1912 年，弗洛伊德在一封信中谴责各大国的争夺，称当时为“可恨的时代”。但是，他对政治的厌恶又使他千方百计地逃离政治，因此，他和其他许多奥地利人一样，并没预料到战争将在 1914 年爆发。当战争爆发时，他感到震惊。但很快他又陷入少年时代的那种热情——读者可以回顾弗洛伊德在 1870 年普法战争爆发时的狂热态度。接着，弗洛伊德陷入了冷静状态，置战争于不顾，专心研究他的理论问题。

战争爆发后的第一个月内，他坚持指导两份杂志——《精神分析杂志》和《意象》——的出版工作。同时在 1915 年春的六周内分写出了五篇包含着他的重要理论观点的论文。《本能及其变迁》和《论压抑》是在三周内写成的，他最满意的《论潜意识》是在两周内写成的，而《对梦的理论的超心理学的补充》和《悲伤与忧郁症》则是在十一天内完成的。

在1915年春末夏初的六周内，他又接二连三地写出了五篇以上的论文。8月，他写信给琼斯说，他计划要写的关于超心理学的十二篇论文全部完成了。他说，他准备将这些文章以书的形式发表出去，但“现在还不是时候”。后来，在这一系列论文中，有七篇没有正式发表。这些论文可能被弗洛伊德本人烧毁了，因为他不满这些文章的质量。

从表面看来，战争的爆发并没有严重地干扰弗洛伊德的学术活动。即使是国际精神分析学会的活动也仍然没有中断。

由于阿德勒与荣格相继离开弗洛伊德，1913年夏天，就组成了一个“守护”弗洛伊德的“委员会”。这个委员会首先由琼斯向弗伦齐提出，接着，又得到了奥多·兰克、查赫、亚伯拉罕以及弗洛伊德本人的支持。但是，弗洛伊德觉得，这个委员会如果要发挥它的作用，就必须继续扩大。所以，弗洛伊德本人亲自推荐马克斯·艾丁根（Max Eitingon）也参加这个委员会。在写给艾丁根的信中，弗洛伊德说：“这个委员会的奥妙在于分负我的重担以保证未来的前途，这样一来，我才可以平稳而安心地沿着我的道路走到底。”

这个委员会的主席就是它的创始人琼斯。这个委员会成立以后，至少在十年之内，一直很顺利和很圆满地履行自己的历史使命——保卫弗洛伊德的荣誉与学说，反击对于弗洛伊德本人及其学说的各种攻击。弗洛伊德在他的自传中，对这个委员会所起的作用表示非常满意。他说：“和那些离弃我的人（如荣格、阿德勒、斯泰克尔及其他少数人）相比，还有更多的人如亚伯拉罕、艾丁根、弗伦齐、兰克、琼斯、布里尔、查赫、裴斯特、范埃姆登、雷克及其他等人，都忠诚地与我合作十五年以上，而且绝大多数都和我私交甚笃。”

1915年，兰克和查赫被征召入伍。弗伦齐也成为匈牙利军队的军医。这时，弗洛伊德逐渐地感觉到了这场战争的危害性——它正逐渐地夺去他的亲密朋友和亲人（他的大儿子马丁和小儿子恩斯特在大战爆发后不久就参军了），弗洛伊德不得不在与他的亲密朋友的通信中寻求慰藉。

战争的爆发还导致弗洛伊德诊疗所的病人越来越少。战前，从欧洲各地来看病的人很多，现在病人寥寥无几。所以在弗洛伊德的一生中，这是一段最空闲的时期，他利用这段时间写了不少论文。他不仅努力地写作，还绞尽脑汁地思考各种问题。他用学术和理论上的艰苦研究工作来回避外间世界的讨厌事务。他在给弗伦齐的信中说：“我给这个世界的贡献大大地超过了它所给予我的东西。现在，我比以往任何时候都更加脱离这个世界，我希望这种状况能一直维持到大战结束……”

在当时，弗洛伊德除了著述以外，还给维也纳大学开讲《精神分析学导引》。在弗洛伊德的学生当中，有一位叫露·安德烈亚斯·莎乐美（Salomé, 1861－1937）的女学生。她在战前就已经是弗洛伊德的学生，是善于敏锐地发现伟大人物的女性，她的朋友包括许多著名的文学家、科学家，如俄国作家屠格涅夫（Ivan Turgenev, 1818－1883）、托尔斯泰（Leo Tolstoy, 1828－1910），瑞典剧作家斯特林堡（August Strindberg, 1849－1912）、奥地利诗人里尔克（Rainer Maria Rilke, 1875－1926）、奥地利剧作家施尼茨勒（Arthur Schnitzler, 1862－1931）和法国雕塑家罗丹（August Rodin）等人。

莎乐美曾自豪地说，她曾迷恋于19世纪和20世纪的两位最伟大的人物：尼采与弗洛伊德。弗洛伊德高度地评价了莎乐美女士的品格，而莎乐美也很推崇弗洛伊德的科学成果。在第一次世界大战爆发后,弗洛伊德一直保持同莎乐美的联系。莎乐美在致弗洛伊德的信中表示,人类的未来是乐观的。弗洛伊德在给他的回信中说:“人类将战胜这场战争。但我确实认识到我和我的同代人将再也不会看到一个快乐的世界。一切都是令人讨厌的……”

弗洛伊德一方面厌恨战争,另一方面也对荣格等人的分裂运动感到愤慨。所以,他对形势的看法越来越悲观。1914年,弗洛伊德曾在他所著的《论精神分析运动史》中严厉地批评了荣格与阿德勒的观点。在大战爆发期间,他集中精力深入研究潜意识及其他有关人类精神生活的重大课题。通过这些不停的著述活动,他试图进一步加强自己的理论阵地。

1915年,奥地利著名的象征主义诗人里尔克访问弗洛伊德。当时,里尔克已经40岁,而弗洛伊德则已经是快六十岁的老人。里尔克因被征入伍而来到维也纳。两人在谈话中讨论了文学创作的问题。

1916年新年,弗洛伊德在致艾丁根的信中说:“关于战争,很难说到什么。没有人知道,以后会发生什么、会导致什么以及会延续到多久。……这里的消耗是很严重的,而且即使在德国也不再存在牢靠的乐观前景。”他在信中还说,他的大儿子已升为中尉,而小儿子是准尉,他们俩都正在意大利前线作战。他的另一个儿子奥里弗作为工程兵正在喀尔巴阡山开凿隧道。弗洛伊德很关心儿子们的生死前途,他每天都以焦急的心情看四份报纸。

1961年,弗洛伊德的生活面临许多困难。战争使粮食严重地缺乏起来。在这一年弗洛伊德的许多信中,弗洛伊德都提到他的家人面临着缺粮的威胁。他还得了重感冒病,使他的身体衰弱起来。他的六十岁生日是过得很凄惨的——几个儿子都在前线,又没有足够的东西吃。

到了1917年,弗洛伊德的境况更加困难。物资短缺,粮食不足,经济上更加紧张。弗洛伊德还患了严重的风湿症,写字的时候,手不停地颤抖着。但弗洛伊德在信中说:“我的精神并没有受到动摇。……这就表明,一个人的精神生活是多么重要啊!”

1917 年夏天,他在措尔巴多山区度假。这个有四千英尺高的山区,天气很凉快,但时时有风暴。弗洛伊德尚能到户外散步,并兴致勃勃地去搜集蘑菇。弗伦齐、查赫、艾丁根和兰克也到那儿同他一块度假。

那年春天,弗洛伊德写了一篇论文——《精神分析过程中的一个难题》。在这一年,弗洛伊德还把 1915 年出版过的《精神分析导引》加以扩充再版发行。

1917 年底,弗洛伊德的下颚癌的最初征候开始表现出来。他的这种病最忌吸烟。但对他来说,戒烟是很大的精神痛苦。他的下颚经常颤抖,而且不时地发痛。弗洛伊德逐渐地担心,他会在他母亲去世前死去,而这将给他的老母亲一个不堪忍受的打击。一想到这,他就更加忧虑。

1918 年 8 月,德军固守多年的“兴登堡防线”被英、美、法联军突破。这时,德国的战败已成定局。

就在第一次世界大战宣布结束前夕,中断了三年多的“国际精神分析学会”的第五次大会在匈牙利首都布达佩斯召开。

9 月 28 日,大会在布达佩斯的匈牙利科学院大厅正式开幕。

弗洛伊德在自传中说:“在德国全面崩溃之前,最后一次集会于 1918 年在布达佩斯举行。那时中欧同盟国曾派官方代表参加大会,他们赞同设立一些精神分析站,以治疗战场神经质病。可惜这个目标一直都没有实现。同样的,我们的主要会员之一安东·弗伦德曾设想一套周密的计划,要在布达佩斯设立一个精神分析研究与治疗中心,但也因为当时政治形势混乱，加上弗伦德本人的早死，而无法实现。此外，在布尔什维克统治匈牙利时期，弗伦齐也以官方正式承认的精神分析专家的身份在布达佩斯大学开设精神分析课。”

这里所说的东欧各国政府指的是奥地利、德国和匈牙利政府。这些国家的政府代表参加了大会，表明在世界大战中出现了许多患严重精神病的士兵。

布达佩斯代表大会推选弗伦齐担任主席。几个月以后，即到1919年春夏期间，布达佩斯大学有数千名学生请求政府委派弗伦齐到大学开设精神分析课。在布达佩斯代表大会上，弗洛伊德宣讲的论文的题目是“精神分析治疗法的前进方向”。

1918年11月，第一次大战结束了。

弗洛伊德焦急地等候他的儿子们能从前线平安地归来。他等了好几个礼拜，一直没有得到大儿子的音信。12月3日，他终于收到他的大儿子马丁自意大利寄来的明信片，他才知道：马丁和其他奥地利军队被意大利人民包围，后来，他被送到意大利医院治疗。马丁在医院里，一直住到1919年8月为止。

在战争刚刚结束、纸张短缺的情况下，弗洛伊德还成功地出版了他的《精神分析短论集》第四卷。这一卷厚达七百多页，比前三卷的总数还要多。

战争虽然结束了，但和平并没有真正地到来。弗洛伊德在苦闷的气氛中，只好继续发奋著书。这一年，他的爱情心理学中的第三篇论文——《处女之谜——一种禁忌》——发表了。与此同时，“国际精神分析出版社”在维也纳正式成立。弗洛伊德的其他著作——《一个神经质儿童的故事》（又名《狼人》）《恶心的东西》和《孩子挨打》——也先后出版。

社会的动乱使弗洛伊德一家人的生活笼罩了一片阴影。弗洛伊德本人的诊所收入少得可怜，他的儿子、女婿找不到工作。1918 年到 1920 年的冬天，天气寒冷，又买不到燃料。弗洛伊德不得不在零下十多度的严寒下，守候着没有暖气的诊室。寒冷迫使他在室内穿上大衣和皮手套。晚上，弗洛伊德又要用冻僵了的手执笔写稿和校阅稿样。

由于经济困难，弗洛伊德不得不靠借债度日。通货膨胀的结果，使他原有的价值 15 万克朗的存款化为乌有。这样，当他 60 岁开外的时候，他手头仍然一文不名。

在这一时期，弗洛伊德曾写信给琼斯说："我简直不堪回首那最暗淡的日子……我知道你的处境也是很困难……遗憾的是，我不能为你提供任何有益的东西……我们正生活在一个很坏的年头里。"

1919 年底，弗洛伊德夫人也身患重感冒而更加衰弱了。

在战后一段时间内，唯一给弗洛伊德带来慰藉的，是精神分析运动的广泛发展。战争带来的灾难，使精神病患者的人数更多了。另外，更重要的是，人们在精神上的空虚、苦闷和悲观，使人们更加重视精神分析学，希望求助于它来探索解除精神苦闷的奥秘。

因此，战争结束以后，西欧各国政府、学者和普通人对精神分析学的兴趣大大增加。国际精神分析学会在各国的支会进一步有所发展。对于精神分析的研究活动也大大增加了。

弗洛伊德在自传中说："欧战虽然摧毁了好多好多的社团组织，但对我们的国际精神分析学会却毫无影响。战后第一次集会在中立国荷兰的海牙举行。东道主国荷兰殷勤地接待来自中欧各国的赤贫挨饿的代表们，景况令人感动。我相信这是英、德两国的人在战后的废墟上第一次围桌而坐，共同友善地讨论双方感兴趣的问题。对于战场神经病的观察，终于打开了医学界的眼界，使他们看到了心理因素在神经病中的重要地位。”

1920 年海牙代表大会的召开表明，第一次世界大战使精神分析学获得了进一步发展的稳固基础。战争使精神分析学深入人心，渗透到各个社会生活领域，渗透到一切与人类的精神生活有关的学科中去。从此，精神分析学的发展迈入了崭新的阶段。精神分析学开始成为无形的精神酵母注入文学、艺术、社会学、教育学、法学、政治学等领域；而在渗透的过程中，不但精神分析学起到了改造社会科学和人文科学各部门的作用，而且，精神分析学的不足部分得到了发展和补充，它的不准确部分得到了纠正和改造。

在这样一个新的历史时期，弗洛伊德担负起更重的任务——他要负起在理论上补充、发展、修正精神分析学的重任，还要指导它在各部门的实际应用，总结新的经验。

1919 年，维也纳大学把弗洛伊德从副教授提升到正教授，但仍然没有让他在学校和系里担任学术上或行政上的领导职务。

1920 年 3 月，弗洛伊德写信给弗伦齐说：“我刚刚完成一篇 26 页长的论被虐待狂的病源学的论文。这篇论文的题目叫做《孩子挨打》。我已经开始写第二篇文章，它的题目带有神秘的色彩：《快乐原则的彼岸》。”这篇文章于那年夏末写就。

《快乐原则的彼岸》是弗洛伊德在整个 1920 年代所写的有关本能的一系列论文的第一篇。我们将在下面看到，由于“本能”理论的建立，使弗洛伊德关于潜意识的理论更加成熟和更加圆满。

第 15 章

20 世纪 20 年代的理论建设

经过 19 世纪末至 20 世纪初的二十多年时间，弗洛伊德的潜意识理论得到了发展，但弗洛伊德觉得，他的潜意识理论迄今为止尚未最终解决“潜意识何以能发生作用”这个根本问题。这实际上涉及潜意识的来源、性质及其发生作用的过程等一系列重大问题。经过周密的思索，弗洛伊德终于发现：“在心理学领域内，为了构建更加高大的理论大厦，再没有比建立一整套关于本能的基本原理更加重要和更加急切的事情了。”

关于本能的理论，弗洛伊德的观点是经历一段变化过程的。他最早把本能分为两组：一种是保存种族的“性本能”，另一种是维持个人生存的“自我本能”。后来，他发现这种分类有片面性，容易造成两者互相对立的迹象。他认为，“性的本能”固然是为保存种族发展所必需的，但同时也应该符合“自我”的利益。总之，他认识到把两者对立起来的观念是错误的，是不符合人类存在和发展的历史事实的。在现实生活中，种族的存在和个人的存在是相辅相成、互为条件的。因此，个人的本能与种族的本能应该是一致的。

由此出发，弗洛伊德把本能重新加以科学的分类。必须指出，这一新分类的基础就是弗洛伊德为精神病人进行治疗的临床实践以及他研究人类性欲的发展规律所得的经验。

他在治疗性变态时，发现在同一个人身上往往存在两种对立的冲动——这一冲动的协调和斗争的结果，才使个人和种族的存在成为可能。在性变态中，这种对立倾向的典型暴露就是性虐待狂和性被虐待狂。性虐待狂是通过强加给性对象的痛苦来获得性满足，被虐待狂则是借着本人受到的痛苦以获得性满足。弗洛伊德说，人类的一切本能的冲动归根到底是这两种本能力量按不同比例的结合。

被虐待狂，即自虐狂，假如我们抽掉其性的成分，则是一种自我破坏的倾向的存在。在人类的人格发展史上，全部本能原先都是包含于或局限于自我的范围之内，后来才向外界寻求发展，对外界对象感兴趣。所以，自虐狂所代表的自我破坏的冲动，比起虐待狂，即他虐狂来说是更加原始的，也是较早出现的。在他虐狂的情况下，这种破坏的冲动不再内向自己，而是转向外方。这种冲动在后来就发展成为侵略。一旦这种侵略在外界遇到不能克服的障碍，它便再度转向内方。要免除这一点，就必须在外界寻求它得以破坏的对象。所以，弗洛伊德在1921 年发表的《群体心理学与自我之分析》一文中说："我们必须毁掉别的东西和别的人们，免得毁掉我们自己，使我们可以避免那种自我破坏的倾向。"后来，弗洛伊德在致爱因斯坦的信中说："战争就是破坏冲动向外界的转移。"（见爱因斯坦与弗洛伊德合著《为什么战争》）

根据这些分析，弗洛伊德认为，人的本能"乃是一个本源，一个意向和一个目的。这种本源是人体内的一种紧张状态，而它的目的便是消除这种紧张。在从本源到实现它的目的的过程中，本能在心理上变成为能动的力量。因此，我们把它说成是一种向一定方向冲出的一定

数量的力”。(弗洛伊德著《精神分析新论》)

通过对各种冲动及其本源的研究,弗洛伊德才把本能分为两类——“生的本能”和“死的本能”。

弗洛伊德在1920年代所发表的著作中,有相当大的部分是研究“本能”“自我”和“超我”的概念的。这些重要著作包括:

(1) 1920年发表的《快乐原则的彼岸》《一个女性同性恋病例的心理成因》。

(2) 1921年发表的《群体心理学与自我的分析》。

(3) 1922年发表的《梦与精神感应》和《嫉妒、妄想症及同性恋之某些心理症机转》。

(4) 1923年发表的《自我与原我》《幼儿的原欲性体系》和《有关梦的解释与实际》。

(5) 1924年发表的《心理症与精神病》《俄狄浦斯情结的瓦解》《受性虐待狂的经济问题》和《精神分析学概要》。

在1925年发表的自传中,弗洛伊德对这些著作的基本思想作了一个精辟的概括:“在我往后几年的著作中,如《快乐原则的彼岸》《群体心理学与自我的分析》《自我与原我》等,我让自己的那种由来已久的思索方式任意驰骋,并且对本能问题的解决方案作了一番整顿的工作。我把个人的自卫本能和种族保存的本能结合起来,而形成‘爱洛斯’观念,并和默默地进行着的死亡或破坏的本能相对照。一般说来,本能被认为是一种生物的反应,是为保存某一种状态以免外来的阻挠力的破坏的一种意向或冲动。本能的这种基本保存力的特征,因反复性的强迫观念而更加明显。而生命所呈现于我们面前的景象,正是爱洛斯本能和死的本能之间相合又相斥作用的结果。”

其实,弗洛伊德的理论成果并不是在那五六年内短期思考的结果，而是自第一次世界大战前后发展而来的。早在1911年，弗洛伊德就已在《心理功能两原则之剖析》一文中注意到人类心智活动中"快乐"和"痛苦"两原则以及取代它们的现实主义原则的重要意义。后来，在同弗莱斯的通信中和在1915年至1917年期间，弗洛伊德又尝试建立"超心理学"。据弗洛伊德说："超心理学把每一种心智过程都用我所谓的'力学的''地形学的'和'经济学的'三坐标来加以衡量。……这种方法无异代表了心理学所能达到的更高远目标。"这表明，弗洛伊德早就思索着心理学的最一般性的理论，试图使他的精神分析学建立在更稳固、更广泛的基础上，并使自己的理论在社会生活中产生更广泛的影响。

正因为经过了这样长时间的准备，弗洛伊德才有可能在第一次世界大战结束后不久，在社会生活开始逐步安定的情况下，集中精力解决精神分析学理论的核心问题——本能及其与"超我"的关系。

但是，弗洛伊德的理论工作并没有就此结束。他从20世纪20年代下半期开始，把思索的范围进一步扩大到心理学之外的广阔领域。

弗洛伊德最感兴趣的课题仍然是宗教和文学艺术。

现在我们再根据1927年发表的《拜物教》《幻想的未来》和1930年发表的《文明及其不满》三本书的基本观点，补充说明弗洛伊德的宗教观。

在这一时期，弗洛伊德对宗教的研究方向，主要是集中地解决它的历史起源问题。弗洛伊德在自传中说，1912年，他就已经尝试在《图腾与禁忌》中，"应用最新发现的精神分析所见，去探讨宗教和道德的起源。其后，在我的两篇论文——《幻想的未来》和《文明及其不满》中，我把这个工作更向前推进了一步。我更清楚地发现，人类历史上的各个事件，人类的本性的各种表现活动，文明的发展，以及人类原始经验的沉积(最明显的例子是宗教)等,都不过是自我、原我、超我这三者之间冲突斗争的反映而已。换句话说,只不过是将精神分析对于个人的研究搬上一个更大的舞台去演出而已。在《幻想的未来》中,我表白了对宗教价值的根本否定。后来我又发现宗教不过是历史发展的一个产物罢了。"

弗洛伊德认为,在他以前,关于图腾崇拜这样一种原始宗教的起源的研究,可以归纳成四类:(一)唯名论的;(二)社会学的;(三)心理学的;(四)历史的。

弗洛伊德认为,上述四种观点都没有揭示宗教的真正本源。当然,上述四种观点中的最后一种——历史的观点,尚有合理的内容,可供我们深入研究宗教起源的借鉴。弗洛伊德认为,达尔文是用历史观点研究宗教的一个代表人物。达尔文从观察高等猿猴的生活习性中推论出人类和这些猿猴一样在早期曾以小群体方式集居生活。在群居中,由于嫉妒的心理使年龄较大和较强壮的男性担负起预防杂交的责任。

达尔文在猿猴的习性中看出的迹象,弗洛伊德在研究幼年儿童的心理活动时看得更清楚了。男性儿童初期产生的恐惧心理起源于他们对父亲的恐惧。弗洛伊德说:"要是图腾动物即代表父亲的话,那么,图腾观的两个基本因素——禁止屠杀图腾和禁止与相同图腾的妇女通婚——就正好与俄狄浦斯的两个罪恶(杀害父亲并与母亲结婚)隐隐相映。"由此,弗洛伊德认为,图腾制度乃是俄狄浦斯潜意识情结在人类早期历史中的表现。

在这个问题上,弗洛伊德大量地引用人类学家、《圣经》批判家威廉·罗伯逊·史密斯(William Robertson Smith, 1846 - 1894)的研究成果。威廉·罗伯逊·史密斯是苏格兰神学家、东方学家。他在1889

年出版的《闪族的宗教》提出了一个著名的论点:“图腾餐”的特殊仪式是图腾崇拜的主要部分。

弗洛伊德说:“现在,要是我们用精神分析的方法以图腾餐和达尔文对原始社会形态的陈述来对图腾作一深入的探讨,那么,我们就会逐渐深入地了解图腾的本质。”

在分析研究的过程中,弗洛伊德得出结论说:“在食人肉的野蛮民族里,除了杀害父亲外,还吃他的肉。在此种情况下,那位残暴的父亲无疑成为儿子们畏惧和羡慕的对象。因此借着分食他的肉来加强他们对父亲的认同感。同时,每个人都经由此而分得了他的一部分能力。由此看来,图腾餐也许可说是人类最早的庆典仪式,它正是实行和庆祝值得纪念的和残酷的事件的行为,它是往后所谓的‘社会结构’‘道德禁制’和‘宗教’等诸多现象的开端。”

在弗洛伊德看来,图腾体系在某种意义上说就是儿子们与父亲间所达成的默契行为。因为,就图腾来说,它提供了一位父亲所能提供给儿子们的一切幻想——保护、照顾和恩惠,而人们(指儿子们)则保证尊重其生命,即保证不再用杀害父亲的手段对待它。同时,图腾观又包含了一种自我审判的意味:“要是父亲像它一样对待我们,那么,我们绝不会杀害他。”也正因为如此,图腾观的出现使整个事情和过程罩上了和谐圆满的气氛,也使人们逐渐忘却其起源。

所以,弗洛伊德说:“于是,宗教思想开始萌芽。图腾宗教是导源于儿子们的罪恶感。他们为了减轻此种心理而以服从它的方式来请求父亲的宽恕。所有以后的宗教大概也都在致力于解决这个难题。这些宗教所以产生差异,只是由于文明程度及人们对它所采取的手段不同而已。不过,从根本上说,它们都具有相似的本质,而人们也无时不在对它做挣扎。”

在人类社会的漫长的进化过程中，兄弟间的情感对社会结构所产生的影响越来越大、越来越深。人们还把血亲间的关系神圣化，同时强调了族内人民的团结。为了保障个人的生命安全，所有的兄弟都声明不再用对付父亲的方式来对付他人。换句话说，人们开始防止任何类似父亲命运的再现。至此，带有宗教色彩的禁止屠杀图腾的禁忌已逐渐附上了带有社会色彩的禁止兄弟相互残杀的禁制。原有的家长统治形态也开始首次为以血亲为基础的兄弟部落所取代了。最后，弗洛伊德得出结论说："因此，我们可以说，社会的存在是建筑于大家对某些共同罪恶的认同；宗教则是由罪恶感及附于其上的懊悔心理所产生。至于道德，一部分是基于社会的需要，一部分则是由罪恶感而促成的赎罪心理所造成。"

在社会的进一步发展中，神的观念代替了图腾的观念，神也不过是父亲形象的一种夸大形式而已。总而言之，对父亲的仰慕可说是构成各种宗教信仰的一个核心。自然，在以后的漫长演变过程中，人们对父亲或人们与动物间基本关系的改变均可影响到人对神的看法。所以，父亲角色与图腾及神之间的关联性是精神分析学应用于宗教研究时的一个极为重要的观念。

弗洛伊德明确地表示了宗教观念的产生和演变是同原始社会从母系社会过渡到父系社会以及随之而来的家庭、私有制、国家的产生有密切关联的。

弗洛伊德说："我无法具体地说明在发展过程中母神出现的情形（因为弗莱彻尔和罗伯逊·史密斯所提供的原始资料只限于父系社会的情况），因为她们的出现可能是在父神之前。不过有一点是可以肯定的，那就是对父亲态度的演变，其影响并不仅局限于宗教领域内，它同时也使社会结构发生了极大的变化。由于父神观念的产生，一个没有父亲的社会形式逐渐演变成一个以家长统治为基础的社会结构。”接着，弗洛伊德还说：“经过一段时间之后，动物逐渐失去其神圣性，而祭物也慢慢地与图腾动物脱离原有之关联；它最后终于变成一种纯粹用于取悦和祈求神的东西，而神也被夸大成为远远超越出人类并只能经由僧侣等中间媒介才能沟通的彼岸力量。就在这同时，国王的观念开始在社会制度上出现，家长统治的结构也逐渐转变成接近国家的形式了。”

关于弗洛伊德的宗教理论，我们只介绍到这里。关于弗洛伊德及其思想在 20 世纪 20 年代对文学艺术的影响详见本书下篇第 7 章第 2 节。

第 16 章

与下颚癌进行顽强搏斗

由于弗洛伊德在 20 世纪 20 年代理论建设中取得的成果，及这些理论在文学艺术领域中的扩散和渗透，弗洛伊德在国际上的名声越来越大。这十年间的胜利，奠定了弗洛伊德在整个 20 世纪的地位。

1921 年 7 月，艾丁根请维也纳雕刻家保罗・柯尼斯贝格(Davis Paul Konigsberger)为弗洛伊德塑半身像。“委员会”的成员为庆祝弗洛伊德六十五寿辰，决定把塑像原型买来，送给弗洛伊德作纪念。

弗洛伊德半身塑像的出现，意味着“弗洛伊德时代”的开始。从此以后，一直到弗洛伊德死后，弗洛伊德成了越来越多的西方人的崇拜对象之一。

1924 年 5 月，前英国外交大臣贝尔福(Arthur James Balfour)在耶路撒冷市希伯来大学建校典礼上说：“对人类现代思想起着重大影响的，有三个人：柏格森(Henri Bergson，1859 - 1941)、爱因斯坦和弗洛伊德，而这三个人都是犹太人。”贝尔福的这段评论显然并不全面。但是，不管贝尔福怎样说，他对弗洛伊德的评价倒是在很大程度上表明了弗洛伊德在近代和现代思想史上的重要地位。

当我们看到弗洛伊德在 65 岁之后享有越来越高的盛誉时，我们还要看到问题的另一面，即在 65 岁以后，弗洛伊德本人的遭遇并非平坦和舒适。他除了受到社会危机的压力和理论上反对派的攻击以外，身体越来越衰老，而更严重的是，从 1923 年起，潜伏多年的下颚癌开始恶化，使他忍受了肉体上的巨大痛苦。所以，他必须在克服内外困难的斗争中发展自己的事业。

1923 年，当弗洛伊德 67 岁的时候，他发现右颚明显地膨胀起来，但他并没有把疾病告诉任何人。他自己并没想到这是致命的下颚癌的前兆。所以，他自己不声不响地去医院看病，并动了第一次手术。动手术后，晚上经常出血，但他仍然对自己的疾病不介意。他没有采取有效的措施治疗自己的病，以致下颚迅速地萎缩，难以开口。四个月后，他的下颚的疼痛越来越严重，只有靠止痛药才能制止痛苦。

疾病的迅速恶化对弗洛伊德来说是一个严重的打击。因为他立志要在战后完成的事业和目标是很宏伟的，他希望经过第一次世界大战的考验而站住了脚跟的精神分析学能迅速地传播到全世界各个有关的科学领域。因此，他计划在理论上、实践上和组织上进一步推动精神分析学的发展。在理论上，他的建设重点是论证潜意识的“本能”性和把精神分析学的理论应用到文学艺术、宗教、教育、社会学、文化史、人类学等广阔领域；在实践上，他则着重革新精神治疗法，使精神治疗法更牢固地建立在现代医学、生物学、物理学、化学和遗传学等科学成果的基础上；而在组织上，他计划进一步扩大原有“委员会”的范围，并使已经活动多年的国际精神分析学会在更多的国家和地区获得发展。

1923 年，当弗洛伊德发现了自己的严重疾病的时候，又有一件使他万分悲伤的事情发生：他的小外孙、苏菲的第二个儿子海纳勒突然因患肺结核而死去，这个孩子是弗洛伊德所见到的孩子之中最聪明的一个。

弗洛伊德于1923年7月告诉琼斯说，他遭受到了有生以来最严重的打击，而且，“这种无尽的悲伤已经深深地潜入内心深处，分秒不离地伴随着我的工作。”弗洛伊德说，由于这一打击，“在我的思想中已经激不起智慧的火花，我已经很久没写一行字。”在这之后不久，弗洛伊德又说，海纳勒之死“给我一次不可言状的打击”。“在这之后，我再也不对任何新鲜的事物感兴趣。”但是，他又说，海纳勒之死给他的沉重打击转化成为巨大的动力，促使他除了发展科学的雄心以外再也不对其他事物感兴趣——他说自己已对其他的一切都麻木了，心中唯有一个信念：努力啊，努力，在自己的有生之年，非要达到自己的目标不可。

为了更有力地发展自己的事业，他很重视组织上的建设。在组织上，他一方面扩大“委员会”的名额，另一方面扩大国际分析学会的规模。他首先建议由琼斯担任国际精神分析学会的代理会长。同时建议艾丁根加入“委员会”。接着，弗洛伊德又让他的女儿安娜加入“委员会”。像安娜那样，获得这样高的荣誉而加入“委员会”的妇女，还有莎乐美、玛丽·波拿巴和琼斯的妻子卡瑟琳。

与此同时，在维也纳正式成立了“国际精神分析学出版社”。这个出版社的建立对于推动精神分析学的发展作出了重大的贡献。自从该出版社建立以后，二十多年中，共出版了几百本书，并在1924年出版了第一版的《弗洛伊德全集》，发行了五种关于精神分析学的杂志。这个出版社得到了冯·弗伦特财政上的大力支持——他共捐款50万美元。

自从1922年以后，国际精神分析学会继续按例行规定每隔一两年召开一次大会。1922年，国际精神分析学会在柏林召开第七次大会。弗洛伊德的女儿安娜因在学术上成绩卓著被推选为学会会员。

在这段时间内，国际精神分析运动又面临着新的分裂。兰克和弗伦齐，背着“委员会”的大多数成员，撰写了一本论述精神分析学发展过程的巨著——《精神分析学的发展》。这本书在1923年年底出版，震动了国际学术界，特别震动了“委员会”的其他成员。使弗洛伊德及“委员会”其他成员感到不满的是，这本书在出版前未征求过他们的意见，而且全书的观点明显地背离了弗洛伊德的“正统”观点，其最突出的是非常轻视儿童时期的生活经历对形成潜意识所起的决定性作用，而把重点放在“此时此地”的经验上。

1924年4月，在萨尔斯堡召开了第八次国际精神分析学会大会。亚伯拉罕被选为会长。本来，弗洛伊德希望在这次大会上进行一次开诚布公的讨论，以便在内部解决矛盾和分歧，加强团结，但弗洛伊德因患感冒未能参加大会。兰克和弗伦齐根本拒绝在会上讨论他们的问题，兰克自己在大会召开后的第二天便离开大会前往美国。

在这一年，精神分析学会继续在欧美各国获得发展。“精神分析训练研究中心”纷纷在柏林、维也纳、伦敦和纽约建立起来。

1925年，国际精神分析学会在洪堡召开第九次大会。安娜代表她父亲宣读论文——《论两性解剖学上的差异所产生的心理后果》。

在这一年年底，亚伯拉罕患肺癌而死。虽然在最后几年内，亚伯拉罕曾同弗洛伊德发生争执，但弗洛伊德仍然很尊重他。弗洛伊德很珍惜他同亚伯拉罕的友谊。他在为亚伯拉罕所写的悼文中引用了古罗马诗人贺拉斯(Horatius)的一句诗文：“一位终生昂然挺立而又纯洁的人。”这是对亚伯拉罕最高的评价。弗洛伊德写信给琼斯说：“夸大一个人的死，是我所不肯做的事，我尽力避免这样做。但我认为上述引文对亚伯拉罕来说是很切实的。”

亚伯拉罕死后，艾丁根继任国际精神分析学会会长，安娜(Ana Freud)担任学会秘书。

1925年，弗洛伊德发表了自传。这本书系统地、概括地总结了精神分析学的发生和发展的历史，突出了精神分析理论体系的中心问题，在学术上和理论上具有重要的价值。

弗洛伊德在同一年还为法国的《犹太人评论》杂志写了一篇论文《对精神分析学的抵制》。同时，弗洛伊德还发表了两篇医疗方面的论文——《否定》和《两性在解剖学上的差异所产生的心理后果》；后一篇文章是由安娜在洪堡大会上宣读的。

1926年，弗洛伊德的下颚癌恶化，而且他还得了心绞痛。经医生诊断，病因很可能是精神上的过度忧虑和过量的抽烟。为了治疗疾病，弗洛伊德每天早晨坚持到郊外散步。

1926年弗洛伊德七十寿辰的时候，很多人来祝贺他。维也纳各报和德国著名报刊都写专文庆祝弗洛伊德的成就。在这些专文中，最好的两篇是由布洛伊勒和茨威格写的文章。

与此相反，维也纳的官方学术和研究机关——维也纳大学、奥地利科学院和奥地利医学会却对弗洛伊德的七十岁寿辰保持沉默。弗洛伊德不但不懊丧，反而感到光荣。他说："我不认为他们的任何祝贺是真诚的。"因此，他们如此坦诚地表示冷淡反倒使弗洛伊德感到高兴。这件事集中地表现了奥地利和德国境内排犹势力的猖獗。

5月6日，弗洛伊德的几个学生捐献给他4 200马克的基金。弗洛伊德把其中的五分之四献给"国际精神分析出版社"，五分之一献给维也纳精神分析诊疗所。在感谢词中，弗洛伊德表示了从国际精神分析运动引退的愿望。他说："从今以后，必须全靠年轻一代来发展精神分析的科学事业。"他还警告说："未来的道路不会是平坦的；精神分析学的每一步进展都是在克服重重障碍(包括人为的困难在内)之后取得的。"

1926 年圣诞节，弗洛伊德夫妇访问柏林。这是自 1923 年动手术后的第一次旅行，也是他一生中最后一次到柏林的愉快旅行。弗洛伊德到那里探望自己的儿子和孙子，同时也见到了爱因斯坦。

这是弗洛伊德与爱因斯坦之间的第一次会面。他们在一起谈了两小时。谈话之后，弗洛伊德对别人说："他很乐观、自信，他很了解心理学，就像我了解物理学那样，因此我们的谈天是很愉快称心的。"

由于疾病的干扰，弗洛伊德不得不减少工作时间。从这一年起，他在诊疗所治疗病人的数目大大减少。按照他的身体的实际状况，加上年迈力衰，他应该停止一切工作，治病休养。但是，他的经济状况还是不够充裕。他不得不坚持给别人看病，因为看病的患者人数减少，弗洛伊德相应地将诊疗费抬高五分之一。

1927 年国际精神分析学会在奥地利因斯布鲁克召开第十届大会后，原"委员会"人员同时成了国际精神分析学会的领导核心小组成员。显然，由于兰克、弗伦齐等人相继脱离，"委员会"已经减少了人数，因此，"委员会"没有必要再作为一个组织继续存在下去。

到了 1927 年，弗洛伊德本人的健康状况继续恶化，与此同时，社会危机也笼罩着整个西方国家。经济萧条发展成为严重的经济危机。各国政府又投入了军备竞赛的旋涡，通货膨胀，物价飞涨。弗洛伊德又一次遭受内外困难的夹攻，陷入难于克服的困境之中。

玛丽·波拿巴劝弗洛伊德加紧治疗自己的疾病。她向弗洛伊德推荐维也纳名医马克斯·舒尔，建议弗洛伊德定期到舒尔教授那里检查身体。从此之后，直到 1939 年为止，舒尔一直负责治疗弗洛伊德的疾病，他和安娜·弗洛伊德一起，成了弗洛伊德晚年健康的保护人。他们的精心治疗和护理，无疑延长了弗洛伊德的寿命。

疾病的折磨看来已经夺去了弗洛伊德的许多精力。但是，在 1929

年，弗洛伊德仍然写出了大量的著作，如《陀思妥耶夫斯基及弑父者》等。

当1929年圣诞节到来的时候，弗洛伊德已经以坚强的毅力度过了四分之三世纪。他以既沉重而又充满信心的语调说："在过去十年内，精神分析学本身的发展历程，已雄辩地证明了精神分析学具有不可动摇的力量。但同时，它又遭到、并将继续遭到严重的阻力。"

1930年，弗洛伊德写出了《文明及其不满》等著作，得了歌德文学奖，但他又遭到了沉重的打击，他的心爱的母亲在这一年死去了。弗洛伊德本人的病情迅速恶化。

弗洛伊德对他的母亲始终怀有极其深厚的感情。每当他遇到困难的时候，母亲的崇高形象给了他无穷无尽的力量；每当他在灯下思索着人类精神的奥秘时，他同母亲之间的无形的、然而是强大的感情联系，使他产生神奇般的灵感，使他的想象力插上了天使般的翅膀，自由地翱翔在精神王国的广阔天地中。母亲的死，虽然使他沉痛的无可比拟，但同以往所经受过的一切打击一样，给了他新的推动力量。

1930年10月，弗洛伊德又一次动手术。同往常一样，这次手术从他的手臂上割了一块皮，移植到下颚部。手术刚完不久，他又得了支气管肺炎。

1931年，英国伦敦大学赫胥黎讲座邀请弗洛伊德去讲学。赫胥黎(Thomas Henry Huxley, 1825－1895)是英国著名的人类学家和科学家。弗洛伊德从大学学习时期起就已经很敬仰赫胥黎。自赫胥黎于1895年逝世后，伦敦大学每年举办一次"赫胥黎讲座"。1898年，德国著名的病理学家和人类学家魏尔肖(Ruddf Virchow, 1821－1902)曾应邀参加该年度的赫胥黎讲座。但在第一次世界大战前后的三十三年间，由于英德关系恶化，再也没有一个德国学者应邀参加赫胥黎讲座。这次邀请弗洛伊德讲学，是给予弗洛伊德的荣誉。弗洛伊德本人是愿意去的，但无奈病魔缠身，他只好谢绝。

1933年，希特勒(Adolf Hitler，1889－1945)在德国上台，开始疯狂地迫害犹太人，向科学和文明宣战。许多精神分析学家纷纷离开德国和奥地利。弗洛伊德面对迫害狂潮，表现得很镇定。他写信给当时在巴黎的玛丽·波拿巴："人们担心德国的种族主义狂热会波及我们这个小小的国家。已经有人劝我逃往瑞士。但那是毫无意义的，我不相信这里有危险。如果他们把我杀了，那也好。这不过是和平凡的死去一样，没有什么了不起。但很可能这仅仅是一种夸张的说法。"

1933年5月，柏林正式宣布弗洛伊德的书是"禁书"，并焚烧了所有的弗洛伊德的著作。弗洛伊德怒不可遏，他大声疾呼："这是人做的事吗？在中世纪的话，他们肯定会烧死我；而现在，他们只好满足于烧毁我的书！"弗洛伊德显然还没有估计到如果这些法西斯势力在维也纳得势的话，他们所做的，就不仅仅满足于焚书，而必定是要焚烧弗洛伊德的肉体不可。

1934年，当弗洛伊德的学说遭受法西斯势力摧残的时候，在瑞士召开第十三次大会。弗洛伊德在1935年写的《自传·后记》中说："第十三届大会于1934年在卢塞恩举行，我无法参加大会。这次大会以各会员的共同兴趣为中心，把他们的工作向各个不同的方向推展开去——有些着重于心理学知识之澄清与深入，有些则着重于同医学和精神病学有关的问题。从实用的观点看来，有些精神分析学家着重于在医学领域内的应用，则有些在医学之外，在教育学等领域内开拓新的园地。我们往往会注意到，当一个精神分析学家强调某一方面的精神分析现象或观点时，好像牺牲了其他方面的研究。但是，从整体上看，精神分析学给人的印象是令人满意的——它是一个保持高水平标准的严正的科学工作。"

到1933年年底，琼斯是原有的“委员会”中最后一个留在欧洲的成员。亚伯拉罕和弗伦齐已相继逝世，兰克离开了，查赫到美国波士顿，艾丁根则刚刚前往巴勒斯坦——艾丁根在那里建立了精神分析学会，并一直坚持活动。

1934年，德国的法西斯分子几乎把弗洛伊德的全部书籍烧光了，以致到20世纪50年代时，了解弗洛伊德的德国人还不及日本人或巴西人那么多。纳粹分子强迫改组德国的精神分析学会。1933年6月，纳粹分子完全管制了德国精神分析学会，原学会主席克列兹莫被迫辞职，荣格取代了他的职位而成为主席。许多正直的科学工作者都谴责纳粹的这些野蛮行为，也谴责荣格的作为。

1933年3月，德国法西斯当局的“盖世太保”秘密警察宣布没收国际精神分析学出版社的全部财产，但由于弗洛伊德的儿子马丁·弗洛伊德(Martin Freud)的努力，该出版社仍能坚持工作，直到德国法西斯军队占领维也纳。

自从1935年以后，弗洛伊德的注意力转向了“摩西”和一神教问题。弗洛伊德在这些著作中抨击了宗教的虚幻性及非真实性。他认为“宗教的威力不是由于真实的真理，而是由于历史的原因。”考虑到书本上所表达的观点具有强烈的反宗教性质，加上当时纳粹势力已表示出对天主教会的大力支持，弗洛伊德决定不立即出版这些书籍。他清醒地估计到，这些强烈的反宗教书籍的发表必将引起法西斯势力的疯狂报复，并将累及他的同事们和整个精神分析学的工作。他坚信，宗教的历史基础是不可靠的。“所以，我保持沉默。我有充分的理由相信，我自己可以解决这个问题。我的整个一生就是一直在努力解决这个问题。”他把自己的想法写在给玛丽·波拿巴的信中。他的思想认识显然有了很大的进步，因为在这封信中他不仅痛斥了宗教，还揭露了法西斯势力支持宗教的阴谋。

1936 年 5 月，弗洛伊德度过了最难忘的 80 岁寿辰。弗洛伊德在家中举行了隆重的庆祝宴会。接着，在连续六个星期中，他收到了从世界各地寄来的贺信和发来的贺电。他的朋友们，其中包括托马斯・曼、罗曼・罗兰(Romain Rolland)、罗曼(Jules Romains)、威尔斯(Herbert George Wells)、弗吉尼亚・伍尔芙(Virginia Woolf, 1882－1941)、茨威格等人，都发来了热情洋溢的贺信。

最使弗洛伊德高兴的是爱因斯坦寄来的贺信。下面是爱因斯坦在 1936 年 4 月 21 日自美国普林斯顿寄来的信的部分内容：

尊敬的弗洛伊德先生：

我感到很高兴的是，我们这一代有机会向你这位最伟大的导师表示敬意和祝贺。毫无疑问，你已经轻而易举地使那些具有怀疑思想的普通人获得一个独立的判断。迄今为止，我只能崇奉你的素有教养的思想的思辨力量，以及这一思想给这个时代的世界观所带来的巨大影响……

爱因斯坦向弗洛伊德致以最热烈的祝贺和最崇高的敬意。最后，在信的附注中，爱因斯坦说他的这封信不值得给予回复，希望不要过多占有弗洛伊德的宝贵时间。

弗洛伊德为爱因斯坦的信所感动。他终于决定回复爱因斯坦，表示对他的衷心感谢。弗洛伊德在给爱因斯坦的回信中说：

尊敬的爱因斯坦先生：

你不让我给你回信的愿望落空了。我实在得必须告诉你，当我收到你那非常善良的信，听到你的判断的演变过程……的时候，我是非常高兴的。当然，我始终都知道，你之所以“仰慕”我，仅仅是出于礼貌关系以及对我的学说的某种信赖，尽管我自己经常反问自己，你对这些学说所仰慕的究竟是其中的哪些内容，假定我的学说不正确的话——也就是说，假定它并不包含许多真理的话。顺便说一下，难道你不认为，如果我的学说包含了相当大的错误成分的话，对我来说就会得到比现在更好的待遇吗？你比我年轻得多，所以，在我的“继承人”当中定会有人在你到达我的岁数时对你作出评价。我是不会知道这些事情的，所以，我只好现在提前为此而高兴……

这两位巨人之间的相互关怀和敬仰以及双方表达出来的谦虚精神，是他们的崇高品质的自然流露，也是那个历史时代的产物。他们都受到了法西斯黑暗势力的迫害，他们需要相互支持和同情。

4 月 30 日，弗洛伊德因病情严重不得不离家前往奥尔斯堡疗养院，在那里，他又动了几次手术。

1938 年 3 月 11 日，德国法西斯入侵奥地利。弗洛伊德难免要遭受所有的犹太人的厄运——他要像他的祖先世世代代所走过的流浪道路那样，离乡背井、流离颠沛。不同的是，弗洛伊德这次流亡生活是作为一个被法西斯迫害的知名人士的身份进行的；而且，弗洛伊德的未来流亡地恰恰是他自幼年以来梦寐以求要去的地方——英国。

德军入侵后不到五天，琼斯为了营救弗洛伊德，亲自飞往维也纳。到达维也纳后，弗洛伊德的女儿安娜同琼斯接触，安娜首先请琼斯去交涉国际精神分析学出版社的财产处理问题。琼斯出面解决这个问题，为的是给德国人一个印象：出版社的财产是国际性的。

当琼斯前往出版社时，德国的武装人员荷枪实弹地占领着这个地方。琼斯看到弗洛伊德的儿子马丁已被武装监禁。当琼斯开口说话时，德国武装人员竟然也宣布琼斯“已被捕”，不许琼斯自由行动。只是在琼斯表示自己的国籍并要求与英国大使馆联系时，才被释放。琼斯从出版社出来以后，径直前往弗洛伊德的寓所。

在弗洛伊德的寓所，他俩亲切地交谈，正如琼斯所担心的那样，弗洛伊德决心留在维也纳。琼斯怀着由衷的敬意和无限的关怀，恳求弗洛伊德赶快离开维也纳。琼斯说：“在这个世界上，你并不是孤立的。你的生命对许多人来说是很珍贵的。”弗洛伊德叹了一口气说：“我只是一个人罢了。啊，如果我是独自一个人的话，我老早就报销了。”琼斯进行苦口婆心的劝说，终于使他同意离开维也纳。

接着，琼斯前往英国，希望英国政府同意弗洛伊德入境，英国政府表示欢迎。

同时，为了使纳粹政府同意让弗洛伊德出境，琼斯又同美驻法大使布利德联系。布利德本来就认识弗洛伊德，所以，他热情地进行活动。由于布利德与美国罗斯福总统的私人感情很好，很快地取得了罗斯福总统的支持。一方面，罗斯福通过国务卿命令美国驻维也纳临时代办维利先生尽全力帮助弗洛伊德离开维也纳；另一方面，布利德在巴黎直接警告德国驻法大使，不许迫害弗洛伊德。

经过这一系列的努力，纳粹终于同意弗洛伊德出境。在弗洛伊德出境前，维也纳精神分析学会召开了最后一次会议，决定让所有的学会成员离开维也纳。

弗洛伊德临走以前，安娜和玛丽·波拿巴清理了弗洛伊德家中的一切文件；把一切没有价值的文件都烧毁了。弗洛伊德在临走前，写信给在伦敦的儿子恩斯特：“在这黑暗的日子里，我们的面前只有两件值得高兴的事情——同大家生活在一起和在自由中死去。”

1938 年 6 月 4 日，弗洛伊德同妻子、女儿安娜及两个女佣离开了居住了 79 年的城市——维也纳。当弗洛伊德离开这个城市的时候，他的心情是很沉痛的。他对眼前发生的一切，无话可说，他只有默默地在心中说：“再见，维也纳！”他知道，这一去是不会复返的了。

路过巴黎时，弗洛伊德一家人在玛丽·波拿巴的家中度过了六小时最难忘和最美好的时刻。玛丽·波拿巴告诉弗洛伊德，他的存金全部被保护下来。玛丽·波拿巴把弗洛伊德的存金转到希腊驻维也纳大使馆，然后由大使馆寄给希腊国王，再由国王转运到希腊驻英国大使馆。

到达伦敦以后，弗洛伊德抑制不住激动的心情。在从车站前往寓所的途中，弗洛伊德在乘车上指手画脚地竟做起他太太的“导游”来了——其实，弗洛伊德对伦敦的建筑物、街道并不熟悉，他只是在启程前反复地翻阅了伦敦市区地图。由于他过于兴奋，他禁不住在车上就活跃起来了。显然，弗洛伊德的心情是愉快的。他从一个法西斯统治地区中解放出来，终于使自己找到了一个安全的归宿地。周围的朋友都很热情地帮助他。

琼斯为弗洛伊德租到一间位于埃勒斯沃西街的房屋。弗洛伊德对这个新住所感到很满意。花园、樱草色的大厅和舒适的卧室，都使他感到清新。他来到这个新环境以后，仿佛忘记了自己是 82 岁的病人。

尤其使他高兴的是，在英国的朋友纷纷前来拜访、礼贺他。英国的精神分析专家们、著名的科学家们、犹太人协会的代表都热情地接踵而来，慰问他。伦敦的报刊热情地报道了弗洛伊德到达伦敦的消息。

他刚刚到达伦敦不久，美国克利夫兰市以“全体市民”的名义发来电报，邀请弗洛伊德去那里安家。

弗洛伊德还收到了许许多多陌生人的贺信，这尤其使弗洛伊德感到兴奋，他真正地体会到自己并非孤立的。

但是，弗洛伊德并没有忘怀自己的祖国，他想念着维也纳。他写信给艾丁根说："获得解放的胜利心情是同忧伤交错在一起的，因为我始终热爱着那所我刚刚从那里被释放的监狱。"每当他想起维也纳的时候，他虽然也可以回忆到许多发生在那里的不愉快的往事，但同时也使他又一次留恋地想起自己与父母、子女在那里共度的天伦之乐，想起与同事们一起钻研人类精神领域的奥秘的情景。这一切都过去了！啊，可恶的法西斯！它不仅夺去了弗洛伊德及千千万万善良的人们的家庭，也夺去他们的自由生活，夺去了他们的事业。

对法西斯的仇恨，又使弗洛伊德回到了现实。他懂得今后应该怎样生活，他把希望寄托于下一代和无数新人们。

不久，弗洛伊德迁入更美丽的新寓所——马勒斯费尔德公园道的一所房子。他对这间新房子非常满意。他尽可能用更多的时间在安静的花园里散步，欣赏着大自然的一切。这时候，他的疾病又恶化。他在伦敦做了一次自 1923 年以来最大的手术。值得欣慰的是，他能在这舒适的环境中养病，使他手术后能很快地恢复精力。

1938 年秋天，他在家里接待了几位高贵的客人：英国著名作家威尔斯(Herbert Wells，1866 - 1946)、人类学家马林诺夫斯基(Bronislaw Malinowski，1884 - 1942)、生物化学家和犹太人著名人士魏斯曼(August Weismann，1834 - 1914)。

马林诺夫斯基教授愉快地告诉他说："英国社会科学院在 6 月7 日做出了一项决议，对弗洛伊德的来到表示热烈的欢迎。"

6 月 23 日，英国国王亲自访问弗洛伊德。英国皇家学会的三名秘书阿尔伯特・施瓦特爵士、赫尔教授和克里菲斯・戴维斯带来了英国皇家学会自1660年创立以来代代相传的珍贵纪念册，请弗洛伊德在纪念册上签名。当弗洛伊德签名的时候，他激动心情使他的手颤抖不已，他知道就在这个纪念册上，有伟大的科学家牛顿和查尔斯·达尔文的签名。

7月19日，茨威格(Arnold Zweig)陪同西班牙画家萨尔瓦多·达利(Salvador Dali)来访。达利是西班牙著名的现代画家。他早就崇奉弗洛伊德，特别是很爱读他写的那本《梦的解析》。达利和其他超现实主义画家一样，以潜意识的活动作为构思线索。达利的名画《记忆的残痕》表现了活生生的原始记忆原料在心理深处的状态，使人感到记忆残痕的新鲜性和生动性。这次访问弗洛伊德，是达利多年前的夙愿。达利为弗洛伊德画了一幅素描画。这幅画以超现实主义的风格，把弗洛伊德的头盖骨想象成一只蜗牛壳的残痕！达利曾把这次难忘的会见写进他的自传中，并附上两幅他自己绘制的画面。

第二天，弗洛伊德写信给茨威格说："我的确感谢你为我带来了昨天的访问者。因为在这以前我一直认为，那些把我当成崇拜偶像的超现实主义者们是纯粹的傻瓜(我可以说他们起码像百分之九十五的酒精那样，百分之九十五是傻瓜!)。但那位年轻的西班牙人以其敏锐的目光和不容置疑的技巧改变了我以往的看法。如果仔细地研究他构思和绘制那幅素描画的过程，一定是非常有意义的。"

8月1日，国家精神分析学会第十五届大会(也是弗洛伊德生前的最后一次大会)在巴黎召开。大会剧烈地争论了关于非专业性的精神分析工作的问题，但没有解决这个问题。于是，国际精神分析学会的欧洲委员会的成员们到弗洛伊德的家座谈，直接听取弗洛伊德对这个问题的看法。他们忠实地接受了弗洛伊德的观点，使得在这个问题上发生分歧的欧美两大陆的精神分析学家终于取得了一致的意见。

弗洛伊德继续发挥他的全部精力，终于在1939年9月写完了《摩西与一神教》的最后一部分文稿。但可惜，他已经不能完成《精神分析学概要》。他还很谦虚地说，他在写这本书的过程中，时时为自己没有创新的思想、不得不重复以往的观点而惭愧。

1939年2月，弗洛伊德的下颚癌已经发展到无可挽救的阶段。英国医学界尽全力给予医治，并请巴黎"居里研究院"的放射线专家们用放射性物质进行治疗，但已经无济于事。

弗洛伊德发现自己的死期已经临近。他最急切的期望是能在自己去世前见到《摩西与一神教》的英文版。琼斯夫人正夜以继日地赶译这本书。结果，1939年3月，该书英文版终于出版了。

8月，弗洛伊德的病情迅速恶化，以致使他难以进食。他最后阅读的一本书，是巴尔扎克的《驴皮记》。弗洛伊德说："这本书正好适合于我，它所谈的就是饥饿。"

9月19日，琼斯探望奄奄一息的弗洛伊德。当时，弗洛伊德的下颚已经全部烂掉，他痛苦万分。弗洛伊德一动不动地躺在床上，琼斯叫了一声他的名字，弗洛伊德睁开了眼睛，认出是琼斯。他伸出手，握了握琼斯的手，然后以很庄重的手势向琼斯表示告别和致意。

9月21日，弗洛伊德对他的医生舒尔说："亲爱的舒尔，你还记得我们的第一次谈话吧。你答应过我，如果我不能坚持活下去的话，你将尽力帮忙。现在我万分痛苦，这样继续下去是毫无意义的。"显然，肉体的痛苦已使他无法忍受，他祈望能安详地死去。舒尔很理解他的心情，紧紧地握了握弗洛伊德的手，答应采取措施减轻他的痛苦。弗洛伊德很感激，接着，对他说："把我们之间的谈话内容告诉安娜。"

9月22日，舒尔给弗洛伊德注射了吗啡。弗洛伊德入睡了。第二天，9月23日，午夜，弗洛伊德的心脏停止了跳动。

弗洛伊德的漫长的、充满着斗争的一生结束了，一个伟人逝世了，但他的思想和精神遗产却留给了世界。

9 月 26 日，弗洛伊德的遗体在伦敦哥尔德草地火葬场火化。许许多多的吊唁者参加了火化仪式。琼斯致悼词，茨威格同时也在德国发表悼文。

1940 年，为了纪念弗洛伊德，《弗洛伊德全集》十八卷伦敦版开始出版发行，这一版本的《弗洛伊德全集》一直到 1952 年才出齐。接着，自 1953 年起，由詹姆斯·斯特拉奇等人主编的二十四卷本《弗洛伊德全集》陆续出版。这就是弗洛伊德给全人类留下的最可贵的精神遗产。

下篇

弗洛伊德思想

第 1 章

精神分析学的诞生

第 1 节　研究的对象与范围

从人类诞生的第一天起，精神活动就伴随着人类生活的一切方面。换句话说，凡有人类生活的地方，就可以找到精神和心理活动的痕迹。人类的精神和心理活动，使人类生活本身变得更高级、更复杂、更丰富，使人类在整个宇宙和自然界中享受到了一切非生物和动植物所没有的特权。精神和心理活动给人类戴上了“万物之灵”的桂冠，使人类不仅可以掌握自己的命运，也可以主宰一切。

人类的精神和心理活动是自然界和整个宇宙最高级、最复杂的运动形式。同其他各种物质运动形态——机械运动、化学反应、天体演化以及有机体的生命发展等等——相比，不论就运动的内容是形式而言，人类心理活动都复杂得多。

长期以来，精神和心理活动的复杂性，即给人类生活带来了无可比拟的便利，也给人类生活本身蒙上一层神秘的黑纱。人们对于自己所特有的精神和心理活动并没有正确的认识。精神和心理活动的复杂性给人类揭示其内在本质带来许多困难。如前所述，既然精神和心理活动是最高级、最复杂的运动形式，所以，人们对它的本质的认识也就非常困难。

本来，精神和心理活动是人类身上的神经系统，特别是神经中枢——大脑的特有机能。从古猿演变成人的漫长历史过程中，最具有决定意义的，是人类的祖先在长期的劳动过程中逐渐地发展了自己的大脑。古人类学根据迄今为止发掘得来的人类祖先的头盖骨化石，断定人类进化过程中不同发展阶段的主要标志就是人脑的容量的变化。从古猿到现代人的发展过程中，人的大脑不断发展，不仅容量越来越大，而且大脑皮层皱褶越来越多，大脑细胞也越来越复杂。事实证明，随着人类神经系统，特别是大脑的复杂化，人类心理活动也越来越复杂，最后，才导致了最高级的精神和心理活动形式——思维的出现。

但是，人的精神活动的本质远没有弄清。作为大脑的机能，人的思维是怎样发生的？思维活动的规律是什么？除了思维以外，人类其他的心理活动，包括最低级的感应、感觉，以至感情、想象等，又是怎样产生的？它们之间的关系怎样？为什么会出现反常的心理？神经病人的病理是什么？人为什么会有喜怒哀乐？为什么人可以认识世界？人的思想为什么可以想出他自己没有经验过的事物？如此等。许多有关人的心理及精神活动的难题一直在困扰着人类自己，也影响了人类对其他事物的认识。

由于人类还没有彻底解决心理活动的本质，人们只能设想出许多奇异的、甚至是荒谬的猜测。有的人还把自己的毫无根据、未经证明的猜测当作“真理”到处宣传，害了自己，也害了别人。有关心理和精神本质的迷信和谎言也乘机出现。

众所周知，从史前时期到有文字记载的近三四千年历史，关于人的精神和心理活动的本质，一直存在着各种各样的认识。人对于精神和心理活动的认识是不断发展进步的。但这些进步是在正确与错误、科学与迷信的剧烈斗争中实现的。一直到近代，随着科学的发展，创立了达尔文主义及其他一系列先进的自然科学知识之后，人类才更加明确了精神和心理活动是人类神经系统的机能这样一个真理。

但是，迄今为止，精神和心理活动的奥秘还远没有揭示清楚，许多问题还有待人们进行深入的研究。

19 世纪中叶，当弗洛伊德诞生在奥地利所属的摩拉维亚的弗莱堡(Moravia, Freiberg)时，达尔文主义及现代医学科学已经取得了重大的成果，进一步弄清了心理与精神的活动规律。弗洛伊德就是在 19 世纪中叶现代自然科学，特别是现代生物学、医学的研究成果的基础上，从他进入维也纳大学医学院的第一天起[①]，开始着手研究人的心理和精神活动的。

弗洛伊德研究人类心理活动的第一个重要出发点，就是肯定心理和精神活动是人类神经系统的特有机能，而且，这种机能是有它自己的客观规律性的。

在弗洛伊德看来，心理活动纵然复杂，也是可以认识的。他从许多表面的现象出发，追根溯源，一直追溯到心理活动的深层中去。他认为，任何一种心理现象，不管是正常的还是变态的、简单的还是复杂的、现实的还是虚幻的，都可以从内心深层中找出它的根源。这种根源不是以往的主观唯心主义哲学家所说的那种可以独立于人的机体、独立于人的神经系统和大脑的“灵魂”，或其他类似于“灵魂”的主观性的“精神实体”，也不是像客观唯心者所说的那样是在人的机体之外的神秘的“精神实体”，或像宗教家所说的那样是一种叫“上帝”的“最高实体”。弗洛伊德是一个无神论者，一位科学家，他摒弃所有这一切关于人类心理的无稽之谈，坚信心理活动是神经系统，特别是大脑的特殊机能。

弗洛伊德的这个基本出发点，使他的精神分析学从一开始就与一切迷信、神学教条和伪科学划清了界限。在弗洛伊德看来，即使是神经病患者的变态心理以及人在睡眠时所作的各种看起来紊乱不堪的幻梦，也都有其自身的规律性。

因此，弗洛伊德从研究心理活动的第一天起，给自己提出的首要任务就是去发现、探索和揭示心理活动的本质及其运作机制。

总的来说，弗洛伊德的精神分析学的对象就是人的心理活动及其运作机制，尤其是其无意识的基础。如前所述，由于人的心理活动的复杂性，它的规律也是很复杂的。弗洛伊德尊重心理活动的复杂性及多样性，所以，他的精神分析学并不把人的心理当成一种简单、单纯、呆板的现象，他既研究人的心理的一般现象及其一般规律，也研究各种心理形态的特殊规律；他既研究心理活动的意识层面，也研究无意识的和非意识的层面；不但研究正常的心理现象及其规律，也研究变态的、反常的心理现象及其规律。

不仅如此——弗洛伊德研究精神活动并不满足于或停留于抽象的理论结果上，而是进一步为解决各种形式的反常精神活动，特别是为治疗精神病而服务的。因此，弗洛伊德的精神分析学把对于神病患者的精神治疗当作它的重要任务之一。

弗洛伊德在1923年发表的《精神分析学与性原欲理论》[②]一文中，很明确地指明精神分析学的三大组成部分：第一部分——对于别无他法深入把握的精神心灵过程的某种研究程序（Ein Verfahren zur Untersuchung seelischer Vorgaenge, welche sonst kaum zugaenglich sind）；第二部分——基于上述研究的处置精神异常的某种方法（Eine Behandlungsmethode neurotischer Stroemungen, die sich auf diese

Untersuchung gruendet)；第三部分——一系列心理学概念；这些概念是通过上述方法取得的，并且倾向于逐步地建立起一个新的科学(Eine Reihe von psychologischen, auf solchem Wege gewonnenen Einsichten, die alle allmaehlich zu einer neuen wissenschaftlichenn Disziplin zusammenwachsen)。

正因为这样，在弗洛伊德的精神分析学中包括了一系列科学的精神治疗法(psychotherapy)。这些精神治疗法是范围更加广泛的精神分析方法的一个组成部分。

精神分析学，作为一种方法，包括了探索精神活动和深层心理的精神分析方法，以及医治精神病患者的精神治疗法。弗洛伊德把变态的精神现象当作正常精神现象的反面。因此，他研究变态心理的科学成果又反过来促进了人类进一步认识心理的本质及其规律。在弗洛伊德看来，分析精神病患者的反常心理，可以提供某些在正常人身上无法发现的心理活动的线索，有助于顺着这些线索去寻求被正常人的正常意识所封闭或有意掩盖的心理本质。同时，研究反常心理为治疗精神病患者提供了有用的资料。

由此看来，弗洛伊德的精神分析学包括了三个重要组成部分：

(一) 精神分析学的一般理论。这一理论包括心理的特性、结构、生理机制及其规律，其中最核心的理论是关于“潜意识”的理论；

(二) 精神分析的方法论。这一方法论提供了一整套进行精神和心理分析的具体方法，借助于这些方法，人们就好像手拿一把犀利的解剖刀一样，可以解析极其复杂的心理现象，一直深入到心理活动的内层。这一套方法，包括催眠法(hypnotism)、自由联想法(free association)等。

(三) 精神治疗法。医治精神病患者的治疗法是弗洛伊德精神分析学一般理论和精神分析方法高度结合的产物，是理论与实际相结合的范例。

本书在介绍弗洛伊德思想的时候，将把重点放在前两部分，同时，也不忽视第三部分。第三部分中涉及具体的医学内容，对此，本书将不给予过多讨论。

第2节　科学和文化发展的产物

弗洛伊德在19世纪末创立精神分析学，以及这门科学在20世纪的不断发展，不是脱离人类科学史和哲学史发展的孤立现象，就其本质而言，乃是科学和文化以及哲学发展成果在心理学领域的一个结晶。

在近一百多年来社会生产力高度发展的推动下，自然科学进入了一个蓬勃发展的高潮时期。19世纪中叶，是人类科学史的一个重大转折点。许多科学部门取得了突破性的重要成果。所有这一切是弗洛伊德的科学的精神分析学的重要前提。人类只有在科学高度发展的基础上，才有条件真正地认识心理活动的本质。

弗洛伊德是在维也纳市的中等学校和维也纳大学医学院接受教育的。他从中学时代起就如饥似渴地学习各种文化科学知识，几乎没有一种科学知识不吸引他。这就使他有条件系统地和深入地掌握当时的科学成果。

应该指出，当时的自然科学中，有三项重大的研究成果对弗洛伊德建立精神分析学产生决定性的影响。这三大科学成就是：

（一）尤利乌斯・冯・迈尔和亥姆霍兹所创立和发展的"能量守恒定律"。在大学时期，弗洛伊德的老师布鲁克、布洛伊尔等人都是迈尔和亥姆霍兹的学生和追随者。他们不仅在哲学观点上，而且他们的生理学、心理学体系(包括理论和方法),都是直接继承和发展了迈尔和亥姆霍兹的成果。

据弗洛伊德的朋友琼斯在他的《弗洛伊德的生平与著作》一书中说,弗洛伊德的精神分析学直接受到了他老师布鲁克和布洛伊尔的影响,而弗洛伊德本人不仅在大学时期是布鲁克和布洛伊尔的追随者和崇拜者,而且在大学毕业后相当长的时间内,一直是布鲁克和布洛伊尔研究动物生理、神经生理的助手。布洛伊尔和弗洛伊德在1895年合著了一本名为《歇斯底里研究》(*Studien über Hysterie*)的书,正是这本书奠定了弗洛伊德精神分析学的理论基础。

亥姆霍兹是19世纪中叶著名的物理学家、生理学家和心理学家。他把能量守恒和转化定律应用于生理学和心理学研究中,使19世纪60至70年代的生理学和心理学研究掀开新的一页。这使弗洛伊德有条件直接继承这一方面的科学成果,在研究生理学和心理学的基础上,创立他的精神分析学。

(二) 达尔文创立的进化论。达尔文于1859年,即在弗洛伊德出生后第三年,发表了名垂青史的伟大著作《物种起源》,打破了此前统治着生物学界的关于"造物主"的"创造行动"的宗教唯心主义观念,以及瑞典生物学家林奈和法国生物学家居维叶关于"物种不变"的形而上学学说。当时,有许多科学家不顾自然科学中积累起来的丰富的科学材料,拒绝作出关于有机体形态起源一致和有规律发展的结论。在这样一种缺乏科学真理的贫瘠领域上,达尔文《物种起源》的发表就像划破黑夜长空的一道金光,给人类进一步认识自然界和人类自己(包括人类心理活动等复杂现象)开辟了广阔的前景。

弗洛伊德在他的自传中说:"当时最热门的达尔文进化论深深地吸引着我,使我心中擦起进一步认识世界的迫切愿望的烈火。"弗洛伊德进入大学后，他所受到的达尔文进化论的教育，使他对揭示心理活动的内在规律性更加充满了信心。从那以后，弗洛伊德不顾传统心理学的荒谬观点，独树一帜，深入到人类心理活动的深层，经过二十多年的科学研究之后，把心理学改造成为和达尔文主义一样重要的科学理论体系。

在达尔文学说中，关于生存竞争的原则不仅揭示了"适者生存"的生物进化规律，而且，对于弗洛伊德来说，更重要的是，表明了生与死的对立斗争，是生命存在和发展的基本动力。弗洛伊德在达尔文的生存竞争原则中，看到了"生的本能"的创造本性。在弗洛伊德看来，人类本能与动物本能的区别正是在于：人类本能是受到社会利益的压抑的。人的本能在社会压力的作用下而得到升华之前，是以自我为中心的，是无意识的，是和动物的本能一样以自我满足为原则的。

（三）德国生物学家和组织学家西奥多·施旺（Theodor Schwann，1810－1882）和马蒂斯·雅各布·施莱登（Matthias Jakob Schleiden，1804－1881）的细胞学说。施旺和施莱登总结了他们自己的研究成果，和在他们之前由捷克组织学家扬·普尔金涅（Jan Evangelista Purkyne，1787－1869）所取得的研究成果，得出结论说，动物与植物的细胞"是一致的"，"有机体的各种不同的基本部分存在着共同的发展原则，这种发展原则就是细胞形成。"[③]这一结论证明了动物和植物细胞发展规律的同一性，也证明了有机物的这两界之间具有极其密切的联系。

细胞学说对于生物学、医学的一切部门，特别是对于与心理学直接有关的神经组织学、神经生理学的发展，起了革命性的影响。如前所述，弗洛伊德的精神分析学的创立就是以大量的神经组织学和神经生理学的研究成果为基础的。弗洛伊德从大学时代起，就不断从事神经组织学和神经生理学的研究，并在这方面取得了重大成果。1877 年，弗洛伊德 21 岁时，就在布鲁克生理学研究所研究神经细胞的组织学及生理学，发表了有关八目鳝脊髓神经节细胞、蝲蛄神经细胞构造等重要论文。从大学时期直到毕业后工作的十年内，弗洛伊德没有停止过对神经系统生理和病理学的研究。

除了以上三大科学成果以外，一般物理学、化学、医学、生物学等科学的其他成果，也为精神分析学的创立提供极其有利的知识条件。

在弗洛伊德以前，西方各国社会科学和精神科学的发展，也在探求人的意识和精神活动的特殊本质方面，研究人类社会文化的起源和本质方面，做了大量的、有深刻意义的理论研究。下面，将分别从法国、英国和德国三大西方文明国家的社会科学的研究成果，论述弗洛伊德精神分析学形成前夕的科学理论发展状况，及其与弗洛伊德精神分析学的内在关系。

一、法国

从奥古斯特·孔德（Auguste Comte，1798－1857）以来的近代社会学、心理学和行为科学，在对人的心理和行为进行系统研究的过程中，为弗洛伊德的精神分析学提供了丰富的营养。

首先，孔德的《实证哲学教程》（*Cours de Philosophie positive*，1830－1842，Paris）一书，试图寻求社会历史的自然法则，强调人的心智发展是在历史的、个体的和社会的相互交叉的三层次之基础上展开的。孔德认为，人的心理和社会一样，经历了三个重要阶段：① 以人格的“神”进行诠释的“神学阶段”；② 以非人格的“抽象力”或科学法则进行诠释的“形而上学阶段”；③ 以现象的不变性及恒定性进行诠释的“实证阶段”。

孔德吸收了德国医学家、生理学家和心理学家弗朗兹·约瑟夫·加尔(Franz Joseph Gall, 1758－1828)的理论成果。如果说加尔将心理现象分为生物学的和社会学的两大部分的话，那么，孔德就在此基础上又增加了一个部分，即道德或个体部分。接着，孔德将"情感生活"(la vie affective)分为"个性"和"社会性"两种。在孔德看来，情感生活属于激励因素，支配着人的理智。孔德说："道德的目的是使我们的同情本能尽可能地控制自利的本能；使社会情感控制个人情感。"④ 因此，实证的道德就是为他人而活着。以自我主义为特征的"人格"是与社会性相对立的。各个个体的心理发展，都要经历相应于人生成长过程的三大阶段：先是**个人的**，以爱自己为中心；接着是**家庭的**，以爱家庭为中心；最后是**社会的**，达到了"使爱自己服从于社会感情"的最成熟阶段。只有到了最后阶段，人性才得于领会上帝，才实现一种宗教人道主义。

在孔德的基本概念中，关于人性演化的三阶段论，尤其是关于人性从自我为中心(自恋)到社会道德意识发展的学说，对于弗洛伊德将人的精神分为"本我""自我"和"超我"三大阶段和三大层次的观点，是有一定程度的影响的。在探讨图腾与禁忌的时候，弗洛伊德曾引用法国社会学家涂尔干的观点，而孔德的上述理论正是通过涂尔干的"集体意识"和"禁忌"概念而影响着弗洛伊德。⑤

在法国的近代思想家中，孔德可能是第一个正式使用"性"这个概念的哲学家。在他的《实证政治体系》(*Systeme de politique positiviste*, 1851)一书第一卷中，谈到了男女性欲的某些差别，并论述了在语言和逻辑应用中的无意识与信号系列的关系。

在法国的思想家、社会学家和心理学家的队伍中，在孔德之后，对于弗洛伊德的思想发展产生影响的，主要是涂尔干学派的"集体意识"理论及其宗教研究成果。在这方面，弗洛伊德的潜意识理论和文化理论中,有关道德意识、宗教意识和各种原始文化现象的形成和发展的观点,留下了涂尔干学派的理论的某些痕迹。

弗洛伊德在《图腾与禁忌》一书中,多次引用了涂尔干的“禁忌”学说。弗洛伊德指出:“涂尔干在其著作中指明了同图腾相关的禁忌,必定明确禁止对于同一图腾内的女人进行性行为。图腾就像人的血缘一样,因此之故,与血相关的禁令(关涉到奸污处女和经期)禁止同本图腾的女人发生性交行为。”⑥

弗洛伊德在《图腾与禁忌》中还假设了“集体心理”的存在,并认为在集体心理中,各种心理过程是与个体心理相类似的。他指出,心理的各个阶段是代代相传的。这一推论的理由之一是,精神病患者的“罪恶感”是缺乏根基的心理现实。但精神病患者感受到的“罪恶”在原始人类中是确实存在的,在心理上是永存的。弗洛伊德深信法国生物学家拉马克(Jean-Baptiste Lamarck, 1744 - 1829)的“获得性遗传理论”,认为人在数千年前某一行动的“罪恶感”,会仍然“在一代一代人身上发生作用,尽管这些一代又一代的人们对于那个行动毫无所知。”⑦这些导源自原始人的行为中的“罪恶感”,潜伏在心理深层底部,积累成各种本能的冲动。正是为了维系人类共同体的存在和繁殖,使得原始人创造出图腾崇拜和禁忌,为压抑这些冲动而制定出一系列越来越完整的道德规范体系,创造出我们现在所留存的各种文化。

所以,弗洛伊德指出:“同样,仅仅是那些对父亲的敌意**冲动**,希望杀死并吞噬父亲的幻念,就足以使得创造图腾崇拜和禁忌的道德反应产生了。就这样,我们尽量避免从一个骇人听闻并令人反感的罪恶中来推知我们一向引以为豪的文化遗产的源泉。”⑧

弗洛伊德不但从涂尔干学派中吸取了有关集体表象(representations collectives)的观念,并且也注意到“集体意识”(conscience collective)观念的重要性。而与涂尔干同时，列维-布留尔(Lucien Levy-Bruhl，1857-1939)也研究了人的集体表象和集体意识，并由此出发进一步研究人的思维模式从原始人到现代人的演变过程。

在列维-布留尔看来，“所谓集体表象，如果将其作为一个整体来界定的话，……则可以依据下列特征来辨别。这些表象是某一社会群体的全体成员所共有的，它们是世代相传的，它们在每个成员身上留下深刻的烙印，并根据不同的情况而引起各个成员的尊敬、恐惧、崇拜等不同的感情。它们的存在不取决于个体……因此，语言完全是一种无可怀疑的，以集体表象的总体为基础的社会现实，尽管比较恰当地说，它只存在于操用这一语言的个体的意识之中……所以，语言先于个体，并久于个体而存在。”[9]同样地，列维—布留尔强调，由于原始人生活在以“原逻辑”为基础的神秘社会中，所以，与相适应，原始人的“思维根本不需要去寻找解释……因为这些解释已经包含在他们的集体表象的神秘因素中了。”[10]

涂尔干学派的上述研究成果，又通过古斯塔夫·勒庞(Gustav LeBon，1841-1931)而直接地对弗洛伊德发生了影响。勒庞认为，群众“是一群人的聚集”，并具有“完全不同于组成它的个体特征的新特征。……集体心理成为一种独立的存在，服从于群众心理统一律。”[11]在一种神秘力量的指引下，群众会表现出某种非常低劣的心理，并对某些不可预测的催眠力量作出无意识的反应。因此，勒庞又说：“群众在某种程度上是处于催眠者的状态，其暂时休眠的理性将在自己的脑中唤起极其强烈的表象。如果这些表象服从于反射行动的话，那么它们将悄然无声地驱散掉。”[12]在勒庞看来，群众的特征是“有意识的人格已经消失，无意识的人格占据主导地位，而且通过情绪和观念的感染以及暗示的影响，而朝着明确的方向发展；还有，具有将暗示的观念立即转变成行动的倾向。”[13]

正是在勒庞的影响下，弗洛伊德在 1921 年写了《群众心理学和自我分析》(*Group Psychology and the Analysis of Ego*)，充分肯定了勒庞的“群众意识”的观念。弗洛伊德在这本书中，从勒庞的观念出发，社会中的每个个体都分享了群众的群体意识，这些群体意识包括了“种族意识”“阶级意识”“信念意识”及“民族性的意识”。弗洛伊德又以他的精神分析学理论改造了勒庞的基本观念，强调社会是指处于某个强有力的男性统治下的人群，这位占统治地位的男性强力推行为维护其专制而规定的图腾崇拜。

在弗洛伊德稍后的著作中，仍然有勒庞等人的“群众心理”的观念的烙印。在 1927 年出版的《幻想的未来》一书中，弗洛伊德强调社会是建立在强迫劳动和对本能的克制的基础上的。面对着强大的自然界破坏力量，原始人是无能为力的。所以，人类为保护自己而免遭强大的自然破坏力量摧残的需要，想象出“上帝”作为强大无比的“父亲”的形象，希望在他的庇护之下生活下来。[14]

在探讨宗教的起源时，弗洛伊德也从涂尔干学派的所罗门·雷纳克(Salomon Reinach, 1858－1932)那里受到了许多有益的启发。雷纳克深入地研究了远古的原始人如何地通过巫术和魔术，表达了原始人试图寻求自我控制和控制周围一切事物的各种最早的努力。弗洛伊德高度评价了雷纳克的《迷信、神话和宗教》(*Cultes*, *Mythes et Religions*, 1909)一书的研究成果。[15]

当然，除了涂尔干学派以外，在法国的社会学和人类学研究传统中，弗洛伊德也吸收了塔尔德(Gabriel Tarde, 1834－1904)等人的研究成果。与涂尔干相反，塔尔德强调最根本的社会事实就是模仿，而模仿就是对自然法则的无休止的重复。他说：“社会就是模仿，而模仿乃是一种梦游症。”[16]在塔尔德看来，社会学的研究重点，不应该指向群体，像涂尔干所做的那样；而是应该指向个体，因为个体总是依据重复法则。个体通过重复自己的过去，特别是通过在自己的习惯中和在记忆中的重复，不断地模仿他自身。一旦开始模仿其他的个体，相互间的精神和心理过程也就开始发生。这一切就像在催眠状况下自动地进行一样。所以，整个社会在实际上就像催眠那样，是某种类似于梦幻活动那样的事物。

与塔尔德几乎同时，另一位法国社会学家阿尔弗雷德·福耶(Alfred Fouillée, 1838 - 1912)，由于深受斯宾塞(Herbert Spencer, 1820 - 1903)的影响，主张将社会达尔文主义的“社会有机体”理论同卢梭(Jean-Jacques Rousseau, 1712 - 1778)的“社会契约论”结合在一起。在他看来，个体所固有的、有关他自身的观念和表象，才是社会有机体聚集成一体的主要动力。个人的观念虽然不是创造社会的决定性力量，但这些观念只要获得社会的认可，便可在不知不觉中巩固社会契约的维系力量。

同英国社会人类学注重研究原始文化和宗教的起源不同，法国的社会人类学家们较注重研究原始文化中的制度、习俗和信仰的社会功能。而且，正如拉德克里夫·布朗(Radcliffe Brown, 1881 - 1955)所说：“许多人类学家的理论都是心理学的，而不是社会学的，都建立在唯理智论者的心理基础上。法国社会学家坚持，社会现象需要社会学解释。例如，要认识宗教，就必须明确地将它作为一种社会现象来研究。”[17]弗洛伊德在研究梦、原始文化及原始宗教时，正是吸取了法国社会科学家们的上述优点，并对其片面性作了批判性分析。

二、英国

自从斯宾塞、泰勒(Edward Burnett Tylor, 1832 - 1917)、弗雷泽

(James George Frazer, 1854－1941)等人开创实证的经验主义的古典社会人类学学派以来,英国思想家和社会理论家们在研究社会现象和文化现象的同时,也对"人"的精神心理因素进行深入的探索。在斯宾塞的《社会学原理》(*Principles of Sociology*, 1876－1896)一书中,首先把社会同一个有机体(an organism)加以比较,并由此得出结论说:整个社会,作为一个相互依附的整体,始终都存在着到处起作用的同样的律则。社会作为一个有机体,具有其自身的生命,它是同个体的有机体生命有所不同的。但是,斯宾塞毕竟深受英国的自洛克以来个人主义和自由主义传统,所以,斯宾塞更倾向于将各种社会意识的形成和演进,同个体心理的特殊性相联系,强调社会性的本能是有利于保护个体性的。斯宾塞指出:"各种生物在适者生存的原则辅佐下,不可避免地从其遗传习性中获取某种社会性。这一社会性不断地增强,直至某种反方向作用的不利条件抑制它为止。"[18]在斯宾塞看来,人具有群居性,倾向于"意识到他人的存在",因此,斯宾塞从人的社会性探索"同情"等社会心理问题。他认为,社会性的提高可以加强"同情心",有助于社会道德和个人道德意识的培养和进化。斯宾塞还特别指出了"两性关系"和"亲子关系"都有助于"同情心"的发展。斯宾塞曾明确地指出:"以同情为基础的最高级的社会感情,其演进不仅受制于生存斗争(在部落间或国家间的这种生存斗争是必不可缺的),而且也只有当这类生存斗争不再以战争的形式相持下去的时候,这些最高级的社会情感才能获得完满的发展。"[19]

弗洛伊德在评价以往的解释梦的理论文献时,说道:"我请读者参阅约翰·鲁波克爵士(Sir John Lubbock, 1834－1913)、斯宾塞、泰勒及其他作者的有名著作,我只是想补充说,在我们尚未完成对存在于我们面前的解释梦的任务以前,我们是不理解这些问题和思考的重要意义的。”[20]在论述打趣和玩笑同潜意识的关系时，弗洛伊德也高度评价斯宾塞在《笑的生理学》(*Physiology of Laughter*，1860)一书中的论述。弗洛伊德认为，斯宾塞深刻地指明了，“笑”是心理刺激的一种释负现象，是卸除内心过度紧张的负担的现象；这些心理紧张往往会突然遇到某些遏阻而被压抑。[21]在分析人类精神和心灵的起源时，弗洛伊德也肯定地引用了斯宾塞的有关于人和事物的二元性起源的概念。[22]斯宾塞不仅为后人用进化论解释人的社会心理提供了理论典范，而且也开创了从个体的观点诠释社会的先例。

如前所述，达尔文虽然是生物学家和自然科学家，但他的演化论深刻地影响着弗洛伊德前一代人及其同时代人的思想方法，在他之后形成了一股将达尔文主义应用于社会科学研究的热潮，被人们称为“社会达尔文主义”。

达尔文发展了拉马克的理论，在解释人的心理和精神特征时，强调“社会本能”，尤其是“同情”和“道德感”在维持社会生活的过程中的决定性作用。达尔文指出，人，作为社会性动物，“在进行一种行为的时候，无疑地会倾向于顺从当时的心理中较强有力的那个冲动，这有时虽然可以激发他作出些崇高的业绩来，但更为普遍的是，那些导致他满足自己的情欲，不免会侵犯到旁人的利益。然而，在既经满足之后，通过那些持久的社会本能以及他对同伴赞誉的重视，那些刚过去的、较弱的印象将得到评判，此时报应就不可避免地来临了。他因此会感到遗憾、懊恼、悔恨或羞愧，而其中的最后一种情感几乎完全与他人的评判相吻合。因此，他多少会下一个决心，在以后的行动中改弦更张，这就是良心。由于良心回顾着人的行为，它可以作为未来的向导。”[23]正是在弗洛伊德的“超我”概念中，我们可以看到达尔文的“社会本能”和“良心”的观念的烙印。

达尔文的进化论思想还通过白芝浩（Walter Bagehot，1826 - 1877）的“无意识的模仿”理论，而进一步影响着弗洛伊德的精神分析学的本能理论。白芝浩的《物理与政治》（*Physics and Politics*，1869）一书，表达了他试图将达尔文演化论应用于社会研究的愿望；这本书的副标题是：“对于将自然选择和遗传原则应用于政治社会的思考”。在他看来，社会的演进可分为三个阶段：第一阶段，是习俗和习惯（customs and habits）形成并逐步积累成群体的道德的时期；第二阶段是由各群体的竞争和相互斗争而形成各个民族和国家，占优势的民族通过竞争而获胜，并将本民族的道德强加于被征服者；第三阶段是社会各部分趋于平衡状态下所产生的协商时期，议会政府的存在使生存下来的社会各方得以协商，防止腐败而有所进步。因此，在白芝浩看来，文明的特征就在于它所包含的社会遗产，就在于对以往所留存下来的一切好的因素的继承。在白芝浩的理论中，特别强调人的“无意识的模仿”的能力。他说：“无意识的模仿决定着人们的言辞，使他们说些自己从未想到过要说的东西。”[24]白芝浩还认为，所有的民族都有意识或无意识地模仿着优秀的民族。

与弗洛伊德几乎同一时代的另外两位英国社会学家，即本杰明·基德（Benjamin Kidd，1858 - 1916）和格雷厄姆·瓦拉斯（Graham Wallas，1858 - 1932），在英国社会达尔文主义，特别是白芝浩的启示下，也特别强调“潜意识”和“本能”在社会竞争和社会演化中的决定性作用。基德在他的《社会演化》（*Social Evolution*，1894）一书中指出：“要论证生存斗争的合理性是不可能的。相反地，理性和合理的准则是纯粹的和直接反社会的。”[25]在他看来，个人在其遵守着维护自身的合理利益的范围内，总是对抗着以理性为基础而建构的社会的利益。瓦拉斯立足于与吉特有所不同的具体分析方法，也同样认为，在人的行为中，潜意识和本能是起决定性的作用的。

在英国的社会人类学传统中，对弗洛伊德发生更大思想影响的，毋宁是社会人类学家泰勒和弗雷泽。

泰勒确信人类本性始终是基本上相同的。因此，他从心理分析的角度出发，把文化上的差异看作是人类不同发展阶段的标志。在他的卓越的《原始文化》(*Primitive Culture*, 1871)一书中，泰勒将文化看作是"作为社会成员的人所获得的能力和习惯"。泰勒在研究宗教时，深入分析了原始宗教的"万物有灵论"性质。弗洛伊德肯定了泰勒对万物有灵论的研究成果[26]，弗洛伊德并说，泰勒对巫术的本质特征做了正确的概括，因为他指出了巫术"将观念的联结误认为实际的联结"(Mistaking an ideal Connection for a real one)的性质。[27]

在泰勒之后的弗雷泽，由于更广泛地探讨了人类原始文化及其多种崇拜(包括图腾崇拜和自然崇拜等)的形态，也由于弗雷泽更细致地分析了这些原始文化的心理创作过程，就使弗雷泽更多地影响了弗洛伊德。弗洛伊德在探讨梦的本质、原始宗教、习俗、语言及其与心理活动的关系时，经常大量地引用弗雷泽的《金枝》(*The Golden Bought*, 1890)、《图腾崇拜与外婚》(*Totemism and Exogamy*, 1910)及《澳大利亚的土著种族》(*Australian Aborigines*, 1905)等著作的研究成果。

弗雷泽的《金枝》从研究内米(Nemi)圣所祭司靠杀死其前任而任职的习俗开始，通过对其他地区类似习俗的比较研究，深入分析了这类习俗的意义及其同原始人其他不同习俗的关系。弗雷泽研究了原始民族的灵魂崇拜、土地崇拜、树木崇拜、禁忌、巫术、人祭及婚姻等，提出了人类智力发展三阶段论：巫术阶段(又称万物有灵论)、宗教阶段与科学阶段。弗雷泽吸收和改造了泰勒、麦克伦南(John Ferguson Mclennan, 1827 - 1881)及史密斯等人对原始民族的宗教、婚姻及图腾习俗的研究成果,对弗洛伊德研究图腾、梦、原始宗教及其他原始文化的工作,都有所助益。

三、德国

德国对于原始文化、民俗、原始宗教和心理的研究,一直在社会科学、人文科学和行为科学研究中占据重要地位。这一传统也使弗洛伊德有可能从他的青年时代起,受到很好和极为扎实的人文主义和社会科学的综合性教育。

赫尔德(Josef Held, 1815－1890)早就指出,从远古时代起,历史就内在地相互联结着。历史可以分化为多种多样的文化发展阶段,而所有的文化都显示其自身具有着同一的结构。文化把人类推向合理的社会秩序,而"理性"和"历史"双双各自为此起了重要的作用。任何一个社会,离开其语言、其宗教及其习俗,都将是不可理解的,因为正是在由以语言、宗教和习俗为主体的各种精神性因素所构成的文化总体之中,我们才可以把握到组成社会的各个个体的经验及其对待社会的态度、情感和认知。文化是比任何"国家机器"都更加实际、更加持久和更加有生命力的东西。在赫尔德看来,"人民"是一种"超个人的实在",它一方面有其自身的生命,另一方面,又有其作为有机体的生命力。

但是,对于德国本土人文科学和社会科学的发展起着更直接的影响的,是德国的浪漫主义精神——它对启蒙运动的个人主义和理性主义精神有所保留,而对在历史和文化中的创造性因素则给予重视和发扬。这方面,穆勒(Adam Heinrich Mueller,1779－1829)在其《国家统治的艺术》(*Elemente der Staatskunst*, 1810)中所描述的渗透于生活各阶段的传统、道德、习俗、法制及宗教各因素的五光十色的图景;萨维尼(Friedrich Karl von Savigny, 1779－1861)在其《论我们时代对于法律建构及法学的责任》(*Vom Beruf unserer Zeit fuer Gesetzgebung und Rechtwissenschaft*, 1815 - 1831)中所贯彻的将法学与史学、法的观念同人民的信念以及习俗相结合而加以研究的方法;施莱尔马赫(Friedrich Daniel Ernst Schleiermacher, 1768 - 1834)在所著《诠释学与批评》(*Hermeneutik und Kritik, mit besonderer Beziehung auf das Neue Testament*, Berlin, 1838)中所论述的诠释学原则,以及里尔(Wilhelm Heinrich Riehl, 1823 - 1897)在所著《作为科学的民俗学》(*Die Volkskunde als Wissenschaft*, 1858)所强调的民俗研究的重要意义,都成了弗洛伊德研究人类文化及其心灵创作机制问题的重要理论前提。弗洛伊德以前,深受浪漫主义和黑格尔主义的影响而探讨人类文化史和精神生活史的德国社会科学家,海因里希·列奥(Heinrich Leo, 1799 - 1878)、约瑟夫·赫尔德及卡尔·沃尔格拉夫(Karl Vollgraf, 1792 - 1863)等人,也为弗洛伊德提供了丰富的研究资料。卡尔·沃尔格拉夫在所著《普通民族学的科学论证的最初试探》(*Erster Versuch einer wissenschaftlichen Begruendung der allgemeinen Ethnologie durch die Anthropologie wie auch der Staats-und Rechtsphilosophie durch die Ethnologie oder Nationalitaet der Voelker*, in drei Teilen, 1864)中突出地表达了浪漫主义的如下观点:人民和文明都是有机体,大量资料证实欧洲文明本身已进入危机重重的老年阶段,只有通过适当的拆解和批判,欧洲文明才有出路。

与此同时,19世纪初以来,德国社会心理学和文化史的综合研究,也在赫尔巴特(Johann Friedrich Herbart, 1776 - 1841)的启发下,迅速地发展起来。赫尔巴特的学生莫里兹·拉查路斯(Moriz Lazarus, 1824 - 1903)和哈伊姆·斯坦因泰尔(Hajim Steinthal, 1823 - 1899),以《民俗心理学和语言科学杂志》(*Zeitschrift fuer Voelkerpsychologie und*

Sprachwissenschaft）为基地，推广着“民俗心理学”（Voelkerpsychologie）研究。正是这本 1860 年创立的民俗心理学学术杂志，1891 年改名为《德国民族学和民俗学学会会刊》，并由此而创立了德国的以阿道夫·巴斯蒂安（Adolf Bastian, 1826 - 1905）和威廉·冯特（Wilhelm Wundt, 1832 - 1920）为代表的德国民族学和民俗学的新学派——弗洛伊德在梦、文化史和宗教史研究中所创立的许多新观点和新方法，没有他们的研究成果作为基础和出发点，简直不可设想。

弗洛伊德从高中时期，便深受德国浪漫主义文学的熏陶，通过浪漫主义文学，弗洛伊德充分意识到历史和文化因素，以及各种思想观念对于人的心理活动所起的魔术般的作用。

冯特从他的实验心理学出发，强调民族心理是一种以个体心理为根基的有机关系网，而民族心理学的主要研究对象是语言、习俗和神话。在《图腾与禁忌》一书中，弗洛伊德大量地引用和分析冯特对于图腾与禁忌的研究资料，而在《精神分析运动史》一书中，弗洛伊德也高度肯定冯特学派的卓越贡献，特别高度评价了冯特学派的实验心理学对精神分析学发展的推动作用。[28]

第 3 节　理论与实践相结合的产物

弗洛伊德的精神分析学不是凭空杜撰出来的、脱离实际的空洞理论；它是弗洛伊德进行长期科学实验、进行科学分析和医疗实践的丰富经验得出来的理论结晶；而且，这一理论和方法在产生以后，又不断在实践的基础上进行修改和补充。

首先，激发弗洛伊德不畏艰辛地开拓精神分析这个前所未有的新领域的，不是建立一种别出心裁的抽象理论的虚荣心，而是他深入生活、长期的临床医疗实践的需要。弗洛伊德以拯救人类痛苦为己任，把病人的酸甜苦辣当作自己的感受，先天下病人之忧而忧。正是这种为病人效劳的迫切愿望成了他研究人类心理的科学活动的基本动力。

如前所述，在弗洛伊德的大学和毕业后头几年的研究工作期间，他的学习和研究的重点一直是神经组织学和神经生理学。接着，他转入维也纳总医院，历经十多年的医疗实践，先后在内科、外科、小儿科、眼科、皮肤科和神经病科服务之后，他越来越强烈地产生了一种要献身于治疗精神病病人的愿望。特别是当他发现精神病治疗学比其他任何一种疾病治疗水平都低的时候，当他发现在当时的精神病治疗中还存在许多严重的、不可容忍的落后治疗方法的时候，他更加感到非要把精神病治疗推到一个真正的科学水平不可。所以，他从 1886 年以后，就越来越集中地研究“歇斯底里病症”。从此，他在精神病治疗中精益求精，打破迷信，终于创立了新的科学的精神分析疗法。

1887 年，当弗洛伊德在维也纳医学界首次介绍自己接触歇斯底里病人的经验，并首次在维也纳提出治疗歇斯底里症的方法时，在座的许多医学“权威”都指责弗洛伊德“自己发疯了”。一位医学权威听到弗洛伊德给男性歇斯底里患者治疗时，竟哈哈大笑说：“弗洛伊德先生，你糊涂了！歇斯底里只有女病人才有！而男人怎么会有子宫呢?”原来，在弗洛伊德以前，由于医学落后，加上治疗精神病比治疗别的病都困难，所以，医学界很少有人认真地研究歇斯底里症。由于对歇斯底里病人一贯不重视，治疗时浮皮潦草，根本不把病人的痛苦放在心上，所以，直到弗洛伊德提出科学的治疗方法时为止，医学界一直把歇斯底里病当作“妇科病”。医生们只是停留在妇女得此病较多的表面现象之上，不做深入的和认真的研究，便圈定歇斯底里症患者只限于女病人，然后，他们又不负责任地把此病列为“妇科病”，名之为“子宫倒错症”。“歇斯底里症”原文“hysteria”就是以拉丁文“子宫”，即“hysteron”这个词为词根的。弗洛伊德在维也纳首次提出歇斯底里男病例，驳倒了上述荒谬观点，并提出了科学的精神病疗法。弗洛伊德在著作《歇斯底里研究》一书时说：“我能看到歇斯底里患者因我的方法而获得痊愈、解除痛苦，心里就很高兴了。”可见，弗洛伊德是根据实践的需要研究精神分析的。

在实践过程中，弗洛伊德很虚心地总结别人的经验，并把自己的经验反复加以检验和比较。他既重视自己的经验，也重视别人的经验。他对经验的态度是：重视它，但又不局限于它、不满足于它。他能在重视自己和别人的经验的基础上，进一步将它们提高到理论的高度。所以，在弗洛伊德关于特种分析的著作中，没有一个是脱离实际的，但又没有一个是停留在具体材料上；其中没有一个原则不同时引证大量的临床病例，但又没有一个不加以理论总结的。他的《梦的解析》一书，总结了他自己、病人、亲友的各种各样的做梦经历，总结了他以前和同时代人关于梦的不同认识，同时又系统地总结出一套关于梦、关于潜意识、关于精神分析的理论和方法。《梦的解析》是弗洛伊德关于精神分析学说的典型著作，是他的精神分析学把理论与实践相结合的例证。其实，他的所有著作，从最初的学术论文到晚年的作品，无一不是理论与实践相结合的典型。

弗洛伊德忠于实际生活和实践经验的精神，使他敢于坚持真理、修正错误。当他认为自己的理论、原则是科学真理的时候，他有勇气顶住各种污蔑，哪怕这种污蔑是来自“权威”的，还是来自社会舆论或传统。当他发现自己的结论有差错，哪怕是一小点儿的不足之处，他都有勇气改正它，并在自己的著作中公开作出检讨。

例如，弗洛伊德的精神分析方法从产生以来，一直不断得到改进。他从不认为，某一个理论原则一经从实践总结出来之后，便是不可再修正或补充的"绝对真理"了;他也从不认为他的哪一个原则和方法可以从实际经验中径直达到"十全十美"的"绝对真理"。他随时准备改正和补充,甚至推翻自己所得出的结论,而他的唯一根据则是自己的或别人的实践。

所以,弗洛伊德的精神分析学从开始形成到 1939 年弗洛伊德逝世为止,一直没有凝滞在某一点上,始终都处于发展之中。

有很多反对弗洛伊德的精神分析学的人,想当然地污蔑这一学说是"脱离实际"的。显然,这些指责是违背了这样一个事实:弗洛伊德不但是在临床医疗实践中不断总结和修正他的理论,而且,大量经弗洛伊德治疗的病人,或别人依据弗洛伊德的理论和方法去治疗的病人,已经得到了痊愈,恢复了健康。不仅如此,由于弗洛伊德的理论与方法具有科学真理的威力,以致在 20 世纪内,他的理论与方法已被学术界、科学界、文学艺术界所广泛接受。在科学日益发达的当代,一个理论和方法,除非经得起实践的考验,绝不会具有如此巨大的生命力。

第 4 节　精神分析学的哲学基础

有些否定弗洛伊德精神分析学的科学性的人,武断地认为:精神分析学的哲学基础是唯心主义的世界观和方法论。其实,只要认真地分析自 19 世纪下半叶以来的现代科学和哲学发展史的事实,就可以看出,19 世纪下半叶以来的自然科学发展,都是自然科学家在各自的研究领域内自发地或自觉地应用科学的世界观和方法论的结果。虽然,由于社会历史条件的限制,他们不会抵御形形色色的宗教迷信和唯心主义哲学的影响,但他们作为科学家,一进入科学领域,就自觉或不自觉地从实际出发,尊重事实,并把研究对象当作客观物质世界的一部分，以探索它们内在的、固有的规律性为己任，这就是科学世界观和方法论的基本精神和基本原则。

牛顿、达尔文、亥姆霍兹、马赫、爱因斯坦、弗洛伊德等人，无疑都是科学界的巨人，他们的每一项科学成果，没有一个不是在科学的世界观指导下取得的，尽管他们自己不一定意识到这一点。如果他们在科学试验中，不遵循科学的世界观的指导——尊重事实，尊重实践，尊重客观规律等，他们就将一无所得。但是，他们受社会上各种反科学的哲学和神学的影响，在自己的人生观方面或多或少地打上了唯心主义哲学和神学的烙印。就像牛顿、爱因斯坦那样伟大的科学家，也都免不了信仰上帝的存在。但是，我们难道可以因此而武断地推论说，他们的科学理论是以唯心主义或神学作为基础吗？显然不能。

在探讨某一学说、某一科学理论的哲学基础的时候，有两件事必须先弄清楚：第一是那位科学家自己的人生观；第二是那位科学家在从事科学研究时的指导思想。这两方面既有联系，又有区别。否认它们之间的联系，把两者绝对地割裂开来，是不对的。一个人的人生观当然会或多或少地影响到他所从事的科学研究工作，会影响他在科学实践中所遵循的哲学原则。但另一方面，否认它们之间的区别和相对独立性，也是不对的；应该看到社会生活和现实科学活动的复杂性，看到社会生活与科学研究的区别。事实已经证明，一个信仰宗教神学教条或唯心主义哲学的科学家，仍然可以在他的科学研究中取得重大成果。其原因就是他们在科学实践中自发地遵循了科学世界观的基本原则，不自觉地、暂时地放弃了他们在日常生活中所信仰的那些唯心主义或宗教教条，因而摆脱了由这些唯心主义或宗教教条不可避免地带来的束缚和羁绊。

当然，要是能把日常生活中所遵循的人生观原则同科学研究中所遵循的哲学原则完全协调起来，是最理想的。能达到这一点，无疑将加倍地推动科学家的研究工作，并取得更大的成果。但是，我们不能脱离现实社会、历史条件，把生活理想化，似乎科学家可以完全摆脱社会生活中泛滥成灾的唯心主义哲学和宗教迷信的影响，而做到完全与唯心主义哲学或宗教划清界限的程度。

因此，只要哪一位科学家能在科学研究中遵循科学世界观的原则——我们再说一遍：这种原则的基本要求就是实事求是，尊重客观物质世界及其固有的规律性的存在，哪怕是自发地、不自觉地遵循它们——也就应该肯定他们所取得的成就，并同时总结他们在科学实践中所信守的这条正确的哲学原则的具体内容。

应该指出，弗洛伊德比其他同时代的科学家更进一步——他不但在科学实验中信守科学唯物主义的哲学原则，而且，他还是一个坚定的无神论者。他在日常生活中，不迷信，不信上帝和其他鬼邪，只服从真理。因此，毫不奇怪，在他的科学活动中，他能比其他科学家更多地尊重客观事实和客观规律。

当然，弗洛伊德也和他的同时代的科学家一样，无法完全摆脱唯心主义哲学的消极影响。如前所述，他深受亥姆霍兹和达尔文的影响，其中就包括他们的一些消极的哲学观点。

达尔文的进化论和亥姆霍兹的生理、物理学说的哲学基础就是自发的辩证唯物主义世界观。但由于这是自发的，所以，在某些方面不很彻底，以致在某程度上无法与唯心主义划清界限。

达尔文和亥姆霍兹的自发性辩证唯物主义承认科学研究的对象是客观的、不以人的意志为转移的物质世界，承认物质世界具有其本身所固有的规律性，而且这些规律性是可知的；科学研究的任务恰恰就是要揭示那在千变万化的物质现象背后隐藏着的规律性。在他们看来，认识这些规律的方法，就是实事求是的观察和符合逻辑的推理。他们主张全面地、反复地观察，反对片面的、一次完成的表面观察。

达尔文和亥姆霍兹还认为，万物是变化的、发展的，因此，人的认识也要不断深化，才能掌握事物的本质，他们不承认任何凝固不变的真理。

按照这样的世界观，弗洛伊德首先肯定人的心理活动是有它的物质基础的，这个基础就是人那高度发展了的、以大脑中枢为中心的神经系统。弗洛伊德还认为，极其复杂的人类神经系统不是“上天”的恩施，而是在长期的生活实践中逐步发展起来的，它的最初形态可以一直追溯到原生动物的最简单的感应活动，可以在最低级的脊椎动物——鱼类中，发现后来在人类神经系统中高级发展起来了的神经细胞节。就一个人而言，弗洛伊德认为，人在成年后的复杂的心理和精神现象都可以追溯到同一个人在幼儿时期的心理世界中去。弗洛伊德是第一个把达尔文关于个体发育重演了系统发育规律应用于心理学研究的人。他主张全面地用发展观点研究和分析每个人的心理活动，即使是精神病人的变态心理也是有它的历史根源——可以在其幼儿时期的心理活动中找到各种变态心理的萌芽。弗洛伊德反对孤立地、静止地研究和分析人的心理活动。

弗洛伊德还认为，外界的因素，同每个人的内在因素相比，在产生各种心理特征方面，是居于次要的决定地位的。换句话说，各个人的心理活动的特点，包括各种精神病人的变态心理，都是由人的内在心理因素，即内因起决定作用的；而外在的条件，即所谓外因，是次要的，是作为条件而起作用的。正是在这样的正确思想指导下，弗洛伊德力排众议，深入到人的心理世界的深层，终于发掘了那些对心理活动起决定性作用的“潜意识”因素。姑且不论潜意识是否存在、弗洛伊德关于潜意识的理论是否正确,这种在人的心理世界内部本身寻求现存心理活动的原因的研究方向和方法是值得肯定的。

当然,如前所述,由于受当时的社会历史条件的限制,弗洛伊德进行科学研究的哲学基础中也包含了一些片面的方面。最主要的是表现在:他未能把人的心理活动同动物的神经系统的各种反应加以明确区分,同时,他忽视了社会生活的因素对人的心理生活的影响。

他和亥姆霍兹、达尔文一样,看不到人的意识、感觉等心理形态与动物(哪怕是最高级的动物)的神经活动的本质区别。达尔文曾说:"自然界没有飞跃(natura non facit saltus)。"这句话典型地反映了他不承认发展是由量变到质变的飞跃过程。所以,他也看不到人的意识同动物的感觉的本质区别。亥姆霍兹也有类似的错误。他片面地偏重于能量守恒的"量"的方面,看不到本质方面的更深刻的内在关系。同时,他还企图把一切运动形式都归结为简单的机械运动。这种片面的机械唯物主义观点,在弗洛伊德的著作中也有所表现。例如在 1926 年当弗洛伊德谈到精神分析学时说,这个学说是以亥姆霍兹的动力学为基础的,他认为,在人的心理活动领域内,"力相互支持或相互阻止、相互联系或相互协调,如此等"。换句话说,在心理学领域内也同样适用力学原则。

弗洛伊德的这种片面性,使他无法抵御唯心主义和形而上学哲学的干扰。实际上,早在大学学习时期,弗洛伊德就受到了柏拉图的理念论和布伦塔诺的"经院哲学"(scholasticism)的影响。弗洛伊德在维也纳大学医学院时,曾连续三年听布伦塔诺的哲学课。

1874 年,当弗洛伊德听布伦塔诺的哲学课的时候,布伦塔诺刚刚发表《从经验主义观点看心理学》(*Psychology from an Empirical Standpoint*)这本书。布伦塔诺所说的"经验主义心理学",又名"遗传心理学"(genetic psychology)。依据"遗传心理学"的观点,人的任何一种心理状态都是可以追溯到它的根源的。而一般地说，心理过程的根源都是可以通过生理学方法探索出来的。在当时，用物理学、生理学和医学的方法研究心理学的倾向已经盛行。特别是在 1860 年，费希纳(G. T. Fechner, 1801 - 1887)发表了《心理物理学的成分》(*Elements of Psychophysics*)这本书以后，用生理学方法研究心理现象的倾向更得到了发展。实际上，用生理学方法研究心理学是一种进步。如前所述，人的心理既然是以大脑为中心的神经系统的特殊机能，就当然要深入研究大脑中枢及其外围神经系统的生理机能。

问题在于，人的心理活动不单纯是以大脑为中心的神经系统的消极的感应能力，而是积极主动的；它的活动内容，就本质而言，实在是人的社会生活的反映。因此，如果把人的心理活动的生理绝对化，就会忽视心理活动的社会内容，因而也就不能真正深入到心理的本质。

而且，布伦塔诺站在经院哲学的立场，忽视观察的重要作用，否认心理活动的规律性。布伦塔诺和英国实证主义者穆勒(John Stuart Mill, 1806 - 1873)、法国实证主义者孔德一样，声称人的一切心理现象都不能通过观察方法去认识，而只能通过一种神秘的“内省”(introspection)的方法去认识。这就杜绝了对心理活动的客观观察的门径。布伦塔诺在强调“内省”法时，把自己的方法同柏拉图的“回忆”(reminiscence)方法相类同。

布伦塔诺和柏拉图关于“内省”“回忆”等唯心主义观点曾影响了弗洛伊德的心理学研究。弗洛伊德后来曾片面地夸大“回忆”在精神分析方法中的重要作用，就是受这种唯心主义哲学的影响的痕迹。

当然，布伦塔诺在 19 世纪下半叶时期也已逐渐形成他的现象学方法论。布伦塔诺的现象学思想是深受当时的自然科学方法论的影响的，因此，他也表现了对思辨哲学的厌恶。当他将现象学方法贯彻于心理学研究时，他明确地说："在心理学领域，我是站在经验论的观点的。我的唯一的导师，就是经验。"他的现象学方法，使他慢慢地反对在心理学研究中贯彻以因果性为基础的"生成论"，他主张用描述的方法取代因果关系研究。在他看来，对于各种心理现象，应采取现象学的描述方法。在描述心理现象的过程中，对意识的实际模式进行分析。意识是各种终极的心灵因素的总体；而各种心灵因素的联结，构成心理现象的各种形态。布伦塔诺还特别强调，人的思维活动，为了避免陷入主观主义或客观主义，必须表现为"对于一个对象的一种关系"；或者，更确切地说，思维活动的特征就是"同作为对象的某一事物"发生一种关系。布伦塔诺的上述思想，对胡塞尔(Edmund Husserl，1859－1938)和弗洛伊德，都同样地发生了深刻的影响。

除了布伦塔诺以外，叔本华和尼采的意志论，也对弗洛伊德的潜意识理论发生了重要的影响。

叔本华于19世纪初在哥廷根大学就读医学和哲学期间，就受他的哲学导师舒尔茨(G. E. Schulze，1761－1833)的影响，研读柏拉图和康德(Immanuel Kant，1724－1804)；接着，叔本华转学柏林大学，跟随费希特(Johann Gottlieb Fichte，1762－1814)的哲学课，深受费希特的《知识学》(*Wissenschaftslehre*)的影响。在费希特那里，作为人的一切活动的总根源，"自我"(Das Ich)，是在人类的三项最基本的活动中，自我确立和巩固起来的：在第一阶段中，"自我"自我形成；在第二阶段中，"自我"规定"非我"(Ich setzt Nicht-Ich)；在第三阶段，"自我"在"自我"中，以可分割的"自我"去对抗可分割的"非我"。"自我"就是精神、意志、道德性和信念的总和，而"非我"则是人类意志的惰性的表现。费希特已经很明显地表现了意志论的倾向，他认为"自我"与其是存在物，毋宁是一种行动，是一种主动性活动的原动力。由于对世界的认识都是"自我"

的活动，一切活动又内在地发生于自我之中，所以，理论的意识并非脱离于实践的意识。费希特说："实践理性是一切理性的根源。"费希特很重视"自我"的自由。他说，要使你自己处于自由，就必须使"自我"处于独立性。费希特还特别强调道德上的自由的绝对价值。所谓自由，在费希特看来，无非是个体自由向合理的自由的不断地过渡。自我在实现合理的自由的过程中，始终没有忘记自己在道德上的义务——这些义务感使"自我"向"非我"的统摄过程符合理性的要求。

费希特的上述以"自我"为中心的哲学，对于叔本华来说，提供了丰富的启示，使叔本华逐渐地重视作为认识和行为动力的"自我"的意志性。在叔本华看来，"一切客体，都是现象，唯有意志是自在之物。"㉙叔本华对于费希特的"自我"哲学的消化和改造，使我们有理由认为：费希特的哲学是通过叔本华的中介，而对弗洛伊德的精神分析学产生间接的影响的。

叔本华于1813年在耶拿大学获得哲学博士学位后，从1818年起写《意志和表象的世界》，系统地总结了他的哲学观点。叔本华在《意志和表象的世界》一书中说：

> 既然我身体的每一活动都是一个意志活动的现象，而我的意志本身，亦即我的性格，又在一定的动机之下，从根本上整个地自行表出于这意志活动中；那么，每一活动的不可少的条件和前提也必然就是意志的显现了；因为意志的显现不能有赖于那些不是直接地、不是单由意志〔发动的〕东西，也就是不能有赖于对意志只是偶然的东西。如果有赖于偶然的东西，意志的显现自身也就只能是偶然的了，……所以，这个身体必然已是意志的现象，并且这身体对于我的整个的意志，亦即对于我的悟知性格——我的"悟知性

格"表现于时间，即我的"验知性格"——必须与身体的个别活动对于意志的个别活动有同样的关系。[30]

身体的各部分必须完全和意志所由宣泄的各主要欲望相契合，必须是欲望的可见的表出；牙齿、食道、肠的输送就是客体化了的饥饿；生殖器就是客体化了的性欲。[31]

在上述语句中，叔本华已经表达了对于"意志"的极端重视，尤其突出地表现了叔本华试图将"意志"同身体各器官的"欲望"直接衔接起来的观点。他明确地说："如同人的一般体形契合于人的一般意志一样，同样地，个人的身体也契合于个别形成的意志、各个人的性格。"[32]

叔本华在分析意志的活动性和生命力的时候，还特别强调意志的"自由的和独立的本质"，强调意志的"无根据性"。他说："在意志作为人的意志而把自己表现得最清楚的时候，人们也就真正认识了意志的无根据，并已把人的意志称为自由的、独立的。"[33]

叔本华不同意用"因果律"等经验主义和理性主义的概念，去说明意志以及由意志所推动的各种人类活动。叔本华在谈到自然界中的"力"的变化时说："……力本身完全在因果锁链之外。因果锁链以时间为前提，只能就时间说才有意义，而力本身却在时间之外的。……作为自然力，它就是无根由的，即是说完全在原因的锁链之外，根本在充足理由律之外；在哲学上它被认作意志的直接客体性，是整个自然的'自在'本身；在事因学上——这里是在物理学上——它却被指为原始动力，也即是所谓'隐秘属性'。"[34]

叔本华对于意志的上述论述显然直接地影响了弗洛伊德的精神分析学。如果说，叔本华把意志看作"自在之物"，并认为意志是万物的本源及其活动的动力的话；如果说，叔本华已把作为"自在之物"的意志，排除在“因果性”系列之外，看作是“无根无据”的话，那么，对于弗洛伊德来说，同样地，人的本质就在于人的本能及其原始性——人的活动是以人的原始本能为动力基础的，而人的原始本能本身就是“自在的”，“无根据的”，是以其自身的“隐秘属性”为依据的。所以，弗洛伊德也认为，人的本能欲望的活动是非理性的，是在因果性系列之外的。

叔本华曾把“自在之物”的“意志”比喻成“一盏神灯”[35]，由于这盏神灯的灵活而又不断地“客体化”的火焰，才使人的活动具有创造的活力。叔本华强调指出：“欲求是生物的悟知性格的表达，而悟知性格，作为意志自身，作为自在之物，是没有根据或没有理由的，是在充足理由律的范围之外的。因此，每个人也可以经常有目的和动机，他按目的和动机指导他的行为；无论什么时候，他都能为自己的个别行动提出理由。但是，如果人们问他何以根本要欲求或何以根本要生存，那么，他就答不上来了，他反而会觉得这个问题是莫名其妙的。这就意味着他真正地意识到他自己便是意志，而不是别的。意志的欲求根本是自明的，只有意志的个别活动在每一瞬间上才需要由动机来做较详尽的规定。事实上，意志本身是根本没有目的，是根本无止境的；它是一个无穷无尽的追求。”[36]

弗洛伊德在《精神分析运动史》一书中，高度评价了叔本华的《意志和表象的世界》，尽管弗洛伊德强调他本人的有关性压抑的学说是他独立创造出来的。弗洛伊德指出：“叔本华在那本著作中有关对抗接受现实世界的痛苦部分的论述，是如此完满地同我的关于压抑的理论相符合……”[37]

总而言之，叔本华的意志哲学，已为弗洛伊德的潜意识理论的诞生，奠定了很深厚的哲学基础了。叔本华的意志哲学，多亏尼采的发扬，才成为西方近现代文明史上具强大生命力的批判力量的理论流派。

尼采极端推崇叔本华的《意志和表象的世界》这一著作。

尼采的第一部哲学著作是1872年出版的《悲剧的诞生》(*Die Geburt der Tragoedie aus dem Geiste der Musik*)，这是一部向传统西方文化宣战的纲领性著作。在此以前，源出希腊文化的整个西方文明是以阿波罗太阳神作为其精神上的象征。希腊人推崇阿波罗神，把阿波罗看作人类的保护神、太阳神、司掌艺术，尤其是造型艺术之神、预言之神、迁徙和航海者的保护神、医疗之神及消灾弥难之神。以歌颂阿波罗神等奥林匹斯诸神家族的希腊神话，以寻求和谐完满体系和宇宙秩序为目的，随后又经苏格拉底、柏拉图等哲学家的哲学加工，变成根深蒂固的，以深思审慎式的伦理原则为基础的理性主义精神。基督教在长达一千五百年之久的中世纪期间对欧洲文化和思想的统治，更使古希腊的道德伦理原则和理性主义精神，深深地贯彻到西方文化的各个领域之中。

到了尼采那里，他偏偏反其道而行之，他提出了悲剧艺术去补充那被视为完满的希腊造型艺术，用一向被视为“邪道”的狂热纵欲的狄奥尼索斯酒神(Dionysos)去补充那“正统”的阿波罗太阳神，用奔放无忌的情感和无意识的意志论去取代那谨小慎微的理性主义原则。他所追求的，是一种“新的人”——用他在1873年至1876年所写的《不合时宜的思考》(*Unzeitgemaessen Betrachtungen*)一书中的话来说，就是要造就一种“打破以往一切幻想”“从温情脉脉的束缚中解放出来的人”。尼采赞赏酒神对传统婚姻观念之挑战，直截了当地说男女结合之目的无非是为了满足各自的性欲，达到快感。尼采像酒神一样，主张尽情地欢乐，要像酒神节(Bacchanal)的狂欢那样，把世间的一切“秩序”和“规范”统统推翻掉，但这还不够，还要在狂欢暴饮中高高竖起饰有男性阴茎(Phallus)标记的旗杆。在尼采看来，自希腊以来的传统文化总是设定天神作为圆满的存在，作为和谐的最高境界的象征。尼采愤愤不平地说："还有何可创造，设若已有了天神！"倘若在上已存有一正极圆满的存在，更无可增上了；又若已订立已实现的目标，亦无须为之追求努力了。由此尼采才得出结论说：不应当有上帝。于是尼采大声呼喊："上帝死去了！"

尼采反对传统文化和宗教，因为在他看来，传统文化引导人类顺从既定的道德原则。基督教、民主制、社会主义等原则，表面上互相矛盾或对立，但都是建立在传统文化的旧价值的基础上。

在尼采看来，哲学家的任务，就是要指出"造就新价值的通道"，指明通向新价值的真正生活道路。在这个意义上可以说，哲学家就是"价值的创造者"(der Schoepfer der Werte)。尼采反对瓦格纳通过歌剧和音乐而把人引向自我陶醉的忘我境界，他也反对叔本华那种消极悲观的否定人生的态度。他给自己制定的基本任务是"改造人类"，向全人类提供真理的标准。

对于叔本华的意志主义，他进一步给予发挥，明确地认为："权力意志(der Wille zur Macht)"是人的生活的基本原则，也是宇宙万物的根本动力。"世界的本质是权力意志""生活的本质是权力意志""存在的最内在的本质是权力意志"——尼采把世界、生活和存在物都看作权力意志的表现。

因此，尼采所说的权力意志，不能狭隘地被看作是作为"主体"的某一个个人企图征服整个世界的那股狂热欲望；而是一种作为世界、生活和存在的最后本质的第一元素或第一原则。尼采在《善与恶的彼岸》中说：

> 在我看来，意志首先是某种复杂的东西，是某种好像只用一

个名称就可以表达的一个统一体——但正因为用这一个名称，才在其中存在着许多常人对于它的误解……——我认为，意志首先是一种感觉的多样性(eine Mehrheit von Gefuehlen)，也就是说，包含着我们对于我们所离别的那个环境的感觉，包含着我们对于正在前往的那个环境的感觉，包含着这些"别离"和"正在去"的那个感觉本身，而且，也包含着与此相伴随的那种肌肉方面的感觉，这种肌肉方面的感觉，尽管我们没有动手动脚，但经过一种与我们的意愿同时发生的习惯，而发生作用。作为感觉，实际上有多种多样的感受(vielerei Fuehlen)，它可以被看作是意志的一个成分(als Ingredienz des Willens)；因此，其次，它也可以是思想，因为在每个意志活动中就有一个指导性的思想(in jedem Willensakte gibt es einen kommandierenden Gedanken)；而人们简直难以相信：这种思想竟可以与意愿分离开来，尽管意志却仍可以保留下来！第三，意志不仅是感觉和思想的复合物，而且它首先是一种情感(vor allem noch ein Affekt)，尽管它是指导性的情感。所谓意志自由(Freiheit des Willens)就是一种应该对其服从的优越感："我是自由的，'他'必须服从"；这种意识附属于每一个意志……一个有所意愿的人，就是在他自身指挥着某种服从的事物，或某种他认为服从的事物。从内部来看的世界，依据其理智的特点而被描述和界定的世界，这样一种世界，它只能是权力意志，而不是别的。[38]

因此，关于恶和善的观念，尼采也作出了自己的特别的定义：

什么是善？——在人之中，一切增强权力感，权力意志和权力本身的事物。什么是恶？——一切源自虚弱的事物。什么是幸福？——那种增强权力的感觉，那种克服抵抗的感觉。[39]

从他的权力意志和道德原则出发，尼采提出了"超人"(Uebermensch)的理想。尼采认为，一切事物，既然都以权力意志为本质，就都有"超越"其自身的趋势。人，作为最高级的生物，为什么要心甘情愿地将自己限制在自己的"人"的范围内呢？因此，尼采通过查拉图斯特拉，对人类发出了如下训词：

我教导你们做超人。人是可以被超越的某种事物。……迄今为止，一切生命都已创造出超越它们自身的某种东西，难道你们竟心甘情愿成为这一伟大潮流的落伍者吗？想退回到动物而不去超越人吗？什么是从猿到人呢？或者是一个笑柄，或者是充满痛苦的困境。正因为这样，人应该成为超人。你们曾经经历了从蛆虫到人的过程，但你们中的许多人还是蛆虫。过去你们曾经是猿猴。但即使是现在，人比任何一个猿猴更像猿猴。……听着，我教你们做超人。超人是人世的目的，但愿你们会说：超人将是人世的意义所在(der Uebermensch sei der Sinn der erde)。[40]

尼采所关心的，是成为"超人"的问题。所以，查拉图斯特拉说：

超人紧紧地留在我心中，他是我最至高无上的和唯一关心的。我所关心的，不是人，不是最亲近的人，不是最贫穷的人，不是最受苦的人，也不是最好的人。[41]

"超人"是权力意志在人类世界中的最高产物，因为权力意志是一种永不满足、永远自我更新的欲望，是在事物内在本质深处发出的一种战斗的力量。权力意志是永恒的自我超越，是永不枯竭的矛盾斗争的源泉。在这一点上，尼采尤其赞颂古希腊哲学家赫拉克利特的辩证法思想，认为人生与世界是一团永远燃烧，不断更新、自生自灭，灭了又生的“活火”。

尼采的“权力意志”和“超人”的基本概念，是弗洛伊德批判传统文化及其理性主义基础的重要出发点。弗洛伊德在其著作中多次引用尼采的论述，并在尼采的思想观点影响下，对人的“本能”进行深入的研究。

在研究人的本能时，弗洛伊德和尼采一样，把“本能”看作是人的内在“冲动流”在心理方面的流露。弗洛伊德在《性学三论》中说：“我们所理解的‘本能’，首先，无非是肉体内的不停的兴奋流在心理上的表现，而这种兴奋流是必须同来自外在刺激的兴奋相区别的。因此，‘本能’是一个标志着心理与肉体的界限的概念。关于本能的本质的最简单和最明显的假设，就是它本身固有着自我表现的性质，并把这种自我表现看作其心理生活中的奋发努力的一种手段。将本能相互区分、并赋予它们特殊属性的，乃是它们同其肉体源泉的关系以及同它们的目的的关系。本能的源泉就是一个器官中的刺激过程，而本能的直接目的，就是释放这种器官的刺激。”[42]

弗洛伊德这段话，同前面所引的叔本华的话，有许多类似之处——两者都强调欲望和本能同身体器官的冲动的关系。尼采则比叔本华更重视无意识的本能冲动，尤其重视性欲的本能冲动，并把它看作是生命创造力的体现。

在探索群体心理的形成和发展过程时，弗洛伊德以尼采所说的“超人”，作为原始社会中芸芸众生所顺从的“原父”的象征。在《群众心理学和自我分析》一书中，弗洛伊德把社会看作是作为“超人”的“原父”对于众人实行专制的家长式统治的结果。弗洛伊德认为，宗教、道德和社会的起源，是“与杀死酋长的暴行以及使家长制统治下的人群转变成兄弟社团的过程相关联的”。[43]

在论述“记忆”中的潜意识基础时，尼采在《善与恶的彼岸》的卓越观点，也成为弗洛伊德的重要思想来源。弗洛伊德认为，遗忘是自我和超我对于本我的检查制度的结果，是这种“检查制度”压抑潜意识的结果，但也是潜意识对意识的检查制度进行反抗的结果。在《日常生活的精神病态学》一书中，弗洛伊德说：许多人都认识到情感因素对记忆的影响，并认识到对抗痛苦的自卫性的努力会导致遗忘，但没有一个人会像尼采在他的《善与恶的彼岸》中所做的那样，极其完满地和极有成效地指明了上述现象及其心理学上的意义。[44]

在西方文化史上，尼采第一个使用了无意识的“本我”概念（本书下篇第2章第9节将进一步详细探讨“本我”“自我”和“超我”概念及其相互间的关系）。“本我”的原文是“伊德”(id)。弗洛伊德曾在他的《论自我与本我》[45]中沿用了尼采的“伊德”概念，用它表示人心中那些与理性和道德无关、并与有意识的人格无关的因素。

在尼采和弗洛伊德以前，西方思想家们很少深入研究“性”的问题，因此，“性”（德语‘Geschlecht’，英语‘Sex’，法语‘Sexe’）和“性论”（德语‘Geschlechlichkeit’，英语‘Sexuality’，法语‘Sexualité’）这两个词和概念，都很少被使用。据法国思想家米歇尔·福柯在他的著作《性史》(*Histoire de la Sexualite*, 3 Vols., 1976－1984, Paris)中所说，在西方文化史上，“性”和“性论”这两个概念，在16世纪以前很少被使用过。在古代和中世纪，人们很少直接地使用这些词来谈论“性”的问题。“性”的问题的提出是和“现代社会”有密切关系的。尼采在反对西方传统文化的时候，从 1888 年起，开始使用“Geschlechtstrieb”（性本能）和“Geschlechtlichen Aktus”（性行为）这两个词。[46]

至于“性论”这个词则在 1886 年的《善与恶的彼岸》一书中，被尼采以如下方式加以使用：“一个人的性欲的程度和方式伸展到他的精神顶峰之上。”[47]但相对地说，在尼采那里，作为名词的“Geschlechlichkeit”比作为形容词的“geschlechtlich”使用得更少。只有到了弗洛伊德那里，作为名词的“性”“性欲”和“性感”等才被使用得很广泛，并成为他的理论的基本概念。

在叔本华和尼采哲学的影响下，从 19 世纪 70 年代开始，西方各国社会科学与人文科学各个领域内，以及文学艺术界的许多著名人士，已纷纷从传统理性主义、经验主义哲学和方法论的束缚下解脱出来，越来越发现理性与经验之外的情感、意志、本能及灵感等无意识的因素，在人类实际生活、文化创造及各种复杂行为中的重要作用。可以说，一股穿越和打破理性主义和经验主义传统界限的新的创造性思潮正在形成。

在弗洛伊德以前，德国哲学家冯·哈特曼，早在 1869 年——即当弗洛伊德刚 23 岁的时候，就已经发表了《潜意识的哲学》（*Philosophie des Unbewussten*, 1869）。这本著作综合了黑格尔（Georg Wilhelm Friedrich Hegel, 1770－1831）和叔本华的哲学，将谢林哲学中原有的“无意识”概念和莱布尼茨（Gottfried Wilhelm Leibniz, 1646－1716）哲学中的“单子”的“个体性”（Individualitaet）概念结合在一起，并吸收哈特曼所处的时代的自然科学现实主义传统，发展出一个以“潜意识”为基本概念的“动力学形而上学”（Dynamische Metaphysik）体系。这是一种特殊的实践哲学，其原则就在于：通过对一切虚伪的道德原则进行无情的揭露，使整个世界从意志的不幸困境中解放出来，以便达到潜意识的目的。为此，哈特曼的“潜意识哲学”也强烈地反对基督教。哈特曼在 1872 年发表《从生理学和物种起源论的观点论潜意识》(*Das Unbewusste vom Stanpunkt der Physiologie und Deszundenztheorie*)一书之后，接着，又在 1874 年发表猛烈批评基督教的著作：《基督教的自我解体及未来的宗教》(*Die Selbstzerstezung des Christentums und Die Religion der Zukunft*, 1874)。在潜意识理论的基础上，哈特曼还建构起他的独特的美学和心理学理论体系——他的美学代表作是《美学》两卷本(*Aesthetik*, 2 Bde. 1887)。哈特曼还发表了关于认识论、形而上学和哲学史的重要著作，使他被称为“潜意识的哲学家”(Philosoph des Unbewussten)——他的其他著作包括：《认识论的基本问题》(*Das Grundproblem der Erkenntnistheorie*, 1889)、《关于范畴的理论》(*Kategorienlehre*, 1896)及《哲学体系概论》(*System der Philosophie im Grundriss*, 8 Bde. 1906－1909)等。

在哈特曼看来，潜意识无非就是普遍的心灵，这种普遍心灵是渗透到一切事物中的“精灵”(die Psyche)中的一种，潜意识首先就是表现在人的本能中的那种有机体的心灵。思想的一切有意识的活动，都是以无意识的活动为基础。

作为叔本华哲学的重要继承人，哈特曼特别强调潜意识的反理性的本质。在他看来，作为有机体的“本能”，潜意识和叔本华所说的“作为自在之物的意志本身”一样，是“无根无据的”“无尽的追求”。尼采高度赞赏哈特曼对于传统文化的批判，并在《不合时宜的思考》一书中称哈特曼为“永远值得赞颂的作者”。

哈特曼只比弗洛伊德年长 14 岁。哈特曼的反理性主义和反基督教传统道德的哲学观点，对于弗洛伊德的潜意识的梦的理论的形成，提供了必要的准备。在弗洛伊德的《梦的解析》一书中，弗洛伊德多次引述哈特曼的观点。哈特曼比弗洛伊德更早地在梦的现象中研究了“无意识”和“潜意识”。弗洛伊德在谈论梦的“性象征”的观点(the sexual symbolism of dreams)时说,关于梦的“性”的象征性结构及其理论,在弗洛伊德以前,早已为多次试验所直接地证实了。[48]弗洛伊德尤其重视哈特曼所作的上述试验。“特别有趣的是由贝德莱姆(Betlheim)和哈特曼所完成的试验,因为他们消除了催眠术。这些试验的作者们,向来自科尔沙科夫精神治疗中心的各种病人们,讲述着很残酷的赤裸裸的性故事,并观察到:当有关的内容重复时,便出现‘扭曲’(distortion)。这就表明,复制的含有象征的内容,是通过梦的解释而被熟知的,他们把爬楼梯、刺和射,都看作‘性交’的象征;而把刀和烟卷比作‘阴茎’。爬楼梯的象征的出现是具有特别价值的,因为正如上述作者们所指出的:‘这类象征化不可能是欲求扭曲的有意识的愿望的结果’。”[49]弗洛伊德还高度评价哈特曼的《潜意识的哲学》一书关于“观念联想法”(the law of association of ideas)及其在文学创作中的无意识的作用的思想观点。弗洛伊德指出:“无主导方向的观念的思考,是不可能通过我们自身在自己的心理生活中所实行的影响来保障的,我也不会知道任何类型的由其自身实现的此类思维模式所构成的心理错乱状态。”[50]接着,弗洛伊德指出:“直到最近,我才注意到如下事实:冯·哈特曼在这个重要的心理学观点上是采取了同样的看法的。在附带地说及文艺创作中的潜意识的作用的时候,冯·哈特曼明白地宣告了观念联想法。在他看来,正是由潜意识支配的观念,在不知道观念联想法的有效范围的条件下,去指导这个观念联想法。”[51]哈特曼曾经指出:“每一种感性观念的联结,当这种联结并非完全由机遇所决定,而是导向一个特定的目的的时候,就很需要潜意识的帮助。”[52]而且,哈特曼还指出,在任何一种特殊的思想联结中的有意识的利益,对于潜意识来说,是一种刺激，使潜意识在无数可能的观念中间，可以发现适应于主导性观念的那个观念。哈特曼说："正是潜意识进行选择，或者，更确切地说，是依据利益的目标去进行选择：这对于抽象思维中的观念联结是正确的，如同对于感性表象和艺术的联结以及机智的闪烁那样。"哈特曼认为，在人类生活中，要使得人不仅能自由地躲避任何有意识的目的，而且又能自由地逃避任何潜意识的利益和任何过渡性的心境的统治或操纵，简直是难上加难。既然是人们任其思路跟随机遇而行，即使是人们完全地服从于幻觉的非意愿的梦想，也仍然会有其他的主导性的利益、具支配地位的情感或心境，在这个或那个时间内，占优势地影响着观念的联结。[53]

当然，当我们分析弗洛伊德的精神分析学及其潜意识理论基础同当代哲学的研究成果的关系时，并不意味着混淆精神分析学同哲学的界限，也同样并不打算因此将弗洛伊德的精神分析学研究成果简单地归结为一种哲学思维的产物。严格地说，弗洛伊德作为一个精神分析学家，他的理论与方法论同哲学的关系，并不如它们同生理学、医学、心理学、人类学、生物学及其他生命科学等实证科学的相互关系更加重要。弗洛伊德的精神分析学并非单纯是哲学思辨的产物，而毋宁是弗洛伊德及其同时代人的科学试验及研究的一个成果。正如弗洛伊德自己所指出的：精神分析学的理论及其潜意识基本概念，是由一系列反复的试验中总结和概括出来的，它明显地同有关潜意识的哲学思辨区分开来。[54]

但总的说来，弗洛伊德的世界观和人生观，特别是他进行科学研究的哲学基础，是素朴的、自发的唯物主义以及叔本华和尼采的意志论。弗洛伊德越到晚年，越实事求是。这位无神论者，在自己的科学研究中，坚持了实践第一的观点，强调人所处的现实社会生活内容对于人的心理活动所引起的决定性影响。

他说,潜意识固然起源于大脑和人的神经系统的本能冲动,起源于人的肉体的本能要求,但它的实现却决定于人的现实生活环境和社会条件。潜意识想要为所欲为,却一次又一次遭现实生活的教训。人的意识之所以形成,就是因为人类所处的特殊的社会生活环境迫使人要有意识、有目的地生活。弗洛伊德认为,凡是现实生活不容许实现的愿望,都转移到梦中;梦成了人的心理逃避现实的避风港,这也是从反面证明现实生活对人的意识所起的决定性作用。在《梦的解析》《图腾与禁忌》和《精神分析学新论》等著作中,弗洛伊德都表达了类似思想,这表明他并不一般地停留在承认物质世界的第一性及其客观规律的可知性,还进一步承认人的社会实践对人的心理所起的决定性作用。这种思想虽然是自发性的,但却是很难能可贵的。

注释

① 参见拙著:《弗洛伊德传》。

② S. Freud, Psychoanalyse und Libidotheorie, 1923; in *Sigmund Freuds Gesammelte Werke*, Bd. 13.

③ 施旺,《关于植物构造与生长方面的适应性的显微镜研究》。

④ A. Comte, *A General View of Positivism*, London: George Routledge, 1908, p. 101.

⑤ 参见 S. Freud, *Totem and Taboo*, in A. A. Brill, ed., *The Basic Writings of Sigmund Freud*, The Modern Library, N. Y., 1966, p. 899; p. 902.

⑥ *Ibid*.

⑦ S. Freud, *Totem and Taboo*, Norton, 1950, p. 158.

⑧ *Ibid*., p. 160.

⑨ Lucien Levy-Bruhl, *Les fonctions mentales dans les societes inferieures*, Paris, 1910; English trans. by L. A. Clare, *How Natives Think*, London, 1926, p. 13.

⑩ *Ibid*., p. 45.

⑪ G. Le Bon, *Psychologie des foules*, 1895; English trans. *The Crowd*, London

1896, p. 26.

⑫ *Ibid.*, p. 75.

⑬ *Ibid.*, pp. 35 - 36.

⑭ S. Freud, *The Future of An Illusion*, N.Y. 1964, p. 30.

⑮ 参见 S. Freud, *Totem and Taboo*, in *The Basic Writings of Sigmund Freud*, 1966, p. 867.

⑯ G. Tarde, *Les lois de l'imitation*; English trans., *The Laws of Imitation*, N. Y.; 1903, p. 87.

⑰ A. R. Radcliffe Brown, *Method in Social Anthropology*, 1958; Part. II. Chap. 3.

⑱ H. Spencer, *Principles of Psychology*, N.Y. 1899, Vol. II, p. 512.

⑲ *Ibid.*

⑳ S. Freud, *The Interpretation of Dreams*, in *The Basic Writings of Sigmund Freud*, 1966, pp. 183 - 184.

㉑ S. Freud, *Wit and Its Relation To The Unconscious*, in *The Basic Writings of Sigmund Freud*, 1966, p. 733.

㉒ S. Freud, *Totem and Taboo*, in *The Basic Writings of Sigmund Freud*, 1966, p. 879.

㉓ Ch. Darwin, *The Descent of Man*, 1871: Chapter IV.

㉔ W. Bagehot, *Physics and Politics*, N.Y. 1948, p. 36.

㉕ Quoted from Heinz Maus, *A Short History of Sociology*, London, 1962, p. 44.

㉖ S. Freud, *Totem and Taboo*, in *The Basic Writings of Sigmund Freud*, 1966, p. 865.

㉗ 同㉖, p. 871.

㉘ 参见 S. Freud, *History of The Psychoanalytic Movement*, in *The Basic Writings of Sigmund Freud*, 1966, p. 948.

㉙ Schopenhauer, *Die Welt als Wille und Vorstellung*, 1819 - 1844.第二篇：世界作为意志初论—— 意志的客体化，§ 21.*Arthur Schopenhauers saemtliche Werke*, Hrsg. von E. Griebach, Bd. I. Leipzig, 1859, p. 163.

㉚ *Arthur Schopenhauers saemtliche Werke*, Bd. I. 1859, pp. 159 - 160.

㉛ *Ibid.*, p. 161.

㉜ *Ibid.*

㉝ *Ibid.*, p. 167.

㉞ *Ibid.*, pp. 187 - 188.

㉟ Arthur Schopenhauer, *Die Welt als Wille und Vorstellung*, § 28; in *Arthur Schopenhauers saemtliche Werke*, Bd. I. 1859, p. 215.

㊱ *Ibid.*, p. 228.

㊲ S. Freud, *History of the Psychoanalytic Movement*, in *The Basic Writings of*

Sigmund Freud, 1966, p. 939.

㊳ F. Nietzsche, *Jenseits von Gut und Boese*, 1886. § 19.

㊴ F. Nietzsche, *Der Antichrist*, 1888, § 2.

㊵ F. Nietzsche, *Also sprach Zarathustra*, 1883－1885, Vorwort: § 3.

㊶ *Ibid*.

㊷ S. Freud, *Three Contributions To The Theory of Sex*, Contribution I, § 5: Partial Impulses and Erogenous Zones. in A. A. Brill, ed., *The Basic Writings of Sigmund Freud*, The Modern Library, N.Y., 1966, p. 576.

㊸ S. Freud, *Group Psychology and The Analysis of Ego*, N.Y., 1960, p. 69.

㊹ S. Freud, *Psychopathology of Everyday Life*, in *The Basic Writings of Sigmund Freud*, 1966, p. 103.

㊺ S. Freud, *Das Ich und Das Es*, 1925; *The Ego and the Id*, English trans., Internat. Psychoanalytic Press, London.

㊻ F. Nietzsche, *Nietzsche Nachgelassene Werke*, Kroener, Leipzig, 1911, p. 334.

㊼ Grad und Art der Geschlechlichkeit eines Menschen reicht bis in den letzten Gipfel seines Geistes hinauf. F. Nietzsche, *Jenseits von Gut und Boese*, 1886, § 75.

㊽ S. Freud, *The Basic Writings of Sigmund Freud*, The Modern Library, N.Y., 1966, p. 386.

㊾ *Ibid*.

㊿ *Ibid*., p. 482.

(51) *Ibid*.

(52) Eduard von Hartmann, *Philosophie des Unbewussten*, Abschn. B., Kap. V.

(53) *Ibid*., i, 246.

(54) S. Freud, *The History of Psychoanalytic Movement*, in *The Basic Writings of Sigmund Freud*, 1966, p. 939.

第 2 章

潜意识的理论

第 1 节　潜意识是心理活动的基础

从这一章起，我们将深入到精神分析学的核心，进一步理解精神分析学的理论和方法体系的整个内容。

如前所述，精神分析学包括三个重要的组成部分：① 一般理论；② 方法论；③ 精神治疗法。

上述一般理论部分是弗洛伊德思想的灵魂和中枢。方法和治疗法是理论的应用，也是理论的验证。而在弗洛伊德精神分析学的理论中，潜意识又是其支柱和核心。潜意识不仅是精神分析学理论的核心，也是精神分析方法和精神治疗法的基本指导思想。所以，我们可以这样说，弗洛伊德的潜意识理论是整个精神分析学的最关键部分，是最基本的出发点。

什么是潜意识？它同人的整个心理活动有什么关系？它有什么表现？……要解决这些问题，让我们先从一个形象的比喻开始谈起。

人的整个心理就像一座漂浮在海上的冰山那样，露在水面的部分是我们可以看得见、感觉得到的各种意识活动的领域，藏在水底的部分则是看不见的、无法意识到的潜意识。这种潜意识，就其数量而言，大大超过了显露在日常生活和人的心理活动中的意识部分，就像水下的冰块大于水上漂浮的部分那样。不仅如此，而且，如同冰山的水下部分是水上部分的基础那样，潜意识也是一切心理活动的基础。潜意识部分既然像冰山的水下部分那样藏在水底，所以，它在一般情况下是不能被发现的。精神分析学犹如潜水术那样，不但给我们指出了潜水探索的目标，而且教我们潜水深入到目标去的具体方法。

精神分析学的基本概念就是：一切心理活动都以潜意识的存在及活动为基础。根据这个学说，人的一切心理活动，都在潜意识的隐秘王国中深深地埋伏着它所由此发生的根基。如果说，我们在日常生活、社会实践中所感受和体会到的心理活动只是意识活动的外在表现的话，那么，那些深伏于心理深处的潜意识才是决定一切心理现象的内在本质。不仅如此，精神分析学还把人的精神活动的主要动力和能源，归结到最底层的潜意识的自由活动。这就像火山一样，人们可以看得见的火山爆发就好比人的情感和意识活动，而其真正动力是埋藏在地下的、时时刻刻在翻腾着的炽热的岩浆般的潜意识流。

为此，要真正把握人的心理活动的规律性，要使自己成为自己的意识活动的真正主人，就必须探索潜意识及其与意识的关系。

依据弗洛伊德的学说，人的心理可以分为三个明显的部分：意识、前意识和潜意识。一般地说，人的日常生活行为都是有意识的。人有思想，而人的思想是主导着人的行为和心理活动的。所以，在正常情况下，人的心理活动都要打上意识的烙印。人类在从古代类人猿逐步进化到人类的过程中，在劳动和使用语言的推动下，发展了自己的大脑，丰富了自己的意识生活，使人类以至任何一种高等动物都能自觉地、有目的地控制自己的行为。意识，乃是人类特有的心理活动。有了意识的活动，人类的心理生活才进入有调节、有节制、有目的、有规律的阶段。

为了更深入地探索意识的本质，弗洛伊德在《图腾与禁忌》一书中，试图根据原始人的最早的"禁忌意识"(taboo conscience)的特征中，分析"意识"的某些基本特点。他说："除非我们是错误的，对禁忌的理解有助于阐明意识的本质和起源。……禁忌意识也许是我们可以在其中发现意识现象的最古老的形式。"[①]弗洛伊德还说："意识是拒绝对存在于我们内部的欲望冲动作出界定的内感；但这里的重点，是强调这样的事实，即这个拒绝并不依赖于其他的事情，而是由于其自身的确定性。"[②]因此，很可能是：意识也是以一种含糊不清的感觉为基础，而从包含着这种含糊性的非常确定的人际关系中产生出来的。[③]接着，弗洛伊德在〈关于精神分析学中的潜意识的一个注释〉一文中又说："我们所说的'有意识的'，指的是出现在我们的意识中，并且又为我们所知的那个概念；要把这一点看作是'有意识的'的概念的唯一意义。"[④]

要正确理解弗洛伊德上述对于"意识"和"有意识的"的观点，必须摆脱传统心理学和一般生活常识对于"意识"的看法。在巴德柯克(Christopher Badcock)看来，弗洛伊德将"意识"界定为"在任何确定的时刻中实际上有意识的那些事物"[⑤]。

巴德柯克指出，弗洛伊德上述有关"意识"的观点是从"部位解剖学"和"动力学"(both topographical and dynamic)的角度提出的，而不是纯粹范畴式和描述式的论述。[⑥]

所以，在弗洛伊德看来，在任何时候，只要能够引起注意的事物，都是有意识的，而一切引不起注意，但又可以有意地被回忆起的事物，就是“前意识的”(pre-conscious);至于“潜意识的”,是指不可能被有意地回忆起的因素。

弗洛伊德在《梦的解析》一书中曾把意识说成“只是用来察觉精神本质的感觉器官罢了”,弗洛伊德在这里强调的是“察觉”。这就是说,所谓意识,其基本特征就是能“察觉”到精神本质。这当然不是关于“意识”的一个科学的、全面的定义。但他之所以强调“察觉”,是为了同以下要讲到的“前意识”和“潜意识”相区别。

弗洛伊德认为,意识所“察觉”到的是由外在世界经感觉器官而导入的感觉流,及由人类本身所特有的“精神装置内部产生”的精神流。从这两种方面来的刺激,使人意识到痛苦和快乐两种精神状态。

弗洛伊德把意识仅仅归结为对于“快乐和痛苦”的“察觉”,当然是很不全面的。[7]但是,如前所述,他在这里所要强调的是“意识”同“前意识”与“潜意识”的区别。

由此可见,弗洛伊德所说的“意识”包括了一切不属于“前意识”和“潜意识”的心理现象和活动,因而,它包括了感觉、知觉、表象、情感、思维等等。换句话说,人类自己察觉到或体验到的一切心理因素,都属于意识的领域。

所谓“前意识”是在意识近旁的心理活动。它虽然并未在意识中呈现出来,但它有可能进入意识领域。弗洛伊德把一切曾经是属于意识的观念、思想、感觉、情感,而如今不存在于意识领域内的那些心理因素,都称为“前意识”。因为它们曾经是意识,如今又位于意识的近旁,所以,前意识可以较容易地进入意识领域。根据弗洛伊德的观点,属于前意识的心理活动,有“回忆”等。

例如,我们可以把自己意识到的事情储存在前意识中,然后,在一定条件下,又可以很容易地“回忆”起来。

所以，前意识是目前已退居意识的幕后，但又可以较容易地被召唤到意识的领域中来的那些心理因素。

“前意识”，作为一种“被遗忘”的以往生活经验，在人的意识活动和文化创作活动中，起着极其重要的作用和意义。尼采指出，遗忘是人类精神生活的生命力之来源。只有通过遗忘，精神才获得全面更新的可能，获得那种用新的眼光去看待一切事物的能力，以致过去所信的东西和新见到的东西能融合成一个多层次的统一体。[⑧] 伽达默尔（Hans-Georg Gadamer，1900 - 2002）也指出：“‘记住’‘遗忘’和‘再回忆’属于人类的历史构成，而且本身就构成了人类的一段历史和一种教化（eine Bildung）。谁像训练一种单纯能力一样地训练记忆力——所有记忆技巧都是这样的训练——他所获得的记忆力就不是他固有的东西。记忆力必定是被造就而成的，因为记忆力根本不是对一切事物的记忆。人们对有些东西有记忆，对另一些东西则没有记忆，而且人们像从记忆中忘却一些东西一样，在记忆中保存了另一些东西。正是时间使记忆现象从能力心理学的平均化倾向中解放出来，并把这种记忆现象视为人类有限历史性存在的一个本质特征。”[⑨]

尼采和后来的伽达默尔，分别在弗洛伊德之前和之后，对于“遗忘”所作的上述解释，有助于我们理解弗洛伊德所说的“前意识”的概念的本质。实际上，“前意识”就是被“遗忘”的生活经验的暂时隐蔽。这种“遗忘”，一方面作为以往的生活经验而暂时地被忽视或被置之一旁，有助于意识更多地吸收“新”的经验而“更新”和“加强”意识活动的生命力；另一方面，它又作为已被吸收的因素，而无意识地渗透到正在活动中的意识中去，同“新”吸收的经验相互交错，使人的心理活动更加复杂，并同时地保持同以往经验的连续性和同一性。作为“前意识”的“遗忘”因素，很明显地，同意识保持着极其复杂的历史关系和现实关系。

在个人的意识发展过程中,作为储藏库之一的"前意识",会随着生活经验的丰富和积累程度,而呈现越来越分化的多层面结构。严格地说,作为"前意识"的经验累积,并不是真正的"遗忘",而是如伽达默尔所说,它"实际上属于记忆和回忆"[10]。在这个意义上说,遗忘并非单纯只是消极的"缺失",而是具有积极意义的"保存"和"吸收",是心理活动进行新创造活动的重要条件之一。

弗洛伊德认为,在睡梦中,我们可以很容易地认识到"前意识"的存在及其活动的可能性。弗洛伊德认为,在睡梦中,那些储藏于意识近旁的"前意识",即留在"记忆"中的旧观念、旧思想等,都可以因意识暂时处于休息状态,而闯入意识领域,因而使我们在睡梦中重新意识到过去已经被遗忘了的事情。弗洛伊德为了说明前意识的活跃性及其与意识的密切关系,用一个新的概念来代替前意识,即"潜能"。这就是说,在适当时机,当人的注意力转向一个与前意识有关的事情时,前意识的观念就会冒现出来。如弗洛伊德所说,在适当时机,当人的注意力转向一个与前意识有关的事情时,前意识的观念就会冒现出来。如弗洛伊德在《梦的解析》中所说:"我们相信,当发生一个有目的的概念时,某些数量的刺激——称为'潜能'的东西——就会依据概念选择的连接途径,转移过去。"

本书本篇第三章第五节中,在分析"退化现象"时,曾引用弗洛伊德在《梦的解析》一书中所画的三张图表,表示梦中的心理活动及其中的潜意识和前意识各因素的转换关系。

所以,前意识在本质上与意识有许多共通之处,它只是被暂时搁置在一旁的旧意识。弗洛伊德说:"一言以蔽之,我们把这一类的思想序列称为前意识,我们认为它是完全理智的,并相信它或者被忽视,或者被压抑。"这些被忽视的思想和观念是被压抑和被排挤在意识之外的，因此，在一般情况下，它不被人意识到。这些属于前意识的观念，本身具有一定的“潜能”，可以在一定条件下，使意识对它加以注意，然后经由意识的连接，与意识界的观念发生联系。

前意识中的那些观念，被意识压抑的结果，可能导致两种情形：

第一种，它会慢慢地自动消失。这种消失过程，就像蓄电池的能量慢慢地通过看不见的空气的传导，慢慢地被消耗掉一样，前意识中的被压抑的潜能也可以由各个相连接的小径散发出去。这样散发的结果，使整个思想网经常处于一种紧张的状态。但由于前意识散发的能量是分散的和小规模的，所以，意识界可以顶住。而且，在顶住一段时间后，前意识的能量也就慢慢地消退完毕。经由此途径消失掉能量的前意识无法在睡觉时重现在梦中。

第二种，继续保持下来，并不断活动，一旦有条件，它就会冲出意识的压抑表现出来。这后一种前意识，所以能持久地留下来，就是因为它们与潜意识有关联，它们从潜意识中的相应部分吸取了能量，跃跃欲试。

那么，什么是潜意识呢？

所谓潜意识就是在意识和前意识背后更深的领域内的心理因素。弗洛伊德认为，这种潜意识就是人类心理的最原始、最基本的因素。它深藏于人的心理的内层，如火山内的炽热的岩浆一样，高度活跃，具有无穷的生命力，为人类精神活动提供了取之不尽、用之不竭的能源。弗洛伊德说：“潜意识是精神生活的一般性基础。潜意识是个较大的圆圈，它包括了‘意识’这个小圆圈；每一个意识都具有一种潜意识的原始阶段，而潜意识虽然也许停留在那个原始阶段上，但却具有完全的精神功能，潜意识乃是真正的‘精神实质’。”[11]

由此可见，潜意识是任何一种意识的最初的胚芽和种子。它的意义更丰富、更活跃、更生动、更有生命力。弗洛伊德甚至说，一切心理现象，无非就是潜意识的发展和延伸，也是潜意识的表现。就此而言，潜意识实在是心理活动的真正本质。

我们可将弗洛伊德所说的“潜意识”比作遗传学家摩根（Thomas Hunt Morgan, 1866－1945）和孟德尔（Gregor Johann Mendel, 1822－1884）所说的“基因”。按照孟德尔和摩根学派的遗传学，“基因”是一切生物的遗传因子，它包含了有机体发育后所表现的一切特征，因此，它又是一切有机体的最原始和最初的胚芽。“潜意识”藏在心里深层，但不甘心于被埋没，无时不在活动——即使在意识休息的时候，它仍然在活动。意识领域中的一切观念都是从潜意识发展而来。这就是说，意识中的一切观念都可以在潜意识中找到相应的“因子”。但反过来，并不是所有的潜意识“因子”都可以发展成为意识。在潜意识中包含了许多在意识中找不到其表现形态或高级形态的原始因子。因此，意识的范围显然比潜意识狭窄得多。

按照弗洛伊德的说法，不论是个人的心理因素，还是民族的传统精神，都是以潜意识的“海洋”作为它们的总仓库。世代相传的民族意识，和个人心理一样，也可以分解成潜意识的因素而分藏于各个人的潜意识内。

就连各种性的要求和欲望，各种违反道德的冲动，也是以潜意识作为它们的总根源。换句话说，潜意识是未被改造或加工的各种心理活动的原材料，它与人的意识所遵循的基本理智标准、道德标准、好坏标准、利害标准根本无关。所以，如果用更为通俗的词句来表达的话，潜意识是一种本能性的冲动，它导源于人的以大脑为中心的神经系统的生理机制，它不以人的意识为转移地时刻发生作用，时刻以其自身的内在规律活动着。

在基本上概述了人类心理的三个基本组成部分——意识、前意识和潜意识——以后，下面我们再以另一个形象的比喻来总结这三个部分心理元素的相互关系。

我们把人的心理比作三层楼的住宅。在最高的一层楼上住着心理家庭中的最高尚的、可尊敬的分子，即“意识”。它是心理家庭中的“家长”或“统治者”。在它们下面的是“前意识”先生们，他们同住在最底层的“潜意识”先生们相比，是比较文雅、比较“懂事”。“前意识”被允许随时到最高层去访问，但最底层的潜意识却不能随意去意识所住的那层楼上。潜意识，按其本性是活跃的、不安分守己的因素。因此，它们不会永远老老实实地待在基层，它们总是要千方百计地闯到“意识”住的那层楼去。但是，意识又不准它们去。所以，潜意识有时就偷偷地趁意识不备的时候“溜”到意识那儿去。有时候，潜意识甚至采取狡猾的手段设法溜到意识那儿去——这时候它们会把自己打扮成“前意识”的模样，利用意识对“前意识”的某种程度的信任，闯到“意识”的一层去。有时候，潜意识还利用它们与“前意识”的关系，唆使“前意识”三番五次地溜到意识那儿，给意识带来很大的麻烦。

在谈到潜意识、前意识和意识的相互关系时，弗洛伊德首先批评某些哲学家的“潜意识”概念的简单性及不完备性。比弗洛伊德稍前或与弗洛伊德同时代的某些哲学家，只是把“潜意识”看作是同“意识”相对立的心理因素。例如慕尼黑大学哲学教授李普斯（Theodor Lipps，1851－1914），曾在 1897 年的国际心理学代表大会上发表了著名的《论心理学中的潜意识概念》（*Der Begriff des Unbewussten in der Psychologie*）的论文。在这篇论文中，李普斯一方面认定意识和潜意识之间的区别，另一方面又宣称潜意识是人的心理生活的一般基础。因此，李普斯把潜意识看作是一个更大的圆圈，在这个大圆圈中还包括意识的小圆圈在内。而且，李普斯还说，任何一种意识最初都曾经经历潜意识阶段，潜意识虽然停留在潜意识阶段内，但仍然可以发挥其最完满的心理功能。

弗洛伊德作为一个心理学家、医学家和精神分析学家，在对待意识、前意识和潜意识的问题上，是同哲学家们有所不同的。弗洛伊德并非把它们看作是抽象的理性概念。弗洛伊德把"意识"看作是非常有限的事物；也就是说，是直接地和真实地可以在心理活动中（不管是正常的还是异常的）被意识到的实际因素。所以，弗洛伊德说："潜意识是真实的心理实在，就其内在本质而言，它就像外在世界中许多我们所未知的实在一样，这是由于意识的资讯尚不完备地告知我们的缘故，如同我们的感官未完备地向我们报告外在世界那样。"⑫接着，弗洛伊德指出，从实际的心理病态学和从梦的解析工作以及日常的正常心理活动的观察中获知，潜意识和其他心理活动一样，是作为两个分离的系统的某种功能而发生作用的。"因此，存在着两种类型的、尚未被心理学家加以区分的潜意识，从心理学的意义来说，两种类型都是潜意识。但在我们看来，我们称之为'潜意识'的第一种，是**不可能成为意识**的；而我们把第二种称为'前意识'，是因为它的激发，只要遵循着某些规则，就可以达致意识。……我们在描述上述两种类型的潜意识的相互关系以及它们同意识之间的关系的时候，总是把前意识看作是潜意识系统与意识之间的一个屏幕；前意识不仅是拦阻进入意识的屏障，而且也是通向有意向的能动性的检察官，它还控制着能动的注意力的能量的发射。……"⑬

人的心理中，潜意识、前意识和意识的上述关系就构成人的一切复杂心理活动的基础。

第 2 节　怎样发现潜意识

潜意识既然是心理活动的总根源，就有必要深入探索它，揭示其存在的依据和规律。而要揭示它们的本质，首先就要发现它们，找到它们。

弗洛伊德依据哪些线索，找到深藏在心里底层的潜意识呢？概括起来说，弗洛伊德是从以下六个方面寻找潜意识的踪迹的。

(1) 通过对儿童时代的记忆。潜意识虽然深藏在心理内层，而且被意识严密地控制着，不让它们表现出来，但在人的一生中，仍然可以发现潜意识的端倪，找出它的某些蛛丝马迹。其中，最重要的是存在于儿童时期的那些早已被遗忘的记忆中。

根据弗洛伊德的学说，潜意识是最原始、最低级的心理因素。因此，在心理发展过程中，它们是人的心理诸因素中最早出现的分子。

在人的心理发展中，人的心理的元素早在母体中的胎儿时期就已随胎儿神经系统的成长而出现。幼童生活表现了许多潜意识的表演，如婴儿一生下来，就会哇哇啼哭，会吸吮母乳，抓紧手中物等。这些在一般人的语言中被称为“本能”的东西，实际上都是潜意识的表现。

在儿童时期，人的意识尚不发达，因而不能严格控制潜意识。潜意识得到了相对自由的活动机会。所以，在儿童时期，潜意识也得以直接表现出来。

在幼儿生活中所表现的各种无意识的动作，在成人以后，绝大多数都被遗忘、被抛弃、被淘汰掉了。这是因为随着人的成长，意识越来越发达，于是，属于潜意识的因素就被意识“挡”了回去，被禁锢在心里的深层，不许它们重现。

就以吸母乳为例。到孩童长大后，孩童本身的意识也会慢慢阻挡吸乳的自发动作，而代之以别的有意识的吃饭动作，吸乳动作作为潜意识已被所有人遗忘，它被深深地压在潜意识中。

又如，婴儿天生地倾向母亲。母亲抱婴儿的动作，使婴儿自然地感到舒适和安宁，在婴儿心中有一种亲近母亲的感情。这是一种未被婴儿意识到的潜意识的一种表现。后来，弗洛伊德都把婴儿的这些潜意识归结为"性"欲的原始表现，并把这些原始性欲说成是人的一切心理活动的基础。关于这点，本书在下面专门论"性心理"的一章中将详加论述。

幼儿时期的活动只有一小部分被记忆下来。这一部分可以很容易地通过有目的的回想而重新记忆起来。但是，有很大一部分是不可能通过一般的回忆发掘出来的。依据弗洛伊德的学说，这一部分难以用一般回想而记忆出来的幼儿经验，恰恰就是已被意识深深地、久久地压入最底层的潜意识。这一部分只有通过特种的心理分析方法才能发掘出来。关于这种特种的精神分析方法，在本书论精神分析方法的章节中将有所介绍。

幼儿时期的生活，作为一部分潜意识的内容，有时可以在成人的睡梦中发泄出来。这一部分也将在本书以后论述梦的部分加以说明。

总之，幼儿时期的大量生活是潜意识的内容的重要组成部分。弗洛伊德通过对这一部分潜意识的发掘和分析，发现了潜意识的形成、保存和活动的特点。

(2) 通过催眠法可以引发出潜意识的部分要素。根据弗洛伊德及弗洛伊德的老师法国著名精神病学家沙可等人的观点，用一种特种的催眠法可以在一定时期内使某个人的意识处于麻痹状态，因而可以直接地唤起某些潜意识。例如，在催眠时，当被催眠人已经进入无意识状态时，催眠的医生可以命令受术者到将来清醒后的某一天某一时刻做一种动作（像打开窗户、打开水龙头之类），那么，果然，在受术后，醒来了的受术者很准时地按他在被催眠时接受到的命令去行事——如打开窗户、打开水龙头之类。这些被催眠过的人的这种无意识动作就是潜意识的表演。因为在被催眠时，在他的心理深层的潜意识受到了一定的刺激后，被诱导出来，而且它找到了意识界中的一个"真空走廊"，可以不受意识的控制，而自动地、顺利地沿着"真空走廊"发泄出来。

目前，在有些国家的间谍工作中，已经应用这种方法，将某些间谍训练成按时做出特定反应的人。例如，命令某些间谍系统的间谍在接受一个特定的内容的信号——电话、手的动作等——之后，立即不顾一切地采取一种行动。间谍的这些特定动作是在他被催眠时强制地固定下来的。

以前，在我国香港放映过一部反映国际间谍活动的美国电影。电影里讲述某间谍机构派遣一批间谍到某国去。派出前，把间谍加以催眠，使他们在接到一定内容的电话后，要无条件地采取破坏性行动。所谓无条件，就是指：不管遇到何种危险都要去坚决执行命令；在执行命令时，执行者本人并没有意识到——他们是在完全无意识的状态下赴汤蹈火的。

所有这些在被催眠状态下引发出来的无意识行为，都是潜意识的表演。在这些潜意识迫使某人做某种动作时，行动者本人说不出做那种动作的理由。

(3) 舌头和笔下的滑失——笔误、口误等——以及大量的日常生活中出现的无意识的错误是潜意识的表现。弗洛伊德在《日常生活的心理分析》(*Zur Psychopathologie des Alltägsleben*)一书中列举了日常生活中的大量例子，说明人的心理活动可以分成两部分：一部分是在意识状态下进行的，另一部分是在不知不觉之中，即所谓潜意识状态中进行的。因此，人们才经常作出许多别人不能理解、甚至连自己也不了解的行为，说出不该说的话（语误、口误、说走嘴等），或说不出该说的话（遗忘等）。弗洛伊德的这本《日常生活的心理分析》，主要就是说明如何从人们的日常生活里时常发生的口误、笔误或读误等"错误"现象，以及动机性遗忘等，去发掘潜意识的存在。（上面所说的"动机性遗忘"是相对于"自然遗忘"的。自然遗忘是指那些随时间的消逝而自动泯没，或因学习之前后及因学习别的事物而受干扰，所形成的遗忘。动机性遗忘是指有目的地加以遗忘的那些事情，这是由于个人不愿记住某些事情，经由不知不觉的过程而遗忘掉了，但这种动机性遗忘是可以在特殊情形下恢复记忆的。）

笔误和口误是许多人亲历过的。笔者在撰写本书的过程中，曾出现过许多次笔误。有的笔误带有某种"顽固性"。也就是说，有的笔误一再出现，即使笔者预先提防，也同样会难免发生。例如笔者每写"要"这个字，总要多写一划；即使注意防止，也在所难免。有时，要写"公道"，都写成"公正"等等。弗洛伊德在《日常生活的心理分析》一书举了许多类似的笔误和口误。他说，有一次，他的一位富有但不甚慷慨的朋友，请大家到他家去参加舞会。跳到夜晚十一点半，大家都跳得很起劲。正好中间休息，依惯例，在休息期间，别的主人都会为客人端出较丰盛、精致的点心或宵夜。所以，这次休息时间到来时，很多客人都自然地等候有一顿好点心。但结果都使多数人大失所望，因为这位富有但吝啬的主人只准备薄薄的夹心面包和柠檬水。弗洛伊德说："因为那时快到选举的日子，谈话遂集中在不同的候选人身上，当讨论热烈的时候，一位热心支持进步党候选人的客人对主人说：'关于（候选人）蒂克，你可随便说他什么，但有一件事他是靠得住的，那就是他总是给你一种公道的饭食。'他本来要说'公道的待遇'(square deal)却说成'公道的饭食'(square meal)。弄得在场的人哗然大笑，也使得说话者及主人都感到难为情。"显然，弗洛伊德举的这个例子中的口误者，是在缺乏丰盛的点心条件下引发出他的潜意识的。这种口误是说话者本人意识不到的，但却脱口而出，这只能说明潜意识的存在。

又例如，我们经常把东西放错地方，或忘记把它们放在哪里。弗洛伊德说，这种"误置"或"忘置"动作也是富有意义的。有一天，弗洛伊德接到一本图书目录，准备订购其中预告的一本《论谈话》的书。但是，目录一时放错了地方，以致使弗洛伊德怎么想也想不起来。他翻箱倒柜，进行"地毯式"寻找，几乎每个地方都找遍了，但就是找不到那个目录。他说，他很喜爱那本《论谈话》的书，因为多年以前就有很多朋友提及这本书的作者漂亮的文笔。有的朋友甚至说，他的文笔的文风同弗洛伊德一模一样。弗洛伊德当时身感自己年纪尚轻，急需有人指导，于是毕恭毕敬地给这位作者写了一封信，但却遭到冷淡的回绝，从此，弗洛伊德不得不"安分守己"，老老实实地继续按自己的风格写书。这次丢了订购目录，也就决然打消了买书的意念。

弗洛伊德认为，这种"遗忘"的根源就是在潜意识中。他说："任何一个'遗忘'，都有动机可寻，而这个动机通常就是一种不愉快的经历。"⑭

上述"遗忘"图书目录，追根溯源是与弗洛伊德的那次不愉快的遭遇——该作者对弗洛伊德的冷淡回绝——有关。这种类似的遭遇在潜意识留下了深刻的痕迹，以致当你接触到不愉快的对象——如上述对弗洛伊德冷淡的作者——时，潜意识自然地跳出来，促使你作出"误置"动作，并抑制意识去记住它。弗洛伊德说："痛苦的回忆易于导致潜意识的有意遗忘”，就是指这个意思。

总之，这些“口误”“笔误”“误置”“遗忘”等，都是潜意识存在的标志。

(4) 有时，一个问题得不到意识的解答，搁置一段时间后，不加意识的注意，这些问题就得了解答的结果。这表明，在意识解答不了问题后，虽然人的意识本身已经停止思索它，但该问题被无意识地传给了更深一层的“潜意识”，由潜意识以“接力赛跑”的形式继续解决问题，一旦潜意识为解答该问题提供充分的条件，潜意识就会向意识发信号，然后，意识便自然地解决那个难题。

另一方面，这种一时得不到解决的难题，还归因于意识本身在思索问题时所呈现的“紧张状态”——意识的一时紧张，造成了意识对潜意识的过分严格的控制，使前意识中的有关记忆因素也受到了牵连，处于无能为力的麻痹状态。一旦意识层放松，前意识中记忆因素重新活跃起来，才获得机会表现出来，有助于问题的解决。

这种现象也是常见的。有的人绞尽了脑汁又解决不了某一个问题。睡了一觉以后，便迎刃而解了。这说明在睡眠过程中，潜意识继续在解决问题。

还有的时候，一个“在舌头尖上”的名字无论怎样都记不起来，或者，某一个很熟悉的电话号码说什么也想不起来，但把注意力转向别的方向，这名字或电话号码便在意识中出现了。这也说明，在意识对某一事情突然记忆中断时，潜意识在默默地继续搜索，直到意识转移注意力而放松它对该事情的“中止性痉挛”时，潜意识才不慌不忙地和盘端出问题的真相。

所有这些类似的事例证明了潜意识的存在，也证明它们可以在意识不加注意时，承接意识所没有完成的事情，然后，又在意识不加注意的另一个适当时候，向意识传送该问题的解决方案。

(5) 潜意识经常表现在艺术家的灵感上。

有许多作家、画家等文学艺术家，经过长期的思索也难于下笔。但在一夜之间，突然灵感一来，一口气写出或画出作品。有的诗人是在睡眠中作诗的，作成的诗可以很生动地浮现在清醒后的意识中。例如英国诗人柯勒律治(Samuel Taylor Coleridge, 1772 - 1834)说，他那首美妙的《忽必烈汗》(*Kubla Khan*, or *A Vision in a Dream*)诗歌，便是在睡眠时作成而在清醒后录写下来的。

关于《忽必烈汗》这首诗的创作过程及其撰稿过程，柯勒律治在发表这首诗时曾作了忠实的说明。他说，在 1797 年夏，他在农庄别墅里休养。有一次他迷迷糊糊地昏睡过去，在脑海中浮现了忽必烈汗建造巨型宫殿的图景，并出现了百行诗句形象地描述这座巨型宫殿。他的梦持续了大约三个小时。当他惊醒的时候，他立即写出了梦中无意识地创作的《忽必烈汗》。这首诗写成初稿后，诗人拜伦(George Gordon Byron, 1788 - 1824)要求作者公之于世。[15]

这些现象说明，在潜意识中也运筹着极其丰富的、生动的材料，足以提供一般人的意识所无法提供的东西，使作家、艺术家能以其特有的风格反映现实、描写现实。

(6) 梦的存在也反映了潜意识的不停的运筹过程。关于这一点，本书将专设一章讨论之。

从以上所举的 6 个方面，说明潜意识确实存在着，而且，时刻在活动着。有时在它们自己的领域中活动，因而不为人所知觉；但有时，当人们的意识不及戒备时，它又冒现出来，以其完成形式出现在意识中。这证明了在它们自我完成前的那一段运筹过程的存在。有时，在睡梦中，或在被催眠状态中，它们显露出来。

不管潜意识以何种形式出现，正如弗洛伊德所说，它们都是一种客观存在的心理现象。你承认它也罢，不承认它也罢，它们照样在活动着，并以其自身的规律影响着人的意识活动。作为心理科学的研究者，就必须承认它们的存在，发现它们，找出它们的活动规律。弗洛伊德的精神分析学就是以此作为基本任务的。

第3节　潜意识的原始性

潜意识具有哪些特征呢？为了研究潜意识的特征，弗洛伊德研究了精神病患者的心理，研究了梦，研究了幼童心理及幼童生活在人心中的痕迹，研究了日常生活中各种“口误”“笔误”等现象。他所以选择这些领域作为他发现和研究潜意识的重点地方，是因为在这些地方可以比正常人的心理生活更多地更直接地暴露潜意识本身。

反过来说，潜意识所以更容易在上述各个领域显露出来，恰恰表明了它本身特有的性质。这些性质，归纳起来可以归结为5个方面：① 原始性；② 主动性；③ 非逻辑性；④ 非语言性；⑤ 非道德性。现在，我们分别进行分析。

先讲原始性。潜意识是心理的最低级、最初级、最简单、最基本的因素。所谓原始性，主要是从发展的观点说的。弗洛伊德认为，处在原始阶段的潜意识心理，是遵循着孩童时期和原始人时期的“原来思考法则”的，它同成熟的人或具有科学认识的人的“继发性思考法则”不同。这就是说，不论从人类系统发展系列来看，还是从个人心理发育系列来看，潜意识都是人的心理的出发点。它是最低级的心理现象，所以，不论从构造、机制、功能等方面，都是很不完全的。用中国话来说，这种心理还处于“混沌状态”，在这种混沌状态中，个体与个体之间尚没有明确的分野，没有自身的前后一贯的同一性，没有持续的和固定的性质，它们的特性尚未充分发育，它们之间相互渗透、相互牵连，构成了一个连绵无穷的“精神内海”。

这种原始的心理元素是在人的大脑及神经系统刚刚形成和完备起来时产生的，所以从个人的生活史来看，它比意识和前意识都产生得早。当人出生时，潜意识即已形成，这可以表现在婴儿的大量的本能动作和本能需求上。

正在成长着的人，他的意识是怎样发生的，他的心理生活是怎样由简单发展为复杂，其过程尚未彻底弄清。弗洛伊德提出的潜意识理论也没有彻底解决这个问题，但其理论为解答这个问题提供了极有启发性的设想。

事实上，我们只要仔细观察就会发现，新生婴儿还不会说话，不会游戏，也不会作出能据以判断他的心理的任何有意识的动作，他甚至很难做到最低限度的注意集中，而这是进行最简单的实验心理研究所必需的。

有些心理学家，像英国的张伯伦（Alexander Francis Chamberlain，1865 - 1914）和美国的鲍德温（James Mark Baldwin，1861 - 1934）等人，坚持认为人初生时以及整个童年早期，都不存在人的心理特点，而是和动物一模一样。这是忽视了人与动物间的根本区别。现在已有足够的材料证明，乳儿即使在出生以前在母体内的相当长时间里，就已经在许多方面与动物相区别。

首先，人的过去会影响到儿童（从胎儿时期到出生后的乳儿阶段）心理的发展。这就是弗洛伊德所说的那种观点，即在人的意识产生之前，在个体心理的发育过程中的最早阶段，由于人体内神经系统的某种程度的发展，人的心理深处已经继承了先辈心理（包括民族长期的传统心理等因素)的某些特质。这种继承先辈心理特质的物质基础,就是胎儿和幼儿大脑及神经系统的某种程度的发育。在这个时候,胎儿和幼儿的心理基本上处于潜意识的发展阶段。

根据胚胎神经生理解剖学的材料证明,胎儿形成后的第四周,它的神经系统即开始形成。最初它是一个板状的东西,板的边缘在发展过程中即卷起成为管状(髓状管)。管的末端呈现三个球状泡,后来其中的两个又各分为两部,所形成的这五个泡就是脑的未来的各个基本部分的萌芽。第五个(后部的)泡形成延脑,它将成为调节心脏和呼吸活动的器官;第四个泡形成桥脑和小脑;第三个(中部的)泡是中脑的胚胎,它对人的作用比它在动物身上所起的作用要少得多;视丘和皮层下神经节部分是从第二个脑泡产生的;第一个泡是大脑半球的起源。

到胚胎形成后的第八周,皮层即开始形成。皮层在最初是一种皮层板的形状。皮层板的发展,是在第八周至第十二周期间完成的,而且是分为几个阶段进行的。由于分阶段发展的结果,皮层板就跟中间层分离开来。中间层内容有大量的细胞,这些细胞到后来即逐渐移居到皮层中去。到第十二周,皮层板的形成就结束了。并且开始它的第一个分化阶段,即分为两层: 内层(松软、宽厚)和表层(比较坚固、狭窄)。

皮层板的成熟本身不是匀称地进行的,最早发展的是它的中部,然后才是周围的全面的急剧成熟。

人脑在发展中的一个突出的特点,就是额部和前额部的皮层板的较早的特殊化和急剧的形成。这一部分对儿童和成人的一切心理活动起着特别重要的作用。皮层板各部分成熟的独特顺序和不同的速度,正是明显地表现了人脑的独特之物。

四个月后,胚胎中脑神经组织的发展起了显著的变化。首先是皮层板外层的急剧发展,皮层的生长则缓慢得多,因此,在表层上就形成皱纹和裂沟。它们的发展很快，到初生时婴儿的脑基本上已经完全具有了成人的脑所具有的那些沟和回。但是，沟和回的形状和大小的变化以及新的小回的形成，到初生以后还延续着。

在皮层中所发生的变化不能只归之为它的生长的迅速。组成皮层的组织本身也有很大的改变。在第四个月皮层板上只能分为宽度和密度各不同的、在结构上尚未定型的两层，从第五个月起，在皮层板上皮层的组织本身即开始形成。这一过程是分两方面进行的：

第一方面，不同的细胞层在形成着；

第二方面，细胞部分本身的分化也在进行着。

合浆的组织被细胞的组织代替了。这两种过程在各个皮层部位上也不均等地迅速地进行着。

在进一步发展的过程中(从 4 个月到 6 个月)，整个皮层即具有六层的结构。这六层的结构是成人的脑所特有的，但是这六层中的细胞的成熟速度、肥大程度和形状，在脑的不同区域中也不是同时产生的。

发展也表现在细胞本身的构造、大小的变化和它们在脑皮层各个区域的配置上。占整个皮层三分之一的脑额区的发展过程是特别复杂、特别强烈的。皮层的运动区和感觉区的发展速度同它相比，显然是落后得多。

随着脑的组织的发展，作为传导通路的神经纤维也在发展。从胎内生活的第七个月，脑细胞的神经纤维就开始从白质里深入到皮层的第一层里，但是，它的数目即使在新生婴儿身上也是微不足道的。在皮层的上面几层里，神经纤维在出生以后才开始发展。

所有这些由于仔细的研究而获得的材料，都说及胎儿的脑对整个发生在人类以前漫长的进化系列所处的极复杂的关系。人在还没有出生的时候，就跟这一进化系列的任何代表者有本质上的不同了。

因此，在出生以前好久，直到儿童同社会界直接交往以前，他的未来的心理活动器官就已经具有在质量上是特殊的结构了。极长的社会劳动生活时期改变了人的心理的整个物质基础。人脑的发展是跟动物的脑在进化过程中的发展根本不相同的。所有这一切，是在胎儿时期积累祖先的传统心理并使之形成潜意识的物质基础。

脑的发展，在儿童出生以后，是在主要来自外部世界的刺激的影响下实现的。这种发展表现如下：

(1) 脑的重量在增加。到乳儿出生的时候，脑的重量是 360 克到 370 克，大致相当于成人脑的重量(1 360 到 1 400 克)的三分之一，9 个月乳儿的脑的重量已达 600 克(几乎增加两倍)，到两岁半的时候，脑重就已经达到成人脑的重量的三分之二(900 到 1 011 克)，最后还有三分之一的重量只有到 21 岁时才能达到。因而，在出生以后的最初几个月里，乳儿的脑在重量上每月要增加三十多克，几乎每天增加一克。

(2) 脑组织的结构，特别是皮层组织的结构在形成。这表现在：

① 细胞的形状在改变。

② 它们的大小在改变。

③ 保证有丰富的神经联结的神经突起及其末梢的数量在增加。神经突起、树状突和神经纤维的数量的增加具有重要意义，它们保证着多种多样的神经联结的形成。皮层细胞的神经联结是个人获得的结果，是机体对于外部环境的适应的结果。这种联结(皮层触处)是形成联想的最复杂的条件反射系统的基础，是通过大脑半球的高级的分析和综合(联合)的功能逐渐形成的复合系统的基础。皮层系统是个人的获得物，它在新的构成的影响下不断地改变着自己的结构。

(3) 以不同方向深入皮层中的神经纤维的数量在增加。传导通路本身的发展是非常迅速的。从胎内生活的第七个月起，神经纤维即开始从白质深入到皮层，但是，到出生的时候起，它们还是很少的。不过，当乳儿长到 3 个月，神经纤维在细胞的本体中大量增加，神经纤维成束地深入皮层。

(4) 神经纤维加粗。不仅神经纤维的数量增加了，而且其中的每一束为了包围日益增加的大量的纤维，都变得更加粗大了。

(5) 神经纤维束的延伸方向多维化了。如果开始时它们基本上只是以水平的方向延伸，即只是在二维的方向内延伸，那么，在两岁的儿童身上则有许多斜线和切线纤维，它们以极其多种多样的方向，即以三、四、五、六维的方向，立体式地深入到皮层和皮层的各个层中。毫无疑问，各种神经联结和联系的发展是直接依赖于神经活动的不断增长着的力量和多样性的。神经活动是儿童跟环境发生日益复杂的关系的结果和条件。

(6) 神经纤维鞘化。这是神经纤维本身在结构方面的变化。最近，人们认为，神经纤维只有当它覆上一层白色柔软的薄膜(髓鞘膜)的时候，它才发生作用。神经纤维的鞘化过程本身(特别是外周神经的鞘化)同它们在功能上的储备比较起来是要晚得多。刺激可以使神经纤维更快地鞘化，因而儿童在日常生活中接受的刺激越多，神经纤维的鞘化就更快。皮层细胞在刺激影响下的增长能力，可以在个体的整个生活过程中保存下来，因此，新的适应系统的形成可以继续到老年。脑皮层神经的鞘化，也像脑细胞结构的发展一样，不是均衡地进行。开始是在种系发生史上较古老的形成部分发生鞘膜，后来是在脑的发生史上较年轻的区域发生鞘化。运动系统(在脊髓和大脑脑干部分)的鞘化比其他部分早，感觉系统的鞘化较晚。而早在胎内生活时期，胎儿的前庭器官(平衡器官)即开始发生作用。在大脑半球上，首先是感觉系统的鞘化，而后才是运动系统的鞘化。这是因为人的运动跟动物不同，它是由脑的高级部分，即皮层运动前区（皮层顶叶的前额部分）来调节的。运动的调节，运动的方向性以及后来的有意识的调节，都是由皮层来实现的，所以，这种调节只是在儿童个体发育过程中形成起来的。

由此可见，乳儿的以大脑为中心的神经系统，从胎儿的某一个时期开始就已经同动物有本质上的区别。这些远比动物复杂和发达的神经系统，使人类从胎儿、乳儿起就有可能形成某种不同于动物的原始心理因素，即潜意识。这种潜意识绝大部分是神经系统本身发展到一定阶段所必然产生的功能，而这种功能的内容、形式及活动规律，则在人类的漫长的系统发展中逐步地固定下来，成为一种"本能"而世代相传。随后，随着胎儿和幼儿的神经系统的进一步发展，随着幼儿同外界的联系的加强和复杂化，这种最原始的心理因素也进一步在数量和质量上，在内容和形式上，在结构的分布和所起的影响方面，都越来越发展，越来越复杂，最后，其中的一部分发展成为意识，而剩下的大部分则继续潜伏下来。

在这里，有必要再次强调指出，并不是所有的潜意识都可以发展成为意识。关于这一点，弗洛伊德在分析其原因时，曾归结为两个方面——一方面是潜意识本身的性质决定的，另一方面则是外部世界对于我们的本能愿望的实现所起的阻挠作用。弗洛伊德在《精神分析学新论》中曾经强调说，幼儿在出生以后，潜意识固然不断地本能地表现出来，但是，现实的生活环境却不断地教训儿童本身，使那些不适应于现实生活要求的潜意识不断地遭受打击。例如，幼儿的潜意识中的寻食愿望，在最初总是无条件地表现出来，不分时间和地点，也不分对象，只要有东西触到他的嘴唇，他就可能做起吸吮动作。但是，经多次实践的反复教训，他慢慢地学会辨别吸吮的条件和对象，最后，当他的意识有所发展的时候，他就能有意识地控制吸吮动作。这就表明，反复的实践使一部分寻食潜意识发展成为意识。弗洛伊德说,外部世界“对于我们的愿望的实现或阻挠起着决定性的作用”[16]。

弗洛伊德特别强调儿童所处的社会历史条件、生活环境对他们的心理发展所起的作用。他特别指出,儿童时期的许多本能心理特质,有一部分之所以能进一步发展成为意识,而另一大部分未能发展成为意识,就是因为现实生活的教育和考验所致。这些未能发展成为意识的原始心理就是被压抑在内心深层的潜意识。

由于现实生活条件对人的限制和压抑是非常严格的,所以,有很多儿童时期的原始心理都只能长久地潜伏下来,无法表现出来。这些未能表现出来的心理因素,由于没有条件和机会在现实生活中实施,所以始终处于原始状态。换句话说,人的心理中的那些未能实现的部分,越是被禁锢,就越是不能发展,越是保持其原始性。这如同一个孩子长期被禁闭,见不到阳光,得不到锻炼一样,势必影响其发育和成长。潜意识被埋没得越久、越深,其原始性越得到保持。

关于潜意识的原始性,弗洛伊德不仅在个体发育中的幼儿阶段寻求实例,也在系统发育中的原始社会、原始人的生活中找寻实例。他认为,在原始社会中生活的落后民族,其心理生活中保持着许多潜意识的痕迹,如同未成年的儿童生活中可找到更多的潜意识实例那样。[17]关于弗洛伊德在生活于原始社会的落后民族中研究潜意识的详情,本书在后面的有关章节将进一步介绍。

总之,弗洛伊德对潜意识的原始性作了很认真的分析和研究。他既研究了儿童,也研究了原始社会;既研究正常心理,也研究了梦和精神病患者的心理。他的结论虽然受到了具体的社会历史条件和科学发展水准的限制,而未能达到完备的程度,但他已经得出的结论是很可贵的。他关于潜意识的原始性的学说,对研究人的心理的发展是很有意义的。

第4节　潜意识的主动性

潜意识虽然是原始的，但它富有生命力，很活跃。我们绝不能以为潜意识是原始的，就以为它是消极被动的。

潜意识的主动性表现在它时时刻刻都企望得到实现。它不安于被压抑的地位，总要寻求机会在现实生活中表现出来。

潜意识储藏在心里深层这一事实，给人一种假象，似乎它们已经消失下去。其实，恰恰因为它被置之不顾、不被人注意，所以，它可以在默默无闻中积聚力量，求得生存。犹如深山密林中的灌木和野草，长期与人隔绝，没人去理会，没有人去破坏它，它们才得机会茁壮地成长。所以，潜意识的主动性就是根植于它被埋没的地位。

弗洛伊德举了很多例子，证明潜意识被长期埋没这一事实给潜意识本身带来的影响。弗洛伊德曾用力学定律说明：反作用力与作用力相等。在人的心理生活中，也有类似的规律。潜意识被压得越深，其向上生长的力量越强。

由于潜意识是在人类生活中被长期压抑的一切精神因素和心理因素的总和，所以，潜意识的理论的核心部分，就是关于压抑的学说。弗洛伊德直截了当地说："压抑学说是精神分析学的大厦赖以建立起来的支柱。压抑学说确确实实是精神分析学的最本质的部分。"[18]正是从压抑学说出发，精神分析学才得以可能深入揭示潜意识活动。

当然，我们也不应当仅仅从潜意识被压抑这一事实来看它的主动性。因为这仅仅从外部条件——外界对潜意识的压力——来说明它的主动性的根源。

从本质上讲，潜意识的主动性来自它的原始性。原始性意味着它在心理因素系列中是居于领先地位的。它是心理生活的先驱，它承担着为整个心理系列的发展而开山辟路的使命。因此，它优先地从大脑和整个神经系统那里获得能量，它是心理因素中最直接地与神经冲动发生联系的分子，所以，当神经冲动转化为心理的活动动力时，潜意识最先领受它们。如果我们把神经冲动比作水流，那么，那第一个阻挡水流的水闸就是潜意识。它站在心理系列的第一站或第一道关，受到神经冲动传来的能量最大，因而它本身就变成最有生命力的因素。它的得天独厚的地位，使它可以成为心理活动的原动力。当它接受神经冲动传来的能量时，它可以不打折扣地全部接受下来，而当它把这个接受的能量再传递给心理的高级形态——意识时，它所输出的能量已经打了折扣。所以，同潜意识相比，意识所承受的神经冲动的压力是少得多的，因为潜意识已经在意识前面起着减缓作用或缓冲作用。

人的本能冲动的能量是很大的，这种能量就是潜意识得以长期保持生命力的源泉。我们不应把潜意识看作是消极、被动的冲动接收器，而应把它看作是有自我原动能力的“加速器”。它像蓄电池一样，不仅收容了电能，而且它又具有主动发电的能力，它接受的输入电能越大，它的输出电压越大，它的能量越大，它随时随地都要把能量释放出去。

弗洛伊德观察了很多正常人和病人的潜意识的表现，认为潜意识具有无穷无尽的原动力。它既不是被动的收容所，又不是凋谢了的记忆之保管库。潜意识之不断争取表现为意识的要求，乃是意识生活背后的原动因素。由于它永远被压抑，所以，它的争取解放、争取得到满足的斗争也永远没有停息。

潜意识的主动性和生命力是它的原始性所决定的。任何事物，越是处于原始阶段，越有生命力，越有久远的发展前程。一个小孩子比一个老年人更有生命力，一颗种子比一株百年大树更有前途。生命力赋予它强大的主动精神，这就是潜意识之主动性的真正根源。

潜意识的主动性表现在它的自我发展的要求和自我实现的要求。这是什么意思呢？所谓自我发展和自我实现，是指它本身具有一种内在的动力，能推动自己不断地发展自己，把自己的愿望付诸实施。它并不因为外界条件的限制，并不因为意识的控制，就放弃自己的自我发展和自我实现的要求。

在这里，有必要说明潜意识的自我发展和自我实现的趋向及其产生根源。潜意识的自我发展和自我实现的趋向是向上的，是沿着由低级到高级、由简单到复杂的方向进行的。和一切有机体一样，和世界的一切事物一样，潜意识作为人的大脑及神经系统自发产生的本能冲动，也具有向上发展的客观趋势，具有向上发展的内在动力。

人的心理活动，包括它最原始的潜意识在内，是客观物质世界不断发展、不断进步的必然产物，它不是脱离客观物质世界的总的发展系列而独立存在的、神秘不可测的事物，也不是无中生有，或永恒存在的、固定不变的、不可知的东西。它产生于人体的极其复杂神经系统之内，具有它本身的、客观的、内在的矛盾。只要人体存在，只要人的神经系统存在，潜意识就获得了发展的物质基础。

潜意识的主动性可以在“性冲动”中更明显地和更典型地表现出来。如前所述，潜意识是人的有机体般的身体及其所意欲表达的各种物质性的、肉体上的和心理上的要求的最原初和最直接的表现形态，是最优先地从大脑和整个神经系统那里获得能量的心理因素，又是心理因素中最直接地与神经冲动发生联系的分子，所以，当肉体的欲望经由神经冲动而转化为心理活动的欲念时，潜意识最先领受它们。因此，性冲动作为人体内性器官的激素所生发出来的欲望，经由神经冲动而转化为心理要求时，潜意识成了接受、积累、抒发和延续这种心理要求的第一站。正因为这样，弗洛伊德把潜意识的基本内容归结为性冲动、性动力和性欲等因素。弗洛伊德在描述性快感的产生、累积、发作和高潮化的过程时，很具体地分析了在性欲中所表现的潜意识要求同性器官的神经冲动源，以及同这些神经冲动能量的传导发泄的内在关系。他说："性敏感区的各个部分都通过其自身的激发而被用来提供一定量的快感；这些快感增加其紧张程度，并转过来有助于产生实现性行为所必需的动能。这种性行为的最后的，也是性敏感区的最恰当的一个激发部分，也就是阴茎头的生殖器部分，是由最适合于它的物体所激发，即阴道中的充满黏液的软膜，而且，通过这种刺激所提供的快感，它曲折地产生出传导至性本体表面的动力能量。这最后的快感是属于最高强度的，而且在运作机制方面不同于以前各阶段和其他各快感区的。它完完全全地是通过发泄而产生的，而且，它全部地导致快感。……"[19]

正是由于潜意识的主动性，才使福柯强烈地批评弗洛伊德的"性压抑理论"。弗洛伊德曾把压抑理论(The theory of repression)看作是整个精神分析学的支柱。[20]因为在他看来，潜意识是个人生活史和人类发展史上最原始的经验和最初的本能欲望的沉积物，由于受到道德、文化和社会因素的压抑而无法自然地表现出来。由于受压抑，潜意识才具有强烈的主动性。但福柯反驳说，性冲动和性欲是性器官本身的原本功能的表露，它们根本不是压抑的结果。换句话说，不管是否受到压抑，性冲动和性欲，如同食欲一般，都会自然地有所表现。另外，更重要的是，那些表面看来压抑着性的问题的道德、知识体系和各种权力，在福柯看来，正是通过压抑理论本身，不仅掩盖和歪曲关于"性"的真理知识，而且，也掩饰了这些言说、性快感和权力、道德相互勾结的交织运作的奥秘。因此，福柯说："我针对压抑假说提出的疑问，目的并不在于指出这一假说是错误的，而在于将它放回到 17 世纪以来的现代社会中关于性的话语的总体系统(une économie générale des discours sur le sexe)中去。为什么性被讨论得这么多?人们都说了些什么?权力通过所说的这些内容,都产生了些什么作用?在这些话语、权力的作用与它们所赋予的种种快感之间,存在着什么样的关系呢?这一关联,结果形成了什么样的认识?要而言之,目的是要界定支撑我们这里的有关人类'性'的话语的'权力—认知—快感'的体制('le régime de pouvoir-savoir-plaisir')。因此,至少从一开始,中心问题并不是要确定人们对性置是还是论非,设禁还是纵容,持之为高还是贬之为卑,或者人们是否洁口净语以谈色论性;而是要对它为人谈论这一事实加以重视,弄清是谁在说话,站在什么立场,以什么观点说话,促动人们谈色论性并将人们所说的话储存起来并予以散播的,都是些什么样的惯例成规。简而言之,核心问题是全部的'论证性话语的事实'(le fait discursif global),也就是说,如何将性"纳入论谈"(la mise en discours du sexe)。因此,重要的问题还在于认清:政权以何种形式、通过什么渠道、沿着什么样的论谈,而达致最细微和最个人化的管道、以何种通路使政权能够达到欲望的最稀有的或刚刚可以感受得到的形式(quels chemins lui permettent d'atteindre les formes rares ou à peine perceptibles du désir)、权力又如何渗透和控制着日常的快感等——所有这些,以及随之而来可能被拒绝、被阻挡、被否定和被激发、被强化的各种后果。简言之,就是'权力的多形技巧'(les techniques polymorphes du pouvoir)。"[21]由此可知,福柯在他的《性史》三卷本中所论述的有关性的理论,在批判关于性的"压抑理论"的时候,一方面试图纠正弗洛伊德等人的压抑理论,另一方面,更重要的是,福柯站在远比弗洛伊德高得多的历史角度,站在揭露"性—权力—知识"的内在关系的立场上,展现出他本人的新型的社会哲学的理论体系。我们从福柯的上述基本观点中，可以更全面地评估弗洛伊德的潜意识理论。

潜意识的自我发展和自我实现总是向着意识层的方向进行，这就是说，向高级的方向进行。弗洛伊德列举了许多事实，证明潜意识在人的一生中要不断地寻求自我发展和自我实现的机会。他认为，潜意识的自我发展和自我实现的要求虽然被压抑，未能全部表面化，但始终存在着。本章第二节从六个方面的生活现象说明潜意识的存在。其实，这六个方面的事实不仅证明了潜意识，也证明了潜意识的主动性，证明了它的向上的自我发展要求。幼儿时期的本能要求、口误、笔误、动机性遗忘、梦等，都是潜意识的自我发展和自我实现的例证。

潜意识的自我发展和自我实现的趋势不仅使潜意识层本身保持活跃的生命力，而且也使在它上层的更高级形态的心理因素——意识——获得了强大的推动力。换句话说，潜意识的原动性、主动性，不仅使它们自己获得了自我发展的动力，也使意识不断地得到潜意识的冲击，使意识也始终处于高度警觉、高度敏锐的心理状态。潜意识向意识的不断挑战，是意识本身获得生命力的外在根源之一。

人的大脑和神经系统，如前所述，是极其复杂的组织，它们与动物身上的神经系统有本质的区别。人脑和神经系统，不是消极被动的器官，它不是单纯地承受外界的刺激，而且，它们自身会不断地主动产生包括从潜意识到意识在内的各种形态的心理活动。潜意识就是人体神经系统在漫长的、世代相传的人类生活中稳固地形成下来的初级心理活动。它和人类的其他心理活动一样，是富有进取性的。同时，由于潜意识是原始的心理，未得到充分的发展，没有完全确定的和固定的内容和形式，所以，它又是最具流动性、变化性。所以，同已经稳定下来的意识相比，潜意识反而更加动荡不安。弗洛伊德说，潜意识的“不可毁灭的性质乃是潜意识程序的一个明显特征。在潜意识内没有任何东西具有终点，也没有过时的，或是被遗忘了的东西”。[22]

弗洛伊德曾形象地把潜意识比作在人的内心深处运行的火苗，它从人体内的神经组织以及该组织同外界生活的相互交往的刺激中，得到潜能，它时刻要冲破意识的罗网，求得自我发展和自我实现。

因此，在一定的意义上说，潜意识的主动性是人的整个心理的主动性的基础。

第5节　潜意识的非逻辑性

潜意识作为最原始的心理，具有两面性：一方面，它未能与客观的物质世界或社会生活发生全面的、成熟的交往；另一方面，它又是胎儿、幼儿和人类先辈在以往的生活中形成下来的心理特征的沉积物。作为前者，潜意识被注定打上了非逻辑性的烙印；作为后者，又被注定包含了向逻辑性发展的可能性。

人的心理活动，不论从个体发育还是从系统发育过程来看，都是一个不断发展的过程。这个过程本身，实际上也是人认识自己和认识客观世界的过程。

人类自己，包括人类的肉体和心理两方面，包括人的生活过程，都是有其特殊规律的，犹如客观世界有规律一样。但是，所有这些规律都要经历一个暴露过程和实现过程。

处在人类心理活动的最初阶段的潜意识，不可能对人类自己的生活（物质的和心理的生活两方面）产生完备的、深刻的认识，更不可能对客观世界及其规律性产生完备的、深刻的认识。当然，这是相对于高级的心理活动形态——意识——而讲的。意识，作为高级的心理活动，它的一个重要特点就是严格的逻辑性。这种逻辑性是同客观物质世界的规律性相适应和相对照的。意识的逻辑性又是意识自我认识和对客观世界的认识的结果。意识在人的心理生活中所处的特殊地位，使它可以有充分的条件认识外界和自我的规律性。但是，潜意识却没有这些有利的条件。黑格尔在他的《逻辑学》一书中，曾经用他自己的语言分析了人的意识的最初的原始形态。《逻辑学》第一部分“存在论”就是“关于思想的直接性——自在或潜在的概念的学说”。黑格尔把这种最原始的思想说成是“无规定性的单纯的直接性”。从逻辑学的角度，黑格尔所说的“自在或潜在的概念”，在某种意义上说，类似于弗洛伊德所说的潜意识。由于它处在原始阶段，它几乎没有完全认识自己和外界。俗话说，“初生牛犊不怕虎”，就是因为“初生牛犊”不认识自己，也不认识世界，不认识老虎。潜意识也是一样，不认识自己和不认识客观世界的规律性，乃是潜意识的非逻辑性的根源。

在儿童的生活中，他原先所具有的零散的肤浅的知识、体验和情感，是要经历相当长的实际生活的磨炼，才能变成为系统的认识，获得逻辑性。十分自然，幼童的行动只能表露出他们对周围世界的肤浅的、模糊不清的认识，和对自己、对别人以及对社会生活的尚未定型的态度。刚刚出生的乳儿，对于外界的刺激所作的反应，在最初都不具有成人所表现出来的那种分化性——乳儿是以整个机体的“整体式反应”来回答外界的刺激的。显然，这种整体性反应是以幼儿对世界，对自己的模糊认识为基础的。这种反应表示幼儿还不能把各种不同的事物加以明确地区分开来，这就是黑格尔所说的那种“无规定性的单纯的直接性”。

乳儿在第一个月的后半月，当人们刚把他抱在手上，并且抱成通常喂他吃奶的样子的时候，他就会用搜寻式的吸吮动作来回答，而不管他是在母亲怀抱中，还是在别人怀中。反过来，即使是饥饿的乳儿，把他用“站立”的姿势，即跟上述不相同的姿势递给母亲，他也不会做出任何吸吮动作。这表明，在乳儿心理，只有吸吮母乳的本能要求，即一种潜意识存在，而这种潜意识并不是以认识母亲和认识吸奶的实际条件为基础的。这种原始的吸乳动作，既然不是以正确认识为基础，所以，就不具备逻辑性。在成年人的意识看来，上述本能动作是很荒谬的、不符合逻辑的。这种动作本身并不是以解决饥饿和向母亲寻食作为目的。只有经过较长时间的训练之后，乳儿才慢慢地发展有目的的动作。没有目的和没有因果连贯性，是幼儿最初某些动作常有的特点，也是潜意识的特点。

逻辑的东西，对事物本质认识，是意识的产物。潜意识，由于受到条件的限制，无从了解事物的规定性。因此，当潜意识出现以后，它可以不顾一切地求得自我实现，给人一种根本不讲道理的印象。譬如，弗洛伊德说，一个小孩看到别人稍微亲近他母亲，他马上就会产生恶感。他不管别人亲近他母亲的目的和原因是否合理，也就是说，不管在逻辑上是否讲得通，他都认为是不可接受的。

在梦中，表现出来的潜意识都明显地表现为非逻辑性。梦毕竟是梦，因此梦中不存在前后因果、规律性等逻辑范畴。在梦中，我们经常做一些不合逻辑的动作或事情。一匹马突然腾空而起飞，水池中会燃起熊熊烈火，如此等。

潜意识的非逻辑性还体现在它的“非时间性”。一切潜意识都是不顾及时间顺序或连续性。在梦中，潜意识的这种“非时间性”表现得非常明显——有时，春、夏、秋、冬并非如现实生活中按顺序演变；有时，一年过得比一天还快，而一天又可能相反地比一年过得更缓慢；有时，时间的颠倒和混乱，不但没有破坏梦的情节的故事性，反而增加了它的“浪漫性”。在梦中，一切“故事”都不是在时间的连续性中度过；相反地，时间本身反倒成为“故事”的一个组成因素，被任意地拆解、延长、缩短或交替。梦中动作的“非时间性”，并明白不过地呈现潜意识的“非时间性”。

时间，是现实世界的各种客观事物的一种运动形式。人类在长期的生活经验和科学试验中，为了将万事万物的运动、演化和变迁的现象加以观察，进行分析和综合，用“时间”和“空间”概念去进行整理和归类。如同德国哲学家康德所说，时间是人类感知经验的一种先天的内直观形式，它和先天的外直观形式（空间）一起，将感性的杂多统一起来，为先天的悟性形式（范畴）提供了感性材料，才使人的知识成了可能。所以，“时间”是人的理性思维和意识活动的必不可少的观念形式和认识条件。潜意识并不注重客观的经验存在形式，也并不打算总结合逻辑性的知识体系，因此，很自然地排斥“时间”性。

潜意识的这种非时间性，在原始人的神话创作和其他各种原始文化因素中，也体现了出来。所以，研究原始神话和原始文化的法国结构主义人类学家列维-斯特劳斯，也将原始思维的非时间性看作是一个有重要意义的事情。不过，在列维-斯特劳斯那里，原始思维的非时间性被解析成原始人的“共时性”“时间可逆性”和“历时性”“不可逆性”的高度统一的结构。

总之，所谓非逻辑性就是反理性，无视规律性，就是以不认识客观规律性为基础而开展活动。英国的奥斯本（R. Osborn, 1913－2013）在其所著《精神分析学与辩证唯物论》一书中说，潜意识“是无理性的，不为现实的考虑所指导，但又要求无条件的满足。”这就是说，潜意识对于自己的自我实现是不考虑任何客观条件的，也不考虑任何实际要求。

潜意识的非逻辑性是以它的原始的认识能力为基础的。如前所述，潜意识对世界和对自己的认识如同幼儿那般，是零碎的、偶然的、孤立的、模糊的。所以,当它表现自己时,它也把世界当作零碎的、偶然的、孤立的、模糊的东西。它只有它自己,没有他人、没有社会、没有客观世界,也没有客观规律性。

第6节 潜意识的非语言性

语言是人类心理和社会生活不断发展的副产品。只有当心理活动发展到一定阶段的时候,它才能同语言结合起来,语言也就成了心理活动的一种手段和工具。

语言又是人的存在、人的"在世"生活经验的符号结晶,是人与自然、社会和客观世界打交道的经验总结。正如奥地利哲学家维特根斯坦(L. Wittgenstein, 1889 - 1951)所说:"我们的语言可以看作是一座古代的城市:一群小街道和广场、旧的和新的房屋,以及各个时代所建造的房屋;环绕着它的,是多种多样的、设有平直又有秩序的街道和整齐的房屋的郊区市镇。""我们可以很容易地把一种语言设想成为仅仅由战斗中的命令和报告所构成的;或者,把一种语言设想成仅仅由问题和为了回答'是与否'的话语所构成的。还可以设想无数其他的事情。这就是说,设想一种语言,就意味着想象一个生活形式(Und eine Sprache vortellen heisst, sich eine Lebensform vorstellen)。"[23]

从另一个不同于维根斯坦的哲学观点出发,海德格尔强调语言即是"存在之道",即是"逻各斯";语言乃是"存在"之"家"。人通过语言而理解自己,领悟其"在世"的道理,人通过语言而"思"和"处世",因而,只有在语言中,才能呈现人之在世经验之真理。在海德格尔看来,语言作为"存在"的"家"的展开过程,表明了语言与人的存在之间的密切联系,也表明了语言同"人"作为一个具有思想能力的"存在者"的内在关系。

海德格尔指出，当我们从“此在”——人的具体的在世生存的分析入手，去探究“存在”本身的问题的时候，我们马上就发现：“此在”的“存在”本真地表现为三个重要的形态：领悟（或理解）、现身情态及语言的“说”。海德格尔因此把这三个形态说成为最原初的生存形态，是“此在”在世界上现身领悟的一种“勾划”或“谋划”（Entwurf）。语言就这样，从一开始，就作为“此在”的一个不可分的内在的“自我显示”三大环节之一，早在海德格尔的早期著作《存在与时间》中，就予以重视。[24]后来，从20世纪30年代到70年代，随着对存在问题的探究的深入，海德格尔越来越深刻地意识到：存在的自我展示，就是语言的自我论说的过程。由于人的此在的自我展现必须通过“存在”过程中的“说”的过程来实现，所以，在这个意义上说，“人”成了“语言”的“信使”和“承担者”；人的存在是语言的自我存在的一个生动场所。所以，海德格尔说：“语言就其本质而言，并不是一个有机体的表示，也不是一个生命体的表达（die Sprache ist in ihrem Wesen nicht Aeusserung eines Organismus, auch nicht Ausdruck eines Lebenswesens）。语言也不能从它的符号性质来理解它本身，甚至也不能从其意义特征去正确地考量它的本质。语言是存在自身的既证明、又掩蔽的到达（Sprache ist lichtendverbergende Ankunft des Seins selbst）。”[25]语言既然是“存在自身”的自我证明却又隐蔽的“到达”，按照现象学的方法论，为了揭示这个存在自身的自我显现，就必须让语言自己去自我表达其存在的本质和真理，让语言作为存在自身去自我言说，让语言自身在自我揭示中敞露出来，“到达”或“涌现”在这个生活世界之中。正是在这个意义上，“语言”是存在自身展示之所在，是“人”之生存的真正寓所。所以，海德格尔说：“语言是‘存在’的家，在它的寓所中，居住着人（Die Sprache ist das Haus des Seins. In ihrer Behausung wohnt der Mensch）。”[26]

弗洛伊德在维特根斯坦和海德格尔之前，从精神分析学的立场和角度研究语言和潜意识的关系。

在弗洛伊德看来，在潜意识阶段，还没有出现完整的语言，还没有条件依据逻辑规则使用语言。潜意识充其量也只能紊乱地将语言当作普通的符号和象征加以应用，并依据梦中象征运作的规则去应用。为了说明这一点，我们可以回顾幼儿时期使用语言及心理发展的关系。

首先，我们发现，语言的"词""概念"等的使用，必须以学会分析对象为基础。这就是说，当人的心理尚处在混沌的原始状态时，当它既不能严格地区分自己、又不能正确地区分对象的时候，是不可能准确地使用"词"和语言的其他因素的。

语言是以词作单位的，而词则是分析复杂的复合情境的手段。在潜意识阶段，它把一切对象看作是毫无区别、毫无个性的东西，也看不出自己的个性。因此，它把自己看作对象，又把对象当作自己。正因为这样它才敢于蛮干，不顾一切条件，硬要实现自己的愿望。在这样一种不分对象、无区别能力和无分析能力的前提下，无法合理地和准确地使用语言。

大家知道，词标志着物品、对象、人以及感觉器官所感知的任何事物的任何特征：大小、颜色、滋味等。儿童的心理只有在往后的不断发展中，当听到的词同所感知的对象、行动、特征或关系多次反复的结合以后，才能借助词把上述反复出现的事物同儿童周围的、在儿童日益增进的实践里所遇到的那些众多的对象、行动、特征和关系中分辨和区别出来。对于刚刚开始在语言信号的基础上去了解周围环境的儿童来说，词就成为分析整个现象、区分复合情境的手段。

维特根斯坦曾对儿童掌握语词的反复过程，比作"语言游戏"(Sprachspiel)，正是在这种"语言游戏"中，生动地体现了上述语言与生存经验的深刻的内在关系，也体现了语言同人的心理活动的复杂关联。维特根斯坦说："我们可以想象，在上述第二节中的语言，就是甲和乙的全部语言（引者注：在《哲学研究》第二节中，维特根斯坦探讨了在建筑工地上工人甲同他的助手乙之间所使用的语言及其运作过程），甚至是一个部落的全部语言。孩童们是被训练去完成**这些**行为，像他们所做的那样去使用**这些**语词，而且以**这样**的方式去对他人所用的语词作出反应。""这种训练的一个重要部分就在于：教师指向物体，引导孩童们的注意力指向这些物体，并同时说出一个语词。……这样对于语词的外延指称的教授法，可以说，就是在语词与事物之间建构起一种关联。"[27]接着，维特根斯坦说："在上述第二节所说的语言使用的实际活动中，一方说出语词，而另一方则依据这些语词去行为。在语言教导中，将会发生这样的过程：学习语言的人**命名**对象，这也就是说，当老师指向'石头'的时候，他说出那个语词。这样一来，在此也发生着更为简单的训练过程：学生跟随老师重复着这些语词——这两种过程，都是类似于语言的过程。""我们也可以把第二节中的使用语言的全部过程，想象成一种那样的游戏，通过这种游戏，孩童们学习他们的母语。我把这些游戏称为语言游戏；而且，有时候，也把一种原始的语言，说成为一种语言游戏。因此，命名石头的过程和跟随某人重复语词的过程，也可以称为语言游戏。可以把使用语词想象成类似于孩童们跳圆圈舞那样的游戏。因此，我也将由语言及由语言在其中编织起来的行动所构成的整体，称为语言游戏（Ich werde auch das Ganze: der Sprache und der Taetigkeiten, mit denen sie verwoben ist, das 'Sprachspiel' nennen）。"[28]

在儿童心理的最初发展阶段，儿童无论在标志对象和现象间存在着的关系（空间的、时间的关系等）方面，以及在举出个别对象的名称方面都会发生错误，这是因为他们还不能正确地区分和概括重要的特征。小孩子有时把无轨电车称为公共汽车，把梨说成苹果，把所有的男子叫做“爸爸”等。他们也会在一定特征的名称上发生错误，如把高和大、蓝和绿、酸和咸、原因和结果混为一谈。

其次，我们发现，语言的掌握同分类对象的心理能力有关。在区分对象的基础上，要进一步学会将相似的对象归于一类，把有差别的对象分门别类地加以概括和归纳。儿童过渡到这种分类阶段的一个突出标志是能辨别和结合一些大的对象，或者例如按照颜色或按照同样数量把物体加以归类。

对于潜意识来说，不存在把物体加以分类、归类的任务。潜意识只关心本身的本能愿望能否实现，不打算理会本身以外的事物，更不用说要去分类它们。既然潜意识不关心对事物的分类，不愿意概括和归纳，也就没有必要准确地使用语言，没有必要以特定的语词指称特定的对象。

第三，我们还发现，听从成人的指示是儿童掌握一定的生活规则从而组织自己的行为的一个前提，也是他们掌握语言中的“肯定”和“否定”词汇的基础。表示基本要求的信号“要”与“不要”这两个词，概括了大多数行为，成年人是通过这两个基本词来调节儿童的积极性的。

例如对儿童说“要去睡觉了”“要洗洗手”“要把玩具收拾好”等，成人给儿童脱掉衣服或者给他洗洗手，帮助他收拾玩具。如果这时候儿童被别的事物吸引住了，或者不立刻服从成人的指示，那么后者如果是一个真正有经验的家长，就会安静地和坚持地重复这些指示，直到实现这些要求为止。结果，“要”这一个词就会接通相应的生活情境（夜晚时间，准备吃饭，散乱的玩具）跟必要的动作（脱衣服，洗手，收拾）之间的联系。这一动作会变成习惯，成为形成儿童行为的一个因素。

“要”这一个词,像任何言语符号一样,对一个小孩来说,很快就变成由于长者的要求而必须完成的任何动作的概括符号。

当这些联系经常地形成着和强化着的时候,在儿童身上就会形成一定的行为定型。成人的嘱咐引起了儿童正确的和迅速的反应。现在向儿童提出来的、用同一个信号“要”(以及这一种信号的许多种变形)表现出来的新要求,能引起预期的反应,有时甚至是违反儿童本身的需要和愿望的要求也能引起这样的反应。如“要”在腿上擦点碘酒、“要”把药水喝了、“要”跟客人告别并且去睡觉等。

对“不要”这个词也发生同样的情况。像任何一个词一样,这个信号也概括地标志着抑制和制止的要求。当然,“不要”这个词只有在成人用相应的动作经常加以强化时,才能成为这种抑制。“不要爬到桌子上”,妈妈说着并且把儿子从桌子上抱了下来。“不要吐”,教师坚定地说,用动作(推开盛着食物的盘子)和他坚定的声调强化了“不要”这一个词。它引起了儿童的消极情绪反应,因此,也是“不要”这个词的强化。如果教师一贯地和注意地给儿童形成“要”和“不要”等信号的相应反应,他就能形成儿童同周围事物的这种类型的相互关系,这表现在给儿童培养的习惯和性格品质(如听话、有纪律)中。儿童在回答成人抑制化的愿望,甚至是机体所需要的习惯要求的时候,就能逐渐养成坚毅精神、沉着态度和纪律性。

一位两岁的男孩伸手向着妈妈梳妆台上的带有发亮瓶塞的瓶子。回过头来看着妈妈,看见了她那责备的眼光,放下手来说:“不弄坏,可以吗?”显然,“不要”这一个词由于联想而变成了内抑制。对于这位男孩来说,“可以”这个词已经成了一个许可行动的信号了。

当然,成人对儿童说话时并不会把自己的要求只限于“要”“可以”“不要”等词的范围内。他们也用许多其他的词的形式来提出自己的要求。然而在这些词的形式中也永远只会有两个基本的要求，即激发着儿童去进行某种动作或者抑制着他。

由此可见，像"要"和"不要"这样的肯定和否定的词，必须在认识事物和多次实践的基础上才能掌握。潜意识，像没有学会说话的幼儿一样，没有认识能力和判断能力。因为潜意识根本不理会道德规则和各种理性要求。因此，潜意识中只有"要"，没有"不要"。但是，没有"不要"的"要"，就像没有"大"的"小"、没有"黑"的"白"一样，是很含糊不清的。这样一种没有"不要"的"要"，没有明确的目的，没有明确的含义。也就是说，一旦没有"不要"，"要"就成为不知其所以然的"要"，是茫茫然、糊里糊涂地"要"。因此也就成为不顾一切的"要"和非言语可以界定的"要"。所以，潜意识在不区分"要"与"不要"的前提下，不可能使用语言。

弗洛伊德在考察梦的时候，曾强调说，"在梦中没有否定出现"，"在梦中似乎没有出现过'否'(no)"。这就是说，梦中从来不以现实条件为根据，因此，它是为所欲为的。凡是在现实中不能实现的事物，在梦中都可以实现。这也说明，潜意识由于不使用语言，未区分出肯定与否定。

潜意识既然不用语言，那么，它用什么来表达呢？精神分析学认为，潜意识的内容都只能用形象的"意象"来表示。或者，以象征作为手段去表达。

为了说明这个问题，我们还是以原始人的心理活动为例。一位英国人类学家到密克罗尼西亚岛上访问一个土人部落。他们的语言不很发达，还没有建立严格的"数"的概念，他们还没有表示"一""二""三"……数目的词。为了表示数字，他们只能用具体的物来表达。例如，他们为了表示"二"这个数字，用两根草来表示。

在幼儿的心理活动中，也是较多地用形象的意象代替语言中的抽象的词，越是抽象的词，越是在儿童的心理发展后期出现。反过来说，儿童的心理活动越不发展，他们越依靠具体的形象来表达他们的意图。

显然，儿童越小，他的生活经验就越少，也就意味着他只是越多地应用个别的具体实物的形象，应用它所领会的个别事例和事实。揭示每一个具体事实的本质，不仅要求对这一事实，而且要求对其他许多类似的、但各不相同的事实，都进行正确的和相当深刻的分析，然后还要能综合那些使所有这些不同事例(对象、现象)成为在本质上是一样的一般性的东西。因此，儿童心理的具体形象性首先表现在儿童必须去了解困难的、复杂的、不熟悉的内容的地方。例如，当一年级教师教儿童学习算术中的计数及应用题的时候，他就会遇到这种具体的形象性。在学生们掌握心算，也就是学会运用数量的抽象概念以前，他们必须把给予他们的数目具体化，诸如具体化为小饼、汽车、学校和书籍等的数量，他们也能生动地感知应用题所提示的情境本身，但是只能逐渐地把数量关系这种指定给他们做的应用题的本质，从它们的活生生的“情节”中抽象出来。所以，形象化是初级心理活动的一个特点。儿童并不是立刻就能开始用抽象形式表达事物。为了过渡到这一点，他必须掌握作为**信号**的词，这种信号在辨别本质特征并且抽出非本质特征的基础上，能概括许多对象，并且能积累相当多的个人经验。

词是在抽出许多刺激物所共有的本质特征的基础上，对这许多刺激物进行概括的信号。词的掌握要求有两个互相制约的，而且乍看起来是互相对立的过程：对不同事物的分化和对相同事物的概括。由于分化能力很不准确，由于幼童所特有的神经兴奋的广泛扩散过程，儿童所感知到的物体往往是混在一起的，而他的最初的概括(也正像分化一样)往往是错误的。仅仅在进学校的时候，儿童才把他所熟悉的每一个个别的概念归纳到比较广泛的概念中去。例如他说“筷子——这是食具”“马——这是动物”,等。儿童在很早的时候,有时在两岁的时候所掌握的词,会终生保存在他的词汇里,而且这些词对物体的关系同样也是不变的。“马”这个词,永远指马这个特殊的动物。但是,反映现实、物体或现象的深度,概念本身,被概括的形象(它是由这个词所标志出来的),则是随着儿童眼界的扩大和思维的发展而变化的。为了过渡到最初步的逻辑概括,就必须掌握词,掌握物体的名称,并且经常跟各种不同的,然而是同类的物体作多种多样的接触。从初步概括到掌握概念是一个长期的过程,而且必须通过许多阶段,然后才能在对各种物体的本质特征进行抽象的基础上,把这些物体加以概括地反映。这个掌握概念的过程就是应用语言进行概括的过程。

在潜意识的领域内,既然没有达到用语言进行概括的程度,所以,只能用各种形象的、具体的意象和象征来表达事物。弗洛伊德研究了儿童、原始人、梦、精神病人的心理活动特点,从中找出某些与潜意识有关的性质,最突出地表现出潜意识的非语言性和意象性、具体性。由于不用语言,在梦中,即使有些抽象的东西,也要用具体的东西来表达。梦往往是用“浓缩”“转移”“象征”等方法表达内容的。弗洛伊德曾把梦的这一特性称为“戏剧化”。梦,就像绘画和雕刻一样,只能用形象来表达一定的内容:绘画和雕刻不能像诗歌那样利用语言来表达。梦和绘画只能用具体形象来表达其含义,这是梦和绘画的特点,这一特点既有好处,又有缺点。形象性一方面可以直接地表达出意思,可以在不确定性中表达尽可能多的、可想象出来的含义,但另一方面,也正是因为象征的不确定性,限制了所要表达的意思。由于不用语言,梦和绘画在表达抽象的、有多度概括性的思想方面受到了很大的限制。弗洛伊德在《梦的解析》一书中说,梦“就像是绘画和雕刻所受到的限制,它们不像诗歌那样能够利用语言，而基于同样理由，它们的缺陷都根源于那些它们想利用来表达一些想法的材料上。在绘画寻得其表达原则以前，它曾经尝试过要克服这缺陷——在古代绘画中，人物的口中都吊着一些小小说明，用来述说画家无法用图画来表白的念头”。

总之，以上从各个角度说明潜意识的非语言性及由此引起的各种特点。非语言性同非逻辑性是有密切关系的，希望读者在阅读这一部分时，同上一节的内容联系起来，而这两个特性又同潜意识的原始性有关联。潜意识的非逻辑性和非语言性都把潜意识同意识严格地区分开来了。

第 7 节　潜意识的非道德性

处于原始阶段的潜意识，是还没有同外界的现实生活发生过系统的、连贯的、持续的和完整的来往，因此，不可能掌握事物的逻辑性，即规律性。这一特点，表现在潜意识对于社会生活的态度上，就是它的非道德性。这也就是说，潜意识视道德原则于不顾，只以它本身的自我实现为中心。

道德是社会范畴，是人类社会生活行为的规范。道德问题涉及人的行为的动机、目的和指导思想及其规范。因此，人类的心理，当它不具备逻辑性和语言性的时候，当它还没有与社会接触以前，是不可能具备道德的性质的。所以，一般地说，潜意识的非逻辑性、非语言性和非道德性是相互联系的，它们都是表现着潜意识的非社会性。

问题在于，有没有非道德的心理？有没有非社会性的心理？

弗洛伊德认为，在研究人的心理活动的时候，一方面要看到人的心理的自然性质，另一方面也要看到其社会性质。两者既有联系，又有区别。心理学，作为研究人类心理的科学，完全可以把人的心理活动单独地抽象出来进行研究。有时候，从社会生活的角度去研究；有时候则相反，仅仅从心理的自然本性，即脱离社会生活的角度去研究；还有的时候，又可以把心理的自然和社会本性结合起来去研究。心理学只有从不同角度去研究心理，才能全面地把握人类心理的性质。

心理学研究人类心理的方法，有时就像数学研究“数”那样。数学把“数”单独地从现实生活的数量关系中抽象出来，构成脱离现实生活内容的纯粹的数量关系。这样的抽象法，有一个好处，即可以排除现实生活的各种复杂因素的干扰，因而可以更典型地看到“数”本身(即“数作为数”)的特性。这样不但不会歪曲数的性质，反而更集中地、更典型地反映数的性质。数学可以这样做，心理学作为一门科学，也同样可以这样做。

弗洛伊德所说的潜意识，在某种意义上说，就像一种“纯粹心理”一样。它排除了各种现实心理生活的复杂因素的干扰，成为一种不包含任何社会生活内容的心理因素。

人的心理，一旦进入意识层就很难脱离社会生活的影响。因为人的思想，只要包含有内容，就必然具有某种社会性。人的生活是社会性的生活。因此，在现实生活中表现出来的人类意识总是或多或少带有社会的性质。现实生活中的各种人与人之间的关系，是社会关系的一部分。即使母子、父子、兄弟姊妹的关系等，也都是社会关系的一个组成部分。

现在我们所要探索的潜意识，则是尚未进入社会生活、尚未与社会生活发生关系的纯意识心理。或者，换句话说，它是从社会生活中抽象出来的“纯粹心理”。在这种潜意识的心理中，还不包含任何程度的思想内容。在这种潜意识中，只有一种发自神经系统自身的本能冲动。

它就像刚刚从母体中产生的胎儿一样，根本不知道社会为何物。所以，它很自然地不把道德规范作为自己活动的准绳。

潜意识的生存环境决定了它的“与世隔绝”的性质。弗洛伊德说，潜意识位于人类心理的最底层，而且又受到意识的严密控制（关于意识对潜意识的控制，详见本章第八节），所以，它始终未能在社会生活中表现出来。潜意识虽然不安于现状，具有主动性，但在一般情况下，它们是冲不破意识的控制。只有在人的意识发生机能性障碍或失调（即精神病发作），或当人们入睡而导致意识的休息时，潜意识才可以偶然地发泄出来。在日常生活中，有时也有大量的潜意识活动，通过我们所使用的语言或其他习惯，而表现出来。在一般情况下，只要这些潜意识活动不破坏或损及社会道德或其他规范，还是可以表现出来。

潜意识在人类心理生活中所处的上述地位，决定了它的内容和形式的非社会性，决定了它的非道德性。它的非道德性表现在它的内容和形式两方面。从潜意识的内容来看，它们所包含的本能冲动是与道德规范格格不入的。弗洛伊德曾经把潜意识的内容归结为性的冲动。由于本书将设有专门一章讨论性的问题，在这里只就非道德性方面来谈论潜意识中的性冲动。

性冲动是潜意识的最基本内容。弗洛伊德在研究精神病人的变态心理时，发现精神病人的致病机制是性的原欲受到压抑的缘故。因此，很多精神病患者常常表现出在常人看来是反常的或不道德的性冲动。其实，恰恰是这些“不道德的”性冲动才最典型地表现出潜意识的本能冲动的本性。

弗洛伊德的同事、著名的精神分析学家布里尔在他的著作《精神分析学的理论与实践》一书中，曾经列举了很多精神病人的“不道德的”性冲动的例子。下面摘录两例：

——一位 24 岁的贵妇人，患了性萎缩精神病。但当她在任何时候见到一个跛足的男人时，便产生不可抑制的、疯狂的性冲动。这是因为她把自己与她母亲视为同一体。当她三四岁大的时候，她母亲曾同一个男人发生过非法的、不道德的性爱关系。这个男人就是跌断了一条腿的跛子。她母亲曾借此机会去看望他几次，她带了女儿同去，以避免旁人议论。虽然在当时，这个女孩子的意识中没有留下印象，但在她的潜意识中却形成了跛足与性之间的无意识的联想。

——一位年轻的已婚妇女患了严重的“娼妓情结”(prostituion complex)。当她还同自己的丈夫保持婚姻关系的时候，她同别的许多男人结下不道德的通奸关系。她原是一个独生女，不大见到她父亲，因为她父亲常因事务外出。她尽可能地回忆，记起她母亲同别的男人发生过多次通奸关系。她现在所嫁的丈夫恰恰又同她父亲一样，是一个经常出外办事的人。所以，她把自己完全与母亲视为同一体。

在精神分析学上，这种精神病人被称为“同性双亲同一体精神病”。也就是说，患者把自己视为同性双亲的同一体，重演了其同性双亲的同一类型的不正常的性冲动。如果说，他们的同性父母所犯的不道德性行为在常人看来是不正常的话，那么，他们在患上精神病之后的性冲动就被他们自己看作是很自然的行为。因为前者是用正常人意识中的道德标准来衡量的，而后者则是用潜意识的观点去衡量。如前所述，潜意识不顾道德标准，只求本身愿望的实现。在潜意识看来，用道德标准作借口来阻止潜意识的本能冲动，反而是不正常的。所以就潜意识而言，它们要千方百计地突破道德规范等社会因素的束缚，以求本身愿望的实现。

在梦中，反映潜意识本能愿望的内容也具有明显的非道德性质。在梦中，任何一个少女或少男都可能梦见自己与素不相识的异性发生性交关系，这是平时被压抑的潜意识在梦中的自我表现。

第8节 意识对潜意识的控制作用

原始的、主动的、非逻辑的、非语言的和非道德的潜意识，对意识心理起着两个相反相成的作用：即一方面，它干扰了意识的正常活动，另一方面为意识提供永不休止的刺激，这些刺激转化成为促进意识活动的原动力。

潜意识对意识的干扰作用是很容易理解的。从上面几节的论述可以知道，潜意识同意识之间存在着互不相容的矛盾。意识的性质，与潜意识相反，带有逻辑性、语言性和道德性，是高级的心理形态。因此，如果容许潜意识自由地、不加阻拦地得到实现，就会完全破坏意识的正常活动。

至于潜意识对于意识的刺激作用，在本书本章第一节已经略微提到，这种刺激作用就是潜意识作为心理的内在动力而影响意识。这种内在动力表现在：① 为意识活动提供能源；② 向意识活动施加威胁，使意识始终处于紧张的戒备状态。

在弗洛伊德看来，被压抑的心理就是潜意识的原型。弗洛伊德指出："观念在成为意识前的存在状态就是压抑；因此，我们认为，构成和维持压抑的那股力量，在精神分析工作中是作为抗拒力量而被感受到的。"[29]所以，就动力学意义而言，被压抑的心理因素就是潜意识，它们在正常情况下是不会变成意识的；但它们之被压抑，构成了一股对于意识的强大抗拒力量，时时冲击着意识本身，也推动着意识的活动。

深受压抑的潜意识就像蓄电池那样不断为意识活动输送心理生活的内部能源。人的心理生活，就其内容而言，基本上是受人的社会生活的制约。这也就是说，有什么样的社会生活，就有什么样的意识内容。但是，人的意识除了从外部的社会生活吸取内容外，尚需要自身发动的能源。一部汽车引擎，如果仅仅从外部接受能源，而它自身发动不起来的话，能源再多，也是无济于事。引擎的发动能力就相当于潜意识。潜意识是使意识得以发动的天然能力的来源。有了潜意识这个富有生命力的内部能力，意识才能摄取来自外部社会生活的养料。所以，在某种意义上说，意识的生命力是以潜意识的生命力为基础的。潜意识的生命力，并不是来自神秘的地方，如前所述，它直接来自以大脑为中枢的人类神经系统的特殊机制。有了活跃的潜意识，意识才得到了一支永不枯竭的后备生力军。这些潜意识的生力军，经过严格挑选，可以不断补充意识的队伍。

潜意识不同于意识的性质，在一定条件下，又成为促进意识活动的“威慑力量”，促进意识日夜戒备，履行自己的审查和控制的职责。譬如说，一座楼宇的警卫人员，如果不受外界盗贼的威胁，久而久之就会粗心大意，失去警觉性，工作时反而懒懒散散，因为在他们的心理形成一种“反正没有盗贼”的认识。潜意识时时企图闯入意识的本能冲动，给意识造成一股来自心理内部的“威慑力量”。潜意识像警钟一样，时时向意识发出“警告”：“如果你粗心大意，不尽行职守，我就要闯入你的领域，大吵大闹，并最终取代你，把你淘汰。”潜意识的这种警告虽然是威胁性的，但具有很大的促进作用。这种来自潜意识的压力，迫使意识不断地保持活动性，并在活动中保持自己的纯洁性。意识在接受潜意识的警告时，也不断向潜意识发出“反警告”：“你老老实实待在你的领域内。我们——意识——是心理中的精华，我们能以自己的行动表明自己无愧于自己的称号。你们一天不停止捣乱，我们就一天不停止巡逻站岗。”意识的这种有力的回答，在一定程度上要归功于潜意识的不断的刺激作用。

但是,上面所谈到的潜意识对意识的刺激作用,只是从积极方面去考虑。实际上,潜意识对意识的作用还有消极的一面、破坏性的一面。

按道理,潜意识作为原始的、低级的生理现象,只能作为意识的基础,而不能代替意识。代替意识,就等于把人的高级的心理生活拉回到原始状态,倒退到不懂事的幼儿或原始人的时代。在逻辑上讲,虽然上述道理是站得住脚的,但潜意识却不管逻辑和道德的要求。所以,在人的实际心理生活中,潜意识始终都不放弃它的自我实现的要求,也不放弃它那取代意识的野心和破坏意识生活的计划。从潜意识的角度来看,人的生活应该是潜意识的本能愿望的绝对满足——所谓"绝对",当然是指"无条件的、全部的、不折不扣的"。这就等于向意识挑战,也是向人的生活挑战,向道德和整个文明制度挑战。

在潜意识的这一野蛮挑战面前,为了维护意识在人的整个心理生活中的绝对统治权,为了维护人的生活的逻辑性和道德性,为了使人类生活不至于由潜意识的无止境的捣乱而与客观环境一起同归于尽,意识必须毫不让步、毫不妥协地担当起控制和驾驭潜意识的责任。

应该说,意识对潜意识的这种控制作用是人高于一切动物的最重要的标志,是人类文化发展的最重要的成果,这是人类步入"万物之灵"王国的最关键性的一步,是自然界由低级到高级不断发展的最大成果。人类的意识确实不愧是心理的最高统治者。意识对潜意识的统治,意识对潜意识的胜利,是人性战胜自然性的凯歌,是人的社会性战胜人的自然性的标志。

在理解意识对潜意识的控制作用以前,必须首先认识这种控制作用的意义。弗洛伊德研究潜意识的目的,并不是主张人类放任潜意识。

弗洛伊德是有理性、有道德的科学家和医学家。他认为，人的心理活动和人的行为，不能以自我的本能要求为中心，而应以社会道德和社会公众的利益来约束自己。认识潜意识的原始性，恰恰是为了更自觉地加强意识对潜意识的控制，也是为了正确地把握人的心理活动的规律，并依据这些规律去更好地发挥人的精神的创造作用。弗洛伊德同情精神病患者，希望他们尽早恢复正常心理，不作潜意识的奴隶，而作意识的主人。

在现实的社会生活中，人们都在一定的社会制度下，在一定的社会地位中生活。人类自己创造自己的历史，但他们不能随心所欲地创造。人一生下来，就被安置在现成的社会历史环境中。因此，人们的思想和行为，不能不受客观的社会历史条件的限制。人的心理活动——从最原始的潜意识到最高级的意识——虽然是主观性的，但它们无法脱离客观的和社会的条件。人类的生活始终都是自我和他人、主观与客观交往的统一过程。为了要使自己生活得好，人们必须不断地协调自己同客观世界的关系，特别是同社会的关系。生活经验越丰富的人，越善于处理主观与客观的关系。如果根本不顾客观的物质条件，一味地或绝对地强调主观愿望，到头来只会碰得头破血流，丧失自己。从公众舆论来看，也要求每个人尽可能地遵守公认的社会道德规范，同社会生活相协调。

因此，任何一个正常人的心理生活，都是以意识作最高统治者——由意识控制潜意识、感情等。当然，各个人的控制能力并不一样。有的人控制得严一点，有的人控制得差一些；有的人在学习上控制得严，而在爱情生活上控制得松散；如此等。但不管怎样，意识对心理生活的控制作用是保证人类精神生活正常进行的前提，也是使自己的生活同社会相协调的重要条件。

意识对潜意识的控制作用，如前所述，是人类心理生活的基本特征。人类心理的这个基本特征是人类生活社会化的历史产物。因此，意识对潜意识的控制作用已成为一种不可违背的客观规律而发生作用。从这一点看，表明人类心理活动也如同世界上的一切事物一样，有它自身的客观规律。人们要使自己的心理生活进行得顺利，就必须遵循这一规律，而不是片面地顺从潜意识单方面的、主观的要求。

意识对于潜意识的控制，主要是为了保证意识对人类行为的指导作用。人类意识根据个人的、前人的和别人的生活经验，已经或多或少地认识到客观世界的规律性，并意识到这样一个最起码的常识：如果违背客观规律性，就会导致个人愿望的破灭或失败。但是，潜意识按其本性来说又是原始性的、主动的和无道德性的，因此，潜意识总是不甘心意识对整个心理活动的调节，不承认意识对行为的指导。潜意识的这种本性如不加以制止或压抑，就会破坏意识发挥自己的威力，以致全部葬送意识本身。

意识对潜意识的控制作用，主要表现在：

(1) 压制作用。这是意识对潜意识的主要功能。意识对潜意识的基本态度是压抑它们，不许它们表露出来。例如，儿童时期的大部分生活，随着时间的推移，慢慢地失去印象，以致给人一种假象，以为人们真的都把它们“遗忘”掉了。实际上，这不是遗忘，而是被压在潜意识中，使它们无法回到意识中来。意识所以压抑儿童时期的生活经历，是因为它们具有原始的、非逻辑性的和非道德性的特点。因此，如果不把它们压抑住，就会妨碍成年人的正常生活。试想，一个正常的成年人怎么可以按照童年时代的生活方式去生活呢？如果一个成年人，继续像孩童时期那样，张嘴就要吃，或作出许多幼稚、原始的动作，就会妨碍社会生活，就会违反情理、违背道德。

(2) 检查作用。意识对潜意识不只是压制，而且还以“检察官”的身份，时时检查潜意识，找出潜意识中最具破坏性和危险性的因素，对它们特别地加以警惕。意识时时对潜意识进行分门别类的检查，务必对它们中的每一个因素有详尽的了解。

(3) 选择作用。检查的目的之一，就是进行选择。潜意识虽然是原始的心理，但有某些部分是可以经过选择和加工而直接成为意识的后备军。我们仍然以儿童生活中的事情为例。在儿童的早期生活，有一部分是天然合理的心理。这些心理的合理性不是幼儿有目的地造就出来的，而是天然地符合人之常情。例如，男孩自小热爱母亲，这是男孩自小产生的天然感情，长大以后，仍然可以继续发生作用。因为意识经过选择后认为它符合逻辑性和道德性。当然，即使是这些天然合理的本能要求，其本身也包含不合逻辑和不合道德的一面。这一部分不合意识标准的因素，在选择过程中会被剔除掉。有的因素，如果经加工可以改造过来的话，也可以被意识准许发展成为意识。这就要看这些潜意识成分接受意识改造的程度。

(4) 定向作用。意识对不合标准的潜意识可以实行定向改造。也就是说，使它们朝着与意识生活相协调的方向发展。

经过以上各种类型的控制作用，意识牢牢地把持住它在心理生活中的领导权和支配权，使人的心理生活一方面以潜意识为基础，另一方面又同人类社会生活相协调。但是，我们要记住，潜意识毕竟是原始的和主动的心理因素。因此，它们始终都未能克服自己的“野性”。同时，我们还必须看到，“作用力与反作用力相等”是一个普遍适用的原则。我们在前面一章中，已经谈到弗洛伊德的精神分析学的哲学基础，其中曾提及亥姆霍兹的机械唯物主义哲学对弗洛伊德的影响。弗洛伊德曾明确表示,在心理学领域中,同样也适用力学原则。

因此,我们应该看到,上述意识对潜意识的控制作用,必然同时引起潜意识对意识的反控制作用。这两个作用几乎势均力敌,并不断发生力量对比方面的变化。这就是说,一般说来,在正常人那里,意识对潜意识的控制力量势均力敌,而意识方面略占上风,而在精神病患者那里,则潜意识的反控制作用占上风。这种状态并不是绝对的。双方随时随地都在发生斗争,力量对比经常上下波动。在睡梦中,潜意识的反控制作用稍有增加。

不同的人的意识和潜意识的本能力量,分布得不均衡。有的人的意识对潜意识的控制力不够牢固,因此,有时候,有些人在梦中说梦话的机会多一些;而有的人则虽然在睡梦中也保持意识对潜意识的绝对控制。

对于一个正常人来说,潜意识不能随时冒现出来,并不是因为他们的潜意识已失去反抗的力量,而是因为意识的控制力强。潜意识本身是始终都未放弃自己的原动性和反作用的。因此,对于一个正常人来说,来自潜意识的威胁始终都没有消除掉。

意识和潜意识之间的控制和反控制斗争不但没有削弱双方的能力,反而锻炼了它们自己。双方在生活的磨炼下,变得越来越有生命力。

而且,双方所保持的相对稳定的协调并不排除在偶然情况下的不平衡。例如,在正常人的日常生活中,经常偶然出现一些下意识的动作。这就是潜意识的偶然上升,突破了原有的均衡状态。弗洛伊德说,我们分析日常生活中的“不思考即行动”的事例——用手摸鼻尖、吹口哨、坐着颤腿、偶然地唱起从前流行过的歌曲中的一句等等——就可以发现这是表现内心潜意识的现象,弗洛伊德曾把这种现象看作是潜意识中的某种倾向的征候，所以把它们称为“征候行为”（symptomatic action）。

卢梭这位意识发达的伟人，也有过类似的纪录。他是喜欢散步的。可是，通常走到某一个场所，他就机械地绕道而行。这种机械性的习惯动作从何而来呢？连他自己也不能马上知道。后来，经过冷静分析，才知道这是为了逃避乞丐。

弗洛伊德本人也有许多类似的纪录。例如，在第一次世界大战爆发时，弗洛伊德在一次看杂志时，把“格尔兹的敌人们”（Die Feinde von Görz）误读为“格尔兹的和平”（Der Friede von Görz）。这种误读，是他爱子之潜意识所造成的。当时，他的两个孩子都在前线，因此，他衷心祈求和平早日到来。弗洛伊德说：“因为文字近似（即德文‘和平’Friede 与‘敌人们’Feinde 很接近），潜意识中的愿望才乘机而表现为言误。”[30]

上述几个例子说明，潜意识尽管受到意识的控制，但潜意识仍然要通过多种反控制途径，打破这种控制。

反过来说，意识对潜意识的控制也不是绝对的和一劳永逸的。从意识的角度来说，这种控制的形式和程度是较灵活的，有伸缩性的。有时甚至还可以说，是选择性的。就以压制作用而言，也可分为完全的压抑和不完全的压抑两种。完全的压抑可以导致遗忘，而不完全的压抑一般就表现为梦。

弗洛伊德认为，过去的某些痛苦的经验，如果受到意识的强力压制，就会变成遗忘。所谓遗忘，如前所述，并不是真正地从人的心中消失掉，而是把这种不愉快的经历赶到潜意识中去，不许它重现到意识中来，或者，把它们赶到“前意识”中去，暂时地隐蔽下来。

但是，意识对潜意识的压制并不一定永远都是彻底的、完全的，因此,往往采取不完全压抑的形式。所以,在人的生活中,不免要经常做梦。

以上从意识和潜意识两方面的角度反复地说明意识与潜意识之间的控制和反控制的斗争过程。为了说明意识对潜意识的控制作用的复杂性,我们反过来说明了潜意识对意识的反控制。我们认为,两者是不可分割的,毋宁说是对立的统一关系。

弗洛伊德为了帮助读者加深理解意识对潜意识的压抑作用及由此引起的潜意识对意识的反控制,曾把这一过程比作战时的新闻检查制度及受压抑的作者们对检查制度的反弹。

弗洛伊德在《精神分析引论》(*Introductory Lectures on Psycho-Analysis*)一书中说:

> 拿起任何一张政治性的报纸,你时时发现原文中有被检去的地方。在被删去的地方你的眼睛所看到的是纸的空白。由此,你便知道这就是报纸检查员的工作。在这些空白出现的地方,原先存在着检查当局所不容许的东西,为了这缘故才被删去了的。你大概觉得可惜。因为那地方一定是最有趣的部分,即所谓新闻的“精华”。
>
> 但有时被检去的部分不可能是全部。因为作者预料有几段可能为检查员所反对,因此预先将这些句子化硬为软或略微加以修改,或将他本来要写的东西用暗示和讽喻的手法表现出来。于是新闻中便没有空白,但从所表现的曲折欠明了的意味中,你便可以大致领会到著作者在写作时心中已存有检查这一事实。

从弗洛伊德所说的“检查”,可以看出,意识对潜意识是作出各种限制的。在限制时,意识提出了自己的检查标准。一切不符合标准的潜意识都要受到压抑。但是,潜意识对于意识的检查并不甘心。潜意识预料到要被意识检查,所以,采取各种方法——就像受检查的作者用暗示或暗喻、化整为零等方法来躲过检查一样。

为了形象地说明意识对潜意识的这种检查过程,在另一个地方,弗洛伊德又用筛子筛东西的过程来作比喻。凡此种种,我们在下一章论述梦的时候,还会进一步作深入的和具体的探讨。

以上弗洛伊德所描摹的心理图画,是人类内在的精神力量之原动的交互作用的图画。在这些精神力量中,包含了许多不同级别、不同层次、不同性质的复杂因素。这些因素中,有的不停地提出这样或那样的要求,有的则控制这些要求,压抑其不合理的方面,协调人类个体的精神同社会的生活的关系。弗洛伊德所使用的上述各种概念,帮助我们进一步了解到自己的内在的心理生活。从这里,我们终于认识到,我们自己对于自己的心理生活的意识、感受、体会是多么地少!我们在日常生活和工作中所意识的内在心理,只是我们自己的整个复杂心理的一小部分,而我们自己的内在心理有相当大的部分是在无意识的深处进行的。我们生活经历中的重要组成部分——儿童时代的感情、经验——已经越出意识所能达到的范围,被埋没在潜意识之中。但只有意识到它们,我们才能了解许多不合理的忧虑的原因,才能了解我们在意识生活中所遇到的各种障碍性力量来自何处,才能了解我们的迟疑和无法说明的忌讳的原因,才能了解我们自己何以经常遗忘、发生不必要的错误等。而只有了解这一切,我们才能真正地成为自己的意识的主人,使自己在一个更合理的状态中生活。

如前所述,潜意识与意识之间的无休止的斗争,非但不是绝对的坏事,反而是有助于精神心理活动的生命力的保持,也有助于心理创作活动本身。潜意识的不断地呈现和无休止地“越规”活动，不仅为心理活动提供原动力，也为意识创造提供丰富的灵感。潜意识作为最原始的心理，最没有顾忌，没有任何清规戒律，因此，最富于独立的创造精神。严格地说，人是一种社会动物。因此，人的一切思想和行为，由于不得不考虑到社会的影响，总是要考量各种现有的或历史的规则和制度对于思想与行为的约束。为了使社会生活维系下来，意识对于潜意识的监督和审查是必要的。但是，这种控制如果被绝对化，又会造成保守、重复和停滞。潜意识发自本能对于意识的挑战，在旧的制度和规范失去原有的历史功效的时候，往往可以成为理性创新的动力和启示。另外，人作为一种理智性的生物，从来都满足于现状。人生活在现实中，却又时时地要超越现实。潜意识无视现实条件的本性，恰巧可以成为人超越现实的强大动力，也为人超越现实提供启示。

第 9 节　本我、自我和超我

以上所说的潜意识与意识的关系是很复杂的、曲折的，同时，也是很具体的。弗洛伊德强调，把人的心理划分成潜意识、前意识和意识三个层次，是为了分析人的心理的结构的复杂性。但是，不能以为，这三个层次是固定不变的。我们绝不能由此得出结论说，人的心理是有三层结构的平面图。弗洛伊德认为，人的心理是在立体的空间和时间里不断运动着的有生命力的东西，是在每一个个人的机体内运作的精神过程，也是在复杂的人类社会中发生交互作用的客观过程。

为了说明人的心理的这种运动性、过程性、个体性和社会性，弗洛伊德提出了“本我”“自我”和“超我”的新概念。

本我、自我和超我是在潜意识、前意识和意识的基础上提出的新概念。提出这些新概念是为了更深刻地揭示人的心理的内在本质。

“本我”的原文是“id”(即“伊德”)。这是从一个拉丁文的事物代名词中生发出来的词,相当于中文的“它”或英文中的“it”。正如本书第一章第四节所已指出的,最早使用这个词的是德国哲学家尼采。弗洛伊德借用这个词是为了表示人心中那些包含不合理内容而仿佛与有意识的人格无关的部分。

弗洛伊德在《论自我与本我》(*Das Ich und das Es*,1923)一书中,曾专门论述了“本我”和“自我”的相互关系。在这本书中,弗洛伊德强调“本我”和“自我”概念的提出,是立足于他的关于意识、前意识和潜意识的整个精神分析学理论基础上的。他说:“心理的因素之区分为意识和潜意识,是精神分析学的基本前提;……精神分析学不能将心理因素的本质置于意识之中,而不得不认为意识只是心理的一个本质部分;这一部分可以同其他本质部分一起出现,也可以不出现。”[31]

在1914年出版的《论自恋症》(*Zur Einfuehrung des Narzissmus*,1914)一文中,弗洛伊德第一次提出“自我理念”(Ich-Ideal; Ideal-Ich)的概念。后来,在1923年发表《论自我与本我》一文时,弗洛伊德实际上用“超我”(Das Ueber-Ich)来取代了“自我理念”。而到1932年在维也纳发表《精神分析学导引新论》(*Neue Folge der Vorlesungen zur Einfuehrung in die Psychoanalyse*)的时候,弗洛伊德又把“超我”说成是“自我理念的负载者”(das Ueber-Ich als Traeger des Ideal-Ich)。[32]

在《论自我与本我》中,弗洛伊德已经明显地将他在《论自恋症》中所论述的“本能理论”加以更改。在《论自恋症》中,弗洛伊德还主张将“本能”分为“性本能”和“自我本能”。但在《论自我与本我》中,弗洛伊德只将“性本能”归结为“生的本能”,并把它同“死的本能”相对照。

实际上,“超我”或“自我理念”,是来源于两大重要因素:生物学的和历史的因素。就生物学因素而言，它指的是儿童时期对父母的依赖的因素。就历史因素而言，它主要是指俄狄浦斯恋母情结（Oedipuskomplex）。俄狄浦斯情结的历史性因素，一方面同每个个人的发展史有关联，另一方面，又同整个人类的文化发展史相联系。弗洛伊德指出："儿童的父母，特别是其父亲，被看作是实现儿童的俄狄浦斯愿望的障碍。因此，他们的童年的'自我'，为了在其自身内竖起这同样的屏障而实现压抑，增强其自身。童年的自我从父亲那里借用力量以便做到这一点。……"[33] 这就是说，儿童为了压抑俄狄浦斯，才产生了"自我理念"——一种"超我"的理想。

从另一个角度来看，"超我"又是人类系统发展的一种文化遗产的缩影。在人类文化发展史上，宗教和道德意识对于理解族群的"自我理念"起着很重要的作用，同时也对理解隶属于同一族群的个人的"自我理念"具有同样重要的意义。于是，在同一社会共同体生活的所有成员，由于内在化和同化了同一类型的"自我理念"，在他们之中，便形成了类似的、足以把他们个人之间加以亲和并连带在一起的某种社会性意识。这种曾经被意大利思想家维柯（Giovanni Battista Vico，1668－1744）在其著作——《论一种新科学的原则》（*Principj di una scienza nuova intorno alla natura delle nazioni*，*Prima Scienza Nuova*，1725）和《再论新科学》（*Seconda Scienza Nuova*，1744）——中称为"共通感"（Sensus communis）的社会历史意识，不仅结晶在"超我"中，也分化和渗透到个人的"伊德"或"本我"之中。

"伊德"，即本我的最基本特征是：它具有不断地要求满足的基本本能，同时它又不断地企图使自己获得机会，以便在意识中表现出来，它是一种被压制而又要不断地表现自己的东西。由于"本我"不顾周围的现实条件，一味地追求其内容的无条件的满足，所以，弗洛伊德说它的基本原则是享乐主义的。

弗洛伊德创造出"本我"这个新概念,已经与潜意识有所区别。弗洛伊德认为,"本我"这个概念更准确地抓住了潜意识的基本特点,这个基本特点就是:它是人格化地和无条件地寻求自我满足的受压抑的东西。弗洛伊德指出,潜意识这一概念给人一种印象,以为它就是无意识(unconscious)。但实际上,"自我"和"超我"的一部分也具有"无意识"的性质。所以,无意识只是潜意识的一个表面的特性,不是最本质的特征。所以,弗洛伊德说:"从原动的意义上看,超我和自我有一部分也是无意识的。这一发现,初看来,似乎是不妥当的。但是,它却提供了一种方便,使我们免除混乱。我们显然没有权利称呼既非自我又非超我的那一部分为无意识的系统。因为无意识的性质并不专属于它。……因此,我们要把以往称之为无意识的那个潜意识,用一种新的、更好的、不致引起误会的名字来叫它……我们以后将称它为'伊德',即本我。"[34]

现在,我们把"本我"的性质归纳如下:

(1) 它是无意识的;也就是说,在一般情况下,我们自己无法意识到它的存在、它的作用和它的冲动。

(2) 它是无理性的,即所谓非逻辑性;它根本不考虑现实的客观条件的限制,根本不顾及客观世界及人的存在本身的规律性,一味地要求无条件的满足。

(3) 它是一切本能冲动背后的"性原欲"(libido)的贮藏库,是本能冲动的源泉。

(4) 它收容一切被压制的东西。凡是在人生路程上遭受到的痛苦经验、儿童时期的经历,都被压抑在里面。

(5) 它保存着种族、民族的一切世代相传的传统、习惯。它是民族和种族的各种风俗习惯和心态的沉淀物。

(6) 它是非道德的。为了满足它的要求，根本不顾社会的"是"与"非"的标准。

从以上所说的几方面性质，可见"本我"是潜意识的人格化。这种人格化的潜意识，是个人存在的原动力，但又是毁灭个人和种族存在的潜伏力量，它在"我"的心理开始活动以前，是一种积极推进心理活动的原动力，但人的心理一旦发动起来，如果任本我继续主宰"我"的心理，就势必将整个机体陷入重重困难之中，甚至由于同整个外界的对抗而导致自我毁灭。所以，在实际生活中，"本我"只能作为心理活动的导火线而存在，绝不能让它代替或占满整个心理世界。这个"导火线"点燃以后，只能退居幕后，或被压抑到内层去，然后，再让一种比"本我"更高级的心理——"自我"和"超我"来占领心理舞台。

我们从自己的生活经验中可以体会到，现实生活并不是服从我们的主观意志和个人欲望。相反地，倒是客观的条件限制着我们的生活命运。要使自己成为生活的主人，必须充分地、全面地认识自己和周围的世界，因势利导，遵循客观规律，同时又利用客观规律所提供的有利因素，积极地改造客观世界，使之更适合于或更有利于我们的发展。在人生的经历中，"本我"的一部分，经过实践的考验以后，慢慢地得到修改和更正。生活经验越丰富，对自己和客观世界的认识越深刻，"本我"在生活中所起的作用越受到控制和修正。逐渐地，"本我"中的一部分会达到"自我"的阶段。

"自我"原文是拉丁文的"ego"。自我是从本我发展而来的。自我限制并驾驭"伊德"的要求，在一种现实的原则上为本我寻求满足。为了使本我的要求同外界的条件相协调，所以，它对本我采取修正的方法，或是拖延的办法，以便找到一个适当的时机使本我的要求得到实现。或者，采取压抑的手段，使本我中的一部分，暂时地或永远地表现不出来。可见,自我既高于本我,又在一定的程度内为本我服务。它为本我服务时,不是无条件地迁就本我的要求,而是站在比本我更高的地位上,用比本我更长远的眼光来观察周围的一切,然后,才替本我着想,为本我寻求适当的机会,或向本我提出忠告,希望本我作必要的修改。这就像成年人对儿童的要求应该抱持一种正确态度那样。不能宠爱儿童,迁就他们的要求。迁就他们,不仅将加害于儿童,也害了自己,正确的态度是因势利导、谆谆告诫。弗洛伊德说:“就全体来说,自我必须实现‘伊德’的意向。如果它能为‘伊德’创造实现这些意向的条件,它便尽到了自己的责任。我们可以把自我和‘伊德’的关系比作骑马者与他的马的关系。马提供了运动的力量,而骑马者具有决定方向和控制自己的骑马权的特权。但是,在有些情况下,在自我与本我的关系中间,我们也时常看到一些不大合理的情形,在那种情形下,骑马者必须在马自己所要去的方向上来指导他的马。”[35]

著名的精神分析学家布里尔说:“根据弗洛伊德的说法,儿童们进入世界时所具有的无组织的混沌心态叫做‘伊德’;它的唯一目的是满足一切要求,即解除饥饿,自我保存及爱,也就是保存人种。但是,随着儿童的成长,通过感觉而同周围环境发生接触的那部分‘伊德’,便学会和认知到外在世界的残酷无情,由此,这部分的‘伊德’便转变成弗洛伊德所说的‘自我’。这个了解周围环境的自我;从此以后,每当发现‘伊德’试图自不量力地显示自己的时候,便努力控制和驾驭那目无规则的‘伊德’倾向。我们所看到的精神病,便是自我与‘伊德’之间的一个冲突。自我,理解到文明、宗教和伦理的力量,拒绝使不懂得规则的伊德所发射出来的强大的性冲动得到满足,因此,阻止这些性冲动去达到它所追求的目标。因此,自我为了捍卫自己,通过压抑而对抗这些冲动。”[36]

由此可见，从自我的主观愿望来看，自我是希望能驾驭本我，使本我沿着有利的方向发展和实现自己的愿望。但是，本我又具有原动性，自我对本我的控制也不是尽如己意。有时，自我不得不在本我的鼓动下和在客观条件的驱动下，顺着本我的愿望去驾驭它。这种情况，在上面论述潜意识的主动性时已经提到过，两者的情况是很相似的。

现在，我们把“自我”的性质归纳如下：

(1) 它是有意识的；它意识到自己的存在，也意识到客观世界及其规律性的存在。

(2) 它是符合逻辑的，尽可能使自我本身与本我一起遵循着客观规律而行动。

(3) 它遵循着现实主义的原则，从实际出发，实事求是。与本我的只顾自己的满足的享乐主义原则形成明显的对比。

(4) 它保有和执行检查的权力，以免被压抑的东西扰乱意识。

(5) 它采用语言形式来表达自己的内容。

从以上五个特点中，我们可以看出：自我乃是意识的人格化。这时候的意识，已经认识到自己和客观世界，但仍然处在主观意识的范围内，它意识到从主观到客观的转化需要一定的条件，特别需要尊重客观规律性。所以，从主观与客观的关系来看，自我有两个明显的特点：一方面，他认识自己和客观世界，有驾驭本我越出主观范围到达客观世界的愿望；另一方面，他又感到了客观世界对自己的限制。在这种情况下，自我要顺利地达到客观世界，就必须走向高于自己的某种东西——这个东西必须既能控制自我，又能深刻认识客观世界的规律性，并能抓住客观世界中涌现出来的有利时机引导自我向客观转化。这个东西，不是别的，就是“超我”。

“超我”一词，来自“super ego”这个词。顾名思义，它就是要超越出自我，或者说在自我之外和之上。所谓超越自我，就是高于自我又不脱离自我；它以自我为基础，但又不满足于自我的狭窄范围。弗洛伊德指出，所谓超我，从人的童年时期就伴随着自我，但当时，超我对自我的关系是强制性的压抑多于启发性的引导。因为当时的自我还处于幼年时期，极不能控制自己，也不会冷静地听从超我的指导。这两方面是由于自我很不成熟，同本我尚不能划清界限，在很多情况下，总是顺从本我的鼓动性的要求；另一方面，又由于自我的经验不够，未能深刻把握来自超我的劝告，因此，行动起来就不能全心全意地听从超我的指示。

随着自我的发展，自我本身不仅能很好地听从超我的指导，而且能主动地顺从超我。

那么，什么是超我呢？超我，具体说来，就是客观规律和社会道德规范的人格化，就是认识和掌握了客观规律的、富有经验的年长者在人心内部的投影，就是客观权威的内部化。他们是客观规律的化身，是真理的化身。因此，在伦理学上，它有时被称作"良心"。

如果说，在儿童的心目中，超我是具体的人——父母、老师等有权威性的人的话，那么，人生越长，超我就越失去具体的、个体的性质，而变成更加抽象的、象征性的东西。超我从具体的个别人物上升为抽象的、一般的道德性和规律性，是一种进步的过程，也说明自我与超我的关系正沿着向上的方向发展着。这是一般人的自我与超我的关系的发展规律。

中国古代"圣人"的孔夫子，在自己的一生中，说过许多话，被人们录下作为箴言传颂着。他有一句话可以帮助我们了解人生对于自己和世界的认识过程。"吾十有五而志于学；三十而立；四十而不惑；五十而知天命；六十而耳顺；七十而从心所欲，不逾矩。"（《论语・为政篇》）这句话多多少少比较客观地反映了人的成长规律。在少年时代，不懂得客观规律，做起事来未免可笑，有时甚至会导致失败、吃苦头。到了大约三十岁，才能“立”于世界上，而到了四十岁左右，可以“不惑”，只有到七十高龄，才因阅历丰富而“从心所欲，不逾矩”，即不违背客观规律。到这时候，人们可以说，他的“自我”能与“超我”协调一致，“不逾矩”。当然，孔夫子说的这一过程是理想化、典型化了的。在实际生活中，各个人的本我、自我的成长过程及其与超我的关系，是千差万别的。但是，有一点却是共同的，那就是：随着年龄的增长，个人的行为越与客观世界相协调，也就是说，越能深刻把握客观规律性。

在人类社会中，超我不仅指客观世界的规律性以及认识这些规律性的权威性人物，而且还包括客观地存在社会上、带有强制性的政治力量和社会力量。后者虽然也和前者一样约束着自我，但它们是带有人为的强制性质。所以，社会的和政治的强制力量同客观规律性有所不同。对于社会的和政治的强制性力量（如政治制度、法律、宗教、道德等），自我不仅要认清其存在的客观性，而且要采取比对待自然界更复杂得多的态度。如果说，自然界对自我的强制性力量是以其客观规律性为基础的话，那么，社会对自我的强制性力量就还包含更多、更复杂的人为的因素。

但是，不管自然与社会对自我的强制性力量的差别如何，归根结底，自我都必须正视它们。自我对于超我发出的命令必须服从和执行。而且，弗洛伊德还指出，自我要依据超我的命令对本我实行压制。由于有些压制是带长久性和反复性的，所以，它也带上了习惯的性质——也就是说，是无意识的。这就说明，自我本身也包含了无意识的成分。由此可见，弗洛伊德在论述了潜意识、前意识和意识的区别以后，不停留在这种区别上，又进一步提出了本我、自我与超我的新概念，这是一个非常重要的发展。本我、自我和超我的新概念消除了原来单纯地划分潜意识、前意识和意识的某些不严密性、含糊性及其静态的区别性。如果停在单纯把心理分为潜意识、前意识和意识的水平上，就容易给人造成一种错误的印象，似乎人类心理的高级形态与低级形态的区别仅仅表现在有无意识这一点上。现在，本我、自我和超我的理论消除了产生这种误会的可能性。弗洛伊德明确指出，本我、自我和超我的本质差别不在于它们是否包含有意识。他说，本我不等于无意识；自我也不等于意识——因为自我也包含无意识的成分。而且，本我、自我和超我的区分，使潜意识与意识的关系，升格到个人与社会的更为复杂的关系网之中。

如前所述，自我在执行超我的命令而压抑本我的时候，并不一定清醒地意识到这种压抑作用。我们在日常生活中很容易看到很多实例，说明自我对本我的压抑有时带有习惯性、无意识性。例如，当我们习惯于靠右边走的时候，靠右边走这一动作的实行并不一定要经过自我的思考。又例如，我们见到红灯就停步，也无需经过自我的思考。在这些情况下，自我未经思考就可以轻而易举地依据超我的命令——遵守交通规则——而压抑住“本我”的胡作非为的愿望。

弗洛伊德在论述了超我对自我的控制作用以后，又反过来论述自我在超我与本我的关系中所起的“中间人”的调节作用。作为“中间人”，自我与超我和本我相比，是一种较难于扮演的角色。

试想，不论本我还是超我，都只考虑自己，无需考虑别的因素，因此，它们较自我更自由些。有人说，本我受到压抑，怎么比自我自由呢?不要忘记我们在这里所说的“自由”是相对于自我而言的。本我虽然受压抑，但本我随时随地可以表达自己的本能愿望；它所遵循的只有一条标准，那就是自己的满足。同本我相比，自我却要左顾右盼——它一方面要照顾本我、控制本我，又要事奉超我、听从超我的命令。如果说，本我和超我都有它们自身的独立的利益和要求的话，那么，自我就没有这种独立性。自我的所谓独立性，无非就是服从超我、照顾和控制本我。

处于中间地位的自我，比本我更处于紧张的忧虑状态。因为超我的命令是无情的、严酷的。当超我发出这样或那样的命令时，它是没有什么道理可讲的。超我多多少少地沾染上“霸气”。自我生怕自己没有尽到看顾和控制本我的责任而违背超我的命令，必须时时密切注视本我和超我的动静。

对于本我来说，它想干什么就干什么，“你不让我干，我就只好暂时不干”，但一有机会还是要照样去干。因此，本我较自我“舒服”，它只对自己负责。

自我怎样调节本我与超我的关系呢？弗洛伊德指出，自我一方面慰抚超我，另一方面给本我的要求以部分的或间接的表现。在这一点上，自我经常以老年人的圆滑为榜样，协调本我与超我的矛盾。

自我的这种“和事佬”态度，在老年人的世故、老练中得到了典型的表现。具体地说，自我既要服从超我，又要磨掉超我的“棱角”，使它不过于冷酷无情。我们经常听老年人说：“好汉不吃眼前亏”；有时，又听他们说：“识时务者为俊杰。”这两句话，都表示要迁就客观条件的要求，避免主观直接同客观硬顶下去。这里所说的“识时务”，不一定要求自己百分之百地服从客观的要求，更不一定要求自己放弃自己的根本利益，而使自己遭受太大的损失。它主要是要表现出“混”的样子，摆出一副顺从的样子，但实际上又察言观色，等待时机，一旦客观上的“超我”不注意的时候，即可蒙混过关。这样就可以达到两个目的：一方面，使超我以为顺从了它的命令，另一方面，又偷偷地让本我的某些要求得到部分的实施。这种八面玲珑的圆滑态度，其落脚点是“不吃眼前亏”。

弗洛伊德说：“有一句成语告诉我们，人不能同时事奉两个主人。

可怜的自我比这种状况还更加困难——它必须同时事奉三个严厉的主人,并且必须尽力和解这三个主人的主张和要求,这些要求总是不一致的,而且看起来是十分矛盾的。因此,自我常常不能成功地履行自己的任务。上述三个严厉的主人就是外部世界、超我和本我。……自我觉得它受到三方面的包围,受到来自三方面的危险的威胁。当它被压迫得很厉害的时候,它便对超我和本我表示越来越严重的忧虑。因为它起源于知觉体系的经验,所以它注定要代表外部世界的要求,同时又作本我的忠仆。……在另一方面,它的每一种动作都要受到超我的严厉的监视。这种超我坚持自己的一定的行为标准,不关心本我和外部世界加于自我的各种困难。如果超我提出的行为标准遭到破坏,超我就用紧张的感情来责罚自我……就是这样,自我为本我所激动,又为超我所包围,为现实世界所阻挠。在这种情况下,自我负起了协调这些内外势力夹攻的任务。从这里,我们就可以明白,我们为什么要经常情不自禁地叹道:'人生是何等艰难啊!'"[37]

从这里,我们又一次看到弗洛伊德的精神分析学的深刻内容。弗洛伊德在潜意识理论基础上,所指出的本我、自我和超我的理论,乃是他的自发性的现实主义世界观的重要表现。弗洛伊德的上述理论,不仅揭示了人类心理的本我、自我和超我的辩证关系,而且也反映人类认识过程对于心理生活的影响。正是在这个理论中,弗洛伊德正确地处理了主观与客观、人类心理的内在矛盾同外部矛盾的关系。

按照人类的认识规律,社会实践是认识活动和心理活动的基础。如前所述,人类从古代猿猴演变成为人以后,不论是每个个人还是整个人类社会,每一个点滴的进步都是在实践中获得的。

人的心理固然与自然界的任何物体不同,也与人类的其他活动(如政治、经济、文化等活动)不同——有其独特的规律性,但是,心理活动作为人类特有的能力和机能，是同人类的社会生活紧密联系在一起的。不但心理的外在表现必然同社会生活相关联，而且，连心理的内在活动也无不打上社会的烙印。

弗洛伊德的潜意识理论，在研究人的心理活动本质时，着重地强调了心理活动的内在根源及其与外在世界(其他人、自然界)的关系，同时，还揭示了推动人类心理发展的内在矛盾和外在矛盾。

弗洛伊德在晚期创立的本我、自我和超我的理论，表现了心灵内部与自我意识及外在世界的复杂的矛盾关系。

从结构上说，本我是最内层的心理因素，而从形态和机能上看，本我是最原始和最低级的心理因素。因此，本我最典型地表现了纯粹的心理的性质，最直接地表现出心理的内在根源——以大脑为中心的人类高级神经系统的产物。

现在的科学尚未彻底弄清人的大脑和神经系统是怎样产生心理的。例如，运动、言语等各种不同区域的大脑皮层，为什么会产生不同的功能？人的性欲、意向等，是怎样构成内在心理活动的内容的？……有些问题只是解决了一些皮毛的、肤浅的现象，所以，很多反科学的迷信才得以杜撰出各种迷信和荒谬的论点，并在社会上有一定的市场。

在弗洛伊德以前，许多科学家和心理学家都研究过心理的内在根源和外在因素及其相互关系，也提出过各种结论和总结出越来越进步的科学理论。在19世纪上半叶，德国哲学家黑格尔总结了此前哲学和科学对于人类心理的研究成果，提出了许多很有启发性的看法。

例如，黑格尔在研究人类认识过程时，天才地提出了人类认识从低级向高级发展的形式，指示出推动认识发展的各种内外矛盾。他在《精神现象学》(*Die Phänomeologie des Geistes*)一书中，分析了人类精神从原始状态发展到高级状态的过程，指出了个人意识的各个发展阶段的特点，并把个人意识的这些发展变化过程看作是人类意识在历史上所经历的各阶段的缩影。因此，他的精神现象学也被称为“精神胚胎学”或“精神古生物学”。

黑格尔在精神现象学中把人的心理看作“永远是在前进运动着”，并“慢慢地静悄悄地向着新的形态发展”的因素，[38]黑格尔把初级认识看作是“一个初生儿”。

黑格尔的研究成果给 19 世纪许多科学家和哲学家们进一步深入地研究人的精神和心理提供有益的启示。在黑格尔之后产生的马克思主义哲学，经过对黑格尔唯心论的改造之后，建立了辩证唯物主义与历史唯物主义的哲学，对人类心理和精神进行了更深入的研究。

弗洛伊德所处的时代正好是在马克思主义哲学形成和发展的时候。他虽然没有直接接受马克思主义的教育，但他从 19 世纪末开始就与某些马克思主义者有来往。更重要的是，由于弗洛伊德处于与马克思相类似的时代，加上他又有实事求是的科学态度，所以，他的精神分析学的某些重要结论是同马克思主义的结论很接近的。

第一章在论述弗洛伊德精神分析学的哲学基础时，曾提到他的自发的唯物主义世界观。现在，在介绍了他的本我、自我和超我的理论以后，我们可以更进一步地、具体地看到，他是怎样自发地应用唯物主义的观点分析心理的内外矛盾的。

如前所述，由于当代科学并未彻底解决大脑及神经系统产生心理和意识的机制，所以，弗洛伊德关于潜意识和本我的理论也没能彻底解决这些问题。但是，毫无疑问，弗洛伊德在潜意识和本我的理论中，至少有四点是正确的：① 本我和潜意识，作为原始的心理，是大脑和神经系统的特殊功能，是以大脑和神经系统的生理机制为其物质基础的；② 本我和潜意识不是静止的、固定的，而是发展的；而这种发展趋向的基本动力是它的内在矛盾；③ 本我和潜意识的活动规律是客观的，可以认识的；④ 本我和潜意识不是孤立的，而是同其他外在因素相互制约的；自我和超我对于本我的压制，表明弗洛伊德很重视现实条件同内在心理的关系，并把这种关系看作是内心由可能性因素转化为现实性因素的决定性条件。

弗洛伊德的这些成果，从当时整个社会对于人类心理的认识水平来看，是很突出的。他的这些思想表明他已经看出了心理与认识、心理与实践，以及心理与社会的某些最重要的关系。尤其值得指出的是，弗洛伊德始终都反对在人体和人类现实生活之外寻求心理的本质。这就使他同各种宗教迷信的"灵魂"说和"上帝"说彻底划清了界限。

注释

① S. Freud, *Totem and Taboo*, in *The Basic Writings of Sigmund Freud*, 1966, p. 859.

② *Ibid*.

③ *Ibid*., p. 860.

④ S. Freud, A Note on the Unconscious in Psychoanalysis, in *The Standard Edition of the Complete Psychological Works of Sigmund Freud*, London, 1953 - 1974, Vol. XII, p. 260.

⑤ Whatever is actually conscious at any given moment. Christopher Badcock, *Essential Freud*, Basil Blackwell, 1989, p. 6.

⑥ *Ibid*., p. 7.

⑦ 参见《梦的解析》。

⑧ F. Nietzsche, *Unzeitgemaesse Betrachtungen*, Vol. II. 1873 - 1876.

⑨ Hans-Georg Gadamer, *Hermeneutik I: Wahrheit und Methode*, J.C.B. Mohr (Paul Siebeck), Tuebingen, 1986, p. 21.

⑩ *Ibid*.

⑪ 参见《梦的解析》。

⑫ S. Freud, *The Interpretation of Dreams*, in *The Basic Writings of Sigmund Freud*, 1966, p. 542.

⑬ *Ibid.*, p. 544.
⑭ 参见《日常生活的心理分析》。
⑮ 参见 *The Norton Anthology of English Literrature*, Fifth Edition, Vol. II, 1986, pp. 353 - 355.
⑯《精神分析学新论》(*New Introductory Lectures on Psycho-Analysis*),第 280 页。
⑰ 参见《图腾与禁忌》。
⑱ S. Freud, *History of the Psychoanalytic Movement*, in *The Basic Writings of Sigmund Freud*, 1966, p. 939.
⑲ S. Freud, *Contributions To The Theory of Sex*, in *The Basic Writings of Sigmund Freud*, 1966, p. 606.
⑳ 同⑱。
㉑ Michel Foucault, *Histoire de la Sexualite*, Vol. I: La volonte du savoir. Paris, 1976, pp. 19 - 20.
㉒ 参见《梦的解析》。
㉓ L. Wittgenstein, *Philosophische Untersuchungen*, Basil Blackwell, Oxford, 1968, p. 8.
㉔ M. Heidegger, *Sein und Zeit*, § 29 - 34, pp. 134 - 167.
㉕ M. Heidegger, *Wegmarken*, 1978, p. 324.
㉖ *Ibid.*, p. 311.
㉗ L. Wittgenstein, *Philosophische Untersuchungen*, 1968, p. 4.
㉘ *Ibid.*, p. 5.
㉙ S. Freud, *The Ego and the Id*, Quotations from W. W. Norton editions, New York, p. 4.
㉚ 参见《日常生活的心理分析》。
㉛ S. Freud, *Das Ich und das Es*, 1923, Quotations from W.W. Norton editions, New York, p. 3.
㉜ *Neue Folge der Vorlesungen zur Einfuehrung in die Psychoanalyse*, *Sigmund Freud Studienausgabe*, Bd. I. Fischer Wissenschaft, 1969, p. 503.
㉝ S. Freud, *The Ego and the Id*, p. 24.
㉞《精神分析学新论》,第 97 页。
㉟《精神分析学新论》,第 103 页。
㊱ A. A. Brill, Introduction to The Writings of Sigmund Freud, in *The Basic Writings of Sigmund Freud*, 1968, p. 12.
㊲《精神分析学新论》,第 103—104 页。
㊳ 见黑格尔著:《精神现象学》, 1807 年版,序言: 论科学认识。

第 3 章

梦的本质与人类心理

第 1 节　弗洛伊德为什么要研究梦

所谓梦，就是人在入睡之后，部分脑机能还继续活动所产生的精神现象。但长期以来，人们把梦神秘化。有些人，像原始人那样，把梦说成是灵魂脱离肉体而游荡的结果；有些人，则依据宗教迷信的观点，把梦说成是鬼神“显灵”或“启示”的结果。不管人们对梦的解释的主观动机是什么，这些释梦的观点都是没有科学根据的，只能起着混淆视听的社会作用。

有的科学家也曾试图对梦作出解释。但是，在弗洛伊德以前，试图用科学观点对梦进行解释的人，由于缺乏深入的分析或者由于缺乏科学的资料，并没有真正揭示梦的本质。有些唯物主义哲学家只满足于一般地或抽象地将梦归结为人脑活动的一种表现，却未能同科学研究的专业性知识和实验手段相结合，缺乏深入的和具体的分析，这些抽象的结论没有被多数人所接受。相反地，那些把梦神秘化的邪说，由于带有生动的、具体的情节，反而吸引一般人的兴趣。

有些科学家，虽然承认梦的现象与人脑机能的联系，但觉得梦本身带有浓厚的幻想性，无科学价值，因此，也不觉得有深入研究它的必要。

这样一来，唯物主义的哲学家满足于关于梦的一般性的空洞的哲学结论，而科学家们又觉得研究梦没有太大的科学价值。所以，在弗洛伊德以前，关于梦的科学研究并没有获得突破性的重要成果。实际上，在关于梦的解释的理论阵地上，仍是迷信邪说占上风。

在《梦的解析》第一章中，弗洛伊德简单地概括了19世纪以前有关梦的科学研究的情况。在这里，弗洛伊德坚决地批判了各种反科学的迷信邪说。弗洛伊德说："原始时代所遗留下来的对梦的看法，迄今仍深深地影响着一般守旧者对梦的评价。他们深信梦与超自然的存在有密切的关系，一切梦均来自他们所信仰的鬼神的启示。因此，他们也认为，鬼神的这些启示对梦者有一种特别的作用，即是说，梦是预卜未来的。"

弗洛伊德说"由于篇幅所限"，不能在《梦的解析》中详细列举过去关于梦的不同解释。他推荐读者翻阅鲁波克和斯宾塞及泰勒有关梦的著作。弗洛伊德出于高度的责任感，对这些哲学家和人类学家的各种有关梦的观点未作明确的判断和评价。他说："在我们未能完成解释梦的工作以前，我们永远无法真正了解这些问题以及对这些问题的思索的重要意义。"后来的事实证明，弗洛伊德对梦的科学解释在实际上驳倒了所有这些人的观点。

为了让读者认识到弗洛伊德研究梦的学说在科学史和哲学史上的地位，有必要简略地概述弗洛伊德以前有关梦的看法。

这些看法，有人把它们归纳成五类：

（一）把梦看作"神谕"。各种宗教迷信属于这一类。原始人由于愚昧，也有这种看法。例如，有些原始人认为，梦既然是神的启示，所以，它比我们在白天的观察和感受还要可靠和正确。非洲加纳的土人规定，凡是梦见自己与别人的太太性交的人，都犯有“通奸罪”，要遭受处罚。苏联远东地区堪察加半岛上的土人如果告诉对方“我昨天梦见拥有了你的土地”，那么，对方就要拱手把这土地让给他。和世界上大多数国家的原始人一样，在古代巴比伦把梦解释成“上帝”或其他神的“显灵”。这些原始观念，迄今为止，仍然在一些落后的和愚昧的人当中流传。有时，甚至也被一些受过教育的人所信仰。

（二）把梦看作“一种肉体上的疾病或内在障碍的表现”。在两千多年前的印度，曾流行着这种看法。印度古代一部医疗文献上有这样的记载：“一个人屡次梦见自己被大鱼吞下或由山峰跌下，往往暗示这人身体器官内有某种病变正在发生。”这种看法，多多少少带有素朴的和天真的猜测因素，因为它承认梦的发生同人体内的某些器官的状况有联系。

（三）把梦看作“一种内在的对美和善的追求”。这是自18世纪至19世纪时代的一些浪漫主义文学家的观点。德国著名诗人歌德说：“人性拥有最佳的能力，随时可在失望时获得支持。在我一生里有好几次是当我悲痛含泪上床以后，梦境能用各种引人深省的方式安慰我，使我由悲伤中超脱而出，而得以换来隔天清晨的轻松愉快。”

（四）视梦为“一种灵感的、创造力的启示”。最常为人们提及的，是德国化学家凯库勒（Friedrich A. Kekule，1829－1896）所做的一场梦。他在睡前曾为自己无法解决“苯”（Benzene）的分子结构而焦虑，但在梦中却清晰地看到“原子一个个地站在我的眼前，像蛇一般地绕圈子。咦，这是什么？有一条蛇咬住自己的尾巴团团转。……突然，光线一亮，我就醒过来，我马上悟出苯的‘环状’结构来”。另一位德国生理学家奥托·洛伊维(Otto Löewi，1873－1961)曾在深夜梦见，如果用两只青蛙放在一起做实验，便可以解决他的“神经传导”之理论。于是清晨三点钟惊醒过来，马上冲进实验室，依样地操作起来，结果以神经之化学传导研究赢得了诺贝尔生理或医学奖。

(五) 把梦看作精神作用的产物。古代希腊哲学家柏拉图(Plato)就说：“梦是一种感情的产物。”柏拉图的学生亚里士多德(Aristotle)也把梦看作一种精神作用，但他与柏拉图不同，认为“梦是一种持续到睡眠状态中的思想”。亚里士多德这一观点含蓄地表明了梦与现实生活有关，比柏拉图单纯地把梦归结为“感情”更深刻。到了近代，也有些思想家、文学家，继续把梦看作生活中的感情的影响。有人说：“不如意的梦是精神忧郁的结果。”德国哲学家尼采则说：“梦是白天失却的快乐与美感的补偿。”

以上概括并没有全面反映关于梦的早期观点的情况。实际上，正如弗洛伊德本人在《梦的解析》第一章中所说，在人类历史上，由于梦与人的现实生活息息相关，由于梦同人类精神和心理活动有密切关系，所以，人们没有中断过对梦的评论和分析。不管是科学家、哲学家、文学家，还是普通人，都对梦很感兴趣，并对梦作出各种各样的分析。弗洛伊德很清醒地认识到，所有这些对梦的解释观点，从古以来，都同人们的世界观和宇宙观有关系；甚至可以说，梦是人们的世界观的一个重要表现。弗洛伊德说：“科学问世以前对梦的观念，当然是由古人本身对宇宙整体的观念所酝酿而成的……”另外，弗洛伊德还看到，以往各种对梦的观点至今仍然有广泛而深刻的影响。因此，只有对梦进行科学的解析，才能肃清非科学的错误观点的影响，并由此进一步正确地认识人类的心理的本质本身。弗洛伊德说：“我们千万不要以为这种视梦为超自然力的理论今日已不再存在。事实上，今日不只是那些深信怪力乱神的神话、小说者仍执着于这些已为科学飓风横扫而残存的鬼神之说，就是一些社会中的佼佼者，尽管他们在某些方面嫌弃过分的感情用事，但他们的宗教信仰仍使他们深信神灵之力确实是这种无法解释的梦现象的原因。某些哲学派别，如谢林等人的哲学，也深信古来相传的神力对梦的影响，而对某些思想家来说，梦的预卜力量仍无法完全抹杀。尽管科学家已清楚地意识到这类迷信的不可信，但所有这些纷纭不一的歧见之所以仍会存在，主要还是因为迄今心理学方面的科学解释仍不足以解释积存盈库的梦之材料。”

弗洛伊德的这段话，说明他在研究梦的问题的过程中，同反科学的、迷信的邪说作斗争，是一个很重要的动机。他深深感到，如果在心理学方面不能更深入地分析梦，并作出科学的结论，就无法消除那些邪说的危害。

当然，这些只能是弗洛伊德研究梦的一般性动机。我们要了解弗洛伊德研究梦的科学工作的重要意义，还必须进一步从心理学研究的角度，也就是从研究梦的心理学学术价值来考虑。

梦到底与人的心理有什么关系？研究梦到底对研究一般心理有什么重要意义？这是弗洛伊德在研究梦的问题时，经常考虑到的。

弗洛伊德所提出的这些问题并不是凭空产生的。这些问题是在弗洛伊德的几十年的医学科学研究和临床医疗实践中涌现出来的。弗洛伊德说，他在同许多精神病人的接触中，发现这些病人的精神病都同梦有关系。另外，他还发现，在替精神病人进行精神治疗时，也很容易引出他们在梦中所遇到的各种事情。

早在19世纪80年代，当弗洛伊德开始研究歇斯底里症的时候，他就发现，引起歇斯底里症的主要根源是心理方面的，而不是病理方面的。具体地说，任何一个精神病人的发作主要是由于他的心理内部有压抑不住的创伤。对这些病人的心理内部的创伤进行分析的结果，弗洛伊德发现在人的心理深层有潜意识。所以，潜意识的理论是弗洛伊德研究和分析精神病及歇斯底里症的一个成果。

1895 年，弗洛伊德把他的研究歇斯底里症的成果写成一本书公之于世。在这本书中，他第一次系统地论述了潜意识理论。

但是，正如弗洛伊德所指出，在深入研究梦以前，他的潜意识理论和关于歇斯底里症的发病机制的理论，都很不完备。他在发表《歇斯底里研究》以后，一直在思索着这样一个问题：在潜意识的领域里，是什么因素具有那么大的力量，不断地冲击着意识的控制作用？那些潜意识的心理，是在什么条件下变成为变态的心理现象？

弗洛伊德一面思索这个问题，一面认真地总结他的临床医疗实践。就在这种研究和实践的过程中，弗洛伊德几乎同时地从自己的梦中和病人的梦中发现解决探索潜意识问题的重要线索。他在分析自己的梦中，发现了这样几个问题：

——梦经常重演孩童时期早已被遗忘了的经历。

——梦经常表现那些在日常生活中未能实现的愿望。

——梦经常表现出某些被压抑的要求。

例如，1895 年夏天，弗洛伊德曾以精神分析法治疗一位与他家素有交情的女病人。由于在治疗中弗洛伊德不时担心着万一治不好将会影响他们的友谊，所以，精神负担较重，使弗洛伊德“倍感棘手”。这次治疗不太顺利。治疗结果，患者只能免除“歇斯底里焦虑”(hysterical anxiety)，但她在生理上的种种症状并未得到根本好转。当时，弗洛伊德曾提出一个他认为可能较有效的办法，但患者不同意接受这种新疗法，所以未能实行。后来，弗洛伊德的一位朋友奥多医生拜访了这位患者——伊玛——的邻居。回来后，奥多告诉弗洛伊德，伊玛的病没有

“多大起色”。那种语气听来好像对弗洛伊德有所指责。弗洛伊德听后虽不大介意，但感到很冤枉。当天晚上一气之下，就振笔疾书，把伊玛的整个治疗过程详抄一遍，寄给另一位朋友M医生，想让他看看，究竟自己的治疗是否真有可非议之处。就在当天晚上，弗洛伊德做了一场梦，这场梦的内容在弗洛伊德醒来之后立即被详录下来。后来，这份材料被收入《梦的解析》之中。

这场梦一开头，就是一个宾客云集的大厅，那个女病人伊玛就在人丛中。弗洛伊德走近她，劈头第一句话就责问她为什么迄今仍未接受他所提出的治疗办法。弗洛伊德说：“如果你仍感到痛苦的话，那可不能怪我，那是你自己的错！”接着，奥图医生还出现在梦中，弗洛伊德记起他曾给她打了一针。

这是弗洛伊德在1895年7月23日晚做的一场梦。这个梦后来被称为“伊玛的注射”。弗洛伊德在1900年7月12日写信给他的朋友弗莱斯，表示这场梦曾引起了他的注意，促使他深入研究梦的问题。

弗洛伊德在《梦的解析》一书中，用将近一万字的篇幅叙述了这场梦，并逐一地作了分析和说明。

通过分析，弗洛伊德发现他做这场梦的动机是隐藏在他内心深处的那种意向。弗洛伊德在《梦的解析》中是这样讲的：“这场梦达成了我几个愿望，而这些都是由前一个晚上奥图医生告诉我的话，以及我在当晚记录整个临床病历所引起的。整个梦的结果，就在于表示伊玛之所以今日活受罪，并不是我的错，而是应该归咎于奥图。”弗洛伊德接着说：“这是由于奥图告诉我，伊玛并未痊愈，而恼了我，我就借这个梦来嫁祸于他。这梦得以利用其他一些原因来使我自己解除了对伊玛的歉疚。这梦呈现了一些我心里所希望存在的状况。所以我可以这么说：梦的内容是在于愿望的达成，其动机在于某种愿望。”

除了这场梦以外，弗洛伊德还分析了自己的许多梦。他发现，分析的梦越多，越看出梦的内容直接与自己的潜意识有密切关系。这些潜意识，多数与前面提到过的那三个方面的内容有关——孩童时期早已被遗忘的事情、被压抑的情绪和未能实现的某种愿望。

由此，弗洛伊德得出结论说："梦，并不是空穴而来之风，不是毫无意义的，不是荒谬的，也不是部分昏睡、部分清醒的意识的产物。它完全是有意义的精神现象。实际上，它是一种愿望的达成。它可以说是一种清醒状态精神活动的延续。它是有高度错综复杂的理智活动的产物。"①

弗洛伊德还发现，对自己的梦的分析，有助于他更自觉地利用自己所创造的精神分析方法去探讨潜意识的活动规律。他也分析病人的梦，但病人的梦还受到患者的不正常心理活动的干扰，往往掺杂很多不必要的杂质。所以，他较多地分析自己的梦。

当然，对病人的梦，弗洛伊德也没有轻易放过。为了治疗精神病人，他分析了许多患者的梦。他说："当我要求病人将他有关某种主题所曾发生过的意念、想法统统告诉我时，就牵涉到他们的梦，也因此使我联想到，梦应该可以成为一个由某种病态意念追溯至昔日回忆间的桥梁。接着，我还发现，将梦本身当作一个症状，而利用梦的解释来追溯梦者的病源，然后加以治疗。"

综前所述，我们可以清楚地看到，弗洛伊德研究梦是由实践活动中提出的实际要求引起的，也是他研究和分析潜意识世界的必然结果，是他迫切地要求揭示人类心理奥秘的科学良心所推动的。而在他研究梦的最初动机和最初实践中，我们又一次看到他的科学世界观的作用。

在弗洛伊德的辛勤开拓下，梦已被置入科学考察的园地。在此之前，梦只是占卜者、预言家及各种江湖术士的领地，一向成为愚弄迷信者和无知者的宗教家们的活动场所。多少年来，科学家们不重视它，把它误认为没有多大价值的事情。其中有些人虽然也粗粗地想过或考虑过，但他们只会说：梦乃是疲倦的脑筋之混乱的产物。

如今，弗洛伊德战胜和克服了对梦所抱的这些错误态度，把梦辟为心理学研究的对象，用科学的方法加以研究。正是在弗洛伊德的努力下，梦的解释成为精神分析学的最重要的组成部分，使精神分析学真正成为当代研究人类心理的科学。

第 2 节　梦是愿望的达成

前面曾经提到，弗洛伊德从他自己在 1895 年夏天做的一场“伊玛的注射”的梦中，已经得出了“梦是愿望的达成”这个结论。在上一节，我们所以引用“伊玛的注射”这场梦，是为了说明弗洛伊德研究梦的明确目的。从这一节开始，我们将具体地分析梦的活动规律，揭示梦的材料来源、改装、运作的特殊规律，由此，我们可以进一步看出潜意识及整个人类心理的本质及其活动规律。

须知，弗洛伊德研究梦的目的，并不只是停留在对梦的解释上面。如前所述，弗洛伊德研究梦的主要目的是要顺着梦这个线索，进一步揭示人类一般心理的规律。因此，我们在学习梦的精神分析学时，要特别注意弗洛伊德是怎样从对梦这样一个具体的、特殊的心理现象的分析中，逐步上升到对整个人类心理的本质的认识。对于一般读者来说，更重要的，不是死记弗洛伊德对于梦的具体分析过程，而是牢记他从这一分析中所得出的总结论，正是在这些总结论中，我们可以把握到人类心理的本质。但是，话又说回来，为了更深刻地理解弗洛伊德关于人类心理的结论，又必须在学习精神分析学时认真地、踏实地沿着弗洛伊德的具体研究路线和步骤。因为只有这样,我们才能更深刻地理解和把握那些重要的总结论。

因此,本书在介绍弗洛伊德关于梦的理论及由此得出的关于人类心理的一般结论时,也忠实地、然而是简略地跟弗洛伊德一块走,像他那样从分析梦的内容、意义和方法中上升到更带有普遍性的、一般性的重要结论上。

首先,让我们从梦的意义开始分析。

正如弗洛伊德在前面分析"伊玛的注射"这场梦所说,"梦是愿望的达成"。现在的问题是:为什么说"梦是愿望的达成"?为什么要以梦中的那种特殊的表达方式来表达愿望呢?在形成梦的过程中,人的最初愿望经历了多少种形态的变形呢?这些变形是如何发生呢?梦的材料又从何而来呢?梦中的许许多多特点,譬如其中的内容为什么会互相矛盾?梦的内容对我们的内在心理活动有没有指导意义呢?

弗洛伊德说:"当一个人跋山涉水,披荆斩棘,终于爬上一个视界辽阔的空旷地,而发现再下去便是一路坦途时,最好是停下来,好好地想一想,下一步应该怎样走才好?同样地,我们在学习释梦的途中,现在也正好到了这个节骨眼上。"弗洛伊德在分析"伊玛的注射"这场梦并得出"梦是愿望的达成"的结论之后,对我们说出了上述富有启发性的劝告。

现在,我们就听从弗洛伊德的劝告,首先从我们所遇到的最简单的梦开始分析它的内容。

弗洛伊德认为,只要我们稍微动一下脑筋,顺手就可以抓来一大堆自己做过的梦,表明梦的内容乃是愿望的达成。比如,如果我当天晚上吃了咸菜或其他很咸的食物,那么晚上我会渴得醒过来。但在这"醒过来"以前,往往先有一个同样内容的梦——我在喝水,那滋味就犹如干裂了的喉头，饮入了清凉可口的冰水一样爽快。然后，我惊醒了，而我发觉我确实想喝水。这个梦的原因就是我醒来后所感到的渴。由这种感觉引起喝水的愿望，而梦告诉了我：这愿望已达成。

弗洛伊德把诸如此类的梦说成是“方便的梦（dream of convenience)”。在这类梦中，梦的内容往往是取代了自己的愿望中所要做的动作。在这里，梦所代表的“愿望达成”的内容是如此直截了当、毫无掩饰，以致使任何一个人对此都会一目了然。

弗洛伊德自己就曾做过类似的梦。有一次，他在上床前，就已觉得口渴，于是把他床头小柜上的开水，整杯喝光，再去睡觉。但到了深夜，他又因口渴而不舒服。这时，如果再喝水，就势必起床走到他太太床边的小柜上去喝那里的一杯水，但这样很麻烦。所以，弗洛伊德在梦中就梦见这样的内容：“我梦见我太太从一个瓮子里取水给我喝。这瓮子是我以前从意大利西部古邦埃德拉斯干买来的骨灰坛。然而，那水喝起来是那样的咸(可能是内含骨灰吧)，以致我不得不惊醒过来。梦就是如此善解人意。由于愿望的达成是梦唯一的目标，其内容很可能是非常自私的。事实上，贪图安适是很难与体贴别人相一致的。梦见骨灰坛可能又是一次愿望的达成，表示我内心遗憾未能再有一个那样的坛子。”

弗洛伊德说，他的一生中，经常作这种“方便的梦”。就连他的病人也经常谈起他们所做的这类“方便的梦”。弗洛伊德以一位女病人为例。他说：“我的一个女病人曾做过一次不成功的下颚手术，而受医师指示，一定要在每天对病痛的颊侧做冷敷。但是，她一旦睡着，就经常会把那冷敷的布料全部撕掉。有一次，她又在睡中把敷布拿掉。于是我说了她几句。想不到，她竟有以下辩词：‘这次我实在是毫无办法，那完全是由夜间所做的梦引起的。’”

诸如此类的梦，在许多人那里是不难搜集到的。如果说，这些梦在大人身上经常发生的话，那么，在小孩子身上就更加频繁；而且，由于儿童心理活动内容简单，儿童的“自我”和“超我”意识尚未巩固和复杂化，因此，潜意识及“本我”可以更直接地表达出来。所以，儿童的梦更加以简单明了的形式表明了“梦是愿望的达成”这个道理。

弗洛伊德在分析儿童的梦时，说了一段很重要的话。他说：“我以为，小孩子由于心灵活动较成人单纯，所以所做的梦多为单纯一点的。而且根据我的经验，就像我们研究低等动物的构造发育，以了解高等动物的构造一样，我们应该可以多多探讨儿童心理学，以了解成人的心理。然而，很遗憾，迄今很少有识之士能利用小儿心理的研究达到这目的。小孩子的梦，往往是很简单的愿望达成，也因此比起成人的梦来得枯燥，它们虽然产生不了什么了不起的内容，但却提供了我们无价的证明——梦的本质是愿望的达成。”

如果说，在大人的梦中，掺杂了许多复杂的、虚假的成分的话，那么，在小孩的梦中就以更直接和更简单的形式表明了梦的本质内容是一种愿望的达成。在人类认识史上，经常有这样的情形——我们在复杂的形态中难以发现的真理，可以在简单的形态中一目了然。例如，“人是从动物演变来的”这个道理，只有在胎儿的发育中才能清楚地看出。这就表明，研究事物的初级形态反而是我们揭示事物的高级形态的本质的捷径。

弗洛伊德从他的八岁半的女儿搜集到这样的一个梦。1896 年夏，弗洛伊德举家到荷尔斯塔特旅行。当时，还带领邻居的一位 12 岁小男孩爱弥尔同行。这男孩文质彬彬，颇有一个小绅士的派头，赢得了弗洛伊德的小女儿的欢心。次晨，弗洛伊德的小女儿对他说：“爹，我梦见爱弥尔成了我们家的人，他叫你‘爸爸’，称妈妈也叫‘妈妈’。还跟我们家男孩子一起睡在大卧铺里。不久，妈妈进来，把满手用蓝色、绿色纸包的巧克力棒棒糖，丢到我们的床底下。”这个梦就很直接地表达了他的小女儿的愿望——希望爱弥尔永远跟他们住在一起。

从以上所举的几个例子，我们已经清楚地看出，梦的内容是我们的某种迫切要加以实行的愿望。梦无非是我们的内心活动的一场特殊表演罢了。

但是，有人会反驳说，有很多梦并不是表示做梦者想要达成的梦。也就是说，表达愿望的梦只是梦的一种类型，并不是所有的梦都是表达愿望的。反驳者提出的主要理由往往是那些表现痛苦经验的梦，弗洛伊德把这种梦称为“焦虑的梦”(anxiety dream)。有人曾经做统计说，他们发现自己的梦中有 58%是表现不如意、不愉快的内容，而只有 28%左右才是愉快的、如愿以偿的梦，其余的梦则属于其他各种类型。人们以这些“焦虑的梦”的实例，企图证明愿望达成的说法是“无稽之谈”。

弗洛伊德认为，这些人只停留在表面现象上面，而不愿把表面现象当作揭示内在本质的入门锁匙。

弗洛伊德指出，“要想对以上这种似乎振振有词的反调予以驳斥，并非难事。因为我们只要注意到，我们对梦的解释并非就梦的表面内容作解释，而是以探查梦里所隐藏的思想内容去解释的。”弗洛伊德把梦的表面意思说成“显意”(manilest content)，而把其隐藏的内容称为“隐意”(latent content)。弗洛伊德认为，对于一个科学家来说，必须善于从梦的显意中揭示其隐意。这就是所谓“去粗取精、由表及里、由此及彼、去伪存真”的分析和思考过程。

通过分析，弗洛伊德发现，梦的隐意往往是经过改装之后变形为梦的显意。弗洛伊德把这些称为梦的扭曲现象(phenomenon of distortion in dreams)。他说:“一旦愿望之达成,有所‘伪装’或‘难以辨认’,必然表示梦者本身对此愿望有所顾忌,而因此使这愿望只得以另一种改变了的形式表达出来。”梦中的这种伪装现象如同社交活动中的种种虚伪客套一样——例如,当两个人在一起工作时,如果其中一个具有某种特权,那么另一位必定对他这份特权处处有所顾忌,于是他只好对他内心想做的行为采取适当改装的办法。换句话说,他就必须戴上一副假面具。解释梦的过程,从梦的显意探索梦的隐意的过程,说穿了,就是类似于揭开假面具的过程。

我们在前面谈到潜意识的时候,曾经把意识对于潜意识的控制作用比作战争期间的书报言论检查制度。弗洛伊德在《梦的解析》一书中论述梦的隐意与显意的关系时,就是以书报言论检查制度作为形象的例子。

弗洛伊德说:“这检查制度,使作家对作品所做的改装,完全与我们梦里的变形相类似。现在,我们必须假设每个人的内心深处,均有两种心理步骤(psychic instance)或所谓两种倾向(tendency)、体系(system)。第一个就是在梦中表现出愿望的内容;第二个则扮演着检查者的角色。由此便产生出梦的变形。”

弗洛伊德指出,在梦中,有时也和清醒时一样,人的意识往往控制着内心活动的发展过程。因此,梦中所要表达的愿望并不是都能很顺利地表现出来。由于有上述所说那种扮演检查者角色的意识,所以,有些梦才采取变形的方式,曲折地表达出其愿望。弗洛伊德说:“所呈现的不愉快的内容,不外就是愿望达成的一种变相的改装。套一句我们在上面所用过的假设,我们也可以说,梦之所以需要变形为不愉快的内容,其实就是因为其中某些内容,为第二心理步骤所不许,而这部分又同时正是第一心理步骤所希冀的愿望。”

由于这些“焦虑的梦”屡屡成为人们反对“愿望达成说”的根据，弗洛伊德有意识地在《梦的解析》中举出许多“焦虑的梦”的实例，逐一加以分析，揭示其“愿望达成”的实质。

有一次一位女病人对弗洛伊德说：“你总是说，梦是愿望的达成。但我现在却可以提出一个完全相反的梦，梦中我的愿望完全无法实现，这倒要看你如何自圆其说？”接着，女病人说：“我梦见我想准备晚餐，但手头只有熏蛙而已。我想出去采购，又偏巧是礼拜天下午，所有商店都闭门休息。想打电话给餐馆，偏偏电话又断了线。因此，我最后只好死了这条做晚餐的心。”

为了分析这场梦的隐意，弗洛伊德不满足于女病人的上述口供。他通过细致调查，找出了她的日常生活中的各种与梦有关的线索，发现了其中隐藏的来龙去脉。

弗洛伊德发现，这病人的丈夫在前一天曾告诉她，他自己实在胖得太快了，有必要去接受减肥治疗。在同一天，这位病人还拜访了她丈夫经常称赞得使她多少有些妒意的女友。同时，她看到那位女友长得瘦多了。还好，她丈夫却喜欢身段丰满的女人。但接着，那位女友又偏偏对她说：“我恨不得能长胖些，不知你几时能邀我吃饭呢？你永远是做得一手好菜！”

至此，弗洛伊德终于说：“我们总算可以对这梦做一番合理的解释了。”弗洛伊德对那位女病人说：“其实你在那女友要你请客时，你就已经心里有数：‘哼！我才不请你到我家去吃好菜！果真让你长胖了，再使我丈夫动非非之思，我宁可晚餐都不煮呢！’而你所做的梦，就说你做不了晚餐，因而满足了使你那女友长不胖的目的。……现在，似乎一切都解释通了吧！且慢！还有个熏蛙这玩意儿，可有什么意义呢？……‘熏蛙是我那女友最喜欢的一道菜。’”弗洛伊德指出：“我们所举的这女病人，她只是循着其歇斯底里的思路，由她对她朋友的嫉妒便把自己在梦中取代了她朋友的身份，而仿同她来编造出一个症状（愿望的否定）。我们可以进一步阐释如下：在梦中，她取代了那位朋友，是由于她朋友抢走了她丈夫的欢心，而她自己内心非常企盼能争回她丈夫对她的珍重。”所以，在这个梦中，梦的情节是遵循着“一个愿望的未能达成，其实象征另一愿望的达成”的原则。

以上举的例子，弗洛伊德称为“典型的梦”（typical dreams）。在这些梦中，再次证明：“不管梦的内容乍看起来是如何地不幸，其结果，均仍是愿望的达成。”“一个内容痛苦不堪的梦，其实是可以解析它仍然是愿望的达成。”

愿望的达成为什么要采取痛苦的感受呢？这是“因为梦中之愿望，平时招致严重的压抑，所以愿望之达成均被改装成无法马上看出的地步。因此，我们可以说，梦之变形其实就是一种检查制度的作业。由所有不愉快的梦的分析中，我得出这样的结论：梦是一种受抑制的愿望，经过变形而达成。”

由此可见，梦在实际上是把内外任何干扰性的刺激同一种被压抑的愿望联系在一起，构成某种想象这愿望得到满足的内容。因为每一个梦都把主观愿望同现实世界阻止其实现的那些客观要求相结合，所以，这种结合经常采取各种曲折或间接的途径。精神分析学只有以特殊的技巧和耐心才能揭示梦的内容。

梦的表面内容（显意）和潜在内容（隐意）之间是有区别的。潜在内容才是梦的真正动机。为要在意识中得到表现，这些被压抑的心理过程必须用别的观念、印象和象征来化装自己，以便稍稍绕过在睡眠中警戒稍弛的“检查员”的耳目。所以，“梦是一种被压制的愿望之假装的满足，它是被压制的冲动之要求与自我所拥有的检查能力的阻挠作用之间的一种妥协”。

所以，梦中的实际表现只是显意，在它下面的才是包含着梦的真实意义的潜在内容，才是它的本质所在。精神分析学的任务就是在做梦者所叙述的“梦”后面，寻求造成这个梦的那些潜伏着的潜意识过程。

第3节 梦的材料与来源

上面我们已经探索了梦的显意与隐意间的关系。现在，我们要进一步探索梦的原料和内容到底从何而来？这些原料中，哪些来自外部世界和现实生活？哪些来自内在的潜意识？通过这些探讨将有助于我们了解潜意识的活动规律及其与外部生活的关系，进一步了解人的心理活动内容中所包含的那些内在因素和外来因素的比例及两者的关系等。

为了说明梦的内容与材料的来源，弗洛伊德先从梦的“显意”所表达的内容入手。他认为，一般人所经常提到的梦的显意大多来自三个来源：

(1) 梦总是以最近几天印象较深的事为内容。

(2) 梦选择材料的原则与清醒状态迥然不同，专门找一些不重要的、次要的或被忽视的小事。

(3) 梦完全受儿时的最初印象所左右，而往往把那段日子的细节，那些在清醒时绝对记不起来的小事重翻旧账地搬出来。

以弗洛伊德的个人经验而言，梦的内容多半是来自最近的生活经验。他说：“几乎在每一个我自己的梦中均发现其来源就在做梦的前一天的经验。”正因为这样，在每次解析梦的时候，弗洛伊德都首先要问清做梦前一天内所发生的事情，尝试在这里找出一些端倪。

弗洛伊德以自己的梦为例，说明梦之内容的来源：

——我梦见自己写了一本有关植物学的学术性论文。来源：当天早上我在书商那儿看到一本有关樱草属植物的学术论著。

——我做梦看到一对母女在街上走，那女儿是我的一个病人。来源：当天晚上，一位接受我的治疗的女病人，曾对我诉苦，说她妈妈反对她继续来此接受治疗。

——我梦见在S&R书局，订购了一份每月索价20弗罗林的期刊。来源：当天我太太提醒我，每周该给她的20弗罗林还没有给她。

弗洛伊德轻而易举地列出了许多梦例，表明梦的内容来自前一两天的经历。但弗洛伊德并不满足于这个结论。他在进一步的分析中发现："每次只要我发觉我的梦的来源是两三天前的印象，我就再细心去研讨它，而我发现这些事虽然发生在两三天以前，但我在做梦前曾想过这件事。那也就是说，那'印象的重现'曾出现在'发生事情的时刻'与'做梦的时刻'之间。而且，我还可以指出：许多最近发生的事情，勾起了我旧日的回忆之后，使它们重现于梦中。"

从这里，弗洛伊德得出结论说，"只要是那些早期的印象与做梦当天的某种刺激（最近的印象）能建立某种连带关系，梦的内容就可以涵盖一生各种时间内所发生的印象。"

所以，对于梦的内容产生重要影响的是两个因素：① 过去的经历所留下的印象；② 最近的刺激。

在以上两个因素中，第二个因素所起的作用尤其重要。它就像引发子弹内火药爆炸的导火线一样，可以触发一生中任何时期内的经历的印象使其重现于人的意识中。

一般地说，第一个因素往往在不被人注意的情况下被压入潜意识中。已经成为潜意识的这些旧印象多半是些无关紧要的事情或次要的事情。但是,在最近经验的刺激下,这些旧有的、潜意识中的印象被重新唤醒;而且,在被唤醒的同时,它们又被赋予新的、更重要的内容和意义。这些更重要的内容和意义是借那个最近的经验而同现实生活发生联系的。但做梦者在做梦前并不一定意识到那些已被遗忘的旧事所具有的新的重要意义。在梦中,潜意识中的旧事同新的刺激发生了联系。

从这里,弗洛伊德进一步发现,梦见的旧经验在表面上是小事,但隐含着更重要的意义:它往往曲折地表现最近几天做梦者的心思中所迫切要求解决的问题。

弗洛伊德把那些以最近的经验为内容的梦的来源分为四种:

(1) 一种最近发生而且在精神上具有重大意义的事件,而且直接表现在梦中。

(2) 几个最近发生而且具有意义的事实,于梦中组合成一个整体。

(3) 一个或数个最近发生并具有意义的事件,在梦中以一个同时发生的无足轻重的印象来表现。

(4) 一个对做梦者本身具有意义的经验,经过回忆及一连串的思索,经常在梦中以另一个最近发生但无关紧要的印象作为梦的内容。

归根结底,当我们探索梦的来源时,我们往往可以发现一种有意义的,但不属于最近发生的事情,在梦中被另一种最近发生,但不很重要的事情所代替。而在梦中发生这种取代的条件是:① 梦的内容保持着与最近的经验的关系;② 引起梦的刺激本身必须对做梦者的心理有意义。

所以,所有的梦都不是无中生有的、毫无意义的。而且,也没有所谓的"单纯的、毫无掩饰的梦"。任何一个表面看来是单纯而坦率的梦,只要你肯花时间和精力去分析它,结果就一定是富有内容的,而且其中的每一个细节都代表一定的意义。换句话说,所有那些看来紊乱不堪的梦，都可以在现实生活中找到它的真正根源。

梦的内容的现实来源同历史根源是有密切联系的。如前所述，最近几天的实践中的某些事往往是起着刺激作用，引发旧有的、早已被遗忘的经历。梦不过是历史和现实的虚幻的联结，不过是潜意识中的历史片段在睡觉中的重演罢了。历史的残片零碎地散存于潜意识中，就像深埋在泥土中多年的古物残片那样，经考古工作者的发掘以后，只能恢复其部分的本来面目，梦重现旧事的过程也是这样。

当然，在梦中，历史与现实的联结并不是像考古队人员在清醒状态下的工作过程那样，可以把遗物整理得富有逻辑性。梦中旧事的重现，仍然保有潜意识活动的那种特性：原始性、主动性、非逻辑性、非语言性、非道德性。因此，弗洛伊德曾说："梦也表示出兽性的一面。"

历史的重演虽然都是片段的、残破不堪的、没有连贯性的，但正是在这些原始的、零碎的重现中，寄寓着做梦者在日常生活和工作中所想要完成的某种愿望。换句话说，它们可以包含着梦的隐意；或者说，它们可以成为梦的隐意的形象标志和符号。

现在，让我们将注意力从梦的显意转移到梦的隐意。正是在梦的隐意里，弗洛伊德发现了许多来自儿童时期的经验的内容。

例如，弗洛伊德有一位女病人，在她的梦中经常呈现出"匆匆忙忙"的生活状态——不是赶着时间搭火车，就是赶着送行等。有一次，她梦见想去拜访一位女友，她妈妈劝她骑车子去，不让她走路去，但她却坚持步行，而在走的过程中，她不断地大叫疾跑着。

弗洛伊德从这些资料的分析，导出了她童年嬉戏的记忆，特别是一种叫"绕口令"的游戏。

弗洛伊德不仅在他的病人的梦中发现许多儿时的回忆，而且，在他自己的梦的隐意里也发现了许多童年时代的生活遗迹。

有一次，弗洛伊德旅途归来，又饿又累，躺在床上马上就呼呼入睡，做了一场梦。在对这场梦进行解析时，弗洛伊德意外地想起一本大概在他一生中第一次读过的小说。当时，弗洛伊德才 13 岁。那本小说的书名、作者都记不得了，但那结局竟清晰地留在脑海中。那书中的英雄最后发疯了，而一直狂呼着三个同时给他带来幸福和灾祸的女人的名字。同时，这场梦的内容，还使弗洛伊德想起 6 岁时他妈妈给他上的第一堂课的情景。他妈妈告诉他说，我们人是来自大自然的尘埃，所以，最后也必然要消逝为尘埃。弗洛伊德当时不相信这种说法，于是妈妈就用双掌用力地摩擦，用掌下的皮层证明我们人是由尘埃变成的。

从对于自己和病人的梦的分析中，使弗洛伊德注意到这样一个事实，即“每一个梦，其梦的显意均与最近的经验有关，而其隐意均与很早以前的经验有关”。任何一个梦，都与历史的和现实的经验有关，而那些距离最近的经验最能直接地显示出来，距离远的经验则要通过分析和必要的联结才能表达一个完整的意思。

弗洛伊德关于梦的材料和来源的分析并没有到此结束。弗洛伊德在分析梦的内容时，还发现人体所受到的各种刺激所起的作用。

弗洛伊德把肉体上所受到的刺激分为三类：① 由客观存在的外物对感官的刺激所引起的；② 感官本身内部所发动的冲动；③ 内脏发出的肉体上的刺激。这三种刺激都可以历史地或即时地转化成为深藏于心理内层的潜意识。

弗洛伊德说：“这些刺激对梦的形成确实重要，因为它毕竟是一种真实的肉体感受。而借着再与精神所具有的其他事实相综合，才完成了梦的资料。换句话说，睡眠中的刺激必须与那些我们所熟悉的日间经验遗留下来的心灵剩余产物结合而成一种‘愿望的达成’。然而，这种结合并非一成不变的……但一旦这种合成的产物形成以后，我们一定可以在这梦的内容中看出各种肉体的与精神的来源。梦的本质绝不因为肉体刺激加之于精神资料上而有所改变，无论它是以何种真实的资料为内容，均仍旧是代表着‘愿望的达成’。”弗洛伊德又说：“只要是外界的神经刺激和肉体内部的刺激其强度足够引起心灵的注意（如果它只够引起梦，而未能达到使人惊醒的程度），它们即可构成产生梦的出发点和梦的资料的核心，而再由这两种心灵上的梦刺激所生的意念间，找出一种适当的愿望达成。”

弗洛伊德关于梦的内容和来源的上述理论具有深刻的哲学意义。它为人们正确地回答客观世界与人的意识、心理的关系，也为正确地解决认识的发展规律等重要问题提供了丰富的、令人信服的新论据。

第一，弗洛伊德证明了：人的心理，即使是在梦中，也是以现实生活（或已经过去了的实际生活，即历史）为其内容。他说的“梦不是空穴来风”这一句话，就是为了反对关于梦是主观自生的纯心理运作的种种唯心主义观点的。

第二，历史的经验可以以潜意识的形态沉积在心理深处，为人的认识从低级向高级发展提供了可能性。如果历史的经验都消失殆尽，不能积累，人的认识就无法发展。如果历史的经验仅仅局限于意识中所保留的部分，那也是会大大限制人类认识的发展。弗洛伊德的上述理论证明了，历史的经验，除了一部分可以由人们的意识加以回忆以外，其他相当多的部分可以在潜意识中无意识地沉积下来，而当现实生活中有适当的刺激的时候，这些潜意识中的历史沉积物又可以重新泛起，同意识中的现实需要发生某种联系，构成新的意识活动的内容来源之一。

第三，在潜意识中的历史沉积物，尽管是片段的、零碎的，但在现实的认识活动中，可以多种形式、多种联结方式构成现实意识活动的原材料。历史沉积物的材料所具有的原始性和零碎性，从表面看来，似乎无益于提高现实认识活动。但实际上，唯因其零碎性和原始性，它们才可以为认识的纵深发展开辟广阔的前景。譬如，儿童玩的积木游戏，可以根据许多本来毫无联系的、零碎的木块，堆砌成多种形式的模型。木块越多，越包含多样的碎片，越可能堆砌成多样的模型。如果木块越大越少，堆积成的模型式样就越少。在潜意识中的历史沉积物就是那样的木块。它越零碎、越多，可能联系成的新认识成果就越丰富。

第四，人的意识具有驾驭新旧经验材料的能力，使它们按照人的主观愿望构成新的认识，达到自己的预期目的。

第五，人的意识所提出的主观愿望不是凭空而生，它或者是依据现实生活中的实际利益，或者是在以往经验的基础上产生的。

第六，人的主观愿望如果不符合客观规律性，就会受挫。人的意识在积累历史经验的基础上，有加工、改造、调整主观愿望的能力。当意识发现某些主观要求有可能在同客观条件的冲突中遭受失败时，意识就发挥它的“检查能力”，尽可能阻止上述愿望的贯彻。

弗洛伊德关于梦的材料和内容的学说也有它的缺点。最主要的是来自它的“决定论”观点的影响。弗洛伊德认为人的梦和其他心理活动一样都有严格的规律性。但是，他把这种规律性绝对化，以致使他完全否认偶然性的因素。因此，当他解释梦的显意和隐意的时候，企图把梦中出现的任何点滴材料都看作是“有意义”的，看作是现实生活的影响。如果说在解释意识的“检查作用”时，他很重视意识的主观能动性和意识的相对独立的活动能力的话，那么，在说明梦的内容与现实和历史的关系时，他就忽视了意识的这种能动作用。他把现实和历史的经验对梦的影响绝对化，以致把梦中的每一个细节都看作是现实的重现，使人感到有些夸大和牵强附会。

实际上，由于弗洛伊德是从其科学实践中而成为自发的唯物主义者，所以，他不可能把这一科学世界观贯彻得很彻底。由于他的特殊的教育和所处的社会历史条件的限制，他尤其表现出相当浓厚的机械唯物主义世界观。他的老师和前辈亥姆霍兹、布鲁克、布洛伊尔等人的机械唯物论观点给他很深的影响。所以，当他解释梦的内容和材料来源时，绝对地排除了主观意识的创造能力，企图把一切大大小小的材料都纳入客观规律性的轨道。

弗洛伊德的这种绝对主义的决定论观点同他的潜意识理论有矛盾。本来，按照他的潜意识理论，潜意识具有强烈的主动性，是一种发自内心的本能冲动，是未经意识加工的非逻辑性、非语言性、非道德性的原始心理，所以，照道理，在睡梦中，当人的意识有所松弛的时候，这些潜意识的原始心理完全有可能乘机迸发出来，因此，很有可能，在梦中产生一些相当多的与现实无关的材料。这些偶然出现的零碎材料就是造成梦的非逻辑性、非道德性的原因之一。如果一定要把这些零碎的材料也纳入与现实生活的旋律相协调的逻辑轨道中去，就会给人以生硬的、僵化的印象。

当然，弗洛伊德在对梦的内容和材料来源的解释中所表现的片面性，在他说明梦的运作过程的理论中又得到了补偿。也就是说，在分析和说明梦的运作过程时，弗洛伊德又表现出高度的灵活性，重视潜意识和意识这两方面的主观能动作用。弗洛伊德的这种时而僵化、时而灵活的世界观，只能再次表明其科学世界观的自发性和不彻底性。现在，让我们进一步分析弗洛伊德关于梦的运作的理论。

第 4 节　梦的形成过程

如果说，在梦的材料来源和内容方面证实了人的心理生活即使在梦中也反映了现实生活的话，那么，在梦的形成过程中，就可以体现出潜意识和意识的主观能动作用。在梦中所表现的潜意识和意识的主观能动作用，并不是像唯心主义和各种宗教迷信家所说的那种漫无边际的"创造精神"，似乎人的潜意识和意识可以完全脱离现实的物质条件而为所欲为。潜意识和意识的主观能动性是在现实所提供的历史的或现实的材料的基础上发挥其作用的。

更确切地说，弗洛伊德在梦中所探索的潜意识和意识的主观能动性，是在人的肉体所提供的神经系统的机能的基础上，在客观世界的规律性所允许的范围内，在社会生活现实条件的约束下，发生作用的。

在弗洛伊德关于梦的运作的理论中，进一步体现了他关于潜意识、前意识和意识的观点，以及关于本我、自我和超我的观点的正确性。所以，可以说，关于梦的运作的学说，是弗洛伊德关于潜意识、前意识和意识的观点以及关于本我、自我和超我的观点的运用和发展。

弗洛伊德选择梦这一种人类特殊的心理活动方式作为探索潜意识活动规律的场所，作为探索人类心理活动一般活动规律的"实验室"。因此，在阅读本节内容时，也如同其他章节的内容一样，必须把它看作深入认识人类一般心理活动规律的一个门径。唯其如此，才能不停留在对梦的特殊认识上，而是把这一特殊认识当作启开人类心理王国的大门的一把钥匙。只有站在这样的角度上，才能更深刻地把握弗洛伊德心理学的哲学意义，也才能符合弗洛伊德本人研究梦的活动规律的真正目的。

在前一章中，已经一般地谈论到潜意识、前意识和意识的活动规律。现在，我们从梦的运作过程，进一步具体地、深入地分析以下几个重要问题：

（1）潜意识的原始性、主动性、非逻辑性、非语言性和非道德性是怎样表现在梦中的?

(2) 在梦中,前意识与潜意识和意识的关系是怎样的?

(3) 前意识的记忆能力在梦中起了什么作用?

(4) 意识对于潜意识和前意识的控制作用有什么表现?

(5) 超我对于自我和本我的控制采取了什么样的表现形式?

所有这些问题,在上一节论述梦的材料来源时,已经解决了一部分。现在,在梦的具体运作的过程中,所有这些问题都会以生动的立体活动形式进一步体现出来。

为了回答以上几个问题,我们将分别分析梦的运作过程中的几个重要问题:① 凝缩作用;② 转移作用;③ 象征化和润饰作用;④ 感情的活动规律。

一、凝缩作用

前面曾经概述了梦的显意与隐意的相互关系。但是,上述探索只是在静态中观察的。现在,要深入地从其活动过程中观察它们的相互关系。由这种关系的分析中,可以进一步了解潜意识的某些活动规律。

实际上,弗洛伊德指出,梦的显意与隐意所表达的,都是同一个内容,那就是潜意识中的本能愿望。但由于潜意识、意识及客观条件的关系,才采取显意和隐意的两种不同表达方式。

弗洛伊德说:“梦的隐意和梦的显意就是以不同的预言形式表达同一种内容。说得更确切些,梦的显意就是以另一种表达形式将梦的隐意传译给我们。而它们所采用的符号及法则,则唯有我们通过译作与原著的比较,才能了解。一旦我们做到了这点,那梦的隐意就不再是一个难以了解的奥秘了。”弗洛伊德很形象地把梦的显意比作“象形文字”,而梦的隐意则是较难掌握的、更为抽象的文字。但是,对于我们所看到的象形文字，我们绝不能仅仅看到其图形便可“望文生义”、想当然地猜测出它的意义。必须结合产生这些象形文字的具体历史背景和现实条件，才能分析出在象形文字的图形背后所隐藏的深刻意义。譬如说，现在，在我们面前呈现一张画谜：有一所房子，在屋顶上有一条木舟，然后是一个大字母出现，接着是一个无头飞人在飞跑，如此等。一眼看去，常人一定会指责这个图形是毫无意义的、荒唐可笑的。因此，要对这个画谜作出合理的解释，唯有结合现实的和历史的背景，去分析每个图形所代表的意思，然后再把这些有意义的词连接成一句子。这时，它们就不再是毫无意义的图形。经过分析，这张表面看来荒谬的图画很可能成为寓有深刻意义的哲学图。

要了解梦中的“象形文字”的真正含义，必须逐一分析梦的运作过程。

梦的运作过程最常用的手段就是凝缩作用。我们在梦中所看到的形象图画，其实是一张抽象的“凝缩图”。图中的每一个图形包含了极其丰富的内容。人的年龄越大，他的生活经验越丰富，图中每一个图形所表达的意义越深刻、越广泛。如果我们回忆一下前面所讲过的内容，我们就可以理解，为什么儿童的梦是那么单纯、那么简单明了，而大人的梦则往往是复杂、晦涩！在我们的日常生活中，经常遇到这样的情况：两个生活背景不同、因而经验不同的人，说出的同一句话，可以包含极其不同的含义——生活经验丰富的人、狡猾的人说出的话比生活经验简单的人说出的同一句话包含更多的内容。

因此，就我们看到的梦的显意所构成的“象形文字”而言，同它们所表达的“隐意”相比是要简单得多。梦的显意所显示的图景，乃是梦的隐意的深刻而丰富的内容的“凝缩图”。弗洛伊德说：“就梦的隐意之丰富而言，相形之下，梦的内容就显得贫乏简陋而粗俗得多。如果梦的叙述只需要半张纸的话，那么，解析梦的隐意所写出的话就需要六或八甚至十张以上的纸才能写完，这差距的比例按各种不同的梦而异。”

关于梦的显意与隐意的这种相互关系，我们可以更形象地比作一则字数不多的寓言同它所表达的深刻意义之间的关系，也可比作现代抽象派画家所画的一张图同这张图所表达的意义之间的关系。我们也可以将之比作人的意识在思维过程中，在使用词汇、概念过程中的抽象和概括作用同它们所表达的丰富含义之间的关系。

梦的显意中所体现的凝缩作用既是无限的又是有限的。具体地说，这种凝缩作用，就其历史进程而言，就整体而言，就这一能力的趋势而言，就发展的可能性而言，都是无限的。可是，就某一个梦而言，就片段而言，就其个别性而言，是有限的。然而，这些无限性和有限性，也都是相对的。这就是说，不同的人或同一个人的不同的梦，其凝缩作用的无限性和有限性的统一，是有差异的。如前所述，有不同经历的人，梦的凝缩作用，不论其凝缩程度或凝缩广度，都是极不相同的。然而，不管是哪一个人，其凝缩能力并没有一个固定不变的界限，这些凝缩能力是不断变化的。

现在，我们具体地分析潜意识和意识、本我同自我与超我之间在凝缩过程中的相互关系。

在我们深入探讨这一问题以前，我们切不可以为：潜意识和意识、本我同自我与超我的相互关系是单向地、简单地或机械地进行着。也不要以为，用本书现有章节就可以详尽地、一劳永逸地描述出这些关系的丰富而生动的内容。人的心理活动比自然界和社会生活中所发生的任何一个事件都复杂得多、生动得多和活跃得多。我们在这里所概述的，仅仅是它们在梦的凝缩作用中所表现的一般性活动规律。而且，由于弗洛伊德所处的时代的限制，很可能就连这个凝缩作用的一般规律的内容和范围,也没有完整地表述出来。弗洛伊德所概括的凝缩过程的一般规律,只能作为我们深入探索人类心理活动规律的一个引子而已。

关于梦的凝缩作用有两个问题需要着重说明。第一个问题,就是一些性质略微相同的潜在内容,在显在内容中的某一个观念、印象、人物或图形中集中地表现出来,因而就在梦中经常出现弗洛伊德所说的那种"复合人物"(composite person)。所谓"复合人物",就是"将两个以上的真实人物的特点集中于一个人身上"。这种"集体"(collective)或"复合"(composite)人物的出现,乃是凝缩作用的主要方法。例如,在梦中,有时候我们可以看到:某个人含有许多不同的人的性格,穿着甲先生的衣服、说出乙先生的语音、走着丙先生的步法等。

第二个问题,是做梦前和做梦时人的潜意识和意识的极其复杂的交互作用与运作。

弗洛伊德指出,在做梦中,梦的显意所表达的极其丰富的隐意并非偶然的。人的心理在做梦前就存在着极其错综复杂的活动,为梦中的各种心理活动做好了内容上和形式上的各种准备。做梦中所表现的潜意识的各种意念同意识的某些观念的联系,在正式实现之前,早已在做梦前就有过种种尝试。做梦前的现实生活中,人的潜意识中各种被压制的意念同现实条件之间,本我的本能要求同自我、超我之间,已经存在着长年累月的矛盾和斗争。在这些矛盾和斗争中,潜意识和本我的要求固然一再受到本我和超我的压制而不能如愿以偿,但在这同时,本我与潜意识也逐渐地发现了本我、超我的某些薄弱环节,在意识中找到了一些可以作为潜意识表达手段的观念。这实际上是潜意识与意识间在梦中的正式联系的潜在形式或预备状态。

有了这样的预备工作以后,只要在做梦中产生了一种能唤起这种潜在联系的刺激，它们之间马上就可接通。弗洛伊德说，潜意识中的各种分散的意念，在做梦前几天的现实生活中的事件的刺激下，就已经很活跃。它们之间的相互连接“只有在那一连串意念的追寻下才能实现”。在做梦的当天晚上的睡眠中，乘着意识休息的机会，这些处在潜在状态的联结活动便正式实现。

隐意中的各种原始意念的联结是一个错综复杂的心理运动过程。弗洛伊德把这种交错过程称为——“纺织工的杰作”(the weaver's masterpiece)。他形象地形容说：“小梭来回穿线，一次过去，便编织了千条线。”梦的显意与隐意之间、意识与潜意识之间，在做梦期间发生了上述交错复杂的编织活动，才织成了由显意与隐意交错而成的梦景。而梦的凝缩作用，乃是这种交错的一个表现。

二、转移作用

转移作用(the work of displacement)是梦在形成过程中所采取的主要步骤之一。前面在谈到潜意识的非语言性时说到梦的戏剧化作用。实际上，所谓梦的戏剧化也是梦的转移作用的一个重要表现。通过戏剧化过程，梦的隐意中所要表达的意义，通过显意中的具体形象表现出来。

现在，当我们深入研究梦的形成过程时，我们可以更清楚地看到潜意识为了躲过意识的检查而采取的各种手法，转移作用是这种手法的典型表现。

什么是转移作用呢？在梦的形成过程中，潜意识所要表达的主要愿望改变为梦的显意中的某些表面看来毫无意义的事物，而梦的显意中所显示的那些表面看来居于中心地位的事物却不代表潜意识所要表达的主要愿望。这是一种巧妙的伪装作用。弗洛伊德在谈到转移作用时说："某些在梦内容（显意）中占有重要地位的部分不是梦思（隐意）的中心思想；相反，在许多情况下，一些在梦思中居核心的问题却在梦内容中找不出蛛丝马迹。"所以，梦的内容所呈现的往往是一种经过"化装"的假象，梦思的核心总不是直截了当地赤裸裸地表现出来。因此，弗洛伊德又说："在梦形成时，那些附有强烈意义的重要部分往往成了次要部分，被梦思中的某些次要部分所取代。"

梦的转移作用反映了潜意识活动的一个重要规律，这就是：潜意识中的各个元素之间，可以实行能量让渡，以便把潜意识所要表达的主要愿望呈现在意识中。

弗洛伊德指出，潜意识包含了无数原始的心理元素，这些元素在不同的情形下，都具有不同的能量。但这些元素所负载的不同能量并不是固定不变的，也不是彼此封闭的。当人处在某一个特定环境时，外界的刺激和潜意识中的某些特定因素相互呼应，使这些因素顿时集聚了比其他潜意识因素更大的能量。这种能量的集中是潜意识的一种本能。这就是说，当潜意识的某些因素承担了表达潜意识主要愿望的中心角色以后，这些因素的能量就会急剧增加。由此看来，潜意识的因素所负载的能量是活动的、能增能减的。

潜意识的元素所负载的能量的增减带有"自卫"的性质。这就是说，由于意识的压制，由于自我和超我对潜意识、对本我的严密控制，潜意识中的某些因素为要冲破意识的"封锁线"，必须聚集足够的"能量"。所以，每当潜意识中的某些元素成了"原欲"的主要代表时，该元素就势必从周围潜意识的其他因素中获得支援，而这种支援的主要手法就是迅速地得到了大量的能量补给，使其急剧地增加能量。

如前所述，增加能量的目的是为了冲破意识的强而有力的封锁线。因此，当某一元素获得足够的能量以后，立即发起了"总攻击"，向意识的封锁线上起跑、冲刺。有时,如果意识未加戒备,就可能冲得出去。但在多数情况下,意识立即就可以发现这些“不安分子”,因此早已严加盯梢。所以,这些潜意识中负有发泄本能愿望之重任的元素往往被截住,哪怕它们已经有了很大的能量。由此可见,意识本身也有相应的,足以截获企图“偷渡过境”的潜意识因素的能力。在这种情况下,意识和潜意识间互相对抗的规律大概是这样:当某些潜意识分子充当了表现潜意识主要愿望的角色并偷偷地聚集能量的时候,意识本身也立即会对此做出反应,在该潜意识元素可能“偷渡越境”的区域附近加强巡逻和戒备,不让它们顺利过境。由于自我和超我处于居高临下的优越地位和它们具有高于潜意识的能力,所以,在一般情况下,潜意识被“挡回去”的可能性更大一些。

但是,潜意识本身的原始性和主动性,又注定了它们必然要千方百计地越过意识的警戒线。在这方面,取得重要效果的往往是上述做梦过程中的转移作用。

这种转移作用,就是在潜意识中寻找、选择一些不被意识注意的元素,让它们充当主要愿望的承担者或假面具,然后,在意识不备时,例如在睡梦中,突围出去。这种情况,使人们在分析梦的内容时,容易造成一种错觉,以为梦的显意的中心观念就是表面上居重要地位的那个事物。

这种转移作用所以能实现,在很大程度上取决于潜意识中的主要元素同次要元素之间的能量传递。

如上所述,潜意识本身具有本能的增减能量和传递能量的能力。当某一个潜意识元素担任突围的主要角色时,也就可以迅速地从其他潜意识分子中吸取能量、聚集能量。当这个扮演主要角色的潜意识分子有可能被意识截获的时候,该分子就可以马上将聚集到的能量传递到其他次要的、不易被意识注意的潜意识分子。然后，这个新产生的潜意识分子担负起实现愿望的主要角色，巧妙地越过意识的封锁线。

弗洛伊德在分析转移作用的发生过程时说："在梦的运作过程中，一种精神力量一方面将其本身所含较高精神价值的元素所含的精神强度予以卸除；而另一方面，利用'超决定'(overdetermination)的方法，于较低精神价值的元素中塑造出新的重要价值，而借这种新形成的价值得以遁入梦中。果真，这种方法成了梦的形成步骤，那么，我们就可以说，在梦的形成过程中，在各元素之间发生了'心理强度的转移作用'(displacement of the psychic intensities)，由此才形成了'梦内容'与'梦思'的差异。"

转移作用的结果，使梦的内容同潜意识中的本来愿望之间发生差异，而正因为这样，梦才得以改装的面目复现潜意识里的梦的愿望。如上所述，这乃是在自我和超我的检查制度下所产生的一种人类心理的内在自卫手段。

弗洛伊德极端重视梦的改装作用。他认为，关于梦的改装与检查制度，是他的关于梦的理论的核心问题。

三、象征化和润饰作用

直到目前为止，我们已经探讨了梦的形成过程中的两个主要方法——凝缩作用和转移作用。但是，我们所考虑的只限于两个非常相近的特殊意念之间的交换和凝缩作用。

实际上，在凝缩和转移、置换作用中，还包括象征化和形象化的过程。

梦的象征化和形象化具有重要的理论意义。弗洛伊德本人看出了这个过程的重要理论意义，因此，他对这个问题作了较详细的讨论。

通过对梦的象征性的研究，有助于我们更深入地了解人类心理和精神进行各种文化创作的基本机制。人类心理和精神的文化创造活动，实际上，就是一种广义的象征化活动。换句话说，人类精神是应用各种各样的“象征”去进行文化创造活动的。人类精神的一切文化产品，一方面其本身就是象征性的结构；另一方面，它们又通过象征而表达人类意欲表达的多层次的意义。这就是说，不论就表达形式和表达手段而言，一切文化产品都是象征性的；而且，就连其表达的内容、意义和目的，也是象征性的。人类精神的象征性创造活动的性质，在梦、神话、原始宗教仪式以及儿童们的简单游戏活动中，都可以典型地呈现出来。实际上，当梦的隐意转化成梦的显意的时候，梦的形成过程就经历了从潜意识到意识的升华过程。从表面看来，梦的隐意转化成显意是从抽象到具体的演变过程。但实际上，却是倒过来，是从紊乱的具体性上升为概括性的抽象概念。然而，由于这种升华过程的表现形式呈现为由抽象到具体的演变，所以，给人以一种假象，似乎在潜意识的隐意阶段是抽象的，而在显意阶段则是具体的和形象的。

关于梦的象征化的理论将涉及人的心理活动怎样从抽象的具体性上升为具体的抽象性的问题。这一问题实际上反映了人的心理活动与认识活动的关系，也涉及认识过程中从具体到抽象的提高过程。因此，我们将详细地分析弗洛伊德的这一部分理论的内容。

在未深入探讨象征化理论本身的问题以前，我们也要像弗洛伊德那样，首先研究梦思中的所谓“相似关系”。

弗洛伊德说：“梦思间早已存在的平行或‘近似’(just as)关系是构成梦的第一个基础。梦的运作主要的就是在这种关系的基础上建立一些新的平行(parallel)关系来代替那些已经存在但又无法通过审查制度的阻抗者。梦的运作倾向于凝缩，所以它赞助这种相似的关系。”

相似、和谐的关系，在梦中是以统一化(unification)来表现的。所谓统一化，就包含了概括化的意思；或者，更确切地说，所谓统一化就是以形象和具体的形式来表现概括和抽象的内容。这个问题，与下面将要谈到的由具体到抽象的认识过程有关系。所以，在这里，有必要多讲一些。

所谓统一化，具体说来，包含两个可能的程序——"认同作用"(identification)和"复合作用"(composition)。不管是"认同"还是"集锦"，都是梦的运作过程中所特殊表现出来的"抽象过程"。因为梦毕竟是梦，它同一般的认识过程不同。所以，梦中的抽象过程采取了它特有的奇特的形式，这种形式的特点就是用"形象"的意念或图画来表现抽象的过程，关于这一点，留待下面讲述象征化时再深入探讨。

"认同"一般是用在人的身上，而"复合"是指对于事物的统一。不过"复合"亦可施用于人身上。所有这些，是前面提到过的凝缩作用的形象表达形式。由此可见，梦的形成过程中的凝缩、转移和象征化是不可分割的，相互联系的。

在认同作用里，只有和共同元素相联系的人才能表现在梦的显意中，其他的人则被压制了，不被准许登场表演。但是，这个梦中单一的封面人物出现于所有的关系及环境之中。因此，他不仅表现他自己，而且也概括了其他人物的特点。在复合作用里，这种情形就扩展到人的关系中。梦中所表现的形象概括了各个人的各种特征。因此，这些特征的组合又导致了一个新的统一化、一个新的合成，也就是说，上升到一个新的抽象角度。

当梦里表现出两个人共有的元素(element)时，这往往暗示着还有另一个被掩盖的共同因素，这一共同因素因梦的检查制度而不能表现出来。共同因素常常利用转移或置换作用来达到顺利表现的目的。因此，梦中复合人物所具有的不太重要的共同因素，使我们可以作出这样的结论：梦思（即隐意）中必定有一个并非不重要的共同因素。而这个被压抑的、并非不重要的共同因素，有时恰恰就是这场转移作用所要“偷运”出来的真正愿望。

根据以上的讨论，认同作用或者是复合人物具有下列意义：

第一，它代表两个人之间的共同因素；

第二，它代表一个被置换的，即那个被梦的检查制度压制了的共同因素；

第三，它仅仅代表了一种一厢情愿的共同因素。

根据经验，弗洛伊德发现每个梦都与做梦者本人有关。也就是说，一切梦都毫不例外地是自我中心的。当自我不在梦的内容中出现时，代之而出的外人必定隐藏着自我的幽灵。也就是说，毫无疑问，自我一定利用认同关系隐藏在这人的背后。当本人的自我出现在梦中的时候，它也同样隐含着别人的自我。因此，在分析这种梦的时候，必须注意我和这个人所共有的因素。有时候，自我附在别人身上，但当认同作用消失后又再度回复到本人的自我上。通过这些认同，弗洛伊德细致地观察了在自我的意念中的那些为审查制度所阻止的元素。在梦中，自我就是通过这样的数度交替——有时直接出现，有时却又在认同别人的过程中呈现自己。通过多种认同作用，它仍能把好多好多的梦思凝缩起来。做梦者的自我在梦中数次以不同方式表现出来的过程，同人们在清醒时的思考过程基本上是一样的。

这种制造复合结构的可能性，使梦常常披上一层奇幻的外衣。这是因为在梦中导入了一种不能由感官真正感受到的因素。这种梦中的复合结构(composite structure)和人在清醒时的幻想，以及绘画出半人半马式的怪物的图画是一样的。唯一不同的是，人们在清醒时，意欲创造的新构造本身决定了这想象物的外表；而在梦中出现的复合影像则取决于一些和它外表无关的因素——即梦思所含的共同因素。最单纯的方法便是只以某物直接表现，不过这种表现却暗示着它仍有别的归属。更复杂的方法则是把两个物体结合成新的影像，而在结合过程中，巧妙地利用了两者在现实中所含的相似点。新的产物也许是怪诞离奇的，也许会被看作是高明的想象，这要看原来的材料是什么，以及其拼凑的技巧。如果凝缩成一个单元的对象太过不和谐，那么，梦的运作就会制造一个相当明显的核心，但这种核心往往附随着一些不太明显的特征。在这种情况下，我们可以说，把材料组成一个单元性影像的努力算是失败了。由于这两种表现方法互相重复出现，所以产生一些性质相当于两种视觉影像互相竞争的东西。梦的运作这一特点，在人的认识过程中，有时也会不同程度地表现出来。这是由于在认识过程中，自我意识也会受到潜意识中的本我的不断干扰和客观对象本身的变幻不定性的共同影响。认识过程的这一复杂情况留待以后详谈。这里，顺便提一下，弗洛伊德对于梦的上述认同、凝缩作用的理论，对于画家的绘画构思有很大的影响。在绘画中，有时画家想表现出许多个人的不同意念所形成的一般概念，就要采用上述梦的运作的程序来表现。

顺便说一下，把一件事扭转到反方向是梦的运作最喜欢使用的另一种表现方式。这种方法的第一个好处是能满足对梦思中某些特殊元素的愿望。我们经常在记忆某些不如意的事情的时候，情不自禁地说："如果这件事是正好相反的话，那该多好啊！"这就表明，"相反"的表现方式有时是潜意识出于本能所产生的要求和愿望。因此，它在梦中表现出来是很自然的。另外，我们还应该看到，"相反法"是逃避审查制度的一个有效方法。它是伪装和化装法的一种。它可以产生出相反的假象，具有麻痹意识的作用。正因为这样，在分析梦的隐意时，如果必要的话，可以追究梦的显意中那些刚好相反的特殊元素。有时，正好可以顺此线索把梦的隐意显示出来。

除了主题颠倒以外，我们还要注意时间的倒置、因果倒置等。如果说在梦中出现过许多倒置现象的话，那么，在歇斯底里症中，也经常出现这种倒置现象。

以上，我们用了较多的篇幅说明梦中的"相似关系""认同作用"等问题。现在，我们可以在这些论述的基础上，进一步说明梦的象征化及其认识论意义了。

形象化实际上就是以形象的样态达到梦的凝缩、改装、转移的目的。弗洛伊德说，通过形象化，可以"使梦思中一个无色与抽象的原始概念改变为图画的或具体的形式"。弗洛伊德把这比作画家在报上画的政治漫画——以图画的形式表现抽象的政治概念。这种方法不仅可以增加表现能力和表现效果(用形象方式有时可以赤裸裸地表现那些难以理解的概念)，而且可以达到凝缩和转移的作用，同时，也因而达到逃避审查的目的。

存在主义的本体论阐释学大师伽达默尔在谈到"象征"的意义时，深刻地指出："象征的表现功能并不是单纯地指示某种非现时的东西。象征其实是使那种基本上经常是现时的东西作为现时的东西而出现。'象征'的原始意义就表明了这一点。当人们把象征当作分离的友人之间或某个宗教团体的分散成员之间的认知符号，以表明他们彼此间的相关性的时候，这样一种象征无疑就具有了符号功能。但是，象征却是比符号还要多的东西。象征不仅指出了某种相关性，而且也证明和清楚地表现了这种相关性。"[②] 接着，伽达默尔又指出："象征不仅指示某物，而且由于它替代某物，也表现了某物。但这里所谓'替代'，是指让某个不在场的东西成为现时存在而出现的。所以，象征是通过再现某物而替代某物的。这就是说，它使某物直接地成为现时存在的。正是因为象征以这种方式表现了它所替代的东西的现时存在，所以，象征会受到与其所象征的事物同样的尊敬。诸如十字架、旗帜、制服这类象征，都是如此明显地替代了所尊敬的事物，以致所尊敬的事物就存在于这些象征之中。”[3]

但在弗洛伊德看来，象征化的手段，在梦的运作过程中，其功用就在于伪装梦中所要表达的潜伏思想。所以，弗洛伊德说：“梦应用这种象征性，为其潜伏的思想提供伪装的表象。”[4]以象征伪装梦中的潜伏思想，一方面为梦的解释提供了可供遵循的方法，另一方面却又因象征与事物、与观念的复杂关系而使梦的解析更为困难。诚如弗洛伊德所说：“梦中存在的象征不仅有助于梦的解说，但也同时使它造成了更多的困难。”[5]在这方面，充分显示了弗洛伊德在梦的解释和精神分析学研究中的辩证法思想，但同时也显示出弗洛伊德精神分析学的象征理论的某些欠缺。

法国著名的结构主义人类学家列维-斯特劳斯在其著作《妒忌的女制陶人》一书中，一方面肯定了弗洛伊德在梦的解说中所应用的象征主义方法，另一方面也揭示了弗洛伊德的象征论的某些欠缺。列维-斯特劳斯指出，弗洛伊德把梦看成是隐含密码的潜意识、前意识和意识的交织物，但弗洛伊德总是希望能为一系列梦的组成因素找到相对应的永久有效的解码，以致使这些永久有效的解码能同人民大众流传的有关梦的“解码”相类似。这些民众中流传的梦的解码是相当固定的，例如，“下大雪”意味着“披麻戴孝”；“见到大火”就意味着“要发大财”等。列维-斯特劳斯接着指出，弗洛伊德在梦的解析中所应用的象征论原则，处处显示出其中的“现实主义”与“相对主义”精神的矛盾。[6]在“现实主义”原则看来，每一种象征对应着一个确定的意义。因此，据此原则,弗洛伊德曾设想,是否可以将梦的解码按顺序排列成一本字典式的"解梦密码书"。按照相对主义原则,每一种密码的意义依各个特殊的情况而变更,而且,这些意义的内容还在很大的程度上取决于解码时所应用的各种自由联想方法。因此,列维-斯特劳斯认为,弗洛伊德的解梦象征论摇摆于现实主义与相对主义原则之间。当弗洛伊德倾向于相对主义原则的时候,他是以一种朴素和简陋的形式,承认象征的意义取决于象征被应用的前后脉络,取决于这些象征同其他象征的相互关系。

在列维-斯特劳斯看来,梦中的象征体系非常类似于原始人的神话中的象征体系,也类似于语言中的隐喻(la Métaphore)和换喻(la Métonymie)的结构关系。在拉丁美洲的印第安原始部落中,关于女制陶人的神话几乎普遍地应用隐喻和换喻的关系展示着神话的象征性结构。印第安人通过女制陶人的妒忌心情的神话故事,想要借用泥土(制陶原材料)、陶器、陶器形状及制作过程中男人与女人、食品烹饪方式和人的衣食住行的问题的关系,去比喻女人身材、女人妒忌心等更为复杂的人类文化和社会因素中的问题。列维-斯特劳斯指出,在拉丁美洲的印第安部落中,关于制陶过程同女人妒忌心的关系具有普遍的象征意义。列维-斯特劳斯以南美的乌欧北(Uaupes)北区实行异族通婚制的印第安部落的女制陶人的神话为例。在这个地区,生活着能相互沟通的各讲不同方言的部落,他们之间相互通婚,而且,各个部落的妇女在制作陶器时,都必须到与本部落通婚的另一部落中搜集制陶用的泥土。所以,列维-斯特劳斯写道:"这种异族通婚制也同样地应用于制陶用的泥土。对于德沙那(Desana)部落来说,只有女人才制陶器,而且,为获取制陶用的好泥土,她们必须到特定地区,不是她们所居住的本地区,而是到毕拉达布雅(Pira-Tapuya)部落或杜坎诺(Tukano)部落去找土。同样地,毕拉达布雅的女人也到德沙那或杜坎诺的领域中寻找瓷土,而杜坎诺的女人则到德沙那或毕拉达布雅的土地上寻找陶土。同这种规则相联结，异族通婚各族群把他们的未通婚的女儿们称为'成熟的'女人，而陶土的制作各阶段也相应地获得了男性或女性的涵意。因此，印第安人说，女人的身体就是一个食物容器。这也就是为什么当地的陶锅都有三支足作为支柱——这三支柱正好象征着这样的意思：德沙那、毕拉达布雅和杜坎诺的男人们弄熟了'女人——锅'。"⑦列维-斯特劳斯得出结论说："女人，作为陶器的成因，隐喻地变为她的产品，从肉体上（在外表方面）到精神上（在内心方面），女人都变成为她的产品。在女人与陶锅之间，换喻关系变成为隐喻关系。"⑧

为了说明印第安神话中的类似象征性结构，列维-斯特劳斯又说："在大量的拉丁美洲的神话中，女人或某些女人成为贪欲或阴道拽住不放的活生生的象征（la femme ou certaines femmes sont la vivante image de l'avidite ou de la retention vaginales）。"⑨在列维-斯特劳斯所著《神话学》第二卷和第四卷中，他所搜集的加利福尼亚地区的编号为292d－g的那组神话，也同样把女人比作贪欲和"阴道紧抓不放反应"的象征；而且，在这些神话中，又通过天与地、上与下的关系的变换，女人的妒忌心又以天上飞的"夜鹰"作为象征。

在列维-斯特劳斯看来，弗洛伊德不论在梦的解析中，还是在对于图腾的研究中，都试图揭示象征的意义。弗洛伊德注重于研究人的精神活动中的象征结构，宗教学家马克斯·穆勒（Max Müeller，1906－1994）则注重于研究神话中应用的天体密码体系。但是，弗洛伊德和马克斯·穆勒的解码研究，都犯了两个错误。第一，他们都试图寻找唯一的、独一无二的密码去解说梦或神话。他们忽视了梦和神话的密码的多元性质，也不懂得梦和神话的多元密码的重叠性及其通译规则。任何一个密码都不具备独一无二的优越性，各个密码之间都或多或少是相互重叠和相互可通译的，任何密码都不能穷尽神话的象征意义。神话和梦的信息的本质只在于：它们都使用着可以相互通译的密码。如此而已！列维-斯特劳斯曾说："神话的真实意义并不存在于某个居于特殊地位的内容之中。"[⑩]这也就是说，神话的真实意义只存在于没有内容的逻辑关系之中；或者，更确切地说，这些逻辑关系的不变的性质穷尽了运作过程中的价值，因为可以比较的关系是能够在大量的不同内容之间建构起来的。正如神话不可能有"最真实"或"最正确"的原本一样，在被使用的诸多象征性密码中，绝对找不到某个"最正确"或"最原初"的密码。因此，想要寻找独一无二的象征密码去解读一切梦或神话的努力，终将是徒劳的。

第二，弗洛伊德和马克斯·穆勒都错误地认为：在神话和梦所可能应用的诸多象征密码中，必定会使用其中的这个或那个密码。事实上，神话和梦虽然始终都诉之于多种密码，但这不等于说，所有可认知到的密码，或者，所有通过比较分析而已被编目的密码，就会在所有的梦和神话的运作中被同时地应用。也许，研究梦或神话的人可以列出梦和神话思维中所使用的象征密码表，以便有助于神话学研究工作，就像化学元素表有利于化学分析那样。但是，正如列维-斯特劳斯一针见血地指出："每个神话或每个神话组都在这个列表中做出一个选择。这个或那个神话所借以运作的某些密码，并不代表被验证过的密码的总体，而且也不是必定地为其他神话或其他组的神话同样地被应用在它们的特殊情况之中。"[⑪]

当然，弗洛伊德并不固执于寻求一个解码体系。弗洛伊德有时也意识到象征密码的多元性、变换性及交错性。正如列维-斯特劳斯所指出的，弗洛伊德的象征论"动摇于现实主义与相对主义之间"。列维-斯特劳斯高度评价弗洛伊德象征论中的"变换性"概念（la notion de la transformation)。列维-斯特劳斯把弗洛伊德的“变换”概念视为“关键概念”(une notion cle):是这个“关键概念”的应用,才使弗洛伊德避免了在文化分析中单纯追求单一的“性密码”所造成的困境,而使他较为灵活地解决了文化创造和再生产过程中的复杂问题。例如,弗洛伊德在分析普罗米修斯和《圣经》中的创世神话时,他主张将神话中所使用的象征的意义,在“颠倒”的形态中加以分析。弗洛伊德认为,在创世神话中,夏娃可以解释为“生出亚当的女人”,即亚当的母亲的象征;而男人则向他的配偶提供了富有繁殖能力的食物——石榴。在普罗米修斯的神话中,也必须把包装着火种的阿魏草(la ferule)转换成阴茎,也就是说,转换成输尿(水)的管道,使之从原来供传火种的媒介改换成灭火的东西。象征的意义,一旦从死板的、单一性的密码系统解脱出来,而转变成多样的,甚至相反的意义内容,便可以更灵活地解释和分析各种精神活动的文化意义。

现在,我们进一步深入地探索梦思借着形象表现愿望的具体过程,由此可以看出人的心理和认识活动的某些规律。我们在探索这一问题时,要经常回顾前面提过的那些凝缩、转移作用以及在第二章中论述的潜意识活动规律,然后把这些内容联系在一起,加以对比和概括。

笼统地说,在梦的象征化过程中,总要经历这样几个阶段:

第一,潜意识的本能要求变成为本我的愿望。这是处于原始状态的、毫无逻辑性的混沌观念。它没有规定性,却有主动性。这是梦思的内在精神根源。

第二,上述原始愿望成群成堆地涌现出来后,由于受到自我和超我的管制和检查未能付诸实施,于是,寻求相互转换、凝缩、认同的手段,借以表现自己。在这过程中,它们无形中为使自己升华为更高级的、有规定性的观念做好了准备。

第三,由于上述观念尚处于低级阶段,所以,上述转换、凝缩、认同的结果也只能通过形象的意念,即非语言和非逻辑的具体图案表现出来。这种经凝缩、转换、认同而得的图像,是由本我的意愿转向自我的观念必经的中间过渡环节。而作为中间环节,它一方面低于自我的概念,另一方面又高于原始的本能要求。更正确地说,它是经过加工了的本我观念,但又没有完满地达到自我意识。所以,在它们身上既有本我意念的原始性、具体性,又有自我意识概念的抽象性、概括性。正因为这样,在这里也表现了本我的非语言性向自我的语言性的过渡形态。

从以上几个阶段,可以看出,弗洛伊德在对于梦的凝缩、转换和象征化作用的研究中,已经触及了较深刻的认识论问题。

首先,梦思的原始具体性转向认同和凝缩的过程,就是重演了人的心理和人的认识的最初发展阶段的演变过程。最初,是各自独立的、具体的意念,接着,在这些意念的自我活动中,发现了它们彼此间的异同点。这几乎是一切原始观念转向高级概念的过渡中所表现的共同规律。

人在认识周围世界的过程中开始懂得各种不同的事物都有共同的特征。例如,从许多树木中发现树木的共同特征。这种发现共同性的过程最初是从最明显、最接近的共同性开始入手,然后,再扩大到较远的、较不明显的共同性,例如,最初发现同类物之间的共同性,然后又发现不同类物的共同性。

19 世纪法国著名学者加布里埃尔·德·莫尔蒂耶(Louis Laurent Gabriel de Mortillet, 1821－1898)在他所著的《史前生活》一书中指出,旧石器时代的艺术古物形象地反映了认识发展过程的上述最初阶级的特征。古代图画是文字的远祖,就像梦中的象征是在自我意识中的语言文字的先辈一样。通过这些图画,形象地把思想表达出来。

古代的许多艺术家的艺术作品，包括最初的神话在内，是原始人的幻想的表现，也是他们的初级认识能力的表现。在某些生活在原始公社制度下的部落的语言中，就没有“树”这个词，他们只能用各种不同的、抽象程度低于“树”的概念来表示一定种类的具体的树。

关于这个问题，19世纪的人类学家也曾经进行调查和研究。例如，德国人类学家弗里茨·舒尔茨(Fritz Schulze, 1846－1908)就曾经在他的著作《拜物教》(*Der Fetischismus*)一书中说，在许多部落的语言中，“如果指的是人、狗、乌鸦等的脚，那么，它们另有特殊的词来代替我们所用的‘脚’这个词。同样，对于‘走’这个词，他们也有特殊的词，这要看他们指的是早上‘走’还是晚上‘走’，是穿着靴‘走’还是其他的‘走’法等”。

在原始公社生活中的人所使用的语言的发展过程，表现出人进行抽象思维的能力在成长。在某些语言中，可能看出对大量概念进行概括和某种程度的分类的企图。例如，那时就用同样的前缀词来标志那些表示人、动物、工具等概念的词类。冯特在他的《哲学的萌芽和原始人的哲学》一书中曾对此作了专门的研究，其研究成果与弗洛伊德研究梦的成果有些相似。

在以后的发展中，上述对概念的原始分类和概括，在象形文字中又有所提高。在象形文字中，图画指示符号是标志这类或那类词语的。例如，在埃及的象形文字中，许多表示运动的动词都附有画着脚的图画，表示动作的动词都附有画着手的图画，“说话”这一动词附有表示嘴的图画等。思想史上的这类事实表明，一般概念是逐渐发展起来的，它们在反映人认识周围世界的成果时变得愈来愈深刻和愈广泛。原始人的思维发展就是这样从低级到高级、从简单到复杂的演变过程。在这一过程中，除了包含着认识的主要发展线索以外，还包含附属于它的宗教幻想形式的演变。例如,从最初的时候,用一些图腾表示原始人心目中的崇拜物,在基督教中用面包和酒象征耶稣的身体和血;在神话中用持天平的蒙目女人代表正义等。

在梦中,这些象征作用也是适应比较原始的本我要求的。然后,通过化装,又进一步有所提高。在原始人的认识发展过程中,认识能力是同语言的使用的不同程度紧密联系的。语言的使用的程度是同人的抽象能力、概括能力相平行的。在梦中,从含糊的本我要求到梦的显意中的语言化,也是经历类似的变化过程。

人在劳动过程中提高自己的认识,逐渐扩大了自己的眼界。人在自然界的事物中发现了愈来愈多的、以前不知道的新属性。每一个人都更加清楚地认识到人们相互帮助和共同活动的好处。原始人在劳动活动的过程中有了彼此交谈和要求。语言就是人们彼此交流思想、互相交际和互相了解的工具,在语言中体现出人类思维的抽象活动的结果和人类认识的成果。

弗洛伊德在《梦的解析》中说:“仅仅是抽象形式的梦思是无法表达清楚的。但是,一旦它变成图像化的语言(pictorial language)后,梦的运作所采用的对比与认同形式就借这种新的表达方式而更容易建立起来了。……我们可以这样想,在形成梦的过程中,为了使杂乱分歧的梦思变得简洁与统一,大部分的精力是花费在使梦思转变为适当的语言形式的过程中。”弗洛伊德说:“我们无需因为文字在梦的形成中所扮演的角色而感到惊奇。”

梦的形成过程中所出现的上述向语言化发展的趋势,正如弗洛伊德所说,是无需我们大惊小怪的。我们在前面指出,潜意识是非语言性的。但在潜意识向意识转化的过程中,它也逐渐地要产生一种导向语言化的倾向。上述认同、凝缩作用实际上就是这个趋向的表现。

古代东方文化的一个重要成果，就是象形文字的使用。在象形文字、简略的图画中，就已经显示出人们的不断提高的观察力，显示出由世世代代的劳动活动所积累的关于周围世界许多自然现象的认识，表现人的概括能力的进步。在象形文字中已经可以看出人类思想初步地把概念加以分门别类，这是从文法上分析语言的开端，也是进一步从逻辑上分析概念的起点。古代东方各民族的文字的发展，促使人的认识活动获得越来越多的成就。

但是，人类认识和语言的形成和发展有时是跳跃式的，有时又是逐步的。语言本身和概括能力本身的进步过程是分为许多层次、许多阶段的。最初的象形文字，每一个字所代表的意思是很狭窄的，然后，其意义的范围才逐渐扩大。另外，最初的文字越是代表着极少量的具体意思，它的内容越是含混不清。这种含混不清是人类认识尚未高度发展的结果。在梦中，也有类似现象。

由于梦思表现的原始的潜意识的要求，所以，梦中的象征化也难免带有含混性和不确定性的浓厚色彩。弗洛伊德说："这是因为在每种语言的历史进展中，具体的名词比概括性词汇带有更多的关联。"也就是说，语言越低级，越表现更多的含混性。在梦中，既然种种象征是多种意念的交结点(nodal point)，所以它也就注定是带有某种程度的含糊性。但弗洛伊德说："尽管是含糊，我们亦可以说它们是梦的运作的产品，对其翻译者所带来的困难总要比那些古代的象形文字简单得多。"

梦是利用象征来表达其伪装的隐匿思想的。因此，很偶然的，有很多象征，习惯性地用来表达某种事物。在这里，一方面，我们不能排除象征在各个人和各次发生的梦中所表现的内容的重复性；但另一方面，一定不能把象征的含义绝对化和固定化。弗洛伊德说，象征的内容的重复带有偶然的性质。而且,他提醒我们,在解释梦的象征化的时候,“不要忘记梦的精神资料的可塑性”。这也就是说,梦的象征并不是固定不变的,而是要看梦的具体情况和具体对象来判断。但是,有时候,由于偶然情况或习惯,有些象征也带有相当稳定的意义。但归根到底,象征的内容取决于做梦者的具体情况。如果把象征所代表的意义固定化,就会与宗教迷信划不清界限。

这里,我们必须指出,梦与人的语言、思维的发展过程并不完全一样。古代原始人的语言、认识的发展是在实际的历史条件下进行的,因此,这一过程要受到实际条件的制约。在梦中,人的梦思和内容的形成和发展带有相当大的主观性成分。它虽然同现实生活、同历史经历有关,但它毕竟不是现实生活。因此,梦的象征具有浓厚的主观成分。

问题在于,象征和社会生活中所惯用的各种符号,在人们的心理和思想中已经多多少少地产生了实际影响。在民谣、神话、传奇故事、文学典故、成语和社会生活中,经常流行着一些具有比较固定意义的符号和象征。如白色表示纯洁、红色表示危险、黑色表示庄重、左代表革命、右代表保守等。这些在历史生活中被流传下来的象征,在弗洛伊德看来:“具有遗传的性质(genetic nature)。现代那些以象征关系相连的事物也许在史前是以概念的及语言的身份相连接的。这象征的关系似乎就是一种遗迹,一种以往身份的纪录。”奥地利作曲家舒伯特(Franz Peter Schubert, 1797 - 1828)也说过,在许多梦例中,许多带共同性的象征的利用要比日常用语中更普遍得多。

有一些在梦中采取的象征出现得如此频繁,甚至已被某些人公认了。由于这类象征经常被人们在释梦时加以引用,所以,有必要引述弗洛伊德关于这类象征的说法。他说:“梦中以象征代表的事物为数不多。如人体、父母、子女、兄弟、姊妹、生死、赤裸。代表整个人体的最常用的象征是一所房子。……人们发梦在房子的前面攀缘而下,有时觉得愉快,有时觉得惶恐。墙壁若是平滑的,那房子指的便是男人;若有可以把持的架棚和阳台,便是一个女人。父母在梦中现身为皇帝和皇后、国王和王后,或别的高贵人物。就这一点而言,这梦的态度是十分孝敬的。儿女、兄弟、姊妹等则受比较不良的待遇,往往象征为小动物或虫子。生孩子的象征经常离不开水,或梦到坠水、出水以及梦到被人救出水等。被人救出水或梦到救人出水就是象征着母子关系。死亡的象征是出发旅行或乘火车,至于死的状态则用各种暗昧或宛似怯懦的譬喻来表示。衣服和制服用来表示赤裸。……男性的生殖器在梦中有各种不同的象征,就大多数人来说,其比拟所依据的共同观念是容易明白的。'三'这个神圣的数目是整个男性生殖器的象征。其更重要而更为两性关注的部分——阴茎,被象征为在形状上与之相类似的、长而直竖的物体,如手杖、伞、竹竿、树干等;有时也可象征为有穿刺性而足以伤损身体的物品,如小刀、匕首、戈矛、军刀等各种锋利的武器,以至铅笔、笔架、图钉、锤子等。这些器具所以代表男性的象征,其意义是显而易见的。男性生殖器官由于带有违反地心引力而高举直竖的特性,所以,也用飞机、气球和飞船来表示。但梦到飞升起来还表示着更深的意思——梦使生殖器成为整个人的重要部分,所以,梦者自己才梦到高飞起来。你们不应当因为女人也可以作飞翔的梦而反对这一点。要知道梦的目的在于满足愿望,而女人则常常有意无意地有做男人的愿望。女性生殖器则以一切有空间性和容纳性的事物为象征,例如地坑、洞穴、缸、瓶,以及各种大小的箱子、橱柜、银柜、口袋等。许多象征是专就子宫而说的,它们与生殖器官的其他部分无关。例如碗柜、火炉,尤其是房间等。"[12]

弗洛伊德的上述言论,也许带有牵强附会的成分。但弗洛伊德说,他所列举的这些象征都是经过对他的病人的实验的。

弗洛伊德说:"为了避免对梦的随意判断,我们在解释象征时必须非常小心,仔细追究它们在此梦中的用途如何。我们对梦的分析的不确定,一部分是因为知识的不完全——这在继续进步后会慢慢改善的,另一部分则要归咎于梦象征本身的特色了。它们通常有一种以上的解释;就像中国字一样。正确的答案必须经由前后文的判断才能得出。象征的这种含糊不清与梦的特征有密切联系。梦往往是企图在一个梦中就表现出性质极不相同的各种思想观念与愿望。"

前面已经提到,象征标志着一种最简单的概括,因此,它本身不可能摆脱含混性。这就决定象征所表达的意义的多样性和交错性。因此,想要制定一个包罗万象的、固定化的象征"一览表"显然是办不到的。

弗洛伊德在上面列举的诸多象征的含义,如果把它们固定化,就会转向迷信。所以,在理解弗洛伊德上述言论时,要同前面谈过的某些内容联系起来。前面曾经提到,列维-斯特劳斯在批评弗洛伊德的象征理论时,已经揭示了象征的现实性和相对性的关系。象征性的符号的某些相对固定性是人们在相当长的生活习惯中形成的,因此,它也相对地带有历史性和客观性。在这个意义上讲,这些世代相传的"象征"和人们所说的社会习俗带有相当多的类似性质。如果从这一角度来看,某些象征带有相对的固定性并不是神秘的、不可理解的。

所以,归根到底,问题在于:不能把象征的意义固定化和绝对化。如果说弗洛伊德的理论还存在着片面性的话,那么,在关于梦的象征的学说中恰恰就表现出他的这种片面性——他的片面性表现在:把某些象征(上述言论中所举的各种象征)的特定含义过于固定化和普遍化。正如列维-斯特劳斯所指出的,弗洛伊德试图用"性"的内容去诠释一切象征的意义，这就未免有绝对化的倾向。

弗洛伊德自己也许已经意识到把梦的象征加以绝对化、普遍化和固定化的危险，因此，他特别强调：在分析梦的象征的意义时，一定要同前面提到的、对整个梦的运作的分析联系在一起。梦的象征化固然重要，但它不是唯一的表现方法，而且，也不是梦的目的。毋宁说，它是运作过程的一个辅助手段，是凝缩和转移作用的产品，是梦的隐意的一种表达方式。因此，它的地位是从属于整个梦意的，是决定于发梦者本人所处的做梦条件——做梦前的历史经验以及最近的生活经历。弗洛伊德说："我要提出警告，切不可过高估计梦的象征的重要性，以致使得梦的解析沦于单纯地翻译梦的象征的意义，而忽略了梦者的联想。这两个梦的解析方法是相辅相成的，但不管就理论或实际来说，后者的地位是首要的。而且，我们只有从梦者的评论中，才能总结出梦的决定性意义。对象征的了解（翻译），正如我所提过的那样，只是一个辅助的部分。"在这段话中所提到的"梦者的联想"，指的是靠"自由联想法"全面了解做梦者的生活背景、个人感受等因素。（自由联想是很重要的精神治疗法，其目的在于了解精神病人的精神负担，把那些被压制的、导致精神病发作的病因诱导出来。关于这个方法，本书将在最后一章详细讨论。）由此可见，弗洛伊德在强调梦的象征时，尽管有种种片面性（特别表现出他的机械论的缺点），但他毕竟同那些靠解释梦的象征的迷信者不一样。

谈到这里，梦的一般形成过程基本上是概括出来了。梦的隐意，即在潜意识中的被压制的愿望，经过凝缩、转化和象征化，变成了我们在梦中所见到的那些内容。作为一个梦的形成过程来说，基本上是完成了。

但是，有些时候，在发梦者接近醒来时，即在梦的基本内容呈现出来的时候,人的意识也可能继续干涉它的发展,因而使梦的内容更加合理化和逻辑化。这就是所谓"润饰作用"。

意识的这种润饰作用,达到了两个目的:① 使梦的内容更加连贯和符合理想;② 使梦中的因素受到更彻底的化装,因而加强了梦的检查员保护意识不受惊扰的作用。

弗洛伊德指出,人的意识具有很强的检查能力,它不仅可以在潜意识中的梦思表现出来以前给予强大的压制力,迫使潜意识中的强烈愿望不得不通过凝缩、转移和象征作用而改装,而且,也能在梦思转化成梦的显意后继续监督梦的内容的发展。一旦发现梦的显意中存在着惊扰意识的因素,以致有可能使睡觉中断的时候,检查制度马上可以把已经进行的梦加以修饰和改正,使它们朝着有利于人继续睡眠的方向发展。在必要的时候,人的意识甚至可能在完全清醒前向人的意识传送安慰性的"信息",好像是说:"这毕竟是一场梦而已。"经过这样的修饰之后,梦的内容发生了少许的修正,由原来的焦虑性变为舒适的感觉。弗洛伊德指出,这种情况往往是在下述情况下产生的:"当那从未真正休眠的审查制度发现在不经意之下发生的某个梦,要潜抑已经太晚的时候,审查制度只好用'这毕竟是一场梦而已'这句话来对付因之而产生的焦虑感。""它的目的是在向'睡眠'本身催眠,因为这精神因素(即上述惊扰睡眠的因素)正要使它奋起,同时有将使梦不再继续的可能。"

由此可见,即使在梦中,人的意识、检查制度等因素仍然是起主导作用。但是,这里所说的"意识在梦中的主导作用",指的是意识对潜意识的控制和自动修正,它并不是指意识参与了梦的运作过程本身。弗洛伊德说:"我认为心智活动会完全或部分地参与梦的形成是一种错误的观念。"他又说:"任何一件在梦中看来明显是理智活动的事件,都不能被看为梦运作的心智成果，它只是属于梦思的材料，它们不过是以一种现成的构造呈现在梦的显意中。”

梦作为梦，只能是在意识的严密控制下的潜意识活动，是表现潜意识中的愿望的。

四、梦中的感情

只要精细观察，就可以发现梦中的感情与梦的内容不同，它们不会轻易被忘记。例如，在梦中我害怕强盗，是一种真实的感情，尽管梦本身是虚幻的，但我的那股“害怕”情感却是真实的——有时甚至在睡醒后的一段时间内，仍然感受到自己的心还突突地跳。如果在梦中高兴的话，也同样会使自己在清醒后很久继续感到轻松愉快。这也证明梦中的感情是真实的。也正因为这样，凡是情绪波动很大的梦，反而会留下较深的印象。

弗洛伊德发现，在精神病患者身上，同样也有类似的情形。他认为，在受到自我和超我的严密阻抗下发生的“心理性潜在意识复合体”(psychical complex，也可译作“精神情意结”)这种精神病症中，“感情是最不受影响的”。弗洛伊德甚至说，在精神病患者那里，他们的感情方向始终是对头的。也就是说，他们的爱与恨、喜与怒等等是真实的，不是造作的。弗洛伊德说，精神病人的“感情是恰当的——至少就本质而言是如此，虽然其强度会因为神经质注意力转换而夸大。”

弗洛伊德关于梦和精神病患者的感情的上述正确分析，在治疗精神病的实际工作中具有重要的指导意义。

弗洛伊德说：“如果一位歇斯底里病人惊诧于自己对一些琐细无聊的事情害怕，或一位患强迫性思想症的患者为了自己对一些不存在的事实感到困扰而大感惊奇，那么，这就表明他们把那些意念——即那些琐事或不存在的事实——当着是重要的因素，他们是迷失了方向的。……精神分析能使他们回归正途，让他体认这些感情是不应当的，并且将那些属于他的意念找出来(已经受到潜抑，并为一些替代品所置换)。这一切的前提是，感情和那些意念内容之间并不具有那些我们视为当然的实质性连接，而这两个分离的整体不过是勉强凑合在一起，故在分析后就能相互分离。由梦析的经验看来，事实确是这样的。”

这一段话显示，感情的产生取决于意念的内容。所以，无论什么时候，梦中的感情都可以在梦思中找到。但是，反过来却不能成立。通常说来，由于经过种种处理，梦中的感情已经远逊于原先的精神材料。在重新构成梦思的时候，我们往往可以发现最强烈的精神冲动，它一直在挣扎着想出头，因而和一些与它截然不同的力量相抗衡。但是，再往回看它在梦中的表现，却会发现它往往声色不浓，不具任何强烈的情感。这是因为梦的运作不但把内容，而且也把思想感情的成分减低到淡漠的程度。所以，我们可以说，梦的运作造成感情的压抑(suppression of affects)。弗洛伊德说:“感情的压抑是各种相反力量相互制止，以及审查制度压抑的结果。”但是“感情的压抑是审查制度的第二结果，而梦的改造则是其第一结果。”

对于梦中的感情，我们也不能脱离历史和现实生活经验去分析。人的感情是在实际生活中形成和巩固下来的。因此，人们对某种事物所持感情往往是经受过历史的考验的。这就是为什么感情的联系具有强烈的稳定性。弗洛伊德说:“我们在睡眠中产生的所谓‘情绪’——或者是某种感情的倾向——是由睡眠者脑海中的某一个统辖的元素造成的。而这对他的梦会有决定性的影响。这样的情绪可能根源于他前一天的经验或思想，或者是依据记忆。不管怎样，它都是伴随着适当的思想系列的。”

另一方面，梦和精神病人的感情的真实性也表明感情是更多地根植于潜意识的冲动之中。感情比意识更原始，它在人的心理发展系列中是处在低于意识的阶段上的。在人类的漫长的系统发育史上，在民族和种族的发展史上，感情的因素是可以在潜意识中积累和巩固的。在个人的心理活动中，感情也是伴随着个人经验的增多而巩固的。一个人从小到大的生活环境和生活习惯，可以很深刻地影响着个人的感情。因此，感情的变化是比较难的。如果说在梦中有时会出现相反的感情——如一个人爱上自己心目中的敌人——那是因为梦的材料已被改装、被置换。

第5节　梦的心理

我们早已指出，弗洛伊德研究梦的问题，同他研究精神病人的心理一样，不是仅仅为了解决一些具体问题本身，更重要的，毋宁是借此类研究去进一步深入地研究人的一般心理。

上面所探索的梦的本质、材料来源及形成过程诸问题，不仅展现了梦中的人类心理的活动规律，也窥见了梦中心理与正常心理的关系。现在，我们到了作结论的时候了。我们将会看到，人类在梦中的心理与正常生活的心理，仅仅有形式上的差别，而没有本质上的差异。更确切地说，梦的心理乃是人类整个心理活动的一个正常的组成部分，其规律乃是人类心理一般活动规律在梦中的表现。因此，梦的心理学与正常心理学，在内容上不但没有矛盾，反而是协调一致的，梦的心理可以说是正常心理的一个特殊表现。当然，这里要强调说明的是，梦的心理研究，不但没有推翻弗洛伊德关于一般心理的研究结论，反而由于在梦的领域中的突出研究成果，大大推动了对一般心理活动规律的研究。

下面，我们从“遗忘”“退化现象”和“潜抑”三个方面来说明这个问题。

一、遗忘问题

在第二章第二节中已经提到“遗忘”这一事实就是潜意识的一种作用。按照弗洛伊德的看法，遗忘是自我和超我的检查制度对潜意识的压抑的结果，也是潜意识对意识的检查制度的反抗的结果。换句话说，遗忘的机制无非是两种：意识对潜意识的压制和潜意识对意识的检查制度的反抗。二者必居其一，但不论哪一种的遗忘，都与意识的检查作用有关。

那么，对于梦中的内容的遗忘究竟是怎么产生的呢？

有人回答说，睡醒后，所以把梦的内容遗忘掉，主要是因为：睡梦与清醒毕竟有两种根本不同的心理状态。也就是说，梦中所见到的是在幻想中发生的，与现实生活无关，因此，在清醒以后把梦的内容遗忘掉是理所当然的。

经过弗洛伊德的观察和分析，证明上述看法是毫无根据的。

弗洛伊德不但没有否认在大多数情况下睡醒后会把梦的大部分内容遗忘掉，而且他认为这种遗忘是很符合心理规律的，是正常的心理活动规律的表现。

弗洛伊德对很多做梦者做了调查，也分析了自己的许多梦。他认为，在一般情况下，人们睡醒后都只能记住梦内容的小部分，其大部分都会被遗忘掉。有时，作了一整夜的梦，梦的情节很复杂，但醒来后，却只记住简单的轮廓。有时，在睡眠时，自己也迷迷糊糊地感到自己的梦很有意思，想要记下来，但到清醒后，往往事与愿违，大半的梦多被遗忘掉。针对这一情况，弗洛伊德很重视遗忘的机制和原因。他认为，对梦的遗忘并非偶然，而是必然受到某种心理活动规律所制约。

在深入了解和分析梦的遗忘时，弗洛伊德发现了这样一个重要的事实：即梦的遗忘是一种偏见，是阻抗作用的表现。

这是什么意思呢？这就是说，在睡梦中出现的那些内容，平时本来就受到意识的压抑而被遗忘掉。这些内容之被压抑，如前所述，是意识的自我保护作用，其目的在于防止潜意识对意识的惊扰。在睡梦中，潜意识中那些被压抑的因素乘意识的松弛状态，以改装的形式呈现出来。这种呈现本身，在实质上是违背意识的意愿的。所以，在睡醒之后，当意识的检查制度发现梦的内容中包含了它所能容许的意义时，检查制度就对梦所要表达的意义进行压抑、进行破坏，故意让那些已经表现出来的梦的内容淡化到最低限度。在这种情况下，潜意识为了保护已被泄露的梦意，就产生一种阻抗作用，促使意识把这些内容遗忘掉，从而切断意识追击潜意识的通道。

弗洛伊德是怎样发现这些规律的呢？

他说："在解析梦的时候，我常常运用下述手段，而从来没有失败过。如果病人向我提出的梦很难了解的时候，我要他再重复一遍。在重复一遍的时候，他很少会运用同样的文字。而他运用不同文字来形容的那部分梦的内容正好是梦伪装的脆弱点——对我来说，它们的意义就像齐格飞斗篷上的绣记对哈根所代表的意义一样。这就是梦解释的起点。要病人重复一遍不仅在警告他说我要更花费心机来分析这梦；于是在这阻抗的压力下，他急促地企图遮掩梦伪装的弱点——以一些较不明显的字眼来取代那些会泄露意义的表达词。不过他这样做恰好挑起我的注意力，因此梦者企图阻止梦被解释的努力反而让我推断出它斗篷上绣记的所在。"

精神分析的经验已经提供很多事实，说明梦的遗忘主要是因为对该事实的阻抗，而并非由于睡觉和清醒是两个互不关联的境界——如一些人所想象的那样。

弗洛伊德本人也有这样的经验，即在睡眠被梦吵醒以后，他立刻以全部的理智力量去进行解释工作。在那种情况下，他往往坚持下去，以致如果不能完全了解它，便决心不再睡觉。然而他在第二天清醒过来时，完全把解释以及梦的内容忘得一干二净，虽然还依旧记得他曾做过这场梦并解释过它。

弗洛伊德经过反复分析，得出结论说，梦的遗忘和其他的精神活动的遗忘没有两样，而且它们的记忆也和其他的精神功能相似。弗洛伊德曾经记录下许多自己的梦，有些是当时无法完全解释的，有些则根本未加解释。但过了一年到两年的时间之后，当弗洛伊德重新去解析那些梦的时候，这些解析却都很成功。这一事实也证明了上述关于梦的遗忘的结论的正确性。

为什么这样说呢？这是因为那些梦经历长时间的隔离后，反而把原有的一些内在的阻抗克服了。另外，在这段隔离期间，还可能会出现一些新的梦引起我们的注意，并导出另一层的梦思，帮助我们深入了解那些旧梦的内容。

诸如此类的经验，弗洛伊德经历过很多很多。他在这些经验中发现，梦和精神病的症状有很多相似的地方。例如，当他用精神分析来治疗心理症时，他不但要解释那使病人来找他治疗的现存症状，而且也必须解释那早就消逝的早期症状。而在治疗中，弗洛伊德发现，病人的早期的问题反而比现存的更容易解决。这一现象同梦的遗忘几乎完全一样——这就说明：旧的问题和旧的梦一样，在搁置了一段时间之后，由于新的问题的出现缓和了旧的问题的阻抗状态，其中的某些内在的阻抗被克服了。这就为那些旧的问题和旧的梦的解决提供了有利的、成熟的条件。所以，弗洛伊德每当对某一个梦的解析发生困难时，就主动地把它暂时放下，以后再等待时机继续工作。结果，往往由于另一个梦的内容吸引他的注意，而导出另一层梦思，从而有助于旧梦的解析。在治疗精神病时，也采取同样方法。例如，弗洛伊德曾在治疗一位年龄四十多岁的女病人时，首先解释她十五岁时第一次歇斯底里症的发作原因。

所有这些在分析梦的遗忘心理现象时所遇到的问题，证明梦的遗忘和精神病的抗阻现象是一样的，而且也和一般人在日常生活中所遇到的遗忘现象是一样的。

这就表明，在正常的心理状态下和在反常的心理状态下，在清醒状态和睡梦中，人的心理活动都同样以潜意识的活动为基本动力。无论在何种状态下，人的心理活动都是潜意识与意识间的冲突和矛盾的结果，只是这些矛盾双方所采取的斗争形式、力量对比及其相互转化的形式有所不同而已。弗洛伊德认为，对于多种心理活动状态的分析，有助于我们从各个侧面更深入地了解潜意识和意识的活动规律。

二、退化现象

前面提到，梦的心理与正常心理的规律是一致的。这是从人的心理的整体说的。也就是说，我们不应该把梦看作是脱离人的整个心理系统的一种孤立的、偶然的现象。但是，问题并没有到此结束。

弗洛伊德在指出了梦的一般本质之后，进一步揭示了梦的特殊本质。他发现：梦的心理活动具有“倒向进行”的特征，这是梦的心埋不同于正常心理的地方。

什么是“倒向进行”？它是怎样发现的？为什么梦要采取“倒向进

行”的形式？在这里，弗洛伊德引用了一个女病人复述的一场梦的内容：

> 一位爸爸在孩子快逝世的时候，日夜守在病床旁。孩子死后，他到隔壁房间躺下，并让两室相连的大门敞开。因此，他能望见放置孩子尸体的房间以及尸体四周点燃着的蜡烛。他还请一位老人看顾尸体。睡了数小时以后，这位父亲梦见他孩子站在他床边，抓着他的手臂，低声地责怪他：“爸爸，难道你不知道我正在被烧着吗？”他惊醒过来，发现隔壁房间正燃着耀眼的火焰，赶过去一看，却发现那位守候尸体的老先生睡着了，一支蜡烛已经掉了下来，把四周围着的布料和他深爱的孩子的一只手臂给烧着了。

弗洛伊德认为这个感人的梦是很容易解释清楚的：一定是那经过大门传来的火焰照射他的眼睛使他得到下述结论(如果清醒时，他也会有同样的印象)：蜡烛掉下来并在尸体附近烧着某些东西。也许他在堕入梦乡以前还怀疑那老人是否能够尽职。另外，梦中那孩子的话一定在生前说过，并且和他爸爸心灵中的一些重要事件有牵连。譬如说“我发着高烧”这样的话，曾在病人发这场最后一次病时说过。而那句“爸爸，难道你不知道”也许也和某些被遗忘的敏感情况有关。

问题不在于这场梦的意义。因为它的意义是一目了然的。这场梦显然是要表达父亲的愿望：希望孩子复活。现在的问题在于分析这场梦与现实生活中的行为的区别。

如果把此梦的愿望删除掉，那么梦思与这两个精神事件之间的差别就只是表现在一个特征上。通过对这场梦的分析，梦程序的最显明的特征是：某种思想，或者表达某些意欲、意念的思想，在梦中都物象化了，而且还以某种情境来表现,好像亲身体验过似的。由此可见,梦的显意具有两个互相独立的特征:① 思想在这里以一种眼前的情景表现出来,并且省略了“也许”这个字眼;② 思想被移形为景象以及语言。

当然,并不是每一个梦都把意念转化为能感觉的形象;有些梦也许只是许多思想的组合。另外,我们还必须牢记,此种将观念转变为感觉形象的事并非单纯发生在梦中。在幻觉与幻影中亦可能发生。但是,这场梦至少向我们表明了梦的这样一个性质:“梦中动作的景象和清醒时刻的概念世界是不一样的。”

弗洛伊德把梦形成的心理过程用形象的图表加以描述,以便向正常心理活动的结构相区别。他把这个形象的心理活动图表称作“心理装置”(psychic apparatus)[13]。弗洛伊德把心理装置想象成一个复式的构造,它的各个部分称为“机构”(agencies),也可称为系统(systems)。为简便起见,他将这个心理装置称为“ψ系统”。

首先,这个ψ系统组成的装置是有方向的。一般地说,所有的心理活动都始于刺激,终于神经传导。据此,我们将给予此装置一个感觉以及运动的开头与结尾。心理程序或心理步骤通常都是由感觉端进行到运动端。所以,一般心理活动的装置如下图所示。

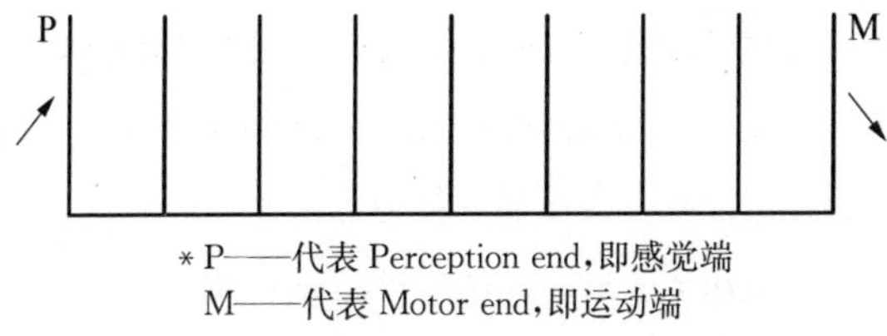

* P——代表 Perception end,即感觉端
M——代表 Motor end,即运动端

在这个图中,表示了心理装置的“反射弧”的构造及“正向进行”的方向。

然后，我们在感觉端加以第一次分化。感觉刺激后，心理装置会留下一些痕迹——我们可以把它称为记忆痕迹(memory trace)；与之有关的功能称为"记忆"。要保留同一个系统不动，又要继续保持新鲜度以接受新的刺激，这在实际上是很困难的。因此，依据假设的原则，我们把这两个功能归之于两个不同的系统。我们假定第一个系统位于此装置的最前端，接受感觉刺激，但不留下丝毫痕迹，因此没有记忆。在它后面的第二个系统，能将第一个系统的短暂刺激转变成永久的痕迹。于是我们就得出下图这样的心理装置图。

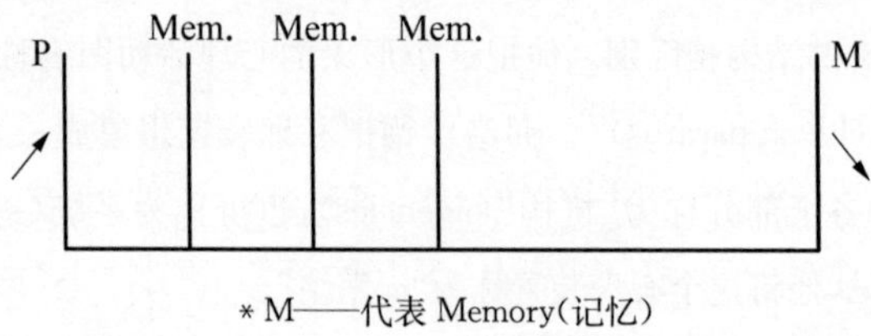

* M——代表 Memory(记忆)

我们知道，记忆所保留的东西多于刺激感觉系统的感觉内涵。在我们的记忆中，感觉是互相联系的，尤其是当二者同时发生的时候。我们把这一事实称为"联想"(association)。显然，如果感觉系统没有内涵的话，"联想"的痕迹是不可能存在的。如果先前的一个"联系"(connection)会影响新的感觉，那么感觉元素在执行功能的时候就不免受到阻碍了。因此，我们也必须假定记忆系统中有"联想"的基础。所谓"联想"就是在阻抗减少以及使交往便利的途径形成以后，记忆较易由此记忆元素传给相关的另一记忆元素。

仔细分析以后，我们发现此种记忆元素不只是一个，而是好多个。这样一来，由感觉元素传导的同一刺激就会留下许多不同的永久性痕迹。第一种记忆系统自然会记下同一时间发生的"联想"，而同一个感觉材料在后来的记忆系统中则根据其他的巧合安排下来，比如说“相似”的关系等等。当然，要把这种系统的心理意识用文字来表达是很浪费时间和笔墨的。

值得指出的是，那些没有记忆力的感觉系统给我们意识层提供各种繁杂的感觉性质。另一方面，我们的记忆力——包括那些深印在脑海中的——都是属于潜意识的。它们能被提升到意识层面，但它们无疑是可以在潜意识状态下施展其活动能力。弗洛伊德认为，一般所说的各个人的“性格”，就是基于我们印象的记忆痕迹。但是，那些对我们影响极大的印象——发生于我们的幼童时期的——则几乎不会变为意识。如果记忆真得被提升到意识中来，它们所具有的感觉性质和感觉相比就少得多，甚至可以说几乎等于零。

由此可知，在 ψ 系统中，记忆与意识的特质是相互排斥的(mutually exclusive)。

当然，对于心理装置感觉端的构造，我们只能通过梦与其他心理活动了解其中的一小部分。梦帮助我们了解这个心理装置的另一部分。我们在前面已经反复提到：为了了解梦的形成过程，我们曾假设两个心理机构(psychic agencies)：其中的一个将另一个的心理活动加以审核。显然，这个审核机构比那受审核的机构更接近意识层面——它就像筛子一般，站在意识与受审核者之间。我们有理由将此审核机构与那个指导我们清醒时的生活、决定我们自主和意识行为的机构同体化。如果我们把这些机构用系统来取代的话，那么，这个审核系统就必定位于此心理装置的运动端。现在我们要把这两个系统合并到我们所设计的图解中，并表示它们和意识层面的关系。

运动端的最后一个系统属于前意识，这表示此系统的刺激程序能够不再受到阻碍而直接到达意识层。这个前意识同时也掌握了自主运

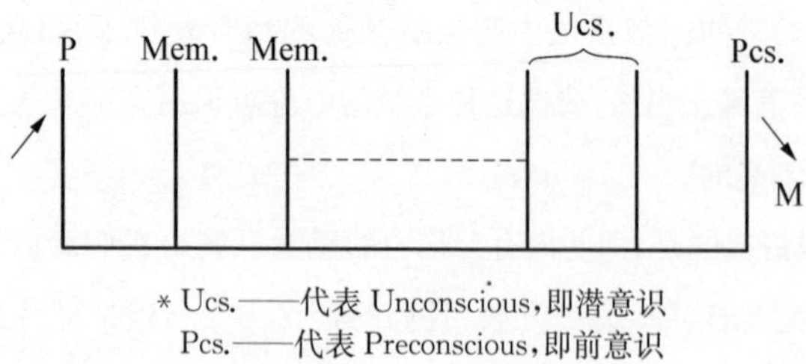

* Ucs.——代表 Unconscious，即潜意识
Pcs.——代表 Preconscious，即前意识

动的控制权。位于它背后的系统就是潜意识。如前所述，除非得到前意识的帮助，它是无法达到意识层的，而且，即使它在通过这个关卡时，其刺激的程序也必然要受到修正。

在弄清了上述基本结构以后，我们现在探讨在这个系统中发生梦的形成动力之所在。简单地说，这个地方就是潜意识。但是，我们不能满足于这个一般的结论。

当我们深入分析时，我们发现：梦不仅发生于潜意识中，而且，梦的形成程序必须和属于前意识的梦思相"联结"。就梦的产生动力而言，它是由潜意识供给的，上述与前意识的梦思的"联结"则是使梦成为可能的条件。

因此，我们可以把潜意识系统看作是产生梦的起点。我们发现，和其他的思想结构一样，这个梦形成的促成者努力地想到达前意识，然后再进一步深入意识层。

经由前意识通往意识的途径，在白天时因受到审查制度的阻抗而被封锁，要到晚上它们才有办法渡入意识层。问题不在于如何进入，而在于进入过程中发生了什么样的变化。

如果是和一般的潜意识因素那样去进入意识层，照道理梦应该是概念式的，而不是像前面所说的那样是带有幻觉的性质。那么，前面所说的那个"尸体被燃烧"的幻觉式的梦究竟是怎样发生的呢？

关键就在于：梦中的潜意识刺激的传播方向是倒向的——它并非指向运动端，反而是向着感觉端，最终又达到知觉的系统。如果说我们在清醒时，潜意识走向意识层的进行程序是前进式(progressive)的话，那么，梦中的潜意识进行程序是倒向的或后退的(regressive)。这种后退的(退化的)程序无疑是梦的心理程序的一个特征。

但是，我们还要进一步说，除了梦以外，在回忆和正常思考过程中，也出现倒退的程序——即由一些繁杂的概念回到架构成它们的记忆痕迹的原料上。但是，在清醒的时刻，这种后退作用不会超过记忆影像(memory image)的程度，即不会产生梦中的幻觉那样的虚幻景象。显然，梦中出现的似乎活动性的、立体性的、情感性的幻影，是梦在形成过程中特有的。这一特征来自何处？弗洛伊德说，它来自梦的凝缩作用、转移作用。

除此而外，我们还可以进一步看到：梦的退化程序决定了梦的幻相的非逻辑性质。由于梦的程序是倒退的，所以，梦思的逻辑关系在梦的活动中消失殆尽，或者难以表达出来。根据我们前面的图像，可以看出这些关系并不存在于第一个记忆系统中，而是存在于后来的系统上。因此，在后退为感觉形象的时候，它们必然失去表达力。由此可见，在后退现象中，梦思的架构溶解为原先的材料，因而失去了逻辑性。

梦的这种后退的心理程序，与那些能产生幻影、幻觉的精神病发作的心理程序是相类似的。弗洛伊德把梦、精神病的后退程序加以统一地研究和分析之后，得出结论说：产生幻觉是与那些被压抑或处在潜意识中的“记忆”有关系。

弗洛伊德举了很多精神病人的例子来论证他的上述论点。

其一：一位12岁的男性歇斯底里患者，因为受到一个“红眼青面”的幻觉的恐吓不能入睡。这现象的缘由是他在四年前形成了得自另一男孩的压抑记忆。那位男孩给他一份关于规劝孩童放弃恶习惯所做的警世画,包括劝小孩不要手淫在内。现在小男孩正为这个习惯而自责,他妈妈当时曾形容他为“红眼青面”。这就是他的幻影的来由。

其二:一位40岁的女性歇斯底里病人告诉弗洛伊德她在生病以前的一个幻影。一天早上,她张开眼睛,发现她兄弟在房间内(虽然她知道他正在一个疯人院内)。她的小儿子正在她旁边睡着。为了使这孩子免于看到舅舅而发生痉挛,她用床单盖住他的脸。这时,那个幻影消失了。这个幻影其实是她孩童时期的记忆的翻版。她的保姆曾经在她18个月大的时候告诉她说,她母亲患有癫痫或歇斯底里性痉挛,而这要归咎于她弟弟以一床单罩头扮鬼相去恐吓她。因此,上述幻影与她记忆中保存的潜意识具有相同的元素:弟弟的出现、床单、恐吓以及其后果。唯一不同的是,这些元素重新组成为另一种内容,而且转移到别人身上。其明显的动机是她害怕这位极像舅舅的儿子会步他后尘。

上述两个例子表明,在思想后退移形的过程中,不可小看记忆的力量,尤其是那些源于童年时代的、已被压抑在潜意识中的记忆。这个记忆把那个被审查制度禁锢的有关思想拖入后退现象中,使它像记忆那样呈现出来。

另外,弗洛伊德在《歇斯底里研究》这部著作中指出,当我们把幼童时期的景象(不管是记忆还是幻想)提升到意识层面时,它们就像幻觉那样被看得清清楚楚,而这一特质只有在用文字表现时才消失掉。

如果我们不忘掉孩童经验以及源于它们的幻想占据了梦思的大部分,同时又注意到这些经验的碎片常常在梦中出现,以及许多梦的愿望皆源于它们,那么,我们就不能否认,思想在梦中转变为视觉形象的原因,也许就是因为这些视觉记忆渴求复活,它们加压于那些被摒除于意识之外的思想,并挣扎着寻求表达,因而它们演变成动力型的画面。

正是在这个意义上说，我们可以把梦看作是一种幼童时期景物的替代物，它因移形到最近的材料而变更。幼童时期的景物不能靠自己复活，因此，只好满足于演变成梦。

综上所述，所谓后退现象，不但是抗拒被压抑的因素以正常途径进入意识层的阻抗作用，而且也是具有生动视觉感的记忆产生吸引的结果。感觉器官在白天源源不断产生前进性的冲动流，当它们在夜间停止产生时，也许会促进着"后退现象"的发生。在别的后退状况下，由于没有这辅助的力量，所以引起后退的动机，而且在强度上更大一些。

在结束关于后退现象的讨论以前，我们又一次看到探索梦的心理活动程序对于我们理解一般人类心理活动规律有很深刻的启发作用。这一探索的意义，远远超出了后退作用的意义的范围，甚至也超出了对于梦的分析的意义的范围。它径直引向了人类一般心理活动规律本身。

总而言之，梦就是向梦者的最早期生活的倒退现象。它是梦者童年以及当时盛行的冲动和表达方式的复活。在这童年生活的背后，我们又可以望见种族和整个人类的进化的"童年时代"(phylogenetic childhood)。这是一个人类进化的图像，而个体的发展不过是生命的偶然情况的一个简短的重复而已。弗洛伊德说，由此他不禁想起了尼采说的那句格言："梦中存在着一种原始的人性，而我们不再能直达那里。"弗洛伊德甚至说："我们也许能期望由梦的解析中去了解人类的古老传统，了解人类的原始的天赋心理。也许梦和心理症保留着比我们期待的更多的精神古物。因此对那些关心、并且想重建人类起源的最早的以及最黑暗时期的种种科学来说，精神分析是最有价值的。"

弗洛伊德的这段话具有深刻的哲学意义和认识论意义。如前所述，从他的关于梦的研究中，我们所得到的认识成果已经远远地超出了对梦的现象的科学认识的范围。

三、潜抑——原本的与续发的步骤

我们已经发现,梦取代了许多源于日常生活的思想流,并且形成一个完整的逻辑秩序。因此,我们不必怀疑这些思想是否源于正常的心理生活。梦的特殊表现程序不能作为否认梦与现实生活的关系的理由。相反地,它们倒是规定梦的特殊形式的关键原因。

梦的形成与两种根本不同的心理程序有关。其中一个产生完全合理的梦思,和正常的思想有很多共同性;其中的另一个则以最迷乱、最不合理的方式来处理上述梦思。上面所说的梦的运作就是这样的心理程序。

现在,我们要进一步探索梦的运作过程中的特殊心理活动规律。

我们在研究歇斯底里病症时,也发现了歇斯底里病症和梦一样,包含了两种根本不同的心理程序;而且,人们起初往往也只看到那个和正常心理相一致的心理程序。只是在进一步的研究之后,我们才发现在梦中和精神病中的另外一种心理程序的重要性;而且,还发现后一种心理程序的重要意义并不亚于前一种心理程序的意义。我们只有全面地探讨这两种程序,才能深刻把握心理活动的规律。

在这里,我们要把研究重点放在后一种心理程序上面。对于梦和精神病来说,这是具有决定性的意义的。

在歇斯底里病人身上,那些正常的思想所受到的不正常的处置是这样的:那些思想借着凝缩作用及某种妥协和谐调,借着表面的联系,在不顾矛盾的情况下,经由后退现象的小径变成为外面所表现的症状。

一个正常的思想系列是在什么条件下才受到上述异常的心理处理呢?弗洛伊德指出,当一个源于幼童时期而且遭受潜抑的潜意识愿望转移到思想上的时候，才会得到上述异常的心理处置步骤。

现在，为了解释“潜抑”作用，我们进一步探索我们的心理架构。

我们已经在前面提过原始的心理装置(见前文论述“退化现象”)。这些原始的心理装置的活动是为了避免刺激的堆积，以及使自已尽可能地维持在平静的状态。因此它的建造蓝图是根据所谓的“反射装置”。行动的力量——本身就是一种引起身体内部变化的方法——则受到它的操纵。刺激的累积产生了痛苦的感受，同时也使装置发生作用。借此，可以达到减少刺激、产生快感的目的。心理装置的这道主流——由不愉快流向愉快，弗洛伊德称之为愿望。只有愿望才能使上述装置发生行动，而愉快与痛苦的感觉则自动地调节刺激的路程。

第一个愿望的发生也许是“满足记忆”的幻觉式的强化印象。不过这种幻觉，除非能得到完全的消耗，否则无法使需求停止，因此也就无法借完成而得到愉快的感觉。

这样一来，就需要产生第二种活动，或称为第二个系统的活动方式。它使记忆的潜能不至于超过知觉范围，束缚着精神力量，并且把由需求而来的刺激加以改造，使它循着一条团团转的路，直到最后借着一种自主的行动操纵外在世界，使个体能真正地感觉到那引起满足的真正“对象”。

上述两个系统就是在完全发展的心理装置内的潜意识和前意识的根源。

为了通过行动将外在世界适当地加以改变，我们必须在记忆系统中堆积一大堆经验以及许许多多由不同的“有目的的概念”所产生的永久性联结。

第二个系统的活动永远是借摸索前进的，交互地送出或收回潜能。它一方面需要不受拘束地管理各种记忆材料；但另一方面，如果它沿着各个思想小径送出大量的潜能，那么将使它们随意漂流而毫无效果地浪费掉，并且减少了那用以改变外在世界的力量。

所以，第二个系统将其大部分能量置于一种静止的状态，而只利用一小部分转移于现象上。现在，关于这种程序的转机还没有真正的弄清楚。但为了促进我们的认识，必须采用实体的类比，即想象神经细胞冲动时所伴随的行动。

值得指出的是，第一个 ψ 系统的活动是使冲动的能量能够自由地流出，而第二个 ψ 系统则借着由此而产生的潜能，将那冲动的流出口堵住，并把它转变为静止的潜能，同时提高其能量。显然，第二个系统控制冲动所遵循的途径与第一个系统很不相同。当第二个系统在其试验性思想活动中达至结论后，它即解除抑禁，并且把堆积起来的冲动加以释放而产生行动。

如果我们把抑制第二系统内“潜能的解除”及“快乐原则”调节功能的关系加以比较，那么，就可以得到一些有趣的结果。

现在，让我们也看看“满足”的死对头——即客观的恐惧经验。让我们假设，某知觉刺激作用于此原始装置，并且是痛苦的来源。这样就产生不协调的运动行为，直到最后某一个动作使此装置和知觉分开，同时也远离了痛苦为止。如果知觉再度出现，这动作立刻又会出现（也许是一种逃难的动作），直到知觉又再消失为止。在这种情况下，没有任何倾向会以幻觉或其他的方式去增添这痛苦来源之知觉的潜能。相反地，如果有什么发生而使得此令人困扰的记忆图像重新出现的话，这原始装置会立刻把它再度删除，因为这冲动流入知觉后会产生（或更确切地说开始产生）痛苦。这种记忆上的回避——不过是重复了此知觉的逃避——亦被下列事实所促进：记忆不像知觉，它没有足够的力量唤起意识，因此不能吸收新鲜的潜能。这种经常回避那曾经产生困扰的记忆的心理程序，为我们提供了第一个心理潜抑的例子。这是我们常见的事实，它像鸵鸟政策一样，回避那些令人困扰的刺激。

由于快乐原则的结果，第一个 ψ 系统不能将任何不愉快的事带入它的思想内容中。它除了愿望以外，什么也不能做。如果一直停留在这点上，那么第二系统的思想活动就会遭受阻碍——因为它需要很自由的和各种的记忆交通。因此产生两种可能。第二系统也许完全不受快乐原则的约束，因此能够继续进行而不会受到不愉快回忆的影响，或许它有办法使不愉快的记忆无法释放不愉快的情绪。我们要删掉第一种可能，因为快乐原则很清楚地控制着第二系统的激动过程（和第一系统里的一模一样）。所以，只有一种可能，那就是第二系统转移潜能的同时亦抑禁了记忆冲动的产生（当然包括不愉快感受的产生）。

因此，我们从两个不同的起点，根据快乐原则以及前面提到的消耗最少潜能的原则，我们都可以得出同样的结论，即第二系统的潜能同时产生激动传导的抑禁。

须知，第二系统只有在能够抑制住某一概念所发生的不愉快感觉的情况下，才能将潜能传移给它。任何一个能逃离抑制的概念都无法为第二系统及第一系统所接近，由于快乐原则的关系，它很快就被删除掉。这种不愉快的抑制并不一定很彻底，但它必须有一个开端，因为只有这样，它才能使第二系统知道此记忆的性质——它是否适合于思想程序所寻求的目的。

弗洛伊德把第一系统内进行的心理程序（或步骤）称为“原本步骤”，而把第二系统的抑制所产生的程序称为“续发步骤”。

原本步骤千方百计地想产生激动的传导，因为它可以借着如此堆积起来的激动而建立“知觉认同”。但续发步骤摒弃了这个意图，而以建立所谓的“思想认同”来取代它。所有的思想都是由某个满足的记忆

(被当作是“有目的的概念”)绕道而达到同一记忆的相同潜能——希望通过运动经验的媒介而再度获得。思考所关心的是概念之间的联系，同时也不希望自己被概念引入歧途。但是，很明显，概念的凝缩以及那些中间的妥协产物，都是达到认同目标的障碍。这是因为，它们以某一概念取代另一概念之后，就把原来通向第一个概念的通道弄歪了。因此，这类步骤都是续发性思考所极力避免的。另外，我们还要看到，快乐原则虽然为思想步骤提供许多最重要的指标，但在建立“思想认同”时它却成为一大障碍。因此，思想步骤有一种自然的倾向，即千方百计由“快乐原则”的规定中解脱出来，同时还将感情的发展降低到最小程度，使它刚刚足以产生信号就行。借着意识的帮助而得到过度的潜能后，思想才能达到这精练功能的目标。但是，我们知道，即使在正常的心理生活中，这个目的也很难达到；而我们的思考也仍然由于快乐原则的影响而时常发生错误。

但是，让思想(作为续发思考活动的产物)成为原本心理步骤的对象并不是我们的心理装置的功能性缺陷(这恰恰是说明梦与歇斯底里症所不可少的材料)。这个缺陷源于我们发展史中的两个会合的因素。其中一个完全属于心理装置，因此对这两个系统的关系有决定性的影响；另一个因素的作用则是波动性地、时大时小地将机质性的本能力量带入心理生活中来。这两个因素都起源于童年，是我们的心理和身体器官自幼年开始所产生的变异的沉淀物。

当弗洛伊德把心理装置内的一个心理程序称为“原本步骤”的时候，他不仅是考虑到它的重要性和功效，而且，他还想以这个名称去显示发生时间的先后。事实上，没有一个心理装置只单纯地有原本步骤。所以，这样的一个装置只是理论上的虚构物。但有一点是符合事实的，即在心理装置中，原本程序是最先出现的，而续发步骤则在生命的过程中慢慢成形，然后抑制和掩盖原本步骤。但一般地说，只有到壮年的时候才能完全控制它。由于续发步骤出现得慢，所以我们的核心（由潜意识的愿望冲动所组成）仍然是前意识所无法达到、了解或抑制的。而前意识是传导潜意识愿望冲动的最适当途径，它所受到的限制一经决定就无法变更。潜意识的愿望可以对前意识的心理趋向施加强迫性的压力。前意识必须服从它，但前意识也许可以设法将那些潜意识力量叉开，并将之引导到更高的目标，续发步骤较晚出现的另一个结果是潜意识的潜能无法进入广阔的记忆材料领域内。

在那些源于幼年时期而不能被毁灭或被抑禁的愿望冲动中间，某些愿望的满足是和续发性思考的"有目的的概念"相冲突的，因此，这些愿望的满足不再产生愉快的感情，反而产生痛苦。这种发生转变的感情恰恰是所谓"潜抑"的基本成分。

所谓"潜抑"的问题，就是要说明上述感情的转变如何发生、它是基于何种动机。上述感情的转变是在发展过程中产生的，而且和续发系统的活动有关。例如我们可以回忆童年时期，开始时本来没有的某种厌恶感是怎样发生的。那些被潜意识愿望借以释放情感的记忆，既然不会为前意识所接近，所以附于此等记忆的情感的释放亦不会受到它的抑制。因此，即使把附在它们上面的愿望能量转移给前意识思想，前意识思想也因这种感情的源起而无法和它接近。反过来，"快乐原则"却支配大局，使前意识远离这发生转移的思想。所以，它们就被遗弃了。正因为这样，许多幼年时期的记忆从一开始就被前意识疏远了。这是潜抑的必然结果。

最符合理想的情况是不愉快的感情留在前意识内。由于思想转移失去潜能就会停止产生，所以，这结果就表明了快乐原则的参与是有用的。

但是，当潜抑的潜意识愿望受到机质性的强化，然后又再转给被转移的思想后，情形就不同了。在这种情况下，即使失去了前意识的所有潜能，这转移能量所造成的冲动也会使这些思想企图冲出重围，因而产生防卫性的挣扎。

因为前意识加强它对潜抑思想的抗拒（即产生"反潜能"），然后这被转移的思想（潜意识思想的工具）经由症状产生的妥协状态达到其突破的目的。但是，当这潜抑思想受到潜意识思想的强力支援，同时又被前意识潜能遗弃后，它们就受原本心理步骤的控制，而其目标是产生某种运动行为。或者，如果可能的话，就会使知觉认同造成幻觉式的重现。前述这些不合理的步骤只能发生于被潜抑的思想，而且它是带根本性的。只要概念被前意识所舍弃，让它自生自灭，并且由潜意识不受压抑的能量所转移，它们就会发生。所谓"不合理"，并不是指正常步骤的错误（所谓理智错误）引起的；它本身就是由抑制解放出来的心理装置的活动方式。因此我们发现，驾驭着由前意识激动转变为行动的还是这个同样的步骤，而且前意识思想和文字之间的联结也很容易出现同样的转移和混淆，弗洛伊德把这归咎于"不注意"。

弗洛伊德经过认真研究，认为只有幼童时期产生的性愿望冲动才能为各种心理症症状的发生提供动力。他认为，这些幼童时期的性冲动在孩童的发展过程中受到潜抑后，又会在以后的不断成长中重新复活（或许是由于起始的双性的性体质的关系，或者是性生活过程中的不良影响）。弗洛伊德就是借助于性欲的力量才堵塞住了潜抑理论中的缝隙。关于这一点，本书第六章将详加论述。

上述关于潜抑的理论是弗洛伊德的极其重要的理论，弗洛伊德认为梦和精神病中的心理装置的运作过程是相似的。潜抑乃是最基本的心理程序，只有弄清它，才能弄懂梦和精神病，才能弄懂正常心理。人的一切正常的和反常的心理活动，都是以那些受压抑的心理因素的活动、精神功能的释放、转移和抑制为基础的。一切心理活动的心理结构，都不可避免地包含以下几个重要因素：第一和第二心理系统、控制二者间的通道的审查制度。这两个心理系统的活动及其相互关系——相互抑制和掩盖——它们对于意识层的关系等，乃是各种心理活动的重要内容。

弗洛伊德说："梦的解析是了解潜意识活动的重要途径。借着梦的分析，我们能够了解最神秘最奇异的心理构造。这只是向前迈出的一小步，但却是个重要的开始，而且这个开始可以使我们对心理进行更进一步的分析(也许基于各种病态的构造)。精神病——至少是那些所谓的官能性精神病——并不意味着上述心理装置的瓦解和失效，而是这些心理装置活动所采取的一种方式。问题在于，必须说明其动力，它们内部各种力量的相互作用，其中哪些被加强，哪些变弱……"[⑭]

接下来两章，我们就从常态和变态心理入手，进一步扩大研究梦的心理的成果，以便更深入地揭示人的心理活动的本质。

注释

① 参见《梦的解析》，第三章。

② Hans-Georg Gadamer, *Hermeneutik I: Wahrheit und Methode*, J.C.B. Mohr (Paul Siebeck), Tuebingen, 1986, p. 158.

③ *Ibid.*, p. 159.

④ S. Freud, *The Interpretation of Dreams*, in *The Basic Writings of Sigmund Freud*, 1966, p. 370.

⑤ *Ibid.*

⑥ Claude Levi-Strauss, *La Potiere Jalouse*, Plon, Paris, 1985, pp. 246 - 248.

⑦ *Ibid.*, p. 238.

⑧ *Ibid.*, p. 239.

⑨ *Ibid.*, p. 239.

⑩ Claude Levi-Strauss, *Mythologiques I. Le cru et le cult*, 1964, p. 246.

⑪ 同⑥，p. 246.
⑫ 参见《精神分析引论》。
⑬ 同④，pp. 489 - 491.
⑭ 参见《梦的解析》。

第 4 章

变态心理

第 1 节　为什么要研究变态心理

对精神分析学持否定态度的人们所依据的反对理由就是：这种学说是从研究病态的或变态的心理症状中得出的结论，因此，它不适用于人们的常态心理。这种意见乍看起来似乎有点道理，其实认真地思索一下，就可以看出这种意见的片面性。

这种片面性表现在两个方面。

第一，世界上的事物本来都是充满着矛盾的。只有对立面的统一和斗争，才不断地促使事物本身的发展。

古希腊哲学家赫拉克利特曾经说过，"在我们身上，生和死、醒和睡、少和老，都是同一的东西。后者变化了，就成为前者，前者再变化，又成为后者"；"冷变热，热变冷，湿变干，干变湿"；"结合物既是整个的，又不是整个的，既是协调的，又不是协调的，既是和谐的，又是不和谐的；从一切产生一，从一产生一切"；"互相排斥的东西结合在一起，不同的音调造成最美的和谐；一切都是斗争所产生的"。在赫拉克利特的这些言论片段中,出色地猜测到了这样一个深刻的思想:统一的整体可以分成两个互相排斥但又密切联系的对立面,对立面的斗争和统一促进了事物的发展。

在中国古代的哲学家当中,也有一些人早已以不同程度猜测到自然界中的对立面的统一和斗争的规律,并试图用这一规律去认识世界上包括人的心理生活在内的各种事物。

人类的心理生活也和一切事物一样是在对立面的统一和斗争中发展着的。因此,科学的任务就是要揭示人类心理生活的内在矛盾本身。对于这一矛盾的揭发和说明越深刻,心理活动的规律就越能更深刻地被把握到。

弗洛伊德从来不把人的心理活动看作神秘的事物,也不承认它是凝固不变的、死气沉沉的东西。弗洛伊德把人的心理看作是充满矛盾和斗争的对象。在他看来,正常的心理生活乃是矛盾的双方得到合理的协调的结果。因此,那些反常的、变态的心理恰恰是暴露矛盾的一个侧面。所以,揭示变态心理的内幕和本质将直接有助于认识人的心理的深刻规律。那些把变态心理看作与正常心理无关的人,恰恰是否认矛盾的形而上学者。

第二,弗洛伊德研究变态心理并不是他的最后目的和全部目的。如前所述,弗洛伊德研究变态心理的直接目的是治疗变态心理患者的疾病,因此,这是从实践中来、又到实践中去的真正的科学活动。其次,弗洛伊德从来都不停留在研究变态心理的成果上,他把这看作是深入心理王国的一条通道。正如他研究梦一样,他研究变态心理的结果导致了对一般心理活动规律的更深入、更广泛的认识。因此,那些把弗洛伊德心理学仅仅归结为变态心理学的人是片面的。

为了更深入、更全面地认识弗洛伊德研究变态心理的目的,我们先从几个实际的例子说起。

有一次，弗洛伊德遇到一位女性歇斯底里患者。为了治疗她的精神病，弗洛伊德不仅全面地了解了她的症状，还调查了她过去的历史。这个女病人是个聪明的姑娘，但她的脸上一直显露出一种单纯而冷漠的表情，她的衣着也很奇特。本来，普通的女人都很讲究穿着，但她的袜子一边下垂着，罩衫上的两个纽扣也没有扣上。她说脚痛，但弗洛伊德没要求查看她的脚，她就露出自己的小腿。她说她的主要困扰是：她身上有一种感觉，好像有什么东西在里面不断地在"刺"她，有一种"前前后后的动作"一直在不停地"摇摆"着她，有时使她的全身感到"硬绷绷的"。但令弗洛伊德惊异的是，病人的妈妈对女儿的这一切症状毫不在乎。这个女病人全然不知道她自己的话里面所含的意义，要不然她就不会说出来。

弗洛伊德通过对这位女病人的病史和症状的分析，发现了其症状与她的历史上的一些经历有关。而且，通过分析，他进一步认识到人的潜意识审查制度的作用。

还有一个例子，一位 14 岁的男孩患了痉挛性抽搐、歇斯底里性呕吐、头痛等。弗洛伊德用精神分析法进行治疗，要他闭眼睛，然后把自己见到的幻影告诉弗洛伊德。弗洛伊德嘱咐他，见到什么就说什么。接着这个生病的小男孩就告诉弗洛伊德说他见到了棋盘。他见到自己正和叔叔玩象棋，面对着这棋盘，他正在考虑怎么下法。但是，接着他就看到棋盘上出现了一个匕首——属于他爸爸的匕首。接着他又见到一把镰刀，然后是大镰刀，然后是一位老农夫在他家的远处用大镰刀修剪草地。

弗洛伊德通过调查，才发现这些图像的意义。原来这位小男孩因为家庭的不愉快而感到困扰。他爸爸是个粗鲁、易发脾气的人，和病人的妈妈的婚姻并不融洽。这个男孩所受的教育也包含了许多带威胁性的事情。后来他爸爸同他妈妈离了婚。他妈妈是一位温柔、富有情感的女人,他爸爸后来又结了婚。有一天他爸爸带来了他的后母——一位年轻女人。几天后这孩子的病便发作了。他对父亲的恨被压抑后产生了一系列的图像,这些图像的暗喻是很明显的。它们的材料源于小孩子所听过的神话的回忆。镰刀是宇宙之神宙斯(Zeus)用来阉割他父亲的东西。大镰刀和老农夫的景象代表那残暴的老人克罗诺斯(Kronos)——他把自己的孩子吃下肚,所以,宙斯报复了他父亲。

根据这个故事的内容推测,这个发病的小男孩很讨厌他父亲的再婚。长期被潜抑的记忆及由此记忆所导衍出来的东西一直存在于他的潜意识中,现在却用一种绕圈子的方式,以一种表面无意义的图像进入意识内,对意识实行干扰。

显然,歇斯底里病人的许多症状暴露了人类心里深处的矛盾和秘密。在正常人那里看不到的内在心理矛盾——长期被压抑在心里深处的因素,在精神病人发作时暴露出来了。因此,精神病人的症状成了揭示心理内在矛盾的一条线索。如果沿着这条线索分析下去,就可以发现那些被正常意识掩盖的东西。然后,如果把从精神病人身上发现的内在矛盾同正常人的心理生活加以对照和比较,就可以扩大眼界,更全面地把握心理的内外矛盾。

我们翻阅弗洛伊德研究心理学的历史,可以看出,他是怎样从研究医学转向研究神经生理,然后,他又怎样从研究一般的神经生理转向研究大脑生理,研究歇斯底里病。他从 1886 年到 1895 年,有七年的时间从事长期的临床医学实践和医学研究工作。他在分析歇斯底里病的过程中,发现了人类心理深处的被压抑的东西,并看到了这些被压抑的心理因素同正常心理生活的关系。

如前所述，1895年，弗洛伊德同他的老师布洛伊尔合著的《歇斯底里研究》总结了他研究精神病的初步成果，第一次提出了较为完整的潜意识理论。以后，弗洛伊德又在初步成果的基础上，继续研究精神病和梦的心理活动规律，进一步丰富了他的理论。

弗洛伊德说："当我们分析一个歇斯底里病人的时候，我们不久便会相信，这病症的发作只不过是潜在的幻想经外射与翻译而成为由运动系统的动作所组成的哑剧罢了。"他又说："歇斯底里症的发作有一些规律可循。"[①]

这就表明，对变态心理的研究确实是有助于了解人类潜在心理的活动规律的。研究变态心理，不仅具有迫切的实践意义，而且也有深刻的理论意义。

第2节　变态心理的不同表现

精神病一般分为歇斯底里症和精神衰弱症两大类；而精神衰弱症又可分为焦虑性精神病、恐惧症和强迫性精神病等。

一、歇斯底里症

关于歇斯底里症，不同的心理学派和医学学派有不同的解释，因而也有不同的定义。

19世纪70年代以前，医学界和心理学界对于歇斯底里症没有作过认真的研究，以致把歇斯底里症荒谬地归入"妇女病"的范围。当时研究歇斯底里症稍有成果的科学家只有法国的沙可等几个人。沙可的卓越贡献在于发现歇斯底里症不只是生理方面的神经系统器质性疾病，而且更重要的是观念性的或心理性的疾病。他首创了催眠法，并用之于歇斯底里症的治疗，取得了初步的成果。除了沙可以外，法国的神经病学家李厄保（A. A. Liébault, 1823 - 1904）和伯恩海姆（H. Bernheim, 1840 - 1919）等人（因他们在法国南锡研究歇斯底里症，所以一般称之为"南锡学派"）也在这方面取得了一些成果。

但一直到弗洛伊德深入研究歇斯底里症以前，人们对歇斯底里症的发病机制和心理方面的病源没有作出过突破性的深刻成果。人们只是笼统地指出歇斯底里症与观念的关系，但未能说明这些观念性病源从何而出。

弗洛伊德在向法国的沙可及南锡学派的李厄保、伯恩海姆等人学习歇斯底里治疗术的过程中，逐渐地发现歇斯底里病人的症状与深层心理中被压抑的观念间的关系。他说，在1889年夏赴法国南锡考察李厄保和伯恩海姆等人的催眠术时，"给我印象最深刻的，莫过于得知在人类的意识背后，还可能隐藏着另一种极为强而有力的心智过程"。[②]

1895年，弗洛伊德与布洛伊尔合著的《歇斯底里研究》第一次系统地说明了歇斯底里症的心理病源。接着，19世纪末最后几年弗洛伊德在深入研究梦的本质及心理活动规律之后，把他的潜意识理论进一步发展得更为完善化，从而对歇斯底里病有了更深刻的认识。

如前所述，在弗洛伊德看来，梦是愿望的达成，是内心潜意识愿望经凝缩和转移作用之后付诸实现之产物。弗洛伊德认为，歇斯底里症和梦一样，在本质上也是"愿望的达成"，但它是借身体的症状来实现的（这些身体症状包括：对疼痛失去感觉，视野狭小的知觉障碍，或不能站和不能走等运动障碍等）。所以，后来的心理学家施奈德（K. Schneider）曾对歇斯底里症下了这样的定义：歇斯底里症是心理上引起的固定的身体机能障碍，是表现于身体机能障碍的变态心理反应。[③]

总之，所谓歇斯底里症，乃是一个人受到心理刺激与挫折之后，其不安之冲动不以“情绪”表现出来，而是经由“转移作用”表现于身体方面，造成感觉或运动系统之机能性障碍，或者造成意识、记忆、人格等其他精神活动之部分障碍。

二、焦虑性精神病

焦虑性精神病是一种自觉不安的精神病。弗洛伊德认为，产生焦虑性精神病的原因有两个。一个是由于性交中断，每次性交都不能达到性高潮，性欲没有得到满足，这种状况如果持续下去，就会产生精神上的焦虑，这是生理学上的原因；第二个原因是内心的冲突引起的。

弗洛伊德曾经反复地说，潜意识的愿望是永远活动的。弗洛伊德在研究精神病的过程中进一步证实了潜意识愿望是“不可毁灭的”。我们在前面曾经引用弗洛伊德说过的这样一句话：“在潜意识内没有任何东西是有终点的，也没有过时的或是被遗忘了的东西。”其实，弗洛伊德在说这句话的时候还特别强调说，潜意识的这种特性在精神病患者身上表现得尤其突出。他说，那些导致精神病的“潜意识思想途径只要有足够的冲动堆积起来，就可能再度重蹈一个 30 年前受到的侮辱，只要它能够进入潜意识的感情内，那么这 30 年来的感受就和新近发生的完全一样，不管在什么时候，只要这一记忆被触及，它就复活起来，受到刺激的充电，然后以发作症状而在运动中释放出它的能量”。

按照这一道理，潜意识的欲望永远都是熄灭不了的；它们只有采取两个途径才能得到满足。一方面，在自我和超我的控制下，引向合理的和正确的途径予以发泄，另一方面则在梦中或在精神病中发泄出来。

在梦中，这些潜意识的愿望被引向前意识领域，并在前意识领域内受到控制，通过梦的程序实现愿望。但有时候，由于潜意识的愿望长期不被理会，就会在某个地方产生突破，而激动就有机会在行动中释放出来。在后一种情况下,就会变成焦虑性的精神病。

弗洛伊德说:“对我们来说,产生焦虑的心理程序亦能满足某个愿望。这并不是相互矛盾的。这是由于这样一个事实,即愿望是属于潜意识系统的,但它又受到前意识的拒绝或压抑。即使是在完整无瑕的健康心理中,前意识对潜意识的愿望的压抑也不完全(这是因为潜意识的愿望太强烈的缘故)。所以,这种压抑的程度和能力可以用来衡量我们的精神的正常程度。精神病的症状显示出病者这两个系统发生了冲突,这些症状是产生妥协并使二者之间的冲突得以终止的产物。它们一方面让潜意识的激动有发泄的场所,即给它一种发泄口;另一方面它亦能让前意识对潜意识有某种程度的控制。在这里考虑歇斯底里症或广场恐惧症(agoraphobia)的意义会有帮助。让我们假设一位神经质的病人无法单独地过马路——如果我们强迫他去做他认为无法做的事情(借以消除他的症状),那么就将导致焦虑的发作。而的确广场恐惧症的导火线往往是马路上发生的焦虑。因此,我们发现症状之所以产生乃是借以避免焦虑的发作。恐惧症就像是用来对抗焦虑而竖立起来的碉堡一样。”④

既然焦虑性精神病是被压抑的痛苦性潜意识愿望的释放,那么,这些痛苦性潜意识是怎样具体形成的呢?

一位27岁男病人在发了焦虑性精神病之后,告诉弗洛伊德说,他在11岁到13岁之间常常反复地做一种非常焦虑的梦:一位男人拿着斧头在追赶他,他想躲避,但他的脚似乎麻痹了,不能移动半步。

这个梦初听起来似乎与“性”无关。后来,再进一步了解,才知道病人听说过一个故事,该故事讲述晚间街上发生的“打劫事件”。另外,他在一次砍劈柴时被斧头砍伤了。然后,他又提到他和弟弟的关系。他承认对弟弟不好,有时他把弟弟打倒。有一次他用长靴踢了弟弟的头，流了许多血，所以他母亲对他说："我怕将来有一天你会把他杀掉。"当病人仍然思索与"暴力"有关的事的时候，他又突然想到他 9 岁时的一件事。某天晚上他父母亲很晚才回来，双双上了床以后，他自己装睡观察着父母的动静。不久他即听到喘气声及其他奇怪的声音，他还说看到他双亲在床上的那种姿势(即性交的姿势)。进一步的分析，显示他把自己和弟弟的关系同父母的那种关系相比。他把父亲压在母亲身上的那种姿态包含在"暴力"与"挣扎"的概念之下，他甚至找到对他的这种想法有利的"证据"——据他说他常在母亲床上找到血迹。

在叙述了这些情况后，弗洛伊德得出结论说："我可以这么说，成人之间算是家常便饭的性交却会使看见它的小孩感到奇怪，并可能导致焦虑的情绪。这焦虑之所以产生乃是因为这种性激动不能为小孩所了解，并且还因为涉及父母而产生精神上的压力，所以转移为焦虑。"

为了说明焦虑与"性"有关，弗洛伊德还举了另一个例子。引述如下：

> 一位 13 岁的男孩，身体不好，感到焦虑与多梦。他的睡眠开始受到困扰，几乎每个星期都有一次从睡眠中惊醒，非常焦虑而且伴随着幻觉。他一直都能很清楚地记得这些梦。他说那恶魔向他大喊："啊，我们捉到你了！啊，我们捉到你了！"于是他闻到一种沥青和硫磺的味道，他的皮肤即受到火焰的烧伤。他由梦中醒来的时候感到非常恐惧，但起先都叫不出来。当声音回复时，他记得自己很清楚地这么说："不，不，不是我。我什么都没有做过。"或者："请不要这样！我不会再做了！"或者有时说："阿尔伯特从来没有这样做过！"后来他拒绝脱衣，"因为火焰只有在他不穿衣服的时候才烧过来"。当他仍然做这种噩梦的时候(这种梦显然对他的健康

是一种威胁),他被送来。经过十八个月的治疗后,他复原了。他十五岁的时候,有一次承认说:“我不敢承认,但我一直有针刺的感觉,而且那部分过度的激动使我感到焦虑,好几次我真想由宿舍的窗口跳出去!”

我们可以毫无困难地推论:① 这男孩小时候曾有过手淫,他可能想否认它,或者为了这坏习惯而要给自己严厉的处罚(他的招供是:“我不再这样做”“阿尔伯特从来没有这样做过”);② 在青春期来临后,这种手淫的诱惑又再度经由生殖器的刺痒感觉而复生了;③ 现在他产生了对压抑的挣扎,他虽将他的原欲压抑下来,但将之移形为焦虑,而这焦虑则将他以前扬言要处罚自己的方法集合在一起。

从以上两个病例中,可以看出焦虑性精神病的心理变态根源。显然,在弗洛伊德看来,幼童时期被压抑到潜意识中的痛苦经验同性原欲相结合可以构成焦虑心理的原始基础。正常人可以将这种焦虑心理通过前意识与潜意识的协调而得到正确的和合理的解决。当潜意识的这种愿望积累过大,前意识和意识又不能进行恰当的压抑和正确的疏导的时候,就会发生焦虑性精神病。

三、恐惧症

患有这种类型的精神病的人,对一些很平凡的事情也会产生恐惧心理。例如,怕广场、怕树、怕站高处、怕楼梯等。这是恐惧症的外表症状。

恐惧症的心理根源是什么呢?上面在谈到焦虑性精神病时曾涉及广场恐惧症的心理变态。广场恐惧症即害怕广场,它是恐惧症的一种。它的心理变态与焦虑性精神病有相类似之处,即导源于以往的经历中的痛苦经验。例如，小时候从高处掉下来的人，到长大以后，可能会使他产生对高处的恐惧；小时候被刺伤的人，见到针刺状的物体就会怕得发抖。

四、强迫性精神病

患有强迫性精神病的病人，在他的脑中始终出现一种“强迫观念”——这种观念无法摆脱；越是要消除它，它越强烈地出现。

弗洛伊德的学生荣格曾说，强迫性精神病是精神衰弱的一种。实际上，它也和焦虑性精神病、恐惧症一样，归根到底源于孩童时期的痛苦经验。

例如，荣格举了一个患“强迫观念”的病例。有一个 42 岁的男人为一个想用斧头殴击人的强迫观念所困扰。起初这种观念只是偶尔抬头，因此，他曾尽量避免从金属店门前通过。后来，只要见到有类似斧头的东西，就会勾起他的强迫观念，跟着就引起了他的不安与焦虑。比如他看到成四角的门，就会成为发病的种子。接着，当他看到“L”字就马上想起斧头。所以，他无法读书报。由于这个强迫症状，他无法出去工作；甚至发展到什么事也做不了的程度。这个烦恼一直持续了 25 年之久。在这 25 年中，病人几乎没有一天安静过。他的全部生活就在强迫观念的出现与避免它的斗争中浪费掉了。

从这个男人的症状来看，表面看来是他的精神控制能力差，无法控制自己的思想、意识和感情的方向。但分析的结果，发现与他幼年时的经历有关。

这位病人在 6 岁时曾与附近农家孩子到田地里挖番薯，不小心，锄头碰伤了农家孩子的头，孩子流血满脸，倒地不起，使他受到了很深的刺激。

上述强迫观念就是起自这个不幸事件的记忆的残渣，这个经验使他产生了用斧头伤人的焦虑与不安。这种强迫观念一旦产生就难以排除，甚至你越要排除它，它越是困扰你。这个道理有点像初学自行车的人那样，看到前面有一根柱子以后，就产生怕碰到它的恐惧心理；可是越怕碰到它，偏偏越会真的碰到它。

但是，问题还不止于此。上述病人的痛苦经验是一连串的。在他小时候，他一直感到自己在家里受到兄妹的排挤。他哥哥发挥长子的特权，经常对他施加压力，他妹妹又独占了双亲的爱，使他感到困惑，于是他产生对哥哥的仇恨。

但他又深感自己无力对哥哥报复，在内心中积压了具有越来越强的反抗观念。上述对农家孩子的伤害，实际上是对他哥哥的忌恨心情的"转移"和发泄。这个经验同上述想要整整哥哥的压抑心情联系在一起，在他的潜意识里构成了"愿望""禁止""罪恶感"和"自责感"等相互交错的观念。当他意识到这一观念的形成和存在时，已经无法挽救了——因为它们已积蓄了相当大的能量。

观念虽然可以被压制，但感情较难压制。这个病人对他哥哥的忌恨虽然慢慢消失了，但在潜意识中已留下很深的痕迹。最后，这种感情的痕迹与原有的观念分离，成为独立存在的东西，同时，又在外界刺激的条件下，与新涌现的观念联结在一起，这实际上就是一种"转移作用"的表现。就这样，这个强迫观念形成了。

第 3 节　歇斯底里症变态心理分析

下面，我们以歇斯底里症患者的心理分析作为典型，说明变态心理的特点及其与正常心理的关系。同时，还要指出的是，在了解变态心理的特点时，我们还必须与前面讲过的梦的心理联系在一起看，因为事实已经证明，所有歇斯底里病人的病源与他们的做梦的历史有密切联系。我们只要冷静地回顾前一章关于梦的心理的分析，便不会对此感到惊奇。正如弗洛伊德在《少女杜拉的故事》一书中所说："在寻求精神病的解决途径时，也涉及梦的解析的问题。因为我发现，除了病人的精神生活发生问题外，他们也告诉我一些梦的故事，这些梦似乎都不可避免地介于病的症状与病态观念之间。……在我看来，梦是通达意识层面的途径之一。由于某种精神内容受到意识的反对而被打消或潜抑，才成为精神病的病源。简单地说，梦是避开潜抑作用的迂回之路，它是表达心灵的间接方式之一。"因此，凡是引起精神病发作的各种心理因素，都必然会在梦中以各种形式表达出来。分析梦，当然也就成为分析精神病根源的途径之一。

弗洛伊德认为，歇斯底里症的前身都是潜意识中的幻想。弗洛伊德说："歇斯底里症状只不过是经转化作用而表现的潜意识幻想，并且只要症状是属于身体上的变化，它们就经常是从本来属于意识层面的幻想所伴随的性感受衍生而来。"⑤

潜意识中的幻想是怎样形成的？它是怎样演变的呢？它同意识的关系如何？弄清这些问题不仅是治疗精神病的前提，也是了解人的心理结构及其活动规律的重要线索。如果说，我们在研究梦的心理机制时已经为探索人的心理王国打开一个通路的话，那么，对于歇斯底里症幻想的产生的研究必将使这条通道更广阔、更深入地达到人心内层。

弗洛伊德说，所有这些异常的幻想在实质上是潜意识的愿望的形象化表现；它的出现，和梦一样，代表一种迫切的心理愿望的达成。

歇斯底里幻想同梦的不同点主要在两个方面：

第一，正常人的梦所表现的愿望达成并不包含强迫性质，因而，不是永远反复的。歇斯底里症的幻想则带有强迫性，是以反复不已的形式出现的。

第二，做梦时，愿望的达成只停留在幻想上；而歇斯底里症并不满足于幻想的出现，还要表现在自己的行动或动作了。

歇斯底里幻想最常见的来源和它的一般雏形是所谓的“青春期白日梦”。弗洛伊德认为，白日梦在男女两性之中发生的频率也许相等于在少女和妇女中，它们总带有恋爱的色彩；在男人的白日梦中则有两种内容：恋爱的和野心勃勃的色彩。但是，归根到底，即使在男人的白日梦中，也是以恋爱的内容为主。这是因为在男人表达野心的大部分冲动中，主要是以抬高自己在追求女人中的身价为目的的。只要仔细观察，就会发现男人们的许多英雄式冒险，是为了博得美女的青睐，为了战胜自己的情敌。这些幻想是愿望的实现，是挫折与欲望合成的产物；它们被称为白日梦，因为它是了解夜梦的钥匙。夜梦的核心部分就是这些白昼的幻想，只不过表现得比较复杂与扭曲，并且被心灵的意识系统所误解。换句话说，夜梦是白日梦的变形，白日梦是夜梦的原型。

年轻人的白日梦往往被自己所珍惜和培养，深深地藏在自己的内心深处，自我欣赏、自我安慰、自我迷醉、自我欺骗。这些青春时代的白日梦一般不愿意倾诉给别人，羞于见人，只有在极特殊的情况下，在与自己最亲近的人的谈话中，才能表露其中的一小部分。

这个深藏于青年男女心中的情海往往起伏不平、富于浪漫性，也隐藏着巨大的能量。它有时可以成为年轻人上进的动力，也可以成为犯罪的根源。它是青年心理生活的一个重要基础。但是，正如前面所说，它的详细内容往往被掩盖、被修饰、被压抑。这些因素有相当大的一部分成为潜意识而埋伏下来。

当然，要发现白日梦并不难。弗洛伊德说：“从他心不在焉的突然微笑,他自言自语的方式,或者他在幻想的高潮中突然加快脚步等迹象中,都可以看出来。”

弗洛伊德经过长期观察,发现这些幻想可以变成意识的和潜意识的两大类;而它们一旦变成潜意识的,就可能变成病态的来源——换句话说,它们可能以症状或病的发作来表现。

在适宜的情况下,意识可能会捕捉到这样的潜意识的幻想。例如有一次,弗洛伊德让他的一位病人把注意力转向她自己的幻想。这个女病人就对弗洛伊德说,有一次她在街上突然哭起来。她随即寻思为什么要哭。她觉悟到这原来是一个幻想所引起的。这个幻想的内容是这样的:“城里一位她并不认识的钢琴家跟她发生了很亲密的关系。她为他生了一个孩子(但事实上这个女病人并没有孩子)。后来他遗弃了她和孩子,因此,母子陷于困境。”就是当这个在幻想中的罗曼史发展到这里的时候,她突然哭了起来。

由此可见,潜意识幻想有两个可能:

第一种可能是:总是属于潜意识,并且它们果然也成为潜意识的一部分。

第二种可能是一度成为意识层面的幻想,成为上述“白日梦”,然后被人们有目的地遗忘掉而为潜抑作用压入潜意识中。

以上两种可能中,第二种可能较为常见。也就是说,多数人是能意识到自己的某些白日梦的存在,并有目的地加以遗忘。因此,它们也就成为他们的潜意识中的一部分。

由此可见,白日梦的幻想,其内容可以保留不变,也可以被意识所删改、修饰。因此,也可以这样说,目前属于潜意识的幻想实际上是以前属于意识的幻想的衍生物。如果说,当这些幻想属于意识范围的时候还多多少少与现实生活有联系的话,那么,当它们转变为潜意识以后，它们就被彻底地孤立化、抽象化和神秘化了，因而也就真正地和彻底地幻想化了。申明这一点，对于理解潜意识化了的幻想为何会在一定条件下转变成歇斯底里病源是很重要的。

在意识仍然意识到这些幻想的幻想性的时候，不仅表明意识尚有控制它们的能力，也说明"意识"意识到它们同现实间的差别。承认幻想同现实的差别是有意识的自我的特殊本领，也是自我高于和优越于本我的地方。只要自我尚保持着它对于本我的控制能力，即使有更多的幻想出现，也不会导致精神病的发作。

弗洛伊德认为潜意识幻想与其人的性生活有很重要的关联。关于这一点，本书第六章将作进一步研究。这里只简略地谈谈有关的内容。

弗洛伊德说，潜意识幻想和人在手淫的时候所有的性幻想相同。一般地说，手淫的行为包含两部分，一是幻想的创造；另一是手的操作以便在幻想的高潮中得到自慰的满足。这两部分首先必须衔接起来。本来，手淫的动作纯然是一种自慰的过程，其目的在于从身体的某一特殊的性觉区获得快感。后来，这种动作渐渐地和爱的愿望相结合，而变成幻想情况的部分实现。如果其人后来不再实行这种手淫配合幻想的满足方式，那么，该行为就会被放弃。可是，这样一来，先前属于意识的幻想就变成潜意识的幻想。如果其人没有其他的性满足的方式，他要保持禁欲而使他的性原欲无法获得升华——换句话说，他无法使他的性冲动上升到更高境界，这就有可能使潜意识的幻想再度被激动。在这种情况下，它会生长、蔓延，而在其人爱欲的所有冲力的推动下，它至少有一部分将获得表现的机会，这种表现便是歇斯底里症的症状。

由此可见，歇斯底里症确实根源于潜意识中的性幻想。而且，只要症状是属于身体上的变化，它们就往往根源于那些本来属于意识层面的幻想。

当然，在幻想与症状之间并不是简单的、直接的联系。在它们中间，存在着极其复杂而曲折的演变过程。实际上，和梦一样，从潜意识的愿望到在梦中的幻觉式的表现，经历了复杂的过程——其中包括冲动的发动、诱发、传送、凝缩、转移、阻抗等程序。为了弄清这些程序，可以回顾前面讲过的梦的运作过程和梦的心理程序。

注释

① 参见《少女杜拉的故事》。
② 参见弗洛伊德著：《自传》(*Selbstdarstellung*)。
③ 参见施奈德著：《医生精神治疗讲义》(*Psychiatrische Vorlesungen für Ärzte*)。
④ 参见《梦的解析》。
⑤ 参见《少女杜拉的故事》。

第5章

常态心理

如果说,弗洛伊德对变态或异常心理的研究,从反面揭示了人的心理活动的某些奥秘的话,那么,把这些对于变态心理的研究成果同对于常态心理的研究成果结合在一起,就有助于更全面地把握人类心理活动的本质。实际上,从理论上讲,弗洛伊德在研究变态心理时,其结论并不停留在变态心理的范围内,而是试图从中寻找一般心理的规律。弗洛伊德只是把研究变态心理当作研究一般心理的一个重要途径。因此,他在变态心理中所研究的,是人类一般心理在变态活动中的特殊表现。

从事实上讲,弗洛伊德的心理研究活动,也从来没有局限于变态心理的研究领域。他始终都像重视变态心理那样地重视常态心理,研究儿童心理和成年人的心理,也研究原始人的和现代人的心理,同时又专门研究文化创作和宗教信仰活动中的特殊心理活动。

1900年,在完成了《梦的解析》以后,弗洛伊德开始集中地研究常态心理。他精心分析了日常生活中的各种心理现象,发现潜意识因素在日常心理活动中的各种表现形态及其规律。弗洛伊德在这一时期的研究成果，总结在1904年发表的《日常生活的心理分析》。

事实证明，就连做梦时的心理活动也表现了常态心理活动规律的一部分。把做梦心理完全看作变态心理是错误的。如前所述，就在《梦的解析》一书中，弗洛伊德已经作出结论：做梦的心理活动规律和常态的心理活动规律基本上是相似的。这就是说，不管是做梦的时候，还是在日常生活中，人的心理都是以潜意识活动为基础；而且，潜意识始终受到意识的压抑，所以，它们要以曲折的途径表现自己。正是在这个意义上说，做梦心理也可以算作是常态心理的一部分。做梦心理的特点，仅仅在于在睡梦中，人的意识处于松懈状态，所以，潜意识才可以比常规生活以更大的比例表现出来。

第1节　专有名词的遗忘

弗洛伊德所著的这本《日常生活的心理分析》，主要是对日常生活中出现的专有名词遗忘、外国字遗忘、一般名词与字序的遗忘、童年回忆与遮蔽性记忆、语误、读误和笔误、"印象"及"决心"的遗忘、"误引行为""症状性行为"及"偶发行为""双重错失行为"和其他各种错误行为等现象进行分析，探讨产生这些现象的心理根源，从中发挥潜意识的存在，了解"潜抑"作用的基本功能。在这本书中，弗洛伊德不仅引用一般人在日常生活中所发生的材料，也引用了自己的实际经验，然后经由自我分析的方法，进行透彻的研究。过去有人把精神分析学理论神秘化，以为它深不可测。恰恰就在《日常生活的心理分析》中，弗洛伊德密切地联系实际，深入浅出，使人觉得津津有味、一目了然。因此，这本书也可以算作是学习弗洛伊德的精神分析学，特别是潜意识理论最好的入门书。

《日常生活的心理分析》的德文原版本来题为《日常生活的精神病理学》。弗洛伊德在这本书中所采用的素材，是为大家所熟悉的。任何一个人，在看这本书的时候，自始至终都会感到其中所举的例子都是自己经历过的。因此，这本书的材料更具客观性，更能引起读者的共鸣。所以，在弗洛伊德为一般读者所写的介绍性文章里，他有时把这本书中重点分析的错失行为看得此梦的解析还重要。在他看来，梦境的追索虽然人人都可以做，但往往牵涉许多复杂的心理机制和程序，也带有更多的虚幻性，有时难免陷于晦涩。

此外，在这本书中，弗洛伊德还展示了在他的思想体系中占有重要地位的决定论思想。弗洛伊德肯定万事万物，包括人的心理活动在内，都遵循着不以人们的主观意志为转移的客观规律。但是，他和当时许多自然科学家一样（特别是和他的老师亥姆霍兹一样）受到严重的机械唯物论思想的影响。因此，当他肯定事物的客观规律性的时候，就把必然性绝对化，完全否定偶然性的存在。这就使他犯了决定论的错误，并最终导致命定论、宿命论。

这本书的写作和发表并非偶然，是《梦的解析》的自然延续。其实，就在弗洛伊德撰写《梦的解析》一书的时候，他已经同时地注意到日常心理的活动规律。在《梦的解析》的最后一章“梦的程序心理”中，弗洛伊德已经较为深入地触及“遗忘”的问题以及潜抑的问题。1898 年，弗洛伊德还发表了《论遗忘的心理机制》(*On the Psychic Mechanism of Forgetfulness*)，进一步深入地研究日常生活中的“遗忘”问题。《日常生活的心理分析》这本书从一开始就继续论述《论遗忘的心理机制》一文中的论点，继续探索“遗忘”问题。

和一切有成就的科学家一样，弗洛伊德始终很重视实践中提出的问题。他往往从现实生活现象中得到启示，深入思索问题。他说："我曾经对一般常见的熟名遗忘进一步作心理学上的分析，并且从我所注意到的许多例子中得出一个结论，即记忆方面的这种在一般人看来是最常见又不很重要的心理功能上的错失，实际上存在着远比普通见解更深刻得多的心理学上的根源。"弗洛伊德同一般人不一样的地方，恰恰就是能抓住这些最常见、最普通的现象，然后进行追根究底的研究，正如他自己所说，"经由对某些特别情形的观察，我进而对暂时性的遗忘现象作了一次绞尽脑汁的检视。""在这些努力中，我发现不只是'遗忘'，而且还有假的'忆起'(即某人在努力要想起被遗忘的名字时，却想起了别的名字来)，也是包含着极其深刻的心理学上的根源……我以为，这种现象的出现，并不是由于心理机制的反复无常，实则是遵循着一条合理合法的途径得出的结果。"

在一次从杜布罗夫尼克市往南的旅途中，弗洛伊德和一位陌生人同坐在一辆车上。他们谈起了意大利的风光，谈起 1896 年夏弗洛伊德在意大利做的一次愉快的旅行。当弗洛伊德谈到他的意大利旅行生活时，他想起奥尔维多大教堂顶端那幅美丽动人的壁画《最后的审判》，但就是想不起那幅名画的作者辛诺雷里的真实名字。当他绞尽脑汁要想起辛诺雷里的名字时，他偏偏想起意大利另外两名著名画家：波提切利与波查菲奥。当时，弗洛伊德的意识是很清醒的。他马上知道，波提切利和波查菲奥都不是《最后的审判》的作者。他的旅伴提醒他说，那是辛诺雷里的作品，弗洛伊德立即毫不迟疑地认定了这个名字是正确的。

这个遗忘现象，马上就引起了弗洛伊德的注意。弗洛伊德说道：

"'Signorelli'这个名字之所以被遗忘,既不是由于它在字面结构方面有什么奇特之处,也不是因为这个字所出现的地方有什么特殊的心理学上的特征。对我来说,这个被遗忘的名字(即辛诺雷里)是和波提切利一样熟悉,而且,它甚至比第二个代之而起的名字波查菲奥更熟悉。对于波查菲奥,我顶多只知道他是一个属于米兰学派的艺术家。"

由此可见,弗洛伊德在此时此地所发生的遗忘现象,似乎是很不合乎情理的。为什么一个很熟悉的名字会突然忘记呢?为什么在绞尽脑汁回想被突然遗忘的熟悉名字时,反而冒出另一个不太熟悉的名字呢?

为了探索这个奇怪的心理活动的出现根源,弗洛伊德冷静地进行自我分析,细致地追忆了当时谈话的背景,详细地搜索自己在谈话前后的心理活动踪迹。

为便于读者了解弗洛伊德对此一现象的分析过程,我先把与此有关的德文原文排列如下(其中互有关联的部分用着重号加以标出):

Signorelli (辛诺雷里)	**Bo**tticelli (波提切利)	**Bo**ltraffio (波查菲奥)
Herzegovina (黑尔兹哥维那)	**Bo**snia (波希尼亚)	Trafoi (特拉伏伊)
Herr (德文"先生")		

发生这次遗忘现象的时候,弗洛伊德正坐在一辆马车上,和一位陌生人从拉古沙经达尔马希亚到黑尔兹哥维那去。他们一边坐车,一边谈话,话题转到意大利的旅游生活。这时弗洛伊德问自己的旅伴有

否看过《最后的审判》那幅名画。

一经分析，发现遗忘的机制确实遵循一条客观的规律。在转到这个话题以前，弗洛伊德还同他的旅伴谈论波希尼亚和黑尔兹哥维那土耳其人的风俗习惯。这些土耳其人都信天命。弗洛伊德对那位旅伴说道，他在那里认识的一位医生曾经告诉他，当地的土耳其人对医生的诊断绝对服从，并把这些诊断看作是一种无可违抗、难以逃脱的命运。所以，每当医生诊断完了以后，土耳其人都会说："先生，我还能说些什么呢？听天由命吧！"

弗洛伊德发现，在"Bosnia""Herzegovina"和"Herr"这几个字之间有一种偶然的字面联系。但若仅仅有这些联系，还不能使弗洛伊德只想起"Botticelli"和"Boltraffio"，而想不起"Signorelli"这个字。

弗洛伊德还回想起，在他谈论土耳其人的习惯时，当他的话还没说完以前，就已在脑中迫不及待地想说另一件事，但由于这件事与"性"有关，弗洛伊德不好意思露骨地同一个陌生人谈论"性"的问题，所以，他不由得暂时地缩回这个念头。弗洛伊德内心深处这一潜伏的思路变化，又使他内心不由自主地勾引出数周前在特拉伏伊遇到的一件事，即他听到自己所诊治的一位病人因"性不调"症而死亡。弗洛伊德在分析中认为，在这次旅途谈话中，他的思路只联想到波希尼亚土耳其人有关"性"的习俗，并没有有意地联想特拉伏伊所遇到的事，但由于冒出的"Boltraffio"同"Trafoi"有相似的字面结构（指前一个字的字尾结构——"-traffio"和"Trafoi"之间的近似），所以，弗洛伊德断定：在他同那位旅伴谈话时，当他内心想说土耳其人"性"习俗而又没敢说出时，他的潜意识中储藏着的、数周前在"Trafoi"遇到的"性"病例又暗自活跃起来了。这就是为什么当他要说《最后的审判》的时候，冒出了一位在平时并不很熟悉的

“Boltraffio”这个名字来。

弗洛伊德认为，这里不仅反映了潜意识的存在，而且也表明“潜抑”的存在。

上面所提到的那件发生于“Trafoi”的“性”病例，是弗洛伊德数周来一直不愿提起的事情。因为他自己曾费尽心力为那位患“性不调”的病人做过治疗，但结果那位病人还是不治而亡。这在弗洛伊德的心中引起了很不愉快的感情。所以，在这次赴黑尔兹哥维那的途中，弗洛伊德一点也不想回忆“Trafoi”遇到的事。问题恰恰就在于他有意要加以遗忘的事（在“Trafoi”听到的那件不愉快的“性不调”病例）突然冒出来了，而他不想忘掉的事（《最后的审判》的作者 Signorelli）却偏偏遗忘了。

弗洛伊德认为，“Signorelli”这个名字的遗忘是一种“偶发的事件”。这一偶发事件的发生是由于在这次谈话中，弗洛伊德心中的一种动机（即不愿与陌生人谈“性”事）切断了他的思路（即谈论土耳其人的风俗）中各个观念的联系，接着，他又有意地想把与“性”有关的观念统统赶出“意识界”。他的这些思路变化使潜意识中一向受到潜抑的东西承受更大的压力，因而也使它们暗自活跃起来。因此，当弗洛伊德要谈论“Signorelli”的时候，这些早已暗自活动的潜意识就借着意识界中出现过的“Bosnia”“Herzegovina”“Herr”“Trafoi”等字眼，化装成“Botticelli”和“Boltraffio”的字面形式而强行表现出来了。

在这里，“Signorelli”这个字被分割成两个部分。前一部分与德文“Herr”的英译字“Sir”（因为在同他的旅伴谈话时，弗洛伊德是把自己思维中的德语译成英语后表达出来的）有关，后一部分和“Botticelli”的后半部结构相近。

为便于读者明了其中的关系，弗洛伊德画出如下所示的图例：

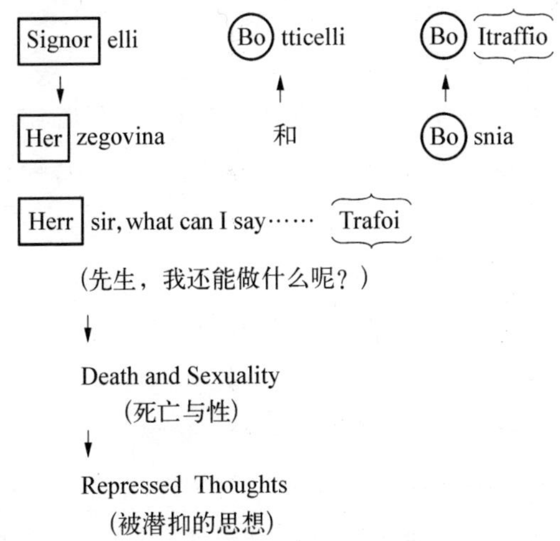

弗洛伊德说:“我认为关于波希尼亚土耳其人风俗等这条思路,阻挠了紧接而来的思路,因为我的注意力在那后来的思绪尚未结束之前,就已经溜了出来,想要联想到我记忆中的另一件逸闻上去: 此地的土耳其人,把性的欢乐视为最宝贵的事情,因此,每遇性不调时……往往会对医生说: ‘你知道,先生,性那个东西停止了,生命就没有什么意义了。’我当时忍住了,没能把这个特色说出来,因为我不愿意和陌生人谈论这样露骨的话题……我把注意力引离了那个可能和‘死亡与性’的问题发生关联的思维。”

弗洛伊德认为,在谈话中,一直被潜抑的主题——死亡与性可以连带地控制住我们所要说的名字,因而把它一起潜抑下去。而被潜抑的因素又“在不断地努力寻找出口”,因而,它可能会借助意识界中曾经活跃的因素而“转移”出去,冒了出来。弗洛伊德把这类遗忘现象简单地称为“新的话题为先前的话题所阻”。

当然,弗洛伊德说,在谈话中,那些被潜抑的因素不一定都会成功地借助意识中的某些有关联的因素而冒现出来。这也就是说，在很多情况下，潜抑往往是成功的。

弗洛伊德认为，潜意识是否能借着意识中的代用名字而表现出来，似乎与两个因素有关：第一，注意力；第二，附着于心理上的内在决定因素。

第2节　外国字的遗忘

在分析了专有名词的遗忘之后，弗洛伊德又分析了外国字的遗忘。这对大多数正在学习外文的青年学生来说，显然是有指导意义的。

有一年夏天，弗洛伊德在旅游途中遇到一位老朋友。这两位犹太人很自然地谈论起犹太人的遭遇。这位朋友深感怀才不遇。他以古罗马诗人维吉尔（Virgil）的著名诗句来结束这席颇有感触的谈话："Exoriare……"这是维吉尔的著名史诗《埃涅阿斯纪》（*Aeneid*）中的一句话。

维吉尔生于农民家庭，很善于仿希腊式俄克里托斯诗体作《牧歌》，描写田园生活。后来，他又写《农事诗》，继续以农业生产为题材，论述节令对农业生产的关系，介绍了相当多的农业知识。他的代表作，是弗洛伊德经常提到的史诗《埃涅阿斯纪》。这首诗歌颂了罗马历史，赞扬帝国制度，企图以此鼓舞人民，巩固奥古斯都大帝的统治。这首史诗描述了特洛伊城王子埃涅阿斯的故事。埃涅阿斯是维纳斯的儿子，于特洛伊城沦陷后漂泊海上，后来在意大利建国，遂成罗马人的祖先。在埃涅阿斯漂落到迦太基的时候，他同迦太基女王狄多相恋。黛朵保护了他，但他却驾船而去，抛弃黛朵。黛朵含忿自焚。临死前就说了上面那句话："Exoriare……"

但是,弗洛伊德的那位老朋友没有准确地记起黛朵说的整个句子,他说:"Exoriar(e) ex nostris ossibus ultor!(必有复仇者来自朕之骨肉!)"弗洛伊德加以矫正说:"Exoriar(e) aliquis nostris exossibus ultor!(必有人来自朕之骨肉而成为复仇者!)"

显然,弗洛伊德的那位朋友漏掉了"aliquis(有人)"这个词。这是不是因为那位朋友不熟悉这句话呢?经弗洛伊德了解,并不是这样。他的遗忘是有心理上的原因的。

弗洛伊德抓住了这个难得的例子进行分析。他请这位朋友毫无顾忌地把自己在说出上面那句话以前的全部思路讲出来。他发现,他所以遗忘"aliquis"这个词是同他在最近的一些经历有密切联系。

在这以前,这位朋友曾到意大利旅行,在意大利旅游时,他与陪同他游那不勒斯的意大利女郎发生了性关系。因此,他最近以来一直焦急地等待着关于那位女郎月经情况的消息。所以,一切与妇女月经有关的词都可能会引起他的神经过敏。根据弗洛伊德以往建立的潜意识理论,一切"痛苦的""不幸的"经验,往往是被人们"潜抑"着,压在心里底层,但它越是被压抑,越是千方百计地寻找机会表现出来。

这些潜意识冲破"潜抑"的普遍途径,是乘意识不备时,借助意识中出现的相关联的因素,把自己"化装"成类似的因素,然后把自己的"潜抑"转移出去,从而达到潜意识自我表现的目的和愿望。

由于借助"转移""化装"的手法,所以,潜意识因素的"溜"出,必然会连带阻止意识界中其他有关因素,致使那些熟悉的,甚至到了舌尖上的事情被挡了回去——也就是说,迫使意识反而把不该被压抑的因素压制下去。这种心理机制同上面说的"Signorelli"的遗忘有很多相似之处。

在同这位旧友的谈话中,由于他有一段不愿想起的不愉快的事情——与意大利女人的来往,使他也时时把这段丑闻和自己的顾虑压抑着。但是,当他谈到这一代犹太人的悲惨遭遇时,由于他想起维吉尔的那首《埃涅阿斯纪》史诗,使他触及了他的上述“心病”。他要说出的那句话:“Exoriare……”很明白地表示那位黛朵女王把复仇的希望寄托在她的下一代——“必‘有人’来自朕之骨肉而成为复仇者!”“有人”(原文为“aliquis”)二字直接与那位朋友多日来思虑的“孩子”问题有关——他最怕那位意大利女郎不来月经而怀孕。此外,“aliquis”这个字,从字面上可以分割成“a(无)”和“liquis(液体)”两部分。而“液体”一词与“月经”的“血”有关。上述“复仇”一事又与那位朋友记忆中的特伦特(Trent)教堂上摆设的圣者西蒙的遗物有关。他说,由圣者遗物,使他“想到往昔的迫害如今复施于犹太人身上……”。但是,“圣者”又使这位朋友想起最近一本意大利杂志上刊登的一篇文章——《圣奥古斯丁论女人》以及另一位圣者——圣詹努阿里斯的“血液”的事迹。在这里,有几个因素已经与这位朋友的性丑闻发生了关联:① 圣詹努阿里斯和圣奥古斯丁的名字与“一月”和“八月”有关,即与“月份”有关,因而也与“月经”有关。② 圣詹努阿里斯的血放在一个小瓶子里,每到一个节日,神迹显灵,血就会“液化”。这又与“月经”有关。弗洛伊德在分析中指出,这位朋友在谈论犹太人的悲惨命运时,由于在他的潜意识中潜抑着自己的性丑闻,很怕提到与此有关的“月经”“孩子”“月份”“液化”,也怕与此间接有关的“圣者”等字眼,才使他遗忘掉“a-liquis(无—液体)”这个字。

那位朋友在听了弗洛伊德的分析后,一方面佩服弗洛伊德在分析过程中的认真作风,另一方面则说一切联系不过是“巧合”而已。他的这种看法恰恰很典型地反映了一般人对弗洛伊德精神分析学的观点。一般人往往认为,弗洛伊德的分析在很大程度上是一种“巧合”,甚至带有相当严重的“牵强附会”。

弗洛伊德怎样回答这类怀疑和反驳呢？弗洛伊德说："究竟你能不能用巧合来解释所有这些关联，只有留待你自己决定了。然而我却可以告诉你，每一个类似的例子，只要你着手去分析它，都会得到这样一些奇特的'巧合'！"

这就是说，这些"巧合"恰恰证明每一个心理现象都有它的客观规律可循。弗洛伊德是这样来描述这一客观规律的具体内容的："经由潜抑作用，放散出来的内在矛盾，导致思想的干扰。"

弗洛伊德所总结的这个规律，不仅适用于上述场合，也适用于本国文字的遗忘。弗洛伊德想起他的同事布里尔谈到的一件事情。

有一天，布里尔同一位才气横溢的女郎谈天，她不时引用英国诗人济慈的诗句。这首诗的题目是《阿波罗颂》。她背诵道：

在你家乡所居的
西厢金殿里，
诗人们曾高雅地讲述
那些过迟来临的平凡真理。

这首诗的英语原文是：

In thy western house of gold
where thou lives in thy state,
Bards, that once sublimely told
Prosaic truths that came too late.

这位女郎在朗诵这首诗时，踌躇再三，总觉得最后一行诗句有问题。当她查书的时候,令她惊奇的是,不仅最后一行有差错,而且其他地方也错了很多。

正确的诗句应该是:

当你闲坐在家乡的
西厢金殿里,
诗人开始高雅地谈论着
英雄的事迹和命运的颂歌。

在英语里,这段诗的原文是:

In thy western halls of gold
When thou sittest in thy State,
Bards, that erst sublimely told
Heroic deeds and song of fate.

错误有这么多,究竟从何而来?那位女郎归咎于自己的记忆力不好。但布里尔说她的记忆力是比较强的,平时背诵诗句很少出差错。

布里尔和弗洛伊德一样,不把这些差错孤立起来看。

布里尔记起在背诵这首诗以前,他们一起讨论了"情人眼里出西施"的问题。她记得雨果说过这样一句话:爱情是世界上最了不起的东西,它可以使一位女店员成为天使或仙女。她又说:"只有在恋爱中的人,才会对人性投予盲目的信心。在恋爱中,什么都是完整的,每一样东西都是美丽的,而且……每一样东西都像诗一样虚幻。但是那毕竟是一种奇妙的经验——尽管随之而来的经常是一种可怕的失望,但也值得去体验。爱可以把我们提升到与诸神同等的地位，引导我们走向各种艺术活动，使我们可能成为真正的诗人，我们不但可以记诵诗歌，引用其中的诗句，甚至都可以变为诗神阿波罗呢！”说完，她就引述了上面提到的济慈的那段诗。

为了分析这些差错的心理学上的根源，布里尔还进一步让她回想自己记诵那段诗的背景。布里尔说：“这首诗大概和情人眼里出西施有关，也许你就是在那种心境下背诵出来的吧？”这就使她回想起 12 年前的一段情史：12 年前，当她还只有 18 岁的时候，她就爱上了一位在业余舞台活动中邂逅的男青年。但是好景不长，她为之背诵诗歌的这位“阿波罗”，竟和一位有钱的女子私奔结婚了。几年之后，她听人家说他住在西城，在那儿照管他岳父的资产。

分析到此，布里尔作出如此的结论：

> 背错的那些诗句，至此已经相当明白。关于情人眼里出西施的话题，下意识地使她联想到她自己那件不愉快的往事——她高估自己所爱的男人，奉之为神，结果却比普通人还不如。由于这件事对她是一服苦汁，她不能让它浮到意识的表面上来，只好经由在背诵诗句中潜意识的错误，明白地表现出她目前的心理状态。这样一来，不但原诗的意义变得平淡无奇，而且还明白地提示了过去那段往事。

读者可以看到，这位女郎把诗的最后一句话全部改貌——从原来富有诗意的一句话，变成为“那些过迟来临的平凡真理”。这句暗自被篡改的话，表达了这位女郎长久以来想要说的话，现在，借着上述诗句顺口冒了出来。

自此以后，弗洛伊德又分析了许多实例，发现分析的结果是一致的。“每一个情形都和被分析的人的痛苦有着密切的关系……不管涉及的材料怎样，诸实例所共通的事实，就是被遗忘或被歪曲了的材料，都是经由某些相关的途径同潜意识中的思绪之流相衔接。所以，这潜意识的思绪的影响便造成了遗忘。”

弗洛伊德还说：“遗忘的机制，尤其是想不起名字，或名字的暂时遗忘，都是当时出现的潜意识的一股怪思潮，阻挠了名字的有意再现。在被阻挠的名字和阻挠该名字的症结之间，存在着一种自始就有的关联，或者是一种经由表面关系而形成的（也许是经过人为的方法）关联。”“避免唤醒记忆中的痛苦，是这类阻挠的动机之一。”

第 3 节　童年生活经验的沉淀及回忆

在弗洛伊德的精神分析学中，童年生活经历的遗忘问题始终都占据很重要的地位。在歇斯底里病的研究和梦的解析中，歇斯底里病患者的病源多数是早已潜伏在童年生活的“痛苦”经历中。而在梦中出现的许许多多奇形怪状的幻影，也不过是童年生活经历中那些被压抑因素的重现。

童年生活既然有如此重要的意义，我们就有必要更深入地了解童年生活的内容。曾经有人说过，如果能详尽地重现童年生活的内容，我们就可以对任何一个人的心理特征和心理活动规律了如指掌。但是，可惜的是，童年生活的绝大部分内容都已从记忆的王国里消失殆尽。只要我们仔细地回忆自己的童年，我们就会发现其中的绝大部分已经销声匿迹，而忘记的那部分又恰恰是对自己的一生具有重要意义的内容——当然，那些不太重要的童年生活内容也大部分已经被遗忘了，只有一小部分还记忆犹新。

弗洛伊德在准备写《日常生活的心理分析》时，早注意到这些现象，并作了分析。而分析成果，已反映在他那一时期的重要著作中，特别是集中地反映在《梦的解析》那本书中。

按照弗洛伊德的观点，童年生活中的绝大部分内容都被压缩到潜意识中去，而那些能勾起痛苦回忆的部分就是被压抑得最厉害的部分。这就给我们回答了上面提出的问题：那些痛苦的、对个人成长有重要影响的部分遗忘得最彻底、最干净。

然而，依据弗洛伊德的同一个理论，这些被压抑的部分又最活跃、最不安分。所以它们虽被压抑在心理的底层，但仍要千方百计地表现自己。意识对它们的自我表现企图给予了严密的监督，以致使它们不得不以变态心理或梦幻的形式表现出来。

现在，当弗洛伊德研究日常心理时，他又发现被压抑在潜意识中的童年痛苦经历，有时也可以片段地、不成规律地、改装地表现在日常记忆中。这是一种偶发现象，是在意识不备或注意力转移的时候偶然表现出来的。这一现象再次证明被压抑在潜意识深处的童年痛苦回忆，一刻也没有停止活动。它们虽然在大多数情况下无法在正常心理活动中冒现出来，但在偶然情形下，一旦有与之相关的心理因素出现在意识层面上(哪怕是只有一点点的连带关系)，又存在着其他有利于它们冒现的条件(如意识注意力的暂时分散等)，它们就可以冒现出来。但是，即使在这种情况下，其冒现的程度也是极其有限的(只能是片段的、破碎不堪的或甚至是被歪曲、被改装了的)。意识绝不容许这些痛苦的童年经历“肆无忌惮”地表现出来，因此，纵有偶然机会它们也只能零碎地表现出来。

在这种情况下，表现出来的童年经历显示不出完整的、清晰的内容。作为一个精神分析学家,其重要任务就是抓住这些在偶然机会中涌现的片段材料,加以综合分析,最后描绘出其原有的完整历史画面。

弗洛伊德在《日常生活的心理分析》一书中,为我们树立了这样一个范例。这是在弗洛伊德 43 岁时发生的事。那时,弗洛伊德已经着手进行自我分析和梦的解析,他对童年生活发生了浓厚的兴趣。在回忆童年生活时,弗洛伊德有一次回忆到了近三十年来不时地在他意识中显现出来的一场情景。他说:“我看见自己站在一个大柜子前,比我大整整二十岁的异母哥哥正拉着敞开的柜门。我站在那儿哭叫着不知要什么东西。这时,我那纤细姣好的母亲,仿佛刚从街上回来,忽然走进房里。”

这就是弗洛伊德所忆起的一段零碎的童年场面。然而,弗洛伊德在进行自我分析以前,始终不知道这段场面的实际意义。“我不知道哥哥想打开或想关闭的那个柜子究竟是什么柜子,我为什么哭,以及我母亲为什么当时出现在我面前……这种对于记忆中童年情景的误解,十分常见。我们忆起一个场面,却不记得重心何在。”显然,这是由于这些回忆本身并不完整。

为了分析这一童年场面的意义,弗洛伊德询问了母亲。弗洛伊德把前后事件加以连贯,才明白了当时的实际情况。

原来,当时的弗洛伊德刚刚两岁多。他自小由一位保姆照管,所以,他对她产生了感情。那天,他发现心爱的保姆不见了。他哥哥以诙谐的语调说,她被“关起来了”。实际上,当时,这位保姆已被辞退,因为她偷了弗洛伊德家的东西,弗洛伊德的哥哥把她送到衙门见官。弗洛伊德以为,她被他哥哥锁在柜子里。所以,当弗洛伊德发现妈妈不在家的时候,很自然地以为哥哥又把心爱的妈妈关在柜子里。他哭着要哥哥打开柜子的门。后来知道妈妈不在柜子里,弗洛伊德哭得更厉害。就在这个时候,妈妈出现了,解除了他的烦恼和焦虑。

弗洛伊德对其童年生活的追忆,使他得出了关于“遮蔽性记忆”的理论结论。弗洛伊德说:“事实上,童年的琐碎记忆所以存在,应归功于‘转移作用’。精神分析法指出,某些着实重要的印象,由于遭受‘阻抗作用’的干扰,不能现身,只好以替身的形态出现。我们所以记得这些替身,并不是因为它们本身的内容有什么重要性,而是因为其内容与另一个受压抑的思想之间存在着连带的关系。为了说明这种现象,我特地创造了‘遮蔽性记忆’这个名词。”

关于遮蔽性记忆,弗洛伊德把它分为四种形式:侵占式的、介入式的、同时的、邻近的。侵占式和介入式的遮蔽性记忆是比较常见的,这两种记忆是由于早期的重要经验受到阻抗,不能直接出现,只好用晚期的另一个无关紧要的、但与之有点关联的印象来代替。而所谓同时性的和邻近的记忆是指遮蔽性记忆与它所遮蔽的印象之间,不止内容上有所关联,而且发生的时间也很接近或甚至是同时发生的。

在弗洛伊德看来,童年的回忆之所以朦朦胧胧、残破不全,并不是因为我们的记忆力本身的毛病,而是因为人的实践经验逐年增长的结果。他说:“童年以后的诸种强烈力量往往改塑了我们婴儿期经验的记忆容量。可能也就是这一种力量的作用,才使得我们的童年生活回想起来朦胧似梦。”所以,所谓童年期的回忆,实际上已经不是真正记忆的痕迹,在那上面早已打上往后种种经验的烙印或得到了很大程度的改装。正如弗洛伊德所说,它是“后来润饰过了的产品,这种润饰承受多种日后发展的心智力量的影响。”

童年回忆的这一特点,给神话、传说和诗歌的创作提供了丰富的原料。它是作家和民族神话的浪漫主义想象力的源泉之一。正如弗洛伊德所说:“个人朦胧的童年回忆不唯更进一步扩展了遮蔽性记忆的意义,同时它也和民族神话、传说的累积有令人注目的相似之处。”

弗洛伊德还举了一个童年的遮蔽性记忆的例子，说明这一记忆所隐含的内在意义。

有位 24 岁的青年，记起了一幕 5 岁时的情景：在花园的凉亭里，他坐在姑姑身旁的一个矮凳上。她正教他认字母。他觉得自己很难分清字母"m"和"n"。所以他要求姑姑告诉他如何区别二者。姑姑说"m"这个字母整整比"n"多了一笔。

这段完整的记忆意味着什么呢？是不是表明这个青年从小就好学，而且即使到长大后也仍然有很强烈的求知欲，以致念念不忘早期学习的那段印象？可是为什么他只偏偏记住了这一段？为什么记得如此完整而清晰？就连这位青年自己也无法回答这些问题。

弗洛伊德认为，这段记忆遮蔽了童年时期另一个重要的心理，即儿童想要了解男人与女人的区别的好奇心。这种好奇心几乎为大多数儿童所共有。显然，这位青年在童年时也有这种好奇心。弗洛伊德说："就像他想分清'm'和'n'这两个字母一样，后来他也想知道男孩和女孩究竟有何不同，真希望姑姑在这方面也能教教他。一旦他发现，两方面的差别很相似——男孩也只是比女孩多了那么一部分，他才记住了孩童时期的那种好奇心。"

弗洛伊德对日常生活心理的分析是很仔细、很认真的。他在分析过程中，注意材料的来源、内容，了解材料发生的背景，而且，也注意吸收别人对这些心理现象的分析经验和理论结论，使分析不断地深入下去，呈现出他的理论发展所显示的那种层层波浪前进的强烈特色。

第 4 节　语误的心理机制

他在研究日常生活中的语误时，充分地考虑了德国著名心理学家冯特的研究成果。这位实验心理学的奠基人在当时出版了一本有关语言发展的著作,论及语误的表现。依据冯特的意见,这一类现象是有心理学上的根源的。他说:“首先,已经说出的声音可以引发一串声音与字词的联想流,这乃是促成语误的最大宿因。平时,我们心中原有一股意志的力量在压制着这种联想流,它一旦松弛或低沉,语误也就容易发生了。此外,注意力如果不专注在某一方面,有时也可能造成语误。这种联想的作用,也许因其表现互不相同而造成不同的语误形式:有时不应该出现的语音提早来临,或者说过的语音又再重复,有时一个常见的声音嵌入其中,更有的时候,在替代和被替代的词之间并不存在发音方面的相似之处——以上种种只在方向上有所区别,或顶多也只是联想发生的情况有所不同,至于其根本性质,则是一样的。”

冯特的这一结论,对于弗洛伊德富有启发性。弗洛伊德进一步说,促成语误的因素(如未受抑制的联想之流,或压制力的松弛等)通常是同时发生作用。所以,这两种因素不过是同一历程的不同宿因而已。伴随着这一松弛,或者更确切地说,经由这一松弛,注意力不再受抑制,联想的思潮遂能无羁地驰骋。

弗洛伊德还认为,语误的原因不能单纯地全然归之于冯特所说的那种“声音的触发作用”,还往往可以在语句的原意之外找到某些影响。弗洛伊德说:“干扰可能来自某一潜意识思想,只在这一次语言谬误里透露出蛛丝马迹。唯有经过分析的努力才能把它带到意识界来,或者它也可能来自一种更为广泛存在、而又同这整句话有矛盾的心理动机。”

由此可见,弗洛伊德把冯特的研究成果向前推进了一步,终于在潜意识中找到了语误的真正根源。

有一次,弗洛伊德看到自己的女儿贪婪地咬着一个苹果,于是他想引用一段诗来嘲笑她：

好可笑的猿猴啊，

当它咬一口苹果的时候。

(The ape he is a funy sight,

When in the apple he take a bite.)

但是，弗洛伊德一张口就说走了嘴，他不念“The ape……”却念成“The apel……”这似乎是“猿猴 ape”与“苹果 apple”的混淆——两个字发生冲突而妥协形成“apel”，也似乎是心中拟用的“apple”之“提早前移”。弗洛伊德认为，这些分析只停留在表面上。弗洛伊德说：“事情的真相是：起初我已经念了一遍，并没有念错。但是我的女儿被旁的事分了心，没有听到，于是我不得不再念一次，这一来错误就出现了。我想，在重复时的不耐烦，希望快点念完它，便是这次语误的动机，而它遂表现为凝缩作用。”

通过这些分析，弗洛伊德再次强调：造成语误的原因并不单纯是语音上的联系。更重要的是言词的含义之外的思想。弗洛伊德说：“我并不否认，有某些定律支配着字音的互换。但是在我看来，单是这些条件的存在，绝不足以造成言语上的错误。只要我们更深入更逼近地去研究、探讨，我们就会发现，它们原只是某种更不相关的动机临时借用的现成机转罢了。这个真正的动机，根本与这些声音的近似毫不相干。因此，以替代的方式所表现的语误，绝大多数并不遵循这种发音方面的定律。”

为了使自己的心理分析饶有兴味，弗洛伊德的《日常生活的心理分析》一书中，经常引用文学名著的有关段落进行说明。任何一个阅读

《日常生活的心理分析》的读者，在阅读这本书以后都会感到，自己所得到的知识不仅不局限于心理学方面，而且也包括文学知识方面。在这本书中，不仅表现了弗洛伊德渊博的文学知识，而且也表现了他擅长于把文学和心理学结合起来。

弗洛伊德在分析语误时，引用了莎士比亚的名剧《威尼斯商人》一剧中的语误例子。那是《威尼斯商人》第三幕第二场里的一段话。这一段话及其前后所表现的是这样一个故事：父亲的遗嘱规定鲍西亚必须通过摸彩盒的方法来选丈夫。很幸运地，她逃过了所有令她讨厌的求婚者。后来她终于发现巴萨尼欧很合她的心意，但是她更怕他摸不中彩。在戏里，她很想告诉他，即使他选错了盒子，他也还可以得到她的爱。但是她又不愿违背誓言。在这一场内心矛盾冲突中，莎士比亚让她向自己的心上人说出这一席话：

(虽然不一定就是爱)，但我心里总好像有点什么。
使我舍不得失去你；你自己也明白，
若我无情，那里会这样依依。
如果不是怕你误会我，
(待嫁女儿心，怎好说出口)，
我真愿留你住上一两个月，
才让你为我冒险一试。
我原可指点你怎么选，
可是这岂不违背了我自己的誓言；
故而我也许要终生遗憾，也许你失去了我；
如果真的这样，你恐怕要逼得我懊悔，
愿当初还是背盟的好。

你那双可恶的明眸，
竟迷惑了我，把我裂成了两半：
一半是你的了，还有一半也是你的——
不，我该说还是我自己的，
(One half of me is yours, the other half yours——mine own, I would say)
然而我的也都是你的，所以整个都是你的了。

鲍西亚很想悄悄地暗示他，就在摸彩之前，她已全然是他的了——因为她已爱上了他。但是，她又不能让他知道。莎士比亚以其敏锐的心理分析能力，洞察出她的内心活动，遂使之浮现于语误里。莎士比亚使用这种技巧，以缓解爱人心中无可忍受的悬宕不安，同时也稍微减轻了看戏的观众期待后果时的紧张心情。

在《日常生活的心理分析》中，弗洛伊德引用更多的自己的或亲友的生活经历，进行分析。弗洛伊德在这一时期已经遭受到各种攻击，其中最重要的攻击是说他的理论取自精神病人的材料，是依据变态心理，因此，不适用于常态心理的活动规律。正是为了反驳这一攻击，弗洛伊德在这一时期才决定撰写这本《日常生活的心理分析》。他的目的正是为了对常态心理，特别是日常生活中的心理现象进行分析。所以，他有意地尽可能少使用精神病人的心理现象。

在分析遗忘现象时，弗洛伊德引用了自己的大量经历。我们不妨也引用其中数段，了解弗洛伊德的理论观点，了解弗洛伊德的性格、作风和品质。

1900 年夏天，有一次，为了一件芝麻小事，弗洛伊德的太太惹恼了弗洛伊德。当时，他们正在一家餐馆吃饭。有两个不识趣的人坐到他们的对面，其中一个是维也纳人，而且同弗洛伊德曾经有过交往，但后来关系决裂。弗洛伊德很讨厌这个人，而弗洛伊德的太太并不了解他们之间的矛盾和冲突，对此人的声名狼藉也毫无所闻。所以，就很自然地与他攀谈起来。在谈话中，弗洛伊德的太太还不时地询问有关的问题，对那个人的谈话表示欣赏。在这种情况下，弗洛伊德终于忍不住，发起脾气来。

几星期后，弗洛伊德偶然地向一位亲戚抱怨他太太不懂事，但一谈起饭馆里他太太同那个人的谈话，他却连半句话也回忆不起来。

这是什么原因呢？须知弗洛伊德并非健忘的人。弗洛伊德说："我原是个常陷于自我烦恼中的人，不轻易忘记那些令我困惑的经历。所以，这次健忘症，显然是尊重我妻子，不愿失她面子的结果。"

为了说明这个问题，弗洛伊德又举了一次类似的经验。那时，弗洛伊德的太太偶然地说了一句蠢话，不由得使弗洛伊德发笑。几小时后，弗洛伊德一位很要好的朋友来访，彼此畅谈甚欢。弗洛伊德想重述太太讲过的蠢话，不料连一个字也记不得了。倒是他太太大方，主动说了出来，才解了弗洛伊德之窘。这又一次说明，弗洛伊德的遗忘是他亲爱和尊重自己太太的结果。

与此相类似的例子则表现在：弗洛伊德每当来到他亲密朋友的家门口，就不由自主地掏兜拿钥匙，就像他到自己家门口所做的那个动作那样。

弗洛伊德分析，这也说明，两人的感情密切，可能导致潜意识中那些原来积自家人关系的因素突然冒现出来，表现出"如同到家一样"的错觉。

与此相反的例子则是那些关系恶劣、感情疏远的人，常常使弗洛伊德在遇到他们时，不由自主地做出一些表示疏远的行为，以致使自己发生“遗忘”“误置”“误判”等言行。

有一次，一位公司主管请弗洛伊德去看病。一路上弗洛伊德总觉得自己对那个地方很熟悉，似乎常去那幢建筑物的楼上应诊，而那家公司的招牌就在那幢楼的楼下。但是，关于这些事情弗洛伊德却想不起更多的具体内容，也忘记了那幢建筑物的模样。

一般人遇到这类事情往往弃之一边，不加注意，弗洛伊德却不然。他时时抓住日常生活中的小事，想设法去寻找与这些小事有关的心理活动规律。

弗洛伊德对上述小事也抓住不放。他全神贯注地进行思索，点点滴滴，收集一切有关的材料，终于找到了线索。原来那家公司就是他过去常去探望病人的费希尔公寓。一想起这件事，原来模糊的那些事情顿时清晰明白起来。

弗洛伊德回忆，费希尔公寓的病人，并没有给他造成不好的印象。造成上述遗忘的，是另一件事。不久前，当弗洛伊德到这个公寓探访病人时，在路上遇到一个泛泛之交。此人曾在几个月前被弗洛伊德诊断为患泛发性麻痹症，但没几个月他的病症就消失了。实际上，这是一种假象。这种表面的和缓恰恰表明他很可能患上了更严重的麻痹性痴呆，这是一种晚期梅毒，但这个病人却自以为病症好转了。所以，在街上遇到弗洛伊德的时候，表现了自鸣得意和嘲笑弗洛伊德的姿态。弗洛伊德对此大为不满。大概是受了这件事的影响，弗洛伊德才忘掉那幢房子。

这个被遗忘的事情是怎样被回忆起来的？弗洛伊德认为，在一般情况下，这种遗忘较难重新忆起，因为这种不愉快的经历照例已被压至潜意识中去。

弗洛伊德发现，它之所以能被忆起，主要是其中的一些因素与意识层的某些因素有联系：第一，那个人患的麻痹性痴呆，由于属于性病一类，所以，往往会引起潜意识的兴趣；第二，那个病人的身份与弗洛伊德这次要探望的病人一样，都是公司的老板。第三，同弗洛伊德一块给那个病人诊断为麻痹症的医生恰恰是姓费希尔，与费希尔公寓同名。

德国哲学家尼采曾说："我的记忆说'我曾做过那件事'，但我的骄傲说'我没有做过'，而且坚持不让。最后我的记忆让了步。"弗洛伊德很重视尼采的这句话，因为它表明，在人的一生中，那些痛苦的、引以为耻的、有损良心或尊严的经历，往往被压抑至潜意识而忘得一干二净。

弗洛伊德认为，凡是那些能去除痛苦经历的事情，都自然地成为最牢固、最可信的记忆。民歌、民族传说、民族传统等，具有振奋民族精神、扫除民族耻辱的"净化作用"，因此，它们往往被传播得很广，为人们所记忆和传颂。

关于《日常生活的心理分析》这本书，其内容之丰富、生动，并不亚于《梦的解析》。在这里不可能一一引述。我们从引用的极少数材料中，已经足以看到弗洛伊德研究科学所特有的品质。而且，由此也使我们看到，他的潜意识理论及整个精神分析学，不仅适用于变态心理，也同样适用于常态心理，它是以研究整个人类心理活动规律为对象的科学理论。

在《日常生活的心理分析》一书的最后一部分，弗洛伊德作了简要的结论。这一段结论非常重要，有助于我们把握精神分析学的核心，也有助于我们了解常态心理与变态心理的密切关系。摘录如下：

> 我们应用精神分析学了解到错失和偶发行为的机制，发现它们基本上与梦的形成机制相一致……两者都有"凝缩现象"与"妥协形成"或"混淆"。潜意识思想，用种种奇特的方式，借着肤泛的

联想,并依附于或转化成他种思想,而成为梦或日常生活中的种种错失……梦和日常生活的错失之所以会产生黑白不分和是非颠倒,都是由两个或两个以上各具意义的行为奇特地干扰的结果。

由两者(指日常错失与梦)的一致,得到了如下的结论:在人心深处,有一股潜流存在;从前我们追究梦中隐藏的意义时,触及了它们的惊人力量。如今,我们已拥有更多的证据,发现它并不是只在睡梦中才大肆活动;它在人们清醒的状况下,也不时地表现在错失行为中。这种一致性,更使我们相信,这些看来奇特反常的心理活动——错失现象,恐怕并不是精神活力败坏或官能病态的结果。

除了错失行为和梦之外,要正确地了解这个奇特的心理力量,还必须从心理症方面下功夫,特别是歇斯底里与强迫性精神病(compulsive neurosis)。它们的机转基本上与前述运作方式相同。……

总而言之,不管是错失行为、偶发行为或最轻微的和最严重的精神病,它们的共通点就在于我们都可以将之追溯到那些最可厌的和被压抑了的心理因素。这些心理因素虽然已远离意识,却永远都在伺机而动,只要一有机会便会表现出来。

在自传中,弗洛伊德谈到了他对日常生活心理现象的研究。他很明确地指出了这一研究成果的重要意义。他说:"如果已经弄清梦只是一种征候,而且各种错失也和梦一样有共通的特点——即冲动的抑制、代用品的形成、妥协形成,以及使意识和潜意识分成不同的心理系统,那么精神分析学就不再是精神病理学领域中的一个分支,而应是一个深入了解正常人心理状况所同样必不可少的、崭新的和深邃的精神科学的根基。"

第 6 章

性与爱情的心理学

第 1 节　性心理的重要意义

弗洛伊德认为，两性关系是一切社会关系的基础。人类本身的生产与再生产是人类社会得以存在和发展的基本前提。

在从动物到人类的转化过程中，起着传宗接代作用的两性关系使人类生理方面和心理方面的每一个进化成果都得以保存和发展。两性关系的存在与演变不仅影响着人类本身的存在和不断进化，也保证了社会生产力获得源源不断的劳动力资源。而自从人类社会出现了文化以后，性的关系又渗透到文化生活中去，影响着文化生活的内容与形式。

随着人类社会的发展，性的关系也获得了发展和变化。在漫长的社会历史中，两性关系的形式越来越受到社会生活本身的影响。社会越复杂化，两性社会也越趋向复杂化。

在最原始的社会中，两性关系呈现出它的纯粹的形式，没有掺杂“性”以外的其他因素。因此，在最原始的社会中的人类性生活最能体现人类两性关系的真正内容。在那种条件下,人类肉体上和心理上的性要求采取了赤裸裸的表现形式。

后来,社会向高级形态发展,两性关系采取了更为复杂的、更为隐蔽的形式。在性关系之外,蒙上了一层层由非性的因素构成的外衣。人类的性心理也随着人的心理生活的复杂化而更趋复杂。

随着社会的进步,两性关系在社会生活中的地位日益退居次要地位,受到了生产关系和社会政治制度的制约。然而,从人类本身的欲望来看,性的因素仍然是最基本的东西,贯穿于人类物质生活和文化生活的所有领域。

正因为两性关系日益被外在因素所掩盖,研究两性关系的问题也变得更加困难。照弗洛伊德的看法,研究性的问题的最简单、最直接的途径是从研究原始人的性生活和儿童时期的性需求入手。因为在原始和儿童时期,性的因素采取了最简单、最纯粹的形式,因而,也就最能揭示人类"性"的问题的本来面目。

弗洛伊德所研究的是性心理。他并没有研究一切与性有关的问题。但是,性心理的问题影响着一切与性有关的问题。因此,他对性心理的研究产生了很深远的影响。

在弗洛伊德以前,性的问题虽然也有人去研究,但收效不大。人们只研究性关系的外在形式,很少研究性心理本身的规律,也不重视性心理对人类心理生活及对整个社会的影响。

在自传中,弗洛伊德曾说:"布洛伊尔不怎么注意性的因素,顶多只把它看成一般的情绪激奋而已。"到了弗洛伊德与布洛伊尔合著《歇斯底里研究》的时候,布洛伊尔仍然坚持其忽视性因素的观点,致使该书未能触及有关病变过程所植基的病因上。但是,弗洛伊德本人已经提出了自己的创见,表示要把研究方向集中地转向性的问题。

弗洛伊德在自传中说:"通过自己经验的快速增进的累积,我知道在精神病现象的背后,并非随便任何一种情绪激奋在作祟,而通常都是因为早年的性经验,或新近的性冲突所引起的。我之研究神经质患者,原是不怀任何偏见的,所以,我的结论绝不是我有意造成,也没有夹杂半点个人的期望成分在内。""由此,我开始有一个倾向,即认定精神机能病几乎毫无例外地都是一种性机能障碍……得到这样的结论,就我的医学良心而言,是一件极愉快的事。我希望我的这一工作,弥补了医学上的缺陷。"在《少女杜拉的故事》中,弗洛伊德更明确地说:"歇斯底里病的症状不过是病人的性活动而已。……我一而再、再而三地发现,性是开启心理症难题之门的钥匙。轻视此钥匙的人绝不能开启那扇门。"

由于发现了性因素在神经质疾病中的重要作用,弗洛伊德在建立潜意识理论的过程中找到了重心。从此以后,在他为健全潜意识理论而研究梦的时候,进一步明确了性因素的意义。弗洛伊德发现,在梦中,经常表现孩童时期的性动力和新近的性经验。梦和歇斯底里一样是潜意识幻想实现自我满足的手段。

我们以《梦的解析》所提供的例子来说明这个问题。这是弗洛伊德本人梦见自己童年生活的情景。弗洛伊德是这样写的:

> 几十年来我都没有做过真正焦虑的梦。但我仍然记得一个在我七岁或八岁时所做的梦。在三十多年后的今天我才来解析这个梦。
>
> 这个梦还很鲜明。我在梦中看见我深爱着的妈妈。她的外表看来具有一种特别安详、睡眠的表情,由两个或三个生着鸟嘴巴的人抬入室内,把她放在床上。我醒了过来,又哭又叫,把双亲的

睡眠给中断了。那些穿着奇装异服的、高得出奇的、长着鸟嘴巴的人，我是从菲利逊编的《圣经》的插图中看到的。我想象他们一定是从古埃及坟墓的浮雕上走出来的鹰头神祇。经过分析后，引出一位坏脾气男孩子，他是看门人的孩子。我们小的时候，曾一起在屋前的草地上玩耍。他叫菲利浦。我好像从这个男孩那里听到有关性交的粗鲁名词。而那些受过教育的人则用拉丁文“交媾”这个比较文雅的字来形容这件事。在这个梦中我显然是选用鹰头来代表性交（在德文原字，“性”的俚语称为“vögeln”，是由“vogel”，即“鸟”变来的。这里弗洛伊德用“vogel”指“鹰”）。我一定是从教我的年轻老师的脸色中猜出“vogel”一字所隐含的“性”的意义。我妈妈在梦中的那个样子，则是来自祖父死前数天的昏迷和气喘的那个印象。对于此梦的“再度校正”的解析是我妈妈快要死了，坟墓的浮雕刚好与此相配合。我醒来的时候充满焦虑，直到把双亲吵醒以后还闹个不停。我记得自己看到妈妈的脸孔以后，心里就突然平静下来。……这焦虑之情可以推溯到那含糊但又明显的、由梦中视觉内容所表露的“性”的意味。

为了使读者更清楚地了解弗洛伊德的论断，我们再引述弗洛伊德所提供的梦例。

弗洛伊德在《梦的解析》中说：

一位27岁的男人患了重病一年后，告诉我，他在11岁到13岁之间经常反复地做下面这个梦，并且感到非常焦虑：一位男人拿着斧头在追赶他，他想要逃开，但他的脚似乎麻木了，不能移动半步。这是一个常见的焦虑的梦的典型例子，而且绝不会被人认为与性有关。在分析的时候，梦者首先想起一位叔父给他讲的一个故事。那是有关他叔父在一天晚上在街头被一位鬼头鬼脑的男人攻击的事。梦者由这联想得到以下结论：他在做梦之前听到一些和这相似的事情。至于斧头，他记得在一次劈柴的时候把手指砍伤了。然后他立刻提到和他弟弟的关系。他常对弟弟不好，将他打倒。他特别记得有一次他用长靴踢破了弟弟的头，流了许多血。他妈妈因此对他说："我害怕你有一天会把他杀掉。"当他仍然在思索有关暴力的时候，他突然想到他九岁时的一件事。那天晚上他父母很晚才回来，双双上了床，而他恰好在装睡。不久他即听到喘气声以及其他奇怪的声音，他还能猜度他双亲在床上的那种姿势。进一步的分析，显示他将自己和弟弟的关系同父母的那种关系相类比。他把父母亲之间发生的那件事放在暴力与挣扎的概念之下。他甚至还找到对自己此种看法的有利证据：常在母亲的床上找到血迹。

弗洛伊德指出："成人之间算是家常便饭的性交可以使看见的小孩感到奇怪并导致焦虑的情绪。"弗洛伊德指出，上述儿童的梦和焦虑情绪乃是因为性冲动而又受到排挤所引起的。

在研究梦的过程中，弗洛伊德逐渐地导致了潜意识理论的核心问题——性。但是，正如弗洛伊德所说，在当时的情况下，他的研究重点仍然是"梦"的问题本身，所以，尽管他已经越来越多地触及性的问题，但在 20 世纪初以前，他一直没有机会集中地和系统地研究"性"。他说："《梦的解析》并不是没有受到科学知识进步的影响。当我在 1899 年完成《梦的解析》时，我的性学理论还未建立。关于比较复杂的心理症的分析也还刚刚开始。"

从1900年到1905年,理论上和实践上的需要以及这两方面的进步和发展,都迫切地要求弗洛伊德集中解决“性”的问题。《少女杜拉的故事》的准备和发表过程,为全面解决性学理论提供了理论上和材料上的准备条件。

但是,到底从何入手来开始研究性心理呢?换句话说,应采取什么途径、什么方法去揭破性的秘密呢?既然性的秘密被深深地掩盖在看不见的、层层受阻的潜意识王国里,到底应该怎样打开它呢?

弗洛伊德从多年来进行理论研究和医学实践的经验中,早已看到了揭示潜意识奥秘的窍门,找到了通往潜意识王国的捷径。这就是本书第四章所论述的对病态心理或变态心理的分析(梦的分析实际上也是变态心理分析的一个重要分支)。潜意识往往是以往经历的浓缩品,是幼童原始心理的沉淀物,它又被埋藏在内心深处,受到意识层面的重重封锁。因此,在正常心理生活中,它们很难表现出来;即使表现出来,也是零碎的、不系统的、不典型的。然而,在歇斯底里症中,潜意识却得到了最典型、最集中的表现。变态心理犹如被颠倒了的心理世界,使人的整个心理结构大厦由底朝上地换了一个样儿。换句话说,原先被压在底层的潜意识被发泄出来,而原来起着控制作用的意识则被打扰或完全失灵,于是颠倒了秩序。唯其如是,才提供了观察潜意识的最好机会。

性心理是隐藏得最神秘的心理因素。在正常生活中,在常态心理中,我们只能看到被意识控制和加工了的性心理,例如体现在男女间正常恋爱中的那些爱情心理。这些正常的性心理只是人的性心理的一个很小的部分,而且,这是经意识和“超我”(社会力量,如道德规范的约束力等等)改造了的部分,它远不能代表真正“性动力”的本来面目,更不能由此看出早已消逝的、童年的性欲。

相反地，在歇斯底里症等变态心理症中、在梦中，潜意识中的性动力就更赤裸裸地、露骨地、集中地表现出来。所以，弗洛伊德研究性心理也是从性变态入手。换言之，性变态乃是性动力的一种暴露手段和通道，由此可以窥见人的性的秘密。

1905 年，弗洛伊德完成了《日常生活的心理分析》和《少女杜拉的故事》之后，就集中精力研究性心理。这在弗洛伊德精神分析学理论体系大厦的建造工程中，是一个最关键的一步。我们将会看到，性学理论的集中完成，标志着弗洛伊德在理论上的一次重大胜利。弗洛伊德将他对性理论的研究集中在《性学三论》这三篇论文上。

《性学三论》是由三篇文章组成的——《性变态》《幼儿性欲》和《青春期的改变》。这三篇文章讨论了性异常的病理、心性发展的过程、性动力理论以及性动力在人类行为中的种种表现，阐明性心理在人类心理活动中的重要影响及其活动规律，论证了性动力对潜意识的形成的决定性作用。

因此，《性学三论》和《梦的解析》成为弗洛伊德的成名之作，也的确是弗洛伊德最重要的著作之一。我们要了解弗洛伊德的为人，了解他的学说，了解他对科学研究事业的态度，就不能不深入了解弗洛伊德的《性学三论》及其作用。在弗洛伊德以前，人们已经早就开始了对"性"的问题的研究。

弗洛伊德的功绩仅仅在于发现了性心理的发展史及其规律，揭示了性心理在人类生活中的重要作用和影响，为各个领域的科学家们更深入地研究"性"的问题提供了开启他们的"灵感"的钥匙。

弗洛伊德在这一时期转而集中精力研究性心理并不是偶然的，并不是他个人主观兴趣的转移，也不是他的好奇心所引诱。这是理论上和实践上的需要，以及前辈科学家们研究人类性问题的成果之必然结果。

在弗洛伊德以前不久，对性的问题有过深刻研究的人当中，有三位是值得在这里提出来的；这三个人就是：马克思、达尔文和蔼理斯(Havelock Ellis)。他们所处的时代同弗洛伊德相差不太远。弗洛伊德对马克思和恩格斯的著作并不熟悉，也正因为这样，才使弗洛伊德研究性的问题时忽视了社会生活对性心理的影响，夸大了个人性心理的作用。达尔文是从生物学和遗传学观点研究"性"的问题，所以，当弗洛伊德研究性心理时，吸收了达尔文在生物学和遗传学方面的研究成果(特别体现了在弗洛伊德关于性欲发展的理论上)。至于蔼理斯，由于他同弗洛伊德几乎生活在同一时代，所以，他们的性学理论是相互影响的。

近一百年来的历史发展证明，人类文化越发展，人类精神和文化生活越丰富和复杂，性心理就越占有显著的地位。在社会生活、文化生活和精神生活的各种领域，性心理已经变得更加重要，同其他因素拧在一起，扭成一团。所以，从弗洛伊德的精神分析学诞生以后，它很快就在实践活动中经受了一场历史的考验。这一考验证明，弗洛伊德的精神分析学对性心理的分析和研究，为揭示当代社会生活和文化生活的奥秘提供了一把钥匙。有些复杂的社会问题和精神、文化范畴，只要用弗洛伊德的性心理学说去分析，就可以迎刃而解。如果把弗洛伊德的性心理同其他的社会科学工具和方法结合起来，其解决问题的灵验程度就更加显著。

当然，弗洛伊德的性心理学不是神秘的"灵药圣丹"，它的有效性也是有限的。任何科学都有它的有效范围，自人类创立发明各种科学以来，还没有一门科学是永远地或绝对地有效。另一方面，弗洛伊德的性心理学也和他的整个精神分析学一样，并不是从一开始就是完备无缺的"绝对真理"。弗洛伊德的性心理学有它的片面性和局限性。我们在客观地评价他的性心理学说的价值和作用的时候，绝不能盲目地肯定它的一切内容。

弗洛伊德性心理学的主要缺点是：

第一，当他追溯到孩童时期的性心理时，忽视了这些心理在以后的发展中的复杂变化过程，从而使他把儿童性心理绝对化和孤立化，似乎孩童时期的性心理完全决定了人类心理生活的全部内容。

第二，当他研究性心理时，孤立地从心理学的角度去分析，忽视了人类社会生活及其他因素对性心理的影响，使性心理变成了独立进行、独立发展、独立发挥效用的神秘因素。

人类的性心理不是神秘不可测的东西。它是人的自然本性的一部分，是人类心理的重要内容。它的基础就是人类身体的生理结构本身，就像人的其他心理一样是人的身体的生理结构，特别是高度发展起来的神经系统的产物。人的心理又是人类社会生活的必然产物，它不是孤立于社会生活之外的"纯粹生理学的机能"，而是人的社会本性的一个方面。

所以，如果要正确地分析人类性心理的规律的话，就必须从人的自然本性和社会本性两个方面去研究。弗洛伊德看到了这两方面的因素对性心理的形成和发展所起的影响（这表现在他的"本我、自我和超我"的学说上），但他未能深刻、更全面地估计到社会生活对性心理和人类其他心理的重大影响。弗洛伊德在研究人的性心理时，忽略了人的社会本性，夸大了人的生理本性、自然本性。这是他研究人类性心理的一切片面性的总根源。

弗洛伊德研究性心理的生涯起于临床医疗实践的需要。弗洛伊德对性心理的研究既不是凭空想象，也不是凭好奇心，而是实践的需要和科学研究的不断深入的结果。弗洛伊德说：1895 年，他和布洛伊尔在《歇斯底里研究》一书中所建立的理论“还很不完全，尤其很少触及有关病变过程所植基的病因上。现在我已从经验的快速增进积累中，知道在神经质出现的背后，并不是有任何情绪激奋在作祟，而通常都是因为早年的性经验或新近的性冲突所引起的。我之研究神经质患者，原是不怀任何偏见的，所以我的结论绝不是我有意造成，也没有夹杂半点个人的期望成分在内。”①

弗洛伊德认为，他的整个精神分析学理论起于对歇斯底里症的研究，完结于关于性心理的理论；也就是说，性心理理论的建立标志着他的精神分析学理论的成熟。他说，在阅读了蔼理斯关于性的问题的著作之后，在获得了对歇斯底里症的丰富的治疗经验的基础上，“我迈上了极其重要的一步，超越了歇斯底里的领域，开始探究那些常在门诊时间内来看我的所谓精神衰弱病人的性生活。我做这种尝试的代价很大，牺牲了医生的声誉，但却使我获得即使在三十年后的今天也仍然坚信的理论结论。那时，有许许多多纷扰杂沓的观念需要克服——但只要克服了它们之后，就显示出所有这类病人都有着严重的性机能运用不当的现象。当然，若从性机能运用不当与精神衰弱症之广泛分布来着眼，两者之间又不见得完全一致。经过仔细的观察之后，我想到也许可以从精神衰弱症名下百态交缠的临床现象中，分出两种根本不同、但却以各种不同比例相混合而表现出来的临床类型——在第一型里，其中心症状就是焦虑，后来我称之为焦虑性精神机能病；另一种类型是精神衰弱症。至此，我们已可很容易地看出一个事实，即每一类型都有各自的性生活异常为其致病的因素：前者的病因是性交中断、未宣泄的激奋和禁欲，而后者的病因则是过度手淫和过多的梦遗。有少数几个病例，其临床的表现竟是在此两型之间游移不定。所有这些奇怪的病变，都是同他们的性生活的变化有关。我可以这样说，假如能停止不当的性生活，代之以正常的性行为，其结果就会明显地改善症状。由此，我开始有一个倾向，认定精神机能病毫无例外的都是一种性机能障碍，而所谓的实质性精神病则是这类障碍的心智表征。得到这样的结论，就我的医学良心而言，是件极愉快的事。我希望我的这个工作，能够弥补医学上的缺陷，因为医学界过去在讨论到这一具有重大生物学意义的机能时，除了癌症和解剖学上的病变以外，从不考虑其他。此外，这件事的重大的医学意义，还表现在这样一个事实，即所谓性不纯粹是一种心智过程，性当然也有机体的一面，性机能除了是心智过程以外，也可能有其特殊的化学作用，性的兴奋可能是由于某种至今未知的物质所引起的……为了避免引起错误的观念，我想在此特别指明，我绝没有否认在精神衰弱症中有心理冲突和神经质潜意识复合症在内。但我只是强调：这类病人的症状不是取决于心理的状态，也不能单用精神分析法去祛除症状，而应把这类症状视为性机能的化学障碍所引起的。”②

由此可见，弗洛伊德研究性心理是医治精神病患者的需要，也是深入了解人类心理一般规律的必要途径。这就注定使他的研究成果直接地推动了精神病研究工作和人类一般心理的研究工作，也使他的研究产生巨大的社会影响。

第 2 节　关于本能的理论

弗洛伊德的性心理学以解释“本能”出发，遂将性冲动看作是人类的基本本能。所以，我们首先要弄清他关于“本能”的理论。

关于本能的定义是众说纷纭的。一般地说，所谓本能是指某种关系到有机个体与种系（对人来说就是个人与种族）的生存或继续生存的固有的、根本性的冲动。本书第 2 章第 9 节中，在谈及“本我”“自我”和

"超我"概念时,已谈及弗洛伊德的"本能理论"的变更过程。弗洛伊德说:"我们可以把一种本能形容为一个本源、一个意向和一个目的。这本源是体内的一种紧张状态,而它的目的是要消除掉这一紧张状态。在从本源到它的目的的达成的途中,本能在心理方面变成为发动性的。我们把它描述成指向一定方向而冲出的一定数量的力。"[③]在另一个地方,弗洛伊德说:"本能的意思显然是指一种来自肉体而表现在精神上的内在刺激,但它又和刺激不同,因为刺激代表的是外在的激荡"[④]

心理学家曾企图开列出各种本能的清单,弗洛伊德认为这将歪曲本能生活的真正性质。所以,他写道:"你们知道普通人的思想怎样处理本能。他们依照大致的需要假定出若干不同的本能——判断的本能、模仿和游戏本能、社会的本能以及其他许多种本能等等。普通人的思想似乎想把这些本能一个个取出来,让每一种去履行自己的本分工作,然后再把它们放下。我们始终都存有怀疑,在这许多小小的、偶然的本能背后,还有一种远更严肃和有力的东西存在着,这是应当加以认真研究的。"这就是说,弗洛伊德主张透过我们所看到的各种具体的本能活动,去探究一种更为根本的、能推动人类活动的基本本能。

经过对各种具体的本能的研究分析,弗洛伊德把本能分为两种类型:一种是生的本能,称为"爱洛斯"(Eros);另一种是死的本能,或者是破坏的本能。

在这以前,弗洛伊德曾把本能分为保持种族存在的"性本能"和保持个人生存的"自我本能"两种。后来,他发现这一分类很不科学。因为上述两种本能在本质上是根本对立的,不可能有一个共同的源头,按照这种分类法,自我本能是一种压制性的力量,而性本能是被压制的冲动。这样一来,性冲动就很难在人的实际生活中发挥原始的推动作用。弗洛伊德从实际生活和医疗实践中得知,性本能是决定着人体内一切冲动的基础。因此，他改变了上述分类法，获致了新的分类——将本能分为"生的本能"(life instinct 或 Eros)和"死的本能"(death instinct)两种。

弗洛伊德还发现，"性本能"这一概念未能表达"性本能"本身的真正性质和真正含义。我们在往下几节将会看到：① 人的"性本能"是发展的，不论是对个人而言，还是对整个人类而言，"性本能"是一种分阶段发展的内在力量。② 人的"性本能"是一种包含对立面的斗争的自我矛盾力量——它既要达到自我满足，又要在自我之外寻求一个对象。(即使是变态的性满足，也要求两种根本对立的因素存在：一个是性欲发动的主体，另一个是性欲发泄的对象。同性恋是以同性异体为对象，自恋是以自己为对象，这两种性变态都是和正常的性欲一样包含了上述两种对立的因素——主体与对象。)弗洛伊德正是在研究了性自虐狂和性虐他狂以后，才决定用"生的本能"取代"性本能"这一说法。关于这方面的具体内容，以下各节将有所论述。现在只是给读者提供关于弗洛伊德本能学说的一个轮廓，简单地概述从"性本能"向"生的本能"转变的关键问题。

弗洛伊德关于"生的本能"与"死的本能"的学说既是他的性学理论的出发点，又是他的性学理论的归宿点。

作为一个出发点，"本能"论是潜意识理论的重要组成部分。在弗洛伊德以前，人们只把"本能"理解为"先天的能力"。也就是说，凡是未经实践训练就会做的行为都是"本能"。弗洛伊德提出了潜意识理论后，把本能解释成为潜意识的一种表现。所以，弗洛伊德所说的本能与以往的"本能"概念有以下不同点。

(1) "本能"的根源就在于人体中的某一器官或某一部分的生理机能及其运作过程。人的躯体内的某部分的生理运作造成了一系列的刺激或兴奋流，它们可以表现为人的精神生活中的“本能”要求。因此，弗洛伊德所使用的“本能”概念，包括了属于精神生活的那些本能要求，它可以在每个个体的生活经验中产生某种内在的和心理方面的冲动。这是同一般自然科学家单纯地从身体器官的生理机能的角度去研究本能不一样的。

(2) “本能”不是先天的，而是幼年时期及种族发展史上的过往经验的沉淀物。

(3) “本能”是矛盾性的——既有自我保护的作用，又有自我破坏的作用，因此，关键在于“自我”与“超我”怎样去引导它和利用它。

(4) “本能”的主要内容就是性欲，因此，在弗洛伊德建立精神分析学初期，“本能”与“性原欲(libido)”基本上是同义词。布里尔指出：“在精神分析学中，‘libido(性原欲)’意味着性本能的那种在数量上可变，而在现实又不可测的能量(quantitatively changeable and not at present measurable energy of the sexual instinct)，它在通常情况下是导向外在的对象的。它包含一切同广泛意义的爱相关联的冲动。它的主要成分是性爱；而达到爱的结合是它的目标。但它又包含对自身的爱(自恋)，对双亲、对孩童及对亲友的爱，对具体物体的执着，甚至还包含对抽象观念的献身精神。”⑤

后来，弗洛伊德才把本能分为“生的本能”和“死的本能”两种。但即使分为“生的本能”和“死的本能”，也仍然以性冲动为其基础。

如果孤立地看弗洛伊德关于本能的学说，那么，很容易把这一学说理解成为“兽欲”的学说，似乎它把人完全归结为同动物一样的自然界生物，而忽视人的社会本质。

应该指出，弗洛伊德关于本能的学说和他的关系潜意识的学说一样，有它的片面性。但是我们在理解它的内容时，首先必须全面地对它进行分析。只有在全面理解的基础上，才能恰当地、准确地揭露它的片面性和错误。

下面，我们着重从两个方向说明“本能论”的内容和基本精神。

第一，弗洛伊德所说的“本能”是原动的，但它又不是为所欲为的，因为它要受到“自我”和“超我”的控制。这就是说，“本能”是潜意识的愿望，它确实随时随地在人心内部发生作用，潜移默化地影响着人的心理生活。但是如同一切潜意识都要受到自我和超我的压制一样，本能也是受自我和超我的控制。换句话说，就本能而言，它是幻想为所欲为的；但实际上，它又不可能为所欲为。在这里，弗洛伊德特别强调了主观愿望与客观实际的本质区别。这一点，同那些主张为所欲为的唯意志论者有本质上的不同。

但是，弗洛伊德并没有彻底地解决主观愿望同客观实际的关系问题。他虽然指出了“自我”与“超我”的控制能力，但没有说明“自我”与“超我”何以能控制“本能”。关键在于，弗洛伊德没有真正地理解人的社会本质，因而也就不能正确地估价人的意识的主观能动性。弗洛伊德只是笼统地说意识对潜意识的“压制作用”，并没有说明意识对潜意识的压制能力来自人的社会生活和社会实践本身。换句话说，弗洛伊德没有看到：人的意识之所以具有指导意义，不是由于意识本身的力量，而是由于人的意识反映了实践的要求，总结了实践的经验。正是社会实践本身改造了人的意识，使人的意识具有强大的力量，得以控制原动的、生气勃勃的潜意识。

第二，“本能”只是人的心理生活和实际行为的一个很小的组成部分。就个人来说，在从小到大的成长过程中，“本能”在心理活动中所占据的地位越来越少。就整个人类来说，在从最低级的原始公社社会到高级的现代社会的发展过程中，“本能”在人类社会活动中所占的比率也越来越少。所以,弗洛伊德研究“本能”的心理学意义是有限的。它对于研究人类心理发展史,对于研究幼儿心理的变化规律,对于研究原始人的心理活动,都有一定的意义。但应该指出,到了成年人以后,本能活动已经减少到非常小的限度。弗洛伊德把幼儿和原始人的心理活动当作研究一般人的心理规律的出发点,并没有什么可以非议的地方。但如果像他那样把“本能”看作是一切人的一切心理活动的基础,那就违背了人类心理活动的客观规律。正是在这个问题上,再次暴露弗洛伊德的哲学思想和弱点——他把“本能”绝对化,从而未能与十九世纪末出现的尼采主义、柏格森主义彻底划清界限。

往下,我们顺便概述弗洛伊德的“本能说”与柏格森主义和尼采主义的某些思想联系。

柏格森认为有生命的物体都是由“生命力”(elan vital)激发起来的。因此,他的哲学被称为“生命哲学”(philosophy of vitalism)。柏格森所说的“生命力”和尼采所说的“意志”都带有“本能”的含义。也就是说,柏格森和尼采都把“生命力”和“意志”看作高于意识、并主导着人的一切活动的基本动力。

弗洛伊德本人的哲学本来是源自亥姆霍兹和达尔文等人的哲学体系的。但是,如前所述,弗洛伊德在大学时曾向布伦塔诺求教哲学,而布伦塔诺的哲学恰恰强调“纯粹的心理学”,即所谓“描述的心理学”(Descriptive Psychology)的重要性,这就导致与亥姆霍兹的“生理学的心理学”理论的对立。布伦塔诺对弗洛伊德的消极影响,使他有可能吸收柏格森和尼采哲学的非理性主义因素。

我们分析弗洛伊德的精神分析学的上述片面性时,要注意这些片面性本身的产生根源。上面已经大略地从认识论和实践的角度谈到它的片面性根源。实际上,除此而外,还应看到,它是治疗精神病和性变态的临床实践的片面总结。弗洛伊德认为人的性原欲一般要经过“口欲”“肛门欲”“性蕾”“同性”及“异性”几个发展阶段。人的性原欲可以通过各种方式表达出来。因此，弗洛伊德认为，当人的心性发展出现问题的时候，就会用较“退化”的性行为方式来表达其性欲，这就产生各种“性异常”现象，如“自恋”“同性恋”等。如果采取变形的方式，通过一些心理自卫机转来表达自己的性欲时，就造成各种类型的精神病，如“焦虑性精神病”“强迫症”“歇斯底里症”等。基于这些临床实践经验，弗洛伊德得出了一般性的结论，即认为性原欲是人的一切心理活动的基础。显然，弗洛伊德从这些部分的经验上升到普遍性的结论的研究方法是带有很大的片面性的。

对于这种片面性，当弗洛伊德刚刚提出上述观点的时候就已经有人从多方面的角度提出批评性意见。后来，在用这种学说治疗精神病人的时候，也常常会发生一种“阻抗现象”，即病人拒绝接受从性因素的角度的病因分析，因为他们对此有反感。甚至许多精神病专家也因身受这种“阻抗现象”之扰而不愿全盘接受这种学说。基于此，弗洛伊德本人到晚年时适当地更正了自己的学说的片面之处，强调“性原欲”只是人之基本欲望的总称，从而在一定程度上克服了原来过分夸大“性欲”的作用的片面性。

但是，弗洛伊德的上述修正是很有限的。归根结底，他还是把“性欲”看作是人的基本本能，是所谓“潜意识”的基本内容。弗洛伊德关于本能学说的这种片面性决定了他的性学说的某些片面性。

第3节　性变态

弗洛伊德研究性本能是从分析“性变态”病症开始的。通过对各种性变态的研究，他进一步了解人类性冲动的本质和真相，发现了人类性欲起源于幼儿时期，经历不同的发展阶段，才演变成成熟时期的性欲。

如下图所示，所谓“性变态”指的是“性对象”(sexual object)和“性目的”(sexual aim)方面的失常。弗洛伊德说：“如果我们引进两个名词，把那些散射着性吸引力的人物称为性对象，而把那些性冲动竭力追

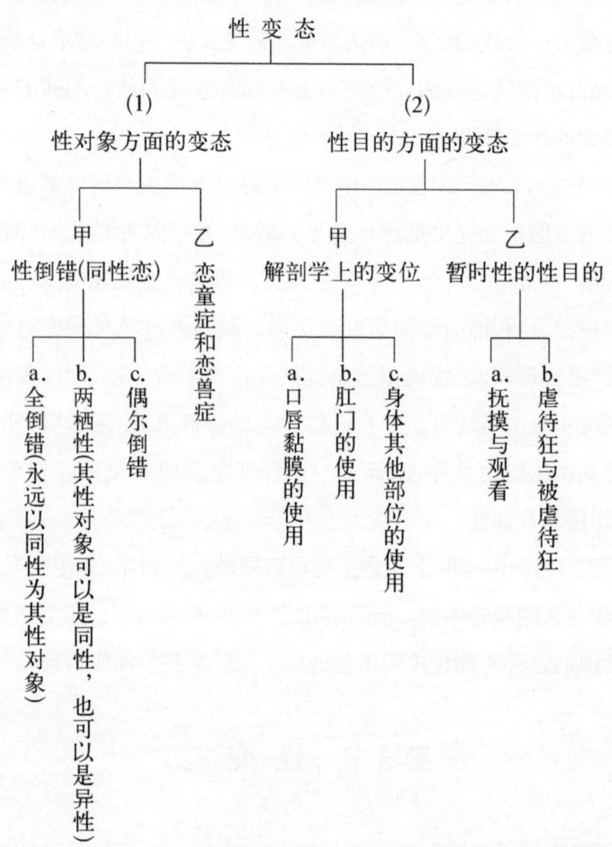

求的东西称为性目的的话，那么，在这些方面的科学研究就会告诉我们许多与性对象或性目的有关的变态现象，从而使我们了解它们和一般所说的常态之间有什么样的关系。……”[⑥]

通俗地说，所谓性变态，是指人发生性行为时不采用一般异性间的那种生殖器交媾方式，而是以其他异常方法获得性快感。通常包括同性恋（homosexuality）、装扮异性狂（transvertism）、暴露狂（exhibitionism）、虐待狂（sadism）和被虐待狂（masochism）等。一般地说，性变态是人类性本能未获得正常发展的结果。因此，研究它们，可以从反面帮助我们认识人类性心理的正常发展规律。

弗洛伊德研究性变态时，打破了常人对性变态的表面分类方法，作了如下的分类：

一、性对象方面的变态

正常的人都是以异性为性对象。但性对象有变态的人则以同性为对象（同性恋），或者以性发育未成熟的人（恋童狂）或动物为性对象（恋兽狂）。

这种性变态的本质是什么呢？它们究竟怎样产生的呢？在弗洛伊德以前，对于性倒错症的根源作过各种研究。以往的研究理论大致可归纳为三类：

第一类理论叫做“变质论”。在过去的医学理论中，往往把不属于创伤性和感染性的疾病成因归之为“变质现象”。但弗洛伊德认为这种“变质论”应用于性变态是站不住脚的。弗洛伊德认为，发生性倒错的病人在其他方面往往都和正常人一样，他们的工作能力非但分毫未损，而且在心智发展和道德涵养方面有时也有高度的成就。例如历史上出现过许多伟人，但他们在性对象方面是倒错的。有些作家和名画家是同性恋者。最近一百年来，有些人发现性倒错并不是病，它早在古代文明高度发展时期和在原始民族的生活中都有较多的出现。

第二类理论叫做“先天论”。这种理论把性变态对象看作是天生的。弗洛伊德说这种理论是不值一驳的，因为有很多性变态者是在后来才发生的。而且，有的性倒错只是在某些外在环境下，在性对象遥不可及时才偶尔出现的。

第三类理论叫做“双性理论”。弗洛伊德认为，这是在以上三个理论中唯一包含有理论价值的学说。按照这个学说，性异常或性变态源于解剖学上的所谓“阴阳人”的性器官结构。这种人的性器的性征相当模糊，雌雄难辨，或者同时拥有男性和女性的特征。有时，在极端的情况下，两种性器官都可以完全发展，但在一般情况下，往往是二者皆发育不全。

弗洛伊德认为，双性理论所揭露的上述反常现象有重要意义。因为它们无意中助长了我们对于性征正常发展过程的了解。原来，形态上某一程度的双性倾向是正常的。没有一个真正的男人或女人不具备异性器官的残迹；其中有些经过转化，供他种目的之用，有些则成为一无用处的残存器官，继续存在着。弗洛伊德说，由双性倾向的发现，“我们得到一种印象，相信原初的发展本倾向于双性化（bisexuality，即雌雄同体），但是在发展过程中渐渐变为单性，受阻的一性只留下了些许残迹。”⑦

这个结论对于研究人类性欲的发展有很重要的意义，在下一节论幼儿性欲时我们将详加讨论。但是，从治疗性变态的实际经验来看，所谓性变态与阴阳人结构并没有很密切的关系。

从对于以上三个理论的分析，可以得出两个比较重要的结论：

（一）性变态不是解剖学上的疾病，而是性冲动在发展过程中的故障引起的。

（二）性本能与性对象之间并不是不可分割的。正如弗洛伊德所说:“性本能可能全然与其对象无涉,它根本不是来自对象身上产生的性刺激。”换句话说,性本能是发自人体本身的内在冲动,不是外来性刺激的产物。

弗洛伊德根据恋童狂和恋兽狂的异常性行为,还得出另一个结论,但这一结论显然是错误的。他说,恋童狂和恋兽狂表明性本能与饥饿觅食的本能有所不同。如果说觅食本能与其对象(食物)间有密切关系的话,那么,性本能就不是这样的了。人在饥饿时所产生的“饥不择食”的现象是有限度和有条件的,这就是说,饥者所吃的是任何一种可以吃的东西。但在性行为中,性对象可以是野兽或其他与人无关的东西。弗洛伊德由此得出结论说:“性生活的冲动,即使在正常情形下原本就很少受高级精神活动的驾驭。……有不少性生活不正常的人在其他任何方面都与常人一无相异之处。”

这个结论带有很大的片面性。如前所述,弗洛伊德没有充分估计到社会实践对人的本性(包括人在性方面的本能)的重要作用,因而不能恰如其分地估计意识对人的生活的支配作用。各种性变态虽然找不到解剖学上的病症,但唯因如此,才恰恰表明其性变态乃是一种严重的社会问题。这就是说,性变态与其是生理上的或心理上的疾病,不如说是社会性的疾病。这一病态的出现不但不能证明“性冲动原本就很少受高级精神活动的制约”,反而证明它不但受到高级精神活动的控制,而且还受到社会生活的制约。

人类的性行为绝不单纯是为达到性冲动的满足,而是人的社会生活的一个组成部分。只有从社会生活的角度去分析各种性变态的根源,只有冲破性生活与性器官的狭隘关系去考察性变态,才能找到比较合理和比较全面的答案。

二、性目的方面的变态

通常我们所说的典型性交行为，以两性性器官之交接为正常的性目的。弗洛伊德说："它可以消减性的紧张，及时扑灭性欲之火（这种满足和饥饿的满足是一样的）。"但是，即使在最正常的性行为里，又往往伴随着其他的附属性行为。例如，在性交前后与性对象之间的抚摸、观看等，弗洛伊德认为"原是导向性目的之预备动作"，"这些活动一方面本身便是愉快的，而另一方面也促进激情，直至确切的性目的已经达到为止。"

所有这些附属性行为，如果越出其"附属的性质"而成为"主要的性目的"，即造成一种性错乱（perversion）。所以，这些附属性行为在未发展成为真正的性错乱以前，乃是"性错乱现象与正常性生活之间的桥梁"。

弗洛伊德根据这些附属性行为在性错乱中所表现的程度，把性错乱分为两类：① 性结合时所使用的身体部位之解剖学方面的变位（anatomical transgressions）；② 在与性对象共同跨向真正的性目的之前所表现的"拖延行为"（lingering）。

由于人的社会生活的复杂性，由于人完全脱离了动物界的狭隘的生活范围，人的性行为当然不会完全局限于性器的交接本身。若问任何两位青年男女的结婚目的，那么，他们的回答必定远远超出性交的目的之外，而首先涉及社会生活内容——建立美满的家庭、共同达到崇高的生活理想、相互促进工作和事业等等。

人的性目的显然不是单纯的性交。所以，广义地说，在两性接触过程中，一切有利于个人和社会生活的性生活行为，都应视为正常的和健康的。这是人区别于一切动物的重要标志，也是人优越于动物的地方。

弗洛伊德关于性目的的定义和观点，也同他的整个性理论一样，存在着明显的片面性和狭隘性。在他看来，只有以性器交接为主要目的的性行为才是正常的性行为。但实际上，他把人的性目的绝对化和孤立化，成了与人的社会生活无关的单纯性行为，这就降低了人的性行为的社会意义。

在这样的片面观点的影响下，他把性目的的错乱归结为“对于性对象的过分高估”。他在《性变态》一书中说：在人的正常生活中，实际上除了性器官以外，人们往往还将性对象的其他结构的意义评价过高，其中包括对其容貌的追求，甚至包括性对象的柔情蜜意在内。“正是这种对异性的过高评价，使得性目的渐渐脱离性器官结合的狭隘限制，使身体的其他部分也变成了性所追逐的目的。”

在关于“拖延行为”的论述中，弗洛伊德把重点放在“虐待狂”与“被虐待狂”的病态研究上。弗洛伊德认为，在性目的的错乱中，“表现了性目的正负两型：主动型和被动型”。具体来说，弗洛伊德认为，性错乱的最常见、最重要的形式有两种——“喜于使性对象痛苦之倾向及其反面”，前者是主动的，称为“虐待狂”，后者是被动的，称为“被虐待狂”。

弗洛伊德认为，虐待狂的根基“不难马上在正常人身上找到。多数男人的性欲之中都混杂着侵略性和征服欲。在生物学的意义上，这就表现为当他向性对象求爱的时候，如果不曾遭遇阻抗让他去克服，便感到索然无味。因此虐待狂可以说是性本能里的侵略性因素独立化和强化，这种独立化和强化，经由转移作用而明显地表现出来。”

虐待狂这个概念所包含的意思，在程度上有很大的差别。轻者，只要稍微具主动地位就心满意足了；重者，则非要使性对象达到绝对服从、遍体鳞伤不可。但在弗洛伊德看来，严格地说，只有后者才可归入虐待狂的范畴之内。

同样地，被虐待狂这个概念也包含了一切性生活里对待性对象的被动态度——其最极端的表现是：唯有经由性对象的手而遭受肉体上或精神上的痛楚才得到性欲的满足。

被虐待狂这一性错乱现象似乎比虐待狂更加远离性生活的目标。有人为此而怀疑被虐待狂是否可能实际存在；或者它是否为虐待狂的一个变种。弗洛伊德说："我们不难发现，被虐待狂不过是指向自我的一种虐待狂，它是把自己比拟为性对象的结果。"

对于虐待狂与被虐待狂的研究，使弗洛伊德作出这样的结论："这种性错乱现象之最明显特征在于：它的主动与被动形式经常同时表现在同一个人身上。一个在性关系上因对方之受苦而感觉快感的人，又能在受苦之中得到快感。虐待狂患者同时也是被虐待狂患者，不过通常往往是有某一方面作为其主要的性活动方式——不是主动的方面便是被动的方面表现得较强些。"

由此可见，某些性错乱往往有成双成对出现的倾向。这一发现在理论上具有重要的意义。它又一次表明人的性行为和性生活中也和人的其他社会活动一样，总是包含对立面的因素。这一结论同前面所说的"双性理论"有很大关系，它对研究性欲的本质、起源和发展具有重大的指导意义。

从以上关于性对象与性目的的变态的研究，我们可以得出什么结论呢？

第一，在人的性生活中包含着许多不同的因素，我们不应片面地把性生活仅仅归结为性器官的接触。性生活内容的多样性，使我们认识到这样一个重要规律：在性生活领域里，正常与不正常的行为的界限不是单纯取决于这些内容或因素的比例变化，而是看其在社会生活中的意义。我们只有超出狭隘的性行为的范围，从更广泛的社会行为规范——社会道德等——的角度去分析它们，才能有一个比较正确的认识。

第二，性本能必须伴随着一定的“阻抗”，才能受到限制，才不至于发展为“性变态”，这一阻抗主要来自性因素以外的心理力量，如“羞耻心”“嫌恶”“害怕”和“痛苦”等。此外，还包括更为抽象的道德阻抗力，如“良心”之类。弗洛伊德说：“从性错乱现象的研究里，我们彻底地弄清了一个事实，那就是：性冲动必须不时地与某些精神能力或阻抗作用相抗衡，其中最主要的是害羞和嫌恶感。我们可以设想，这些心理力量本来是用来限制性冲动，使之不至于溢出正常的范围之外。如果它们在一个人的性冲动尚未十分强大之时便得到充分的发展，它们便能驾轻就熟，好好地引导着性的发展，使之正常化。”

第三，各种精神病乃是“性错乱的负面表现”。弗洛伊德认为：“被囿限于潜意识的思想产物，由于其情感价值甚大，不能不力求表达和力求宣泄，终于在歇斯底里症里经由转化的历程而以肉体上的变化表现出来——这就是歇斯底里症的症状。”“歇斯底里症代表着一种挣扎，其力量来自性冲动。……歇斯底里性格明显地表现着一种超乎常情的性潜抑，夸大了我们所知道的羞耻心和厌恶感等心理因素的阻抗作用，来抗拒性冲动。”

在所有的精神病患者的性冲动中，我们可以看到一切我们研究过的变异（包括正常范围内的差异以及病态性生活的表现）。一方面，只要在潜意识里有成双存在的冲动中的一种，就一定会有其另一种冲动的成分与之相对立而存在；另一方面，在任何一个严重的精神病患者身上通常都会发现一种以上的性错乱冲动,甚至可以寻到每一种性错乱冲动的痕迹,但其中有一种冲动往往占主导地位。总之,从性错乱的分析中可知,精神病人的病源绝不会单纯是某一种性冲动,而是以某一种为主的复合性的性冲动。

第四,人的性冲动原是一群"部分冲动"(partial impulses)复合而成的,而所有能够产生性冲动的体内器官都可称为"快感区"(erogenous zone)。在人类性欲发展过程中,这些不同"部分冲动"或"部分性本能"(component sexual instinct)以不同的速度发育起来,并分别起着不同的作用。弗洛伊德的这一观点有助于我们更深入地分析人类性冲动的各个组成部分,从中了解性冲动的各个不同源头。

第4节　性欲的发展过程

弗洛伊德不仅分析了性变态,还分析了性欲各部分在人体内的发展过程。他在解析性欲发育史时,一直追溯到儿童时期。这是他研究整个人类心理时所一贯采用的方法,实际上是达尔文研究物种起源的科学方法在心理学研究中的应用。

弗洛伊德把性欲的发展分为三个时期:

第一个时期是从出生到5岁儿童。这一时期又分为三个小阶段:① 自恋期;② 暴露期;③ 俄狄浦斯情结期。

第二个时期是从5岁到12岁的所谓"潜伏期"。

第三个时期是从12岁到18岁的"青春发动期"。

在以上三个发展时期中,第一个时期是最重要的,因为它奠定了性欲在一生中发展的方向,也埋下了成年后一切与性有关的因素的"种子",影响到一生的心理发展的各个重要特征。第三个发展时期是第一个时期的性冲动的全面复活及进一步发展。在前后两个时期之间的潜伏期内，性欲的发展暂时“冻结”，这时人的心理生活中主要是发展“自我”，遂使“自我”与“本我”逐步分离，“自我”获得了适应环境的全面训练，然后“自我”成了管辖“本我”的独立力量。

下面，我们较详细地分析第一个时期与第三个时期的性欲发展过程。

第一个时明，不论在性欲方面，还是在其他心理方面，都处在萌芽阶段。任何事物，当处在萌芽阶段时，往往采取最简单的形式。因而也是最易于观察。对于幼儿性欲来说，还有一个更有利于观察的条件，那就是意识尚不发达，使性欲得以毫无顾忌地暴露出来。换句话说，在意识获得发展以后，人类心理活动便变得更加复杂化，因为意识对于其他心理因素的干预，可以增加许多假象，使其他心理因素蒙上一层层外衣，掩盖着性心理的表现。例如，有了意识的干预以后，人的性欲就不会采取赤裸裸的表现形式，而采取曲折的，甚至虚伪的表达形式。意识使人有了“羞耻心”“责任感”等其他因素，掩盖或抑制了本身的性欲。

在幼儿时期，意识尚不发达，其性欲可以以自然形式暴露无遗，自此很便于观察。

根据弗洛伊德的学说，幼儿性欲又分三个阶段；而在每个阶段中，总有一个“部分冲动”占主要地位、起主导作用。

第一阶段是所谓“自恋期”，它包括婴儿出生后的最早几个星期，当时儿童还没有把自己当作一个单独存在的个人意识。这时，不同的部分冲动多少独立地寻求它们自身的满足，儿童的性生活只限于由刺激身体而得来的快感。因为在这一时期的重要动作是吸吮，所以，口部的本能（口部快感区）占重要地位。将近两岁时，儿童的自我意识生长了，性本能开始向着自己，把自己当作爱的对象。由此，弗洛伊德把这一阶段称为“纳西索斯期”或“自身恋爱期”(纳西索斯[Narcissus]是希腊神话中的一个神,自己爱上了自己的影子)。

吸吮指头的习惯多半发生于哺乳期的小儿,然也可能持续至成年甚至终生。这是一种嘴唇吸吮动作的规律性重复,原来是以吸取营养为目的的。有时吸吮的不是拇指,而是嘴唇的一部分、舌头(这些都是容易达到的部位),甚至大脚趾。同时,他们也发展到抓东西的欲望,如有规律性地拉自己或别人的耳朵等。吸吮的乐趣可以使人浑然忘我,渐入安眠,或引发一阵类似于性高潮的动作反应。(这就说明,即使在幼儿时期,性的满足也已成为最好的安眠剂。许多有些神经质的失眠患者,都可溯源至性满足的缺乏。)吸吮的乐趣常伴随着身体其他敏感部分如胸部或外生殖器的接触摩擦,所以很多小孩往往从吸吮指头逐渐过渡到手淫上面。

蔼理斯(Henry Havelock Ellis, 1859 - 1939)曾把幼儿的上述性欲表现称为“自体享乐”(autoerotic)。弗洛伊德说:“一个小孩吸拇指,表示他正在追求某一种记忆犹新的愉快体验。反复地吸吮皮肤黏膜,原是最简单的满足形式。……吸吮母亲的奶(或其代用品)是孩童生活里最早体验到的,也是最重要的一种愉快动作。我们可以说孩子的嘴唇就是快感区,母亲奶汁的温暖之流,确能带来刺激,造成快感。”

由自恋期向“暴露期”的过渡大致是由于母亲的力量。这时,母亲或家长强迫幼儿控制自己的便溺,教育他们“自我清洁”的习惯。这时,儿童往往用喧吵行为和裸体奔走的嗜好表现自己,炫示自己的体态。

第一时期的第三阶段是最危险的时期——俄狄浦斯情结期。在这一阶段,儿童开始向外界寻求他的爱的对象。但由于他们的生活环境有限,所以,他们不可避免地在他所接触的那些最亲近的人当中寻找爱的对象。

如前所述，在古希腊的戏剧家索福克勒斯(Sophocles)的剧本中曾讲述一位叫俄狄浦斯的男主角，为要应验一个预言，不自觉地杀了自己的父亲并娶了自己的母亲。弗洛伊德用俄狄浦斯的“亲母反父”行为说明这一时期幼儿性欲的特征。在这一时期，儿童的性要求要在异性家长身上得到满足，于是对同性家长便抱着相反的对立情绪。

弗洛伊德的好友琼斯说：“儿童不仅向外界寻求其爱情的对象，而且也寻求其意识的和无意识的性的幻想的对象。因此，他不可避免地首先接触那些他最亲近的人——他自己的家庭成员中的分子。不过，当他们的幻想从同辈人身上开始转向长辈时——主要是父亲或母亲——便发生了问题。这样便形成了著名的俄狄浦斯情结(注：常把这一概念译成‘俄狄浦斯潜意识复合体’，以下均简称‘俄狄浦斯情结’)。这就是说，在儿童身上，对异性双亲有一种性的态度，对于同性双亲则有一种敌视态度。当然，有时在儿童身上也出现与此相反的、颠倒的‘俄狄浦斯情结’——即爱上同性双亲、疏远或敌视异性双亲。弗洛伊德把这种情结当作全部潜意识的中心，以致儿童的将来性格和气质以及任何时候发生的精神病，均主要由他在这一时期应付这种情结的态度来决定。这乃是全部精神分析学中的最特出、最重要的发现，全部个人的抵制力以及外界对于精神分析学的批评都集中在这一点上。……所有精神分析学的其他结论都围绕着这种情结，精神分析学的成功与失败也都由这一发现来决定。”⑧

弗洛伊德甚至说，他的精神分析学的全部贡献就集中在这个“俄狄浦斯情结”上面，他说，他希望死后所立的墓碑上能写明“心理学家西格蒙德·弗洛伊德，俄狄浦斯情结的发现者，西西弗斯神谜的揭秘者”。

弗洛伊德在《精神分析引论》中概述“俄狄浦斯情结”的基本内容时说：“女儿偏向父亲或儿子偏向母亲，这种早期的明显迹象大概可以在大多数人身上发现出来。但那些患有精神病体质的儿童则表现得尤为明显——他们往往有早熟的爱的要求。”他又说:“我们看到一种同性相拒的倾向,即女儿疏远母亲,父亲疏远儿子。女儿把母亲看作是限制她的意志的一个权威人物——母亲的任务便是教育她遵守社会所公认的关于性自由的禁制,在某种情形下,母亲也是她的敌手。同样的情形在父亲与儿子之间表现得尤为激烈。在儿子看来,父亲是他所不甘服从的社会势力的化身,父亲阻挠着他的意志的实行,妨碍他的早期的性快乐;并且,当有家产的时候,他更干涉他对财产的享用。父亲与女儿或母亲与儿子间的关系便没有那么多的不幸。母亲与儿子的关系便是不变的慈爱的最纯真的实例,它不为任何自私的意念所干扰。……所以,假如大多数人做一种意欲除去同性双亲的梦,那是不足为奇的。……在最幼小的儿童年龄中,总是表现出他们与同性双亲之间的最深邃最平常的疏远动机。我所指的是那些以性的因素为主的敌对感情。男孩子,在很小的时候,已经对于他母亲开始发展一种特殊的爱情,把她看作是他自己的私产,把父亲看作是与他争夺这份私产的敌人,小女儿同样把她母亲看作妨害她与她父亲间的恋爱关系的人,并占据了她自以为应占的地位。”

当然,应当指出,小孩子的这些性欲都是无意识的。在意识中,俄狄浦斯情结往往表现为各种形式的亲昵和爱抚的愿望,以及当同性的父亲或母亲不在时的快乐表情。

为了使儿童在长大后能更加适应环境,有必要压制儿童错综的俄狄浦斯情结及其有关心理因素。我们在研究人类家庭的发展时,将会发现上述压制,特别是儿子压制对父亲的敌视感情,对于维持一个大的和安定的社会集团来说,是非常必要的。儿童为了补偿在双亲方面的爱的对象的损失,往往把自己的自我的一部分视为与双亲一体的,于是，在儿童的心理生活中便开始形成了“超我”。这一过程，在前面论述潜意识和意识的关系以及心理发展过程时，曾经简略谈过。现在要着重指出的是俄狄浦斯情结在“自我”和“超我”的形成过程中所起的作用。弗洛伊德对此曾作如下论述：“当俄狄浦斯情结衰退的时候，儿童必须放弃过去对于双亲的依恋，为了补偿这个损失，早已存在的与父母的同体观(identification)便大大地加强。”这就是“超我”的逐步形成。

强迫破坏俄狄浦斯情结的一个重要因素是对于阉割的恐惧。由此便产生一种阉割情结(castration complex)。关于阉割情结的起源，弗洛伊德概述如下：

> 当父母或保姆发现一个男孩开始玩弄他的生殖器，而这个男孩又尚不知道进行隐蔽的时候，往往用阉割他的生殖器来进行恫吓。有许多人对于儿时的这种恐吓还留有清楚的意识的记忆。……据我们所了解的，儿童依据由暗示或讽刺而得来的关于禁止自恋的知识构成了这样一种惧怕感。……造成这种幻想的材料是从哪里来的呢？我相信，这种原始的幻想是一种系统发育史的产物(phylogenetic possession)。我认为，在人类家庭发展的史前期阶段，阉割本身很可能是一种事实。至于小女孩，我们知道，她们觉得自己大受妨害。……因此便产生了做男人的愿望，这愿望在后来的女精神病人身上再度出现。……对于大多数女人来说，由于特殊的女性功能——直接地由于生小孩，间接地由于养小孩、料理家务或其他的类似活动，才多多少少地把这种阉割意识消失掉。就这样，她变得与男人平等，并且找到了辩解的理由。

由此可见，阉割情结对于两性的作用是很不一样的。弗洛伊德认为这一点十分重要。在男孩子方面，阉割情结是为俄狄浦斯情结的解体开辟道路的，至于女孩子，则情形几乎完全相反。在女孩子身上，阉割情结却先于俄狄浦斯情结而较早形成。这是因为女孩子同男孩子一样首先把母亲当作爱的对象——因为母亲最先直接地照顾着她的生长、哺乳给她等。但当她意识到自己与男孩子不同——没有男孩子的生殖器时，她便开始埋怨她的母亲。因为她觉得自己没有男性生殖器而处于不利地位。由此便在她身上形成和发展出反对她母亲的感情，产生了"俄狄浦斯情结"。关于这一点，弗洛伊德说："女孩子无限期地留在俄狄浦斯境界；她只有到晚年才放弃它，但即使那时也并非完全放弃它。在这种情况下，超我的形成就觉得特别困难。在女性那里，超我得不到文化方面的支持和力量，因而迟迟难以建立。"

从这一段话中可以看出弗洛伊德把性的分野同人的性格、意志、毅力、能力的形成联系在一起。我们在分析男女两性的不同性格时，可以参照弗洛伊德的这个意见，但不能将它绝对化。因为事实证明，男女两性的分野对于人的不同性格和能力的形成只有很少的影响，像弗洛伊德那样过于夸大这种影响是错误的。

以上是幼儿性欲发展的第一时期内三个阶段的进化情况。如上所述，从 5 岁到 12 岁，人的性欲发展进入潜伏期。这时，性欲被暂时"冻结"，几乎完全停止外露。所以，我们不打算对第二时期性欲作过多的描述。下面，再重点地叙述第三时期——从 12 岁到 18 岁——的性欲发展特点。

在这个所谓"青春发动期"内，幼年时期的性冲动复活了，性欲发展沿着早期预先定下的方向进行着。所以，如果完全不知道首期性欲发展的特点，就很难医治这一时期内所可能发生的性变态方面的疾病。

弗洛伊德说:“青春期开始变更了性欲的发展;这时,幼儿期的性生活被改头换面,终于以常见的常态形式出现。在此以前,性冲动多半是‘自体享乐’的,如今它开始寻找性的对象。从前每一个冲动都单独作战,快感区各自在其特定的性目的上寻求自己的满足。如今,一种崭新的性目的浮现了。所有的部分冲动都联合成一体以便达到完整的性满足;各个快感区都隶属于生殖区的主要目标。由于这个新的性目的在两性身上截然有别,所以,男女双方的性发展也从此明显地分道扬镳。男人的性发展表现得远为一致和谐,并易于了解。女人方面则甚至可能出现退化形式。性生活的正常性,必须借性对象与性目的这两股激流的汇合,才能得到实现。”⑨

弗洛伊德认为,青春期内的最显著的、也是最重要的变化就是外生殖器的显著成长;这些外生殖器在童年时代的潜伏期内有过一段相当长时间的被抑制过程。与此同时,内生殖器也发育到相当成熟的程度,足以泄出性的产物或承受它们,为新的生命的形成做充分的准备。

性器官可以被刺激所引动。根据观察,刺激可以来自三个方面:① 来自外在世界,再经由以上所说的性感区的传导;② 来自内在的有机世界;③ 来自代表着外在印象的储积及内在刺激的承受的精神生活。以上三方面的刺激都可以导致一个同样的结果,即造成所谓的“性兴奋”(sexual excitation)。这种“性兴奋”都可以在精神上和肉体上作出适当的表现。

弗洛伊德认为,关于性兴奋,也和其他性因素一样,必然包含对立的成分——即在兴奋中包含着痛苦。

从人的一生中性欲的上述发展过程,弗洛伊德作出这样的结论:

孩童性生活方始之时，性本能诸成分便已开始其整合。最早的时候，口唇快感扮演了最重要的角色。第二个性器前期的整合则以肛门快感与虐待癖之崛起为其特征。只有到了第三期，通过真正的生殖区的参与，性生活才终于定型。然后我们才满怀惊讶地发现，这种幼儿期性生活(从2岁到5岁)早已有其对象选择；而且，在这一过程中，所有的心智活动也都已经牵涉到性的因素中去。虽然不同的本能成分还没有汇合，性目的也还不明确，但这一时期的发展却是后来的确切的性组织的重要先驱。人类的性发展被潜伏期截成两段这回事，似乎很值得注意。这可能是人类为发展其高度文明所不可缺的条件，但它同时也带来了心理症的倾向。就我们所知，在人类的动物近亲中并无这类现象。想来人类的这种特性必然发生于人种初现时的史前期。……在青春期内的重要变化，有两件事是带决定性的；其一是其他性兴奋来源都服从于生殖区的首要性之下，其二则是寻找性对象的过程。所有这两件事都已在孩童时期略有进展。前者应用前期快感(fore-pleasure)机转而得以完成。……由此之后，我们开始必须考虑男性与女性在性欲方面的分化；我们发现，要成为一个女人，她必须再经历一段潜抑作用，抛弃幼儿的男性性征，以便改换其首要的生殖区。至于谈到对象选择，我们发现，左右其方向者，是孩童对其父母或照顾者的性倾向。这是一股伏流于童年期、而在青春期复苏的力量；但是由于防止乱伦的栅栏已经建立，对象不可能真是他们，却只是和他们相像的外人。最后必须再提到的是，在这期间的青春期里，肉体与精神两方面的发展有一段时间原本互不为谋，直到有一天，强烈的色情冲动，震撼了生殖区的神经系统，才使色情功能的身心两面完成结合，而达到正常的状况。[10]

第 5 节　爱情心理学片段

弗洛伊德写过不少篇论爱情心理学的论文，其中有三篇收进他的《性学三论和爱情心理学论文集》中。收进该书的三篇爱情心理学论文，分别为：《畸恋——男人选择对象的一种变态心理》《性无能——情欲生活里最广泛的一种堕落》《处女之谜—— 一种禁忌》。由于篇幅所限，本书只能概述第二篇论文的基本内容。

你若问一位精神分析专家，他所经常遇到的性心理疾病是什么，那么，他的回答可能就会说“精神性性无能”(psychic impotence)。

“精神性性无能”多半发生于性欲很强的男人。这种人在发生性行为时，性器官不肯合作——但在事前事后却没有这种现象。换句话说，患有精神性性无能的男人并非真正的阳痿。在平时，他的阴茎可以勃起，只是在性交的那一刹那无法勃起。这种人，论性欲来说，仍然还是很强的。而且，患者也往往对自己的上述毛病略有察觉，他发现自己只有跟某个女人交接时才有这种情况，而和其他女人性交时则无类似现象。这就说明，该患者意识到自己的男性能力被对方的某种品质所抑制。

弗洛伊德认为，健康的和正常的爱情，必须依据两种感情的结合—— 一方面是柔情的、挚爱的“情”，另一方面是肉体的“欲”，但在性无能中，这两种因素不能和谐地结合和汇合在一起。

如果从个人的性欲发展过程去分析，那么，正如前面已经说过的，以上两个因素——“情”与“欲”——中，“情”最先出现于幼童时期，而“欲”则要到青春期才发动起来。所以，这两个因素本来是一先一后地发展起来的。

在“情”的发展过程中，儿童总是先爱上自己的父母或保姆；但到青春期来到前，关于乱伦的禁忌早已建立。所以，青春期到来后，人的性欲必须从儿童时期的“爱的对象”（即自己的亲人）转向外在的对象。问题就发生在这个关键时刻。弗洛伊德说：“就这样，一个年轻人的情欲在潜意识里可能仍然依附于乱伦的对象，或者可能仍固置在乱伦的幻想上。这种发展的结局，便导致了彻底性无能（total impotence）。较轻的情况，则造成所谓的精神性性无能。……他们在现实中对于对象的选择已受到很大的限制。肉体的欲求依旧活跃，但它只寻找到那些不会引起自己的情感（因涉及乱伦，已受到禁制）的对象；相反地，那些值得自己去爱的对象，却又不能引起自己的性欲。”两者的脱节，即造成了性无能。

所以，弗洛伊德又说：“不论是谁，如果他一想到这件事便直冒冷汗，紧张兮兮地自我约束的话，在其心坎深处，他无疑把性行为当作蒙羞的、不值得的事情……”这时，就必然出现性无能。而追溯其根源，“当他能发觉它们植根于其少年时代，当时，他的性冲动已达高峰，但是他既不能乱伦，又不能在家庭之外寻找到满足的对象”。

弗洛伊德认为，男人的性无能与女人的性冷淡在本质上是一回事。弗洛伊德说，男人的性无能与女人的性冷淡都是“性成熟与性满足之间长期郁积的结果，都是导源于情与欲结合不良这一个共同根源上”。

注释

① 参见《自传》。

② 参见《自传》。

③ 参见《精神分析学导引新论》。

④ 参见《性变态》。

⑤ A. A. Brill, "Introduction to The Writings of Sigmund Freud", in *The Basic Writings of Sigmund Freud*, 1968, p. 16.

⑥ 参见《性变态》。

⑦ 参见《性变态》。

⑧ 转引自宾恩(Benn),《精神分析导论》(*Psycho-Analysis-an Introduction*)。

⑨《青春期的改变》,见《性学三论》。

⑩ 参见《青春期的改变》。

第 7 章

宗教与文化

第 1 节　宗教信仰的心理基础

宗教活动几乎可以说是人类文化生活中的最古老和最普遍的活动。我们说宗教是人类的最古老和最原始的文化活动，指的是它自人类缓慢地从自然逐步分离出来的时候起，便一直伴随着人类的历史演变过程。从这两方面说，宗教是人类同动物相区别，并使人类自己逐渐地发展出自己的文化的一个极其原始和极其重要的因素。尽管迄今为止，人类学、心理学、语言学、文化史学、考古学及古生物学等学科尚未从最原始的人类史料中，探查出有关宗教的最初起源的足够确凿和实证的证据，去证明宗教同人类的最初的原始语言、原始思维及原始生产活动的关系，但已经有大量的人类学调查研究材料，启示和暗示着心理学家、人类学家、语言学和社会学家们提出关于宗教的起源的种种假设性理论。莫里斯·杰斯特罗（Morris Jastrow，1861－1921）在其著作《宗教研究》（*The Study of Religion*，1902）中断言："宗教的本能是天赋的。"他几乎把宗教信仰看作是人性的一种表现。而弗洛伊德的同事荣格则是以他提出的“心理原型”(Archetype)的理论为基础，强调宗教经验的结构本来就扎根于人的心理之中。荣格认为，“群体潜意识”是人类整个历史和史前史的一个潜意识记忆库。这种“群体潜意识”的一个重要方面被称为“原型”，它是一种包含大量情绪成分的普遍的思想。荣格认为，“英雄”“魔鬼”“处男神”“处女神”“智慧老人”及“圣婴”等等，都是具有宗教内涵的“原型”。它们的特点，在于以最典型的具有强烈情绪影响的象征的形式出现；宗教就是以这些象征，并通过仪式和神话去广为传播。

美国心理学家奥恩斯坦(Robert E. Ornstein, 1942－　)在其重要著作《意识心理学》(*The Psychology of Consciousness*, 1977)一书中指出，人类语言的出现使人的大脑两半球开始专业化。左半球负责语言、逻辑、理性和分析，右半球则负责综合和把握现实的直觉的方面。宗教仪式、象征神话和祷告等主要是通过右半球的媒介而起作用的。另一位美国宗教心理学家拉尔夫・伯霍(Ralph Burhoe, 1911－1997)也很细致地研究了宗教仪式和信仰的心理基础[①]，并试图论证宗教信仰和活动同人脑两半球的整合功能的相适应性。

弗洛伊德由于生活在深受基督教影响的西方社会中，又出生在充满犹太教的宗教气氛的家庭中，使他从研究人类心理的第一天起，便强烈地试图揭示宗教的奥秘，尤其试图揭示宗教同其他文化活动的内在关联，并揭示其心理活动的基础。弗洛伊德固然相信，一切宗教和文化活动，都可以在人的内心深处找寻出它们的产生和运作的根源和机制，但他坚信这一切的发生和发展，都不能仅仅限于心理世界的原因，而是要放置在人所生活的世界之中，放在心物关系之中，放在人心同社会规范、同道德戒律的关系之中去加以研究。作为一位心理学家，弗洛伊德的可贵之处，正是在于：他并不局限于单纯的心理分析，而是把这种心理分析同社会环境的因素相联结，综合地和科学地分析宗教和文化的产生基础。

由于宗教是一种历时最久远的现象，所以，弗洛伊德首先注意到宗教信仰和活动的最古老和最原始的表现形态，并试图从这些古老和原始形态（图腾、巫术和神话等）的分析中，找出原始人的生活习俗、宗教活动同原始心理的关系。

弗洛伊德对于宗教的研究，散见在他的下述著作中：

（1）《强制性行为与宗教活动》（*Zwangshandlungen und Religionsuebung*, in *Sigmund Freuds Gesammelte Werke*, Bd. 7；English version：*Obsessive Actions and Religious Practices*, 1907；in James Starchey, Ed. & Trans. *The Standard Edition of The Complete Psychological Works of Sigmund Freud*, London, 1959）；

（2）《达·芬奇及其童年回忆》（*Eine Kindheitserinnerung des Leonardo da Vinci*, 1910；in *Sigmund Freuds Gesammelte Werke*, Bd. 10；English version：*Leonardo da Vinci and a Memory of His Childhood*, in J. Strachey, Ed. & Trans. *The Standard Edition of The Complete Psychological Works of Sigmund Freud*, Vol. 11, London, 1957）；

（3）《图腾与禁忌》（*Totem und Taboo*, 1912, in *Sigmund Freuds Gesammelte Werke*, Bd. 9；English version：*Totem and Taboo*）；

（4）《群体心理学及自我的分析》（*Massenpsychologie und Ich-Analyse*, 1921；in *Sigmund Freuds Gesammelte Werke*, Bd. 13；English version：*Group Psychology and The Analysis of The Ego*）；

（5）《抑制、症状与焦虑》（*Hemmung, Symptom und Angst*, 1926；in *Sigmund Freuds Gesammelte Werke*, Bd. 14；English version：S. Freud，*Inhibitions，Symptoms and anxiety*）；

(6)《幻想的未来》(*Die Zukunft einer Illusion*，1927；English version：*The Future of an Illusion*)；和《拜物教》(*Fetischismus*，1927；in *Sigmund Freuds Gesammelte Werke*，Bd. 14.)；

(7)《一次宗教经验》(*A Religious Experience*，1928)；

(8)《文明及其不满》(*Das Unbehagen in der Kultur*，1930；in *Sigmund Freuds Gesammelte Werke*，Bd. 14；English version：*Civilization and Its Discontents*)；

(9)《摩西与一神教》(*Der Mann Moses und die monotheistische Religion*，1939；in *Sigmund Freuds Gesammelte Werke*，Bd. 16；English version：*Moses and Monotheism*）。

弗洛伊德对宗教的分析，并不简单地将宗教归结为"落后""愚昧"等，也不是将宗教单纯地看作是某个人或某个种族的偶然臆造。弗洛伊德一方面揭示宗教信仰和活动的内心根源，另一方面又分析它的社会历史原因。

事情还是从《日常生活的心理分析》中的第 12 章——宿命论、机遇和迷信——谈起。在那一章中，弗洛伊德从日常生活现象探索迷信心理的产生根源。

弗洛伊德举例说，1904 年初，他度假归来。照例，每天要去探望一个 90 岁高龄的女病人。"工作是那样单调无聊，在去看病的路上和看病当中，潜意识一不小心便要透露出来。她已超过九十高龄，所以，每过一年，我便要自问，她到底还能活多久。"这就是说，在给这位老病人看病前，早已有相当长的时间，在弗洛伊德的内心中隐藏着一种想法：认为她已过九旬，实在无根治的希望，因而每天两次看她只是一种形式上的治疗。实在没有多大必要。这种思想循环往复地出现，又被压抑下去，强迫自己去给她看病，因而，在弗洛伊德的心中已经逐渐形成关于不愿给她看病的潜意识。

有一天，弗洛伊德匆匆搭了一辆车去。停车站上每位马车夫原都熟知她家的住址，因为弗洛伊德常雇他们的车去。可是，那天车过其门而不停，车夫把车驾到另一条外观相似的街道，停在同样的号码前。

弗洛伊德认为，这实际上是一种意外的差错。但是，它同任何一种“偶发行为”一样，是潜意识的表现——是弗洛伊德心中不太愿意给这位老病人看病的心理的表现。

弗洛伊德说：“但是，如果我迷信，我会把它当作预兆，认为是在暗示着老妇人的大限已近，活不过今年了。历史上无数有名的预兆，大多数也不过是玩弄这种象征的手法而已。”

弗洛伊德很坚定地说：“我不相信与我的心理活动无关的事情能泄露天机、预卜未来的真相，但我相信，我自己心理活动的无意中表露，一定是包含着隐瞒于其内的某些因素。也就是说，我相信外在的（实在的）事可以是偶然的，但不相信内在的（精神的）现象会是意外的。迷信的人正好相反。他们对偶发的错误行为的动机一无所悉，他相信精神生活里有所谓偶然或意外；所以他不免就常在外在的偶然事件中寻找其‘意义’，在己身之外追寻神秘的天机。在我和迷信者之间存在着两大差异：第一，他把动机投射到外面去，我则在自己身上追寻；第二，他认为意外是一种事件，是外在原因引起的结果，我则在一己的思想活动里求解释。他认为神秘的地方，我都看作潜意识，并努力揭露存在于‘偶然’之下的伏流，用人人所能了解的方法来解释。”

根据这样的看法，弗洛伊德得出结论说：由于人们对各种“意外”事件的原因毫无所知，才把本来存在于心中的潜意识的动机“异化”出去，在超自然的“彼岸世界”中寻找神秘的本源。所以，他说，所有的迷信观念“都只是投射到外在世界中的人心罢了”。

弗洛伊德对于人类心理的这种自我外化还进行了历史的分析。他说:“远在洪荒时代,人类的思想初萌,他欲解释外在世界的种种现象,舍人神同形同性论别无他途,唯有依自己的影像为自然及超自然力塑造种种人格,把它们人格化。他们一概以迷信的态度解释外在的意外,视之为他人或具人格的力量的意愿和作为(原始人相信,一个人的死必定是他人恶意、作祟、祈祷的结果)。当他们从他人的无意动作中推出严重的结论时,他们表现得像妄想症病人那样(比如相信他人在作法使巫、促你早死——这是原始人和妄想症病人共有的想法)。”

所以,弗洛伊德继续说:“你若有机会以精神分析法探求人心深处的思想,便不难一睹种种潜意识动机的真相,而知它们便是迷信的根源。”

当然,弗洛伊德在这里讲的,是产生迷信的一部分心理根源。他远没有全面地揭示这个心理根源的全部内容,更没有分析产生迷信的社会根源和其他客观条件。他自己也意识到这一点。他说:“用这么短的篇幅,当然不能囊括‘迷信心理学’的一切。”

弗洛伊德在《日常生活的心理分析》一书中没有来得及全面探索的宗教迷信的问题,在《图腾与禁忌》中做了进一步的分析。

1912年对于弗洛伊德来说又是一个丰收年。在这一年年初,弗洛伊德筹办的《意象》杂志正式问世发行了。同时,《图腾与禁忌》这部重要著作也与读者见面了。在这一年年底,弗洛伊德又创办《精神分析杂志》。尽管这一年里也有不愉快的事情发生,但弗洛伊德对自己的成就是满意的。

《意象》杂志由汉斯·查赫负责。这一杂志的创办目的是要开辟一个非医学性的心理研究的新阵地。弗洛伊德早就打算用心理学的研究成果去探索医学和心理学以外的其他重要问题,特别是与人类精神生活有关的问题。这些问题包括文学、艺术、哲学、宗教等。“意象”这个名称本来就是取自斯匹德勒那部著名的自传体小说《我最早的生活经历》的。“意象”原文“Image”的本来意义是用来表示年幼时遗留下来的理想化的父母形象的,所以,有时将它译成“成像”。弗洛伊德在1911年就集中地思考了宗教的心理根源问题。所以,《意象》杂志创办后,弗洛伊德便将他研究原始人宗教、文化的成果发表在上面。

《图腾与禁忌》研究存在于原始民族部落中的各种禁忌、图腾崇拜、原始宗教和原始文化,追溯这些现象的心理根源——原始人的心理活动规律。全书共分四章,分别论述“乱伦的禁忌”“禁忌和矛盾感情”“精灵说、巫术和思想的万能论”及“图腾崇拜现象在孩童时期的重视”。

我们在这里,只着重分析弗洛伊德的论宗教观点。

弗洛伊德从分析波利尼西亚人关于“塔布”(taboo,即禁忌)的双重意义入手:一方面,它是“崇高的”“神圣的”;另一方面,它又是“神秘的”“危险的”“禁止的”“不洁的”。由此可见,禁忌的来源应归因于附着在人或鬼身上的一种特殊的神秘力量。原始民族把这种假设的神秘力量称为“玛那”(Mana),它可以利用无生命的物质作为媒介加以传达。例如,一位国王或僧侣附有“玛那”,则其本身将因它所具有的神圣性而成为禁忌,因此,当一位平民触及国王或僧侣的身体时,他将因玛那的作用而受到禁忌的处分,通常是被处死。弗洛伊德将原始民族的禁忌分为三类:对敌人的禁忌、对统治者的禁忌和对于死人的禁忌。

这些禁忌的产生并不是偶然的。弗洛伊德说:“任何从精神分析角度去了解禁忌问题的人,也就说,对个人心灵的潜意识部分作深入的研究,都将很快地发现,这些现象对他并不陌生。”弗洛伊德接着指出,原始民族对禁忌的信仰同患强迫性心理症的病人的“临床症状和心理机转”没有区别。

弗洛伊德指出，他们的共同的特点是存在一种“禁止接触”的强迫性观念。具体说来，它们的共同点可以归结为以下四个方面：

(1) 它们都找不到明确的动机；

(2) 它们都由一种内在的、心理的“需要”来维持；

(3) 它们都很容易替换，而且，都有一种可经由被禁制物体而传染的危险；

(4) 它们强迫人们从事一种等于或类似于仪式的行为。

下面举一个实例说明强迫性心理症之一——“接触恐惧症”的临床表现及心理机制：

一位病人从小开始就有一种强烈的触摸“欲望”，它超出了一般人所喜爱的程度而显得有些特殊。但这种欲望为外在的禁制所阻挠。接着，这种禁制找到了一个有力的内在力量(即所谓“超我”)来支持，同时，这种内在力量(代表道德观念等)已远胜过他对触摸欲望的本能，所以，这种禁制也就被接受了。然而，这个小孩子原始心理的组成，也就是本能，并没有被这种外来的禁制所消除。触摸欲望只是被压抑而消失在潜意识里。禁制和本能二者都仍然继续存在着：本能仅仅是被压制而不是被消灭，而禁制如果停止发生作用的话，本能就会穿过意识层次而活动开来。在这种禁制与本能的不断冲突中，于是便产生了一种特殊的心理状态——心理的固置。

这种“固置”实际上是“自我”对某一单纯物体或与此物体有关的行为，保持着一种矛盾的态度——他不断地希望去做这个触摸行为(视之为无上的享受)，可是他也同样憎恨它。喜爱与憎恨的两股源流不可能在短期内获得解决，它们以谁也无法战胜谁的僵持方式存在于自我的内心里。禁制本身在意识层次中喧嚣，而那种触摸的欲望却深藏在潜意识中使自我无法觉察到。正因为两者分存不同的层次，它们的矛盾才能长期存在下去。

在上面所举的临床病历中，病人在幼年时期所受到的那种强迫接受禁忌的观念是主要的关键所在。另一种重要因素则是在同一时期内的潜抑机转的发展。由于压抑的结果，它产生了一种记忆消失——健忘，对禁制（存在于意识层面）的动机保持无知。禁制的强度及其强迫性质，取决于潜意识中存在着的那股反对势力——触摸欲望的大小。禁制所以容易发生转换或延伸，反映出一种与潜在欲望的活动有关的心理过程。被压制的欲望经常不停地寻机表现出来，寻找“替代物”来掩盖自己，所以，禁制本身为了达到有效地实行压制，也必然相应地变换禁制的形式。对于这两种冲突的自然抑制产生了一种宣泄的需要，这种宣泄能降低占优势一方的压力；这也就是强迫性行为一再被实行的原因。对心理症病人来说，强迫性行为很明显地是一种妥协的行为：一方面是一种因懊悔而努力赎罪的表现，另一方面是在同一时间里以替换的行为来补偿被禁止了的本能。当这些强迫性行为在本能的控制下愈来愈少的时候，则表示它愈来愈接近原来被禁止的事物了。

对于原始民族来说，禁忌也是一种从祖辈时期长期传下来的强迫观念。它是一种外在压力（某些权威）所附加于原始民族的禁制性力量，它可能和具有某种强烈意愿的活动相互关联。如此一代一代地流传下来，也可能只是一种经由父母和社会权威强制构成的传统的结果。但当它延续到较迟的后代时，它们很可能被“组织化”而成为一种遗传性的心理特质。然而，随着禁忌的维持，与禁制相反的力量——企图破坏它、超越它的意愿也必然继续存在着。原始人对禁忌事物必然产生一种矛盾的态度——既服从它，又讨厌它。在潜意识中，他们极想触犯它，但又害怕这样做。他们恐惧，就是因为内心有触犯它的欲望，他们的恐惧，表现出他们对内心那股欲望的忧虑。

对于“精灵说”、巫术、“思想万能论”的产生及其本质，弗洛伊德也作了深入的探讨。他关于宗教迷信观念的起源及其本质的探讨，最后都总结在他写的一个提纲——“关于文明、文化与现代人问题”上。这个提纲是为答复罗曼·罗兰的质疑而写的。

弗洛伊德明确表示：“精灵与神异从来都不屑与我这‘低卑俗气’的人打交道。所以，迄今为止仍无任何个人经验督促我相信奇迹。”这种无神论的坚定立场乃是他研究宗教问题坚定的出发点。

宗教的本质是什么呢？弗洛伊德说：“我认为宗教是一种精神麻醉的典型代表。”这种把宗教归结为麻醉剂的观点，直截了当地揭破了宗教的本质。

弗洛伊德进一步指出，人所以需要自我麻醉，是因为有压力。他说：“一个人生活在世界上由于生活负担太重，因此，烦恼亦随之增加。这种苦恼主要是来自：① 自然界的压力；② 自身肉体的弱点；③ 家庭、社会、国家及人与人之间关系的不安全性。也正因为这些来自生理、心理上的压力，使人需一种精神上的麻醉。”

当然，人们逃避烦恼的方式，不只是采取宗教迷信这个唯一的途径。所以，弗洛伊德说：“至于逃避苦恼的方式，简单地讲，大略有下列方式：① 药物中毒，也就是借迷幻药来麻醉自己以便暂时忘却烦恼。② 抑制冲动——这类人大约以禁欲论者为典型代表。他们的理论基础是建筑在所有的烦恼是由欲望而生，故降低欲望可成为减少烦恼的一种有效方式。不过，我并不赞成这种方法。因为当一个人把欲望降低到最低程度后，多彩多姿的生活也将变得索然无味，而生命本身也将失去其原有的光辉。③ 升华——即借着自我的提升把自己从心理上的困境，以更合理或积极的方式表达出来。④ 幻想——借着幻想来满足自己的希望、企求。艺术即是一种典型的表现。⑤ 脱离现实——当所承受的压力太大而无法抗拒时，有些人就开始想从现实中超脱出来，这也是造成妄想的一个重要因素。”

弗洛伊德在《图腾与禁忌》一书中，在分析迷信心理的时候，很轻蔑地将它比作幼儿时期的愚笨心理。接着，在《精神分析学新论》中，他又进一步指出宗教是人在进化过程中所经历的一种异常心理，是“一种精神病”。他认为：“宗教是某些人狂妄地企图控制知觉世界的徒劳尝试；借着这种尝试，这些人妄图把整个世界置于其中。……但它毕竟不能达到这个目的。它的教义具有时代的烙印，那便是人类愚蠢的儿童时代的标记。……但经验告诉我们，世界毕竟不是一个育儿所。”

当然，弗洛伊德并没有、也不可能全面地研究宗教产生的根源。作为一个心理学家，他有着许多主观上和客观上的局限性。但他确实已经做到了许多同时代的心理学家所无法达到的深刻程度。

弗洛伊德认为，作为一个心理学家，眼看着世界有那么多人陷于宗教迷信的迷途中，是不堪忍受的。他立志揭露宗教的虚伪本质，把它的产生根源与本质，从别有用心的神职人员所杜撰的谎言中、从神秘的天国中，拉回到现实生活和人的心理活动中，从而使人们看到宗教不过是一部分人欺骗另一部分人的工具罢了。他说：“撰写论图腾的著作是一项吃力不讨好的工作。我要读一大堆我本来不感兴趣的厚书，因为我早知道这些书会得出什么样的结论。……但通过大量的材料我又轻而易举地论述了这个主题。……我把这次写作看作是一次小小的休息。从中我发现了我的新生命，犹如我又一次新婚一样。”接着，他又说：“自从《梦的解析》以来，我从没有像这本书那样以如此完满的信心来写作过。”他认为，这本书是他“最伟大的和最后的一本好书”。他写信给亚伯拉罕说，这本书要在慕尼黑代表大会（1913 年举行）召开以前发表，以显示“我们同一切亚利安种族的笃信宗教特性之间的突出区别”。

这本书出版后，自然引起欧洲各国那些宗教狂的不满，就连学术界也对它表示冷淡，但弗洛伊德并不灰心，他继续思索着如何把精神分析学深入地应用到各门有关人类精神生活的科学领域中去。

从 1913 年之后，一直到弗洛伊德逝世为止，他并没有中断对宗教和文化的研究。弗洛伊德从潜意识的恐惧和需求出发，特别是用俄狄浦斯恋母情结的发展，说明宗教在人的情绪方面和心理方面的起源。弗洛伊德在 1930 年发表的《幻想的未来》和《拜物教》两本书中，绘声绘色地描述进入成年期的人在面对严酷的现实时所产生的一般畏惧情绪——这种情绪导致人们心中宁愿期望有一个万能的“父亲”，以便通过他去控制有害的力量，保障人们过着平安无事的生活。

如前所述，在《图腾与禁忌》一书中，弗洛伊德已经以类似的比喻讲述原始宗教的产生。在他看来，在史前期，是强有力的男人统治着一般民众。这些强有力的男人把其他男人，当成他们的儿子一般，操纵在自己的权力之下，同时，还占有所有的女人。这才使弟兄们聚集在一起设法杀死他们的父亲。结构主义列维-斯特劳斯在搜集拉丁美洲原始印第安部族的神话时，也搜集了类似的神话。[②]列维-斯特劳斯将这个题名为“大鹦鹉与它们的窝”的神话，标示为“参考性神话”(Mythe de reference)。[③]

但是，弗洛伊德指出：尽管弟兄们杀害他们的父亲后感到自由，但由于经常遇到令他们恐惧的各种困难环境，弟兄们又无能为力对付这些困难，才使他们重新怀念死去的父亲。图腾就是作为死去的父亲的象征而受到崇拜。从此以后，图腾强制地施行着死去的父亲所制定过的那些禁忌规范，强迫人们避免性生活的混乱和族群内的非道德的斗殴。

在这一时期，弗洛伊德对宗教的研究方向，主要是集中地解决它的历史起源问题。弗洛伊德在自传中说，1912 年，他就已经尝试在《图腾与禁忌》中，“应该用最新发现的精神分析所见，去探讨宗教和道德的起源。其后，在我的两篇论文——《幻想的未来》和《文明及其不满》中，我把这个工作更向前推进了一步。我更清楚地发现，人类历史上的各个事件，人类的本性的各种表现活动，文明的发展，以及人类原始经验的沉积(最明显的例子是宗教)等，都不过是自我、本我、超我这三者之间冲突斗争的反映而已。换句话说，只不过是将精神分析对于个人的研究搬上一个更大的舞台去演出而已。在《幻想的未来》中，我表白了对宗教价值的根本否定，后来我又发现宗教不过是历史发展的一个产物罢了。”

弗洛伊德认为，在他以前，关于图腾崇拜这样一种原始宗教的起源的研究，可以归纳成四类：① 唯名论的；② 社会学的；③ 心理学的；④ 历史的。

弗洛伊德认为，上述四种观点都没有揭示宗教的真正本源。当然，上述四种观点中的最后一种——历史的观点，尚有合理的内容，可供我们深入研究宗教起源的借鉴。弗洛伊德认为，达尔文是用历史观点研究宗教的一个代表人物。达尔文从观察高等猿猴的生活习性中推论出人类和这些猿猴一样在早期曾以小群体方式集居生活。在群居中，由于嫉妒的心理使年龄较大的和较强壮的男性担负起预防杂交的责任。

达尔文在猿猴的习性中看出的迹象，弗洛伊德在研究幼年儿童的心理活动时看得更清楚了。男性儿童初期产生的恐惧心理起源于他们对父亲的恐惧。弗洛伊德说：“要是图腾动物即代表父亲的话，那么，图腾观的两个基本因素——禁止屠杀图腾和禁止与相同图腾的妇女通婚——就正好与俄狄浦斯的两个罪恶(杀害父亲并与母亲结婚)隐隐相映。”由此,弗洛伊德认为,图腾制度乃是俄狄浦斯情结在人类早期历史中的表现。

在这个问题上,弗洛伊德大量地引用人类学家、《圣经》批判家威廉・罗伯逊・史密斯的研究成果。

史密斯是苏格兰神学家、东方学家。他在 1889 年出版的《闪族的宗教》提出了一个著名的论点:“图腾餐”的特殊仪式是图腾崇拜的主要部分。

弗洛伊德说:“现在,要是我们用精神分析的方法以图腾餐和达尔文对原始社会形态的陈述来对图腾作一深入的探讨,那么,我们就会逐渐深入地了解图腾的本质。”

在分析的研究过程中,弗洛伊德得出结论说:“在食人肉的野蛮民族里,除了杀害父亲外,还吃他的肉。在此种情形下,那位残暴的父亲无疑成为儿子们畏惧和羡慕的对象。因此,借着分食他的肉来加强他们对父亲的认同感。同时,每个人都经由此而分得了他的一部分能力。由此看来,图腾餐也许可说是人类最早的庆典仪式,它正是实行和庆祝值得纪念的和残酷的事件的行为,它是往后所谓的‘社会结构’‘道德禁制’和‘宗教’等诸多现象的开端。”

在弗洛伊德看来,图腾体系在某种意义上说就是儿子们与父亲间所达成的默契行为。因为,就图腾来说,它提供了一位父亲所能提供给儿子们的一切幻想——保护、照顾和恩惠,而人们(指儿子们)则保证尊重其生命,即保证不再用杀害父亲的手段对待它。同时,图腾观又包含了一种自我审判的意味:“要是父亲像它一样对待我们,那么,我们绝不会杀害他。”也正因为如此,图腾观的出现使整个事情和过程罩上了和谐和圆满的气氛,也使人们逐渐忘却其起源。

所以,弗洛伊德说:"于是,宗教思想开始萌芽。图腾宗教是导源于儿子们的罪恶感。他们为了减轻此种心理而以服从它的方式来请求父亲的宽恕。所有以后的宗教大概也都在致力于解决这个难题。这些宗教所以产生差异,只是由于文明程度及人们对它所采取的手段不同而已。不过,从根本上说,它们都具有相似的本质,而人们也无时不在对它作挣扎。"

在人类社会的漫长的进化过程中,兄弟间的情感对社会结构所产生的影响越来越大、越来越深。人们还把血亲间的关系神圣化,同时强调了族内人民的团结。为了保障个人的生命安全,所有的兄弟都声明不再用对付父亲的方式来对付他人。换句话说,人们开始防止任何类似父亲命运的再现。至此,带有宗教色彩的禁止屠杀图腾的禁忌已逐渐附上了带有社会色彩的禁止兄弟相互残杀的禁制。原有的家长统治形态也开始首次为以血亲为基础的兄弟部落所取代了。最后,弗洛伊德得出结论说:"因此,我们可以说,社会的存在是建筑于大家对某些共同罪恶的认同;宗教则是由罪恶感及附于其上的懊悔心理所产生。至于道德,则一部分是基于社会的需要,一部分则是由罪恶感而促成的赎罪心理所造成。"

在社会的进一步发展中,神的观念代替了图腾的观念,神也不过是父亲形象的一种夸大形式而已。

总而言之,对父亲的仰慕可说是构成各种宗教信仰的一个核心。自然,在以后的漫长演变过程中,人们对父亲或人们与动物间基本关系的改变均可影响到人对神的看法。所以,父亲角色与图腾及神之间的关联性是精神分析学应用于宗教研究时的一个极为重要的观念。

弗洛伊德明确地表示了宗教观念的产生和演变是同原始社会从

母系社会过渡到父系社会以及随之而来的家庭、私有制、国家的产生有密切关联的。

弗洛伊德说:"我无法具体地说明在发展过程中母神出现的情形(因为弗雷茨和罗伯逊·史密斯所提供的原始资料只限于父系社会的情况),因为她们的出现可能是在父神之前。不过有一点是可以肯定的,那就是对父亲态度的演变,其影响并不仅局限于宗教领域内,它同时也使社会结构发生了极大的变化。由于父神观念的产生,一个没有父亲的社会形式逐渐演变成一个以家长统治为基础的社会结构。"接着,弗洛伊德还说:"经过一段时间之后,动物逐渐失去其神圣性,而祭物也慢慢地与图腾动物脱离原有之关联;它最后终于变成一种纯粹用于取悦和祈求神的东西,而神也被夸大成远远超越出人类并只能经由僧侣等中间媒介才能沟通的彼岸力量。就在这同时,国王的观念开始在社会制度上出现,家长统治的结构也逐渐转变成接近国家的形式了。"

第2节　文学和艺术创作的心理根源

弗洛伊德始终对文学艺术抱着浓厚的兴趣。他早年废寝忘食地飨读古今文学名著,提高了他的文学艺术修养。而且,由于他一直保持同文学艺术界的联系,关心文学艺术,努力进行创作实践,使他对文学艺术的理论问题、美学问题、文学艺术史的问题以及写作方法问题,都有很深的认识和造诣。

弗洛伊德本人的写作能力很强,文风优雅、朴实。他所遵循的基本原则就是既要表现浪漫和想象的色彩,又要通俗、简朴,能为大多数人所接受和理解。这种基本观点与弗洛伊德研究精神分析学的态度是一致的。在他看来，一切精神科学以及与此有密切关系的人文科学，都必须反映人类心理活动的基本规律。只有这样，写出的作品才能引起人们的共鸣。

在自传中，弗洛伊德说："自从《梦的解析》一书问世以后，精神分析再也不是纯粹属于医学的东西了。当精神分析出现于德国和法国的时候，它已经被应用到文学和美学上，以及宗教史、史前史、神话、民俗学，乃至教育学领域。……关于这些医学之外的应用，主要的还是以我的著作为起点。我不时会写一点这方面的东西，以满足我对医学之外诸问题的兴趣。其后，别人（不只是医生，而且其他各学科的专家也如此）才沿着我的路线前进，并且很深入地进到不同的论题上去。"接着，弗洛伊德又说："经由一个不可抗拒的发展过程，'精神分析'一词已经演变成一个具有两种意义的概念。它的原义本是一种特殊的精神治疗法，而今则成为一门专论潜意识心理过程的科学；这门科学本身很少能独立地负起处理某一问题的全责，但它似乎注定要对许多知识领域，提供最有价值的援助。如今，精神分析学应用范围之广，一如心理学，已经成为这个最伟大的时代中不可缺少的一门辅助科学。"

弗洛伊德对于文学艺术及其他社会文化和社会科学的研究，起于19世纪末发表的《梦的解析》。接着，他先后在其重要作品中——《日常生活的心理分析》（1904）、《性学三论》（1905）、《机智与潜意识的关系》（1905）、《文明化的性道德与现代精神病》（1908）、《诗人与空想》（1908）、《达·芬奇及其童年回忆》和《图腾与禁忌》——不停地研究同一类的问题。这一切使弗洛伊德在20世纪20年代下半期更深入地研究文化问题出发点和稳固前提。

弗洛伊德从20世纪20年代起，开始更多地同罗曼·罗兰、托马斯·曼、茨威格、里尔克、威尔斯、达利等艺术家来往。他同他们的直接接触给他一个很好的机会，得以直接地探讨他们所共同关心的文学艺术问题。

在当时的作家当中，最早访问弗洛伊德的是 20 世纪初最著名的象征主义诗人里尔克。里尔克在 1915 年被召入伍而路过维也纳时，曾拜访过弗洛伊德，并在弗洛伊德家度过最愉快的时刻。里尔克的象征主义文学同弗洛伊德的精神分析学理论是有密切的关系的。

象征主义认为“真正的艺术”不是直接反映现实生活，而是以梦幻的浪漫形式表现作者的内心世界。他们认为，作家的王国是深沉的梦境。他们歌颂黑夜、回避光明的白天生活；反对理性，强调内心深层的任意变化。他们认为，诗人首先只能想到自己，而不是想到别人；应该写个人的细腻的病态感情，而不应直接地关心社会生活，因为只有自己才最了解自己的心理活动。有人评论说，在象征主义的那些美丽的词句的背后隐藏着深奥的思想，但它又像安徒生童话中的“国王的新衣”一样，实际上是虚幻的骗局。这样一来，象征主义便把创作的浪漫主义完全地歪曲成为主观杜撰的写作方法。弗洛伊德的精神分析学为文学家和艺术家们开启心灵的大门提供了钥匙，但不同的世界观的作家可以沿着这条道路而达到不同的终点。而象征主义的文学流派受尼采的悲观哲学的影响很大。尼采认为“艺术就是艺术”“艺术高于一切”，这就使那些在尼采哲学影响下的颓废作家心安理得地走他们脱离现实的道路。19 世纪末和 20 世纪初的德国和奥地利的象征主义就是这样一些悲观厌世的人在文学创作上的表现。实际上，他们只是片面地应用了精神分析学的成果。

20 世纪 20 年代后期，德国作家阿诺德・茨威格（Arnold Zweig）写信给弗洛伊德说：“我认为，你必须为公众树立起你的形象，因为你已经通过你的生活给这一整个时代留下你的印记。”

法国著名作家罗曼·罗兰在1923年2月22日写信给弗洛伊德时说，他非常感谢弗洛伊德对他的赞赏。罗曼·罗兰还表示说，他已经有二十年的时间一直在阅读弗洛伊德的著作。

1924年5月14日，罗曼·罗兰在奥地利作家茨威格的陪同下拜访了弗洛伊德。他们在一起度过了一个愉快的夜晚，三个人各抒己见，探讨着文艺创作和人类心理活动的关系。

众所周知，罗曼·罗兰是法国著名的作家、音乐学家、社会活动家。20世纪初他曾陆续发表《贝多芬传》(1903)、《米开朗基罗传》(1906)、《托尔斯泰传》(1911)等。1904年至1912年写《约翰·克里斯朵夫》时，正是他受弗洛伊德精神分析学的影响的时候。1924年访问弗洛伊德时，他正在创作新的长篇小说《母与子》。

在当时，罗曼·罗兰能同茨威格一起访问弗洛伊德，并不偶然。茨威格是奥地利著名作家，本来是属于印象主义派别的。这位印象主义者和奥地利象征主义诗人里尔克一样，都曾经从悲观厌世的心情出发，片面地理解弗洛伊德的潜意识理论。后来，在第一次世界大战时，茨威格在瑞士结识了罗曼·罗兰，终于在罗曼·罗兰的影响下参加了法国作家巴比塞发起的"光明社"。巴比塞曾写长篇小说《光明》，描写一个法国士兵在第一次世界大战中的思想转变过程。巴比塞、罗曼·罗兰、茨威格、阿诺德·茨威格、弗洛伊德等人，都是代表了一群经受过第一次世界大战考验，并在考验中发生思想转变的文学家和科学家。弗洛伊德在战争爆发初期曾对德国政府的战争政策缺乏深刻的认识。在战争过程中，战争给人民和科学文化事业带来的破坏，使弗洛伊德开始厌恨这个"可恶的时代"。罗曼·罗兰、茨威格等人都是经历了同样的思想转变过程的。所以，他们在一起，不仅对文学创作问题，而且对一般的人生观问题，都有许多共同的语言。

1925 年,法国作家勒诺尔芒(Henry Lenormand,1882 - 1951)来访,与弗洛伊德共同讨论新剧《唐璜》。在讨论中,他们一致认为,将精神分析学简单地应用于文学创作中,会导致危险的结果。这表明,弗洛伊德已经注意到将精神分析学滥用于文学创作所可能造成的恶果。

弗洛伊德认为,在艺术创作的过程中,心理活动确实是异常复杂的。作家、画家、音乐家、诗人、雕塑家等艺术家们可以在心理的三个层面——意识、前意识和潜意识进行活动。创作者在三种心理领域中自由翱翔,当然有利于作品的浪漫性和深刻性。

一个有高度文艺修养和敏锐的观察能力的作家,可以很熟练地把他所观察到的事实用各种适当的想象、幻想的形式表达出来,其选择题材的准确性及其表现手法的技巧性,结合在一起可以创造出极其感人的作品来。文学艺术作品,从其表现形式来看,与哲学这门科学的表现形式有根本的不同。文学形式必须富有戏剧性,富有幻想或想象,生动而具体。这和梦所表现的潜意识活动形式有很大的相同点。

所以,弗洛伊德说,在文学艺术创作中,恰恰需要放松意识和理智对于潜意识的控制力,使潜意识获得任意驰骋、"自由联想"的机会。

但是,在潜意识活动之中和之后,作者毕竟还是有理性的人,要保持清醒的头脑,发挥"自我"和"超我"对于"本我"的控制作用,保持意识在整个创作过程中的独立自主的领导地位。归根结底,作为意识形态的艺术是创作者的头脑对自然和社会生活的反映。艺术并不是纯粹情感的表现,而是理智与感知、意志与感情、意识与前意识和潜意识的联合表现。

弗洛伊德曾在自传中说:"显然地,想象的王国实在是一个避难所。这个避难所之所以存在,是因为人们必须放弃现实生活中的某些本能的需求,而不得不痛苦地从享乐主义原则退缩到现实主义原则。

这个避难所就是在这一个痛苦的过程中建立起来的。所以，艺术家就如一个患有精神病的人那样，从一个他所不满意的现实中退缩下来，钻进他自己的想象力所创造的世界中。但艺术家不同于精神病患者，因为艺术家知道如何去寻找那条回去的道路，而再度地把握着现实。他的创作，即艺术作品，正如梦一样，是潜意识的愿望获得一种假想的满足。而且它在本质上也和梦一样是具有妥协性的，因为它们也不得不避免和受压抑的力量之正面冲突。但是，这些文学艺术作品和梦的那种自恋性的、非社交性的产物不同的地方，是它们被安排去引起旁人的兴趣，并且还能引发及满足读者自身的潜意识愿望，此外，他们还利用形式美的那种可感知的乐趣，来引起读者的审美感。精神分析所能做的工作，就是找寻艺术家个人生活的印象、他的机遇、经验及其与他们的著作之间的相互关系，从而导出该作者在创作时的所有思想和动机，换句话说，找出他们与全人类共有的那一部分心理。"

在这样的基本认识的指导下，任何一个作者不能单独只停留在"前意识"与"潜意识"的无理性状态下创作，更不能在无意识的状态下创作。如果这样，猴子无理性的涂鸦，鹦鹉唱歌，也都成为绘画和音乐的典范了。

弗洛伊德早在《梦的解析》一书中强调，作家和艺术家进行创作的时候，可以像做梦那样，采取凝缩、改装、转移、倒置、集锦等方式进行构思，使文学作品带有浪漫性、戏剧性、典型性、象征性，但是，创作的对象和内容，也像梦的对象和内容一样，是来自现实生活的。在梦中，那些表面看来特别离奇怪异的内容，并不是凭空产生的，而是以往的经验（包括幼年时代的和近时的经验）的复制品。正是在这个意义上，梦的原理和"想象的著作、神话、民间传说、语言的大量材料有更密切的联系"。

弗洛伊德在《梦的解析》中指出歌德和亥姆霍兹等大作家都是以潜意识的活动来构思，因此，他们的创作活动往往是把有意识思考同潜意识的灵感相结合。

我们以歌德的自述为例来说明这个问题：

歌德年轻的时候，攻读法律，常出入于法官布扶家，爱上了他的女儿夏洛蒂。但是，她已经和格斯特订婚，致使歌德悲不欲生。后来，发生了一个事件——歌德的挚友叶沙雷因爱上了其上司的太太而自杀。叶沙雷自杀时所使用的手枪是格斯特借给他的。歌德从格斯特处听到这个事件的详细报告后，非常激动。就在这样的刺激下，他突然灵光一闪，一下子涌出了《少年维特的烦恼》的蓝图。

这个由歌德自己叙述的构思过程，和梦一样，使心中的残渣所造成的紧张一刹那间散发出来。在心中早已积累的冲动——性的火焰或“爱的本能”终于“变形”而表现为伟大的文艺作品。

关于无意识的灵感在文艺创作中所起的重要作用，早在二千多年以前，就已由古希腊的伟大哲学家们所发现。亚里斯多德认为艺术是现实的摹仿和再现。认为悲剧是艺术的最高形式，因为悲剧可以“洗去”人们感觉中的一切丑恶和下贱的东西，从而使人高尚起来。这就是说，悲剧可以“净化”人们的感情。我们看悲剧会掉眼泪，这就是说，心中痛苦的残渣已经解消。这种“净化”和弗洛伊德所说的“涤清法”一样，可以荡涤心中的一切烦闷、矛盾，解除被潜抑的观念的紧张状态，使那些早已跃跃欲试、企图发泄的感情终于宣泄出去了。弗洛伊德的艺术论的基本论点就是这样。

法国精神分析学家达比兹曾经以洛蒂(Pierre Loti, 1850－1923)创作《冰岛渔夫》的过程来说明弗洛伊德的艺术论的基本思想。

年轻的海军士官洛蒂热爱过布列塔尼的女郎，但她已在冰岛有未婚夫。洛蒂陷入失望的泥淖。但布列塔尼女郎的影子一直在洛蒂的脑海中浮现。多年以后,洛蒂还幻想自己到布列塔尼村庄去看望她。洛蒂的这一切内心体验,后来成了孕育《冰岛渔夫》这部作品的基础。

达比兹在论述洛蒂的这些内心矛盾之后,又作进一步的解释:

在小说中,布列塔尼女郎和冰岛渔夫结婚。婚后一周,渔夫即出海打鱼,永不复返。洛蒂为什么要选取这样的悲剧结果呢?"爱与死"这一主题常见之于文学,但渔夫的不幸命运可以解释为洛蒂复仇愿望之文学形式之净化表现,也是企图杀死自己的情敌的心情之宣泄。

在弗洛伊德的著作中,反复论述了潜意识、性欲之冲动在文学创作中所起的作用。弗洛伊德曾以古希腊戏剧家索福克勒斯的《俄狄浦斯王》和莎士比亚的《哈姆雷特》为例来说明这个问题。

艺术作品本是艺术家内心中的潜意识情结的表现。这个潜意识情结的基本内容就是性动力或性原欲,而性原欲的最初的和最原始的表现便是所谓的"俄狄浦斯情结"——儿子亲母反父或女儿亲父反母的感情。一切文学艺术作品不过是这类感情的不同形式的或不同程度的表现。

在索福克勒斯这部悲剧里,"俄狄浦斯王弑父娶母就是一种愿望的达成——我们童年时期的愿望的达成。但我们比他幸运的是,我们并没有变成心理症,而能成功地将对于母亲的性冲动逐次收回,并渐渐忘掉对父亲的嫉妒心。一旦文学家由于对人性的探究而发掘出俄狄浦斯的罪恶时,他就使我们看到了内在的自我,同时也意识到这个愿望实际上是被压制在自己的内心深处。"

艺术作品不仅表现了作家的俄狄浦斯情结,而且所有观众和读者的内心深处同样也有这类被压制的情结。这是一切文学艺术作品有感染力的根本原因。弗洛伊德说:"如果说俄狄浦斯王这部悲剧能使现代的观众和读者产生出与当时希腊人同样的感动效果，那么唯一可能的解释是，这部希腊悲剧的效果并不在于典型地表现出命运与人类意志的冲突，而主要是在于这冲突的情节中所显示的某种特质。《俄狄浦斯王》这部悲剧中的命运的震撼力必定是由于我们内心深处也有类似的呼声，引起了共鸣。……的确，在俄狄浦斯王的故事里，是可以找到我们的心声的；他的命运之所以会感动我们，是因为我们自己的命运也是同样的可怜——因为我们在尚未出生以前，神谕就已将最毒的咒语加诸我们的一生了。很可能地，我们的第一个性冲动的对象早就注定是自己的母亲，而第一个仇恨暴力的对象却是自己的父亲。"

弗洛伊德说："另外一个伟大的文学悲剧，莎士比亚的《哈姆雷特》也与《俄狄浦斯王》一样来自同一根源。"但是，由于这两个时代的差距——文明的进步以及人类感情生活的潜抑，同样的题材得到了不同的处理。在俄狄浦斯王中，儿童的愿望自然地显露在梦境中；而在哈姆雷特里，这些愿望均被潜抑着，我们只有像对待心理症患者那样，透过这种过程中所受到的抑制效应才能看出这些被潜抑的愿望的存在。

歌德在解释哈姆雷特的矛盾心情时说，哈姆雷特是代表着人类中一种特别的类型——他们的生活热情多半为过分的智力活动所抑制而减退。他们"用脑过度，体力日衰"。

弗洛伊德认为，就莎士比亚在这个剧本中所体现的哈姆雷特的个性而言，歌德的这个说明还没有触及问题的本质。

在《哈姆雷特》剧本中，有两个不同的场合，我们可以看出哈姆雷特的性格。一次是在盛怒之下，他刺死了躲在挂毡后面的窃听者；另一次是他故意地、甚至富有技巧地、毫不犹疑地杀死了两位谋害他的朝臣。那么，他为什么却对父王的鬼魂所吩咐的工作犹疑不决呢？唯一的解释便是这件工作具有某种特殊性质。

弗洛伊德说："哈姆雷特能做出所有的事，却对一位杀掉他父亲、篡其王位、夺其母后的人无能为力，那是因为这人所做出的正是他自己已经潜抑良久的童年欲望。于是对仇人的恨意被良心的自谴不安所取代。良心告诉他，他自己实际上比这弑父娶母的凶手好不了多少。在这儿，我是把故事中英雄的潜意识所含的意念提升到意识界来说明……"

弗洛伊德进一步说，哈姆雷特内心深处的基本矛盾实际上也是莎士比亚自己和一切读者所共有的。他说："哈姆雷特的遭遇其实是影射莎士比亚自己的心理。而且，由勃兰兑斯对莎士比亚的研究报告(1896)指出，这剧本是在莎士比亚的父亲死后不久(1601)所写的。这可以说，就是莎士比亚在哀挽父亲时，他的被潜抑的感情得到机会复苏。还有，我们也知道，莎士比亚那早夭的儿子，就是取名叫作哈姆涅特(Hamnet，发音与哈姆雷特 Hamlet 近似)。"

由此可见，美的倾向及艺术活动均源于潜意识，艺术作品是作者心中的潜意识的外化和艺术变形。弗洛伊德说："艺术是性欲目标受到阻碍而变形的最典型的例子。"正因为这样，爱情始终是一切文学艺术永恒的主题；一切美的欣赏都是环绕着"性爱"这个轴心来旋转的。表现"性"的题材的熟练程度决定了一切文学艺术作品的感染力的大小，也同样决定了这些作品的艺术价值的高低。

当然，文学艺术作品之表现潜意识活动并非千篇一律的或简单僵硬的。潜意识在文学中的表现手法是多种多样的，这就像梦的"显意"表现梦的"隐意"时可以采取多种多样的形式一样。正是在这个问题上体现了作家的创作技巧的熟练程度，也表现出其世界观和思想方法的特点。

1925 年复活节，丹麦作家勃兰兑斯(Georg Brandes，1842 - 1927)来访。这位犹太人出身的哥本哈根大学教授是一个擅长文艺批评的评论家。弗洛伊德在同他的交谈中畅所欲言地表达了自己对文学创作的看法。

弗洛伊德在谈到诗歌创作时说:“不少当代的诗人,并未听过我的精神分析学和梦的解析,但却由他们本身的经验里,归纳出同样的结论:‘以伪装的面目和身份表达受压抑的希望。’例如诗人斯匹德勒的《我最早的生活经历》就是这样一首诗。”弗洛伊德又说:“此伪装是做梦的心灵深处不知名力量的协助下所产生的。”意大利作曲家和小提琴家塔蒂尼的著名小提琴奏鸣曲《魔鬼的颤音》就是在做了一场梦以后创作出来的。弗洛伊德认为,“每一个人,其实都有一些不愿讲出来的,或甚至是自己都想加以否认的愿望。然而,我觉得我们大可以合理地将所有的梦的不愉快性质与梦的改装放在一起考虑”,“如果梦中继续进行着白天的心理活动,完成它,并且带来具有价值的新观念,那么我们所要做的便是将梦的伪装撕除”。弗洛伊德说,塔蒂尼的那首名曲“据说是他梦见他将灵魂卖给魔鬼后,就抓起一把小提琴,以炉火纯青的技巧演奏出来的一首极其美妙的奏鸣曲”。塔蒂尼梦醒后,立即写下他所能记忆的部分,结果就写成了那首名曲。

1925 年 6 月,美国联合电影公司准备拍摄一部历史爱情故事影片,叙述自安东尼和克丽奥帕特拉的爱情故事开始,直到目前为止的所有动人的爱情故事。著名的电影导演戈尔德温(Samuel Goldwyn,1879－1974)首先通过亚伯拉罕来试探弗洛伊德的态度。但弗洛伊德并不抱热情。不久,电影公司又派纽曼前来联系,并明确表示这部电影将反映出某些与精神分析学有关的观点。弗洛伊德担心这部未经周密思考的影片会歪曲他的观点,所以一直不同意合作。但这部影片——《心灵的奥秘》终于拍摄出来了。而且,未经弗洛伊德同意,纽约的制片厂竟传说该片的每一个情节都是“由弗洛伊德博士设计的”,弗洛伊德对此甚感不满。

由于弗洛伊德在文学艺术界有了非常广泛的影响，在 1926 年庆祝弗洛伊德七十寿辰的时候，许多名作家都纷纷给他致电祝贺。丹麦著名文艺评论家勃兰兑斯、法国作家罗曼·罗兰等人都表示祝贺。

1927 年，弗洛伊德发表《幽默》，继续探讨 20 年以前在《机智与潜意识的关系》一书中所探讨过的问题。《幽默》只用五天的时间就写成了。这本小册子很成功地探索了幽默性文艺作品的创作问题。

1928 年，弗洛伊德发表了论俄国作家陀思妥耶夫斯基（Fyodor Dostoevsky，1821－1881）的著名文章。

陀思妥耶夫斯基在 1880 年完成了《卡拉马佐夫兄弟》的写作。这部作品描写了俄国贵族资产阶级的腐化，同时宣扬“灵魂净化、顺从命运”的悲观哲学。这个作品反映了陀思妥耶夫斯基的那种先是参加革命，后又转而对革命失去信心并悲观失望的特殊矛盾心理。

弗洛伊德的文章《陀思妥耶夫斯基及弑父者》发表在由一本评论《卡拉马佐夫兄弟》的论文集上。弗洛伊德这篇文章从 1926 年春就开始执笔。这是弗洛伊德论文学心理学的最重要的一篇文章。弗洛伊德赞赏陀思妥耶夫斯基的这本小说的艺术性。弗洛伊德说：“作为一个富有创造性的作家，陀思妥耶夫斯基的地位并不比莎士比亚逊色多少……”弗洛伊德认为，陀思妥耶夫斯基的《卡拉马佐夫兄弟》和索福克勒斯的《俄狄浦斯王》、莎士比亚的《哈姆雷特》是文学史上三部表现“俄狄浦斯情结”之最典型、最优秀的作品。

1929 年，弗洛伊德又写了一篇文学艺术的著作《文明及其不满》。这本书开始写于 7 月，一个月后便写出草稿。这篇著作的原来的题目是《文化中的不幸》。这里所说的“不满”，带有“不安”“烦闷”“痛苦”和“苦恼”的意思，实际上是表示人类心理生活中的“苦恼”在文化上的表现。

在弗洛伊德致莎乐美的信中提到，他的《文明及其不满》探讨了文化、犯罪的意识、幸福和崇高的事物。“这一切激发了我，以后它同我在撰写以往著作中的感受不同，始终都有一股创造性的冲动。……在写这部著作时，我已经重新发现绝大多数的平凡的真理。”

这本书从一开始就探讨了最广泛的问题——人类同宇宙的关系。在这里，弗洛伊德探讨了由罗曼・罗兰不久前向他提出的问题。罗曼・罗兰告诉弗洛伊德说，他体验到一种能使自己与宇宙“同一”的神秘感情。弗洛伊德把罗曼・罗兰的这一感情称为“大海式的感情”。但弗洛伊德认为，在创作过程中出现的这种“大海式的”汹涌澎湃的感情绝不是最原始的感情，也不是心灵的基本要素。为了说明这个问题，弗洛伊德回溯到童年时期的最初心理活动——在那时还不能把自己同外在世界区分开来，因此，无所谓“大海式的感情”。

接着，弗洛伊德研究了生活的目的。弗洛伊德认为，人生的目的主要是由享乐主义原则所决定。人类追求着幸福，但弗洛伊德发现：“幸福乃是‘暂时的’和‘过渡的’。”所谓“幸福”，至多是指“比以前较好”这样一种状态。弗洛伊德认为，真正的幸福是不可能在现实生活中找到的；人们往往想在宗教和恋爱中寻找幸福，但“我想，利用宗教来给予人类幸福这一做法是注定要失败的”。与宗教不同，“恋爱除了给人在心理上的积极作用外，还可因男女双方间情感上的交流及相互关怀而打破人与人之间的孤独的疏离感。因此，我始终认为恋爱是人类追求幸福的一种较合理的方法”。

但是，恋爱也只能解决暂时的幸福。弗洛伊德特别分析了个人欲望同社会环境间的矛盾和冲突。他认为，这一冲突在现代社会中是无法解决的。因为同幸福相比，不幸福的力量更大一些。这种不幸来自三个无可回避的来源：肉体的痛苦、外在世界的危险性和人与人之间相互干扰。这就触及了不合理的社会制度的问题。

弗洛伊德对社会和当代文化的现状极为不满。这篇文章表明弗洛伊德已对现代社会失去信心。从弗洛伊德的社会地位和个人经历而言，他在研究社会问题和人生问题时得出悲观的结论并非偶然。我们不能过多责怪他的失望情绪，而要更多地看到他的特殊处境。从他的社会地位来看，他对社会不满和对西方文化的堕落不满，是一种进步的表现。我们只要回顾当时的社会危机——1927 年经济危机带来的恶果及法西斯势力的抬头，便不会责备弗洛伊德的悲观情绪。

当然，弗洛伊德的悲观人生观后来也成了文艺界中一部分人玩弄颓废文艺的一个口实或“根据”。重要的问题仍然是必须对这些问题进行具体的和历史的分析。

为了奖励弗洛伊德在文艺创作中的贡献，1930 年 7 月，德国歌德协会给弗洛伊德颁发了文学奖学金。

1932 年 3 月，德国作家托马斯·曼访问弗洛伊德。弗洛伊德热情地接待了这位享有盛誉的作家。弗洛伊德同他谈得很投机。弗洛伊德说，“他说的一切都是非常明了的、可以理解的，这些谈话使我了解到当时的社会背景。”

托马斯·曼是另一位德国名作家亨利希·曼(Heinrich Mann)的弟弟。他的成名作《布登勃洛克一家》发表于 1910 年。这个著作奠定了德国的批判现实主义文学派别的活动基础。1932 年托马斯·曼访问弗洛伊德时，希特勒的“国家社会主义党”法西斯势力已经蠢蠢欲动。托马斯·曼在 1930 年就完成了一部预言法西斯势力必然灭亡的中篇小说《马里奥和魔术师》。这篇小说以作者的一次意大利旅行为素材。当时法西斯已在意大利掌握了政权。托马斯·曼在意大利观看了魔术师奇博拉的表演。这个魔术师会催眠，他的艺术就是虐待他的牺牲品。在他的鞭子的呼啸声中，很多观众在舞台上跳舞，他们按照奇博拉的意志乱蹦乱跳。最后奇博拉把侍者马里奥唤来，他施展了魔术，马里奥就把他当作自己的爱人看待，还吻了他。等到马里奥一清醒过来，就开枪把奇博拉打死了。

托马斯·曼在小说中描写了法西斯分子欺骗人、迷惑人的魔术。他把法西斯分子比作魔术师，让马里奥代表人民。人民暂时会被法西斯分子迷惑蒙蔽，可是一旦清醒过来，就会致法西斯死命。

弗洛伊德理解托马斯·曼在小说中所表达的显明的主题思想。所以，他们一见如故。其实，早在1929年，托马斯·曼就已经在一篇题为《弗洛伊德在近代精神科学史上的地位》的文章中，高度地评价弗洛伊德的精神分析学理论及其文学价值。

弗洛伊德曾在自传中说："这些研究虽然都由精神分析学出发，但却远远地扩展到精神分析学的领域之外，并且比起精神分析学来，也许还唤起更多大众的支持。也许是因为这些研究的关系，使我一度被错认为一个像德国这样大的国家也想见识见识的大作家。那是1929年的事，德国人所崇敬的代言人托马斯·曼以友善而隽永的词句把我列入现代思潮发展史中的一个重要人物。其后不久，我的女儿以我的代理人的身份，出席1930年为向我颁发歌德奖而召开的大会，在缅因河上的法兰克福市政大厅上接受市民的接待。这是我身为公民的巅峰时代。"

弗洛伊德自20世纪20年代起已经成为西方文学艺术界所极力崇拜的重要人物。自那以后到现在，精神分析学在文学艺术界的影响越来越深入，直接导出了现代文学艺术界的各种流派。

第一次世界大战之后，瑞士及其他国家的美术界先后产生了达达主义(Dadaism，Dada 原为法语中的儿语，意为“马”。取之作为一个文艺流派的名称，表示“毫无意义”“无所谓”的意思)。达达主义对于文化传统、现实生活均采取极端否定的态度，反对一切艺术规律，否定语言、形象的任何思想意义，以梦呓、混乱的语言、怪诞荒谬的形象表现不可思议的事物。达达派后来转到了法国。在 1924 年以后，其中的不少人都转变成超现实主义者。其代表人物，文学方面有查拉(Tristan Tzara)、苏波(Philippe Soupault)、布勒东(André Breton)；造型艺术方面有毕卡比亚(Francis Picabia)、杜尚(Marcel Duchamp)、阿尔普(Hans Arp)、恩斯特(Max Ernst)。1924 年，布勒东在巴黎发表《超现实主义宣言》，宣称潜意识领域、梦境、幻觉、本能是创作的源泉。

布勒东说：“这个世界必须由幻想的世界来取代。”艺术就是以一种“非逻辑性”来调剂现实。这种“无意识”“非理性”“非逻辑性”是从一种扑朔迷离的境界或梦中“提升”和“升华”而来的。艺术的目的是创造一个“超越的现实”，用一个奇幻的宇宙来取代现实。他们认为超现实的出现是一种“革命”，是“艺术与生活的解放”。他们企图将“诗”的语言推向潜意识的揭露中去，以非理性控制的“自动性”进行创作，玩弄主观的技巧，在作品中抒发出来。这种“抒情的虚幻”，潜意识里“痉挛性的美”之解放，到了杜尚那里，又有更极端的发展。他将一个小便壶送往巴黎独立沙龙展出，题名《泉》，引起了很大的震动。杜尚把反艺术反传统推到了极限。他认为一件实物分离了它的实用价值，便是艺术。小便壶这个实物，放在美术展览大厅，已剥光了它的实用、理性、价值的外壳，就成了一件“作品”。这种对物体观念的转变，对主题的轻视，对美学的歪曲，对伦理的藐视，是对人体心灵的一种挑战。这种对于习俗惯熟了的艺术观念之断然漠视，则是打着“取得潜意识之和谐”的旗号的。

与超现实主义相类似、以瑞士的保罗·克利为代表的抽象派画家，主张让自己的创作思想畅游在人类精神的“前意识”领域。

克利等人认为，“前意识”长久埋藏在内心深处，是一种“心理的未决状态”，它是潜伏于内心深处的“意象”或“记忆”的残痕，它是外界事物对于艺术家的印象在头脑中积存的“感知纪录”。这些“意象”与“记忆”的残痕是未经意识加工的，因此，“前意识”中的印象有非常生动的色彩。它好像一只隐藏在深谷里的苍鹰，遇到声波震荡，飞逸出来，在空中振翅翱翔。有些文学家借着“前意识”领域的探寻，使某些幻境与心灵的自我暗示状态得到自由伸展，产生出文学艺术上的童话与神话的幻想世界。它使人进入这个神妙浪漫的世界，流连其间，享受到比“真实”更美的幻境。其中有些富有想象力的画就是在“忘怀”意识的世界之后，将“前意识”这个独特的、绮丽的世界无止境地加以展现的结果。

这种停留在前意识领域进行创作的“抽象艺术”最初开始于1910年，其代表人物是康丁斯基(Kandinsky)、蒙德里安(Mondrian)、马勒维奇(Kazimir Malevich)和帕洛克(Jackson Pollock)等人。1921年，德国的达达主义艺术家汉斯·里希特(Hans Richter)和埃格林(Viking Eggeling)把“抽象艺术”的原则首次搬上电影银幕，从而产生了“抽象电影”。这一流派到第二次世界大战时曾经中断，战后又再度发展，在巴黎有“新现实沙龙”的组织，在美国更为风行，并波及印度和日本等国家。这些艺术派别否定具体形象和生活内容，主张绘画应以抽象的色彩、点线和面来表现画家的情感，画面大多以色彩和线条来构成。后来终于发展到利用驴子的尾巴、猩猩的巨掌、公鸡的脚爪等来作画。

所有这些艺术派别，实际上分割了人类心理生活的各个层面，忘记了艺术家毕竟与精神病人不一样，他们可以找到从潜意识和前意识返回意识的道路，使艺术作品保持同现实生活的密切联系，反映客观生活的本质规律。只有经过对自然界与各种事物的正确观察和认识，才能建立一个有深度的创作主题，才能经过一系列经营、艺术加工以后变成和谐与统一的美术作品。

从20世纪20年代后期开始，善于追随哲学、文学和美术界新趋势的法国电影界人士最先着手将精神分析学应用于电影创作、导演和评论工作中。

勒内·克莱(René Clair)、来自巴西的导演阿尔贝托·卡瓦尔康提(Alberto Cavalcanti)以及印象派画家雷诺阿(Pierre-August Renoir)的儿子让·雷诺阿(Jean Renoir)便是这个神奇的艺术运动的先锋。

勒内·克莱拍了不少超现实主义的短片。其中一部是描写一匹骆驼拖着一辆丧车穿过林荫大道。他还拍了许多描述梦的世界的片子。他用慢动作拍了一个人辛辛苦苦地滑过无穷尽的路，或是拍人变成动物，动物又变成人。拍这些镜头，没有别的什么目的，无非是要表现潜意识的活动。

克莱等人的超现实主义影片，给一般的电影导演方法开辟了许多新路。例如，精神分析学指出了人的头脑的"自由联想"活动。假如我们随便让想象力驰骋，一些似乎不相干的字眼或情景就会从潜意识世界里浮现出来。克莱等人就用"联想溶化"的方法把这些现象搬上银幕。比如说，他们把腋下的毛"溶化"成蚂蚁的土堆。

自然，在故事片中，联想溶化一定要合乎逻辑性。诸如表现一场战争的爆发，可以使军号口的特写"溶化"成大炮口，使电影更有戏剧性。

经过一段实验，克莱拍出一部芭蕾舞喜剧片《意大利草帽》。这部电影充满了极不真实的梦的情调。克莱像一个万能的木偶戏大师，把木偶搬过来弄过去，自得其乐，并把电影中的人物变成1880年的法国中产阶级人物，让他们戴上有羽毛的帽子，长出可笑的胡子，弄得他们团团转，闹出无数笑料。

在克莱等人影响下，1927年法德两国联合拍成《娜娜》，描写一个胸前挂满勋章的古板大管家，狂恋着娜娜，趴在地上，跟在娜娜背后像一条狗似的，从她手上吃一块巧克力糖。这部根据左拉小说改编的电影表现了许多诸如此类的近乎噩梦的镜头。

到了1930年代初，克莱拍摄的两部片子——《巴黎屋檐下》和《七月十四日》把"联想溶化"的方法推到一个更高的水平，轰动了国际影坛。

克莱的片子一向重视运用光影；光影的离奇变幻把观众带入迷人的梦境。在上述两部片子中，克莱把光影的变幻应用得更加纯熟，因为光影的对比正好是巴黎生活的特有气氛。灯光可以把巴黎大都市的肮脏化为美景：湿湿的行人道上，灯光闪闪，使人觉得罗曼史和奇遇就发生在街头巷尾。

1932年，克莱又拍成《我们要自由》。这部片子的结局是一场梦。他用一场梦来解决工业上的难题。片里的工厂全部机械化之后，造成数以千计的留声机，让工人们狂欢歌舞，大乐特乐。

1930年以后的十年间，法国导演们在风格和技巧上虽各不相同，但他们有着共通的特色。这种法国风格集中地表现在导演们的强烈的美学观点。他们要求电影故事要有明朗干净的气氛，即所谓"明晰"。他们认为，电影故事的结构必须具有直截了当的、戏剧性的发展线条，让导演的机智可以沿着它尽量施展本领。一部影片要有一种笼罩全片的明确气氛——情调可以变化，气氛却要和谐一致，而灯光、音乐和摄影的和谐则用来传达这种统一的气氛。

30年代后，成功地将精神分析应用于电影导演和创作的法国电影界人士是朱利安·杜维威尔(Julien Duvivier)和让·雷诺阿。

杜维威尔在30年代连续拍摄《捞家传》《红萝卜须》和《一张舞票》等。

《一张舞票》的最后一个插曲最恐怖，画面和音响配合得很好，造成一种令人疯狂的紧张气氛，背景是个暗淡的病室，在马赛港码头附近，窗外是一部起重机轧轧地响，震耳欲聋。这一段戏有许多是用很奇特的角度拍成的，出现在一个羊癫疯患者的心目中的景物。这些镜头使人更加感到一个身心交病的人所面临的毫无希望的前景。女主角沉浸在回忆中，想起那个梦似的大舞厅的良辰美景；一时又是微弱的回声，如怨如诉，使她感到旧地重游，而那大舞厅则变成一个凄凉的小离场。整个影片成功地表现了梦一般的舞海沧桑。

让·雷诺阿在1938年拍出了一部以第一次世界大战为题材的片子《大幻灭》。接着，他又拍出《人间禽兽》和《马赛曲》等。他到美国后，拍出了名片《南方人》。

继法国导演之后，英美两国的导演们也开始用精神分析的理论指导电影导演工作，其中最成功的有英国的希区柯克(Alfred Hitchcock)、劳伦斯·奥利弗(Laurence Olivier)、贝西尔·莱特、亨弗莱·詹宁斯(Humphrey Jennings)和美国的路易·迈尔斯东(Lewis Milestone)、罗兰·布劳恩、墨文·里洛依(Mervyn LeRoy)、法兰克·卡普拉(Frank Capra)、约翰·福特(John Ford)、普列斯顿·斯特吉斯(Preston Sturges)、弗利兹·朗(Fritz Lang)、霍华德·霍克斯(Howard Hawks)等人。

希区柯克原来在耶稣会学校读书，学的是工程绘图。他在英国一个制片厂工作，最初被派导演一部叫《勒索》(*Blackmail*)的片子。希区考克在这部片子中采用日常生活中的戏剧性来制造紧张气氛。他的这种特有的技巧后来一直保持下来,使希区考克被誉为“紧张大师”。他在1930年代一连拍摄了三部以时事作背景的间谍惊险片:《国防大秘密》(*The Thirty-Nine Sreps*)、《贵妇失踪案》(*The Lady Vanishes*)和《海外特派员》(*Foreign Correspondent*)。在这些片子中,希区考克很熟练地应用弗洛伊德的精神分析学理论,高度地施展想象力。在《国防大秘密》中,有一个女人发现男人尸体的镜头。银幕上现出那女人张开口大声惊呼,但是我们却听见火车头的吼声,接着又看见一列火车驶进一个山洞。希区考克用这种方法加强了恐怖的印象,同时又把观众一直带到下一景去,加快了戏的速度。

1945年,罗斯福死了,战争也结束了。美国的政局和美国人的道德情况发生了急剧的变化。好莱坞的情形也大变了。

好莱坞的“新救主”埃里克·约翰斯顿(Eric A. Johnstone)一上台就发表他的“施政方针”:要好莱坞把美国的活动“实际地”反映在电影里,“就像这个活动是真事一样,也就是说,无论是善行或丑行都不用删改。”

于是,好莱坞就如法炮制起来。

首先表现的是心理片,更恰当地说,是恐怖心理片。

这些影片描写的都是催眠者、酒徒、精神病者或心理变态的人的冒险和经历。崩溃中的意识,现实的丧失,幻觉的状态——这些都变成了好莱坞的作家和导演们的宝贵材料,让他们拍出数不清的“心理分析片”来,风靡一时。这时影片的故事大都取自那些轰动一时的长篇、中篇或短篇小说。

奇奇怪怪的种种圆梦的说法,潜意识和下意识的作用,以及弗洛伊德教授的大名,靠了报刊和影片的传播,渐渐成为美国人的口头禅。在一般人的眼里,这些“新”玩意就仿佛是巫术,是“精神哲学”,十分迷人。

谈到好莱坞在这方面的经验，人们会想到1936年阿尔弗雷德·桑德尔(Alfred Santell)所导演的《穷巷之冬》。原作是麦克斯威尔·安德生(Maxwell Anderson)的舞台名剧，描写美国开明人士萨科和凡沙蒂两人被迫害处死的事件。这不是一般的“恐怖片”，但对非法迫害的罪行描写得极有戏剧性，可说是心理片的前驱。

至于1939年查尔斯·威尔德所导演的《走投无路》，就几乎完完全全地把精神分析学用电影形象直接表达出来。这部片的基本情节是：一个暴徒被警察追赶。他躲进一个精神分析学家的家中，宣称要开枪杀出去。心理分析学家看出他是被噩梦迷住了，马上对他进行心理分析，让他想起那使他成为杀人者的一段童年经历。等警察最后赶到时，这暴徒明白了一切，已经没气力开枪了。

1945年前后，恐怖心理片纷纷出笼：弗里兹·朗拍出了《绿窗艳影》(*Woman in the Window*)和《血红街道》(*Scarlet Street*)。从奥地利到好莱坞的作家兼导演比利·威尔德(Billy Wilder)拍出了《双重保险》(*Double Indemnity*)。奥托·普利明格(Otto Preminger)拍出了《罗兰秘记》(*Laura*)。希区柯克拍出了《辣手摧花》(*Shadow of a Doubt*)和《意乱情迷》(*Spellbound*)。罗伯特·西奥德马(Robert Siodmak)拍出了《哑女劫》。迈尔斯东拍出了《诅咒的血》(*Strange Love of Martha Ivers*)。

在希区柯克所导演的《意乱情迷》里，一位疯子管理疯人院。疯子本人是主角，片里的梦境是所谓超现实派的——并且是大名鼎鼎的超现实派画家达利设计的。

1946年，希区考克又在好莱坞拍出《美人记》(*Notorious*)，也是一部以精神病为题材的片子。接着，希区考克又拍出《电话情杀案》(*Dial

M For Murder）等恐怖片，使恐怖片成为第二次世界大战后风行于影坛的主要片类。

美国作家海明威（Hemingway）也写了一些杀人、恐吓为题材的电影故事。他的《杀人者》一片，剧情发生在一个小城里，牺牲者们就像给迷住了心窍的小兔似的，乖乖地等待杀人者来杀死自己。最后，那个杀人者以非人的残暴结束了片里的主角。

所有这一切形形色色的恐怖片，对于生活在充满竞争、紧张、恐怖、绝望的社会中的观众来说，无疑是一种麻醉剂。无论是好莱坞的老板、导演或观众本人，都想要逃避现实，忘记生活的真相。制片家们想把生活的现实问题都归罪于心理，要观众相信，这些暴力现象都不是社会出了毛病之后造成的，而仅仅是心理有毛病的人们干出来的。他们把精神分析加以歪曲的结果，使观众以为科学乃是神话，世界无非是神秘的天地，生活是与自然、社会和历史的法则毫无关系的。既然一切都是"原始的心理"和"远古的潜意识"在起作用，因此，影片里所描写的"社会悲剧"并不是社会的"悲剧"，只是心理的"悲剧"而已。杀人、放火、强奸、迫害，都被说成为"原始意识"或"压抑情欲"的爆发，"死亡本能"的体现。

1940 年代末，法国导演依据弗洛伊德的理论创立所谓"新潮派"。接着，在 1950 年代末和 1960 年代初又发展成为"新浪潮派"。这一派代表人物有特吕弗（François Truffaut）、侯麦（Eric Rohmer）、戈达尔（Jean-Luc Godard）、夏布洛尔（Claude Chabrol）和雅克・里维特（Jacques Rivette）等人。

目前，许多美国电影都更深入地接触社会与人性的冲突问题。如表现越南战争的电影《猎鹿人》（*Deer Hunter*）和《返乡》（*Coming Home*）、反对核污染的《大特写》（*The China Syndrome*）、接触人权问题的《午夜快车》(*Midnight Express*)等,都被看成战争后遗症与人性冲突的结果。但正是这些影片,也同样受到弗洛伊德精神分析学理论投影的影响。《午夜快车》中的男主角终于抑制不住潜意识的爆发,疯狂地亲口咬下他所切齿痛恨的土耳其狱吏的喉咙;同时,影片还表现了牢狱中犯人的同性恋等性变态的情景。

《猎鹿人》经三千多名"美国影艺学院"会员的投票而获得 1979 年奥斯卡金像奖最佳影片。这些影片虽不能完全反映美国人的心理状况,但也反映一部分人对战争创伤、现代科学所产生的消极作用及人权问题的关注。美国的电影导演们巧妙地用心理分析方法表现出一般美国人的心理动向使影片具有深刻的社会性,发生了广泛的感染力。

由于精神分析学在医学以外的广阔领域的进展和渗透,弗洛伊德的确已成了当代社会深具影响的人物。他的精神分析学在文学艺术领域所引起的波动,在近半个多世纪以来一直没有停息过,一直在发展着。现在,可以毫不夸大地说,弗洛伊德对文学艺术的影响已经达到了这样的程度,即:如果不了解精神分析学的内容,简直无法把握现代文学艺术的发展趋势。

注释

① 参见 Ralph Burhoe, *Genetic, Neorophysiological and Other Determinants of Religious Ritual and Belief*. Paper presented for The Society for the Scientific Study of Religion, Milwaukee, October 1975 及 Ralph Buhoe, *Religion's Role In Human Evolution*. Paper presented for The Society for The Scientific Study of Religion, Chicago, October 1977.

② 参见 Claude Levi-Strauss, *Mythologiques I: Le cru et le cuit*, Plon, Paris, 1964, pp. 43-45.

③ *Ibid*.

第 8 章

精神治疗法

第 1 节　精神治疗法的演进

弗洛伊德的精神分析学本来起源于精神治疗；它是从精神治疗的临床医学实践中总结出来的科学理论，又是在不断地进行精神治疗的实践中得到改进和提高的学问。所以，我们研究精神分析学不能忽视它在精神治疗中所应用的方法。精神治疗法是精神分析学的一个重要组成部分。

但是，精神治疗法的基本精神都已在前面所论述的理论体系中涉及了。另外，作为一种医疗精神病的方法，精神治疗法的医学内容，不是本书的研究重点。所以，以下论述的重点只是与弗洛伊德的基本理论有密切关系的部分。

精神治疗法的产生是以心理学发展史上的各种实验和研究成果为基础的，其中，尤其同催眠术、模仿心理学及本能理论的发展有密切的联系。

早在 1775 年，奥地利医生麦斯梅(Franz Anton Mesmer，1734 -

1815)就已经在其治疗活动中尝试使用催眠法。作为一种治疗法，催眠术(Hypnotic therapy)往往是试图言语暗示或催眠方法，诱导患者处于类似睡眠的状态，然后进行暗示或进行精神分析。在被催眠状态中，病患者对医生的诱导与暗示保持着被动和顺从的关系，将患者的童年往事或致病的精神创伤，重新地回忆起来。后来，英国医生布雷德(James Braid, 1795－1860)通过一系列催眠试验，纠正了麦斯梅的动物磁力学说，强调催眠是由医生的暗示所引起的一种波动和睡眠相似的状态。布雷德在其著作《神经催眠学》(*Neurypnology*, 1843, London)一书中正式地将麦斯梅的治疗法定名为“催眠疗法”——其中“催眠”(hypnosis)一词来自希腊文 hypnos，意思是睡眠。法国社会心理学家和精神病学医生李厄保通过大量实验和社会调查，写出了《论睡眠及其类似状态——特别从精神对肉体的作用来考查》(*Du sommeil et des états analogues, considerées surtout du point de vue de l'action de la morale sur le physique*, Paris, 1866)一书，强调催眠与暗示的结合的必要性。后来，另一位法国精神病学家伯恩海姆进一步发展了李厄保的观点，并在南锡医学院创立了著名的南锡学派。南锡学派主要地发展了布雷德的论点，强调催眠术是一种暗示作用。弗洛伊德在他的《精神分析引论》的第二部分第 28 节论分析的治疗法中，评述了伯恩海姆的两部著作：《论暗示及其在精神治疗中的应用》(*De la suggestion et de ses applications a la therapeutique*, 1866；此书由弗洛伊德本人于 1889 年由法文译成德文)及《催眠法，暗示及心理治疗》(*Hypnotisme, sugession et psychotherapie*, 1891；此书也已由弗洛伊德于 1892 年由法文译成德文)。弗洛伊德承认：作为伯恩海姆的学生，弗洛伊德深受伯恩海姆的催眠法的影响。[①]但后来，弗洛伊德的另一位法国老师沙可进一步教会弗洛伊德应用催眠法去治疗精神病。沙可作为巴黎学派的代表人物，同南锡学派相对立，强调催眠本身就是歇斯底里病症。

沙可一方面在巴黎大学医学院讲授病理解剖学，另一方面在巴黎沙尔彼得里哀医院（Hôpital de la Salpetriere）领导精神病治疗实验室。

如前所述，精神治疗法的最初尝试是法国精神病学家沙可等人和弗洛伊德的老师布洛伊尔等人，用催眠法治疗歇斯底里病人的医疗实践活动，用催眠法的目的是引导病人进入催眠状态，使他们的意识暂时昏迷，然后引发他们说出患病原因。

经过初步试验，证明在催眠状态中是可以使病人暴露自己的精神境界的秘密的。弗洛伊德的老师布洛伊尔曾用催眠法探索某一个女病人的发病原因，该病人说出自己心中隐藏多年的精神性症结以后，精神病有所好转。

在沙尔彼得里哀尔医院，弗洛伊德在沙可的指导下，集中地研究幼儿的大脑和脊髓的退化现象。他还对一位女病人的尸体进行了详细的病理解剖，发现她所患的半身不遂症（病人从 1853 年起患有此病，至 1885 年才病死）是由于她在 30 年前产生了血管栓塞，造成了血管硬化。他在作出上述论断过程中，一共列出了七条站得住脚的理由，并进行了严密的显微镜观察。他善于从多种可能的原因中推断出最可靠、最实际、最真实的理由，然后，他又从多种实际存在的理由中选出最本质、最主要的因素。

为了献身于精神病学的研究，他写信给他的未婚妻玛莎说："你可以相信，当科学与爱情两者俱来的时候，我就不得不为科学起见而战胜爱情。"弗洛伊德表示，他要奋不顾身地解决大脑解剖的问题。不然的话，一切都无从谈起。

弗洛伊德还说："作为一位老师，沙可是极其完美的鼓舞者。他的每一次讲座都是结构方面和文章方面的典范。他的文体优美而高度完善，他的讲演是如此生动和深刻，以致久久地在耳边留有回音，而他的实验操作过程则可以栩栩如生地在你的眼前保留很多天。”

弗洛伊德还为沙可翻译论文。在自传中，弗洛伊德写道：

> 有一天我听到沙可感叹着战后（指普法战争后）还不曾有人把他的讲义译成德文，还说假如有人愿意把他的新讲义翻成德文，他就很高兴。我就写了一封信给他，自愿承担这项工作。我至今还记得那封信里的句子。沙可接受了我的毛遂自荐。我遂进入了沙可的个人生活圈子里，而且从那时候开始，我参加了医院里的一切活动。

弗洛伊德是在 1886 年 7 月完成他的翻译工作的。沙可的这篇讲义的德文译本比它的法语原文还提早出版了几个月。这个讲义的题目是“关于神经系统疾病，特别是关于歇斯底里病症的新讲义”。为了感谢弗洛伊德的德文翻译，沙可赠送给他一套他自己的著作全集，书上还写了如下献词：“献给弗洛伊德医生先生，沙尔彼得里哀尔的最珍贵的纪念。沙可。”

弗洛伊德从沙可那里学习到不少东西，而其中给予他最深刻影响的是沙可关于歇斯底里病症的治疗成果。

弗洛伊德在他的自传中说：

> 和沙可在一起给我印象最深的，是他对歇斯底里症的最新研究，尤其是有一部分是我亲眼看到的。比方说，他证明了歇斯底里症现象的真实性及其合理性。他指出了歇斯底里症也常常发生在男人身上，并且以催眠暗示等方法引发歇斯底里性的麻痹和强直

> 收缩,从而证明这种人为的歇斯底里症和自发性的症状发作,没有任何细节上的差异。沙可的许多教范,先是引起我和其他就教者的惊奇,继而发生怀疑,使我们想办法去应用当时的学理以求证实他的学说,而他在处理这一类怀疑时,永远都是那么友善、那么有耐心。但是,他有时也是最武断的一个人。
>
> ……在我离开巴黎之前,我曾和这位了不起的人物讨论到把歇斯底里性麻痹同机体性麻痹症作比较研究的计划。我希望能建立一个学说,主张以一般的界限概念,而不是以解剖学上的事实作为划分歇斯底里麻痹症与身体各部分的感觉障碍症的根据。他虽然赞成我这个看法,但显然地,他实际上并无多大兴趣对精神性疾病作进一步的探索。因为他的一切工作的出发点,还是病理解剖学。

在沙可和弗洛伊德研究歇斯底里症以前,人们一般把歇斯底里症看作是一种“伪装”或“拟态”,甚至有人把它说成是一种特殊的“想象”或“假想”。很多医生不愿意花时间去研究歇斯底里症。更可笑的是,医学界往往把歇斯底里症看作妇女病,把它诊断为“子宫的倒错”或阴蒂的病症引起的。因此,在治疗时竟毫无根据地采取切除阴蒂的野蛮手术,或让病人嗅一种叫“缬草”的植物;这种草有特殊的味道,病人闻了以后可以引起一种特殊的反应,引起子宫的收缩。沙可的卓越贡献就是确定歇斯底里是神经系统的疾病,排除了上述种种荒唐的治疗法。

实际上,“歇斯底里症”这个名称本身就是医学史上的耻辱的痕迹。“歇斯底里”(Hysteria)一词的词根“Hysteron”为“子宫”。用这个名词来称神经系统的疾病,表明早期医学的无能。弗洛伊德曾在自传中谈到一次由“Hysteria”这个病名引起的笑话。那是在他刚从巴黎回维也纳后不久。弗洛伊德向医学会报告自己在巴黎的学习成果。到会的许多人，包括所谓的医学界“权威”，如医学会主席班贝尔格医生，竟宣称弗洛伊德的报告是“无法令人置信”的。当弗洛伊德谈到一位男病人的歇斯底里症时，在座的一位老外科医生，按捺不住叫嚷起来说：“老天！亲爱的弗洛伊德先生，你怎么会讲出这些无聊的话呢？‘Hysteron’的意思是子宫，一个大男人怎么会‘Hysterical’（患歇斯底里症）呢？”弗洛伊德回维也纳后甚至不被准许对男歇斯底里症患者进行治疗。

在巴黎学习和研究过程中，弗洛伊德逐渐对巴黎的实验室设备感到不满。1886 年 2 月底，弗洛伊德完成了在巴黎的研究计划以后，终于离开巴黎回维也纳。

在返回维也纳的途中，弗洛伊德到柏林拜访了阿道夫·巴金斯基。巴金斯基是著名的小儿科专家。他拜访巴金斯基的原因，据说与奥地利的种族歧视有关。本来，按照弗洛伊德在神经科的临床经验和研究成果，他完全有资格在维也纳大学医学院所属的“精神病和神经病诊疗所”担任要职。但是，他获悉由于种族歧视，他无望在那里就职。所以，他为自己的工作寻找别的出路。恰好在这个时候，儿科专家马克斯·卡索维奇答应弗洛伊德，准备让他担任儿科疾病研究所的神经病科主任职务。正是为了适应未来的工作，他才决定在柏林停留几个星期，以便从巴金斯基那里学到关于小儿科疾病的更多知识。

弗洛伊德回到维也纳以后，就正式担任儿科疾病研究所的神经病科主任。在那里，他工作了很多年。与此同时，他在维也纳正式开业行医。

自那以后五年内，弗洛伊德一方面沉浸在家庭生活的幸福气氛中,另一方面勤勤恳恳地从事本行工作。

从 1886 年到 1891 年,弗洛伊德只发表了一篇论文。这篇论文发表于 1888 年,内容是对两个患偏盲症的儿童的观察和治疗总结及分析。

弗洛伊德对这一段时间的工作并不满意。他在自传中说:

> 在 1886 年到 1891 年之间,我几乎没有做过半点科学研究工作,或发表过半篇文章。我成天都在为建立自己的医业基础,以及为满足自己和日渐增大的家庭的温饱而忙碌着。

在这段时间里,如果有什么成果的话,就是他进行大量的临床治疗。尤其可贵的是,他所接触的病人大多数是精神病患者。这就使他遇到了各种类型的精神病病例,积累了丰富的实际经验;而且,他也可以借此机会,将自己自巴黎学习后的心得应用于实际治疗中。他在治疗病人的过程中,进一步深信电疗、浴疗、推拿疗法和催眠疗法对于治疗精神病的积极效用。这些疗法往往取得了令人满意的成功。从 1887 年 12 月开始,他更集中地使用催眠疗法。这些初步的成功,使他对治好精神病更加充满着信心。

弗洛伊德在治疗精神病方面的初步成果,并不是轻而易举得来的。他刚从巴黎回维也纳时,就遇到种族歧视,以致使他不能在精神病研究所工作,而不得不专治儿科的神经系统疾病。另一方面,旧有的、反科学的传统观念——即把歇斯底里症当成"妇女病"也阻碍他进一步发挥专长。那些医学权威们不承认歇斯底里病是神经系统疾病,不接受弗洛伊德关于"男性歇斯底里"病例和"暗示引起的歇斯底里麻痹"的研究成果。最后,甚至把弗洛伊德赶出脑解剖实验研究所的大门,使弗洛伊德根本找不到可发表讲稿和论文的刊物，也迫使他不得不在私人诊所推行自己的精神病治疗法。

弗洛伊德在实践中所采用的有效方法中，最突出的是催眠术。实际上，当时比较流行的是用电疗。弗洛伊德通过实践发现传统的电疗法的效果是很有限的。他认为，早先由德国最著名的神经病学权威耳伯(W. Erb)所倡导的电疗法，有很多毛病。他在电疗中发现了另一种有用的副产品，即"暗示法"。他认为，在电疗过程中，如果有什么成功的例子的话，实际上应该归功于医生对病人的暗示作用。有了这种认识之后，他干脆把那套电疗用的电器束之高阁。

至于催眠术，那么，弗洛伊德早在学生时代就已有所发现。他说：

> 当我还是一个学生的时候，我就曾参观过催眠术专家汉森的当众表演，亲眼看到一个被催眠的人全身僵硬，脸色苍白，一直到催眠术完全表演完毕才苏醒过来。由于这一事实，使我深信催眠现象的真实性。不久之后，海登汉就给催眠术提供了科学的根据。虽然如此，那些心理、精神病等的专家教授们，还是有一段相当长的时间不断地指责催眠术为欺诈，甚至把它说成具有危险性的方法，非常瞧不起催眠术。在巴黎就不同了。我见过催眠术被人自由地运用，去引诱症状的发作，然后又用它解除症状。此外，据最新的消息报导，法国的南锡还出现了一个新的学派，他们广泛而极成功地应用暗示于治疗上面，有的就是借助于催眠。

奥地利医学界，在弗洛伊德以前，一直很少应用催眠术。就连著名的梅纳特教授也把催眠术在医疗上的应用看作是一种"不幸"。

弗洛伊德的可贵之处在于只服从真理，而不服从任何"传统"或

“权威”。他追求真理,也善于发现真理。对于催眠术的研究和应用,正是体现了弗洛伊德的这种优良品质。

催眠术的应用不仅标志着精神病治疗法的一次革命,而且,也使弗洛伊德从对歇斯底里病症的治疗中得到有益的启示,这是他转向精神分析研究的关键因素。正是通过催眠术的应用,弗洛伊德发现在人的意识背后,还深藏着另一种极其有力的心智过程——“潜意识”。后来,他发掘这种潜意识,并加以分析,最后导致了他的精神分析学整个科学体系的建立。在他看来,所谓潜意识是被心理抑制和压迫着的领域,它栖息在内心阴暗的角落里,要经过外力的帮助、引诱和启发,经过某种分析的照明,除掉精神的压力,才能转化为“意识”。而这种“潜意识”在未发现以前是深不可测的;就其内容和倾向性而言,也有好有坏的;它有时甚至抑制为一种荒谬不经的“梦魇”。这种内心秘密,又好像是人在时间中漂流,仿如一座冰山,大部分浸在无意识的海洋中,小部分“漂浮”在“意识”的层面上。正是这种关于“潜意识”的观念构成为弗洛伊德的精神分析学的理论基础。须知,恰恰是催眠疗法为“潜意识”的发现提供了一个重要线索。

由此可见,弗洛伊德的精神分析学本身并非主观杜撰出来的臆想,而是在弗洛伊德及其同事们的医疗实践中总结和发展而来的理论。

弗洛伊德的催眠疗法既然具有如此重要的地位,我们就有必要简单地回顾弗洛伊德发现催眠疗法的过程。实际上,这一过程并不是从1885 年秋至 1886 年 2 月的巴黎之行,而是从大学时代对催眠术的观察开始的。而从 1882 年起,弗洛伊德与布洛伊尔教授共同合作治疗一位叫安娜・奥的女歇斯底里患者,进一步掌握了催眠法的奥秘。

布洛伊尔教授,同布鲁克、沙可教授一样,是对弗洛伊德的精神分析学的创立产生决定性影响的人。这三个人,不论在科学研究成果、学风、研究态度方面，都为弗洛伊德树立了榜样。在人类历史上，任何一个伟大人物，都不是凭空产生，也不是偶然地突然现出来。除了他们本人的努力以外，必须有充分的历史准备和成熟的客观条件。而在这些历史的和客观的因素中，前人的研究成果和丰富经验、优秀的老师的辅导和启示等等，都是不可缺少的。弗洛伊德的伟大发现是前人研究成果的产物，也是他的好老师向他传授前人经验的结果。

布洛伊尔不仅是维也纳的著名医生，而且也是卓越的科学家。弗洛伊德曾说，布洛伊尔是一位“富有多方面才能的人，他的兴趣远远超出他的职业活动的范围”。“他虽是一名家庭医生，但他也有过一段科学研究的生涯，而且写出了好几部关于呼吸器官和平衡器官的生理学著作，具有永久性的价值。他是一个才赋极高的人，年龄比我大 14 岁。我们之间的关系很快就亲密起来，而他也终于成为我的知己和我患难中的援助者，我们共同分享彼此在科学上的兴趣。当然在这种关系中，获益的首先是我，不过，后来由于精神分析的发展，使我失去了他的友谊；要我付出这样大的代价实在令我为难，但为了真理，我终于不得不牺牲了他的友谊。”这指的是以后弗洛伊德与布洛伊尔在精神分析方面的分歧。但即使这样，弗洛伊德也始终高度评价了布洛伊尔对弗洛伊德本身的影响的价值。

布洛伊尔早在青年时代，就在埃瓦尔德·赫林(Ewald Hering)教授的帮助下研究呼吸生理，发现了迷走神经的自动控制作用。接着他研究半规管，作出了重要的贡献。1868 年，他在维也纳大学当上荣誉讲师，1871 年起就当私人医生，1894 年，他当上了维也纳科学院的通讯院士。

布洛伊尔是亥姆霍兹的忠实信徒，也很崇拜歌德和费希纳这两位作家。

弗洛伊德是在 19 世纪 70 年代末第一次与布洛伊尔相见的。当时，他们都在生理研究室。由于思想观点的一致，他们很快成了亲密的朋友。弗洛伊德甚至用布洛伊尔的妻子的名字安娜给他的大女儿命名。

从 1880 年 12 月到 1882 年 6 月，布洛伊尔就已经给一个女病人安娜·奥治疗歇斯底里症。后来，在医学史上，它成了划时代的著名病例。这个女病人原名柏达·巴本哈因姆；她是布洛伊尔首创的“涤清法”(Cathartic method)的第一位受益者。她原是一位聪明伶俐的姑娘。她患病时才 21 岁。她的病是在她去服侍她衷心敬爱的父亲时开始发作的。布洛伊尔第一次接触这个女病人时，她的临床症状极为复杂错综，包括全身痉挛性麻痹、精神抑制和意识错乱等。在一次偶然的观察中，布洛伊尔发现，如果能使她用语言表达出她在病症发作时的那些笼罩着她的幻想和妄念，就能祛除她的那种意识错乱状态。由于这一发现，布洛伊尔终于创造了一套新的治疗方法。依据这一方法，把她催眠到很深的程度，然后要她告诉他：每次发作时压迫着她的心灵的，到底是哪些念头。就这样，布洛伊尔用这种方法，克服了她那反复发作的抑郁性意识错乱，接着又用同样的方法，为她解除各种抑制和肉体上的毛病。她在清醒的时候和别的病人差不多，说不出自己病源的所以然来，也无法指出这些症状和她生活上的经验有任何关联，但是一被催眠，她马上就能认出原先弄不清的关系来。事实上，她的一切症状，都和她服侍父亲时所经验的事故有关，换句话说，她的每一个症状都有它的意义，都是那些情绪状态的回响，十之八九都是她在父亲病床之侧所兴起的一些非压抑下去不可的念头或冲动转移成症状性行为的结果。但是，任何症状都不是单一性的、有伤害性的情况的产物，而是由好些类似的情形累积形成的。所以当一个病人在催眠的虚幻状态之下，回想起某一情景，而达到自由表达其情感，或表达原先被压抑的心智行为的目的时，症状就自然消失而不再出现。经过长久而辛苦的努力之后，布洛伊尔终于能用这种方法治愈那位病人。事实证明，那位女病人复原之后，一直都很好，而且能担任繁重的工作。

上面所说的那种让患者自己用语言表达幻觉的方法，布洛伊尔称之为“谈话治疗法”或“烟雾扫除法”，后来，布洛伊尔把这一方法简称为“涤清法”或“净化法”。布洛伊尔发现，在采用“谈话治疗法”时，病人会忽然忘记自己的祖国的语言——德语，而只能讲英语。这就说明，在催眠状态下，患者失去了自控能力，恢复了受到多种压抑的、难以在正常状态中表现出来的原始意识状态。在催眠状态下，她正常使用的、因而也在正常情况下占据压倒优势的语言——德语，反而被压抑了；而原来被压抑的异邦语言——英语则反而上升为主要语言。这一例子说明，在人的正常精神状态背后，在意识的深层，存在一种原始的意识形态。

当布洛伊尔把“安娜·奥病例”告诉弗洛伊德的时候，他发生了兴趣。那是1882年11月18日的事情。弗洛伊德听了这个病例以后，以极大的热情，一次又一次地同布洛伊尔讨论。弗洛伊德说：“那时我发觉对于精神病人的这种治疗方法，比起任何以前有过的观察法都来得有效些。”所以，当他在1885年到巴黎时，他就向沙可谈起这件事。但是，沙可没有引起更大的兴趣。

等到弗洛伊德从巴黎回到维也纳以后，他才进一步考虑同布洛伊尔一起研究“安娜·奥病例”。这时候，弗洛伊德已从沙可那里学到有关治疗歇斯底里病症的方法。弗洛伊德回维也纳以后，表现出他既尊敬老师又不迷信权威的态度。沙可对“安娜·奥”并不感兴趣。但弗洛伊德能应用沙可的研究成果去研究沙可所不感兴趣的对象。不仅对沙可，对布洛伊尔也如此。弗洛伊德深知布洛伊尔是第一个发现“安娜·奥病例”的人，也是第一个用催眠法治疗“安娜·奥病例”的医生。但弗洛伊德并不满足于布洛伊尔的研究成果。他在接受布洛伊尔的研究成果的基础上，进一步深入地探索其中隐含的问题，终于发现了催眠法的奥秘，揭示出催眠疗法的使用范围及其与人的内在精神状态的关系。弗洛伊德在自传中是这样论述自己对布洛伊尔的催眠疗法的认识过程的。他说：“在这个病例的催眠治疗的过程中，一直有一道晦涩暧昧的帷幕挂在那里，而布洛伊尔则一直没有把它揭开过。我想不通，为什么布洛伊尔不肯为科学进一步尽力，而把那些在我看来极有价值的发现瞒着我那么长时间。不仅如此，问题还在于布洛伊尔在一个病例上所发现的，到底能不能推而广之，普遍地应用到别的病人身上？在我看来，布洛伊尔的这些发现，既然具有那样重要的特性，如果真的在一个病例上应验过，我就不相信它对别的歇斯底里病人无效。解决这个问题的方法只有一个，那就是经验。于是我就在我自己的病人身上尝试应用布洛伊尔的方法。”

弗洛伊德一向有这样的作风：他学习别人的成果时总是很谦逊；但他永远都把学习别人的长处当作迈入新征途的第一步。如果经过思考和观察以及实践，发现已有的成果的不完善性时，他马上又毫不犹豫地跨上骏马，再次奔向新的更高目标。

他经过自己的治疗实践和研究，经过他的反复比较，发现了催眠术暗示作用的有限性。当时，最令他困惑的是两点：第一，他不能使催眠术百发百中；也就是说，并不是所有的病人都可以催眠成功；第二，他无法把每一个病人催眠到他所期望的那种深度。

为了使催眠术更臻完美，1889 年夏，弗洛伊德亲自到法国南锡，试图向多年应用催眠术的法国医生们求救。在那里，他亲眼看到年老的法国医生不辞劳苦地深入到工人及他们的家属当中进行治疗的感人场面。他还亲自看到伯恩海姆(Hippolyte Bernheim)对病人进行的令人惊异的实验。在观察这场试验时,弗洛伊德再次受到一次深刻的启示。他在自传中写道:"给我印象最深刻的,莫过于得知在人类意识后面,还可能隐藏着另一种极为强而有力的心智过程。"弗洛伊德发现这一方法有很大的益处,所以,就说服一个病人,跟他一块到南锡去。就在这次治疗这位女病人的过程中,弗洛伊德同伯恩海姆的讨论得出了一个重要的结果,即认为催眠疗法的作用是有限的。

这位女病人同安娜·奥一样是一个极有才华的歇斯底里患者,也是一个出身清白的女人。因为她的病一直很难治好,所以她才转到弗洛伊德那里。弗洛伊德采用了催眠疗法,在她身上取得了一定效果,使她能多多少少地、勉强地维持自己的生活,使她从极其痛苦的可怜状态中超度出来。但是,催眠疗法却不能彻底根治她的病。她的症状不时地复发。起初,弗洛伊德以为,这是由于自己知识有限,不能使催眠达到使她梦游或记忆消失的境界。所以,这次把她带到南锡,同伯恩海姆一起研究和讨论,并让伯恩海姆亲自地对她实行催眠疗法。结果,才发现,催眠疗法确实不能使她达到那种境界。伯恩海姆坦率地承认,他用暗示法所获得的成功治疗,也只见于住院的病人,至于他私人诊所遇到的病人则一样没有得到成功。

几年的观察和研究,使弗洛伊德发现布洛伊尔的临床所见都可以在那些对这种治疗有效的歇斯底里病人身上找到。在弗洛伊德本人搜集了大量的类似资料的基础上,弗洛伊德建议布洛伊尔与他合著一本书。布洛伊尔起先竭力反对,不过后来同意了。1893 年,弗洛伊德与布洛伊尔共同发表了《论歇斯底里现象的心理机制》。

过了两年,即 1895 年,弗洛伊德与布洛伊尔合著的《歇斯底里研究》出版了。

这本书是弗洛伊德与布洛伊尔共同研究歇斯底里病症的成果。这本书的出版，为弗洛伊德的精神分析学的创立奠定了理论基础。

弗洛伊德说，这本书的重点并不是描述歇斯底里病症的特性和各种现象，而是探索和寻求发生歇斯底里症状的最深刻的"源头"。弗洛伊德说，该书"只是把曙光投射在症状的源头上去，所以它特别强调情感生活的意义，以及分辨下意识的、意识的和能意识的精神活动的重要性。它假设症状起于某一个感触的压抑，从而提出了一个动力因素的概念。此外，它又认定同一症状是同一能量的产物或等价物；这同一能量若不产生这样的症状，也必然会用到其他方面去而产生相应的症状(后面所说的这个过程，就是它的所谓'转换')。这也就是所谓经济因素的概念。布洛伊尔把我们的方法称为涤清法。他解释说，这种涤清法的治疗目标，是要把走错了路线而造成症状的积累情绪，导引到一条能找到出路的正常道路上去(或称为发泄法〔abreaction〕)，涤清法的临床效果相当良好，直到后来才知道它的缺点和各种各样的催眠治疗法的缺点是一样的……"。

弗洛伊德在上面提到的精神活动的三种状态——下意识、意识和能意识是弗洛伊德所建立的精神分析学的基本概念。分辨出精神活动的上述三种状态；分析它们的活动规律，发现它们在何种情形下相互矛盾、造成堵塞，又在何种情形下可以被疏导、解除受压抑状态；分析它们的正常状态是怎样演变成异常状态，即所谓"变态"；探索那些变态心理的产生根源、机制及其治疗方法等等，乃是弗洛伊德在这本书中所提出的一系列重大问题。所有这些问题是第一次提出来的，因而也没有人解决过。此后弗洛伊德的精神分析学正是沿着这些线索进一步发展和完备起来。而在《歇斯底里研究》一书中，这些问题只是初步地被提出来,还没有彻底解决。

在《歇斯底里研究》中,弗洛伊德所用的第一个病例是伊米夫人的病症。伊米夫人从 1889 年 5 月 1 日开始接受涤清法的治疗。在治疗中,他使用了"梦游法",同时进行暗示、推拿、洗浴等方法。他在治疗中得知,精神治疗的效果取决于病人与医生之间的个人关系的改进。如果双方关系不好,就会使所有疗法失效。有一天,病人突然用双臂搂住他的脖子。好在进来了一位工作人员把弗洛伊德从尴尬处境中解救出来。从这里,弗洛伊德就理解到医生与病人的关系所以对治疗效果起着如此重大的影响,就是因为人的神经活动大都以性欲为基础。此后 20 年,弗洛伊德才明确地指出:所有这些"转移"现象都证明了神经冲动起源于性欲。这是一个重要的起点,预示着弗洛伊德的精神分析学的未来发展方向——到性冲动当中寻找精神现象的根源。但是,这种观念,在 19 世纪 90 年代初才刚刚露出苗头。

值得指出的是,恰恰在这个问题上,弗洛伊德与布洛伊尔的合作发生了裂痕。弗洛伊德说,关于歇斯底里症与性欲的关系之最初发现使他"迈上了极其重要的一步,超越了歇斯底里的领域,开始探究那些常在门诊时间里来看病的所谓精神衰弱病人的性生活"。接着,他说:"由此,我开始有一个倾向,认定精神机能病毫无例外地都是一种性机能障碍,而所谓的'实际神经质'即是这种障碍的直接的具毒性表征;'心理性神经质'则是这类障碍的心智表征。"

在出版了《歇斯底里研究》以后,由于获得了性因素在神经质的病因中所占的重要地位这个结论,弗洛伊德曾在好几个不同的医学会中,宣读他研究这方面成果的论文。但所得的反应只是怀疑和反对。而布洛伊尔虽然在开始尽全力地以他个人的影响力支持弗洛伊德,但不久也站在反对的立场上。

布洛伊尔所创立的催眠法，与过去的催眠法有所不同。它的目的，显然是清除病人的精神压力，使压抑在心灵内部的致病因素导引出来。

由此可见，"涤清法"是从原有的催眠法过渡到精神分析法的第一步；也可以说是一种过渡性的方法。它已经隐含了精神分析的因素，因为它的宗旨就是承认精神病是心理上的多年压抑因素造成的。它的基本原则是找出致病的心理因素，然后排除它们。但是，"涤清法"还不能算作真正的精神分析疗法，因为它还未发现人的心理深层的结构。

所以，再往下的一个发展阶段，就是由涤清法到精神分析的过渡时期。在这个过渡时期内，最重要的发现是早年性因素对一个人的心理发展所起的作用。这一发现使弗洛伊德建立了较完整的病理分析方法。这一新方法的基本内容是：① 要使医生与病人间建立起很亲密的关系；② 对病人的梦进行分析；③ 让病人进行"自由联想"；④ 对梦和病人自由联想的内容进行综合分析；⑤ 找出早年性因素的影响。

这五个因素是不可分割的。其指导思想就是弗洛伊德的潜意识理论，中心目的就是发现病人早年生活中的性机能障碍，然后对症下药进行治疗。

弗洛伊德说："生命早期的许多印象，虽然绝大部分都埋藏在遗忘的记忆里，但在个人的成长过程中，却留下不可磨灭的痕迹，尤其为后来发展出来的各种精神症状植下根基。但是，由于孩提时代的经验几乎都牵涉到性的激奋及其反应上，所以，我发现我所面对的竟是人类偏见所最反对的婴儿性欲这一事实。"

性的因素在精神治疗方法中的应用，使弗洛伊德摆脱了催眠法的束缚，创立了自己的独特治疗法——精神分析法。

第2节 自由联想法

自由联想法是弗洛伊德的精神治疗法的主要部分。

自由联想法是怎样发现的呢？自由联想法是从催眠法发展而来的。如前所述，弗洛伊德在沙可和布洛伊尔的启发下，应用催眠法治疗了一些精神病人，取得了一定成果。

但是，催眠法有它的缺点。弗洛伊德曾说："放弃了催眠法，而想以其他方法来暂代它。因为我很不愿意只限于治疗歇斯底里型病症；况且经验增多之后，我也对催眠法的效果产生怀疑。首先，再好的治疗效果也会因我和病人间的关系的某些变化而发生动摇。……这就表明，医生和病人间的私人感情关系，比整个涤清法的力量还大，而且它是最不能以任何努力而加以控制的因素。……"接着，弗洛伊德表示，他从自己的临床实践中越来越清晰地意识到：在人的意识生活的背后，隐藏着一种与"性"有关的神秘的力量，它显然在正常的精神状态下受到压抑；只有把它疏导出来，才能解除病人的痛苦。但在催眠法实行过程中，病人总是处于被动地位。在某种意义上，甚至可以说催眠法对于病人带有强制性的因素，从而影响了病人内心中的神秘因素的自然表露。弗洛伊德说：他用催眠法的结果，经常引起病人的"阻抗"，因而无法使治疗继续进行下去。他说："原先我用以克服病人阻抗的方法是催促他、鼓励他；我原以为若想对预期的事获得一个通盘的认识，这是一个不可或缺的方法。但是，最后我发现这种方法对双方的压力都太大了；而且，这种方法显然也受到公开的指责。所以，我就放弃了这个办法，而改用一种新方法——在某种意义上说，它和老方法正好相反。因为根据这个新方法，我不再催促病人对某一个指定的题目说些什么；

相反地，我要他尽量放松以进入自由联想(free association)的境界。换句话说，就是要病人想到什么就说什么，不给他任何思路方面的指引。但有一点是非常重要的，这就是病人必须把他所感受到的每一件事都说出来，而不能屈服于自己的判断之中，或者把自己认为不够重要、毫无意义的事情弃置一边，加以隐蔽。我一再向病人强调，在述说其思想情绪时一定要做到全然公正坦白。因为这个基本的要求，是整个分析治疗法的大前提。”

这种自由联想的方法其实并不是真正的自由。病人的心智活动虽然没有被限制在一个特定范围内，但他仍然处在精神分析状态的影响之下。所以，与这种精神分析状态有关的因素必然会侵入病人的意识之中。在这种情况下，病人对于再现过去被压抑下去的材料所持的阻抗态度，可能会采取两种方式。

第一种方式是严厉的阻抗。本来，精神分析方法的创立就是为了对付病人的阻抗。所以，遇到这种情况就要想方设法使病人放松情绪，让他随意表达自己的思路。由于有阻抗，所以，病人不可能直接地表达出其内心的真正思路。阻抗越大，其表达的内容与其真相相距越远。在这种情况下，分析者要善于从病人的口供中找出一些关键的线索。然后对病人进行解释。因此，认清病人的阻抗，乃是克服病人阻抗的第一要诀。弗洛伊德说，“所以精神分析工作实际上也与解说的艺术(art of interpretation)有关。要能成功地运用解说的艺术，需要有机智和不断地练习。”

第二种方式是微弱的阻抗。在这种情况下就要善于发现病人口供中那些与真相有相似性质的因素。病人往往用一些与自己的病源相似的材料来向分析者暗示。因此，分析家必须善于抓住这些相似的因素，然后深入到病人的潜意识内部去探索真正的病源。

在进行精神分析的过程中，病人尽管可以自由联想，但他们毕竟还是病人。因此，在自由联想中，必然要受到病人本身的病态精神活动的影响。如前所述，精神病人的精神活动的一个特点是无意识地发泄出潜意识中被压抑的因素，而且，在发泄过程中，他们总要寻找一个发泄的对象。现在，在自由联想过程中，病人很有可能把医生当作他的发泄对象。弗洛伊德曾把这一现象称为"转移"(transference)。

这种转移现象并不是精神分析，而是自由联想法的特有产品。因为它们本来就是一切精神病人的精神活动的症候。精神治疗法只是发挥了引发转移的作用；而且，把它引发到医生自己身上。

问题的关键恰恰在这里发生。一方面，精神治疗法不可避免地会引发出转移现象；另一方面，转移现象的出现又起到了破坏精神治疗法的作用。因此，问题在于如何正确地解决"转移作用"，使其发生之后转化成为有利于治疗的因素。

弗洛伊德说，"转移"现象是一个在技术上和理论上都很重要的因素。他认为："这个因素对我所说的整个精神分析领域具有极其重要的意义。在每一次的精神分析治疗的过程中，在病人和分析者之间，必然会产生一种非真实的然而是非常强烈的感情关系——这种关系可能是正面的，也可能是反面的，而且可能介于爱与恨这两种极端的感情之间的任何一点上。这种转移很快就会取代病人的原有的求治愿望。如果这种转移产生出真切和热烈的感情，也许会使病人受制于医生的影响；这种感情遂成为左右精神分析要务的枢纽。但是，稍后，当它发展成为一种爱意，或转化成为一种恨意之后，它又变成为阻抗的一种主要工具，而可能麻痹病人的联想力，使治疗的过程受阻。但是，话又说回来，如果规避这种转移作用，也是徒然之举。因为有精神分析而无转移现象，那是不可能的事情。……转移是人类心理上极普遍的一种现象，它可以决定所有医学影响力之成功与否。……在精神分析里，分析者要让病人感觉到，在他的转移态度中恰恰显示他本身正体验到自己在儿童时期的那种性经验——即病人在儿童退行期内同他的最早期的爱慕对象间的感情关系。要用这种说服来解决问题。'转移'经过这样的处理以后，遂从对抗性的最强武器一变而为分析治疗的最佳工具。但是，正因为如此，对于转移问题的处理，乃是精神分析技术中最困难、最重要的一环。"

所以，在进行自由联想的过程中，正确地把握时机、恰如其分地处理医生与病人的关系、正确地处理转移现象，乃是医疗成功与否的关键。

弗洛伊德本人及其同事们进行精神治疗的长期实践证明，上述的自由联想法乃是治疗精神病的有效方法。这种精神治疗法的成功，再次证明了弗洛伊德的精神分析学理论体系的正确性和科学性。

但是，正如其他科学一样，包括精神治疗法在内的整个精神分析学，无论就其认识成果，还是其实践效果，都是有限的，是有待后人进一步发展的。

人类的认识总不会永远停留在一个水平上。心理学和医学也是在不断发展。在弗洛伊德之后，心理学和医学及其他科学都获得了重大的发展。因此，弗洛伊德的精神治疗法的某些内容和某些原则也已经过时而不适用了。现代心理学和科学的发展证明，对于精神病患者不能单纯应用弗洛伊德的"自由联想法"。而且，弗洛伊德把一切精神病症都与"性因素"联系在一起的想法，如今也已被越来越多的事实所否定。现代医学普遍认为，精神病症的产生主要是心理过分紧张与疲乏所致，性因素仅仅是其中的一个原因罢了。

但是，不管怎样，弗洛伊德的精神治疗法和他的精神分析学一样，对整个人类文化和人类社会生活的贡献是无可估量的。我们的任务是以科学的态度进行实事求是的评价，使它成为推动科学继续发展的积极因素。

注释

① S. Freud, *Vorlesungen zur Einfuehrung in die Psychoanalyse*, in *Sigmund Freud Studienausgabe*, Bd. I, Fischer wissenschaft, 1982, pp. 431 - 432.

附录(一)

一、弗洛伊德文集的不同版本

关于弗洛伊德的著作的全部目录，可参阅：

Sigmund Freud-Konkordanz und-Gesammtbibliographie，S. Fischer，Frankfurt am Main，1975；3.，korr. Auflage 1980.

迄今为止，弗洛伊德的德文全集，已有两版：

Sigmund Freud，*Gesammelte Schriften*，12 Baende，Wien，1924 – 1934.

Sigmund Freud，*Gesammelte Werke*，18 Baende；Baende 1 – 17 London，1940 – 1952；Band 18 Frankfurt am Main，1968.

以上第一版本是弗洛伊德在世时，在维也纳于 1924 年至 1934 年出版。第二版本是弗洛伊德流亡并逝世于伦敦后，于 1940 年至 1952 年先出版前十七卷；第十八卷及第十九卷则是在法兰克福于 1968 年后陆续出版。

自 1969 年起，为满足大学生和研究人员的广泛需求，西德法兰克福市费舍出版社又出版了《弗洛伊德著作集研究版》十卷本及补遗本，共十一本，由著名的德国当代精神分析学家亚历山大·米车尔利斯、安吉拉·理查德及詹姆斯·斯特拉屈主编：

Sigmund Freud, *Studienausgabe*, 10 Baende, mit ein Ergaenzungsband, 1969 - 1979, S. Fischer Verlag, Frankfurt am Main. Herausgegeben von Alexander Mitscherlich, Angela Richards und James Strachey, Mitherausgeber des Ergaenzungsbandes Ilse Grubrich-Simitis.

弗洛伊德文集英文本，最著名的有：

Standard Edition of The Complete Psychological Works of Sigmund Freud, Ed. James Strachey, Hogarth Press and The Institute of Psycho-Analysis, London, 1953, in 24 volumes.

The Collected Papers of Sigmund Freud, Ed. Phillip Rieff, Collier-Macmillan, New York, 1963.

The Basic Writings of Sigmund Freud, Ed. and with an Introduction by A. A. Brill, Modern Library, New York, 1966.

二、弗洛伊德的主要著作（以发表时间为序）

1891 *Zur Auffassung der Aphasien*, Wien, 1891.（《论失语症》*On Aphasia*）

1893 *Ueber den psychischen Mechanismus hysterischer Phoenomene: Vorlaeufige Mitteilung*, Wien , 1893.（《论歇斯底里现象的心理机制》*On the Psychical Mechanism of Hysterical Phenomena: Preliminary Communication*）

1895 *Studien ueber Hysterie*, Wien, 1895. (mit J. Breuer)（《歇斯底里研究》*Studies on Hysteria*〔与布洛伊尔合著〕）

1900 *Die Traumdeutung*, Wien, 1900.（《梦的解析》*The Interpretation of Dreams*）

1901　*Zur Psychopathologie des Alltagslebens*, Wien, 1901.(《日常生活的精神病态学》*The Psychopathology of Everyday Life*)

1905　*Der Witz und seine Beziehung zum Unbewussten*, Wien, 1905.(《笑话与潜意识的关系》*Jokes and Their Relation to the Unconscious*);

Drei Abhandlungen zur Sexualtheorie, Wien, 1905.(《性学三论》*Three Essays on the Theory of Sexuality*)

1909　*Analyse der Phobie eines fuenfjaehrigen Knaben*, Wien, 1909.(《一位五岁男孩的恐惧症病例分析》*Analysis of a Phobia in a Five-year old Boy*)

1910　*Beitraege zur Psychologie des Liebeslebens*, Wien, 1910.(《爱情心理学论文集》*Contributions to the Psychology of Love*);

Eine Kindheitserinnerung des Leonardo da Vinci, Wien, 1910.(《达・芬奇及其童年回忆》*Leonardo da Vinci and A Memory of His Childhood*)

1911　*Psychoanalytische Bemerkungen ueber einen autobiographisch beschriebenen Fall von paranoia* (*Dementia paranoides*), Wien, 1911.(《对一个妄想症病例的精神分析》〔与斯列伯尔合著〕*Psycho-Analytic Notes on a Case Paranoia*, with Dr. Schreber)

1912-1913　*Totem und Tabu*, Wien, 1912-1913.(《图腾与禁忌》*Totem and Taboo*)

1914　*Zur Geschichte der psychoanalytischen Bewegung*, Wien, 1914.(《精神分析史》*One the History of the Psycho-*

Analytic Movement)

1916 - 1917 *Vorlesungen zur Einfuehrung in die Psychoanalyse*, Wien, 1916 - 1917. (《精神分析引论》*Introductory Lectures on Psycho-Analysis*)

1918 *Aus der Geschichte einer infantilen Neurose*, Wien, 1918. (《幼儿神经病的发展史》*From the History of an Infantile Neurosis*)

1920 *Jenseits des Lustprinzips*, Wien, 1920. (《快感原则以外》*Beyond the Pleasure Principle*)

1921 *Massenpsychologie und Ich-Analyse*, Wien, 1921. (《群体心理学与自我之分析》*Group Psychology and the Analysis of the Ego*)

1923 *Das Ich und das Es*, Wine, 1923. (《自我与本我》*The Ego and the Id*)

1925 *Selbstdarstellung*, Wien, 1925. (自传 *An Autobiographical Study*)

1926 *Hemmung, Symptom und Angst*, Wien, 1926. (《抑制、症状与焦虑》*Inhibitions, Symptoms and Anxiety*)

1927 *Die Zukunft einer Illusion*, Wien, 1927. (《幻想的未来》*The Future of an Illusion*)

1930 *Das Unbehagen in der Kultur*, Wien, 1930. (《文明及其不满》*Civilisation and its Discontents*)

1933 *Neue Folge der Vorlesungen Zur Einfuehrung in die Psychoanalyse*, Wien, 1933. (《精神分析导引新论》*New Introductory Lectures on Psycho-Analysis*)

1939 *Der Mann Moses und die monotheistische Religion*, Wien, 1939.(《摩西与一神教》*Moses and Monotheism*)

Abriss der Psychoanalyse, 1939.(《精神分析概论》*An Outline of Psycho-Analysis*)

1873 - 1939 *Breife 1873 - 1939*, (*hrsg. von E. und L. Freud*)(《弗洛伊德书信集》Letters)

三、20世纪90年代以来研究弗洛伊德思想的最新主要参考书(由近及远依时间顺序排列)

R. Andrew Paskauskas, editor. *The Complete Correspondence of Sigmund Freud & Ernest Jones*, 1908 - 1939. Intro. by Steiner, Riccardo. Belknap Press of Harvard University Press, 1993.

Paul Robinson, *Freud & His Critics*. University of California Press, 1993.

Jeffrey M. Masson, *The Assault on Truth: Freud's Suppression of the Seduction Theory*. Harper Collins Publishers, 1992.

Alexander Grinstein, *Conrad Ferdinand Meyer & Freud: The Beginnings of Applied Psychoanalysis*. International Universities Press, 1992.

Hans Eysenck, *Decline & Fall of the Freudian Empire*. Viking Penguin, 1992.

Christopher Badcock, *Essential Freud*. 2nd ed. Blackwell Publishers, 1992.

Robin T. Lakoff & James C. Coyne, *Father Knows Best: The Use & Abuse of Power in Freud's Case of Dora*. Teachers College Press,

Teachers College，Columbia University，1992.

Kenneth S. Calhoon，*Fatherland: Novalis，Freud，& the Discipline of Romance*. Wayne State University Press，1992.

Paul Roazen，*Freud & His Followers*. Da Capo Press，1992.

Peter L. Rudnytsky，*Freud & Oedipus*.（*Psychoanalysis & Culture Ser.*）Columbia University Press，1992.

Toby Gelfand & John Kerr，editors. *Freud & the History of Psychoanalysis*. Analytic Press，1992.

Volney P. Gay，*Freud on Sublimation: Reconsiderations*. State University of New York Press，1992.

Elizabeth Young-Bruehl，editor. *Freud on Women: A Reader*. Norton，W. W.，& Company，1992.

Patricia Kitcher，*Freud's Dream: A Complete Interdisciplinary Science of Mind*.（Illus.）. MIT Press，1992.

Walter Kaufmann，*Freud，Adler，& Jung*. Intro. by Ivan Soll.（Discovering the Mind Ser.；Vol. 3）. Transaction Pubishers，1992.

Frank J. Sulloway，*Freud，Biologist of the Mind: Beyond the Psychoanalytic Legend*. Harvard University Press，1992.

Saul Rosenzweig，*Freud，Jung & Hall the King-Maker*. Hogrefe & Huber Publishers，1992.

Pearl King，& Riccardo Steiner，editors. *The Freud-Klein Controversies*.（The new Library of Psychoanalysis）. Routledge，Chapman & Hall，1992.

E. Fuller Torrey，*Freudian Fraud: The Malignant Effect of Freud's Theory on American Thought & Culture*. Harper-Collins

Publishers, 1992.

Bernard J. Bergen, *Illumination by Darkness: Freud & the Social Bond*. Lang, Peter, Publishing, 1992.

Michel Arrive, *Linguistics & Psychoanalysis: Freud, Saussure, Hjelmslev, Lacan & Others*. (Semiotic Crossroads Ser.: No. 4) John Benjamins, North America, 1992.

Kathleen Daniels, *Minna's Story: The Secret Love of Dr. Sigmund Freud*. (Illus.). Health Press, 1992.

David H. Spain, editor. *Psychoanalytic Anthropology after Freud: Essays on the 50th anniversary of Freud's Death*. Psyche Press, 1992.

Charles Rycroft, *Rycroft on Analysis Creativity*. New York University Press, 1992.

Anthony Elliott, *Social Theory & Psychoanalysis in Transition: Self & Society from Freud to Kristeva*. Blackwell Publishers.

Madelon Sprengnether, *The Spectral Mother: Freud, Feminism, & Psychoanalysis*. Cornell University Press, 1992.

Darius G Ornston, Jr., editor. *Translating Freud. Contrib.* by Andre Bourguignon. Yale University Press, 1992.

Emanuel E. Garcia, editor. *Understanding Freud: the Man & His Ideas*. New York University Press, 1992.

Scott Dowling, editor. *Conflict & Compromise: Therapeutic Implications*. (Workshop Series of the American Psychoanalytic Association Monograph: No. 7) International Universities Press, 1991.

Erich Fromm，*The Crisis of Psychoanalysis: Essays on Freud，Marx，& Social Psychology*. Holt，Henry，& Company，1991.

Richard Boothby，*Death & Desire: Psychoanalytic Theory in Lacan's Return to Freud*. Routledge，1991.

M. Macmillan，*Freud Evaluated: The Completed Arc*.（Advances in Psychology Ser.：No. 75.）Elsevier Science Publishing Company，1991.

Laurence Miller，*Freud's Brain: Neuropsychodynamic Fouyidations of Psychoanalysis*. Guilford Press，1991.

Steven Ellman，editor. *Freud's Technique Papers: A Contemporary Perspective*. Aronson，Jason，1991.

Ole A. Olsen & Simo Koppe，*Freud's Theory of Psychoanalysis*.（Psychoanalytic Crosscurrents Ser.）New York University Press，1991.

Lis Moller，*The Freudian Reading: Analytical & Fictional Constructions*. University of Pennsylvania Press，1991.

Sander Gilman，*The Jew's Body*. Routledge，1991.

Philip Lawton，*The Kernal of Truth in Freud*. University Press of America，1991.

Janet Sayers，*Mothers of Psychoanalysis: Helene Deutsch，Karen Horney，Anna Freud，Melanie Klein*. Norton，W. W.，& Company，1991.

Jay Greenberg，*Oedipus & Beyond: A Clinical Theory*. Harvard University Press，1991.

Joseph Sandler，editor. *On Freud's "Analysis Terminable &*

Interminable". (Contemporary Freud: Turning Points & Critical Issues Ser.) Yale University Press, 1991.

Roberto Speziale-Bagliacca, *On the Shoulders of Freud: Freud, Lacan, & the Psychoanalysis of Phallic Ideology*. Transaction Publishers, 1991.

Ernest Wallwork, *Psychoanalysis & Ethics*, Yale University Press, 1991.

Peter L. Rudnytsky, *The Psychoanalytic Vocation: Rank, Winnicott, & the Legacy of Freud*. Yale University Press, 1991.

Samuel Weber, *Return to Freud: Jacques Lacan's Dislocation of Psychoanalysis*. Levine, Michael, translator. Cambridge University Press, 1991.

Phyllis Grosskurth, *Secret Ring*. Addison-Wesley Publishing Company, 1991.

John Forrester, *The Seductions of Psychoanalysis: Freud, Lacan & Derrida*. (Studies in French) Cambridge University Press, 1991.

Muriel Gardiner, editor. *The Wolf-Man*. Frwd. by Freud, Anna. Farrar, Straus & Giroux, 1991.

Thomas Szasz, *Anti-Freud: Karl Kraus's Criticism of Psychoanalysis & Psychiatry*. Syracuse University Press, 1990.

Hans J. Eysenck, *The Decline & Fall of the Freudian Empire*. Scott-Townsend Publishers, 1990.

Linda L. Donn, *Freud & Jung: Years of Friendship, Years of Loss*. Macmillan Publishing Company, 1990.

Emanuel Rice, *Freud & Moses: The Long Journey Home*. State

University of New York Press, 1990.

Hans Kung, *Freud & the Problem of God*. Yale University Press, 1990.

Ken Frieden, *Freud's Dream of Interpretation*. State University of New York Press, 1990.

Pearl King & Riccardo Steiner, editors. *The Freud-Klein Controversies in the British Psycho-Analytic Society: 1941 - 1945*. (The New Library of Psychoanalysis) Routledge, 1990.

Fredric L. Weiss, *Freud: Knowing & Not Wanting to Know*. Saint Martin's Press, 1990.

Liliane Frey-Rohn, *From Freud to Jung: A Comparative Study of the Psychology of the Unconscious*. Frwd. by Hinshaw, Robert. Shambhala Publications, 1990.

Karl Kerenyi & James Hillman, *Oedipus Variations: Studies in Literature & Psychoanalysis*. Spring Publications, 1990.

Irving E. Alexander, *Personology: Method & Content in Presonality Assessment & Psychobiography*. Duke University Press, 1990.

Madelon Sprengnether, *The Spectral Mother: Freud, Feminism, & Psychoanalysis*. Cornell University Press, 1990.

附录(二)　弗洛伊德大事年表

1856　5 月 6 日，生于前奥匈帝国属摩拉维亚的弗莱堡一个犹太毛织品商人家庭。父亲雅各布・弗洛伊德。母亲艾美丽亚・娜丹森。

1859　全家迁往莱比锡。

1860　移往维也纳。

1865　进入中等学校。入校前，在家接受父亲的宗教教育和犹太民族传统教育。

1872　回访诞生地弗莱堡。

1873　考入维也纳大学医学院。接受著名生理学家布鲁克、动物学家克劳斯、哲学家布伦塔诺等人的教育。

1876—1882　入布鲁克生理学研究所工作，特别研究低等动物的神经细胞结构及其功能。结识布洛伊尔教授。

1877　首次发表论文，内容是有关神经解剖学和生理学方面的。

1880　应征入伍，并开始翻译英国哲学家和经济学家穆勒的著作和柏拉图的哲学著作。

1881　毕业于医学院，获医学博士学位。

1882　与玛莎·贝尔奈斯订婚。

1882—1885　在维也纳全科医院工作，进一步研究脑解剖学和病理学，发表了一系列有关神经解剖与生理的论文。在全科医院期间，先后在外科、内科、小儿科、眼科、皮肤性病科、耳鼻喉科等部门服务，获得广泛的临床经验。

1884—1887　研究“可卡因”的临床使用效果。

1885　被任命为维也纳大学神经病理学讲师。

1885—1886　在巴黎沙尔彼得里哀尔精神病医院接受沙可指导，研究精神病，对歇斯底里症的治疗和催眠疗法产生了兴趣。

1886　与玛莎·贝尔奈斯结婚。在维也纳开设医治精神病的私人诊所。

1886—1893　继续研究神经学，特别是研究小儿脑麻痹症。在卡索维奇小儿科疾病研究所工作。发表了一系列有关小儿脑病理学及歇斯底里症的论文。研究的兴趣显然已从一般神经学逐步转向精神病病理学。

1887　长女马蒂尔德诞生。

1887—1901　与在柏林的朋友威廉·弗利斯通信。在信中，弗洛伊德发表了许多重要见解。

1887　开始在临床治疗中应用催眠术。并同布洛伊尔合作，对歇斯底里应用“涤清法”，接着，又将涤清法改善成为“自由联想法”。

1889　赴法国南锡，向伯恩海姆学习暗示法。大儿子马丁出世。

1891　发表《论失语症》。次子奥里弗出生。

1892　小儿子恩斯特出生。

1893　弗洛伊德与布洛伊尔合著的第一篇著作发表，题目为《歇斯底里现象之心理机转》。次女苏菲诞生。

1893—1898 研究歇斯底里症、强迫性和焦虑性心理症,并将研究成果写成一系列论文。

1895 与布洛伊尔合著《歇斯底里研究》。同时,一直到 1896 年,弗洛伊德与布洛伊尔在学术观点上的分歧也越来越剧烈。弗洛伊德提出了抑制学说,并认为心理症是自我与原欲冲突的结果。从这时起,制定了一整套科学心理学规划。女儿安娜出生。

1896 开始使用“精神分析学”的概念。父亲病死,促使他回忆幼年生活。

1897 开始进行自我分析,导致对外伤理论的否弃,并确立了幼年性欲学说和“俄狄浦斯潜意识情结”的观点。

1898 就幼儿性征发表最初论文。发表《性的因素在心理症上的地位》。

1900 发表《梦的解析》并撰写《日常生活的心理分析》,初步完成了潜意识理论的体系化。这两本书意味着弗洛伊德心理学不仅适用于变态心理,而且也适用于正常心理。

1902 被任命为副教授。与阿德勒等四人创立“心理学周三学会”。

1904 发表少女杜拉的病例报告,书名为《少女杜拉的故事》。《日常生活的心理分析》正式出版。

1905 写成《性学三论》及《机智与潜意识的关系》,第一次系统地探索了自幼年时代起的人类性欲发展规律。

1906 与荣格开始定期通信。

1907 与荣格会面。

1908 第一届国际精神分析学会在萨尔茨堡召开。维也纳“心理学周三学会”改名为维也纳精神分析学会。开始与弗伦齐、琼斯交往。

1909 弗洛伊德与荣格应邀赴美讲学。研究一个 5 岁儿童的病症，进一步论证了得自成人歇斯底里症研究的结论，即歇斯底里症与“性”有关，特别是幼年的性经验有关。在美国与哲学家詹姆斯会面。

1910 提出“自恋”理论。国际精神分析学会在纽伦堡召开第二次大会，荣格被选为会长。

1911 与阿德勒分裂。美国精神分析运动开始兴起。在魏玛召开国际精神分析学会第三次大会。

1911—1915 发表一系列关于精神分析技术的论文。发表《图腾与禁忌》，将精神分析学应用于人类学、文化史与宗教学。

1912 为了促进精神分析学在别的科学文化领域的应用，创立《意象》杂志。斯泰克尔与弗洛伊德的矛盾公开化。

1913 在慕尼黑召开国际精神分析学会第四次大会。与荣格决裂。在琼斯的建议下，成立守护弗洛伊德的“委员会”，其主要成员是弗伦齐、亚伯拉罕、琼斯、查赫、兰克等。

1914 第一次世界大战爆发。德累斯顿大会中止。荣格在组织上退出国际精神分析学会。撰写《论精神分析运动史》，尖锐地抨击荣格与阿德勒的学术观点。

1915 撰写十二篇论述基本理论问题的“超心理学”文章，但只有其中的五篇保留下来。德国诗人里尔克来访。在维也纳大学开设“精神分析学导论”，总结到第一次世界大战期间为止的精神分析学基本成果。

1918 在布达佩斯召开国际精神分析学会第五次大会。弗伦齐任会长。

1919 艾丁根加入“委员会”。将自恋理论应用于治疗发生战争期间的精神病人。

1920　次女苏菲去世。在海牙召开国际精神分析学会第六次大会。撰写《快乐原则的彼岸》,开始研究“本能”问题,提出了“死的本能”的概念。

1921　研究“群体心理”,开始系统地研究“自我”。

1922　在柏林召开国际精神分析学会第七次大会。女儿安娜成为会员。

1923　撰写《自我与本我》,将心理结构分为“本我”“自我”与“超我”。下颚癌第一次手术。与罗曼·罗兰通信。

1924　国际精神分析学会第八次大会在萨尔斯堡召开。亚伯拉罕任会长。罗曼·罗兰与作家茨威格来访。维也纳版《弗洛伊德全集》开始出版。

1925　研究妇女的性征问题。国际精神分析学会在洪堡召开第九次大会。安娜代表弗洛伊德宣读论文。布洛伊尔和亚伯拉罕去世。发表自传。

1926　艾丁根就任国际精神分析学会会长。与兰克发生分歧。70岁寿辰收到罗曼·罗兰、勃兰兑斯、爱因斯坦等人的贺电。弗洛伊德声明自精神分析运动引退。发表《抑制、症状与焦虑》,研究焦虑性精神病。

1927　在因斯布鲁克召开国际精神分析学会第十次大会。发表《幻想的未来》《拜物教》等研究宗教的论文。

1928　发表《陀思妥耶夫斯基及弑父者》,研究陀思妥耶夫斯基的著作《卡拉马佐夫兄弟》,论述“俄狄浦斯潜意识情结”在文学上的应用。

1929　德国作家托马斯·曼著文论述弗洛伊德学说在当代思想史上的

重要地位。在牛津召开国际精神分析学会第十一次大会。

1930 发表《文明及其不满》，深入研究宗教产生根源。获歌德文学奖。母亲病死，享年 95 岁。

1931 研究女性性欲及性动力诸类型。

1932 国际精神分析学会第十二次大会在维斯巴登召开，琼斯任学会会长。访问托马斯·曼。

1933 希特勒在德国上台。弗洛伊德的书均成禁书。

1934 在卢塞恩召开第十三次国际精神分析学会大会。

1934—1938 撰写与发表《摩西与一神教》，批判宗教。

1935 成为英国皇家学会名誉会员。

1936 八十寿辰，托马斯·曼、罗曼·罗兰、威尔斯、茨威格等名作家一百多人，集体署名赠送生日礼物，由托马斯·曼会面。在马立安巴特召开第十四次国际精神分析学会大会。法西斯盖世太保宣布冻结国际精神分析学出版社的全部财产。

1938 法西斯纳粹军队入侵维也纳。弗洛伊德在琼斯等人的帮助下离开维也纳前往伦敦过流亡生活。在伦敦，接待了马林诺夫斯基、茨威格、威尔斯、萨尔瓦多·达利等人的来访。萨尔瓦多·达利还为弗洛伊德绘素描头像。

1939 《摩西与一神教》的英文版在伦敦出版。《精神分析学概要》未能完成，便于 9 月 23 日逝世。琼斯与茨威格分别在伦敦与德国发表追悼演说。

译名索引